AF356310

FLORE

FRANÇAISE.

FLORE FRANÇAISE,

OU

DESCRIPTIONS SUCCINCTES

DE TOUTES LES PLANTES

QUI CROISSENT NATURELLEMENT

EN FRANCE,

Disposées selon une nouvelle Méthode d'Analyse,
et précédées par un Exposé des Principes élémentaires de la Botanique;

TROISIÈME ÉDITION;

Par MM. DE LAMARCK et DECANDOLLE.

TOME PREMIER.

A PARIS,

Chez H. AGASSE, rue des Poitevins, N°. 6.

DE L'IMPRIMERIE DE STOUPE, AN XIII (1805).

AVIS.

Depuis l'impression du texte explicatif de la Carte botanique de France (*t. II*, *page première*), M. Decandolle ayant eu occasion de passer près de Salins (département du Jura), a pris des renseignemens qui prouvent qu'il n'y a point dans ces salines de véritables plantes marines, comme il l'avoit cru; c'est pourquoi on a supprimé dans la Carte, qui n'étoit pas encore terminée, le trait coloré en verd qui entouroit d'abord Salins, et qui l'assimiloit par-là aux régions maritimes.

Il est utile d'observer que le graveur n'a pu distinguer dans cette Carte, par de grandes et petites capitales, comme l'indique le texte explicatif, les villes dont nous possédons des Flores, d'avec celles dont nous n'avons encore qu'une seule Flore ou plusieurs fragmens épars, par la raison qu'une multitude de noms de lieux se trouvant naturellement placés autour des grandes villes dont les environs sont mieux connus sous le rapport de la Botanique, il auroit fallu en supprimer plusieurs; mais on a suppléé à cela de la manière suivante : les lieux principaux sont en capitales droites; ceux du second ordre, en capitales penchées; ceux du troisième ordre, en caractère romain; enfin, ceux de l'ordre inférieur, en italique.

Les hauteurs de la chaîne des Vosges ont été déterminées barométriquement par M. André de Gy, ex-capucin, et communiquées par M. Gillet-Laumont, conseiller des mines.

A M^r. DE LAMARCK,

MEMBRE DE L'INSTITUT NATIONAL

ET DE LA LÉGION D'HONNEUR,

Professeur-Administrateur au Muséum d'Histoire naturelle, etc.

MONSIEUR ET RESPECTABLE AMI,

Vous étant occupé depuis quelques années d'objets un peu étrangers à la Botanique, et étant sollicité de toutes parts pour donner au Public une nouvelle édition de votre Flore française, vous m'avez confié le soin de faire à cet Ouvrage les additions que nécessitoient les progrès de la Botanique et l'agrandissement du territoire français. Je me suis livré à ce travail pendant plusieurs années, avec le zèle que m'inspiroient et l'intérêt même du sujet, et le plaisir de travailler avec vous, et, si j'ose le dire, une affection particulière pour le livre dans lequel j'ai puisé les premières notions d'une étude qui fait le bonheur de ceux qui s'y livrent. C'est vous, Monsieur, qui avez tracé la route ; c'est vous qui m'avez engagé à y entrer, et qui m'avez fourni les moyens de vous y suivre : que de titres pour vous dédier mon travail, si je pouvois oublier qu'il est en même temps le vôtre. Je desire vivement que le Public sache cependant l'amitié dont vous m'honorez ; et si je ne puis vous faire hommage de cet Ouvrage, je dois au moins vous en rendre compte. Quoique dans cette entreprise difficile je me sois constamment aidé de vos

a iij

conseils, et que les changemens que je me suis permis de faire à votre Ouvrage, aient été la plupart concertés avec vous, peut-être ne sera-t-il pas inutile de les récapituler ici succinctement sous vos yeux et sous ceux du Public.

La Flore française, telle que vous l'avez conçue, est destinée à réunir dans un même cadre, un ouvrage de Botanique élémentaire et la Description des plantes de la France ; j'ai cherché non seulement à lui conserver ces deux caractères, mais à faire tellement saillir les traits de chacun d'eux, que personne ne pût se méprendre sur leur réunion.

La Botanique élémentaire se compose sur-tout de la connoissance générale des organes et des fonctions des végétaux : vous les aviez exposées dans vos Principes Élémentaires ; d'après votre conseil, qui se trouvoit d'accord avec ma propre inclination, j'ai ajouté quelques détails à cette première partie, qui est réellement la clef de toutes les autres ; j'ai été sur-tout obligé de multiplier ces additions, à cause des changemens nombreux et importans que l'anatomie et la physiologie des végétaux ont subis depuis l'époque où votre Ouvrage a paru, et notamment depuis que la structure anatomique des grandes classes du règne végétal a été dévoilée ; mais cette connoissance générale des organes et des fonctions des végétaux, n'est, pour ainsi dire, qu'une science abstraite, tant qu'on n'en fait pas l'application à la structure et à l'histoire des plantes prises en particulier. Comment, en effet, sans cette étude spéciale des êtres, distinguer quels sont les organes communs à un grand nombre d'entre eux et conséquemment importans, d'avec ceux qui ne se trouvent que dans un petit nombre de plantes, et semblent accidentels dans le règne végétal? Comment fixer le degré de généralisation que mérite telle ou telle observation? Comment, enfin, tirer des théories générales la moindre conséquence pratique? Il existe donc une seconde branche de la science, toute aussi importante que la première, c'est l'art de distinguer les végétaux les uns des autres.

Ici deux routes se sont offertes aux Naturalistes: la méthode naturelle, qui tend à placer chaque être au milieu de ceux avec lesquels il a le plus grand nombre de ressemblances importantes; la méthode artificielle, qui n'a d'autre but que de faire reconnoître chaque végétal et de l'isoler au milieu du règne. La première, qui est une véritable science, doit servir de base immuable à l'anatomie et à la physiologie; la seconde, qui est un art d'empyrique, peut bien avoir quelques commodités dans la pratique, mais ne sauroit agrandir le domaine des sciences, et offre une multitude indéfinie de combinaisons arbitraires. La première, ne visant qu'à la vérité, a établi ses bases sur les organes les plus importans à la vie des végétaux, sans considérer si ces organes sont faciles ou difficiles à observer; la seconde, ne tendant qu'à la facilité, a établi ses divisions sur les organes les plus apparens et les plus faciles à étudier.

Faute d'avoir bien senti les différences essentielles qui existent entre ces deux méthodes, la plupart des Botanistes ont embrassé exclusivement l'un ou l'autre de ces moyens d'arriver au but, et tous sembloient avoir oublié que l'une et l'autre de ces méthodes ont leurs avantages, et que leur réunion pourroit concilier la vérité et la facilité. La Flore

française est le premier ouvrage où l'esprit de ces
deux méthodes ait été nettement distingué, et où
l'on ait présenté un moyen facile d'arriver à la
vérité, en annonçant d'avance que ce moyen étoit
artificiel : j'ai cru qu'on atteindroit de plus près encore
au même but par une autre disposition qui paroît,
au premier coup-d'œil, une simple convenance de ty-
pographie, mais qui tient en réalité aux bases mêmes
de la logique de la Botanique. J'ai tenté d'employer
la méthode artificielle comme clef de la méthode
naturelle. En conséquence, j'ai divisé cet Ouvrage
en deux parties ; l'une artificielle, destinée à faire
connoître les noms des plantes de la France ; l'autre
naturelle, destinée à faire connoître, autant qu'il
a été en mon pouvoir, la structure, l'histoire et les
rapports de ces mêmes plantes.

Quant à la méthode artificielle, j'ai, sans hésiter,
donné la préférence à celle que vous avez imaginée, et qui consiste à conduire l'élève au nom
de la plante, en le forçant toujours à choisir entre
deux caractères contradictoires (1) : dans cette méthode analytique, je ne me suis permis que les
légers changemens nécessités par l'augmentation du
nombre des plantes décrites. Là, d'après votre
exemple, j'ai cherché à faire distinguer les plantes
d'après les caractères les plus faciles et les plus
apparens ; et lorsque ces caractères n'étoient pas
constans, j'ai tenté de prévoir leurs aberrations et
de faire arriver au même nom par différentes
routes ; mais cette facilité dans la distinction des
plantes, est très – différente dans différentes familles : dans quelques-unes, telles que les crucifères,
il est impossible de distinguer les genres sans l'exa-

____

(1) *Voyez* l'Exposition détaillée de cette méthode, t. I. p. 29.

men des fruits ; dans d'autres, telles que les mousses et les champignons, on ne peut observer les caractères, et quelquefois apercevoir les plantes elles-mêmes, qu'avec le secours de la loupe : lorsque les commençans éprouveront ces difficultés dans l'emploi de la méthode analytique, je les prie, avant de la blâmer, de réfléchir que les Botanistes les plus consommés éprouvent le même embarras, et qu'aucune méthode ne peut rendre le travail plus facile aux élèves, qu'il ne l'est aux maîtres. Cette méthode analytique étant réunie en un seul volume, pourra être portée à la promenade et servir à déterminer sur-le-champ le nom des plantes qui s'offrent sous les pas. Mais lorsque l'élève saura le nom, qu'il se garde de croire savoir la chose ! Renvoyé par un numéro de la méthode analytique à la description, il trouvera dans cette seconde partie les détails dont l'ensemble constitue la science.

Les plantes de la France sont distribuées d'après les familles naturelles de M. de Jussieu, dont la plupart des Botanistes sentent maintenant l'importance et la vérité. A cet égard je n'ai fait qu'un petit nombre de changemens ; les uns ont eu pour but de me rapprocher des principes que vous avez établis dans votre Introduction à l'étude de la Botanique, et je me suis sur-tout conformé à l'ordre que vous avez proposé relativement à la disposition des Dicotylédones Apétales et Polypétales ; les autres sont relatifs à l'organisation de quelques plantes en particulier, qui, ayant été mieux observée, a nécessité quelques corrections dans la classification.

Quant aux descriptions des espèces, j'ai cherché à suivre, autant qu'il étoit en moi, la marche que vous aviez tracée dans la première édition de la

(x)

Flore française, et j'ai conservé textuellement tous
ceux de vos articles auxquels les observations subséquentes n'avoient apporté aucuns changemens ;
ces changemens m'ont souvent été indiqués par les
faits que vous avez vous-même exposés dans le
Dictionnaire Encyclopédique : c'est aussi en considérant ce Dictionnaire comme une seconde édition de la Flore française donnée par vous-même,
que je l'ai, de préférence, cité seul dans la synonymie, lorsque le nom de la plante se trouvoit le
même dans les deux ouvrages.

Cette synonymie, je l'ai étendue un peu plus que
vous ne l'aviez fait dans la première édition ; mon
but a été d'y indiquer : 1°. les différens noms bo-
taniques que la plante a reçus depuis la réforme de
la nomenclature opérée par Linné ; 2°. une ou
deux figures qui puissent aider à la faire reconnoître et suppléer aux imperfections des caractères.
Ce travail difficile a été singulièrement applani par
la possibilité que j'ai eue de consulter un grand
nombre d'herbiers authentiques : le vôtre, que
vous avez eu la bonté de me confier, m'a été sur-
tout d'une immense utilité ; par ce moyen j'ai pu
connoître avec certitude les plantes que vous avez
décrites, j'ai profité des observations et des matériaux que vous aviez rassemblés, pour rédiger l'ouvrage que vous m'avez ensuite confié : la même facilité m'a été accordée par M. Desfontaines, et les
communications de ce célèbre Botaniste qui, dans
sa Flore atlantique, a donné un modèle de l'exactitude et de l'esprit de critique que la synonymie
exige, ont souvent rectifié et agrandi mes idées sur
différentes parties de la science. Relativement aux
points difficiles, j'ai souvent trouvé des éclaircisse-
mens précieux dans les Notes et les Collections de

dans tous les ouvrages généraux de Botanique , un grand nombre d'erreurs relativement à l'indication des patries des plantes.

La nouvelle édition de la Flore française, que j'ai l'honneur de vous soumettre , contient les descriptions d'un nombre de plantes beaucoup plus considérable que l'ancienne , et même que la plupart des Flores qui ont été jusqu'ici publiées ; mais il est nécessaire que j'ajoute quelques observations à ce sujet.

La Flore d'un grand pays ne peut être rédigée avec quelque précision, que lorsque les différentes provinces en ont été déjà étudiées, non seulement par des voyageurs, mais par des Botanistes sédentaires; sous ce rapport, vous avez eu de grandes difficultés à vaincre à l'époque où vous avez entrepris la Flore française, puisque alors on ne connoissoit véritablement que les plantes de Paris, de Montpellier, d'Alsace et de Provence ; votre ouvrage a donné en France une nouvelle impulsion à l'étude du règne végétal ; dans plusieurs provinces, il a formé des Botanistes qui ont contribué à faire connoître les plantes de leurs pays, soit en en publiant des Flores particulières , soit en communiquant leurs observations aux Botanistes de la capitale ; la seule réunion des travaux qui sont dûs à l'influence de votre ouvrage, a beaucoup contribué à perfectionner celui-ci. La publication de plusieurs grands ouvrages de Botanique, la création des écoles centrales, l'agrandissement du Muséum d'histoire naturelle, la faveur et l'estime que les sciences physiques ont acquises dans l'opinion publique, et, le dirai-je? jusqu'à ces troubles civils qui ont forcé tant d'hommes sensibles à étudier la Nature pour détourner leurs yeux des désordres et des crimes de la société, sont autant de circonstances qui ont contribué à faire connoître en peu de temps les plantes de la France. J'ai joint à cet Ouvrage une Carte géographique qui indique, d'une manière générale, la végétation des différentes parties de la France, et le degré auquel ses productions végétales sont connues.

En même temps que l'ancienne France étoit mieux connue, ses limites se reculoient, et maintenant la Flore française se trouve enrichie de plusieurs vastes provinces dont j'ai dû énumérer les productions; c'est sur-tout la réunion du Piémont et du comté de Nice, qui a contribué à augmenter le nombre des plantes décrites dans cet Ouvrage : en effet, ces pays fertiles sont placés sous un ciel différent du nôtre à bien des égards; ils réunissent les degrés extrêmes de la température de l'Europe, et ont déjà été visités par plusieurs Botanistes habiles. Au reste, j'ai cru devoir indiquer les patries des plantes d'après les anciennes dénominations des provinces; celles des départemens sont tellement multipliées, que, pour chaque plante, j'aurois été obligé d'en citer quinze ou vingt, ce qui eût inutilement alongé un ouvrage déjà trop long : d'ailleurs les Flores publiées jusqu'ici étant la plupart disposées d'après l'ancienne division de la France, il est souvent impossible de les rapporter à la nouvelle; ainsi, quand un auteur dit que telle plante croît en Provence, je ne puis savoir s'il s'agit des trois départemens de la Provence, ou d'un seul. Je dois encore avertir que cet Ouvrage étoit totalement terminé et presque tout imprimé à l'époque de la réunion de Gênes, et qu'on n'y trouvera aucune des plantes de ce beau pays, qui mérite de fixer davantage l'attention des Botanistes.

Enfin, une dernière cause qui tend à augmenter beaucoup le nombre des plantes de la France, c'est l'accroissement rapide du nombre des cryptogames connues; cette partie de la Botanique a été comme créée depuis vingt-cinq ans par les découvertes de Hedwig, Hoffman, Bulliard, Persoon, Vaucher, Acharius, et plusieurs autres Botanistes; sa marche est même tellement rapide, que malgré le soin avec lequel j'ai cherché à mettre cet Ouvrage au niveau des connoissances modernes, je vois déjà, depuis trois ans que cette partie est imprimée, qu'on a fait de grands progrès dans quelques points, notamment dans la famille des lichens. Dans toute la cryptogamie, je n'ai indiqué les localités que d'une manière générale, parce qu'il est très-probable que les mêmes cryptogames se trouveront dans presque toutes les parties de la France, lorsqu'on les étudiera avec soin.

Dans la rédaction d'un ouvrage général, la cryptogamie présente une difficulté particulière : c'est l'impossibilité de conserver, et conséquemment de comparer entre elles les espèces de certains genres : dans cette partie de mon travail, j'ai été forcé d'indiquer quelques plantes que je n'avois pas sous les yeux, et je me suis fié à deux observateurs dont l'exactitude m'est bien connue, Bulliard pour les champignons charnus, et Vaucher pour les algues d'eau douce; à l'exception de ces deux parties, je me suis imposé la loi de n'indiquer dans la Flore française aucune plante, à moins de l'avoir actuellement sous les yeux. J'ai donc omis volontairement des espèces décrites dans des Flores particulières; cette omission a quelque inconvénient, je le sais, mais elle a aussi l'avantage d'éviter les doubles emplois, et de donner à cet Ouvrage un plus grand degré d'authenticité : toutes les descriptions en ont été faites d'après nature, et je conserve soigneusement dans mon herbier les échantillons des plantes que j'ai indiquées, afin que tous les Botanistes qui éprouveroient quelques difficultés en se servant de cet Ouvrage, puissent les lever par la comparaison de leurs plantes avec les miennes. Je me ferai à cet égard une loi de transmettre aux Botanistes éloignés de la capitale, les renseignemens qu'ils pourront desirer.

Tels sont, Monsieur, les principes que j'ai suivis, et les secours que j'ai reçus dans l'exécution de la tâche que vous m'avez confiée. Je ne vous parle pas des nombreuses difficultés que j'y ai rencontrées : tous ceux qui, comme vous, ont cherché la vérité par eux-mêmes, sans se trop fier au témoignage d'autrui, et en se défiant même souvent du leur, savent combien cette recherche est délicate ; elle le devient sur - tout dans une science qui se compose d'un nombre immense de faits, et où la théorie peut rarement guider avec sûreté : je m'estimerai heureux si ce travail peut mériter l'approbation du juge éclairé auquel il est offert ; s'il peut contribuer à répandre la connoissance de la véritable histoire naturelle, qui ne se contente ni de mots, ni d'hypothèses ; si enfin, en nous montrant une partie des merveilles que nous foulons aux pieds, il pouvoit diriger toujours plus les esprits vers l'étude de notre patrie!

J'ai l'honneur d'être, Monsieur et respectable ami,

Votre très-humble et très-obéissant serviteur,

A. P. DECANDOLLE,

Docteur en Médecine, Professeur à l'Académie de Genève, etc.

DISCOURS

DISCOURS

PRÉLIMINAIRE

DE LA PREMIÈRE ÉDITION.

Parmi les différentes parties qu'embrasse l'étude de l'Histoire Naturelle, cette étude si noble, si intéressante, et qui depuis un siècle a fait des progrès si rapides, aucune n'a été aussi généralement cultivée que la Botanique, c'est-à-dire, la science dont l'objet est la connoissance des végétaux. Les secours multipliés que les Plantes offrent à l'homme, soit en fournissant aux besoins les plus essentiels de la vie, soit en calmant la violence des maladies qui menacent d'en abréger le cours, soit en enrichissant de leurs tributs les Arts les plus utiles à la société ; la facilité d'ailleurs de se procurer ces productions de la terre qui naissent de tous côtés sous nos pas avec une profusion qui répare sans cesse leur durée passagère; l'attrait enfin qu'inspire par soi-même ce point de vue si gracieux de la Nature, cette diversité de scènes qui semblent s'être partagé toutes les saisons de l'année pour les embellir tour-à-tour, et toutes les parties du Globe pour en varier l'aspect, tout invite en effet le Naturaliste à tourner particulièrement son attention vers cette branche aussi utile qu'agréable des connoissances humaines.

Mais cette science qui offre à la curiosité des aiguillons si puissans, est peut-être en même temps la plus difficile de toutes ; et indépendamment des causes particulières qui en ont compliqué l'étude, et dont je parlerai plus bas, les obstacles qui naissent du fond même de la science, semblent se multiplier à proportion des motifs qui doivent exciter l'avidité d'observer et de connoître.

Il ne faut, pour sentir cette vérité, que jeter un coup-d'œil sur le jardin immense de la Nature. Nous serons frappés d'abord de cette multitude de végétaux répandus de toutes parts avec une sorte de prodigalité, et nous verrons toutes les parties du Globe plus ou moins fécondes depuis la cime des plus hautes montagnes jusqu'au fond des fleuves et de l'Océan. Si nous observons ensuite de plus près et avec plus d'attention, nous verrons par-tout la variété le disputer à la profusion ; nous verrons d'une part des nuances de grandeur, de port, de figure et de couleur multipliées à l'infini ; de l'autre, les végétaux les plus disparates placés les uns à côté des autres, souvent même confondant leurs tiges entrelacées. En comparant les grandeurs, nous verrons encore les extrêmes se toucher, et les mousses les plus délicates croître au pied et sur le tronc même de ces arbres qui élèvent avec majesté leur tête dans les airs. Enfin, comme si toutes les saisons existoient à-la-fois, à côté de quelques feuilles naissantes, se présentera souvent une tige ornée de fleurs nouvellement épanouies, tandis qu'un peu plus loin, des graines prêtes à s'échapper de leur enveloppe desséchée, nous offriront à-la-fois et les signes d'un dépérissement prochain, et les gages multipliés de la reproduction qui doit suivre.

La première impression que cette vue fera sur nous, sera sans doute un sentiment d'admiration pour cette Puissance souverainement libre et indépendante, qui se joue dans cette immense variété d'êtres, où l'uniformité et la symmétrie auroient semblé plutôt annoncer la marche gênée et timide d'une cause limitée.

Mais l'esprit de l'homme est borné, et se trouve comme accablé sous cette multitude prodigieuse d'individus de toute espèce, dont les modèles se rangent sans confusion dans une intelligence infinie, parmi ceux de toutes les créatures possibles. Aussi n'a-t-on trouvé jusqu'ici d'autre moyen pour parvenir à bien connoître le tableau de l'Univers, que de le diviser, d'y tracer par-tout des lignes de séparation, et de déplacer même par l'imagination, les parties qui le composent, pour les soumettre à des arrangemens méthodiques et proportionnés aux limites de nos conceptions. De là ces distributions de plantes par classes, par familles, par genres, etc. ; de là, en un mot, ces nombreux systèmes qui ont tant exercé la sagacité de l'esprit humain, mais qui ne sont au fond qu'un aveu de sa foiblesse, déguisé sous un appareil imposant et scientifique.

Ces divisions eussent été sans doute de la plus grande utilité, si on les eût réduites à leur véritable usage, en ne les employant que comme des moyens artificiels propres à suppléer aux bornes de notre esprit, et à nous aider dans l'étude

immense de la Nature. Mais le grand mal est que les Naturalistes ont presque toujours perdu de vue leur objet, qu'ils ont
mis, si j'ose ainsi parler, sur le compte de la Nature ce qui
étoit leur propre ouvrage, et ont prétendu juger, par leurs
divisions factices et arbitraires, des loix essentielles auxquelles
tous les êtres sont soumis, et des vrais rapports qui peuvent
servir à les rapprocher. En un mot, séduits par une erreur
considérable de métaphysique qui a retardé leurs progrès et
fait perdre à leur travail la plus grande partie de sa valeur,
ils ont toujours confondu le moyen qui peut perfectionner et
agrandir nos vues pour nous faire juger des productions de la
Nature, et établir entre elles une juste comparaison, avec celui
qui doit servir seulement à nous les indiquer et à nous en ap-
prendre les noms, qui ne sont que de pures conventions nécessaires, à la vérité, pour nous entendre, mais absolument étrangères à la marche de la Nature.

C'est pour faire connoître, et j'ose dire démontrer la différence essentielle de ces deux moyens, la nécessité absolue de
ne jamais les confondre; en un mot, celle de les employer
l'un et l'autre, mais toujours séparément, que je me propose
d'examiner certaines opinions qui ont été regardées jusqu'ici
comme des loix en Botanique; opinions qui me paroissent très-
défectueuses, et même contraires aux progrès de nos connoissances dans cette partie intéressante de l'Histoire Naturelle.

Pour mettre dans un plus grand jour ce que j'ai à dire sur
cette matière, je diviserai ce Discours en quatre parties.

Dans la première, je parlerai de l'état actuel de la science
que j'entreprends de traiter, et je ferai voir que les difficultés
que l'on éprouve par-tout en l'étudiant, sont rebutantes et presque insurmontables.

La seconde sera destinée à un examen plus particulier des
moyens que l'on a employés jusqu'ici pour faciliter l'étude de
la Botanique. Je ferai voir que l'insuffisance de ces moyens,
et l'incertitude qui en résulte de toutes parts, sont les suites
nécessaires des opinions mal fondées par lesquelles les Botanistes se sont laissés dominer.

La troisième partie traitera de la meilleure manière de voir
et de travailler en Botanique. J'y exposerai les objets qu'il est
indispensable de se proposer dans cette science, et le véritable
point de vue sous lequel on doit les envisager.

Enfin, dans la quatrième partie, je détaillerai les principes de la nouvelle méthode que j'ai imaginée, et j'établirai les raisons qui me paroissent lui assurer une préférence marquée sur toutes celles qui ont paru jusqu'ici, comme étant plus simple, plus faci'e et plus propre à conduire avec certitude à la connoisance des plantes. Cette partie sera terminée par l'exposition des principes auxquels on doit s'attacher dans la formation d'un ordre naturel.

PREMIÈRE PARTIE.

De l'état actuel de la Botanique, et des difficultés qu'on éprouve dans l'étude de cette Science.

Je suis bien éloigné de vouloir déprimer tant d'hommes célèbres qui se sont occupés de la Botanique. Personne ne rend plus sincèrement que moi justice à leurs lumières, et ne sent mieux le prix de leurs travaux : personne sur-tout ne souscrira plus volontiers aux éloges que les savans ont accordés à M. de Tournefort, qui a su le premier ramener la Botanique à ces principes simples et lumineux qui mettent de l'ordre dans nos idées, et distinguent la science de la simple nomenclature.

Après lui, le chevalier Linné, profitant des découvertes et des fautes de son illustre prédécesseur, s'est frayé une route nouvelle, et a enrichi la Botanique de cette foule d'observations aussi neuves qu'ingénieuses, et de ces rapports étonnans et variés qui naissent de la considération des sexes dans les plantes.

Mais si les travaux de ces grands hommes et de tant d'autres Naturalistes ont considérablement reculé les bornes de nos connoissances dans cette partie, il me paroît qu'ils n'ont pas également contribué à en faciliter l'étude. La Botanique, dans l'état où elle est, se trouve comme surchargée d'une multitude d'obstacles que les Naturalistes ont ajoutés à ceux que la multitude et la variété des individus présentent déjà par eux-mêmes.

Parmi les causes qui contribuent le plus à faire naître ces obstacles, on doit placer les variations perpétuelles dans les principes constitutifs ; les termes scientifiques trop nombreux et trop rarement définis dont on a hérissé la nomenclature ; les

systêmes multipliés, mais tous insuffisans, qu'on a vus se suc-
céder les uns aux autres, et dont les loix sont presque toujours
en contradiction avec la Nature; le trop grand nombre d'exceptions dans les caractères génériques, et enfin les définitions
vagues que l'on a faites des parties les plus essentielles des
plantes, et d'après lesquelles il est impossible de fixer d'une
manière précise la notion de ces mêmes parties.

Voilà sans doute des reproches très-graves, et qui exigent
des preuves convaincantes; mais j'ose me flatter que quiconque
lira avec un esprit libre de préjugés les détails dans lesquels je
vais entrer sur ces différens objets, y verra que ce n'est pas la
séduction de mes propres principes qui m'a fait attaquer toutes
les opinions qui les combattent, mais plutôt l'expérience que
j'ai des vices essentiels de tous les systêmes qui, après m'a-
voir fait long-temps souhaiter qu'un autre pût mieux faire,
m'a engagé dans des tentatives pour réaliser par moi-même
ce desir.

ARTICLE PREMIER.

*Du peu de fixation des noms que l'on a donnés à certaines
parties des Plantes, et de la mauvaise déterminaison de
plusieurs expressions employées pour exprimer leurs caractères.*

S'il y a dans les plantes des parties dont la définition doive
avoir été soignée par les Botanistes, ce sont sans doute celles
qui servent comme de base à leurs différens systêmes, et qui
devoient les conduire aux caractères les moins variables, et en
même temps les plus propres à leur fournir un grand nombre
de divisions. Prenons pour exemple la corolle et les étamines,
d'après lesquelles M. de Tournefort, d'une part, et le chevalier Linné de l'autre, ont établi leurs grandes divisions, et formé
leurs classes.

Il est aisé de s'appercevoir d'abord que la corolle est une
partie si mal déterminée, que presque par-tout on est embarrassé pour reconnoître son existence; les uns donnant ce nom
dans certaines plantes à des parties de la fleur que d'autres
regardent simplement comme son calice, tandis que dans
d'autres plantes ceux-là même donnent le nom de calice à des
parties de la fleur que ceux-ci prennent pour la corolle.

C'est ainsi que M. de Tournefort prend pour corolle dans le *juncus*, l'*amaranthus*, le *kali*, le *tamnus*, etc. les parties que M. Linné nomme *calice*; et que d'un autre côté le premier auteur donne le nom de *calice* dans le *rumex*, le *buxus*, l'*empetrum*, etc. à des parties que M. Linné prend pour *corolle*. On démontre actuellement au Jardin royal de Paris, sous le nom de *calice*, dans toutes les *liliacées*, les *hellébores*, les *nielles*, les *aconits*, etc. des parties que MM. de Tournefort et Linné appellent très-décidément *corolle*.

Il y a plus, il ne faut qu'ouvrir les ouvrages de M. Linné, pour y appercevoir que dans un grand nombre de cas, il laisse au choix de son lecteur d'appeler *calice* ou *corolle* une même partie de la plante. C'est ainsi que, selon lui, dans le *laurus*, le *phytolacca*, le *medeola*, le *melanthium*, etc. les fleurs n'ont pas de calice, à moins, dit-il, qu'on ne prenne pour tel la corolle qui les environne; et que dans d'autres plantes, comme le *polygonum*, le *chrysosplenium*, le *thesium*, etc. la corolle est nulle, à moins, dit-il encore, qu'on ne regarde comme tel le calice de leurs fleurs : preuve bien évidente qu'il n'attache point lui-même aux termes de *corolle* et de *calice* des idées fixes et précises qui puissent fournir un moyen sûr de reconnoître l'existence de l'un ou de l'autre.

Les étamines sont dans le même cas; tantôt les filamens stériles ne sont comptés pour rien, lorsqu'il s'agit de déterminer leur nombre : ainsi le *gratiola* est placé dans la diandrie, et l'*herniaria* dans la pentandrie ; et tantôt, au contraire, ces mêmes filamens font nombre avec les étamines : ainsi l'*albuca* se trouve placé dans l'hexandrie, et l'*anacardium* dans la décandrie (1).

Quelquefois le nombre des étamines est fixé par celui des anthères, sans avoir égard aux filamens, comme dans le *monniera*, le *fumaria*, etc. ; d'autres fois, ce sont les filamens qui déterminent les étamines; et le nombre des anthères est négligé, comme dans le *dianthera*, le *theobroma*, le *stemodia*, etc.

On trouve très-souvent dans les fleurs de certaines plantes, des parties très-différentes les unes des autres par leur nature, mais qui peuvent fournir d'excellens caractères pour distinguer

---

(1) M. Murrai a replacé avec raison ce dernier genre dans l'ennéandrie. *Murr. Syst. végét.*

ces plantes. Ce sont tantôt des appendices ou des prolongemens singuliers de la corolle, en forme de cornet ou d'éperon postérieur ; tantôt des rainures, des fossettes ou des enfoncemens sur les pétales ou sur l'ovaire ; tantôt des écailles, des folioles ou des cornets intérieurs ; tantôt des glandes, des filets ou des poils, et tantôt enfin des portions même de la corolle qui s'avancent un peu plus que d'autres.

Toutes ces parties qui n'ont aucune ressemblance, aucun rapport entre elles, ont reçu, malgré cela, le nom vague de nectaire : il faut l'avouer, cette manière de trancher d'un mot la difficulté, est très-commode pour l'auteur qui fait un système : mais dans quel embarras ne jette-t-elle pas ceux qui, d'après de pareilles notions, entreprennent d'étudier la Nature !

En effet, on trouve souvent plusieurs de ces nectaires, très-différens, réunis dans la même fleur ; et alors comment déterminer lequel doit conserver son nom aux dépens des autres ?

C'est ainsi que le prolongement en forme d'éperon que l'on observe derrière les fleurs de violette, de capucine, etc. conserve sans difficulté le nom de nectaire, tandis qu'on le refuse à un pareil éperon dans les orchis, pour l'accorder au pétale inférieur de leur corolle.

Les divisions, soit de la corolle, soit du calice, sont encore si mal déterminées, qu'on ne sait très-souvent si l'on doit regarder ces enveloppes comme étant d'une seule ou de plusieurs pièces dans telle ou telle plante que l'on observe. La corolle des mauves est monopétale selon M. de Tournefort, et polypétale selon M. Linné. D'un autre côté, ces deux auteurs s'accordent à regarder la corolle de la tulipe et celle du lys comme composées de six pétales très-distincts ; et ces corolles sont démontrées au Jardin royal, comme n'étant qu'un calice monophylle à six divisions.

Il seroit trop long de rapporter toutes les déterminations embarrassantes des noms que l'on a donnés aux différentes parties des plantes ; mais ce n'est point assez d'avoir montré l'incertitude et l'obscurité répandues de toutes parts sur ces premières notions faites pour éclairer l'entrée de la Botanique. Nous allons voir les difficultés se multiplier à mesure que nous pénétrerons plus avant dans cette science. C'est ce qui fera la matière d'une discussion importante sur la formation vicieuse des genres et des familles par les Botanistes, et sur le peu de soin qu'ils ont pris de distinguer entre le caractère constant qui détermine l'espèce, et la nuance locale qui donne la simple variété.

ARTICLE II.

Des Familles, des Genres, des Espèces et des Variétés.

Il y a des plantes qui diffèrent entièrement et dans toutes leurs parties; il y en a d'autres qui diffèrent seulement dans beaucoup de leurs parties; d'autres ensuite ne diffèrent que dans quelques-unes de leurs parties; et enfin il y en a qui ne diffèrent absolument dans aucunes de leurs parties.

Voilà ce qui est bien certain et bien connu; mais en rapprochant les plantes en raison de leurs ressemblances, et en les éloignant à mesure qu'elles diffèrent, peut-on former des groupes particuliers séparés par des limites bien marquées et bien circonscrites? Peut-on, après cela, diviser et même sous-diviser ces groupes considérables, et en former d'autres moins composés, mais toujours déterminés par des caractères saillans, sans rompre aucun rapport essentiel? en un mot, existe-t-il bien réellement des familles que l'on puisse isoler les unes des autres? existe-t-il des genres dont les limites ne soient jamais confondues? enfin peut-on distinguer sans équivoque les espèces des variétés, et celles-ci des individus?

Ce sont-là sans doute les problêmes les plus intéressans de la Botanique; mais il y a beaucoup d'apparence qu'on ne pourra de long-temps en trouver la solution affirmative.

On a cependant agi comme si ces questions n'existoient point, ou n'étoient point proposables; on a regardé comme certain, ce qui pouvoit à peine être supposé; et en conséquence on a essayé de former des familles du premier ordre, auxquelles on a donné le nom de genre : on s'est ensuite retourné de mille manières pour faire avec les genres des familles du second ordre, que l'on a nommées *familles naturelles*; on a même été jusqu'au point de vouloir réunir plusieurs de ces prétendues familles, pour former des classes, c'est-à-dire, des divisions générales que l'on regardoit aussi comme naturelles; mais la Nature, qui ne se plie nulle part à ces règles

que l'on prétend établir sur la marche de ses productions,
forme tantôt des interruptions subites ou des retours frappans
dans ses rapports, tantôt des nuances imperceptibles qui refusent toute espèce de division : la Nature, en un mot, rejette
les classes et les familles, et contrarie presque par-tout les
genres même les moins composés.

Les lois qui constituent ces familles et ces genres, sont sans
cesse sujettes à des exceptions destructives (1) ; à mesure que
l'on examine plus attentivement, on est forcé de former de
nouveaux genres aux dépens de ceux que l'on avoit formés
d'abord ; réduction qui deviendra de jour en jour plus nécessaire, à mesure que les observations se multiplieront, ou que
nous découvrirons de nouvelles plantes dont les caractères mi-
partis mettront des entraves à toutes nos règles ; et nous fini-
rons sans doute par n'avoir dans chaque genre qu'une seule
espèce, multipliée souvent en autant de variétés que d'individus (2).

Je sais combien ces principes s'éloignent des idées reçues,
et même combien de noms illustres on pourroit m'opposer.
Mais si les autorités doivent être appréciées plutôt que comptées,
quel avantage n'est-ce pas pour moi de pouvoir citer en ma
faveur un témoignage d'un aussi grand poids que celui de
M. de Buffon ? Voici comme il s'exprime en parlant des différens systêmes imaginés par les Naturalistes.

« Prenons pour exemple la Botanique, cette belle partie de
» l'Histoire Naturelle, qui, par son utilité, a mérité de tout
» temps d'être la plus cultivée, et rappelons à l'examen les
» principes de toutes les méthodes que les Botanistes nous ont

---

(1) L'*alysson spinosum*, le *cnicus erysithales*, l'*arctium carduelis*,
l'*æsculus pavia*, le *peplis tetrandra*, le *convallaria bifolia*, le *linum radiola*, le *tordylium authriscus*, etc. etc., n'ont pas le caractère de leur
genre.

(2) Des observations nouvelles ont engagé M. Linné à retirer du genre
des plantains, le *littorella lacustris* ; de celui de l'*actæa*, le *cimicifuga
fœtida* ; de celui du *campanula*, le *canarina campanula* ; de celui du *gentiana*, le *chlora perfoliata* ; de celui du *glycine*, l'*abrus precatorius*, etc.
S'il redoubloit encore d'attention, peut-être retrancheroit-il de leur genre
l'*æsculus pavia*, le *valeriana sibirica*, le *gratiola monnieria*, l'*adonis
capensis*, le *gentiana heteroclita*, le *barleria prionitis*, et tant d'autres
qui refusent de se soumettre aux loix de leur classe, de leur section et de
leur genre.

» données ; nous verrons avec quelque surprise qu'ils ont eu
» tous en vue de comprendre dans leurs méthodes généralement
» toutes les espèces de plantes, et qu'aucun d'eux n'a parfaite-
» ment réussi ; il se trouve toujours dans chacune de ces mé-
» thodes un certain nombre de plantes anomales dont l'espèce
» est moyenne entre deux genres, et sur laquelle il ne leur a
» pas été possible de prononcer juste, parce qu'il n'y a pas plus
» de raison de rapporter cette espèce à l'un plutôt qu'à l'autre
» de ces deux genres : en effet, se proposer de faire une mé-
» thode parfaite, c'est se proposer un travail impossible ; il
» faudroit un ouvrage qui représentât exactement tous ceux de
» la Nature ; et au contraire, tous les jours il arrive qu'avec
» toutes les méthodes connues, et avec tous les secours qu'on
» peut tirer de la Botanique la plus éclairée, on trouve des
» espèces qui ne peuvent se rapporter à aucun des genres com-
» pris dans ces méthodes, etc. (1) ».

Il eût été cependant bien avantageux, pour faciliter l'étude
de la Botanique, d'avoir des genres bien faits et déterminés
par des caractères certains et à l'abri de toute équivoque, afin
de n'être pas obligé de donner à chaque plante un nom particulier, ce qui surchargeroit infiniment la mémoire ; et afin de
faciliter l'analyse, qui me paroit être le seul moyen que l'on
puisse employer pour parvenir à la connoissance d'une plante
ou de tout autre objet appartenant à l'Histoire Naturelle.
Mais il falloit pour cela, regarder ces genres comme artificiels,
et n'avoir aucun égard aux rapports des plantes en les formant ;
car on sait que l'on peut souvent rapprocher un très-grand
nombre de plantes par des rapports assez marqués, sans pouvoir les circonscrire par des caractères déterminés et tranchans.

Malheureusement les choses, même encore à présent, sont
vues sous un aspect tout-à-fait différent. La formation des genres
par les Botanistes modernes doit être plutôt regardée comme
une recherche sur les rapports des plantes, que comme un
moyen de les connoître et de les indiquer sans erreur.

Quand je dis qu'il ne faut pas avoir égard aux rapports des
plantes dans la formation des genres, qui, selon moi, ne
peuvent être qu'artificiels ; je ne prétends pas pour cela donner
comme genres des assortimens bizarres, où la loi des rapports

---

(1) Hist. Nat. premier Discours, *page 18 et suiv.*

naturels se trouveroit entièrement violée ; je veux dire seulement que les caractères à l'aide desquels on tracera les limites
qui détermineront les genres , ne doivent être gênés par aucune
des considérations qui entrent dans la formation d'un rapprochement de rapports , c'est-à-dire, d'un ordre naturel ; mais
bien loin que les espèces qui composeront un même genre
soient disparates, le caractère artificiel qui les unira, sera choisi
de manière à leur conserver les unes à l'égard des autres , le
rang même qu'elles occuperont dans la série naturelle des
plantes.

Ainsi, après avoir formé cette série d'après les principes
qui seront exposés dans la dernière partie de ce Discours, il
faudra tirer de distance en distance , des limites artificielles ,
qui détacheront autant de petits grouppes, dont les plantes
seront liées à l'aide d'un caractère simple , ou de deux caractères combinés, que l'on obtiendra d'une ou de deux parties
quelconques , et non pas exclusivement , des parties de la
fructification.

Ces grouppes seront les genres dont j'ai parlé , genres qui
se rapprocheront de la Nature autant que le peut l'ouvrage
de l'art.

Il n'est pas difficile de sentir l'avantage que ces mêmes
genres auront à tous égards sur ceux qu'ont adopté la plupart
des Botanistes qui, pour se rapprocher de la Nature, les ont
assujettis à des exceptions nombreuses par la préférence exclusive qu'ils ont données aux parties de la fructification.

De pareils genres ne peuvent être qu'infiniment arbitraires,
parce que la nature, comme je l'ai observé , marche tantôt
par des rapports si extraordinaires, que l'on désespère de
pouvoir lier ensemble les individus que l'on veut comparer
en vertu de ces rapports , et tantôt par des nuances si délicates de variétés , qu'il paroît impossible de les saisir ; d'où
il arrive qu'au milieu de cette multitude de points communs
et de routes qui semblent se fuir, on ne trouve sans cesse
qu'incertitudes et difficultés; on ne sait pour l'ordinaire à quel
genre rapporter telle ou telle plante que l'on observe. Aussi
comme chaque Auteur place cette plante à son gré , ou en
raison du système qu'il a formé , quelle confusion ne voit-on
pas naître de tant de principes différens qui la font voltiger
sans cesse de genre en genre , lui donnant chaque fois un

nouveau nom, et qui finissent très-souvent par lui constituer un genre propre à elle seule (1)?

Qui ignore les révolutions nombreuses que la plupart des ombellifères ont éprouvées de la part des Auteurs qui ont écrit sur les plantes? On pourroit presque compter le nombre des synonymes de chacune d'elles, par celui des Botanistes qui ont fait des systêmes. Le *siler alterum pratense* de Dodonée a été rangé parmi les *seseli* par G. Bauhin, replacé ensuite avec les angéliques par M. de Tournefort, et réuni après cela au *peucedanum* par M. Linné; mais comme ses semences n'ont pas tout-à-fait le caractère du *peucedanum*, des Botanistes plus modernes en font un *ligusticum*, d'où peut-être d'autres le retireront encore pour le replacer ailleurs. Le *daucus montanus apii folio major* de Bauhin est nommé *cervaria* par Rivin; *oreoselinum* par Tournefort; *athamanta* par le chevalier Linné; et M. Scopoli le rapporte au *selinum*.

Les plantes ombellifères ne sont pas les seules qui fournissent des exemples de ces transports multipliés, et de la mauvaise détermination des genres.

En effet, la plupart des composées sont dans le même cas; les *cnicus*, *carduus*, *serratula*, *carthamus*, *atractylis*, etc. sont fort mal distingués les uns des autres. On aura souvent de la peine à saisir la différence qui fait que le *serratula arvensis* n'est point un *carduus*, puisque le calice alongé du *carduus pycnocephalus*, du *carduus crispus*, etc. ne les a pas fait rapporter au *serratula*. On ne sait sur-tout pourquoi le *carduus serratuloides* n'est point un *serratula*, ainsi que tant d'autres dont le calice un peu alongé n'est presque point épineux. On pourra aussi prendre le *carduus Syriacus*, le *C. stellatus*, le *C. eriophorus*, et bien d'autres, pour des *cnicus*, tandis que le *cnicus erysithales* sort du caractère de son genre : enfin beaucoup d'espèces de *centaurea* seront pareillement confondues avec les *carthamus*, *cnicus*, etc., non pas par les Botanistes que l'usage de se communiquer entre eux a mis au fait des conventions reçues, mais par ceux qui, se trouvant réduits à consulter les règles même, n'auront pas occasion d'être avertis des exceptions nombreuses auxquelles elles sont sujettes.

---

(1) Parmi les douze cent vingt-huit genres qu'a formés M. Linné, il s'en trouve quatre cents qui ne renferment qu'une seule espèce.

J'aurois pu , pour prouver ce que je viens de dire , faire un très-grand nombre de citations, sur-tout si j'avois voulu rappeler les limites incertaines et trop souvent violées des genres qui comprennent les plantes à demi-fleurons , tels que sont ceux des *hieracium, crepis, sonchus, lactuca, scorzonera*, etc. ; tels encore ceux des *alysson , draba , cochlearia , lepidium , thlaspi* , etc. ; tels enfin ceux de beaucoup de labiées, graminées , etc. etc. Mais ce que j'ai dit est plus que suffisant pour faire voir combien l'idée de conserver des rapports a gêné les Botanistes dans la formation des genres, et combien l'opiniâtreté avec laquelle ils ont tout sacrifié à ce préjugé , jette d'irrégularités dans leurs principes , et porte atteinte à la stabilité de leurs règles, qui se perd dans la multitude des exceptions : ils n'ont pas senti qu'il y auroit eu bien moins d'inconvénient à se mettre peu en peine des rapports , pour former des loix saillantes , des divisions nettes et circonscrites , démenties , à la vérité , par la marche libre et infiniment variée de la Nature, mais bien plus propres à nous conduire avec certitude à la connoissance de chaque individu.

Il me sera facile de montrer que tout ce que je viens de dire à l'égard des familles et des genres, a aussi parfaitement lieu pour les espèces, et que l'étude de la Botanique à cet égard est encore embarrassée de mille incertitudes et de difficultés insurmontables : car, au lieu de chercher à distinguer les espèces par des caractères tranchans, toujours confirmés par la constance dans la reproduction, et sans jamais employer le plus ou le moins, presque tous les Botanistes à présent multiplient infiniment les espèces aux dépens de leurs variétés; ils ne connoissent plus de bornes à ce desir de créer de nouveaux êtres ; la moindre nuance dans la grandeur, dans la couleur ou dans la consistance de deux individus , leur suffit pour former deux espèces particulières. Ils ne font pas attention que les semences d'une même plante portées dans deux endroits différens , exposées et cultivées dans des circonstances tout-à-fait contraires, produiront nécessairement , au bout de quelques années , deux plantes qui différeront beaucoup par leur aspect extérieur; c'est-à-dire, que l'une pourra être vigoureuse, succulente, d'un verd plus foncé, plus garnie dans toutes ses parties, etc. tandis que l'autre sera maigre, dure, blanchâtre, moins élevée, quelquefois même un peu penchée, moins glabre et moins garnie de feuilles ou de fleurs ; mais ce sera toujours du plus ou du moins, et les caractères ne seront point vraiment tranchans. Cependant si l'on fait de ces deux plantes deux espèces différentes, et qu'on les place comme telles dans le catalogue des espèces de leur genre, que va devenir la Botanique fondée sur de pareils principes ? quel chaos, et comment se reconnoître ? sur-tout si, à l'exemple de M. de Tournefort, on entame une fois les variétés des anémones, des tulipes, des narcisses, des oreilles-d'ours, des pommiers et poiriers, etc. etc. ; nous verrons continuellement naître et disparoître tour-à-tour des milliers d'espèces qui jetteront de la confusion dans nos connoissances, et rendront nos travaux beaucoup plus pénibles, sans que nous puissions espérer d'en recueillir aucun fruit.

En effet, les deux plantes dont je parlois dans l'instant, cultivées par la suite dans un même jardin pour l'usage des démonstrations, partageront alors des circonstances à-peu-près semblables dans leur culture, leur exposition, etc. Ainsi leurs différences disparoîtront insensiblement, et nos catalogues seuls conserveront une espèce que la Nature auroit perdue, si elle n'eût été plutôt notre ouvrage que le sien.

Il est donc constant, par tout ce que je viens de dire, que quoique les travaux des Naturalistes modernes aient doublé et même triplé la collection des plantes observées jusqu'à ce jour, et que leurs observations aient prodigieusement enrichi cette partie de l'Histoire Naturelle ; avec tout cela, le peu d'efforts qu'ils ont faits pour faciliter la connoissance de leurs découvertes ; la foiblesse et l'insuffisance des moyens qu'ils ont employés pour donner de la stabilité aux principes qu'ils ont admis ; la mauvaise déterminaison des caractères génériques et spécifiques ; et en un mot, les systêmes nombreux, tous plus ingénieux qu'utiles, confirment parfaitement ce que j'avois annoncé sur les obstacles insurmontables que l'on trouve à chaque pas dans l'étude d'une science aussi importante.

D'ailleurs les systêmes ou les méthodes artificielles qui devroient toujours nous conduire par une voie également aisée et certaine à la dénomination des plantes que nous cherchons à connoître ou à nous rappeler, sont, outre leur insuffisance, si difficiles à saisir et à concevoir, que l'on ne peut guère parvenir à en avoir la clef sans s'être rompu dans l'habitude d'observer les plantes, et par conséquent sans en connoître déjà un

grand nombre. De là il arrive que la plupart de ceux qui étu-
dient les systêmes, se bornent à les vérifier sur les individus
qu'ils connoissent déjà, ou s'exposent à tomber dans des méprises grossières, et ne tirent d'autre fruit de ces recherches
scientifiques dans lesquelles ils s'engagent, que de s'égarer avec
plus de confiance.

Ainsi cette étude précieuse, appliquée autrefois avec tant de
succès au profit de l'économie animale par des hommes célèbres à qui, sans le secours des méthodes et des systêmes, un
coup-d'œil très-exercé et des observations exactes suffisoient au
milieu du petit nombre d'individus connus alors; cette étude,
dis-je, devenue immense de nos jours, n'est presque plus com-
patible avec tant d'autres objets indispensables auxquels s'étend
l'art de guérir. L'impossibilité de se rendre habile en peu de
temps, étouffe l'ardeur de s'instruire, retarde les progrès de la
science, et nous prive de mille tentatives heureuses, de mille
découvertes intéressantes, auxquelles des connoissances plus
certaines, plus faciles à acquérir, plus généralement répandues,
ne manqueroient pas de donner naissance. La difficulté des systêmes épaissit le voîle qui nous cache les secrets de la Nature,
et l'étude approfondie de la Botanique n'est plus que le par-
tage d'un petit nombre de Naturalistes, que leur aisance met
à portée de se livrer tout entiers à une inclination louable, à
la vérité, mais stérile pour le bien de l'humanité, et qui presque toujours annonce plutôt l'amateur qui cherche à occuper
son loisir, que le citoyen jaloux de se rendre utile.

SECONDE PARTIE.

De l'insuffisance des moyens que l'on a employés pour faciliter l'étude de la Botanique.

La Botanique ne consiste pas, comme bien des gens se l'i-
maginent, dans l'habitude de considérer telle ou telle plante,
et d'appliquer à l'idée qu'on se forme de son port, un nom
quelconque indiqué par une étiquette ou par un Professeur.
Cette façon d'étudier les plantes, qui est peut-être la plus
commune, pourroit suffire jusqu'à un certain point, si le règne
végétal se trouvoit réduit à un nombre borné d'individus qui

eussent entre eux des différences tranchantes. Mais la prodigieuse quantité des plantes, les ressemblances fréquentes d'une espèce avec l'autre dans le port extérieur et le plus grand nombre des parties, compliquent extrêmement le travail de l'observateur, obligé de repasser sans cesse sur les mêmes traces pour se familiariser avec les objets, et exposent l'œil même le plus exercé, à des erreurs souvent inévitables. Et quels dangers ne résulteront pas d'une pareille étude, si, d'après des connoissances si vagues, on ose faire usage des vertus des plantes? Que n'aura-t-on pas à craindre de ces méprises, peut-être plus ordinaires qu'on ne le pense, et dont le moindre inconvénient est d'être indifférentes, et de laisser subsister dans toute leur violence des maux qui exigent souvent les secours les plus prompts et les plus actifs?

Les vrais principes de la Botanique consistent donc dans l'étude approfondie des caractères constans qui distinguent les plantes les unes des autres, dans l'observation exacte de tout ce qu'elles ont de commun et de particulier, et dans la recherche de tout ce qu'elles offrent d'intéressant pour l'Histoire Naturelle ou la Médecine.

On a senti que pour remplir ces différentes vues, pour suppléer aux bornes trop resserrées de la mémoire, se reconnoître au milieu de la multitude immense des végétaux, et être plus à portée de transmettre aux érations futures le dépôt précieux des connoissances acquises en ce genre, il falloit un ordre général, une distribution méthodique, où le tableau particulier de chaque individu eût une place marquée et facile à retrouver, d'après l'inspection même de l'individu. Or, ce sont les tentatives faites par les Botanistes pour exécuter ce vaste projet, que j'entreprends ici de soumettre à l'examen, et dont j'espère démontrer le peu de succès, relativement à l'objet qu'ils se sont proposé.

ARTICLE PREMIER.

Des différens arrangemens qui ont été imaginés pour faire connoître les Plantes.

Le besoin fut, pour ainsi dire, le premier guide qui conduisit l'homme à la connoissance du règne végétal. Les alimens que les plantes lui offrirent, les remèdes que des essais heureux

lui

lui découvrirent dans plusieurs d'entre elles, les lui firent regarder avec plus ou moins d'intérêt, à raison de l'utilité plus ou moins marquée qu'il retiroit de chacune. Il les nomma d'après leurs vertus ou propriétés; et ramenant de même à son propre avantage la division qu'il en fit, il les distribua selon les différens services qu'elles lui rendoient, et les divers genres de maladies contre lesquelles elles lui offroient des ressources; ensorte que les premiers ouvrages sur cette matière furent proprement des Traités de Botanique usuelle.

On remarqua ensuite que certaines plantes affectionnoient des climats particuliers; que dans le même climat, les lieux aquatiques, les terreins secs ou montagneux, les bois et les champs présentoient chacun une scène à part, qui se renou-veloit à-peu-près d'une saison à l'autre. Quelques observa-teurs distribuèrent les plantes d'après ce point de vue général de la Nature, et leurs Traités furent comme l'histoire de leurs voyages.

On sentit dans la suite, que ni les propriétés des plantes, qui ne se manifestent en quelque sorte que par la destruction même de l'individu, ni des circonstances purement locales, ne pouvoient fournir aucune distribution exacte et méthodique. On imagina donc des divisions fondées sur ce que les plantes présentoient de plus frappant aux yeux, sur leur grandeur, leur consistance, leur durée. On employa la considération des racines, des tiges, des feuilles, quelquefois même celle de la fleur et du fruit. Ces ébauches, d'abord très-imparfaites, se perfectionnèrent peu-à-peu, et préparèrent, comme par degrés, l'heureuse révolution qui s'est faite depuis environ un siècle dans la Botanique.

C'est alors que des hommes célèbres, convaincus de l'insuf-fisance de tous les caractères employés par ceux qui les avoient précédés, tournèrent toute leur attention du côté des parties de la fructification, et crurent même appercevoir l'indication de la Nature dans l'importance de ces organes destinés à la reproduction des individus. Ils rassemblèrent les différentes plantes qui leur parurent avoir plusieurs de ces caractères communs entre elles, et formèrent, comme je l'ai déjà dit, de petites familles détachées, connues sous le nom de *genres*. La moindre différence qui parut constante dans les plantes qui composoient un genre, servit à former les espèces, et les

Tome I.   B

différences accidentelles et peu constantes firent, ou du moins durent faire les variétés.

Mais ce travail, plus ou moins heureusement exécuté, ne suffisoit pas ; la multiplicité des genres exigeoit à son tour un arrangement et une distribution particulière qui pût nous conduire plus facilement jusqu'à chacun d'eux. Aussi en rassembla - t - on plusieurs dont on forma des grouppes qui furent nommés *ordres*, *sections*, ou, selon d'autres, *familles naturelles*. Enfin, on crut devoir encore réunir les ordres et les sections, et on en composa des divisions plus générales auxquelles on donna le nom de *classes*.

L'ensemble ou la totalité des classes reçut la dénomination de *système* ou de *méthode*, selon la nature des principes constitutifs posés par les auteurs qui se sont occupés de ce travail. Et tel a été le dernier résultat des efforts que l'on a faits de siècle en siècle pour faciliter l'étude et la connoissance des plantes. C'est aussi à ce point de vue que je m'arrête, pour essayer de faire voir combien il nous laisse encore de choses à desirer, et combien les mains savantes qui se sont efforcées de poser la borne de nos progrès en ce genre, sont restées en-deçà du terme où il eût été possible d'arriver.

ARTICLE II.

Des Systèmes et des Méthodes.

Un système en Botanique est, selon l'acception commune, un arrangement, un ordre général, fondé par-tout sur les mêmes principes. Il résulte de cette définition, que, dans un système, on ne doit faire usage que d'une seule partie, quelle qu'elle soit, ou du moins d'un très-petit nombre de parties qui aient entre elles une analogie marquée. Ainsi, un ordre fondé uniquement sur la considération du fruit, ou des organes sexuels, ou de la corolle, ou même des feuilles, doit être regardé comme un système.

Une méthode, au contraire, est un arrangement fondé sur des principes moins fixes, moins déterminés, et dont on peut s'écarter toutes les fois que cela est nécessaire ou avantageux pour remplir l'objet que l'on se propose.

Or, il est aisé de s'appercevoir qu'un système qui fourniroit assez de divisions pour conduire par une voie également sûre

et facile à la connoissance de toutes les plantes dont il renfermeroit la description, mériteroit d'être préféré à une méthode,
quelque bien faite que celle-ci pût être : car un pareil système
auroit sur la méthode l'avantage important d'offrir des vues
générales, ramenées toutes au principe fondamental comme à
leur centre commun, et qu'il seroit aisé de saisir et de graver
dans sa mémoire : au lieu qu'une méthode que l'on suppose
s'écarter souvent des principes sur lesquels elle est établie,
c'est-à-dire, faire usage de caractères pris dans toutes sortes
de parties différentes, pourroit, à la vérité, conduire avec
sûreté jusqu'à la plante que l'on cherche à connoître, mais ne
présenteroit à l'esprit qu'un ensemble mal lié, que des divisions disparates et peu propres à être retenues par cœur.

Il reste maintenant à examiner s'il est possible de faire un
système qui remplisse véritablement son objet. Or, je me suis
convaincu, par les différentes tentatives que j'ai faites, et
plus encore par des réflexions qui me paroissent décisives et
sans réplique, qu'une pareille entreprise est absolument im-
praticable, et sera toujours l'écueil des talens même les plus
décidés.

Premièrement, il est certain qu'aucun des caractères que
l'on pourroit choisir pour être la base du système, n'est assez
fécond pour fournir seul un nombre suffisant de divisions;
avantage qu'il est cependant très-important de se procurer,
pour n'avoir point à choisir dans chaque division entre une
trop grande multitude d'objets à-la-fois. Mais en second lieu,
il est facile de démontrer que tous les caractères, dans quelque
partie qu'on les prenne, sont susceptibles de varier ou d'être
constans, selon les plantes dans lesquelles on les observe : c'est
ce qui fait, pour le dire en passant, que les principes qui
établissent des caractères du premier, du second ou du troisième ordre, sont si souvent démentis par la Nature. Mais je
m'arrête à une considération plus générale; et je vais essayer
de montrer, par plusieurs exemples, qu'il ne peut y avoir
aucun système dont le fondement ne soit ruineux.

Supposons d'abord que l'on veuille former un ordre général
d'après la considération unique du calice; il se trouvera que
cette partie est d'une forme très-avantageuse dans les mauves
et beaucoup d'autres espèces de plantes. Mais bientôt le caractère deviendra inconstant, équivoque, ou même s'évanouira

dans presque toutes les ombellifères, les valériannes, les protées, etc.

La même difficulté a lieu pour la corolle prise séparément; on sait l'inconstance de cette partie dans le *peplis*, le *sagina*, le *sarothra*, quelques espèces de *lepidium*, etc., quoiqu'elle soit très-fixe et très-constante dans mille autres plantes qui en sont ornées. Les étamines et les pistils, employés dans la même vue, ne réussiront pas mieux. Rien de plus incertain que le nombre des premières dans l'*alsine*, le *blitum*, quelques espèces de *gallium*, le *laurier*, l'*euphorbia*, etc., et des seconds, dans les *sedum*, le *pœnia*, l'*helleborus*, le *polygonum*, etc. En vain se flatteroit-on de tirer un meilleur parti du fruit; outre qu'une distribution fondée uniquement sur la considération de cet organe tardif seroit très-incommode et tiendroit trop long-temps l'observateur en suspens, elle offriroit de plus des exceptions et des variations perpétuelles; et le *campanula*, le *gentiana*, le *valeriana*, le *clusia*, etc., prendroient à chaque instant le système en défaut par le nombre inconstant des loges qui renferment les semences, et par les circonstances fréquentes qui modifient la figure des semences elles-mêmes.

Le système sexuel fait le plus grand honneur à la sagacité et au génie de son illustre auteur. Quelle adresse à profiter en même temps du nombre, de la position et de la grandeur respective des étamines, pour multiplier les divisions sans s'écarter du principe! quel heureux rapprochement ménagé entre les classes et les ordres par le rapport intime qui se trouve entre les étamines, d'où se tirent les premières, et les pistils qui déterminent la plupart des seconds! quelle subordination dans les parties qui fournissent les caractères des divisions inférieures! quelle attention à n'employer, autant qu'il est possible, que des parties qui existent toutes à-la-fois dans la plante, et cela dans la circonstance où elle offre aux yeux le point le plus flatteur et le plus intéressant de son développement! Voilà ce qui séduit au premier examen. Mais que l'on parcoure un jardin de Botanique, le système à la main, on sentira bientôt combien il perd dans l'application; et ces principes, dont on avoit d'abord admiré la fécondité, décèleront par-tout leur insuffisance, dès qu'on les rapprochera du plan immense et merveilleusement gradué sur lequel la Nature a travaillé.

On ne doit point reprocher à cet ouvrage les séparations extraordinaires de beaucoup de genres, dont les rapports sont très-prochains, comme ceux du *chenopodium* et de l'*atriplex*, du *poterium* et du *sanguisorba*, de la moitié des liliacées, et de la plupart des graminées. La réunion des rapports n'est point son objet; ce n'est point un ordre naturel, et l'auteur ne l'a jamais donné pour tel. Bornons-nous donc à le considérer comme un moyen artificiel, destiné à nous faire connoître, d'une manière sûre et facile, toutes les espèces de plantes auxquelles il s'étend.

Sans parler de mille exceptions auxquelles les Tables du *Systema Naturæ* ne suppléent point d'une manière suffisante, la didynamie angiospermie contient un nombre considérable de genres, dans lesquels la différence de grandeur entre les étamines est souvent insensible, et les plantes qui appartiennent à ces genres, sont alors vainement cherchées dans la tétrandrie. Beaucoup de plantes de la tétradynamie sont dans le même cas, et seroient par erreur rapportées à l'hexandrie.

La monadelphie et la diadelphie sont encore deux sources perpétuelles de méprises. Une infinité de genres compris dans ces deux classes, ont les étamines libres, ou si elles sont réunies, c'est avec une nuance si délicate, que l'on est souvent embarrassé pour fixer le point auquel doit commencer ou finir la réunion. Tel est le cas de beaucoup de *geranium*, de l'*hermannia*, et de tant d'autres plantes que l'on négligera de rapporter à la monadelphie, tandis que l'on y cherchera par erreur plusieurs liliacées, telles que le *fritillaria imperialis*, le *galanthus*, etc., ainsi que beaucoup de pentandriques.

La réunion des anthères est certainement aussi marquée dans plusieurs *solanum*, dans le *dodecatheon*, le *cyclamen*, le *primula*, etc., que dans le *viola* et l'*impatiens*, qui font partie de la syngénésie. Plus de la moitié des légumineuses s'accordent fort mal avec le titre de la diadelphie; et enfin la monæcié, la diæcie et la polygamie fournissent une infinité de doubles emplois qui ne sont point indiqués.

Je suppose en effet que j'examine les fleurs d'un pied hermaphrodite du *panax*, du *nyssa*, du *aiospyros*, etc.; il est certain que si je n'ai pas en même temps occasion d'observer le pied qui porte des fleurs unisexuelles ou mélangées, l'idée ne me viendra pas de faire mes recherches dans la polygamie.

Je m'efforcerai, au contraire, de trouver ma plante dans la pentandrie, l'octandrie ou la décandrie. Si, d'un autre côté, cette même plante ne portoit que des fleurs toutes mâles ou toutes femelles, la privation de l'autre individu m'empêcheroit de me déterminer entre la polygamie et la diæcie; et enfin, quand je devinerois qu'elle doit être placée dans la diæcie, si c'est un individu femelle, je serai encore arrêté sans pouvoir fixer la section qui est fondée sur le nombre des étamines.

Combien, d'ailleurs, de plantes, soit dioïques, soit polygamiques, dont les fleurs mâles ne sont prises pour telles que parce que très-souvent leur fruit avorte, mais qui ont néanmoins des pistils très-sensibles?

Mais quand même on seroit parvenu à déterminer la classe à laquelle appartient une plante que l'on a dessein de connoître, il se présente souvent, dans la recherche de l'ordre ou dans celle du genre, de nouvelles difficultés qui tiennent encore à la nature foncièrement vicieuse du systême.

Imaginons, par exemple, qu'ayant cueilli un pied du *solanum dulcamara*, j'aie recours au systême pour trouver le nom de ma plante; le premier travail qu'exige cette recherche est un choix à faire sur vingt-quatre divisions présentées toutes à-la-fois; et en supposant que la réunion des étamines ne m'égare pas, je me déciderai pour la pentandrie : trouvant ensuite un second choix à faire sur six autres divisions présentées également à-la-fois, l'inspection du style solitaire me conduira, si l'on veut, sans difficulté à la monogynie.

Mais ici le systême nous transporte tout-à-coup au milieu de cent trente genres, parmi lesquels il faut, pour ainsi dire, deviner quel est celui qui convient à notre plante. Il est vrai que le célèbre auteur de cet ouvrage a fait imprimer ailleurs quelques sous-divisions particulières pour nous conduire un peu plus loin; mais il a eu soin de ne les placer que dans des espèces de tables situées à l'entrée des classes, afin de ne pas dégrader son systême, qui, quoique plus utile, se seroit alors rapproché de la méthode, puisque les caractères de ces sous-divisions sont empruntés de toutes sortes de parties.

Il est cependant bien singulier de pouvoir dire que le systême sexuel soit encore, malgré ses défauts, très-supérieur à tant de méthodes que l'on a imaginées jusqu'ici, quoique les auteurs de ces dernières eussent bien plus de ressources pour

parvenir à leur but, puisqu'ils n'étoient point gênés par l'unité
de principe, et que la facilité de multiplier et de varier à leur
gré les données, devoit naturellement les conduire à des solutions plus complettes.

Il ne sera pas difficile de remonter à la cause qui a gâté et
altéré toutes les méthodes, si l'on considère, en premier lieu,
que les Botanistes qui se sont appliqués à cette espèce de travail, au lieu de tendre uniquement et directement à leur but,
ont été arrêtés par des considérations qui leur devenoient
tout-à-fait étrangères. En effet, ils ont tous aspiré à l'honneur
du système, et se sont gênés sur le choix des moyens, dans
la crainte de ne point assez simplifier les principes sur lesquels
ils établissoient leurs méthodes. En conséquence, ils ont fait
le moins de divisions qu'il leur a été possible, et ont mieux
aimé les appuyer sur des caractères équivoques, que d'en
emprunter de toutes les parties des plantes qui pouvoient leur
en fournir d'assez marqués ; ce qui eût été cependant se rapprocher de la vraie Botanique, et multiplier les traits de
ressemblance entre leur ouvrage et celui de la Nature.

Ce préjugé n'est pas le seul dont les méthodes aient eu à
souffrir. On se fit une loi sévère de ne point séparer les plantes
qui avoient des rapports communs ; comme si le moyen qui
conduit par des divisions nombreuses jusqu'aux plantes qu'il
doit indiquer, pouvoit être un ordre naturel, et comme s'il
étoit possible de faire une seule division sans rompre quelque
part des rapports marqués.

Il ne faut qu'ouvrir l'ouvrage de M. de Tournefort, pour y
reconnoître, si j'ose le dire, l'abus qu'il a fait de son esprit,
en se retournant de mille manières, pour éviter de prétendus
inconvéniens, dont il n'a pu cependant garantir sa méthode.

En effet, ce fut par le desir de conserver les rapports que,
pour caractériser sa neuvième classe, il abandonna la considération de la corolle, et n'employa que celle du fruit. Il auroit
pu cependant s'appercevoir que, dans le peu de divisions qu'il
avoit faites, il avoit déjà rompu trop d'affinités, pour tenir
encore à son opinion. Car, combien de plantes, dont les rapports sont très-frappans, se trouvent séparées par sa première
distribution, qui met d'un côté les sous-arbrisseaux et les herbes,
et de l'autre, les arbrisseaux et les arbres, quoique d'ailleurs cette distribution soit très-peu circonscrite, et devienne

embarrassante dans bien des cas, lorsqu'on arrive à la nuance
par laquelle les tiges ligneuses semblent se confondre avec les
tiges herbacées? En un mot, pouvoit-il ignorer que les titres de
ses première et seconde classes, le forçoient de séparer le *convolvulus* du *quamoclit*, le *gentiana* du *centaurium minus*, etc.
sans qu'il eût cependant pourvu à la sûreté du principe et à la
netteté de ces deux divisions, puisqu'elles renferment le *veronica*, l'*hyosciamus*, l'*echium*, etc., qui seroient vainement
cherchés dans la classe qui indique pour caractère une corolle
monopétale et irrégulière? C'est ainsi qu'une marche gênée, et
pour ainsi dire inconséquente, défigure cette méthode, si digne
d'ailleurs d'être applaudie, sur-tout si l'on se transporte à
l'epoque où vivoit l'auteur, et si l'on fait attention à l'espace
qu'il a franchi tout d'un coup, et à ses progrès rapides dans
une science dont il a encore plus perfectionné l'étude par son
génie, qu'étendu le règne par ses savans voyages.

TROISIÈME PARTIE.

De la meilleure manière de voir et de travailler en Botanique.

Avant de faire connoître la méthode que j'ai substituée à
tous les moyens défectueux employés jusqu'ici pour nous conduire à la connoissance des plantes, je crois qu'il est essentiel
de fixer le véritable point de vue sous lequel la Botanique doit
être envisagée, et d'examiner les ressources que la Nature nous
offre pour la connoître relativement aux bornes de nos facultés, et la manière de tirer de ces ressources le parti le plus
avantageux.

Il me paroît d'abord évident que tout ce que l'on peut proposer de principes sur la matière dont il s'agit, se réduit à deux
objets indispensables.

Le premier consiste à fournir le moyen le plus sûr et le plus
facile pour résoudre, dans tous les cas particuliers, ce problême
géuéral: *Etant donnée une production du règne végétal, trouver le nom que les Botanistes lui ont assigné.*

Cette découverte, en effet, nous met à portée de consulter
tous les ouvrages qui ont été écrits sur les plantes, de profiter
de toutes les observations que l'on a faites sur l'objet particulier

que nous examinons, d'en connoître les propriétés, les usages, et même de le comparer avec les êtres du même genre, auxquels il ressemble davantage.

Mais quelque satisfaisante que fût la manière dont cette première vue eût été remplie, l'ordre et la liaison des idées, si nécessaires dans les sciences, exigeroient que la Botanique fît un pas de plus. On sent en effet qu'il manqueroit à l'étude du règne végétal un aspect sous lequel on pût le considérer dans son ensemble, et qui nous présentât la suite des affinités que l'on a observées dans les plantes, et la chaîne admirablement graduée qu'elles paroissent former, du moins en une multitude d'endroits, lorsqu'on les rapproche en raison de ces affinités. L'ordre dont je parle, réuniroit le double avantage de nous montrer d'une part la Nature en grand, et de nous donner de l'autre une idée nette de chaque être, en nous indiquant ses rapports avec tous les autres individus, et en le plaçant dans un point où il recevroit et renverroit la lumière de toutes parts.

Mais ici se présente une question qui me paroît de la plus grande importance. Peut-on remplir à-la-fois les deux objets que je viens de citer? c'est-à-dire, est-il possible que le moyen qui doit nous faire découvrir les noms que les Botanistes ont donnés aux plantes que nous cherchons à connoître, puisse en même temps nous offrir la gradation de tous les rapports particuliers qui lient les plantes entre elles?

Pour moi, je ne balance point à me décider pour la négative, et j'établis cette opinion sur deux propositions dont il me semble que la vérité ne peut être contestée.

Premièrement, on ne peut dans un ouvrage de Botanique, de quelque nature qu'il soit, nous conduire par la voie la plus courte et la plus facile à la connoissance des plantes dont cet ouvrage renfermeroit les noms et les caractères, si ce n'est à l'aide d'un nombre de divisions proportionné à celui des plantes qui y seroient indiquées.

Supposons, en effet, qu'un ouvrage contienne la description exacte de dix mille végétaux, et que quelqu'un ayant cueilli une plante qu'il sait être l'une des dix mille, se propose d'en découvrir le nom, il est certain que si l'ouvrage n'offre aucune division, il faudra lire toutes les descriptions l'une après l'autre, jusqu'à ce que l'on soit parvenu à celle de la plante observée; et l'on sent combien une pareille recherche devient pénible et ingrate dans une multitude de cas.

Mais si l'ouvrage dont je parle contenoit deux grandes divisions, la première attention de l'observateur seroit d'examiner les titres de ces divisions, pour se déterminer en faveur de l'une ou de l'autre, d'après l'inspection de la plante; et le choix étant fait, il seroit encore obligé de faire ses recherches parmi cinq mille descriptions, au risque de les lire toutes si sa plante se trouvoit la dernière. Il est inutile d'aller plus loin pour faire voir que le travail, tout compensé, s'abrégeroit à proportion que les divisions seroient plus nombreuses; et c'est ici une de ces propositions dont le simple développement suffit pour les démontrer.

J'ajoute maintenant que l'on ne peut, en Botanique, ni probablement dans toutes les autres parties de l'Histoire Naturelle, faire une seule division nette et tranchante, qui ne rompe quelque part des rapports très-marqués, d'où il faudra conclure qu'un système ou une méthode qui renferme nécessairement un certain nombre de divisions, ne peut être un ordre naturel.

C'est principalement de l'observation que l'on peut déduire la preuve de la proposition précédente. Or, j'ai fait des recherches sur tous les caractères possibles, et je puis assurer qu'il ne s'en est trouvé aucun qui ait soutenu l'épreuve.

La division tirée des feuilles séminales ou des cotylédons, qui paroît d'abord assez naturelle, offre cependant un grand nombre de séparations frappantes; elle écarte considérablement les *alisma* et le *sagittaria* du genre des *ranunculus*, avec lequel ces plantes ont plus de rapport qu'avec les joncs et les graminées. Le *ranunculus glacialis* même se trouve alors rejeté très-loin de son genre, étant *monocotylédon*, comme j'ai eu occasion de l'observer il y a quelques années au Jardin du Roi. M. Linné indique les *melocactus* de M. de Tournefort comme *monocotylédons*, et les *opuntia* du même auteur, comme *dicotylédons*, quoiqu'il croie devoir réunir ces plantes sous un même nom générique, tant leurs autres rapports sont sensibles. M. de Jussieu, de son côté, place au Jardin royal, dans la division des *monocotylédons*, l'*orobanche*, le *lathræa*, l'*utricularia* et le *pinguicula*, qu'il sépare des labiées personnées pour les placer entre les fougères et les mousses. Il range aussi dans la même lignée le genre du *menianthes* qui se trouve

alors, comme on voit, très-écarté de l'*hottonia*, du *samolus*
et du *lysimachia*, qui ont cependant beaucoup plus de rapport
avec lui que les mousses et les fougères.

Que seroit-ce si la manière dont lèvent les plantes étoit
aussi connue des Botanistes qu'elle peut l'être des Jardiniers,
par rapport au petit nombre de végétaux que ces derniers cul-
tivent ? Comment d'ailleurs être à portée d'observer dans les
champignons, les lichens, les mousses, etc., cette première
époque du développement des germes ?

Les divisions empruntées des autres parties de la plante,
rompent encore un bien plus grand nombre d'affinités. Veut-
on, par exemple, employer la considération du fruit ? alors
les labiées, ainsi que les bourraches, seront rejetées fort loin
des personnées, celles-ci ayant leurs semences renfermées dans
une capsule, etc. Si l'on essayoit ensuite d'établir ses divisions
d'après la distinction de la baie d'avec la capsule, on sépare-
roit nécessairement le *solanum* du *capsicum*, le *vaccinium* de
l'*andromeda*, ainsi que beaucoup d'autres plantes qui se trouvent d'ailleurs si bien liées. La position du fruit, tantôt supérieur et tantôt inférieur au réceptacle, détacheroit l'*agave* de
l'*aloès*, diviseroit les saxifrages, etc. En un mot, le nombre
des loges, la forme des semences et tous les aspects possibles
sous lesquels on peut considérer le fruit, donneroient par-tout des
coupes bizarres qui troubleroient l'harmonie des autres parties.

On me dispensera sans doute de citer tant d'autres caractères, tels que la corolle monopétale ou polypétale qui sépare
une moitié des liliacées d'avec l'autre ; la corolle régulière ou
irrégulière qui divise les *geranium*, écarte l'*iberis* des crucifères, l'*echium* des boraginées, etc. ; les étamines définies ou
indéfinies qui rompent la communication entre le *poterium* et
le *sanguisorba*, entre le *sedum* et le *semper-vivum*, divisent
le *cleome*, le *lithrum*, etc.

En un mot, pour que l'on pût faire une seule distribution
sans violer la loi des rapports, il faudroit que les mêmes caractères existassent tous à-la-fois, et exclusivement, dans les
mêmes grouppes de plantes. Mais comme la Nature les a au
contraire mélangés et diversement combinés, il arrive qu'à
l'endroit où les uns se terminent, les autres ont encore un certain espace de la chaîne à parcourir, et que l'on ne peut saisir
nulle part aucun point commun de séparation.

C'est ici, ce me semble, le nœud de la difficulté ; et la dis-- cussion dans laquelle je viens d'entrer, doit achever de dévoiler la cause des obstacles étonnans que les Botanistes ont recontrés par-tout dans la formation de leurs systêmes et de leurs mé- thodes. Ils ont tous cherché, du moins jusqu'à un certain point, à réunir les deux objets dont il s'agit ici, et se sont efforcés mal-à-propos de saisir en même temps la Nature par deux cotés différens, dont ils ne pouvoient tenir l'un sans que l'autre leur échappât.

Je termine cet article intéressant par une réflexion très- simple, qui vient à l'appui de tout ce que j'ai dit précédem- ment. Il en est des systêmes et des méthodes destinés à nous faire connoître les noms que l'on a donnés aux plantes, comme de ces noms eux-mêmes. Ni les uns ni les autres ne sont dans la Nature ; ce ne sont que des moyens artificiels, dont on est convenu pour s'entendre : tout est ici l'ouvrage de l'homme. Au contraire, un ordre fait pour nous montrer la suite de tous les rapports de ressemblance qui existent entre les plantes, con- sidérées dans toutes leurs parties, ne peut être arbitraire. La plus ou le moins, à cet égard, a un fondement dans la chose même. Pourquoi donc vouloir réunir dans un même plan deux objets tout-à-fait indépendans l'un de l'autre, si ce n'est que le premier nous sert comme de degrés pour arriver jusqu'au second, vers lequel il n'a point été donné à l'esprit humain de s'élever par un premier essor ?

QUATRIÈME PARTIE.

Des moyens employés dans cet Ouvrage, pour fa- ciliter l'étude de la Botanique.

JE me propose, dans cette dernière partie, de mettre le lec- teur à portée d'apprécier les efforts que j'ai faits pour exécuter le seul plan qui puisse, selon moi, ramener l'étude de la Bo- tanique à ses véritables principes. Les détails dans lesquels je suis obligé d'entrer à cet égard, feront la matière de deux sec- tions assez étendues, dont la première traitera de l'analyse, qui est le moyen que j'ai choisi pour conduire à la connois- sance des plantes ; et l'autre sera destinée à exposer la marche

paroît la plus avantageuse pour réussir dans la forma-
... d'un ordre naturel.

ARTICLE PREMIER.

De l'Analyse ou *des Principes d'une Méthode artificielle dont
l'objet unique est de faire connoître le nom des Plantes
observées.*

Une bonne méthode en Botanique est, pour ainsi dire, un
guide éclairé qui voyage par-tout avec nous, que nous pouvons consulter à chaque instant, qui plaît même d'autant plus,
qu'il exige toujours des recherches de notre part, et déguise
les leçons qu'il nous donne sous l'apparence flatteuse d'une découverte.

Il est certain que dans un ouvrage de cette nature, c'est à
l'utilité qu'il faut principalement s'attacher, au point même
de sacrifier tout le reste, s'il est nécessaire, à cet objet essentiel. D'après cette considération, il me semble que tout auteur
qui compose une méthode, quels que soient les moyens qu'il emploie d'ailleurs, doit nécessairement partir des deux principes
suivans, comme de deux loix fondamentales suffisamment démontrées par tout ce qui a été dit dans l'article précédent.

PREMIER PRINCIPE. Aucune partie des plantes prise à l'exclusion des autres ne fournissant seule assez de caractères pour
remplir l'objet direct d'une distribution quelconque, il est nécessaire de faire usage de tous les caractères que les plantes
peuvent offrir, et d'en emprunter indistinctement de toutes
leurs parties, ayant seulement attention de rejeter, autant
qu'il sera possible, ceux dont l'observation seroit trop délicate.

SECOND PRINCIPE. Ayant reconnu qu'on ne peut faire une
seule division qui ne rompe quelque part des rapports très-
marqués, on doit se mettre parfaitement à son aise sur cet objet, s'occuper uniquement de la sûreté de la méthode, former
des divisions tranchantes et circonscrites par des définitions à
l'abri de toute équivoque, sans avoir égard aux séparations
frappantes que ces divisions peuvent occasionner.

Ces principes une fois établis, il est à propos de donner une
idée de la méthode que j'ai exécutée dans cet Ouvrage. Imaginons, pour plus de simplicité, qu'il n'existe dans la Nature que
les douze espèces de plantes qui suivent :

> *Hieracium murorum.* Linn.
> *Anthemis cotula.*
> *Polypodium filix mas.*
> *Alsine media.*
> *Salvia pratensis.*
> *Agaricus campestris.*
> *Pyrus communis.*
> *Bryum murale.*
> *Bellis perennis.*
> *Anagallis arvensis.*
> *Boletus luteus.*
> *Carduus marianus.*

Supposons qu'ayant observé ces plantes avec soin, je me propose d'en faire l'analyse, je choisirai d'abord deux caractères qui s'excluent dans la même espèce, et dont le premier convienne à une partie de mes plantes, et le second appartienne à tout le reste. Ces deux caractères seront, par exemple, l'existence bien marquée des étamines et pistils d'une part; et de l'autre l'absence, du moins apparente, de ces mêmes parties. Cette première division me fournira deux titres que je placerai à la tête de l'analyse; et si mes caractères sont bien tranchans, je verrai mes plantes se partager et se ranger chacune sous le titre auquel elle appartiendra, ce qui me donnera deux grouppes bien détachés, comme dans l'exemple suivant :

Fleurs dont les étamines et pistils peuvent aisément se distinguer.	Fleurs nulles ou dont les étamines et pistils ne peuvent se distinguer.
Carduus marianus. *Hieracium murorum.* *Anagallis arvensis.* *Salvia pratensis.* *Bellis perennis.* *Alsine media.* *Pyrus communis.* *Anthemis cotula.*	*Polypodium filix mas.* *Agaricus campestris.* *Boletus luteus.* *Bryum murale.*

Pour ne point trop embrasser d'objets à-la-fois, je reprendrai d'abord le premier membre de division qui est composé de huit plantes, et je le traiterai comme j'ai fait la totalité des douze plantes, à l'aide de deux nouveaux caractères tirés de la réunion ou de la non-réunion des fleurs dans un calice commun.

E X E M P L E.

Fleurs dont les étamines et pistils peuvent aisément se distinguer.

Fleurettes nombreuses, réunies dans un calice commun.	Fleurs libres, et non réunies dans un calice commun.
Carduus marianus. *Hieracium murorum.* *Bellis perennis.* *Anthemis cotula.*	*Anagallis arvensis.* *Salvia pratensis.* *Alsine media.* *Pyrus communis.*

Le premier des titres précédens, auquel je me borne encore pour éviter la confusion, me fournit une nouvelle division fondée sur la forme des fleurettes.

E X E M P L E.

Fleurettes nombreuses, réunies dans un calice commun.

Fleurettes de même sorte ; elles sont toutes en cornet, ou toutes en languettes.	Fleurettes de deux sortes ; les unes en cornet, et les autres en languette.
Carduus marianus. *Hieracium murorum.*	*Bellis perennis.* *Anthemis cotula.*

Maintenant que mes plantes ne se trouvent plus que deux à deux, je puis les caractériser séparément, et les isoler à l'aide d'une dernière division.

P R E M I E R   C A S.

Fleurettes de même sorte, toutes en cornet ou toutes en languette.

Fleurettes toutes en cornet.	Fleurettes toutes en languette.
Carduus marianus.	*Hieracium murorum.*

S E C O N D   C A S.

Fleurettes de deux sortes , les unes en cornet , et les autres en languette.

Réceptacle nu et sans paillettes.	Réceptacle chargé de paillettes.
Bellis perennis.	*Anthemis cotula.*

Je remonte par ordre aux différens membres de division que j'avois abandonnés; le premier qui s'offre est celui qui comprend des fleurs non réunies dans un calice commun. L'aspect de la corolle m'indique une nouvelle ligne de séparation.

E X E M P L E.

Fleurs libres et non réunies dans un calice commun.

Corolle monopétale ou d'une seule pièce.	Corolle polypétale ou de plusieurs pièces.
Anagallis arvensis. *Salvia pratensis.*	*Alsine media.* *Pyrus communis.*

Je trouve encore dans la considération de la corolle un moyen de distinguer les deux plantes du premier titre.

E X E M P L E.

Corolle monopétale.

Corolle régulière.	Corolle irrégulière.
Anagallis arvensis.	*Salvia pratensis.*

La différence du nombre des étamines terminera l'analyse par rapport au cas de la corolle polypétale.

E X E M P L E.

Corolle polypétale.

Dix étamines ou moins.	Onze étamines ou plus.
Alsine media.	*Pyrus communis.*

J'ai

J'ai analysé maintenant toutes les plantes qui appartiennent au premier membre de la grande division , fondée sur la présence ou l'absence des étamines et des pistils. Je reprends le second membre ; et comme il n'est composé que de quatre plantes , je n'aurai besoin que de trois opérations pour les séparer.

PREMIÈRE OPÉRATION.

Fleurs nulles , ou dont les étamines et pistils ne peuvent se distinguer.

Plantes qui ont des feuilles et dont la fructification est sensible, mais indistincte.	Plantes sans feuilles et dont la fructification n'est ni distincte, ni même sensible.
Polypodium filix mas. *Bryum murale.*	*Agaricus campestris.* *Boletus luteus.*

SECONDE OPÉRATION,

Relative au premier cas de la division précédente.

Plantes qui ont des feuilles et dont la fructification est sensible , mais indistincte.

Fructifications pulvériformes , disposées sur le dos des feuilles.	Fructifications anthériformes , pédonculées et terminant les tiges.
Polypodium filix mas.	*Bryum murale.*

TROISIÈME OPÉRATION,

Pour séparer les deux seules plantes qui restent.

Plantes sans feuilles , et dont la fructification n'est ni distincte, ni même sensible.

Chapeau doublé de lames.	Chapeau doublé de pores ou de tuyaux.
Agaricus campestris.	*Boletus luteus.*

C'est par une suite de divisions semblables à celles que l'on vient de voir, que je suis parvenu à analyser l'ensemble de toutes les plantes qui croissent naturellement en France. Mais pour donner aussi une idée de la marche que doit suivre l'observateur dans la recherche du nom des plantes, je vais présenter de nouveau le travail précédent, sous la forme qu'il doit avoir relativement à cet objet. J'en ferai ensuite l'application à un cas particulier.

ANALYSE.

Fleurs dont les étamines et pistils peuvent aisément se distinguer. 1.	Fleurs dont les étamines et pistils sont nuls, ou ne peuvent se distinguer. 16.
1. *Fleurs dont les étamines et pistils peuvent aisément se distinguer*.............	Fleurettes nombreuses, réunies dans un calice commun. 2. Fleurs libres et non réunies dans un calice commun..... 9.
2. *Fleurettes nombreuses, réunies dans un calice commun*.....................	Fleurettes de même sorte; elles sont toutes en cornet, ou toutes en languette.......... 3. Fleurettes de deux sortes, les unes en cornet, et les autres en languette.................. 6.
3. *Fleurettes de même sorte*...	Fleurettes toutes en cornet............................. 4. Fleurettes toutes en languette........................... 5.

4.   Fleurettes toutes en cornet.

Carduus marianus.

5.   Fleurettes toutes en languette.

Hieracium murorum.

| 6. *Fleurettes de deux sortes*... | Réceptacle nu et sans paillettes...................... 7. Réceptacle chargé de paillettes...................... 8. |

7.   Réceptacle nu et sans paillettes.
Bellis perennis.

8.   Réceptacle chargé de paillettes.
Anthemis cotula.

9.
Fleurs libres et non réunies { Corolle monopétale........ 10.
dans un calice commun... { Corolle polypétale.......... 13.

10.
Corolle monopétale........ { Corolle régulière........... 11.
                              { Corolle irrégulière......... 12.

11.   Corolle régulière.
Anagallis arvensis.

12.   Corolle irrégulière.
Salvia pratensis.

13.
Corolle polypétale......... { Dix étamines ou moins... 14.
                              { Onze étamines ou plus.... 15.

14.   Dix étamines ou moins.
Alsine media.

15.   Onze étamines ou plus.
Pyrus communis.

16.
Fleurs nulles, ou dont les   ⎧ Plantes qui ont des feuilles,
étamines et pistils ne   ⎪ et dont la fructification est sen-
peuvent se distinguer....   ⎨ sible, mais indistincte..... 17.
                               ⎪ Plantes sans feuilles, et dont
                               ⎩ la fructification n'est ni dis-
                                 tincte, ni sensible.......... 20.

17. *Plantes qui ont des feuil-les, et dont la fructifi-cation est sensible, mais indistincte*...............	Fructifications pulvériformes, disposées sur le dos des feuilles....................... 18. Fructifications anthériformes, pédonculées et terminant les tiges..................... 19.

18. Fructifications pulvériformes, disposées sur le dos des feuilles.

Polypodium filix mas.

19. Fructifications anthériformes, pédonculées et terminant les tiges.

Bryum murale.

20. *Plantes sans feuilles, et dont la fructification n'est ni distincte, ni sensible*...............	Chapeau doublé de lames. .... 21. Chapeau doublé de pores ou de tuyaux.................... 22.

21.   Chapeau doublé de lames.

Agaricus campestris.

22.   Chapeau doublé de pores ou de tuyaux.
Boletus luteus.

Supposons maintenant qu'un observateur, ayant cueilli l'*alsine media*, ait recours à l'analyse précédente pour trouver le nom de cette plante; l'inspection des étamines et du pistil, qui s'apperçoivent très-distinctement au milieu de la fleur, le décidera pour le premier titre de la première division : le n°. 1, qui se trouve au-dessous de ce titre, le renverra à celle des divisions inférieures qui porte ce même numéro; c'est elle qui suit immédiatement. Derrière cette division, on retrouve l'indication du caractère choisi précédemment, et la division elle-même présente deux nouveaux titres, entre lesquels il s'agit encore de se déterminer. L'observateur ayant remarqué que les fleurs de la plante qu'il tient ne sont point réunies dans un calice commun, adoptera le second titre qui porte le numéro 9. Cherchant ensuite ce même numéro à côté de quelqu'une des divisions suivantes, il tombera sur celle qui offre un choix à faire entre la corolle monopétale et la corolle polypétale; un coup-d'œil jeté sur la fleur, le décidera pour le second titre, et le numéro 13, qui porte ce titre, le renverra un peu plus bas, où il trouvera une nouvelle division fondée sur le nombre des étamines. Quoique ce nombre soit variable dans l'*alsine*, il ne passe jamais 10, ce qui fixe le choix dans tous les cas pour le premier titre. Enfin le numéro 14, qui est à côté de ce titre, conduira l'observateur au nom même de la plante qu'il cherchoit à connoître.

Je dois observer ici que la manière de procéder dans une analyse, ne peut être arbitraire; et qu'encore qu'il paroisse indifférent au premier coup-d'œil d'employer telle division plutôt que telle autre, la marche qui fera trouver le nom de la plante doit cependant être combinée d'après certaines règles que je réduis à deux. La première est que l'on parvienne au but par la voie la plus sûre; la seconde est que cette voie soit en même temps la plus courte possible.

Ces deux règles étant la base de toute méthode analytique, doivent être par conséquent combinées de façon qu'elles se croisent le moins qu'il se pourra; et dans le cas où l'une ne pourroit être observée qu'aux dépens de l'autre, ce seroit alors la seconde qu'il faudroit sacrifier en partie à la première, qui ne sauroit être trop respectée; c'est sur quoi il me paroît nécessaire d'insister, pour donner une juste idée de mon travail.

La première loi, qui tend à la sûreté de l'analyse, nous prescrit de ménager les divisions avec tant d'art, que les définitions sur lesquelles seront établies ces divisions, soient toujours très-circonscrites, et n'expriment que des caractères qui ne soient nullement susceptibles de varier dans les plantes réunies sous un même titre.

Cette loi ne souffriroit aucune difficulté dans l'exécution, si nous avions des genres artificiels bien faits, et qui, à l'aide d'un caractère tranchant et choisi indépendamment de tout rapport prétendu naturel, rassemblassent un certain nombre de plantes sous un même point de vue bien terminé, et dont les extrémités fussent aussi sensibles que le milieu. Mais, faute de ce secours, j'ai été obligé, en mille occasions, de prendre un biais pour éviter toutes les irrégularités des genres, et ne rien laisser, s'il étoit possible, à l'arbitraire.

Supposons, par exemple, que je veuille analyser les genres du *geranium*, du *ranunculus*, du *polygonum*, du *thesium* et du *trifolium*.

Si je commence par distinguer entre les corolles régulières et les irrégulières, pour mettre à part le *trifolium*, je séparerai beaucoup d'espèces de *geranium* dont les corolles ne sont pas tout-à-fait régulières. Si je distingue, au contraire, entre les corolles monopétales et les polypétales, afin de détacher le *polygonum* et le *thesium*, je n'aurai plus rien de fixe par rapport aux *trifolium*, dans lesquels le caractère de la corolle polypétale est équivoque. Si je me retourne d'une autre façon, et que j'établisse ma division sur la différence des calices monophyles d'avec les polyphyles, pour me défaire encore du *trifolium*, je sépare de nouveau plusieurs espèces de *geranium* qui ont le calice d'une seule pièce. Si enfin je me rejette sur le nombre des étamines pour mettre de côté le *thesium* ou quelqu'autre des genres nommés ci-dessus, celui du *polygonum*, et même celui du *geranium*, se trouveront démembrés.

Pour éviter les obstacles que présentent de toutes parts ces divisions vagues et indéterminées, je commencerai par séparer les fleurs qui ont une corolle et un calice, d'avec celles qui n'ont qu'une de ces deux parties, et alors j'aurai d'un côté les *geranium*, *ranunculus* et *trifolium*; et de l'autre, les *polygonum* et *thesium*. Je sous-diviserai ensuite, d'une part, en séparant les fleurs qui ont des ovaires nombreux de celles qui n'en ont qu'un seul; et de l'autre, en employant la considération de l'ovaire, tantôt supérieur, tantôt inférieur, etc. comme dans l'exemple ci-dessous.

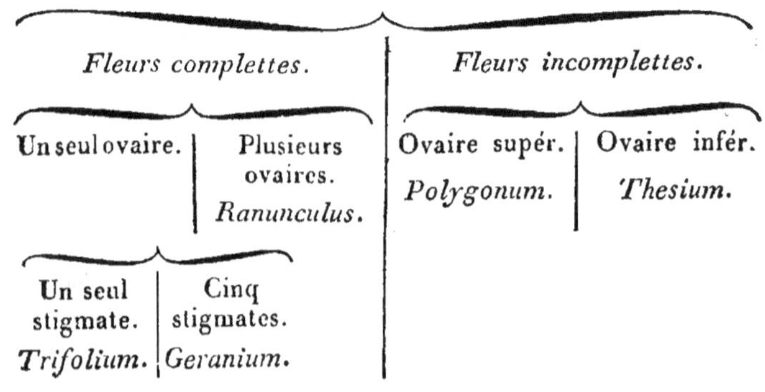

Quoiqu'il y ait beaucoup d'autres caractères qui différencient ces genres, il n'y en a pas qui les divisent plus simplement, plus nettement et plus également que ceux dont je viens de faire usage. Cependant quelque effort que j'aie fait pour parer aux difficultés qui naissent de l'irrégularité des genres, on verra bien que je n'ai pas toujours pu réussir pleinement; mais j'ose dire que ce n'est ni ma faute, ni celle des principes que j'emploie, et je ne doute pas que je ne parvinsse à porter dans l'analyse toute la sûreté dont elle est susceptible, si j'avois acquis le droit d'opérer une révolution en Botanique, et de former de nouveaux genres à l'abri de toute variation.

La seconde règle, indiquée ci-dessus, exige que l'on arrive au but en général par la voie la plus courte, quand cet avantage peut se concilier avec celui de la plus grande sûreté. Or, le moyen pour y réussir, est de préférer toujours les divisions qui partagent l'ensemble des êtres le plus également possible. On a pu voir, dans le modèle d'analyse que j'ai donné au commencement de cet article, qu'à la réserve de la première division qui met huit plantes d'un côté et quatre de l'autre, ce qui étoit indispensable pour la certitude de la méthode, toutes les autres divisions répartissent également les plantes auxquelles elles s'étendent.

Mais si, ayant à faire l'analyse de tout le règne végétal, je commençois par former la distribution suivante :

| Fleurs dont les étamines très-sensibles sont toujours composées d'anthères sessiles. | Fleurs dont les étamines, lorsqu'elles sont sensibles, sont composées d'anthères pédiculées : |

il est certain que, quelque défectueuse que fût d'ailleurs cette distribution, elle partageroit le règne végétal si inégalement, que presque toutes les plantes connues seroient comprises dans le second membre. Or, si ce même membre étoit sous-divisé plusieurs fois de suite avec la même inégalité, il en résulteroit qu'un petit nombre de plantes seroit indiqué par une voie très-abrégée, tandis qu'il s'en trouveroit une multitude d'autres auxquelles on n'arriveroit que par un travail considérable, et à travers un nombre infini de divisions accumulées. Et quoique l'on regagnât en quelque sorte d'un côté ce que l'on perdroit de l'autre, cependant une pareille marche ne seroit pas en général la plus courte possible, outre que l'observateur lui-même ne se sentiroit pas dédommagé par la briéveté du travail en certaines circonstances, de la longueur rebutante des recherches qu'il seroit obligé de faire dans les autres cas.

Il est bon de prévenir ici une difficulté; il paroît d'abord qu'une marche assujettie à l'analyse, doit toujours être extrêmement longue en elle-même, sur-tout si le nombre des plantes analysées est considérable, comme seroit, par exemple, un nombre de quatre mille plantes; car chaque division n'ayant jamais que deux membres, il faudra, ce semble, parcourir un très-grand nombre de ces divisions avant d'arriver à l'unité, c'est-à-dire, à un titre qui n'appartienne plus qu'à une seule plante.

Cette objection ne frappera que ceux qui ignorent la nature des progressions géométriques. En effet, si l'on divise continuellement par 2 la somme 4096, dès la onzième division, on arrivera à l'unité; et si l'on trouvoit que ce fût encore trop de onze divisions à parcourir pour chaque plante, l'une portant l'autre, j'observerai que ce travail peut être abrégé au moins d'un tiers dans une multitude de cas. En effet, si l'on jette les yeux sur notre analyse, on verra d'abord que le numéro placé à côté du premier membre de chaque division, renvoie toujours à la division qui suit immédiatement. Ainsi avec un peu d'usage, on pourra, d'un coup-d'œil, parcourir quatre ou cinq divisions, ce qui, dans certains cas, abrégera de beaucoup l'opération. Par rapport aux numéros qui appartiennent aux seconds membres des divisions, et qui souvent renvoient assez loin, il est bien difficile qu'un observateur qui se seroit un peu familiarisé avec l'analyse, n'eût pas retenu par cœur les premiers de ces numéros qui reviennent à chaque instant, ainsi que les divisions auxquelles ils répondent, avantage qui le dispenseroit encore d'une partie des recherches à faire pour arriver au but.

On voit, par tout ce qui vient d'être dit, que l'analyse n'est autre chose qu'une méthode continue (1), mais dont l'usage est

____

(1) La méthode d'analyse est, à proprement parler, une méthode de dissection. J'ai préféré la dénomination d'analyse, comme plus naturelle, outre qu'elle convient jusqu'à un certain point à cet ouvrage, dont

d'autant plus facile, que l'on n'a jamais à choisir qu'entre deux
caractères, dont l'un appartient à la plante à l'exclusion de
l'autre, et dont la coexistence dans le même individu implique-
roit contradiction. C'est ce qui distingue ma méthode de toutes
les autres, qui, sans parler du grand nombre d'objets entre
lesquels elles laissent le plus souvent l'observateur indécis et
embarrassé, lui offrent un choix à faire parmi des caractères
qui ordinairement se rapprochent l'un de l'autre, ou sont tout
au plus disparates, mais rarement incompatibles.

Un autre avantage que l'analyse a sur les systèmes et les
méthodes qui ont paru jusqu'ici, c'est que dans le cas où les
caractères sont tirés du nombre de certaines parties, telles que
les pétales, les étamines, etc. nous avons eu soin d'épargner à
l'observateur la peine de compter exactement ces mêmes parties, ce qui souffre quelquefois de la difficulté, sur-tout par
rapport à des parties aussi délicates que les étamines. L'analyse présente presque toujours une limite en-deçà et au-delà
de laquelle se trouvent les deux caractères entre lesquels il
s'agit de choisir, comme on peut le voir par le n°. 13, dans
le modèle exécuté ci-dessus ; ou si enfin le nombre des étamines est indiqué par quelques titres d'une manière définie,
c'est qu'alors il n'est pas assez considérable pour échapper à un
œil tant soit peu exercé.

Quant aux noms que j'ai donnés aux plantes qui se trouvent
décrites dans le cours de l'analyse, je me suis servi le plus
souvent de ceux de M. Linné, que j'ai traduits en français,
mon ouvrage étant écrit dans cette langue. J'y ai joint le synonyme de M. de Tournefort; et à l'aide de ces deux indica-
tions, on retrouvera, sans beaucoup de peine, les synonymes
de tous les autres Auteurs qui ont traité de la Botanique. Lorsque la formation vicieuse d'un genre par M. Linné m'a forcé
d'abandonner sa dénomination, j'en ai formé une nouvelle
d'après M. de Tournefort, ou quelque Auteur célèbre, et je
ne l'ai composée que du nom générique employé par mon
Auteur, et d'une épithète qui rend, autant qu'il est possible,
la principale idée exprimée dans le reste de sa phrase.

Je ne puis m'empêcher de faire ici quelques observations

---

le but est de descendre de l'ensemble des plantes à chacune d'elles en
particulier.

sur la nomenclature de la Botanique, qui est devenue la partie la plus difficile de la science, par les changemens continuels que chaque Auteur s'est cru en droit de lui faire subir. Les noms ne sont, comme l'on sait, que les signes de nos idées ; et ces signes, parfaitement arbitraires dans leur première institution, n'acquièrent de valeur réelle et solide que par l'usage constant qui en fixe l'acception. Cette raison auroit dû, ce me semble, engager les Botanistes à le respecter un peu davantage.

L'invention des genres est d'un grand secours pour soulager la mémoire, en diminuant la somme des termes employés pour former les noms. Mais n'est-ce pas détruire l'avantage que l'on peut retirer de ces dénominations communes à plusieurs espèces, que de convertir, comme a fait M. Linné, le nom de *mays* en *zea*, celui de *syringa* en *philadelphus*, celui de *jalapa* en *mirabilis*, celui d'*onagra* en *œnothera*, celui de *salicaria* en *lithrum*, etc.? Quel motif peut donc avoir eu cet illustre Auteur, de rajeunir des noms ignorés, pour les substituer à ceux qu'un long usage avoit rendus familiers aux Botanistes? et n'auroit-il pas dû sentir combien les mots devenoient par-là nuisibles aux choses même, et combien c'étoit rendre l'étude de la science pénible et rebutante, en la surchargeant d'une érudition déplacée, et en mettant souvent les Botanistes dans le cas de ne plus s'entendre les uns les autres?

De la formation des genres, naît la nécessité des noms génériques, et de la détermination des espèces, résulte l'utilité des noms triviaux, qu'on doit plutôt appeler *noms spécifiques*, et qui servent aux premiers comme d'adjectifs. On ne sauroit méconnoître ici l'obligation que nous avons à M. Linné, pour avoir établi ces dénominations simples qui suppléent avec tant d'avantage aux longues phrases descriptives dont il falloit autrefois s'embarrasser la mémoire, et qui cependant, toujours insuffisantes pour nous donner une juste idée des espèces, exigeoient encore le secours d'une description détaillée qu'il falloit consulter.

Mais ces deux sortes de noms doivent être soumis à des règles dont on ne peut s'écarter qu'au préjudice de la science dont ils tendent à faciliter l'étude.

En effet, les noms génériques doivent être le moins significatifs qu'il est possible, parce que très-souvent le caractère

qu'ils **exprimeroient** pourroit ne pas convenir à toutes les espèces comprises dans le genre. Ainsi le nom de *potentilla*, que
l'on prétend être un dérivé de *potentia* (1), vaut mieux que celui
de *quinquefolium*, parce que les plantes de ce genre n'ayant
pas toutes leurs feuilles composées de cinq folioles, ce dernier
nom les représenteroit mal ; au lieu que celui de *potentilla*, dont
l'étymologie est beaucoup moins expressive, n'est pas censé
convenir davantage à une espèce qu'à l'autre.

Les noms spécifiques, au contraire, qui ont un objet déterminé, doivent toujours être significatifs, et exprimer, autant
qu'il est possible, quelque qualité sensible, et sur-tout exclusive, des espèces qu'ils désignent. Ainsi *menianthes trifolia*,
prunus spinosa, *ajuga reptans*, etc. nous offrent des noms spécifiques dont l'application est juste et naturelle. Au contraire,
dans l'*euphorbia antiquorum*, l'*euphorbia officinarum*, l'*euphorbia spinosa*, les noms spécifiques *antiquorum*, *officinarum*,
spinosa, sont très – défectueux. Les deux premiers supposent
des connoissances que l'inspection de la plante ne donne pas,
et le troisième convient à plusieurs espèces qui sont réellement
épineuses, tandis que, par un abus bien singulier du langage,
l'espèce à laquelle on l'a attaché ne porte point d'épines. Il n'y
a pas moins d'inconvénient à emprunter les noms spécifiques
de ceux d'un pays ou d'un savant, ou de quelque usage, ou
d'une qualité quelquefois idéale. Cette considération auroit dû
faire rejeter tant de dénominations vagues, telles que celles de
cortusa mathioli, *gratiola monnieria*, *evonimus europœus*,
veronica hybrida, *laurus nobilis*, etc.

Mais il me semble que rien n'empêche d'adopter pour noms
génériques, ceux des hommes célèbres qui se sont distingués
dans l'Histoire Naturelle, ou qui en ont fait fleurir l'étude par
la protection qu'ils lui ont accordée. C'est une espèce d'hommage que l'on rend à leur mérite ; et les amateurs de la Botanique ne peuvent qu'être flattés de retrouver dans le symbole
d'un objet qu'on leur fait connoître, le souvenir d'un nom précieux à la science même.

---

(1) On a donné, dit-on, à l'argentine le nom de *potentilla*, à cause des
vertus puissantes que l'on attribuoit à cette plante.

ARTICLE II.

De l'Ordre naturel.

On a pu voir, par ce qui a été dit dans l'article précédent, que toutes les parties de l'analyse ne sont que comme des pièces de rapport que l'art assortit, et qui n'ont entre elles aucune liaison nécessaire. L'esprit de l'inventeur ne s'y occupe de l'ensemble des êtres, que pour descendre plus sûrement aux détails, en sorte qu'il resserre continuellement l'étendue de son plan, jusqu'à ce qu'il soit parvenu à détacher l'objet particulier qu'il veut faire connoître. Le but d'un ordre naturel, au contraire, est d'enchaîner toutes nos idées, de nous faire saisir tous les points communs par lesquels les êtres se tiennent les uns aux autres, de n'offrir aucun objet à nos regards, sans nous montrer en même temps tout ce qui existe en-deçà et au-delà, et de nous exercer par ce moyen à ces grandes vues qui parcourent toute la sphère d'un sujet, et qui sont, pour ainsi dire, le coup-d'œil du génie.

Aussi a-t-on vu plusieurs hommes célèbres ambitionner l'honneur de remplir une si belle tâche. Mais ce que nous avons de mieux en ce genre, se ressent encore des inconvéniens d'une marche systématique, et me paroît susceptible d'un degré de perfection auquel je me suis efforcé d'atteindre, à l'aide des principes que je vais établir dans l'instant.

Il est certain d'abord que nous ne saisirons jamais le plan vaste et magnifique qui a dirigé l'Être-Suprême dans la formation de cet univers. Nos conceptions les plus étendues sont renfermées dans les limites de quelques orbes particuliers qui se trouvent plus à notre portée que les autres ; et pour assigner même à chaque individu la place qu'il doit occuper dans son orbe, il nous manque encore bien des données, soit parce que ne connoissant pas tous les êtres qui composent cet orbe, nous ne pouvons fixer d'une manière assez précise la loi des rapports, soit parce qu'il y a dans le fond même de chaque être des aspects qui nous échappent. Mais le véritable plan de la Nature embrasse à-la-fois l'immensité de l'ensemble et celle des détails : il consiste dans les relations qu'une Sagesse infinie a ménagées entre les qualités tant extérieures qu'intérieures de chaque individu, et la destination de cet individu considéré, soit en lui-même, soit à l'égard de l'univers entier auquel il tient par une infinité de fils, dont la plupart sont imperceptibles pour nous.

Au défaut de cette connoissance qui nous sera toujours interdite, il faut nous en tenir à ce qui est plus proportionné à nos lumières, et borner nos recherches à arranger les individus relativement à notre manière de voir et de comparer les objets, quand nous voulons les rapprocher ou les éloigner les uns des autres, selon qu'ils ont entre eux plus ou moins de ressemblance; c'est-à-dire, qu'ayant déterminé une plante quelconque pour être la première de l'ordre, on placera immédiatement après, celle de toutes les plantes connues qui paroîtra avoir le plus de rapport avec elle, et on continuera la même gradation de nuance, jusqu'à ce qu'on soit parvenu à la plante qui différera le plus de la première, et qui, par cette raison, formera comme le dernier anneau de la chaîne.

Ce principe est si simple, qu'il se présente de lui-même à l'esprit de tout Naturaliste qui s'occupe de l'objet dont il s'agit ici. Cependant les Botanistes, jusqu'à ce jour, ont manqué plus ou moins l'application qu'ils en ont faite à l'arrangement des plantes, parce qu'ils ont voulu soumettre cet arrangement à des loix particulières; parce qu'ils ont voulu commander à la Nature, la forcer de disposer ses productions à-peu-près comme un Général dispose son armée, par brigades, par régimens, par bataillons, par compagnies, etc.; mais, encore une fois, les rapports admirablement nuancés que la Nature a établis entre la plupart des végétaux, démentent par-tout de pareilles divisions; elle offre à nos regards et à nos spéculations une immense collection d'êtres, parmi lesquels chaque espèce est distinguée des autres par une différence sensible et constante; et la gradation de ces différences est le fondement de l'ordre que nous proposons. Mais toutes les fois que l'on voudra diviser et sous-diviser par grouppes, à l'aide d'une prétendue subordination de caractères nets et saillans, les membres de ces divisions, considérés du côté des rapports, rentreront nécessairement les uns dans les autres.

Mais travailler d'après cette opinion, que la Nature franchit de toutes parts les limites que nous lui marquons si gratuitement, n'est-ce pas s'exposer à tomber dans l'excès contraire à celui que l'on veut éviter, et à introduire par-tout la confusion au lieu de l'ordre? Aussi n'ai-je point prétendu m'affranchir absolument de toute espèce de loi dans la disposition des végétaux. L'ordre dont il est ici question, au lieu d'être un amas confus de dénominations jetées au hasard, formera au contraire un ensemble soumis à des règles fixes, mais qui ne le diviseront pas, et ne tendront qu'à déterminer la place que doit occuper chaque espèce dans la série générale.

Pour exposer mes principes d'une manière claire et méthodique, il me semble que tout se réduit à résoudre, s'il se peut, les trois problêmes suivans :

1°. *Déterminer la plante que l'on doit placer la première, et qui soit comme le point fixe d'où l'on partira pour graduer l'ordre entier, et arriver, par une succession naturelle de rapports, jusqu'à la dernière limite du règne végétal.*

2°. *Etablir les règles qui doivent diriger l'observateur dans le rapprochement des espèces.*

3°. *Trouver un moyen pour se reconnoître dans un ordre où l'on n'admet aucune ligne de séparation.*

Je ne me flatte point de résoudre ces trois problêmes d'une manière complette; je sais que les résultats, en pareille matière, se réduisent nécessairement à des approximations qui prêtent encore aux conjectures. Mais si nos solutions ne nous mènent pas toujours précisément au but, elles nous aideront du moins à éviter les écarts frappans où nous entraîneroient des principes fondés sur la considération d'un caractère isolé.

PROBLÊME PREMIER.

Indiquer la plante que l'on doit choisir pour commencer l'ordre.

Pour résoudre ce problême, il faut pouvoir répondre au moins à l'une des deux questions suivantes :

Quelle est la plante qui nous paroît la plus vivante, la mieux organisée, en un mot, la plus parfaite ?

Quelle est la plante que nous devons juger naturellement la moins complette dans ses organes, et qui semble s'éloigner le plus des autres plantes par ses différens aspects ?

Il est beaucoup plus aisé de satisfaire à la seconde question qu'à la première. La cryptogamie de M. Linné nous offre une sorte de dégradation dans le règne végétal ; ce n'est pas que le jeu des mêmes organes, et peut-être de plus grandes merveilles encore, n'aient lieu dans les points où nous cessons de voir. Le microscope nous a appris combien il existoit d'objets au-delà de la portée de nos yeux, et combien nous en devions concevoir au-delà de ce qu'il nous découvre lui-même. La Nature travaille encore à notre insu, souvent même pour notre utilité, derrière ce voile que le Créateur a opposé à notre curiosité. Mais comme nous ne pouvons juger que d'après ce que nous connoissons, il faudra commencer l'ordre par quelqu'un de ces individus, qui, à raison du mécanisme imperceptible de leurs organes essentiels, sont à notre égard comme les premières ébauches des productions végétales. Ainsi il faudra se déterminer pour un *agaric*.

Il est vrai que l'ordre une fois formé, on doit le renverser, afin de remettre la chaîne dans sa situation naturelle, et présenter d'abord les plantes dans lesquelles l'organisation paroît être la plus active et la plus complette.

P R O B L É M E I I.

Mesurer les degrés de rapport qui peuvent servir à rapprocher les plantes.

On ne peut disconvenir d'abord qu'il n'y ait un grand nombre de plantes qui se rapprochent comme d'elles-mêmes, en vertu des rapports marqués qu'elles présentent de toutes parts. Aussi tous les Botanistes se sont-ils réunis dans la disposition respective de ces individus qui ont entre eux, pour ainsi dire, un air de famille, tels que les graminées, les labiées, les liliacées, les légumineuses, les composées, les crucifères, etc. Tous s'accordent à reconnoître la gradation des nuances qui lie les *sorbus* avec les *cratægus* ; ceux-ci avec les *mespilus* ; ces derniers eux-mêmes avec les *pyrus*, etc. : et ces portions de série, flexibles en tout sens, se sont prêtées par la multiplicité des rapports à tous les principes divers qui ont servi de base aux ordres naturels.

J'adopterai donc les parties de ces ordres sur lesquelles les Botanistes ont prononcé d'une voix unanime ; d'autant plus qu'il n'est point nécessaire pour cela d'adopter en même temps les principes d'aucun d'eux, et qu'il n'est besoin que du flam-beau seul d'observation pour nous guider sûrement dans ces routes ouvertes par la Nature elle-même, et où elle a laissé par-tout des traces si sensibles de sa marche.

Mais l'arrangement respectif de ces mêmes suites de plantes que nous avons désignées ci-dessus, s'est trouvé susceptible de plusieurs combinaisons différentes, et, j'ose le dire, toutes également vicieuses, du moins dans le principe dont on est parti pour les rapprocher. En effet, pour découvrir le passage d'une suite à l'autre, il auroit fallu considérer l'ensemble des parties, et se déterminer d'après le plus grand nombre et la plus grande valeur des ressemblances. Mais comme la plupart des Botanistes, dans la formation de leurs ordres naturels, se sont attachés à des caractères isolés, il arrive souvent que les extrémités des lignées voisines ne se touchent que par un seul point, et se repoussent par tous les autres.

Une autre source de variations encore plus frappantes, c'est la difficulté de placer certaines plantes anomales qui, au pre-mier coup-d'œil, semblent se refuser à toute espèce de com-paraison; tels sont les genres des *morina*, *fraxinus*, *œsculus*, *viscum*, *plantago*, *parnassia*, *tamariscus*, *alchimilla*, *po-lygala*, *adoxa*, *impatiens*, etc. Aussi les Botanistes, qui ont prétendu les ranger en raison des loix circonscrites auxquelles ils se sont astreints, ont-ils tellement défiguré les portions de la chaîne générale, dans lesquelles ils ont fait entrer ces mêmes genres, que si l'on ne voit pas d'abord le rang qu'ils devroient occuper, on s'apperçoit du moins évidemment qu'ils sont dé-placés.

Pour éviter ce double inconvénient des principes particu-liers, j'ai essayé d'établir des règles applicables à l'ensemble même des organes, et à l'aide desquelles on pût procéder de la manière la plus uniforme et la plus avantageuse dans l'estima-tion de ces rapports obscurs qui ne donnent point assez de prise à l'observation.

Avant de passer à l'exposition de ces règles, je conviens d'abord avec tous les Botanistes, que dans la comparaison des plantes, on doit avoir spécialement égard aux parties de la fructification; c'est-à-dire, au fruit, à la fleur et à leurs dépen-dances. Ce principe est fondé en premier lieu sur la prééminence

que

que l'on attache naturellement à ces organes qui renferment les gages de la génération future, et auxquels se rapporte, comme à son centre, le mécanisme subalterne des autres parties qui ne semblent vivre que pour eux.

D'ailleurs ces mêmes organes servent mieux que tous les autres à déterminer les plantes, et à les caractériser par des traits parlans; en sorte que sans eux la plupart n'ont que des membres et un corps, et point de physionomie. Les idées même du vulgaire concourent ici avec les observations des savans, du moins par rapport à la fleur. Cette partie, que Pline appelle *plantarum gaudium*, est celle qui fixe presque seule nos regards : nous passons avec une sorte de dédain auprès des individus qui n'en sont point encore ornés : on diroit qu'ils ne commencent à exister pour nous qu'avec cette parure si riante qui nous appelle et souvent nous arrête auprès d'eux.

Il résulte de ce principe, que deux plantes qui se ressemblent parfaitement dans les parties de la fructification, mais qui diffèrent totalement pour les tiges, les feuilles et les racines, ont plus de rapport entre elles que deux autres plantes qui se rapprochent très-sensiblement par ces dernières parties, mais dans lesquelles les parties de la fructification n'ont aucune ressemblance. C'est ainsi que le *cacalia suave-olens* a une affinité plus marquée avec le *cacalia ficoides*, malgré la grande diversité du port, que l'*antirrhinum linaria* n'en a avec l'*euphorbia cyparissias*, quoique, abstraction faite de la fructification, on soit souvent tenté de prendre l'un pour l'autre.

Il s'agiroit maintenant d'évaluer les différentes parties de la fructification; savoir, la semence, les étamines et pistils, le péricarpe, la corolle et le calice, de manière à pouvoir déterminer les raisons et même les degrés de préférence que l'on doit donner à un rapport sur l'autre, dans le cas où plusieurs de ces parties, comparées chacune à chacune dans plusieurs individus, auroient entre elles une ressemblance parfaite. Pour y parvenir, j'ai adopté le principe suivant, que je ne regarde pas comme incontestable, mais seulement comme le plus plausible de tous ceux qu'il me semble que l'on pourroit imaginer.

P R I N C I P E.

Une partie de la fructification, ou, ce qui revient au même, la ressemblance tirée de cette partie , doit être censée avoir d'autant plus de valeur, que la partie elle-même existe dans un plus grand nombre d'individus. En effet, à raison d'une universalité plus générale, elle sert à lier une plus grande quantité de plantes, et devient le fondement d'un rapport plus étendu. Il paroît donc convenable d'adopter une prédilection indiquée par la Nature elle-même.

CONSÉQUENCES.

1°. Une raison très-forte d'analogie nous porte à croire qu'aucune plante ne donne de semences sans qu'elles aient été précédées par des étamines et pistils, qui sont les parties essentielles de la fleur. D'où il faut conclure que la valeur de la semence est égale à celle des étamines et pistils pris ensemble.

Je réunis ici ces deux organes comme s'ils n'en faisoient qu'un , à cause du rapport intime et de la dépendance mutuelle de leurs fonctions.

2°. La valeur des étamines doit être censée égale à celle des pistils.

3°. Dans le nombre des plantes dont la fructification est reconnue , il y en a environ un cinquième dont la semence n'a point de péricarpe. Ainsi cette dernière partie ne vaudra , dans la comparaison des rapports , que les $\frac{4}{5}$ de la semence.

4°. Parmi les plantes dont les fleurs se distinguent facilement , il y en a environ $\frac{1}{15}$ dont les étamines et pistils ne sont point environnés d'une véritable *corolle* (1). De plus, dans les $\frac{14}{15}$ qui restent, il y a environ $\frac{1}{4}$ des plantes qui n'ont point de calice. Donc la fraction $\frac{14}{15}$ exprimera la valeur de la corolle; et quant à celle du calice , elle sera exprimée par les $\frac{3}{4}$ de $\frac{14}{15}$ ou par la fraction $\frac{42}{60}$, égale à $\frac{7}{10}$.

Pour résumer toutes ces valeurs, appelons 1, la valeur de la semence. Celle des étamines et pistils , pris ensemble , sera pareillement exprimée par l'unité, et nous aurons la gradation suivante de valeurs, que l'on trouvera exprimée sur la colonne à droite, par les plus petits nombres entiers possibles qui puissent la représenter dans sa totalité.

---

(1) Voyez ce mot dans les Principes.

Noms des parties de la fructification.	Valeurs en unités et parties de l'unité.	Valeurs en nombres entiers.
Ressemblance. { Dans la semence	1	30.
Dans les étamines et pistils	1	30.
Dans les étamines seules	$\frac{1}{2}$	15.
Dans les pistils seuls	$\frac{1}{2}$	15.
Dans le péricarpe	$\frac{4}{5}$	24.
Dans la corolle	$\frac{14}{15}$	28.
Dans le calice	$\frac{7}{10}$	21.

D'après ces évaluations, il est facile de comparer la ressemblance d'une même partie prise dans deux plantes différentes, avec la ressemblance d'une seconde partie considérée dans les mêmes plantes ou dans deux autres. Si, par exemple, les péricarpes de deux plantes sont entièrement semblables entre eux, et que les corolles des mêmes plantes soient également semblables entre elles, on voit que la ressemblance des péricarpes doit être à celle des corolles dans le rapport des fractions $\frac{4}{5}$ et $\frac{14}{15}$, ou des nombres entiers 24 et 28.

Les parties qui composent le port, entreront aussi dans la comparaison des plantes ; mais elles ne seront employées que subsidiairement, et lorsque les rapports tirés du fruit et de la fleur, se balanceront mutuellement, et jeteront de l'incertitude sur les résultats. Alors, sans soumettre ces mêmes parties à aucun calcul, on se bornera à une simple préférence, fondée aussi sur leur universalité plus ou moins grande, d'après l'ordre suivant.

Racines.	Poils.
Feuilles.	Epines.
Tiges.	Glandes.
Stipules.	Viscosités.
Vrilles.	

Quant aux applications particulières que l'on peut faire des règles que nous venons d'exposer, pour comparer les plantes entre elles, il ne me paroît pas possible de rien déterminer à cet égard qui puisse se rapporter à tous les cas. On ne distingue ici bien nettement que les extrêmes. Les valeurs établies existent toutes entières dans les ressemblances parfaites ; elles s'évanouissent quand la ressemblance est nulle. Mais entre

ces deux limites, quelle immense succession de nuances à parcourir ! nuances qui, semblables à celles que le mélange des
couleurs introduit dans la peinture, sont presque toujours composées elles-mêmes d'autres nuances partielles, et dans lesquelles il faudroit démêler les modifications légères qui appartiennent à la forme des parties, à leur grandeur, à leur disposition, à leur nombre, etc. Que seroit-ce si l'on vouloit
tenir compte de tant d'autres différences inappréciables, et
qui cependant marquent toutes dans le plan du Créateur ? de
quelle nature seroit la mesure qu'il faudroit porter sur cet assemblage merveilleux de détails en tout genre, où se trouvent
réunis et combinés en mille et mille manières, la délicatesse
des reliefs, les reflets brillans du coloris, la grace des contours,
la mollesse des draperies, le croisé admirablement varié des
tissus, le mécanisme vivant des parties internes, etc. ; modèle
inimitable, si foiblement copié par la main de l'homme, et
qui, infiniment supérieur en tout aux productions de ces arts
imitatifs que nous cultivons avec effort, annonce, par la perfection même de l'ouvrage, un ouvrier à qui rien n'a coûté ?

Ces considérations sont bien propres à nous faire sentir la
foiblesse de nos lumières ; mais elles ne doivent pas nous dé-
courager. Elles nous avertissent du moins que ce n'est qu'à
force de voir, d'observer, de comparer les objets, d'apprécier les détails, de multiplier les aspects, que nous pourrons
parvenir à rapprocher les individus les uns des autres de la manière la moins défectueuse.

Un exemple familier fera sentir encore mieux cette vérité.
Que l'on présente à un homme du peuple, dont les vues sont
resserrées pour l'ordinaire dans le cercle étroit des objets relatifs à sa profession ; qu'on lui présente, dis-je, une pomme,
une orange et une nèfle ; qu'on lui demande ensuite laquelle de
l'orange ou de la nèfle lui paroît avoir le plus de rapport avec
la pomme, il est à présumer que, séduit par la grosseur et la
forme à-peu-près sphérique de l'orange et de la pomme, il
rejetera la nèfle, comme ayant avec la pomme moins de ressemblance que l'orange. Il n'est cependant aucun observateur un
peu exercé qui ne sente combien ce jugement seroit défectueux.

Ainsi l'apperçu de la ressemblance entre les parties homo-
gènes de deux plantes, sera toujours le résultat de l'expérience
de l'observateur ; mais les règles établies ci-dessus, serviront
du moins à déterminer la valeur de cette ressemblance, et à

lui assurer la préférence sur celle des autres parties qui méri-
teroient moins de fixer l'attention.

Et pour citer encore ici les Auteurs qui ont composé des
ordres naturels, on sentira comment, à l'aide de ces mêmes
règles, le frêne, qu'ils rangent ordinairement à côté des lilas,
troëne, etc., pourroit se rapprocher des érables; comment la
distance considérable qu'ils mettent entre le marronnier et le
châtaignier, pourroit disparoître en grande partie; comment
enfin le *nymphæa*, que M. Linné range dans le voisinage du
phytolacca, se trouve plus naturellement dans celui du *podophyllum*, où il a été placé par M. de Jussieu au Jardin royal
des Plantes.

En effet, comparons le *nymphæa* avec le *phytolacca* d'une
part, et avec le *podophyllum* de l'autre, et essayons d'appliquer ici les valeurs que nous avons établies, pour être à portée
de nous décider entre les deux savans illustres que j'ai cités
dans l'instant.

au *podophyllum*, offre,

Cal. Une demi-ressemblance dans le calice,
parce que, quoiqu'il ait à-peu-près le
même nombre de folioles de part et d'autre, il est persistant dans le *nymphæa*,
et caduc dans le *podophyllum*.............. 10

Cor. Une demi-ressemblance dans la corolle,
parce que les pétales sont nombreux,
comme de 9 à 15, et assez semblables de
part et d'autre pour la forme.............. 14

Étam. Une ressemblance dans les étamines,
parce que leur nombre est indéfini, constamment au-delà de vingt.................. 15

Le *nymphæa* comparé

Pist. Une ressemblance dans le pistil, parce
que dans les deux genres, l'ovaire est ovale,
non applati, sans style, mais chargé d'un
stigmate large, en plateau, ou rabattu.... 15

Péric. Une demi-ressemblance dans le péricarpe, qui est une baie, uniloculaire
dans le *podop.*, pluriloculaire dans le *nymphæa*, mais dont les loges de part et d'autre sont polyspermes........................ 12

Sem. Une ressemblance dans les semences,
parce qu'elles sont petites et arrondies
dans l'un et l'autre genre.................... 30

TOTAL...................... 96

D 5

au *phytolacca*, offre,

Le *nymphœa* comparé

Cal. Ressemblance nulle dans le calice , puisqu'il n'existe pas...................... o

Cor. Point de ressemblance dans la corolle , d'abord parce qu'elle est nue dans le *phyt.* et ensuite parce qu'elle n'a que cinq pétales. o

Étam. Point de ressemblance dans les étamines , parce que leur nombre est ici limité , et jamais au-delà de vingt....... o

Pist. Point de ressemblance dans le pistil , parce que dans le *phyt.* l'ovaire est très-applati et stilifère........................... o

Péric. Une demi-ressemblance dans le péricarpe , parce qu'il forme dans le *phyt.* une baie pluriloculaire , mais dont les loges sont monospermes.................... 12

Sem. Point de ressemblance dans les semences , parce qu'elles sont réniformes d'une part , et arrondies de l'autre....... o

TOTAL...................... 12

On voit, par cet exemple, combien le rapport du *nymphœa* avec le *phytolacca* est peu marqué , en comparaison de celui que ce premier genre a avec le *podophyllum*, et combien, par conséquent , le rapprochement formé par M. de Jussieu est conforme à la Nature.

M. Haller avertit, au commencement de son ouvrage, qu'il n'a point suivi le systême de M. Linné , parce qu'il offroit des séparations trop frappantes (1). Après cet aveu, n'a-t-on pas lieu d'être surpris de trouver dans ce premier Auteur cette suite singulière par son irrégularité : *mercurialis* , *laurus*, *hippophœ* , *zanichellia*, *empetrum* , *amaranthus* , etc. et un peu plus loin, *atriplex* , *lupulus* , *celtis* , *tamnus* , *xanthium* , *fagus* , etc. ? Hall. Helv. tom. II, page 292. Or, il suffira d'appliquer encore à une pareille série les valeurs déterminées ci-dessus , pour voir toutes ces pièces mal assorties, non seulement se détacher et se fuir, mais de plus aller se ranger, sans beaucoup d'effort, à côté des plantes parmi lesquelles la totalité de

---

(1) *Linnæanam (methodum) potuissem sequi, mihique multi laboris, facere compendium; numquam tamen potui à me obtinere, ut gramina divellerem, ut ex sexûs ratione simillimas plantas separarem, alias-ve classes naturales lacerarem.* Hall. Helv. Præf. xxij.

leurs rapports leur assignera une place plus convenable et plus
naturelle.

PROBLÉME III.

Trouver un moyen pour se reconnoître dans un ordre où l'on
n'admet aucune limite ni division quelconque.

Il est certain que dans une série telle que nous l'offriroient
les plantes rangées d'après les principes établis ci-dessus, l'esprit auroit besoin d'être soulagé de temps en temps comme
par des points de ralliement qui l'aidassent à se reconnoître au
milieu de la multitude des objets. Cet avantage seroit même
d'autant plus à desirer, que la loi des rapports n'est point constante d'un terme à l'autre entre les individus que nous connoissons; et qu'en certains endroits, ces individus forment des
portions de série dans lesquelles les affinités, beaucoup plus
sensibles qu'ailleurs, ont besoin d'une indication qui les fasse
remarquer.

Jusqu'ici on n'a trouvé d'autre moyen pour indiquer les repos nécessaires, que de former l'ordre naturel à la manière
des systêmes et des méthodes; c'est-à-dire, de diviser et même
de sous-diviser par-tout où l'on a cru découvrir des points de
séparation plus ou moins marqués. Mais, je ne saurois trop
le répéter, les titres de ces divisions et les définitions qui
les accompagnent, défigurent l'ordre en le décomposant, et
en renfermant dans autant de cadres particuliers, toutes les
parties d'un grand tableau dont l'ensemble fait le principal
mérite.

M. Linné, et à son imitation M. Gérard, ont adroitement
évité ce défaut dans leurs ordres naturels, en donnant, par
forme de titre, un nom simple à chaque division, et en sup-
primant sa définition et son caractère distinctif. Mais ces dénominations étant purement arbitraires, et n'offrant à l'esprit
qu'un sens vague et indéterminé, ne peuvent être que d'un
très-médiocre avantage.

Persuadé, avec ces hommes célèbres, qu'il est nécessaire
d'employer encore ici l'art pour observer la Nature, je ne re-
jeterai pas les titres, les définitions et les caractères qui expriment ces suites de plantes dont les rapports communs sont si
marqués, et qui forment des ordres particuliers chez les uns,

et des familles chez les autres ; mais je les emploierai de manière à ne point gêner l'ordre , qu'ils ne diviseront nulle part ; et pour.cet effet , je les disposerai de la manière suivante :

1º. Les plantes étant, comme je l'ai dit tout-à-l'heure , rangées à la suite les unes des autres en raison de leurs rapports les plus marqués , je placerai en marge , de distance en distance, les caractères expressifs des affinités les plus sensibles que présentent ces suites de plantes dont je viens de parler, et ces caractères seront surmontés d'un nom simple en forme de titre et pareillement significatif, que l'on pourra retenir.

2º. J'aurai soin de disposer toujours ces titres ou caractères à une hauteur moyenne à l'ensemble des plantes auxquelles ils se rapporteront, afin de ne point exprimer de limites ni fixer l'extension des rapports ; de sorte que si les solannées, par exemple , sont composées de cent plantes, leur titre caractéristique sera placé en marge à la hauteur de la cinquantième plante. Par cette disposition, on pourra remarquer très-souvent que les plantes auront d'autant moins de rapport avec l'expression de leur titre , qu'elles en seront plus éloignées , soit en dessus , soit en dessous; et les titres eux-mêmes, sans rien diviser , comme cela a lieu dans les autres ordres naturels , où ils tombent souvent fort mal-à-propos au milieu d'une succession de nuances , serviront à faire sortir les parties du tableau qui demanderont à être fortement prononcées.

Je joins ici un échantillon de mon ordre naturel , mais dans lequel je me suis contenté d'employer les genres. La place même qu'occupe chacun de ces genres , n'y est déterminée que d'une manière assez vague; et les rapports qui les rapprochent , n'ont point été appréciés d'après les principes que j'ai établis, parce qu'il est impossible d'effectuer un pareil calcul sur des genres qui ne sont, pour la plupart, comme je l'ai fait voir , que des assemblages artificiels , formés d'après l'observation de certaines marques communes , et non d'après le rapport le plus prochain. Mais cette ébauche suffira toujours pour donner une idée de la distribution que j'ai projetée.

ORDRE NATUREL.

Série générale des genres rapprochés en raison de leurs rapports.	Saillies particulières formées par certaines affinités remarquables.	Rapports généraux et éloignés, indiquant la perfection graduée des organes.
Agaricus T. *Boletus.* *Fungus.* *Hydnum.* *Phallus.* *Elvea.* *Clathrus.* *Peziza.* *Lycoperdon.* *Clavaria.* *Mucor.* *Byssus.*	*Champignons.* Substance spongieuse, lamellée ou poreuse, et qui, sous diverses formes, s'étend en hauteur ou est très ramassée.	Fructification absolument inconnue et insensible.
Conferva. *Ulva.* *Tremella.* *Fucus.* *Lichen.* *Targionia.* *Anthoceros.* *Riccia.* *Blasia.* *Marchantia.* *Jungermannia.* *Buxbaunia.*	*Algues.* Substance applatie, membraneuse, et qui, sous diverses ramifications, s'étend en longueur, et produit des cupules floriformes.	
Hynum. *Brium.* *Mnium.* *Polytrichum.* *Splachnum.* *Fontinalis.* *Porella.* *Phascum.* *Sphagnum.* *Lycopodium.* *Equisetum.* *Isoetes.* *Pilularia.* *Marsilea.* *Ophioglossum.*	*Mousses.* Feuilles nombreuses et disposées en gazon, ou embriquées autour des tiges qui produisent des urnes anthériformes.	Fructification sensible, mais indistincte ou peu connue.

Suite DE la SÉRIE formée par le rapprochement des genres.	SAILLIES PARTICULIÈRES formées par certaines affinités remarquables.	RAPPORTS GÉNÉRAUX et éloignés, indiquant la perfection graduée des organes.
Osmunda. *Onoclea.* *Pteris.* *Asplenium* *Trichomanes.* *Blechnum.* *Hemionitis.* *Lonchitis.* *Adianthum.* *Acrosticum.* *Polypodium.* *Zamia.* *Cycas.* *Chamærops.* *Sambal.* *Borassus.* *Coripha.* *Cocos.* *Elate.* *Areca.* *Cariota.* *Elais.* *Phœnix.* *Calamus.* *Flagellaria.* *Oryza.* *Zizania.* *Pharus.* *Olyra.* *Paspalum.* *Anthoxanthum.* *Alopecurus.* *Phleum.* *Phalaris.* *Panicum.* *Milium.* *Stipa.* *Agrostis.* *Aira.* *Melica.* *Poa.* *Briza.*	*Fougères.* Feuilles toutes radicales, roulées en crosse avant leur développement, et chargées de poussière séminiforme. *Palmiers.* Feuilles ramassées en faisceau au sommet de la tige qui est simple. Fleurs paniculées et enfermées dans un spathe.	 Fructification sensible et très-distincte; étamines de deux à six; semences ordinairement nues et solitaires.

Suite DE LA SÉRIE formée par le rapprochement des genres.	SAILLIES PARTICULIÈRES formées par certaines affinités remarquables.	RAPPORTS GÉNÉRAUX et éloignés, indiquant la perfection graduée des organes.
Uniola. *Dactylis.* *Festuca.* *Bromus.* *Avena.* *Holecus.* *Andropogon.* *Arundo.* *Lagurus.* *Cynosurus.* *Hordeum.* *Secale.* *Triticum.* *Climus.* *Lolium.* *Nardus.* *Ægilops.* *Cenchrus.* *Carex.* *Eriophorum.* *Scirpus.* *Cyperus*, etc.	*Graminées.* Feuilles simples, alongées et engaînées à leur base. Fleurs enfermées dans des paillettes	

Comme je me suis borné dans cet Ouvrage à donner un *flora* de la France, l'arrangement que j'aurois formé, en n'employant que les plantes qui naissent dans ce climat, auroit été trop incomplet, à cause des vides qu'auroient laissés de toutes parts l'omission d'une multitude de plantes exotiques. J'ai donc cru plus à propos de réserver l'exécution entière de l'ordre naturel pour un autre ouvrage que je compte offrir au public dans quelques années.

Cet ouvrage, qui aura pour titre : *Théâtre universel de Botanique*, et pour lequel j'ai déjà amassé des matériaux considérables, contiendra, dans une première partie, l'analyse exacte de toutes les plantes connues, avec la description de chacune d'elles. J'y joindrai la synonymie des Auteurs les plus célèbres. Ce travail est devenu indispensable par la multiplicité des nouveaux noms que les Botanistes modernes ont substitués à ceux qui étaient en usage avant eux.

On trouvera dans la seconde partie, l'ordre naturel de toutes les plantes qui auront été indiquées par l'analyse. Le nom de chaque plante sera précédé de deux numéros placés l'un au-dessus de l'autre. Le supérieur marquera le rang de la plante ; il sera porté d'avance dans l'analyse, où il servira pour renvoyer à l'ordre naturel. Le numéro inférieur sera celui du paragraphe de l'analyse auquel appartiendra la plante, dont il fera retrouver la description et la synonymie dans l'analyse, toutes les fois qu'on en aura besoin. Ces deux numéros seront comme un moyen de communication entre l'analyse et l'ordre naturel, qui, par-là, se prêteront un mutuel secours.

PRINCIPES

ÉLÉMENTAIRES

DE BOTANIQUE (1).

INTRODUCTION.

Parag. 1. Si l'on observe les différens êtres qui entrentdans la structure intérieure de notre globe, ou qui en occupent la surface, on remarquera d'abord un grand nombre de corps composés d'une matière brute, et qui s'accroît par la juxta-position des substances qui concourent à sa formation, et non par l'effet d'aucun principe interne de développement : ces êtres sont appelés, en général, *êtres inorganiques :* ils comprennent non seulement ces productions auxquelles on donne le nom de *minéraux*, savoir, les terres, les pierres, les sels, les métaux, mais encore certaines substances, en apparence très-différentes des précédentes, telles que l'eau, l'air, et jusqu'aux élémens euxmêmes.

2. D'autres êtres sont pourvus d'organes propres à différentes

(1) Nous croyons utile d'avertir que nous ne prétendons nullement donner ici un traité complet de Botanique ou de Physique végétale, mais seulement présenter un précis des principes et des termes nécessaires pour l'intelligence de la Flore française : parmi les termes employés par les botanistes, il en est de deux ordres bien différens par le degré de leur importance ; les uns, qui servent à désigner les organes des plantes, sont de première importance dans l'étude des végétaux, et font également partie de la Botanique et de la Physique végétale ; les autres, qui servent à indiquer les modifications des organes, n'ont d'importance que pour la nomenclature. Nous aurons soin de donner l'explication de ces derniers dans des articles notés par des astérisques (*), afin que ceux qui voudront lire seulement un Précis de Physique végétale, puissent omettre dans leur lecture tout ce qui a rapport à la terminologie : nous ne donnerons même l'explication que des termes propres à la Botanique, ou qui y sont pris dans une acception particulière. A quoi bon expliquer ce que c'est qu'une feuille ovale ou orbiculaire, qu'une tige cylindrique ou tétragone, etc. : autant vaudroit donner le dictionnaire entier de la langue !

fonctions, et jouissent d'un principe vital très-marqué, et de la faculté de reproduire leur semblable ; on les a compris sous la dénomination générale d'*êtres organiques*. Quoique très-diversifiés dans leur structure, ces êtres paroissent formés sur un plan uniforme : ils ont la faculté d'intervertir, en plusieurs cas, les loix ordinaires de la physique et de la chimie, et peuvent en particulier, tant que leur force vitale existe, résister à la putréfaction : ils s'approprient ou changent en leur propre substance les molécules des corps étrangers : ils sont nécessairement composés de parties dissemblables, les unes solides, les autres liquides : la structure de leurs parties, quoique très-variée, offre toujours une sorte de régularité, sans montrer cependant les formes anguleuses propres aux cristaux : la composition de ces parties présente plusieurs combinaisons chimiques d'une nature particulière, et que la synthèse ne peut imiter, etc.

Les êtres organisés se partagent eux-mêmes en deux classes, connues sous les noms de *végétaux* et d'*animaux*.

3. Les *Animaux* sont des êtres organiques, pourvus de sensibilité et de volonté, capables de mouvemens spontanés, qui ne se nourrissent ordinairement que de substances qui ont été organisées, qui la plupart font entrer ces substances dans leur corps au moyen d'un petit nombre d'ouvertures destinées à cet usage, qui les enferment dans un sac commun où les parties vraiment alimentaires sont absorbées par des pores intérieurs, et d'où le résidu est chassé en dehors ; qui, étant la plupart munis d'un centre commun, ne peuvent être facilement séparés en plusieurs êtres vivans ; qui, ayant un terme à leur accroissement, et une circulation des sucs dans les mêmes vaisseaux, ont aussi un terme nécessaire à leur existence, savoir celui où les vaisseaux s'obstruent ou s'endurcissent ; qui se reproduisent au moyen d'organes sexuels permanens pendant toute la durée de la vie, et dans la plupart employés plus d'une fois ; qui enfin opèrent cette fécondation, au moyen d'un liquide non renfermé dans de petites coques d'apparence pulvérulente.

4. Les *Végétaux* ou les *Plantes*, sont des êtres organiques, dépourvus de sensibilité, incapables d'aucuns mouvemens volontaires, la plupart fixés au lieu de leur naissance, qui se nourrissent généralement des substances inorganisées les plus généralement répandues dans la nature, telles que l'eau et l'air ; qui absorbent ces substances par des pores nombreux placés à leur

surface extérieure, et ne les renferment point dans un sac particulier situé à l'intérieur du corps; qui, étant dépourvus de
centre commun, peuvent être facilement séparés en plusieurs
êtres vivans; qui, n'ayant pas de terme à leur accroissement
ni de vraie circulation, n'ont pas non plus de terme nécessaire
à leur existence; qui se reproduisent au moyen d'organes
sexuels, toujours détruits après chaque fécondation, et employés une seule fois; qui enfin opèrent cette fécondation, au
moyen d'un fluide renfermé dans de petites coques, dont la
réunion ressemble à de la poussière.

Ces différens caractères des animaux et des végétaux, sont
nécessairement liés; de telle sorte, que l'un d'entre eux étant
donné, on peut, par le raisonnement, en déduire tous les
autres.

5. L'étude de tous les êtres dont nous venons de parler, est
l'objet de cette branche intéressante de nos connoissances, que
l'on nomme *Histoire naturelle*, et que l'on divise ordinairement
en trois parties différentes, relatives aux trois grandes classes que
nous avons formées ci-dessus, ou aux *trois règnes de la nature*.
Ces parties sont, 1°., la *Minéralogie*, qui traite des corps inorganiques; 2°. la *Botanique*, qui a pour objet la connoissance des
végétaux; 3°. la *Zoologie*, ou l'étude du règne animal.

Après cette courte exposition, que j'ai cru devoir présenter,
pour donner une idée plus nette du règne végétal par sa comparaison avec les règnes voisins, je m'arrête à la Botanique seule,
qui est l'objet direct de cet ouvrage.

6. L'étude des Plantes (et cette division est aussi applicable à
celle des animaux) présente trois points de vue très-distingués
l'un de l'autre, et qui forment trois genres de connoissances.

Le premier comprend l'observation des plantes, en tant
qu'*êtres vivans*: cette étude porte le nom particulier de *Physique végétale*, et se compose de deux branches, savoir, la
structure ou la composition générale des organes des végétaux,
et le jeu ou l'action de ces mêmes organes. La première de
ces deux branches a reçu, par analogie avec le règne animal,
le nom impropre d'*Anatomie*, et la seconde celui de *Physiologie*, qui n'est guère plus exact.

Le second point de vue sous lequel on peut envisager l'étude
des plantes, et qui a reçu le nom de *Botanique*, proprement

dite, consiste à les considérer en tant qu'*êtres distincts*; c'est-à-dire, à les observer chacun individuellement, à déterminer leurs différences et leurs ressemblances, à les groupper les uns à côté des autres, selon leur plus ou moins grande ressemblance, et à indiquer les traits de structure communs à chaque groupe.

Le troisième point de vue sous lequel on doit observer les végétaux, consiste à les envisager comme des *êtres utiles à l'homme*; cette branche de la science, qui est une conséquence des deux premières, et que je désigne sous le nom de *Botanique appliquée*, comprend l'histoire médicale, économique, industrielle et agricole des végétaux.

7. Notre but étant, dans cet ouvrage, de faire connoître les différens végétaux qui existent dans la France, nous aurons besoin, pour les distinguer les uns des autres, d'employer certaines marques : ces marques distinctives sont appelées *caractères* par les naturalistes. L'importance comparative de ces caractères est déterminée, 1°. par l'importance de l'organe pour l'action vitale, ce qui est une question de physique végétale; 2°. par le nombre proportionnel des plantes qui sont douées du même caractère, et ceci est une question de botanique pure. On voit donc que les élémens de ces deux études sont indispensables pour bien connoître les végétaux d'un pays, et ce que je dis ici des plantes de la France, est également vrai des végétaux en général. La botanique et la physique végétale s'entr'aident à tel point, qu'elles sont réellement inséparables. Le botaniste apprend du physicien quelle est l'importance de chaque caractère et la distinction précise des organes. Le physicien apprend du botaniste jusqu'à quel point il peut généraliser le résultat de chaque expérience, de chaque observation. L'un et l'autre, de concert, dirigent toutes les applications qu'on peut faire de la connoissance des végétaux pour les besoins de l'homme.

PREMIÈRE PARTIE.
DESCRIPTION DES ORGANES
DES VÉGÉTAUX,
ou ANATOMIE.

CHAPITRE PREMIER.
ORGANES ÉLÉMENTAIRES.

8. Tous les végétaux sont composés d'un tissu membraneux, qui paroît continu dans le plus grand nombre des cas, et qui se présente à nous sous deux formes très-distinctes : tantôt il se dédouble de manière à former de petits vides ou de petites cellules hexagones, fermées de tous côtés; tantôt ces vides s'alongent de manière à former des tubes ou des vaisseaux de forme et de grandeur variables, et ouverts à leurs extrémités. Dans le premier cas, il porte les noms de *tissu cellulaire* ou *utriculaire;* dans le second, de *tissu vasculaire* ou *tubulaire.*

9. Les cloisons qui séparent les vides du tissu cellulaire sont communes à deux cellules; elles sont souvent, d'après M. Mirbel (pl. 1, f. 1,7), percées de pores visibles à de forts microscopes. Le tissu cellulaire existe dans tous les végétaux : il est abondant dans la moëlle, l'écorce, les fruits, et se retrouve dans toutes les parties du végétal; il renferme différens sucs qui paroissent y être en repos ou dans un mouvement très-lent, et il sert sans doute à les élaborer. Lorsque les cellules sont également pressées en tout sens, elles ont la forme d'hexaèdres à-peu-près réguliers; si la pression est inégale, elles s'alongent et forment des cellules tubulées, qui sont, à proprement parler, des prismes hexaèdres; ces cellules tubulées existent à l'entour des grands vaisseaux qui semblent entraîner avec eux dans leur accroissement et alonger les cellules près desquelles ils se trouvent; ces vaisseaux et ces cellules tubulées, obstrués et endurcis par le dépôt des molécules alimentaires, forment ce qu'on nomme les *fibres végétales.*

10. Les vaisseaux servent à transporter, et peut-être aussi quelquefois à élaborer les sucs du végétal : ils n'existent pas dans

toutes les plantes, et manquent en particulier dans la classe des Acotylédones; ils sont toujours placés dans la direction longitudinale de la plante, et adhèrent avec le tissu cellulaire environnant.

11. Quant à leur forme, M. Mirbel distingue:

1°. Les vaisseaux *entiers*, ou qui ne sont percés par aucun pore ni par aucune fente (pl. 1, f. 2);

2°. Les vaisseaux *poreux*, c'est-à-dire, qui sont troués de pores rangés par séries transversales (pl. 1, f. 3);

3°. Les vaisseaux *fendus* ou *fausses-trachées*, qui sont percés par des fentes transversales (pl. 1, f. 4);

4°. Les vaisseaux *spiraux* ou *trachées* qui paroissent formés par une lame roulée en spirale, de manière à former un tube (pl. 1, f. 5, *a*). Hedwig pense que cette lame est elle-même un tube roulé en spirale autour d'un tube droit et central (pl. 1, f. 5, *b*). Tous les autres anatomistes n'admettent pas l'existence du tube central, et ne croient point que la lame soit tubulée. M. Mirbel pense que ce tube est dû à l'encroûtement des molécules alimentaires, et assure qu'il ne se trouve que dans les trachées âgées. Hedwig pense encore que la trachée est le type originel de tous les autres vaisseaux, que le dépôt successif des molécules en comble les interstices et la change successivement en vaisseau fendu, en vaisseau poreux, et enfin en vaisseau entier ou en fibre. M. Mirbel combat cette théorie, en observant que la place de ces divers vaisseaux est déterminée dans chaque végétal, et que la forme des vaisseaux d'un organe ne change pas selon l'âge: ainsi, la sommité de chaque branche présente des trachées qui se retrouvent à l'état de trachées dans la couche intérieure du tronc le plus âgé, et toutes les autres couches qui se forment après la première, ne contiennent point de trachées.

5°. Il est nécessaire d'ajouter que ces quatre ordres de vaisseaux, quoique ordinairement distincts, se confondent quelquefois, de sorte que le même vaisseau offre différentes formes dans différentes parties de sa longueur: c'est ce que M. Mirbel nomme *tube mixte* (pl. 1, f. 6).

12. Si nous considérons les vaisseaux quant à leur usage, nous les distinguerons en vaisseaux *séveux* ou *lymphatiques*, qui charient les sucs depuis le moment de leur absorption jusqu'à celui

de leur élaboration, et en *vaisseaux propres*, qui charient les sucs depuis l'époque où, par l'élaboration propre à chaque végétal, ils ont acquis une nature particulière.

13. Au reste, toute cette classification des organes élémentaires est encore très-imparfaite ; on ne peut distinguer avec précision les organes d'un corps vivant, que lorsqu'on connoît leur fonction ; c'est ce qui arrive dans la classification des organes des animaux ; mais cette connoissance nous manque dans la plupart des cas, relativement au règne végétal. Nous confondons dans la même classe la membrane qui sépare le suc sucré de l'orange, avec celle qui produit l'huile aromatique de son écorce : la diversité des produits indique cependant une différence de nature. Comparetti et de La Métherie ont étudié et cherché à classer les organes des végétaux d'après leurs fonctions ; mais ces fonctions sont encore trop peu connues pour pouvoir maintenant donner quelque importance à ces divisions.

14. Tout cet assemblage de cellules et de vaisseaux communique avec les élémens extérieurs par le moyen de pores, dont on peut distinguer quatre espèces :

1°. Les *pores cellulaires*, qui existent sur la paroi des cellules extérieures, et qui sont analogues à ceux qui existent sur les parois internes (pl. 1, f. 7) ; ils sont très-difficiles à voir, même aux meilleurs microscopes ; leur histoire est à peine connue ;

2°. Les *pores radicaux*, qui n'ont jamais été observés, mais dont l'existence n'est pas douteuse. Ils paroissent être l'orifice inférieur des vaisseaux séveux, et sont placés à l'extrémité de chaque radicule : en effet, c'est par cette extrémité seule, et nullement par leur superficie entière, que l'eau pénètre dans les racines ;

3°. Les *pores corticaux*, que je regarde comme l'orifice supérieur des vaisseaux séveux (pl. 1, f. 8). Ils se présentent au microscope comme de petits trous ovales plus ou moins ouverts ; ils existent le plus souvent sur la lame externe du tissu membraneux ; ces pores existent sur les jeunes pousses, les feuilles, les calices, les fruits, etc., et ne se rencontrent jamais sur les vraies corolles, ni sur les organes générateurs, ni sur les parties submergées ou étiolées ;

4°. Les *pores glandulaires*, qui suintent au dehors de la

plante des sucs élaborés par des glandes particulières , et qui
sont très-variés pour leur forme, leur usage et leur position.

15. La présence ou l'absence de ces divers organes, et leur disposition respective , constituent les caractères anatomiques des
trois grandes classes du règne végétal , les seules fondées sur
l'anatomie , et auxquelles nous arriverons dans la suite par des
moyens plus faciles.

Les *Acotylédones* n'ont ni vaisseaux ni pores corticaux
(pl. 1 , f. 1).

Les *Monocotylédones* ont des pores corticaux, et des vaisseaux non disposés par couches concentriques (pl. 1 , f. 9).

Les *Dicotylédones* ont des pores corticaux , et des vaisseaux
disposés par couches concentriques à l'entour d'un cylindre
central de tissu cellulaire (pl. 1 , f. 10).

16. Les organes élémentaires que nous venons d'énumérer
constituent , par leurs combinaisons diverses , les organes composés. Nous allons examiner séparément, 1°. ceux de ces organes
composés qui servent à l'entretien de la vie de l'individu, c'est-à-
dire , à la nutrition ; 2°. ceux qui servent à la vie de l'espèce ,
c'est-à-dire, à la reproduction des individus. Nous nous occuperons principalement des végétaux *vasculaires* (les monocotylédones et dicotylédones). Quant aux végétaux *cellulaires*, ou
acotylédones ou *cryptogames* , ce qu'on connoît sur leur structure et leur végétation se réduit à si peu de choses , que nous
renvoyons nos lecteurs aux expositions des caractères de classes
et de familles , qui se trouvent vol. 2 , pages 1, 2, 65 , 280 , 321,
415, 438, 546, 571 , 577.

CHAPITRE II.

ORGANES DE LA VÉGÉTATION.

ARTICLE PREMIER.

De la Tige en général.

17. Le *tronc* ou la *tige* (truncus , caulis) est cette partie de la
plante qui tend toujours à monter verticalement, qui s'élève du collet de la racine, et qui porte les feuilles lorsque la plante en a. Cette
partie fondamentale du végétal existe dans toutes les plantes, tantôt
développée et bien évidente, tantôt tellement rabougrie, que la
plante en paroît dépourvue, et que les feuilles semblent naître

de la racine; comme par exemple dans la jacinthe, le polypode, la primevère, etc. Dans le premier cas, on a donné aux plantes le nom de plantes *munies de tiges* (caulescentes); dans le second, on les désigne sous celui de plantes *sans tige* ou *sessiles* (acaules). Mais ces dénominations sont inexactes, puisque la tige existe toujours : dans la jacinthe et les autres plantes bulbeuses, elle est représentée par le plateau orbiculaire qui émet les racines et les feuilles ; dans le polypode et les autres fougères européennes, elle se réduit à une souche horizontale et souterraine; dans la primevère et les autres dicotylédones, elle se confond avec le collet de la racine, mais elle s'alonge quelquefois par la culture; ce qui prouve qu'elle existe réellement, quoique peu développée.

* 18. La tige, considérée dans sa *consistance*, offre différens degrés, dont on a désigné les principaux par des noms particuliers. On la dit :

* *Herbacée* (herbaceus), lorsqu'elle est tendre, qu'elle a peu de consistance, et qu'elle périt avant de durcir; par exemple, la laitue (pl. 2, f. 2). Les plantes dont la tige est herbacée sont nommées des *herbes* (herbæ).

* *Demi-ligneuse* ou *sous-ligneuse*, lorsque sa base subsiste sensiblement, tandis que ses rameaux ou ses sommités sont herbacés, et perissent tous les ans; par exemple, la douce-amère. Les plantes de cette nature sont nommées des *sous-arbrisseaux* (suffrutices).

* *Ligneuse* (fruticosus, lignosus), lorsqu'elle est d'une consistance solide, semblable à celle du bois, et qu'elle subsiste après son endurcissement (pl. 2, f. 1). Les plantes ligneuses sont appelées des *arbustes* (frutices), lorsqu'elles jettent des branches dès leur base, et ne portent point de boutons ; *arbrisseaux* (arbusculæ), quand elles jettent des branches dès leur base, et portent des boutons; *arbres* (arbores), quand leur tige est simple et nue dans la base, et se divise en branches vers le haut.

* *Solide* (solidus), lorsqu'elle est tout-à-fait pleine, comme dans l'orchis taché.

* *Fistuleuse* ou *creuse* (fistulosus), lorsqu'elle forme un tube ou un cylindre évidé, comme celle de l'oignon.

* La consistance de la tige peut encore varier par différens degrés, qu'on exprime par les termes de *molle* (mollis),

spongieuse (spongiosus), *charnue* (succulentus), *ferme* (rigidus), *sèche* (siccus), etc. Ces divers termes ont, en botanique, la même acception que dans le langage ordinaire.

*19. Si l'on considère la composition de la tige, on dit qu'elle est

* *Sans nœud* (enodis, æqualis), lorsqu'elle se continue également sans être interrompue par des nœuds; par exemple, le scirpe des lacs (pl. 2, f. 2). Ce terme ne s'emploie que par opposition aux suivans.

* *Noueuse* (nodosus), lorsqu'elle offre d'espace en espace des nœuds solides, plus ou moins renflés, et très - difficiles à rompre; par exemple, les graminées (pl. 2, f. 5).

* *Articulée* (articulatus), lorsqu'elle offre d'espace en espace des places déterminées, renflées ou non renflées, où elle se casse facilement (54), et où elle se divise d'elle-même en articles dans sa vieillesse; par exemple, les œillets, etc. (pl. 2, f. 7). On emploie quelquefois le terme d'articulé à la place de celui de noueux, quoique leurs sens soient absolument contradictoires : ainsi, le scirpe articulé devroit être plutôt nommé scirpe noueux.

*20. Si nous considérons les divisions de la tige, nous dirons qu'elle est

* *Simple* (simplex), lorsqu'elle se continue uniformément, et ne se divise que vers le sommet, ou même point du tout; par exemple, les orchis (pl. 2, f. 2).

* *Rameuse* (ramosus), lorsqu'on veut dire en général que la tige se divise, sans exprimer la manière dont elle le fait, ou bien lorsqu'elle se ramifie sans ordre apparent (pl. 2, f. 1, 6, 10).

* *Fourchue* (furcatus, bifurcatus), lorsqu'elle se divise au sommet en deux branches simples.

**Dichotome* ou *plusieurs fois bifurquée* (dichotomus), lorsqu'elle se divise en deux branches, qui sont elles-mêmes une ou plusieurs fois divisées en deux rameaux; par exemple, la mâche (planche 2, f. 7).

* On dit de même *trifurquée* (trifurcatus), et *trichotome* (trichotomus), lorsque les divisions ont lieu trois à trois.

* *Prolifère* (proliferus), lorsque la tige ne produit de rameaux qu'à son extrémité, d'où ils partent tous d'un centre commun.

* *Effilée* (virgatus), lorsqu'elle s'alonge en manière de ba-

guette, ou lorsqu'elle produit des rameaux droits, alongés, menus et plians comme l'osier.

*21. Si l'on considère la direction ou la situation de la tige, on dit qu'elle est

*Droite, *verticale* ou *perpendiculaire* (erectus, perpendicularis), lorsqu'elle s'élève dans une direction perpendiculaire à l'horizon.

* *Lâche* (laxus, debilis), lorsqu'ayant une situation droite, sa délicatesse ou sa flexibilité la fait jouer librement en tout sens, comme celle de beaucoup de graminées.

*Roide (rigidus), lorsqu'elle se relève entièrement, et avec une sorte d'élasticité, toutes les fois qu'on la courbe.

* *Oblique*, lorsqu'elle s'élève obliquement à l'horizon.

* *Montante* ou *ascendante*, lorsqu'étant oblique ou horizontale à sa base, elle se recourbe en se rapprochant de la verticale.

*Genouillée ou *coudée* (geniculatus), quand elle se courbe subitement en forme de coude ou de genou.

* *Inclinée* (declinatus), lorsqu'étant d'abord droite ou un peu oblique, elle forme ensuite un arc dirigé vers la terre; par exemple, le sceau de Salomon.

*Courbée ou *penchée* (incurvatus, nutans), lorsqu'étant d'abord tout-à-fait droite, son extrémité s'incline ou même retombe perpendiculairement; par exemple, la fritillaire peintade.

* *Etalée* (patulus), lorsque plusieurs tiges partant de la même racine, s'écartent dès leur base, et laissent entre elles un angle obtus.

*Diffuse (diffusus), lorsque ses rameaux naissent dès la base et forment des angles très-ouverts.

*Couchée (procumbens), lorsqu'étant trop foible pour se soutenir, elle s'étend horizontalement sur la terre sans y pousser de racines; par exemple, le mouron.

* *Tombante* (decumbens), lorsqu'étant d'abord un peu redressée, elle retombe ensuite sur la terre; par exemple, la bette maritime.

* *Rampante* (repens), lorsqu'étant couchée elle s'attache à la terre par des racines qu'elle pousse çà et là, comme la nummulaire (pl. 2, f. 6).

*Stolonifère ou *traçante* (stolonifer), lorsque du collet de la racine partent des rejets particuliers qui s'étendent sur la terre, s'y attachent par des houppes de racines, et reproduisent de nouvelles plantes, comme dans le fraisier (pl. 2, f. 5).

* *Radicante* (radicans), lorsqu'étant droite, oblique ou grimpante, elle pousse çà et là des racines, comme la joubarbe en arbre.

**Cramponnée* (alligatus), lorsqu'elle pousse des crampons ou appendices particuliers, au moyen desquels elle s'accroche aux corps voisins; par exemple, le lierre.

* *Flexueuse* ou *en zig zag* (flexuosus), lorsque d'un nœud à l'autre elle se rejette en formant alternativement des angles rentrans et saillans (pl. 2, f. 7).

* *Sarmenteuse* (sarmentosus), lorsqu'étant longue et foible elle s'entortille sur les corps voisins, et s'y soutient sans le secours des radicules, des vrilles et des crampons (pl. 2, f. 8).

* *Grimpante* (scandens), lorsqu'étant sarmenteuse elle s'accroche au moyen de vrilles, comme la vigne (pl. 2, f. 9).

* *Entortillée* (volubilis), lorsqu'étant sarmenteuse elle se roule en spirale autour des corps qu'elle rencontre (pl. 2, f. 9). On distingue parmi ces spirales, celles qui se font de gauche à droite, c'est-à-dire, dans le même sens que le mouvement diurne du soleil, comme dans le houblon, et celles qui se font dans un sens contraire au mouvement diurne du soleil, c'est-à-dire, de droite à gauche, comme dans le haricot. Pour faire cette observation, on se suppose au centre de la spirale, et tourné du côté du midi.

* 22. Quant à la figure de la tige, on cherche à la rapporter à quelque figure géométrique régulière. Ainsi on la dit : *cylindrique* (teres, cylindricus), *demi-cylindrique* (semi-teres), *triangulaire* ou *trigone* (triqueter, trigonus), *tétragone* ou *quadrangulaire* (tetragonus, quadrangularis), *pentagone* (pentagonus), *hexagone* (hexagonus), ou en général *anguleuse* (angulosus), lorsque sa coupe transversale représente un cercle, un demi-cercle, un triangle, un quadrilatère, un pentagone, un hexagone, ou en général un polygone. On la dit encore :

**Comprimée* (compressus), lorsqu'elle semble avoir été applatie dans sa longueur, c'est-à-dire, lorsque sa coupe transversale représente une ellipse; par exemple, le paturin comprimé.

✳ *Gladiée* ou *à deux tranchans* (anceps), lorsqu'elle est tellement comprimée, que ses deux côtés saillans sont anguleux ; par exemple, l'ail penché.

✳ 23. Si l'on observe les accessoires de la tige, on dit qu'elle est

✳ *Feuillée* (foliosus), *épineuse* (spinosus), *aiguillonnée* (aculeatus), *velue* (villosus), *vrillée* (cyrrhosus), *écailleuse* (squammosus), *stipulacée* (stipulaceus), lorsqu'elle porte des feuilles, des épines, des aiguillons, des poils, des vrilles, des écailles ou des stipules.

✳ On dit encore qu'elle est

✳ *Ailée* (alatus), quand elle est garnie longitudinalement de membranes qui débordent sa superficie, et qui sont ordinairement un prolongement des feuilles ; par exemple, l'onopordone (pl. 2, f. 10).

✳ Par opposition à ces divers termes, on dit qu'elle est

✳ *Non-feuillée* (aphyllus), lorsqu'elle n'a pas de feuilles, comme l'orobanche.

✳ *Inerme* (inermis), lorsqu'elle n'a ni épines ni aiguillons.

✳ *Glabre* (glaber), lorsqu'elle n'a pas de poils.

✳ On emploie le mot de *nue* (nudus), tantôt pour exprimer l'absence totale de tout organe accessoire, tantôt pour désigner l'absence de tel ou tel d'entre eux, par opposition avec quelque autre terme. Au reste, ces expressions sont communes à toutes les parties de la plante.

✳ 24. Si l'on considère la superficie de la tige, on emploie, pour exprimer ses différens états, différens termes qu'on applique de même aux autres parties du végétal, et que nous allons énumérer ici. Ainsi, on dit d'une surface quelconque qu'elle est

✳ *Lisse* (lævis), lorsqu'elle est par-tout égale et unie.

✳ *Striée* (striatus), lorsqu'elle est chargée longitudinalement de petites côtes nombreuses et rapprochées.

✳ *Sillonnée* (sulcatus), lorsque les excavations longitudinales, plus profondes et plus élargies, imitent des sillons.

✳ *Apre, rude* (scaber, asper), lorsqu'elle est chargée de points rudes, saillans et accrochans.

✳ *Turberculeuse* (tuberculatus), lorsqu'elle porte des tubercules saillans et arrondis.

✳ *Echinée* ou *muriquée* (echinatus, muricatus), quand ses tubercules sont grands, pointus, rudes ou anguleux.

✳ Quant aux manières de désigner les poils des plantes, *voyez* chap. 3, art. 2; pour les couleurs, *voyez* Part. 2, chap. 2, art. 8.

ARTICLE II.

Tige des Dicotylédones.

25. La tige des dicotylédones est composée de trois organes distincts : la moëlle, le corps ligneux et l'écorce (pl. 1 , f. 10).

Si l'on coupe en travers une tige de dicotylédone ligneuse , on observe au centre un canal cylindrique, nommé *canal médullaire :* ce canal est rempli d'un tissu cellulaire, ordinairement blanchâtre, qu'on nomme *moëlle* (medulla). Sur le bord du canal, on observe une rangée circulaire de vaisseaux lymphatiques; la moëlle est très - abondante et toujours humectée dans les jeunes pousses; elle se dessèche, diminue de volume , et son canal finit par s'oblitérer entièrement dans les troncs âgés, comme on le voit facilement dans le noyer. Cette oblitération est probablement due à la formation de couches ligneuses dans l'intérieur du canal médullaire, ou peut-être à l'endurcissement même de la moëlle. La moëlle, en vieillissant, se déchire de diverses manières, qui sont constantes pour chaque espèce, parce qu'elles dépendent du mode d'accroissement du tronc.

26. La moëlle communique au travers du corps ligneux avec le tissu cellulaire de l'écorce, par le moyen de prolongemens qui en rayonnent en tout sens, et qui paroissent sur la coupe transversale d'un tronc comme les rayons d'une roue, lesquels joignent le moyeu à la circonférence : on les a nommés *rayons médullaires* , *prolongemens médullaires* , *productions* et *insertions médullaires.* En suivant ces rayons dans les plantes à tissu lâche, on voit clairement que la moëlle et le tissu cellulaire sont de même nature : la première est blanche, parce qu'elle est privée de lumière; le second est verd, parce qu'il est exposé à la lumière.

27. Dès la naissance d'une tige, on voit autour de la moëlle une rangée circulaire de vaisseaux; il s'en développe ensuite une seconde qui naît entre la première couche et l'écorce, puis une troisième, une quatrième, et ainsi de suite; la réunion de toutes ces couches concentriques, dont la plus ancienne est placée au centre, et la plus jeune à la circonférence, constitue le *corps ligneux.* Par la manière même dont elles se

placent l'une sur l'autre , on conçoit qu'une fois nées , elles
ne peuvent plus croître ; conséquemment , le tronc d'un arbre
dicotylédone est composé d'une multitude d'étuis coniques
qui s'emboîtent l'un sur l'autre : chacune des couches visibles
à l'œil dans la coupe transversale d'un tronc , est elle-même
composée d'un grand nombre de couches ; l'intervalle qui paroît à l'œil est dû au repos de la végétation pendant l'hiver.
Ces couches annuelles peuvent donc servir à compter l'âge d'un
tronc de dicotylédone.

28. Pendant la jeunesse de la tige , les couches ligneuses qui
entourent la moëlle reçoivent journellement des molécules nutritives qui augmentent leur densité : tant que ce dépôt de
molécules a lieu, elles sont à l'état de bois imparfait, et portent le nom d'*aubier* (alburnum) ; dès que l'endurcissement
est complet, elles prennent le nom de *bois* (lignum), ou,
comme disent les artisans, de *cœur du bois*. La différence du
bois et de l'aubier est quelquefois très-notable ; ainsi le bois
de l'ébène est noir , et son aubier d'un beau blanc. Le bois
est toujours plus dur, plus coloré, et placé à l'intérieur du
tronc ; l'aubier est plus mol, plus pâle, et placé à l'extérieur ;
le bois n'étant plus susceptible d'accroissement, est une partie réellement morte : aussi est-il soumis à la décomposition,
même pendant la vie du reste de la plante ; l'aubier résiste à
la décomposition pendant la vie : mais lorsque l'arbre est coupé,
son tissu, plus mol et plus aqueux, le dispose à se pourrir facilement. Les plantes herbacées sont celles qui meurent avant
que leurs couches aient acquis la dureté du bois.

29. L'écorce est organisée comme le corps ligneux, c'est-à-dire
qu'elle offre des couches concentriques d'abord imparfaites,
puis parfaites, et un tissu cellulaire ; mais ces trois organes
sont placés en sens inverse ; chaque année il se développe une
couche d'écorce qui naît à la surface intérieure de la couche
précédente : en sorte que dans le cône d'écorce qui recouvre
un tronc, les couches les plus extérieures sont les plus vieilles,
et les plus jeunes sont à l'intérieur. L'accroissement continuel
du corps ligneux force cependant l'écorce à se distendre, et
c'est là ce qui produit les gerçures qu'on apperçoit à la surface. Les couches corticales intérieures qui sont encore jeunes,
molles et flexibles, c'est-à-dire analogues à l'aubier, ont reçu
le nom particulier de *liber*, parce qu'elles se séparent quel-

quefois comme les feuillets d'un livre ; les couches extérieures qui ont acquis toute la dureté qu'elles peuvent avoir, et qui sont analogues au bois , portent le nom spécial de *couches corticales.*

3o. En dehors de ces couches corticales , on trouve une couche de *tissu cellulaire* qui est réellement une moëlle extérieure, et qui communique avec la moëlle intérieure. C'est ce tissu cellulaire qui, très-développé dans le chêne-liège, fournit la matière connue sous le nom de liège. Les cellules externes de ce tissu étant continuellement exposées à l'air , s'endurcissent, se dessèchent, et leurs parois extérieures forment une membrane continue et en apparence distincte du reste de l'é-corce ; elle a reçu le nom d'*épiderme*, de *surpeau*, de *membrane cutanée* ou de *cuticule* (epiderma), et a été long-temps regardée comme un organe distinct. Cette prétendue membrane se re-trouve dans tous les végétaux et dans tous les organes de vé-gétaux exposés à l'air ; elle manque dans les plantes et les parties de plantes submergées ou très-fugaces, parce que leurs cellules extérieures n'ont pu ni se dessécher , ni s'endurcir. Lorsque plusieurs rangs de cellules s'endurcissent et se dessè-chent , alors la tige a plusieurs épidermes , comme dans les vieux troncs de bouleau. La manière diverse dont l'épiderme se rompt, tantôt en long, et tantôt en travers, dépend de la direction en longueur ou en largeur qui a été imprimée aux cellules par l'accroissement de l'arbre. Cette loi n'offre d'ex-ceptions que dans les plantes dont la tige est munie d'angles saillans ou de nervures prononcées qui forcent l'épiderme à se fendre en long , quel que soit le mode d'accroissement de la tige.

A R T I C L E   I I I.

Tige des Monocotylédones.

3i. La structure des monocotylédones , qui n'est connue que depuis les belles découvertes de M. Desfontaines, est beaucoup plus simple que celle des dicotylédones. On n'y trouve ni moëlle , ni prolongemens médullaires, ni corps ligneux, ni écorce véritablement distincts. Pour avoir un emblême gros-sier de leur organisation, imaginons que le corps ligneux d'une dicotylédone vienne à s'évanouir , que l'écorce continue à croître par l'addition de nouvelles couches placées à l'intérieur, que toutes ces couches soient peu ou point distinctes les unes des autres, et nous aurons une idée de la structure générale d'une monocotylédone; nous concevrons ainsi comment leurs fibres extérieures sont les plus âgées, par conséquent les plus dures, et à l'état de bois parfait; comment les intérieures, étant les plus jeunes, sont les plus molles, les plus flexibles, et à l'état d'aubier; comment la tige, n'étant pas formée de couches superposées, conserve pendant toute sa vie une forme cylindrique; comment les couches extérieures étant devenues ligneuses, c'est-à-dire mortes, et n'étant plus susceptibles de végétation, la tige ne peut croître que par la sommité; comment enfin, pour juger de l'âge d'un tronc de monocotylédone, on doit compter, non les couches intérieures, puisqu'elles ne sont point distinctes, mais les impressions circulaires souvent marquées en travers sur sa tige.

52. La coupe transversale d'une monocotylédone présente des vaisseaux ou des fibres tantôt éparses, tantôt disposées par faisceaux; chacune de ces fibres est toujours entourée par un tissu cellulaire qui est plus abondant dans l'intérieur du tronc, c'est-à-dire à l'entour des jeunes fibres, et qui remplace ainsi la moëlle des dicotylédones; les cellules extérieures du tronc se dessèchent et s'endurcissent comme dans les dicotylédones, et forment ainsi un épiderme plus ou moins épais.

33. On peut distinguer plusieurs sortes de tiges parmi les monocotylédones, et comme elles s'éloignoient beaucoup des formes ordinaires aux plantes de nos climats, on en a désigné plusieurs sous des noms particuliers.

1°. La tige des palmiers qu'on retrouve dans les Yucca, etc., est forte, droite, ligneuse; elle a reçu le nom de *stipes* et de *caudex*; elle est toujours couronnée par un faisceau de feuilles qui naissent constamment à l'intérieur les unes des autres, de sorte que les plus anciennes sont chassées à l'extérieur par les plus jeunes, et que la tige ne semble être qu'un faisceau de pétioles.

54. 2°. La tige des asparagées diffère de la précédente par sa foiblesse, et parce que les feuilles naissent çà et là le long de la tige; sa structure est encore peu connue.

55. 5°. La tige des fougères est tantôt droite, ligneuse et verticale comme celle des palmiers; tantôt foible et grimpante comme celle de certaines asparagées; tantôt couchée et rampante à la surface du sol ou dans la terre; elle paroît composée de faisceaux de fibres qui exsudent un suc brun et

visqueux, ce qui forme sur leur coupe transversale des aréoles sinueuses.

36. 4°. Les tiges en gaîne qu'on observe en grand dans les bananiers, et qu'on retrouve dans la plupart des grandes scytaminées et les drymyrrhizées, ne sont pas de véritables tiges, mais des bulbes très-alongées; selon l'observation de M. Desfontaines, elles ne sont composées que par les gaînes des feuilles qui s'enveloppent l'une l'autre étroitement, et qui se déboîtent successivement; ici comme dans les palmiers et toutes les monocotylédones, les feuilles les plus anciennes sont extérieures, et les nouvelles naissent du centre.

37. 5°. La tige des graminées, qui a reçu le nom de *chaume*, semble, comme la précédente, composée par les bases des feuilles engaînantes et étroitement appliquées l'une sur l'autre; mais elle en diffère essentiellement en ce qu'il se forme un nœud, c'est-à-dire un plexus de fibres dans le lieu où l'une des couches, quittant sa direction, se sépare de la tige pour former une feuille. L'intervalle d'un nœud à l'autre offre souvent une cavité qui se forme pendant la végétation par le déchirement du tissu cellulaire.

38. 6°. La tige des plantes bulbeuses est réduite à ce plateau orbiculaire et souterrain qui pousse en dessous les racines, et en dessus les feuilles et les fleurs ; on donne le nom de *bulbe* ou *d'oignon* (bulbus) à l'assemblage qui résulte de cette tige et des feuilles avortées semblables à des écailles qui en naissent (pl. 5, f. 1, 2, 3). La bulbe est ordinairement arrondie; on a coutume de la regarder comme une racine; mais on doit plutôt l'assimiler partie aux tiges, et partie aux bourgeons. On distingue parmi les bulbes plusieurs espèces qui tiennent à la forme de la tige.

La *bulbe solide* ou *tubéreuse* (bulbus solidus, bulbus tuberosus) a lieu lorsque la tige avortée, au lieu d'être réduite à un plateau orbiculaire, prend la forme d'une masse tuberculeuse arrondie ou ovoïde; par exemple dans les safrans.

La *bulbe alongée* (bulbus elongatus). Je nomme ainsi celles où la tige, au lieu d'être réduite à un simple plateau orbiculaire, s'alonge sous la forme d'un cylindre recouvert de tuniques; par exemple dans l'allium senescens.

La *bulbe des chaumes* (bulbus culmaceus) ne se trouve que dans les graminées; les parties de leur chaume comprises entre les deux nœuds inférieurs, se renflent, se raccourcissent, et étant recouvertes par les gaînes de la feuille, ressemblent à une véritable bulbe; par exemple dans l'orge bulbeux.

ARTICLE IV.

Des Branches.

59. Les rameaux ou les branches (*rami*) ne sont que des productions ou même des divisions de la tige; dans les dicotylédones, elles naissent toujours sur la couche extérieure du corps ligneux, à l'extrémité d'un rayon médullaire; leur base est chaque année enveloppée par les nouvelles couches qui se forment sur le tronc; dans ces plantes, chaque branche peut être considérée comme un végétal distinct, inséré sur la tige-mère; les ramifications sont beaucoup plus rares dans les tiges monocotylédones, et le mode de leur formation n'est pas encore suffisamment observé.

40. Chaque rameau sort d'un bourgeon; ainsi, la position des branches sur le tronc est déterminée par la position des bourgeons, et celle-ci par la position des feuilles (60). Cette loi paroît souvent dérangée par le nombre des rameaux qui avortent; cet avortement même semble cependant avoir quelque chose de régulier; et c'est en partie à cette cause qu'on doit attribuer la forme assez constante qu'affectent les cimes des différens arbres de chaque espèce. Considérés dans leur position, les rameaux sont désignés par les mêmes termes que les feuilles.

41. La direction générale des branches est assez régulière; elles s'élèvent presque verticales à leur naissance, puis, à mesure que l'arbre grandit, elles s'étalent et deviennent à-peu-près horizontales. Cet abaissement est plus ou moins grand dans différens arbres. Il est dû, dans le principe, à l'angle que le bourgeon forme avec la tige, et il s'augmente ensuite, soit par le poids de la branche, soit par le besoin que ses extrémités ont de chercher la lumière, et de s'écarter de dessous les branches supérieures. On remarque dans les arbres placés sur les collines, que les branches inférieures, au lieu d'être horizontales, sont parallèles au sol; mais la cause de ce parallélisme est encore peu connue.

* Si on considère les rameaux dans leur direction, on dit qu'ils sont:

* *Droits* (erecti), lorsque la tige étant droite, ils forment avec elle des angles très-aigus; par exemple, le cyprès.

* *Serrés* (coarctati), lorsqu'ils sont serrés contre la tige, quelle que soit sa direction, comme dans le peuplier pyramidal.

* *Divergens* (divergentes), lorsqu'étant opposés ou verticillés, ils s'écartent tellement de la tige, qu'ils forment chacun un angle presque droit avec elle, par exemple l'érable.

* *Etalés* (patuli), lorsqu'étant alternes ou épars, ils forment avec la tige des angles presque droits, par exemple le cerisier.

* *Courbés*, *pliés* (deflexi), lorsqu'ils penchent en dehors, en formant un peu l'arc, de sorte que leur extrémité est un peu plus basse que leur insertion.

* *Pendans* (penduli), lorsque par leur longueur et par leur foiblesse ils tombent presque perpendiculairement; par exemple, le saule pleureur.

* *Réfléchis* (reflexi), lorsqu'étant roides et fermes, ils dirigent leur sommité vers le sol, comme si leur poids les y entraînoit; par exemple, le frêne pendant et une variété du gincko.

* *Nivelés* (fastigiati), lorsqu'ils arrivent tous à-peu-près à la même hauteur. Par une contradiction bizarre, on emploie aussi le terme latin de *fastigiatus* pour synonyme de pyramidal.

* *Pyramidaux* (pyramidales, fastigiati), lorsqu'étant droits et serrés, ils donnent à la plante l'aspéct d'une pyramide élancée.

42. Dans les arbres, la sommité de chaque rameau qui a pris naissance pendant l'année, et qui n'a encore qu'une seule couche ligneuse, porte le nom de *jeune pousse* (thurio); sa surface offre souvent des pores corticaux qui s'obstruent dans la suite.

ARTICLE V.

Des Racines.

43. On doit donner le nom de *racine* (radix), non à la partie de la plante cachée sous terre, puisqu'il existe des tiges souterraines (17 , 35 , 38), mais à cette partie qui est ordinairement souterraine, et placée dans la partie inférieure de la plante, qui tend toujours à descendre vers le centre de la terre, et qui n'est jamais colorée en verd par l'action de la lumière. Cette tendance à descendre, dont on ignore entièrement la cause, est constante dans toutes les racines, s'y fait remarquer

dès

dès l'instant de la naissance jusqu'à celui de la mort, et n'a pu être déviée par aucuns moyens. Certains Botanistes ont coutume d'exprimer ce caractère essentiel de la racine, en donnant à cet organe, considéré en général, le nom de *descensus*. Le second caractère qui distingue éminemment les racines des tiges et des feuilles, c'est qu'elles ne verdissent point, même lorsqu'elles sont exposées à la lumière dans leur état naturel : telles sont les racines qui poussent le long des tiges des plantes grasses ; telles sont celles de la renoncule aquatique, et en général de toutes les plantes aquatiques ou rampantes. Ces racines demeurent blanches à côté des feuilles inférieures qui sont vertes.

44. On donne le nom de *collet* de la racine (collum), à la partie ordinairement placée à fleur de terre, qui est intermédiaire entre la racine et la tige. M. de Lamarck la désigne sous le nom de *nœud vital*, et la regarde comme le centre de la vitalité de chaque végétal (1). L'organisation interne du collet n'a pas été très-exactement observée, et mériteroit de l'être. Quoi de plus remarquable à étudier, que le lieu où se fait une mutation telle dans la nature des fibres, qu'en dessus elles tendent toutes à monter, et en dessous toutes à descendre?

45. La structure interne des racines, comparée à celle des tiges, n'offre aucune différence sensible dans les monocotylédones ; mais il en est tout autrement dans les dicotylédones. Le canal médullaire qui traverse, comme nous l'avons vu, toute l'étendue de la tige, s'arrête au collet, où il se forme comme un sac : la racine en est dépourvue; mais quoique privée de moëlle centrale, elle offre les rayons médullaires divergens du centre à la circonférence, comme dans le tronc. La moëlle intérieure semble être remplacée par le grand développement de la moëlle externe; c'est-à-dire, du tissu cellulaire de l'écorce. Les racines des monocotylédones sont presque toujours simples comme leurs tiges, et ne croissent de même que par l'extrémité; celles des dicotylédones sont ordinairement divisées, et je crois être assuré (contre l'assertion trop générale de Duhamel) que leur accroissement s'opère en tous sens comme celui des tiges.

46. On donne le nom de *radicule* (radicula), à la première racine qui naît à l'époque de la germination (pl. 11, f. 8, 9); elle est toujours solitaire, excepté dans trois plantes, dont la

____

(1) Voy. Hist. Nat. des Végét., par Lamarck, vol. I. p. 225.

Nature semble avoir particulièrement soigné la conservation ; savoir, le froment, le seigle et l'orge, qui poussent chacune trois radicules (pl. 11, f. 8, *b*). Ce nom de radicule est aussi appliqué, par extension, aux petites racines qui naissent ordinairement le long des tiges des plantes grasses, des plantes rampantes (pl. 2, f. 6), et à l'extrémité de quelques feuilles de fougères ou de gouets exotiques. Après la germination, la radicule s'enfonce verticalement en terre ; dans les arbres et les grandes plantes, elle ne se ramifie point, et prend le nom de *pivot ;* dans les herbes annuelles, elle se divise à son extrémité ; son tronc porte alors le nom de *corps* de la racine, et ses dernières ramifications, lorsqu'elles sont très-menues et très-multipliées, prennent le nom de *chevelu.* Il est probable que ces ramifications des racines suivent quelque ordre régulier ; mais on n'a pu encore le reconnoître que dans un très-petit nombre de plantes ; et dans ces cas, l'ordre des divisions s'est trouvé différent de celui des branches. Ainsi, par exemple, les radicules du mayanthème à deux feuilles sont verticillées ; celles du haricot commun disposées sur quatre rangs, etc.

47. La racine remplit deux fonctions importantes pour la vie du végétal, savoir, de le fixer à la terre et de pomper sa nourriture ; quelques-unes semblent réduites à l'une de ces fonctions. Ainsi les racines, ou plutôt les crampons avec lesquels les varecs adhèrent aux rochers, ne servent qu'à les fixer ; les racines des plantes flottantes, telles que les lenticules, ne servent qu'à pomper leur nourriture ; mais la presque totalité des racines remplit ce double emploi. Quant au premier point, on remarque en général que la grosseur des racines est proportionnelle, d'un côté, à la grosseur de la plante, et de l'autre, à la mobilité du sol ; quant au second, il faut observer que les racines ne pompent que par leurs dernières extrémités, comme Duhamel l'avoit soupçonné en voyant les gros ormes épuiser davantage le terrein à l'extrémité de leurs racines qu'à la base de leur tronc, et comme M. Senebier l'a prouvé par des expériences directes. La structure entière des racines, qui va en se divisant à l'infini, semble destinée à multiplier les extrémités, c'est-à-dire, les points d'absorption. Le nombre des racines capillaires s'accroît beaucoup, lorsqu'une racine se trouve dans un filet d'eau courante ; il s'augmente aussi lorsqu'on coupe l'extrémité d'une racine principale.

48. Toute partie d'un végétal dans laquelle les sucs sont forcés à s'arrêter par une cause quelconque, tend à pousser des racines ; toute partie de végétal mise en terre, ou placée dans un lieu très-humide, tend aussi à pousser des racines. L'inverse a également lieu ; et toute partie de racine mise à découvert tend à pousser une nouvelle tige. Cette propriété des racines a plus ou moins d'intensité dans diverses plantes : dans quelques-unes, les racines s'enfoncent peu, et suivent une direction parallèle à la surface du sol ; d'espace en espace, elles en poussent de nouvelles : on les nomme racines *traçantes* ou *rampantes* (repentes) (pl. 3, f. 11, 12).

Ailleurs, la racine porte çà et là des exostoses ou tubercules, formés de tissu cellulaire et d'un petit nombre de vaisseaux, pleins de fécule, et munis çà et là de cicatricules nommées *yeux*, qui sont des espèces de bourgeons souterrains, et qui reproduisent une nouvelle plante ; ces racines portent le nom de *racines tubéreuses* (tuberosæ) : telle est la pomme de terre (pl. 3, f. 4).

Il en est quelques-unes où les tubercules ne renferment que des yeux propres à reproduire la plante, sans qu'ils se trouvent enveloppés de tissu cellulaire plein de fécule. Je les nomme *racines grenues* (granulatæ) ; par exemple, la saxifrage grenue.

*49. Si on considère les diverses formes que la racine affecte, indépendamment de ses tubercules régénérateurs, qui sont des organes distincts, on dit qu'elle est

Fusiforme ou *en fuseau* (fusiformis), lorsqu'elle est épaisse, alongée, et qu'elle va en diminuant, comme la carotte, etc. (pl. 3, f. 8).

Rameuse (ramosa), lorsqu'elle se divise en plusieurs branches latérales (pl. 3, f. 9).

Fibreuse (fibrosa), lorsque les branches sont menues, herbacées et nombreuses (pl. 3, f. 7).

Noueuse (nodosa), lorsque ses fibres se renflent çà et là en nœuds qui semblent enfilés comme des grains de chapelets (pl. 3, f. 10) ; par exemple, la filipendule : ces nœuds, qui ne reproduisent point essentiellement de nouvelles plantes, ne doivent pas être confondus avec les tubercules.

Fasciculée (fasciculata), lorsque du collet partent plusieurs racines épaisses, simples ou peu rameuses (pl. 3, f. 5, 6) : telles sont les asphodèles et les orchis. Les racines de ces dernières plantes sont improprement nommées *bulbes* par les Botanistes : les fibres charnues de leur racine sont tantôt ovoïdes, et tantôt divisées en portions ouvertes comme les doigts de la main : on les nomme alors *bulbes entiers*, *bulbes palmés*.

* *Grumeleuse* (grumosa), lorque le collet pousse en dessous plusieurs racines épaisses très-divisées, comme dans les griffes de renoncule et d'anémone.

* *Pivotante* (perpendicularis), lorsqu'elle s'enfonce profondément et perpendiculairement à l'horizon (pl. 3, f. 8); par exemple, la rave.

* *Horizontale* (horizon'a'is), lorsque sans s'étendre beaucoup, elle est disposée parallèlement à l'horizon, comme dans l'iris.

* *Tronquée* (truncata, præmorsa), lorsqu'elle ne se termine pas en pointe, mais que son extrémité paroît tronquée ou rongée; par exemple, dans la succise.

* Tous les autres caractères des racines s'expriment par les mêmes termes que ceux dont on se sert relativement aux tiges.

A R T I C L E V I.

Description des Feuilles.

5o. Les feuilles méritent, à bien des égards, de fixer notre attention ; l'époque même de leur naissance, qui annonce le retour du printemps et le renouvellement de la nature; la mobilité de ces parties, qu'une légère épaisseur et une queue molle et flexible rendent communément susceptibles de se jouer au gré des vents ; ce verd riant et ami de l'œil, dont la plupart sont colorées ; leur disposition également agréable dans sa symétrie et dans son désordre : tout contribue en elles à nous présenter la plante sous un aspect flatteur, et à lui donner un air de vie et de santé. Elles font le principal ornement de nos forêts, où elles répandent la fraîcheur et l'ombre, et nous offrent un asyle contre les ardeurs du soleil.

Mais l'objet du naturaliste est de les considérer par rapport au corps même de la plante, à l'entretien de laquelle elles sont très-utiles, souvent même nécessaires. Nous allons d'abord étudier la structure des feuilles, en les observant après leur entier développement : nous examinerons ensuite les enveloppes qui protégent leur naissance, leur développement et leur mort.

51. Les feuilles sont des expansions particulières de la tige , qui tendent à multiplier sa surface : tout le monde sait qu'elles sont ordinairement planes , horizontales et de couleur verte. Si nous examinons leur structure générale, nous verrons une ou plusieurs fibres , ou faisceaux de vaisseaux , qui se séparent de la tige , et qui, soit par leurs divisions, quand elles sont rameuses, soit par leur réunion, quand elles sont simples, forment le squelette de la feuille : ces fibres , qui sont composées d'un grand nombre de vaisseaux , entremêlées d'un peu de tissu cellulaire, se divisent et se sous-divisent de manière que l'extrémité de chaque vaisseau se trouve isolée. A mesure que ces vaisseaux se séparent, le tissu cellulaire , moins pressé dans leurs interstices, se dilate entre eux , et les réunit par une expansion ordinairement mince et plane ; la surface extérieure des cellules, se durcissant et se desséchant légèrement à l'air , forme l'épiderme de la feuille : cet épiderme est percé çà et là de pores corticaux, qui sont les extrémités des vaisseaux sèveux (14).

52. Une *feuille* (folium) peut donc être définie l'épanouissement d'une fibre : tant que cette fibre reste simple et entière, elle constitue cette partie qu'on nomme vulgairement la *queue* de la feuille, et que les Botanistes nomment le *pétiole* (petiolus) : dès qu'elle commence à se diviser , et que ses interstices sont remplis par du tissu cellulaire , son tronc et ses ramifications prennent le nom particulier de *nervures* (nervi), et le tissu cellulaire interposé prend celui de *parenchyme* (parenchyma). La partie de la feuille , qui est composée de nervures et de parenchyme, prend, lorsqu'on la compare au pétiole , le nom particulier de *limbe* (limbus). Le pétiole et les nervures sont de même nature , c'est-à-dire , fermes , coriaces , dépourvus de pores corticaux : le parenchyme est verd, tendre, herbacé , muni de pores.

53. Les deux surfaces de la feuille ont une structure , une apparence et des fonctions différentes ; la *surface supérieure* (pagina superior) est généralement lisse , ferme , a son épiderme plus adhérent , et offre peu de pores corticaux. La *surface inférieure* (pagina inferior) est au contraire plus matte , plus molle , plus garnie de pores corticaux, plus souvent velue , et a son épiderme moins adhérent. La première paroît destinée à protéger la feuille contre l'action du soleil ; la seconde sert à exhaler et à pomper les vapeurs nutritives : c'est ainsi que sont organisées

les feuilles des arbres et d'un grand nombre d'herbes ; il en est d'autres où les deux surfaces sont presque semblables, et ont un égal nombre de pores corticaux. Quelques-unes enfin n'ont de pores corticaux qu'à la surface supérieure : telles sont les feuilles qui flottent sur l'eau, comme celles des nénuphars. Au reste, quelle que soit la structure des feuilles, la destination de leurs deux surfaces est tellement prononcée, que si on les retourne, elles reprennent d'elles-mêmes leur position naturelle, et si par une force supérieure on les fixe dans cette situation inverse, elles périssent au bout de peu de temps.

54. La feuille, avons-nous dit (51, 52), est l'épanouissement d'une fibre ; cette fibre est composée (9) de vaisseaux qui sont toujours continus avec ceux de la tige, et de tissu cellulaire à cellules alongées ; quelquefois ce tissu cellulaire est continu avec celui de la tige, quelquefois il en est distinct : dans le premier cas, je dis que la feuille est *continue* ou *adhérente* (adhœrens); dans le second, qu'elle est *articulée* (articulatum). Cette distinction, jusqu'ici négligée, est très-importante, car l'histoire de ces deux classes de feuilles est fort différente : les feuilles adhérentes ne tombent qu'avec le rameau ou la tige qui les porte ; les feuilles articulées tombent d'elles-mêmes au bout d'un certain temps : les feuilles de cette dernière espèce ne se trouvent que parmi les dicotylédones; elles sont presque toujours pétiolées. Nous retrouverons cette même division dans plusieurs autres organes : tels que les parties de la tige, les pédoncules, les feuilles du calice, les pétales, les parties des fruits.

55. La même distinction (54) s'applique aux différentes parties de la feuille ; quelquefois les nervures, même lorsqu'elles sont dénudées de parenchyme, sont continues dans toute leur longueur, et alors la feuille ne forme qu'un seul tout : elle est *simple* (simplex). Ailleurs, les nervures ou les pétioles offrent çà et là des articulations, c'est-à-dire, des lieux où le tissu cellulaire cesse absolument d'être adhérent, et où la feuille se sépare d'elle-même en plusieurs pièces, sans déchirement : on dit alors qu'elle est *composée* (compositum). Ce dernier terme est souvent mal-à-propos appliqué aux feuilles lobées. Ainsi, par exemple, les feuilles des fougères et des ombellifères ne sont point composées, mais lobées; les feuilles des haricots et des marronniers sont composées : il n'y a de feuilles composées que parmi les dicotylédones.

56. Si nous considérons les feuilles relativement à la manière dont elles se succèdent dans les divers âges de la plante, nous distinguerons :

Les *feuilles séminales* (folia seminalia), qui sortent de terre au moment de la germination, et qui ne sont que les cotylédons étendus (174).

Les *feuilles primordiales* (176) (folia primordiala), qui naissent d'abord après les feuilles séminales, et qui leur ressemblent souvent par la position, la forme ou la grandeur.

Les *feuilles caractéristiques* (folia caracteristica), ou les feuilles ordinaires de la plante.

Les *feuilles florales* ou *bractées* (folia floralia, bracteæ), qui naissent dans le voisinage des fleurs.

57. Si l'on considère le lieu où les feuilles s'insèrent sur la tige, on en trouve qui sont :

Radicales (radicalia), c'est-à-dire, insérées si près du collet, qu'elles semblent sortir immédiatement de la racine, comme dans la primevère (pl. 4, f. 1, S).

Caulinaires (caulina), lorsqu'elles s'insèrent sur la tige, comme on le voit dans presque toutes les plantes (pl. 4, f. 2, 3, 4).

Raméales (ramea). Ce terme, peu usité, est quelquefois employé pour désigner les feuilles qui croissent sur les rameaux (pl. 4, f. 6, 11).

Florales (floralia), lorsqu'elles naissent à la base des pédoncules ou des pédicelles.

* 58. Si nous observons la manière dont elles adhèrent à la tige, nous distinguerons les feuilles :

* *Pétiolées* (petiolata), c'est-à-dire, munies d'un pétiole (pl. 4, f. 5).

* *Sessiles* (sessilia), ou dépourvues de pétioles, c'est-à-dire, dont les nervures sont garnies de parenchyme depuis leur base (pl. 4, f. 2, 9).

* Parmi les feuilles sessiles, nous distinguerons encore, par des noms particuliers, celles qui sont :

* *Embrassantes* ou *amplexicaules* (amplexicaulia), c'est-à-dire, dont la base se prolonge autour de la tige; par exemple, la jusquiame (pl. 4, f. 12).

* *Engaînantes* (vaginantia), lorsque la base se prolonge autour de la tige, de manière à former un tuyau qui l'engaîne

dans une partie de sa longueur, comme dans les graminées (pl. 4, f. 14).

* *Décurrentes* ou *courantes* (decurrantes), lorsque leur base se prolonge le long de la tige sur laquelle elle forme un appendice qui descend de haut en bas, comme dans le bouillon blanc : on dit alors que la tige est *ailée* (alatus) (pl. 4, f. 11).

* *Perfeuillées* ou *perfoliées* (perfoliata), lorsqu'étant embrassantes, leurs appendices font le tour de la tige, se soudent ensemble à l'autre extrémité, de sorte que la tige semble traverser le disque de la feuille ; par exemple, le buplèvre à feuille ronde (pl. 4, f. 13).

* *Connées* ou *soudées par la base* (connata), lorsque deux feuilles opposées se soudent ensemble par leur base, de manière à former un seul limbe traversé par la tige ; par exemple, le chèvrefeuille (pl. 4, f. 10).

* *Distinctes* (distincta), se dit, par opposition au terme précédent, des feuilles opposées non soudées par la base, (pl. 4, f. 5).

* *Prolongées par la base* (basi soluta), lorsqu'étant sessiles leur base se prolonge par-dessous en un petit appendice non adhérent ; par exemple, le sédum réfléchi.

* *Sessiles* (sessilia). Ce mot, dans son sens propre (58), s'applique seulement aux feuilles qui, n'ayant pas de pétiole, n'ont aucun des caractères désignés dans les sept paragraphes précédens, c'est-à-dire, ne se prolongent en aucun sens sur la tige ou autour d'elle.

* 59. Pour terminer ce qui a rapport à l'insertion des feuilles, il est nécessaire de dire quelques mots sur les différentes sortes de pétiole. Quant à sa composition, on distingue les pétioles en

* *Simples* (simplices), lorsqu'ils sont formés d'une seule nervure, qui se dilate bientôt en feuille (pl. 5, f. 12) ; par exemple, le poirier.

* *Rameux* (ramosi), lorsque cette nervure commence par se diviser en rameaux non bordés de parenchyme, et que chaque rameau s'épanouit ensuite en feuille. Cette disposition a lieu dans un arbre de Cayenne, dont je ne connois que la feuille (pl. 5, f. 34).

* *Communs* (communes), lorsque sur un pétiole simple sont articulées plusieurs folioles simples ; par exemple, le marronnier, le baguenaudier (pl. 5, f. 39, 48).

* *Composés* (compositi), lorsque sur un pétiole simple sont

articulés des pétioles qui sont eux-mêmes chargés de folioles articulées ; par exemple, dans le gymnoclade ou chicot (pl. 5, f. 42).

* Quoiqu'il entre dans la définition d'un pétiole d'être entièrement nu, on a cependant conservé ce nom à la nervure principale de la feuille, lorsque, vers sa base, elle ne porte qu'une bande très-étroite de parenchyme : on dit alors que le pétiole est *bordé* (marginatus) (pl. 5, f. 37).

* Les formes du pétiole s'expriment par les mêmes termes que celles de la tige : il en est quelques-unes qui semblent particulières à cet organe. Ainsi, on dit que le pétiole est

* *Canaliculé* ou *creusé en gouttière* (canaliculatus), lorsqu'il est concave en dessus et convexe en dessous.

* *Déprimé* (depressus), quand il est applati ou légèrement convexe sur les deux faces.

* *Comprimé* (compressus), quand son épaisseur est sensiblement plus grande que sa largeur. Cette structure s'observe dans les peupliers, et c'est à elle que ces arbres doivent l'oscillation presque perpétuelle de leurs feuilles.

60. La situation des feuilles, le long des tiges et des branches, est très-variable dans les différentes plantes ; mais, quelle que soit cette situation, elle tend toujours à placer chaque feuille de manière à ce qu'elle soit le moins possible recouverte par les feuilles supérieures, de sorte qu'elle puisse jouir de la lumière, et absorber les vapeurs qui s'élèvent. Sous ce point de vue également important pour la botanique et la physique végétale, on distingue les feuilles en plusieurs classes. Elles sont dites :

* *Géminées* (geminata), lorsque sur la même coupe horizontale de la tige se trouvent deux feuilles qui ne sont pas placées l'une vis-à-vis de l'autre, comme dans l'alkekenge : cette disposition est variable, et peu régulière.

* *Opposées* (opposita), lorsque sur la même coupe transversale de la tige se trouvent deux feuilles placées l'une vis-à-vis de l'autre (pl. 4, f. 5, 10).

* Parmi les feuilles opposées, on distingue celles qui sont :

* *A paires croisées* (cruciatim opposita, *decussata*), lorsque chaque paire coupe à angle droit la direction de la paire précédente et de la suivante, et est elle-même recouverte par la pénultième ou la seconde : presque toutes les feuilles opposées sont dans ce cas ; aussi les botanistes ne notent-ils ce

caractère que lorsqu'il est très-frappant par sa régularité; par exemple, dans l'hébé.

* *A paires spirales* (spiraliter opposita), lorsque chaque paire coupe la direction de la précédente sous un angle très-aigu, de sorte que la première paire, au lieu d'être recouverte par la troisième, ne l'est que par la cinquième, sixième ou septième. Cette disposition n'existe, à ma connoissance, que dans le *crassula obvallata*.

* *Verticillées* (verticillata), lorsque sur la même coupe transversale de la tige se trouvent plus de deux feuilles disposées par conséquent en anneau autour de la tige (pl. 4, f. 6). Parmi les feuilles verticillées, on distingue celles qui sont ternées (*ternata*) ou à 3 feuilles par anneau; *quaternées* (quaternata) ou à 4 feuilles, et ainsi de suite : l'anneau lui-même porte le nom de *verticille* (verticillus). Il faut observer, 1°. que la constance du nombre des feuilles de chaque verticille diminue à mesure que le nombre des feuilles augmente; 2°. que chaque feuille d'un verticille ne recouvre pas directement l'une des feuilles du verticille inférieur, mais correspond à l'intervalle de deux feuilles.

* *Eparses* ou *alternes* (sparsa, alterna), lorsque chaque coupe transversale de la tige ne présente qu'une seule feuille (pl. 4, f. 2, 3). Sous cette dénomination trop générale, on confond plusieurs dispositions de feuilles qui méritent d'être distinguées. Ainsi, je dis que les feuilles sont :

* *Alternes* (alterna), lorsqu'elles sont placées alternativement à droite et à gauche de la tige, de sorte que la première est recouverte par la troisième, et la seconde par la quatrième; par exemple, le micocoulier. Lorsque cette disposition est très-régulière, et que les feuilles sont rapprochées, on a coutume de désigner les feuilles sous le nom de *distiches* (disticha).

* *En quinconce* (quincuncia), lorsqu'elles sont disposées sur la tige en spirale alongée, de telle sorte que la première soit recouverte par la cinquième, la seconde par la sixième, etc. Cette disposition est très-commune : on la trouve, par exemple, dans le poirier.

* *En spirale* (spiralia), lorsqu'elles sont disposées sur la tige le long d'une ligne spirale, et que chaque tour de la spirale offre plus de cinq feuilles. On distingue parmi les feuilles en spirale celles dont la spirale va de gauche à droite, et celles où

elle va de droite à gauche ; celles où la tige n'offre qu'une seule spirale ; par exemple, le *pandanus* ; celles où deux spirales parallèles sont tracées sur la tige par l'insertion des feuilles, comme dans les pins ; celles où la spirale est triple, comme dans quelques euphorbes.

* Je n'ai jamais observé de quadruple ni de quintuple spirale ; elle est sextuple ou octuple dans la disposition des fleurs d'aloës autour de l'axe de l'épi.

* *Eparses* (sparsa). Ce nom doit être réservé aux feuilles qui échappent à toutes les combinaisons précédentes : telle est, par exemple, la dorine à feuilles éparses.

61. Le nombre de feuilles qu'on observe à chaque insertion est variable : en général, elles sont solitaires ; mais toutes les fois qu'elles ne le sont pas, on les désigne sous le nom de feuilles *fasciculées* ou *en faisceaux* (fasciculata). Ainsi, on en compte deux à chaque insertion dans le pin sauvage, trois dans le pinus tœda, cinq dans le pin ceinbrot, un grand nombre dans l'asperge.

62. Puisqu'une feuille est l'épanouissement d'une ou de plusieurs fibres (51, 52), il est évident que sa charpente ou son squelette est déterminé par les dispositions diverses qu'affectent les parties de cette fibre en se divisant. Sous ce point de vue, l'un des plus importans de ceux que la structure des feuilles nous présente, on doit distinguer cinq dispositions générales dans les nervures du limbe de la feuille. (*Voyez* pl. 5). Ainsi, je dis les nervures :

1°. *Simples* (simplices), ce qui s'observe particulièrement dans les monocotylédones, lorsque la base de la feuille émet à-la-fois plusieurs nervures qui traversent le limbe dans toute sa longueur sans se ramifier, et sont tantôt parfaitement droites, tantôt un peu arquées du côté du bord de la feuille, tantôt réunies en faisceaux à la base, et divergentes au sommet.

2°. *Pennées* (pennati), lorsque la base de la feuille émet une seule nervure qui traverse le limbe, et qui émet de côté et d'autre des nervures disposées sur un seul plan ; par exemple, le tilleul.

3°. *Pédalées* (pedati), quand la base du limbe émet deux nervures principales très-divergentes, qui portent chacune sur leur côté intérieur des nervures secondaires parallèles entre elles, et perpendiculaires sur les deux principales ; par exemple, l'aristoloche.

4°. *Palmées* (palmati), lorsque la base du limbe émet trois à sept nervures divergentes, et disposées comme les doigts de la main ouverte et étendue ; par exemple, la vigne.

5°. *Peltées* (peltati), quand du sommet du pétiole partent en tous sens des nervures qui divergent sur un seul plan, comme les rayons d'une roue ; par exemple, la capucine.

* 63. Il est, au reste, nécessaire d'avertir que dans le langage ordinaire on a coutume de dire qu'une feuille est

* *Sans nervure* (enerve), quand sa nervure principale est si peu sensible à la vue et au tact, qu'elle peut passer pour nulle. Ce terme est inexact dans toutes les plantes monocotylédones et dicotylédones, et ne peut s'appliquer qu'aux acotylédones.

* *Nerveuse* (nervosum), lorsqu'elle est marquée de côtes ou nervures saillantes qui ne sont pas sensiblement ramifiées à l'œil.

* *Veinée* (venosum), quand elle est marquée de côtes assez petites, très-ramifiées et anastomosées les unes avec les autres.

* *Grasse* ou *succulente* (carnosum, succulentum), quand les nervures sont peu sensibles, divergentes en tous sens (65), et que le tissu cellulaire est très-dilaté et abondamment aqueux. Par opposition à ce terme, on dit qu'une feuille est

* *Membraneuse* (membranacea), quand elle est mince, qu'elle a peu de pulpe, mais est encore verte.

* *Scarieuse* (scariosa), quand, étant mince et membraneuse, elle est presque sèche et décolorée.

* Ces dénominations sont peu exactes et peu importantes quant à la structure de la feuille.

64. La figure générale des feuilles est déterminée par la disposition et l'accroissement relatif des nervures qui la composent. Ainsi, nous dirons qu'une feuille est

Orbiculaire (orbiculare), lorsqu'elle a à-peu-près la figure d'un cercle : cette forme se trouve dans les feuilles à nervures pennées, lorsque les nervures secondaires du milieu sont égales à la moitié de la longueur de la nervure principale, et que les autres vont en diminuant graduellement vers les deux extrémités. *Voyez* pl. 5, f. 7. Elle se trouve aussi dans les feuilles à nervures peltées, lorsque toutes les nervures sont d'égale longueur (pl. 5, f. 16). Elle ne peut exister dans les feuilles à nervures pédalées, et n'est jamais exactement orbiculaire dans les feuilles à nervures simples ou à nervures palmées.

Cet exemple montre que la même forme générale peut être effectuée dans différens végétaux par des structures tout-à-fait diverses, et prouve conséquemment qu'on a donné trop d'importance à la figure de la feuille, et trop peu à la disposition des nervures. Ce que je viens de dire sur les feuilles orbiculaires peut s'appliquer à toutes les formes des feuilles : pour abréger, je ne développerai pas successivement toutes ces combinaisons; l'inspection de la pl. 5 les fera concevoir très-facilement. Nous bornant donc à de simples définitions de formes, nous dirons avec les Botanistes que les feuilles sont :

* *Arrondies* (subrotunda), lorsqu'elle approche de la figure ronde ou orbiculaire (pl. 5 , f. 7).

* *Ovales* (ovalia), lorsqu'elle est plus longue que large, et également arrondie aux deux extrémités, c'est-à-dire, quand elle a la forme d'une ellipse : il est cependant d'usage de désigner sous le nom particulier d'*elliptiques* (elliptica) les feuilles dont l'ellipse est très-alongée (pl. 5 , f. 6).

* *Ovées* ou *en forme d'œuf* (ovata), lorsqu'étant à-peu-près ovales, elles sont arrondies à leur base et plus étroites à leur sommet; par exemple , la succise.

* *Obovées* (obovata), lorsqu'étant à-peu-près ovales , elles sont plus larges et plus arrondies au sommet qu'à la base.

* *Oblongues* (oblonga), lorsque leur longueur contient plusieurs fois leur largeur.

* *En parabole* (parabolica), lorsqu'étant plus longues que larges , elles se rétrécissent insensiblement vers leur sommet, et se terminent par un bord très-arrondi.

* *En coin* ou *cunéiformes* (cuneiformia, cuneata), lorsqu'étant plus longues que larges , elles imitent, par leur forme , un coin ou un triangle, dont le sommet est un peu tronqué, et dont la pointe repose sur la tige; par exemple , le pourpier.

* *En spatule* ou *spatulées* (spathulata), lorsqu'étant presque en forme de coin , c'est-à-dire , retrécies à leur base et élargies à leur sommet, elles se terminent par un bord arrondi; par exemple , la paquerette.

* *Lancéolées* (lanceolata), lorsqu'étant oblongues, elles se rétrécissent insensiblement vers leur extrémité , et imitent un fer de lance; par exemple , la gratiole.

* *Linéaires*, lorsqu'elles sont étroites et d'une largeur presque

égale dans toute leur longueur, excepté à leur sommet, qui se termine en pointe; par exemple, la linaire (pl. 5, f. 19).

* *En épingle* (acerosa), lorsqu'étant linéaires, elles sont persistantes, fermes et piquantes comme des épingles.

* *En alène* ou *subulées* (subulata), lorsque leur base est linéaire, et que leur sommet se termine en pointe alongée.

* *Capillaires*, *filiformes*, *sétacées*, lorsqu'elles sont tellement menues, qu'elles imitent la forme d'un cheveu, d'un fil ou d'une soie; par exemple, l'asperge.

65. Nous n'avons jusqu'ici examiné la forme générale des feuilles que dans le cas où leurs nervures divergent sur un seul plan horizontal : quelquefois ces nervures suivent une autre direction, et il en résulte quelques formes particulières qu'il est nécessaire d'énumérer.

* Si toutes les nervures divergent dans le sens vertical, on obtiendra une feuille dont le limbe sera placé en sens inverse de toutes les autres; elle a été comparée à un glaive, et nommée *feuille en glaive* ou *ensiforme* (ensiforme).

* Si elles divergent en tous sens, ce qui a lieu en particulier dans les feuilles dont les nervures sont peu sensibles et le tissu cellulaire très-dilaté, c'est-à-dire, dans les feuilles grasses (63), on dit alors qu'elles sont :

* *Renflées* (gibba), lorsqu'étant charnues, elles sont épaisses dans leur milieu, et comme convexes des deux côtés; par exemple, le sédum âcre.

* *Cylindriques* (cylindrica, teretia), lorsqu'elles imitent un cylindre, excepté leur sommet, qui se termine en pointe.

* *A trois faces* ou *à trois côtés* (triquetra), lorsqu'elles ont trois faces longitudinales ou trois côtés planes, et qu'elles se terminent en pointe.

* *Deltoïdes* ou *en delta* (deltoïdea), lorsqu'étant à trois faces, elles sont tellement courtes, que chaque face représente un triangle équilatéral, ou un delta majuscule Δ; par exemple, le ficoïde en delta.

* *Ligulées* ou *en langue* (ligulata, linguiformia), lorsqu'elles sont linéaires, charnues, obtuses et un peu convexes en dessous.

* *Comprimées* (compressa), lorsqu'étant charnues, elles sont applaties sur les côtés, et plus épaisses que larges.

* *En sabre* (acinaciformia), lorsqu'elles sont alongées,

comprimées, à trois faces, dont la supérieure est étroite, et dont l'angle inférieur est aigu et tranchant; par exemple, le ficoïde en sabre.

* *En doloire* (dolabriformia), lorsqu'elles imitent l'espèce de hache dont se servent les tonnelliers, c'est-à-dire, qu'elles sont cylindriques à la base, comprimées et très-épaisses au sommet, qui est arrondi en dessus, et comme tranchant en dessous; par exemple, la ficoïde en doloire.

66. Tout le monde sait qu'indépendamment de la forme générale des feuilles, ces organes sont très-variables dans leur contour : les unes sont *entières* (integra) (*voyez* pl. 5, 1er. rang horizontal), c'est-à-dire, non découpées; d'autres portent sur leurs bords des découpures plus ou moins profondes.

Une feuille peut être entière sur les bords par trois causes différentes, qui dépendent de la forme et de la disposition des nervures.

1°. Dans les feuilles à nervures simples, le bord des feuilles est nécessairement entier; c'est ce qui arrive en effet dans les liliacées, les graminées, etc. : si dans quelques palmiers les feuilles se divisent, cette division tient à un véritable déchirement (67).

2°. Dans les feuilles à nervures palmées, ou pennées, ou pédalées, le bord de la feuille est quelquefois circonscrit par une nervure qui n'émet au dehors ni nervures secondaires, ni parenchyme. Cette cause d'intégrité des feuilles n'est sujette à aucune variation, comme on le voit dans les rubiacées.

3°. Dans les feuilles à nervures pennées, pédalées, palmées ou peltées, il arrive souvent que les nervures de divers ordres ou le parenchyme se développent entre les nervures principales, précisément de la quantité nécessaire pour combler leur intervalle. On conçoit que plusieurs circonstances peuvent déranger cette simultanéité d'accroissement entre divers organes, et que cette cause d'intégrité doit être très-variable.

67. Une feuille sera, au contraire, découpée, lorsqu'elle sera soumise aux circonstances inverses de celles que je viens d'énumérer. *Voyez* pl. 5, 2e. et 3e. rangs horizontaux.

1°. Certaines feuilles ont des nervures simples, réunies à leur base en un faisceau, d'où elles partent ensuite en divergeant, comme on le voit dans les palmiers; si le faisceau de nervures ne traverse point le limbe, et que celui-ci soit

formé par l'épanouissement des fibres disposées en forme d'é-
ventail, lorsque ces fibres viendront à s'alonger, comme cet
alongement a lieu par la base, les extrémités des fibres tendront à s'écarter l'une de l'autre, et si le parenchyme interposé ne peut se prêter à cet accroissement, il se rompra, et la
feuille se trouvera divisée en plusieurs lanières disposées
comme seroient les côtes d'un éventail qu'on auroit trop ouvert. C'est ce qui arrive dans le latanier (pl. 5, f. 17). Si au
contraire les nervures sont réunies en un faisceau longitudinal
qui émet de côté et d'autre des nervures parallèles comme
dans le cocotier, la feuille commencera par être entière; peu-
à-peu l'alongement du faisceau longitudinal divisera cette feuille
entière en lambeaux disposés d'un et d'autre côté comme les
barbes des plumes des oiseaux (pl. 5, f. 31). Cette manière
de concevoir les divisions des feuilles des palmiers, explique
comment leurs fragmens sont souvent inégaux, et portent sur
leurs bords des filets desséchés.

2°. Dans les feuilles à nervure rameuse, les causes des découpures seront plus fréquentes; en effet, ces feuilles sont découpées en leur contour toutes les fois que les nervures d'un
ordre quelconque se développent plus que les nervures des autres
ordres, ou bien quand le parenchyme, trop peu développé, ne
peut pas combler l'intervalle causé par l'écartement des nervures; la première de ces deux causes produit des découpures
plus constantes, parce que l'accroissement des nervures, c'est-
à dire des vaisseaux, est sujet à moins de variations que celui
du parenchyme, c'est-à-dire du tissu cellulaire. La seconde
est, au contraire, subordonnée aux circonstances dans lesquelles
se trouve le végétal : ainsi il n'est pas rare de voir des plantes
de cet ordre dont les feuilles sont presque entières lorsqu'elles
croissent dans un sol fertile, et qui sont découpées lorsqu'elles
naissent dans un terrein stérile.

68. Les différentes découpures des feuilles ont été distinguées
par des noms particuliers que je vais rapporter, autant qu'il
sera possible, aux principes posés ci-dessus (67); ainsi on dit
d'une feuille qu'elle est

Echancrée (emarginata), lorsqu'étant munie d'une nervure longitudinale, ses nervures secondaires et leur parenchyme se prolongent, soit au sommet, soit à la base de la
feuille, de manière à laisser à l'une des extrémités un petit
espace

espace vide. Par exemple, les feuilles séminales de tous les liserons sont échancrées au sommet (pl. 5, f. 6, 8); celles de toutes les labiées sont échancrées à la base (pl. 5, f. 9, 10).

Dentées (dentata), lorsque les dernières ramifications des nervures se prolongent hors du limbe de manière à laisser entre elles un petit espace non rempli par le parenchyme (pl. 5, f. 18, 46, 48). La partie proéminente se nomme *dent* (dens), et ici on distingue trois cas : si les nervures saillantes se dirigent vers le sommet de la feuille, on dit qu'elle est *dentée en scie* (serratum); si la nervure se prolonge dans une direction perpendiculaire à la côte longitudinale, on dit la feuille *crénelée* (crenatum) quand les proéminences sont obtuses, et *dentée* quand elles sont pointues; enfin si les nervures se dirigent vers la base de la feuille, on dit alors qu'elle est *dentée en arrière* ou *à rebours* (retrorsum dentatum).

Découpées, ou plus exactement *incisées*, *divisées* ou *partagées* (divisa, incisa, fissa, partita), quand les principales ramifications des nervures sont elles-mêmes séparées par des intervalles qui ne se prolongent pas jusqu'à la côte du milieu, laquelle est garnie de parenchyme dans toute sa longueur (pl. 5, f. 17, 20, 21, 23, 24, 25, 26, 27, 28, 29). L'ordre des termes est relatif à la profondeur des découpures; le premier ne se dit que dans un sens vague; le second indique qu'elles n'atteignent pas le milieu de la largeur de la feuille; le troisième, qu'elles s'arrêtent au milieu, et le quatrième, qu'elles le dépassent; mais ces distinctions sont souvent négligées dans l'usage. La partie proéminente de la feuille se nomme *découpure*, *division* ou *partie* (divisura, pars, lacinia).

* *Lobées* (lobata), quand les nervures secondaires elles-mêmes sont séparées par des intervalles vides qui atteignent les côtes principales de la feuille. La partie proéminente prend le nom de *lobe* (lobus) (pl. 5, f. 31-36).

* *Lyrées* (lyrata), lorsqu'ayant les nervures pennées, elle est lobée dans le bas, et incisée ou découpée dans le haut, ou plutôt lorsqu'étant lobée, le lobe terminal est incisé ou partagé (pl. 5, f. 22).

* Ces différens degrés de découpures peuvent se combiner les uns avec les autres : ainsi les lobes d'une feuille lobée peuvent être découpés, dentés, échancrés ou entiers; les découpures d'une feuille découpée sont souvent elles-mêmes décou-

Tome I. G

pées, dentées ou échancrées; dans ce cas, lorsque les divisions sont très-nombreuses, les feuilles prennent les noms de *multi-fides*, *laciniées*, *déchiquetées*, *décomposées* (multifida, laciniata, dissecta, decomposita); enfin les dentelures elles-mêmes peuvent être dentées sur le dos, et alors on dit que la feuille est *deux fois dentée* (dupliciter dentata seu serrata).

69. Les diverses formes de découpures (68) combinées, soit avec les diverses positions des nervures, soit avec la forme générale des feuilles, produisent différentes figures que les Botanistes ont exprimées par des termes particuliers : je vais les énumérer sans ordre bien prononcé, parce que pour en mettre, il faudroit reformer la nomenclature sur plusieurs points importans. Ainsi on dit que les feuilles sont :

* *Bifides* (bifida), lorsqu'elles sont profondément échancrées, et que l'angle de l'échancrure est aigu (pl. 5, f. 23 et 26). On dit aussi *trifides*, *quadrifides*, etc. , lorsqu'elles ont trois ou quatre échancrures aiguës au sommet.

* *Pédiaires* ou *en pédale* (pedata), lorsqu'ayant des nervures pédalées, elles sont divisées en parties ou en lobes longitudinaux (pl. 5, f. 24).

* *Palmées* (palmata), lorsqu'ayant des nervures palmées, elles sont divisées en lobes divergens, semblables aux doigts de la main ouverte et étalée (pl. 5, f. 28).

* *Digitées* (digitata), lorsqu'elles sont divisées en lanières qui imitent les doigts de la main.

* *Emoussées* (retusa), lorsque leur sommet est très-obtus, presque échancré et comme écrasé (pl. 5, f. 6).

* *Mordues* (præmorsa), lorsque leur sommet est très-obtus et terminé en même temps par de petites découpures ou déchirures inégales.

* *Tronquées* (truncata), lorsque leur sommet se termine par une ligne ou bord transversal, comme s'il avoit été coupé.

* *Aiguës*, *pointues* (acuta), lorsqu'elles se terminent en pointe (pl. 5, f. 1, 5).

* *Mucronées* (mucronata), lorsque la pointe aiguë qui les termine forme une saillie et paroît plutôt le prolongement de la nervure. que la dégradation insensible de la largeur de la feuille.

* *Acérées* ou *acuminées* (acuminata) , lorsqu'elles se rétrécissent insensiblement en une pointe alongée.

* *Obtuses* (obtusa), quand elles se terminent par un bord arrondi.

* *Triangulaires*, *quadrangulaires*, etc. (triangularia, qua‐drangularia, etc.), lorsque leur circonférence est remarquable par un nombre déterminé d'angles saillans.

* *Anguleuses* (angulosa), lorsque les angles de leur circon‐férence sont en nombre indéterminé.

* *Rhomboïdes* (rhombea), lorsqu'elles ont quatre côtés parallèles formant quatre angles, dont deux aigus et deux obtus.

* *Deltoïdes* (deltoidea), lorsqu'elles ont quatre angles, dont les deux latéraux sont plus proches de la base que du sommet.

Trapésiformes, *en trapèze* (trapesiformia), lorsqu'elles ont quatre angles inégaux et point parallèles.

**Cordiformes* ou *en cœur* (cordiformia, cordata), lorsqu'elles sont un peu en pointe à leur sommet, et échancrées à leur base, de manière qu'elles imitent la forme d'un cœur (pl. 5, f. 9).

* *Réniformes* ou *en rein* (reniformia), lorsqu'elles sont arrondies, plus larges que longues, et échancrées à leur base (pl. 5, f. 12).

* *Lunulées* ou *en lunule* (lunata, lunulata), lorsqu'elles imi‐tent la forme d'un croissant, c'est‐à‐dire, qu'elles sont arron‐dies et échancrées à leur base, dont chaque partie se termine par un angle.

* *Sagittées* ou *en flèche* (sagittata), lorsqu'elles imitent un fer de flèche, c'est‐à‐dire, qu'elles sont triangulaires et échan‐crées à leur base (pl. 5, f. 14).

* *Hastées* ou *en pique* (hastata), lorsqu'elles imitent un fer de pique, c'est‐à‐dire, qu'elles sont triangulaires, creusées à leur base et sur les côtés, et que les deux angles latéraux di‐vergent et se rejettent un peu en dehors (pl. 5, f. 13).

* *Runcinées* ou *en rondache* (runcinata), lorsqu'elles sont découpées latéralement en lobes profonds et écartés qui ne vont pas en diminuant vers leur base commune.

* *Panduriformes* ou *en violon* (panduriformia), lorsqu'elles sont à‐peu‐près en forme de violon, c'est‐à‐dire, oblongues, élargies à la base et au sommet, et échancrées sur les deux côtés.

* *Pinnatifides* (pinnatifida), lorsqu'ayant une nervure lon‐gitudinale, elles se divisent de chaque côté en parties pro‐fondes, disposées en manière d'aile, et qui n'atteignent point jusqu'à la côte (pl. 5, f. 20).

* *Sinuées* (sinuata), lorsque leurs côtés sont remarquables

par plusieurs sinuosités ou échancrures arrondies et ouvertes (pl. 5, f. 30).

* *Rongées* (orosa), lorsqu'étant sinuées, leurs échancrures ou sinuosités en ont d'autres plus petites et inégales entre elles.

70. Nous n'avons jusqu'ici considéré que les feuilles simples , et tout ce que nous avons dit sur ces feuilles s'applique exactement aux diverses parties des feuilles composées, lorsqu'on les considère isolées du tout auquel elles appartiennent. Il nous reste à décrire les positions relatives des diverses parties d'une feuille composée (55).

Les parties de cette feuille, qui naissent sur le pétiole commun , et qui sont pour ainsi dire de petites feuilles, portent le nom de *folioles* (foliola).

* Il arrive quelquefois qu'une feuille composée n'offre qu'un pétiole terminé par une seule foliole articulée à son sommet, comme on le voit dans l'oranger. M. Richard désigne ces feuilles sous le nom d'*unifoliolées* (unifoliolata) (pl. 5, f. 37).

* On dit de même des feuilles qu'elles sont :

* *Conjuguées* ou *bifoliolées* (conjugata) (pl. 5, f. 44), quand le pétiole porte à son sommet deux folioles.

* *Ternées*, *triphyllées* ou *trifoliolées* (triphylla) (pl. 5, f. 46), quand le pétiole porte à son sommet trois folioles.

**Quaternées*, *tétraphylles* ou *quadrifoliolées* (tétraphylla), quand le pétiole a quatre folioles au sommet.

* *Quinées*, *pentaphylles* ou *quinquefoliolées* (pentaphylla), quand il en a cinq (pl. 5, f. 48).

* *Digitées*, *polyphylles* ou *multifoliolées* (polyphylla, multifoliolata), quand il en a plusieurs (pl. 5, f. 49, 50).

* *Pennées* ou *ailées* (pennata), lorsque les folioles sont disposées d'un et d'autre côté du pétiole, et non pas seulement à son sommet (pl. 5, f. 39, 40). Ces folioles sont ordinairement opposées deux à deux, quelquefois alternes, très-rarement verticillées autour du pétiole commun; cette dernière structure ne se trouve que dans quelques oxytropis étrangères (pl. 5, f. 43).

* *Pennées sans impaire* (abruptè-pinnata), lorsque l'extrémité du pétiole ne porte point de foliole (pl. 5, f. 40, 41).

* *Pennées avec impaire* (impari-pinnata) (pl. 5, f. 38, 39), quand l'extrémité du pétiole porte une foliole qu'on nomme *impaire*, parce que, dans le plus grand nombre des cas, les autres sont opposées deux à deux. Parmi les feuilles

pennées, avec impaire, il faut observer que quelquefois, lorsqu'elles n'ont que trois folioles, on les confond mal-à-propos avec les feuilles triphylles : la place de l'articulation de la foliole du milieu détermine à laquelle de ces deux classes doit appartenir la feuille qu'on observe.

* *Surcomposées* ou *recomposées* (supra – decomposita), quand les folioles elles-mêmes sont composées de plusieurs pièces articulées ; et alors on distingue celles qui sont :

* *Bi-géminées* ou *bi-conjuguées* (bi-geminata, bi-conjugata), ou qui, étant conjuguées, portent deux folioles conjuguées (pl. 5, f. 45).

* *Bi-ternées* ou *bi-triphyllées* (bi-ternata), qui, étant triphyllées, portent trois folioles triphylles (pl. 5, f. 47).

* *Bi-pennées* ou *deux fois ailées* (bi-pennata), qui, étant ailées, portent des folioles ailées (pl. 5, f. 42).

* Si enfin ces divisions se succèdent en nombre triple, on dit de même *tergéminées* (trigerminata), *triternées* (triternata) (pl. 5, f. 47) ou *tripennées* (tripinnata).

ARTICLE VII.

Des Stipules.

71. On nomme *stipules* (stipulæ, fulcra) de petites feuilles, ou plutôt des appendices de nature foliacée, qu'on trouve à la base des véritables feuilles dans plusieurs dicotylédones ; elles manquent dans les deux autres classes ; leur usage paroît être de protéger la feuille pendant son développement, et de garantir le bouton placé à l'aisselle. Leur forme et leur structure se décrivent absolument comme celle des feuilles auxquelles elles ressemblent beaucoup ; elles les remplacent même dans certaines plantes, telles que la gesse aphaca. Les stipules n'offrent quelques diversités notables que relativement à leur durée et à leur position : quant au premier objet, les unes sont *caduques* (caduca), c'est-à-dire, qu'elles tombent peu après que les feuilles sont sorties du bouton, comme dans la plupart des amentacées, des tiliacées ; d'autres sont *persistantes* (persistentia), c'est-à-dire, qu'elles durent autant que la feuille elle-même, comme dans plusieurs malvacées.

72. Quant à leur position, je distingue trois espèces de stipules :

1°. Les stipules *caulinaires* (caulinæ). Elles sont insérées sur

la tige aux deux côtés de la feuille ; par exemple , dans les rubiacées , les malvacées, etc. (pl. 7, f. 3). Elles sont adhérentes ou
articulées , comme les feuilles elles-mêmes.

2°. Les stipules *pétiolaires* (petiolares). Elles sont insérées
sur la base même du pétiole ; par exemple , dans les roses , les
ononis , etc. (pl. 7, f. 1). Ces stipules ne sont jamais articulées
sur le pétiole ; ce qui les distingue des vraies folioles.

3°. Les stipules *foliolaires* (foliolares). Elles naissent sur le
pétiole des feuilles composées à la base des folioles , comme les
stipules caulinaires à la base des feuilles ; par exemple , dans les
guilandina et plusieurs légumineuses (pl. 7, f. 2).

ARTICLE VIII.

Des Bourgeons.

73. On donne généralement le nom de *bourgeons* (gemma)
aux jeunes pousses recouvertes , avant leur développement, de
tégumens membraneux ou écailleux. Ces tégumens recouvrent
les feuilles , les jeunes pousses et les fleurs , c'est-à-dire , les
parties des plantes qui se développent sans fécondation nouvelle , et ils servent à les protéger contre les intempéries de
l'air. En effet , ils sont plus souvent revêtus d'un enduit visqueux,
résineux, imperméable à l'humidité , et offrent , soit sur leur
surface , soit dans leur intérieur , un duvet laineux qui les préserve du froid. Il n'y a , en général , que les plantes munies de
bourgeons écailleux qui puissent vivre dans les climats où il gèle
pendant l'hiver.

74. Quelle que soit l'importance des bourgeons , on ne peut
cependant les considérer comme des organes distincts : dès
qu'une jeune pousse commence à poindre , l'air, la lumière, etc.
agissent sur les premières expansions foliacées, et y produisent
une espèce d'avortement, c'est-à-dire, que ces feuilles deviennent sèches, fermes, et que leur tissu cellulaire se développe
peu ou point ; les écailles des bourgeons sont donc des feuilles ,
et on peut se convaincre facilement de cette vérité , en observant le développement d'un bourgeon. On voit les écailles intérieures devenir graduellement plus semblables aux feuilles ;
on conçoit alors comment , lorsque les jeunes pousses naissent à
l'abri de toutes les intempéries , leurs premières feuilles ne
se changent point en écailles ; c'est ce qui arrive ordinairement
aux arbres des pays chauds , aux plantes que nous élevons en

serre , et aux herbes annuelles qui poussent leurs branches pendant l'été.

75. On distingue plusieurs sortes de bourgeons , selon qu'ils sont formés par l'avortement de différens organes. Ainsi on nomme bourgeons

Foliacés (foliaceæ), ceux dont les écailles sont simplement de petites feuilles avortées ; par exemple , le bois-gentil.

Pétiolacés (petiolaceæ) , ceux dont les écailles ont des pétioles élargis et avortés ; par exemple , le noyer.

Stipulacés (stipulaceæ) , ceux dont les écailles sont des stipules plus ou moins avortées ; par exemple , le charme.

Fulcracés (fulcraceæ) , ceux dont les écailles sont formées par l'avortement de pétioles bordés de stipules ; par exemple , le prunier.

76. Le bourgeon commence à poindre à l'époque de la plus grande végétation , c'est-à-dire , en été ; il porte alors, parmi les cultivateurs, le nom d'*œil* (oculus) ; il grossit lentement d'abord , et à la fin de l'automne, il prend le nom de *bouton :* il reste presque stationnaire pendant l'hiver ; mais , dès les premières chaleurs du printemps , il se gonfle sensiblement , et c'est alors qu'on le nomme *bourgeon* (gemma) , et peu de temps après , il s'ouvre pour donner naissance à la nouvelle branche. Cette marche ordinaire de l'accroissement des bourgeons est entièrement subordonnée aux causes extérieures ; ainsi, par exemple, si à la fin de l'été une grêle détruit tout-à-coup les feuilles des arbres, la sève se porte sur les yeux, les développe en peu de temps, et fait naître des feuilles hors de saison. Le retardement des bourgeons est souvent opéré par le froid. M. Thouin en a recueilli un exemple frappant. Ayant envoyé des caisses d'arbres à Moscow, ces caisses furent gelées en route : à leur arrivée, on les mit dans une glacière, où quelques–unes furent oubliées pendant dix-huit mois; alors on les sortit graduellement , et on planta les arbres , dont les bourgeons poussèrent comme ils ont coutume de le faire au printemps.

77. Les bourgeons sont distingués en plusieurs classes par les cultivateurs, selon les pousses diverses auxquelles ils doivent donner naissance. Ainsi, on en compte trois classes.

1°. Les *bourgeons à feuilles* ou *à bois* , qui ne poussent que des branches chargées de feuilles.

G 4

2°. Les *bourgeons à fleur* ou *à fruit*, qui ne produisent que des fleurs, et qui portent plus ordinairement le nom de *bouton*.

3°. Les *bourgeons mixtes*, qui donnent à-la-fois des fleurs et des feuilles ; mais ici, comme dans la seconde classe, on peut encore distinguer ceux qui donnent des fleurs mâles, des fleurs femelles ou des fleurs hermaphrodites. Les cultivateurs distinguent les bourgeons à feuilles, parce qu'ils sont alongés et pointus ; les bourgeons à fleur, parce qu'ils sont courts et arrondis ; les bourgeons mixtes, parce que leur forme tient le milieu entre celle des deux classes précédentes ; mais ces marques distinctives n'ayant été bien observées que sur les arbres fruitiers, qui appartiennent presque tous à la famille des rosacées, on peut douter qu'elles soient vraies sur tous les végétaux.

78. Les bourgeons des dicotylédones sont les seuls auxquels on a coutume de donner ce nom : ils sont placés quelquefois au collet de la racine, et alors on leur donne le nom de *turion* (*thurio*); plus souvent au sommet des branches, et le plus grand nombre à l'aisselle des feuilles. Leur disposition sur la tige, et conséquemment celle des jeunes branches, est donc déterminée en général par celle des feuilles ; mais cette disposition est souvent variable, parce qu'il arrive dans plusieurs arbres, soit naturellement, soit accidentellement, que les feuilles sont dépourvues de bourgeons. Ceux-ci naissent toujours sur l'écorce, à l'extrémité d'un prolongement médullaire, entouré d'une rangée de vaisseaux lymphatiques : leurs écailles sont souvent fermes, visqueuses ou couvertes de duvet. La structure des bourgeons du platane mérite une mention particulière. Dans cet arbre, l'œil pousse non à l'aisselle de la feuille, mais sous une cavité conique pratiquée à la base du pétiole, de sorte que les jeunes pousses sont entièrement cachées dans le pétiole ; elles le percent ensuite du côté supérieur, et se changent en une branche exactement embrassée par la feuille.

79. Les bourgeons des monocotylédones offrent plus de variétés : dans celles dont la tige est réduite à un plateau ou à un tubercule caché sous terre, les bourgeons, qui prennent alors le nom de *bulbes* (*bulbi*), sont formés (58) par les feuilles avortées et étiolées, à cause de leur séjour sous terre. On distingue, relativement à la forme des écailles des bulbes,

1°. Les *bulbes à tuniques* (*bulbi tunicati*), qui sont formées d'écailles minces, embrassantes, membraneuses, très-nombreuses, et qui se recouvrent les unes les autres; par exemple, l'oignon.

2°. Les *bulbes à écailles* (bulbi squammosi), dont les feuilles avortées sont épaisses, peu ou point embrassantes et disposées en écailles, comme dans les lys.

Si la tige, au lieu d'être rabougrie comme dans les bulbes, s'alonge et se développe comme dans les palmiers, nous trouvons de même à son sommet un bourgeon terminal, formé par les feuilles avortées; mais ici les écailles, au lieu d'être minces, glabres et étiolées, sont fermes, velues et colorées.

80. Les bourgeons des monocotylédones offrent toutes les mêmes variétés que ceux des dycotylédones. Ainsi, si nous reprenons les divisions établies plus haut (75), nous trouverons des bourgeons foliacés dans les deux classes, par exemple, le bois-gentil et l'oignon; des bourgeons pétiolacés dans toutes deux, par exemple, les sureaux et les palmiers; les bourgeons stipulacés et fulcracés sont propres aux dicotylédones, parce que les stipules sont propres à cette classe; les bourgeons à feuilles (77) existent dans les deux classes, par exemple, le poirier et l'amaryllis; les bourgeons à fleur existent de même dans ces deux exemples; les bourgeons mixtes sont fréquens dans l'une et l'autre classe, par exemple, le bouleau et la jacinthe. On peut de même que dans les dicotylédones, accélérer ou retarder le développement des bourgeons des monocotylédones, c'est-à-dire, des bulbes. Leur position est à-peu-près la même dans les deux classes; les bulbes sont terminales comme certains bourgeons; les *cayeux* (on donne ce nom aux petites bulbes qui se développent sur les côtés de la bulbe mère) sont axillaires comme certains boutons; les uns et les autres sont radicaux comme les bourgeons des plantes à racine vivace et à tiges annuelles; enfin, la structure et la destination de la bulbe est la même que celle du bourgeon : on ne peut donc séparer ces deux organes.

81. Dans les dicotylédones, le développement des bourgeons de chaque branche suit une marche inverse de celle que nous observerons dans la fleuraison : ce sont les bourgeons supérieurs de la branche qui se développent les premiers, et le développement se continue de haut en bas. Cette singularité s'explique en considérant que la sommité des jeunes pousses est munie de pores corticaux, qui, dès les premières chaleurs du printemps, absorbent dans l'atmosphère des vapeurs nutritives, et qu'il

se forme ainsi un suc descendant, qui alimente les bourgeons de haut en bas. Un seul arbre, à ma connoissance, fait exception à cette règle ; c'est le mélèze : ses bourgeons se développent de bas en haut, et l'écorce de ses branches est dépourvue de pores corticaux : ainsi, l'exception confirme l'explication.

ARTICLE IX.

Développement, chûte et usage des feuilles.

82. Les feuilles existent dans le bourgeon, munies de toutes leurs nervures, mais non développées ; elles y sont placées de manière à y occuper le moins d'espace possible : cette disposition varie dans différens végétaux, car elle est déterminée par la position respective des feuilles et la disposition de leur nervure. Je vais énumérer ces différentes positions des feuilles, et tout ce que j'en dirai pourra s'appliquer de même à la position des feuilles séminales dans les graines. En général, les feuilles, à leur naissance, sont *appliquées*, *pliées* ou *roulées* dans le bourgeon.

*1°. Les feuilles *appliquées* (adpressa) (pl. 6, f. 1) ont leurs limbes planes, droits et appliqués l'un contre l'autre par leur face supérieure ; par exemple, l'aloës en langue et plusieurs autres monocotylédones : cette disposition existe dans plusieurs feuilles séminales parmi les dicotylédones.

* 83. 2°. Les feuilles peuvent être *pliées* (plicata) de plusieurs manières différentes. Ainsi, on les dit :

* *Plicatives* ou *plissées* (plicativa), lorsqu'ayant les nervures palmées, elles sont plissées sur ces nervures de manière à représenter les plis d'un éventail fermé ; par exemple, la vigne (pl. 6, f. 2).

* *Réplicatives* ou *pliées de haut en bas* (replicativa), quand la partie supérieure de la feuille se recourbe et s'applique sur l'inférieure ; par exemple, l'aconit (pl. 6, f. 3).

* *Equitatives* ou *pliées moitié sur moitié* (equitativa), lorsque les deux côtés, séparés par la nervure longitudinale, s'appliquent ou tendent à s'appliquer face contre face ; mais dans ce mode de plicature, nous distinguerons quatre cas ; savoir, les feuilles

* *En regard* ou *équitatives* dans le sens propre, qui, étant opposées, sont légèrement pliées sur leur nervure longitudinale, de manière que leurs bords coïncident ; les deux feuilles

intérieures sont disposées de même, mais croisent les premières à angle droit; par exemple, le troène (pl. 6, f. 4).

* *Demi-embrassées* (semi-amplexa), qui, n'étant pas tout-à-fait opposées, sont pliées sur leur nervure, de sorte que la moitié de chaque feuille est placée entre les deux pans de la feuille opposée; par exemple, la saponaire (pl. 6, f. 5).

* *Embrassées* (amplexa), dont les deux côtés de la feuille pliés l'un sur l'autre, sont recouverts par les deux côtés de la feuille précédente pliée de même; par exemple, les iris (pl. 6, f. 6).

* *Conduplicatives* ou *pliées côte à côte* (conduplicativa), quand les deux feuilles pliées moitié sur l'autre, ne s'embrassent point et sont placées l'une à côté de l'autre; par exemple, dans le hêtre et dans la plupart des feuilles plicatives éparses (pl. 6, f. 7).

* *Imbricatives* (imbricativa), quand les rudimens des feuilles sont appliqués en recouvrement les uns sur les autres, et forment plus de deux séries.

* 84. 3°. Les feuilles peuvent être *roulées* (voluta) sur leur sommet ou sur leurs bords.

* Les *feuilles roulées sur le sommet*, ou *circinales* ou *en crosse* (circinalia), sont celles qui se roulent sur leur nervure longitudinale du sommet à la base. Cette disposition n'existe que dans les fougères (pl. 6, f. 10).

* Parmi celles qui sont roulées sur les bords, on distingue les feuilles :

* *Convolutives* ou *roulées en cornet* (convolutiva), quand l'un des bords de la feuille sert d'axe, autour duquel le reste du limbe s'enroule en forme de cornet; par exemple, le bananier (pl. 6, f. 8).

* *Supervolutives* ou *roulées l'un sur l'autre* (supervolutiva), quand l'un des bords de la feuille se roule sur lui-même en dedans, et que l'autre bord l'enveloppe en sens contraire; par exemple, l'abricotier (pl. 6, f. 9).

* *Involutives* ou *roulées en dedans* (involutiva), quand les deux bords se roulent sur eux-mêmes en dedans (pl. 6, f. 11).

* *Révolutives* ou *roulées en dehors* (revolutiva), quand les deux bords se roulent sur eux-mêmes en dehors; par exemple, le romarin (pl. 6, f. 12). Cette disposition se conserve souvent même dans les feuilles développées, et alors elles prennent le nom de feuilles *révolutes* ou *roulées en dehors* (revoluta).

* Enfin, si le roulement est incomplet à cause du peu de largeur des feuilles, on dit qu'elles sont *courbées* (curvata).

85. L'accroissement des feuilles suit des loix différentes, selon la disposition des nervures ; dans les feuilles à nervures simples, ou dans la plupart des monocotylédones, la largeur est déterminée par le nombre et la distance des nervures , et elle ne peut presque plus s'augmenter après la naissance de la feuille ; cette feuille continue long-temps, au contraire, de croitre en longueur, et si l'on marque des points placés à distance égale sur toute leur longueur, on observe avec Duhamel que ces feuilles ne croissent que par la base, c'est-à-dire que la partie supérieure est, pour ainsi dire, poussée en l'air par l'alongement de la partie inférieure. Quant aux feuilles à nervures rameuses, c'est-à-dire à celles de toutes les dicotylédones, elles grandissent à-la-fois en longueur et en largeur ; il paroit que dans ces feuilles, la végétation tend, 1°. à augmenter le tissu cellulaire interposé entre les nervures ; 2°. à étendre les nervures elles-mêmes dans toute leur longueur. Nous avons vu que la diversité d'accroissement de ces organes est la cause des découpures (67).

86. La durée des feuilles est loin d'être la même dans différens végétaux ; dans les uns, les feuilles meurent seulement à la même époque que la tige ou la branche qui les porte : c'est ce qui arrive dans presque toutes les plantes à tiges annuelles. Parmi les plantes vivaces, les feuilles meurent toujours avant le rameau qui les porte ; mais ici on peut distinguer deux classes relativement à la durée des feuilles : les unes meurent à une époque déterminée, et restent sur la tige jusqu'à ce qu'elles soient détruites par parcelles par les intempéries de l'air ; les secondes meurent à une époque déterminée, et tombent d'elles-mêmes après leur mort. La première de ces classes porte le nom de feuilles *persistantes* (persistentia) ; la seconde, celui de feuilles *caduques* (caduca).

87. Les feuilles étant d'un tissu délicat, et servant de passage à la plus grande partie des sucs des végétaux, leurs organes sont assez promptement obstrués et endurcis ; alors elles meurent, et si la tige qui les porte est du même tissu qu'elles, ces deux organes sont détruits en même temps ; si, au contraire, la tige persiste au-delà, la feuille morte éprouve un sort différent , selon la manière dont elle est fixée à la tige ;

si elle est adhérente (54), c'est-à-dire, si elle est liée par sa nervure et par son parenchyme, alors elle est nécessairement persistante (86), c'est-à-dire, qu'elle ne se détruit que par morceaux, et lorsqu'elle est exposée aux intempéries de l'air ; si, au contraire, la feuille est articulée, c'est-à-dire, qu'elle n'adhère à la tige que par ses vaisseaux (54), elle est nécessairement caduque (86). Il en est de même des parties des feuilles ; lorsqu'elles sont adhérentes les unes aux autres, c'est-à-dire, quand la feuille est simple, elles tombent toutes à-la-fois ; quand elles sont articulées, c'est-à-dire, quand la feuille est composée, ses folioles peuvent tomber séparément lorsqu'une cause quelconque leur procure une mort partielle ; il se trouve même quelquefois des pétioles persistans à folioles caduques : c'est ce qui forme les épines des astragales épineux. Si l'on demande pourquoi les feuilles articulées ne tombent pas pendant leur vie, et tombent après leur mort, je répondrai, 1°. qu'elles tombent même pendant leur vie très-facilement, et se détachent presque toujours sans déchirement ; 2°. que leurs vaisseaux, tant qu'ils sont mols, flexibles et gonflés par les sucs nourriciers, peuvent se plier à l'agitation que l'air imprime aux feuilles, et les soutenir ; mais dès que leur flexibilité est détruite, la feuille cède à la moindre impulsion, telle que la pluie, le brouillard, etc.

88. Parmi les feuilles caduques, il se présente encore quelques variétés dignes d'attention, soit relativement à la durée de leur vie, soit relativement au temps qui s'écoule entre leur mort et leur chute. Quant au premier point, on conçoit (87) que la durée d'une feuille est d'autant plus courte, que le passage des sucs y est plus abondant, c'est-à-dire, qu'elle a plus de pores corticaux, et qu'elle doit être d'autant plus longue, que le passage des sucs est plus lent, c'est-à-dire, quand le nombre des pores corticaux est peu considérable ; cette différence produit deux classes de feuilles, savoir : 1°. celles qui meurent avant que les nouvelles feuilles soient sorties de leur bourgeon : ce sont les feuilles *annuelles*, et on dit des arbres qui les portent, qu'ils se dépouillent pendant l'hiver ; 2°. celles qui ne meurent qu'après que les nouvelles feuilles sont sorties du bourgeon : c'est ce qui arrive à deux classes de plantes bien différentes, les arbres *toujours verds* et les plantes grasses. Quant à la durée du temps qui s'écoule entre la

mort et la chute des feuilles, on peut observer que dans la plupart, la chute suit immédiatement la mort; dans quelques-unes elle est retardée, parce que le tissu des vaisseaux est devenu tellement fort et ligneux, qu'il peut supporter les oscillations qui ébranlent les autres feuilles. Ainsi le chêne garde ses feuilles mortes jusqu'au printemps, et alors le bourgeon qui naît à leur aisselle, les déracine et les renverse; dans les plantes qui n'ont pas de bourgeons à toutes leurs aisselles, et dont les feuilles sont fermes et tellement petites, qu'elles offrent peu de prise à l'air, comme, par exemple, les bruyères, les feuilles mortes persistent quelquefois plusieurs années sans tomber.

89. L'usage général des feuilles doit être réduit à deux grandes fonctions; 1°. c'est par les feuilles que les végétaux transpirent, c'est-à-dire, chassent hors d'eux les parties liquides ou aëriformes inutiles à leur nutrition; 2°. c'est par ces mêmes feuilles qu'ils absorbent de l'atmosphère les vapeurs nutritives ou l'humidité ambiante qui est nécessaire à leur existence. Cette double fonction s'opère alternativement, selon les circonstances extérieures et les besoins du végétal, et c'est par le moyen des pores corticaux qu'elle s'effectue; aussi ces pores sont-ils en grand nombre sur toutes les feuilles. Dans les plantes dépourvues de feuilles, telles que les stapelia, les cactus, les éphédra, la tige elle-même, qui est d'une apparence herbacée, est revêtue de pores corticaux sur toute sa surface; aussi ces tiges dépourvues de feuilles, pompent et transpirent absolument d'après les mêmes loix que les plantes munies de feuilles. Les végétaux sans feuilles et sans pores corticaux, tels que les cuscutes et le citinet, ont reçu de la Nature un moyen particulier de nutrition que nous examinerons dans la suite; c'est-à-dire qu'elles reçoivent des sucs tout préparés par un autre végétal.

CHAPITRE III.

PARTIES ACCESSOIRES COMMUNES AUX ORGANES DE LA VÉGÉTATION ET DE LA REPRODUCTION.

ARTICLE PREMIER.

Des Glandes.

90. Le nom de *glande* (glandula) signifie un organe secrétoire; mais dans l'anatomie des végétaux, on a appliqué ce nom

au hasard à une foule d'organes très-distincts les uns des autres, et que je vais rapidement passer en revue.

Les glandes *écailleuses* (squammosæ). Guettard a donné ce nom aux petites pellicules écailleuses qu'on observe sur la feuille des fougères; M. Desfontaines a prouvé que ce sont les tégumens de leur fructification.

Les glandes *miliaires* (miliares) de Guettard, ou glandes *corticales* de Desaussure, sont des pores que nous avons décrits sous le nom de *pores corticaux* (14).

Les glandes *globulaires* (globulares). Ce nom a été donné tantôt à de petits corps sphériques qui couvrent en dessous la feuille des arroches, et qui sont des secrétions solides analogues à la poussière glauque ; tantôt à des bosselures sphériques qu'on observe sur la feuille des labiées, et dont la nature ne m'est pas connue.

Les glandes *vésiculaires* (vesiculares) sont des vésicules pleines d'huile essentielle, et placées dans le parenchyme ; on les voit par transparence dans le myrte, l'oranger, etc.

Les glandes *utriculaires* (utriculares), sont des vésicules pleines d'une limphe limpide et alcaline, formées par la boursoufflure des cellules externes du tissu cellulaire; par exemple, dans la glaciale.

Les glandes *à godet* (urceolares) sont de petits tubercules charnus, souvent concaves, qui émettent souvent des liquides visqueux; ils se trouvent, par exemple, sur le pétiole de toutes les rosacées drupacées.

Les glandes *nectarifères* (nectariferæ), ou les vrais nectaires, ne paroissent différer des précédentes, que parce qu'elles naissent dans la fleur; par exemple, la joubarbe.

Les glandes *lenticulaires* (lenticulares) sont de petites taches arrondies ou oblongues qu'on observe sur l'écorce encore lisse de plusieurs arbres dicotylédones. Elles paroissent au moment de la naissance; leur nature et leur usage sont inconnus.

A R T I C L E   I I.

Des Poils.

91. On désigne sous le nom de *poils* (pili, villi) toutes ces petites productions molles et filiformes qu'on observe sur la surface des végétaux, et qu'on a comparés aux poils des animaux.

C'est en considérant l'apparence générale que ces poils donnent à la surface qui les porte, que les botanistes disent d'une surface qu'elle est

Glabre (glabra), lorsqu'elle est entièrement dépourvue de poils.

Pubescente (pubescens), lorsqu'elle ne porte que des poils mols, courts et écartés.

Velue (villosa), lorsqu'elle est couverte de poils nombreux, mols, couchés et non entre-croisés.

Poilue (pilosa), lorsqu'elle porte des poils nombreux, mols, droits et non couchés.

Hérissée ou *hispide* (hirta, hispida), lorsqu'elle porte des poils roides, droits, plus ou moins écartés.

Cotonneuse (tomentosa), quand elle est couverte de poils nombreux, mols, un peu couchés et entre-croisés ou ramifiés.

Laineuse (lanata), quand, étant cotonneuse, ses poils sont très-longs et peu couchés.

Ciliée (ciliata), quand les poils sont placés non sur la superficie, mais sur le bord d'une partie quelconque; ces poils portent alors le nom de *cils* (cilia).

92. Les poils, considérés en eux-mêmes, se divisent en deux classes générales, les poils glanduleux et les poils lymphatiques.

Sous le nom de *poils glanduleux* (pili glandulosi), je désigne ceux qui servent de support ou de prolongement à une vésicule pleine d'un liquide particulier. Tels sont :

Les *poils à cupule* (pili cupulati). Ce sont de petits filets terminés par une coupe glanduleuse; par exemple, le pois ciche, où cette coupe suinte un suc acide.

Les *poils à tête* (pili capitati). Ce sont des poils simples ou rameux, terminés par un renflement globuleux; par exemple, dans les croton, où ce renflement suinte une liqueur visqueuse.

Les *poils en alène* (pili subulati), c'est-à-dire, dont la glande est sessile sur la feuille, et le poil qui la surmonte est tubuleux et sert de canal pour la liqueur contenue dans sa base; par exemple, dans les orties, où la glande contient une liqueur caustique.

Les *poils en navette* (pili malpighiacei), c'est-à-dire, dont la base est glanduleuse et porte un poil horizontal inséré par le centre, et dont les deux branches servent de canal pour le liquide

liquide secrété dans la glande ; par exemple, dans les malpighies, où la plante suinte une liqueur caustique.

93. Les *poils lymphatiques* (pili lymphatici), c'est-à-dire , ceux qui ne renferment pas de liqueurs propres, paroissent être des appendices du tissu cellulaire , destinés à augmenter sa surface, c'est-à-dire, à multiplier le nombre des pores : comme les pores servent tantôt à exhaler le superflu de la nourriture, tantôt à en absorber, les poils lymphatiques participent aussi à ces deux usages. D'après ces données, on conçoit comment les poils sont peu nombreux, ou même manquent tout-à-fait dans les plantes qui ont surabondance de nourriture , telles que les plantes aquatiques et celles qui croissent dans un bon terrain , et sont au contraire très-nombreux dans les plantes qui croissent dans les lieux secs et arides. Les poils qui se forment par surabondance de nourriture sont très-rares. M. Deleuze m'en a fait remarquer un exemple frappant. C'est le *fustet* (rhus cotinus), dont les pédicelles sont glabres avant la fleuraison et lorsqu'ils sont chargés de fruits ; mais qui se hérissent de poils nombreux lorsque les fruits avortent, comme cela arrive ordinairement dans les climats froids.

94. Les poils lymphatiques, considérés quant à leur forme , se divisent en trois classes : les poils simples, les poils articulés et les poils rameux.

Parmi les poils *simples* (simplices), c'est-à-dire, ceux qui sont de simples prolongemens d'une seule cellule, et qui n'offrent ni cloisons ni ramifications, je distingue :

Les poils *cylindriques* (cylindrici), comme dans les rosacées.

Les poils *coniques* (conici), comme dans les crucifères.

Les poils *en larme batavique* (clavati), ou dont le sommet est obtus, plus gros que la base, comme dans les fleurs des personnées.

95. Les poils *articulés* (articulati) sont formés par plusieurs cellules placées bout à bout, et sont coupés par des cloisons transversales. Tels sont :

Les poils *articulés* des labiées.

Les poils *à valvules* (valvulati) des chardons.

Les poils *grenus* (granulati) des fleurs de courges , où les cellules sont renflées plus que les cloisons qui les séparent.

Les poils *rameux* (ramosi) sont formés de plusieurs cellules qui divergent de différentes manières , et sont par conséquent toujours articulés. Tels sont :

Les poils *en fausse navette* (horizontales), qui sont horizontaux, insérés par leur centre sur une base non glanduleuse; par exemple , l'astragale rude.

Les poils *en i grec* (bifurcati), ou dont le sommet se divise en deux branches; par exemple, les crucifères, les androsaces uniflores.

Les poils *dichotomes* (dichotomi), qui , étant en i grec, ont chaque branche bifurquée ; par exemple , les alyssum.

Les poils *trifurqués* (trifurcati), ou dont le sommet se divise en trois branches; par exemple , la thrincie hérissée.

Les poils *rayonnans* (radiati), qui se divisent au sommet ou à la base en plusieurs branches; par exemple , le malva alcea.

Les poils *en écusson* (scutati), qui étant rayonnans, ont tous les rayons soudés ensemble, et forment ainsi de petites écailles insérées par le centre, comme dans l'elæagnus angustifolia.

Les poils *en goupillons* (aspergilliformes), qui , étant articulés, émettent de chaque nœud un verticille de petits poils.

Quant aux poils des aigrettes, *voyez* paragr. 151.

ARTICLE III.

Des Epines et Aiguillons.

96. On a coutume de distinguer les épines et les aiguillons en disant que les premiers sont des prolongemens du bois, et les seconds, des prolongemens de l'écorce : cette distinction , qui est bonne dans la classe des dicotylédones , est inadmissible dans celle des monocotylédones. Je distinguerai donc ces deux organes, en disant que

Les *épines* (spinæ) sont des organes quelconques, soit avortés , soit persistans, qui, en vieillissant, deviennent ligneux et piquans. Ainsi, 1°. des branches avortées se changent en épines dans le prunier sauvage , le févier; en effet, ces mêmes épines portent des feuilles , et deviennent branches dans un bon terrain. 2°. Des pétioles persistans deviennent épines dans les astragales épineux. 3°. Des folioles ou des lobes de feuilles endurcis et avortés, deviennent épines dans le dattier. 4°. Des pédoncules avortés ou endurcis, après la chute des fleurs, deviennent épines dans le mesembryanthemum spinosum. 5°. Les styles persistans et devenus ligneux, forment des épines au sommet des fruits; par exemple, dans le martynia. 6°. Des stipules endurcis forment les épines de jujubier.

97. Les *aiguillons* (aculei) sont des organes spéciaux qui naissent sur différentes parties extérieures du végétal, et qui diffèrent des poils, soit par leur dureté, soit parce qu'ils sont formés de vaisseaux et de tissu cellulaire, tandis que les poils n'ont pas de vaisseaux. On les trouve sur la tige dans le rosier; sur le pétiole dans la ronce; sur la surface même des feuilles dans le palmier épineux; sur les calices dans l'opuntia, etc. : peut-être confondons-nous souvent les aiguillons avec les poils endurcis.

ARTICLE IV.

Des Vrilles et des Mains.

98. On désigne généralement sous le nom de *vrille* ou de *main* tout appendice filamenteux, au moyen duquel une plante s'accroche aux corps voisins. J'en distingue deux espèces :

La *main* ou *vrille pédonculaire* (cirrhus peduncularis) est un pédoncule dont la fleur a avorté, et qui s'est prolongé sous la forme de lanières cylindriques : telles sont les mains des vignes, des courges, du brunnichia, etc.

La *vrille* ou *vrille foliacée* (cyrrhus foliaceus) est un prolongement du pétiole, de la nervure principale, ou de la feuille elle-même. Ainsi,

La *vrille* est un prolongement du pétiole dans les bignones, les gesses, les vesces, les orobes, et ceci n'a lieu que dans les feuilles composées.

La *vrille* est un prolongement de la nervure principale dans le nepenthes distillatoria, où elle se présente sous forme de vrille dans les jeunes feuilles; c'est cette vrille qui s'évase au sommet en un godet formé par un opercule.

La *vrille* est enfin la terminaison de la feuille elle-même dans certaines monocotylédones, telles que la flagellaria et la methonica.

CHAPITRE IV.

ORGANES DE LA REPRODUCTION OU DE LA FRUCTIFICATION.

ARTICLE PREMIER.

Des Organes de la Reproduction en général.

99. Cette organisation, ce principe de vie qui élève la plante au-dessus du minéral, suppose en même temps en elle les causes d'une altération, qui commence aussitôt que l'individu a acquis le dernier degré de son développement, et qui le conduit à une mort plus ou moins prochaine, selon que le développement lui-même a été plus prompt ou plus tardif. Les approches de l'hiver, cette saison à laquelle on a si naturellement comparé la vieillesse, sont l'époque d'une décrépitude réelle pour un grand nombre de végétaux qui ne voient jamais deux printemps. Au-dessus de ce premier terme, se trouvent différentes durées, dont la limite s'étend bien au-delà du nombre d'années accordé aux animaux, même les plus vivaces; et ce n'est souvent qu'après plusieurs siècles, que les grands arbres couvrent enfin de leur cime desséchée, le gazon où la scène des anémones et des véroniques s'étoit tant de fois renouvelée sous leur feuillage renaissant.

Mais le Créateur, qui a condamné l'individu à périr tôt ou tard, a pourvu d'une manière solide à la conservation de l'espèce. Tandis que la terre, engourdie par les frimats, est jonchée par-tout de feuilles mortes, de débris de tiges mutilées et méconnoissables, déjà elle recèle dans son sein le dépôt précieux d'une multitude de germes destinés à la dédommager de ses pertes. Elle ne borne pas même ses ressources aux graines détachées du corps de l'individu : les cayeux ou les bulbes qui naissent aux racines et sur les tiges de certaines plantes, sont, ainsi que les rejets et les drageons, des moyens de reproduction que la Nature met en œuvre, et dans lesquels elle offre à notre admiration de nouveaux jeux de sa fécondité.

L'objet que nous nous proposons dans cet article, est seulement de donner une idée de ces organes plus sensibles et plus universels, que l'on appelle en général les parties de la fructification, et qui composent la fleur et le fruit.

100. L'homme n'a vu, pendant long-temps, dans les fleurs,

qu'une parure pour les plantes, et un objet d'agrément pour lui-même. Il a dû ne les apprécier d'abord que d'après cette impression douce et vive à-la-fois qu'elles font sur nous, lorsque dans une belle matinée de printemps, sous un ciel pur et serein, la terre étale avec complaisance ses richesses ; lorsque la verdure, émaillée de mille couleurs, devient le fond d'un tableau aussi varié que gracieux ; lorsqu'un parfum suave, répandu de toutes parts, donne un nouveau prix à la fraîcheur de l'atmosphère ; et que le voyageur, se trouvant tout-à-coup comme invité à une fête brillante, jouit avec transport de l'accueil innocent d'une solitude riante et animée, où tout semble en ce moment n'exister que pour lui.

Dans la suite, des observateurs attentifs ont cru appercevoir que le mérite des fleurs ne se bornoit pas au don de plaire ; ils ont soupçonné qu'elles pourroient bien avoir une utilité réelle par rapport à la plante même ; des expériences ingénieuses ont confirmé ce soupçon ; et enfin l'on s'est convaincu que les différentes parties de la fleur formoient, autour de la graine ou de son embryon, autant d'organes destinés à assurer le succès de ses fonctions, relativement à la reproduction de l'individu.

101. Tout le monde sait maintenant que les plantes se reproduisent par des loix analogues à celles des animaux, c'est-à-dire, qu'elles renferment des germes inertes qui reçoivent le mouvement vital par l'action d'un autre organe : on a, de même que dans les animaux, nommé *organe femelle*, soit le germe destiné à reproduire la plante, soit l'appareil qui l'entoure ; *organe mâle*, celui qui imprime à l'organe femelle le mouvement vital ; et *fécondation*, l'acte par lequel l'organe mâle imprime au germe le mouvement vital.

La *fleur* (flos) est l'appareil des organes qui opèrent la fécondation des plantes et de ceux qui les entourent et les protègent. On distingue :

La *fleur mâle* (flos masculus), ou celle qui ne renferme que des organes mâles.

La *fleur femelle* (flos fœminus), qui ne renferme que des organes femelles.

La *fleur unisexuelle* (unisexualis), qui renferme l'un ou l'autre.

La *fleur hermaphrodite* (Ilos hermaphroditus), qui renferme l'un et l'autre.

Relativement à ces différences générales, on distingue les plantes en

Hermaphrodites , ou qui portent des fleurs hermaphrodites.

Monoïques (monoicæ), ou qui portent à-la-fois des fleurs mâles et des fleurs femelles.

Dioïques (dioicæ), qui ont les fleurs mâles sur un individu, et les fleurs femelles sur un autre.

Polygames (polygamæ), qui ont des fleurs hermaphrodites et en même temps des fleurs mâles, des fleurs femelles, ou les unes et les autres à-la-fois.

Enfin, on distingue encore les fleurs, d'après leur degré de composition, en trois classes générales ; savoir :

Les fleurs *nues* (nudi), où les organes ne sont entourés par aucune enveloppe.

Les fleurs *incomplettes* (incompleti), où les organes sexuels, soit mâles, soit femelles, soit hermaphrodites, ne sont entourés que d'une seule enveloppe.

Les fleurs *complettes* (completti), où les organes sexuels, soit mâles, soit femelles, soit hermaphrodites, sont entourés par deux enveloppes de nature différente.

ARTICLE II.

De la Disposition des Fleurs.

102. Les fleurs, considérées dans leur position, naissent sur la tige ou sur les feuilles. Le premier cas, qui est presque universel, présente deux sous-divisions ; savoir, que tantôt les fleurs naissent au sommet de la tige, on les nomme alors *terminales* (terminales) ; tantôt elles se développent le long de la tige ou sur des rameaux qui naissent de côté et d'autre ; on les désigne alors sous le nom de fleurs *latérales* (laterales).

Parmi celles-ci, on distingue les fleurs *axillaires* (axillares) (pl. 8, f. 1), ou qui naissent à l'aisselle des feuilles ; *extra-axillaires* , ou qui naissent hors des aisselles ; *supra-axillaires* , ou qui naissent un peu au-dessus de l'aisselle.

Quant au second cas, les fleurs naissent sur le pétiole des feuilles dans le *phyllanthus grandifolia* ; sur le milieu de la nervure longitudinale dans le *ruscus* ; et à la sommité de cette nervure dans le *polycardia* ; au sommet des nervures secondaires dans le *xylophylla* ; sur le milieu de ces mêmes nervures dans plusieurs *fougères*. On les trouve toujours sur une nervure, et peut-être cette nervure doit-elle être regardée comme un pédoncule (94) bordé de parenchyme : dans ce cas, ces fleurs rentreroient dans la première classe.

103. Dans toutes ces dispositions, la fleur est ou bien posée immédiatement sur la tige, c'est-à-dire, *sessile* (sessilis) (pl. 8, f. 1); ou bien *pédonculée* (pedunculatus) (pl. 8, f. 6; pl. 2, f. 6), c'est-à-dire, portée sur un rameau particulier qui ne sert qu'à cet usage, et qu'on nomme *pédoncule* ou *pédicule* (pedunculus, pediculus); quand le pédoncule se divise, on nomme ses rameaux des *pédicelles* (pedicelli), et on applique quelquefois ce nom aux pédoncules qui ne portent qu'une seule fleur. Lorsque la tige est très-courte, ou même souterraine, alors les pédoncules, quoique réellement axillaires, semblent naître de la racine; ils ont alors reçu le nom particulier de *hampes* (scapi) (pl. 2, f. 4).

* On désigne encore, par des noms spéciaux, le nombre des fleurs que porte chaque pédoncule; ainsi on dit : pédoncule *uniflore* (uniflorus), *biflore* (biflorus), *triflore* (triflorus), *quadriflore* (quadriflorus), ou *multiflore* (multiflorus), selon qu'il porte une, deux, trois, quatre ou plusieurs fleurs.

104. La disposition des fleurs autour des tiges et sur les pédondules est analogue, dans un grand nombre de plantes, à la disposition des feuilles, et s'exprime par les mêmes termes.

* Ainsi, nous savons déjà (60) ce que sont des fleurs *alternes*, *éparses*, *opposées*, *géminées*, *verticillées* et en *spirale*; ce que sont des fleurs *solitaires* ou *en faisceaux* (61); nous concevons de même ce que sont des pédoncules continus ou articulés (54); nous concevons que la forme et la direction de ces pédoncules se décrivent par les mêmes termes employés relativement aux rameaux (41). Malgré ces similitudes, on distingue encore certaines dispositions qui sont particulières aux fleurs. Ainsi, on dit que les fleurs sont :

* *En ombelle* (umbellati) (pl. 8, f. 2), lorsque plusieurs pédicules partent d'un même point, et arrivent à-peu-près à la même hauteur, de sorte que ceux du bord sont les plus longs; par exemple, la ciguë, l'ail hérissé. Quand tous les pédicules sont simples et uniflores, on dit que l'ombelle est *simple* (umbella simplex); par exemple, l'ail. Si chaque pédicelle se divise au sommet en plusieurs pédicules disposés eux-mêmes en

ombelles, on dit alors que l'ombelle est *composée*, et la seconde ombelle prend le nom d'*ombellule* ou *ombelle partielle* (umbellula , umbella partialis), et l'ensemble, celui d'*ombelle générale* (umbella universalis). Si enfin les pédicules se divisent une ou plusieurs fois en deux ou trois branches avant de porter des fleurs , on dit alors que l'ombelle est *dichotome* ou *trichotome*.

* *En épi* (spicati), lorsque les fleurs sont placées non au sommet, mais le long d'un axe commun. Comme la plus grande partie des fleurs entreroit dans cette définition ainsi conçue, on a sous-divisé les fleurs en épi , et on a conservé ce nom seulement aux fleurs qui sont sessiles le long d'un axe commun. Cet axe porte en certains cas le nom de *rachis ;* l'ensemble de ces fleurs prend celui d'*épi* (spica), quand les fleurs sont hermaphrodites (pl. 2 , f. 5 ; pl. 8 , f. 7) ; de *chaton* (julus , amentum), quand les fleurs sont unisexuelles , et munies d'écailles qui tiennent lieu d'enveloppe florale ; de *spadix* , quand les fleurs sont unisexuelles , et dépourvues d'écailles et de tégumens floraux.

* *En grappe* (racemosi), lorsque les fleurs , au lieu d'être sessiles le long de l'axe , sont portées sur des pédoncules simples ou peu divisés ; l'ensemble de ces fleurs prend le nom de *grappe* (racemus).

En thyrse ou *en bouquet* (thyrsoidei), quand les fleurs sont disposées en une grappe ovoïde, dont les pédoncules sont rameux , et plus longs dans le milieu de la grappe qu'aux deux extrémités ; leur ensemble se nomme *thyrse* ou *bouquet* (thyrsus) (pl. 8 , f. 4 et 6).

En panicule (paniculati), lorsqu'étant en grappe , les rameaux sont très-écartés , assez étalés , et que les inférieurs sont très-alongés ; l'ensemble des fleurs se nomme alors *panicule* (panicula) (pl. 8 , f. 5.)

* *En corymbe* (corymbosi), quand la panicule est telle que les rameaux se forment à peu de distance les uns des autres , que les inférieurs sont beaucoup plus longs, et qu'ils arrivent tous à-peu-près à la même hauteur, comme dans l'ombelle. Aussi, cette disposition se nomme-t-elle *corymbe* , ou *fausse ombelle* (corymbus , umbella spuria) (pl. 8 , f. 3).

* *En cime* (cimosi), quand les pédoncules partent presque du même point, comme dans l'ombelle, et portent plusieurs fleurs presque sessiles sur un de leurs côtés.

* *En tête* (capitati), quand les pédoncules sont presque

nuls, et que les fleurs sont ramassées en grand nombre et forment une aggrégation serrée ; par exemple, la scabieuse, etc. ; l'ensemble de ces fleurs porte le nom de *tête* (capitulum).

105. Si maintenant nous cherchons à réduire ces différentes formes inventées pour la commodité, à ce qu'elles ont de réel aux yeux de l'Anatomiste, nous verrons qu'elles se réduisent à deux classes, l'*ombelle* et l'*épi*, dont toutes les autres sont des modifications : les fleurs solitaires et axillaires ne sont autre chose que des grappes ou des épis à fleurs très-écartées et à feuilles florales très-développées. Ces deux dispositions peuvent se dénaturer de deux manières différentes. 1°. Le nombre des fleurs est quelquefois si peu considérable, qu'il se réduit à deux ou même à une ; c'est alors par l'analogie que nous jugeons si l'espèce ou l'individu qui offre cette fleur solitaire appartient à la classe des fleurs en épi, ou à celle des fleurs en ombelle ; ainsi, par exemple, on reconnoît par ce moyen que les fleurs solitaires des androsaces uniflores (aretiæ, Lin.) sont réellement des ombelles réduites à une seule fleur. 2°. Les fleurs que nous avons appelées fleurs *en tête* (104) comprennent réellement deux structures différentes : les unes sont des ombelles dont les pédicelles sont tellement courts, que les fleurs paroissent former une tête ; d'autres sont des épis dont l'axe est tellement court, que les fleurs sont très-rapprochées les unes des autres, et forment ainsi une tête. L'analogie indique alors quelle est la position réelle des fleurs ; ainsi, elle nous apprend que les têtes d'eryngium sont des ombelles à fleurs sessiles, et que celles de certains phyteuma sont des épis rabougris.

* Au reste, dans l'un et l'autre cas, on donne le nom de *réceptacle* (receptaculum) à ce pédoncule élargi et rabougri, sur lequel les fleurs en tête sont placées. On a encore consacré certains termes qu'il est nécessaire de faire connoître ; ainsi, on dit que les fleurs sont :

* *Aggrégées* (aggregati), lorsqu'étant réunies en tête et entourées de feuilles florales, elles ont leurs anthères distinctes ; par exemple, la scabieuse.

* *Composées* (compositi), lorsqu'étant réunies en tête et entourées de feuilles florales, elles ont leurs anthères soudées ; par exemple, l'artichaud.

Simples (simplices), par opposition au terme précédent, indique des fleurs non composées. Cette définition, qui est bonne pour distinguer des classes de plantes, est fausse pour distinguer des organes, car la définition d'un organe ne doit pas se compliquer d'un caractère tiré d'un autre organe. Elle est un reste de l'ancienne erreur des premiers Naturalistes, qui regardoient les têtes des syngenèses comme des fleurs, tandis que nous les regardons maintenant comme des aggrégations de fleurs complettes. Notre langage se ressent encore de cette première idée; ainsi nous appelons chaque fleur de cette tête du nom de *fleuron* (flosculus) (pl. 8, f. 8, 9, 10, f. *a* et *b*), et nous réservons le nom de *fleur* à l'ensemble des fleurons (pl. 8, f. 8, 9, 10).

106. L'épanouissement des fleurs suit une marche régulière et inverse de celui des bourgeons (81) : les fleurs, inférieures dans les épis, ou extérieures dans les ombelles, sont toujours les premières qui se développent, et la fleuraison continue en s'approchant du sommet de l'épi ou du centre de la tête et de l'ombelle. Cette disposition prouve que les fleurs sont alimentées par la sève ascendante, et non par la nourriture pompée dans l'air par les pores corticaux. Cette loi présente un petit nombre d'exceptions : quelquefois la fleur supérieure ou centrale fleurit la première, puis la fleuraison commence à suivre la marche régulière indiquée plus haut. La seule exception bien réelle que je connoisse, c'est le *michauxia*, plante de la famille des campanules, dont les fleurs sont disposées en une longue panicule, et où elles se développent en commençant par la sommité de chaque rameau et en finissant par la base. Les fleurs de cette plante sont toutes criblées de pores corticaux, et leur développement est par-là même assimilé à celui des bourgeons.

107. On donne le nom général de *feuilles florales* (folia floralia) aux feuilles qui naissent dans le voisinage des fleurs; elles sont placées le plus souvent à la base des pédoncules, des pédicelles ou des fleurs, et ces organes naissent ordinairement de leur aisselle; lorsqu'on trouve des feuilles éparses le long d'un pédoncule, on peut croire, avec assez de vraisemblance, qu'elles portoient originairement à leur aisselle des fleurs qui ont avorté avant leur développement. Comme la sève se jette de préférence sur la fleur et le fruit, les feuilles florales restent en général petites et rabougries; lorsqu'elles diffèrent beaucoup des autres feuilles par leur grandeur, leur forme ou leur couleur, on leur donne le nom de *bractées* (bracteæ), et cette différence

arrive sur-tout relativement à la coloration dans les bractées très-voisines des fleurs, comme on le voit dans l'hortensia.

108. Dans les dicotylédones à fleurs en tête ou en ombelle, les feuilles florales tendant toujours à naître sous l'origine des fleurs ou des pédicelles, forment une espèce de verticille ou d'anneau plus ou moins serré ou régulier : on a donné à cet assemblage le nom de *collerette* ou *involucre* (involucrum) (pl. 8, f. 2; pl. 9, f. 21); et dans les ombelles composées, on donne celui d'*involucelle* ou de *collerette partielle* (involucellum) à la collerette qui se trouve à la base des ombelles partielles; les feuilles qui entourent les têtes des syngenèses (pl. 8, f. 8, 9, 10), et qui ont reçu le nom impropre de *calice commun* (calix communis), sont un véritable involucre, et celles qui entourent chaque fleur de l'échinope, et qu'on a nommées *calice propre* (calix proprius), sont un véritable involucelle.

109. Quoique les mêmes termes pussent très-bien s'appliquer aux monocotylédones, on en a créé d'autres; dans cette classe, on a donné le nom de *spathe* (spatha) à une feuille florale ou à un assemblage de feuilles florales qui se trouvent à la base des ombelles, des têtes, des grappes ou des épis; enfin, dans la famille des graminées, les deux petites feuilles qui se trouvent à la base de chaque épi partiel, et qu'on a nommées *glume extérieure*, *bale extérieure* ou *glume* (gluma exterior) (pl. 9, f. 18, 19), sont des organes entièrement analogues aux spathes.

A R T I C L E   I I I.

De la Fleur en général.

110. Si nous prenons une fleur complette; par exemple, la bourrache, nous y distinguerons plusieurs organes. Au centre est un petit globe surmonté d'un filet, c'est l'organe femelle ou le *pistil*; à l'entour se trouvent cinq petits filets surmontés d'un petit sac plein de poussière, ce sont les organes mâles ou les *étamines*; en dehors des étamines, nous observons une expansion colorée qui leur sert d'enveloppe avant l'épanouissement, c'est la *corolle*; cette corolle est elle-même revêtue d'une seconde enveloppe plus ferme, c'est le *calice*; enfin, nous observons vers le milieu de la fleur cinq appendices particuliers,

qui ne rentrent dans aucun des organes ci-dessus désignés, ce sont des *nectaires*. Nous allons étudier successivement ces divers organes.

ARTICLE IV.

Du Pistil.

111. Le *pistil* (pistillum) (pl. 9, f. 4) est l'organe femelle de la plante ; car il renferme dans sa base de petits globules qui, après la fécondation, se changent en semences et reproduisent une nouvelle plante : il est toujours placé au centre de la fleur, ce qui avoit suggéré à Césalpin l'idée qu'il étoit le prolongement de la moëlle, idée qui a été abandonnée depuis qu'on a appris que les monocotylédones, qui n'ont pas de moëlle centrale, ont cependant le pistil central. Cet organe est ordinairement sessile au fond de la fleur ; mais dans quelques plantes, il est porté sur un pédicelle particulier, qui a reçu le nom de *thécaphore* (thecaphorum) ; ce pédicelle est produit par deux causes diverses : tantôt c'est un simple rétrécissement de la partie inférieure du pistil, qui est alors toujours solitaire ; dans ce cas, le pédicelle a été nommé *basigyne* ; par exemple, dans le lychnis, l'euphorbe : tantôt le pédicelle est un prolongement du pédoncule, et porte plusieurs ovaires ; il a reçu alors le nom de *polyphore* ; par exemple, dans les renoncules. C'est un polyphore succulent, qui forme le fruit de la fraise.

112. Le pistil est composé de trois parties. 1°. L'*ovaire* (ovarium) (pl. 9, f. 4, *a*), qui est placé à sa base, et qui renferme les petits embryons destinés à être fécondés ; il est nommé improprement *germe* (germen), par Linné. 2°. Le *stigmate* (stigma) (pl. 9, f. 4, *c*), qui est ordinairement placé au sommet, et qui reçoit l'impression de la poussière fécondante lancée par les étamines. 3°. Le *style* (stylus) (pl 9, f. 4, *b*), qui est le filet plus ou moins long et plus ou moins constant, qu'on observe entre le stigmate et l'ovaire, et qui est destiné à élever le stigmate dans la position la plus propre à recevoir la poussière fécondante. Les termes par lesquels on désigne la forme de ces parties n'ont pas besoin d'explication, parce qu'ils s'entendent d'eux-mêmes, ou qu'ils sont semblables à ceux qui ont été déjà expliqués.

113. Le nombre de ces parties est très-variable.

* On le désigne par les termes de *monogyne* (monogynus),

digyne (digynus), *trigyne* (trigynus) , *tétragyne* (tetragynus), *pentagyne* (pentagynus), *hexagyne* (hexagynus), *heptagyne* (heptagynus), *octogyne* (octogynus), *ennéagyne* (enneagynus), *décagyne* (decagynus), *dodécagyne* (dodecagynus) et *polygyne* (polygynus), qui indiquent la présence de un, deux, trois, quatre, cinq, six, sept, huit, neuf, dix, douze ou plusieurs pistils.

En général, le nombre des styles ou des stigmates est égal à celui des ovaires ou des loges de l'ovaire ; on peut dire encore qu'en général les monocotylédones ont des ovaires, ou divisés en trois loges, ou au nombre de trois, six ou neuf. Les dicotylédones, au contraire, ont des ovaires en nombre très-divers, et souvent divisés en cinq ou dix loges, ou au nombre de cinq ou dix. Le nombre des ovaires ou des loges de l'ovaire détermine ordinairement celui des parties ou des loges du fruit ; mais il arrive souvent que certains ovaires ou certaines loges de l'ovaire avortent par accident, et dans quelques familles, telles que les palmiers et les amentacées, ces avortemens sont si fréquens, qu'on a peine à reconnoître le nombre naturel des parties. Ainsi, le gland du chêne est originairement à trois loges.

114. On ne doit donner le nom de *stigmate* qu'à la partie légèrement visqueuse et hérissée de petites papilles, qui reçoit l'impression de la poussière fécondante ; mais dans l'usage, on s'écarte souvent de cette règle, et on donne ce nom aux divisions supérieures du style ou de l'ovaire. Ainsi, dans les iris, le véritable stigmate est la petite duplicature transversale qu'on observe à la face inférieure des lanières qui couronnent l'ovaire, et ces lanières sont des styles qui se prolongent au-dessus du stigmate.

115. Dans plusieurs plantes, le style est perforé par un canal longitudinal, d'où quelques auteurs ont inféré que ce canal sert à la transmission du liquide fécondateur : on a reconnu la fausseté de cette idée, en observant que, dans la plupart des végétaux, le style est plein, et que dans ceux même où ce canal existe, il est fermé comme un sac à l'entrée de l'ovaire. On observe au contraire dans le style, des fibres, c'est-à-dire, des faisceaux de tubes qui aboutissent de chaque partie du stigmate à chaque partie de l'ovaire ; les liquides colorés, lorsqu'on y plonge le stigmate, suivent la direction de ces fibres, et pénètrent

jusqu'à l'ovaire. Tout porte à croire que ces fibres servent à communiquer aux graines, soit le fluide fécondateur, soit l'impression que ce liquide a produit à leur extrémité.

ARTICLE V.

Des Etamines.

116. Les *étamines* (stamina) (pl. 9, f. 3) sont les organes mâles des plantes. En effet, lorsqu'un pistil est privé de l'action des étamines par une cause quelconque, ses graines avortent constamment. Elles sont ordinairement composées de deux parties, le *filet* (filamentum) (pl. 9, f. 3, *a*), qui n'est autre chose qu'un support ou pédicelle, et l'*anthère* (anthera) (pl. 9, f. 3, *b*), qui est un petit sac membraneux dans lequel est renfermé le *pollen* ou *poussière fécondante* (pollen).

117. La position des étamines relativement au pistil, est une des circonstances les plus fixes de la structure des végétaux, et a par conséquent fixé l'attention des Botanistes. Ainsi on dit que les étamines sont :

Hypogynes (hypogyna), lorsque leur filet prend naissance au-dessous de l'ovaire.

Périgynes (perigyna), quand leur filet prend naissance autour de l'ovaire sur le même plan horizontal.

Epigynes (épigyna), lorsqu'il est placé sur le pistil lui-même : les plantes où cette structure a lieu, portent le nom de *gynandres* (gynandræ); mais cette dernière classe n'a pas encore été assez étudiée; peut-être toutes les étamines doivent être considérées par l'anatomiste comme essentiellement hypogynes; elles paroissent périgynes lorsque, dans leur partie inférieure, elles se soudent naturellement avec le calice, et épigynes, quand cette soudure a lieu avec le pistil.

Relativement à leur origine ou, comme disent les Botanistes, à leur insertion, on distingue encore, 1°. les étamines qui sont insérées sur un *disque* (discus) particulier placé au fond de la fleur : par exemple, la bourdaine; 2°. celles qui ne sont point placées sur un disque, et où cependant elles n'adhèrent point avec la corolle : dans ces deux cas on dit que l'insertion est *immédiate*; 3°. celles où les filets des étamines sont soudées, soit à leur base, soit dans toute leur longueur, avec la corolle elle-même : dans ce cas, les étamines sont nommées *épipétales* (epipetala), et l'insertion est dite *médiate*.

118. En général le nombre des étamines est proportionnel avec celui des divisions de la corolle. Lorsque cela a lieu, on dit que les étamines sont en nombre *déterminé* ou *défini* (definita); quand le contraire arrive, on dit qu'elles sont en nombre *indéterminé* ou *indéfini* (indefinita); quand ce nombre est égal avec celui des parties de la corolle (isostemones), les étamines sont presque toujours placées devant chaque division du calice, et entre chacune des divisions de la corolle; les familles des primulacées et des berbéridées font exception à cette règle. Quand les étamines sont en nombre double (duplostemones) de celui des divisions ou des parties de la corolle, alors la moitié est placée devant chaque division de la corolle, et l'autre moitié devant chaque division du calice. Si, par une cause quelconque, la moitié des étamines vient à avorter, c'est celle qui est placée devant les parties de la corolle qui avorte. Le développement comparatif de ces étamines suit en général une marche régulière; les étamines placées devant les parties du calice, sont les premières qui répandent leur pollen.

119. Le nombre des étamines est très-variable, non seulement dans la totalité des végétaux, mais souvent dans la même famille; par exemple, les graminées, les légumineuses; quelquefois dans le même genre, les phytolacca; et jusque dans la même espèce; par exemple, l'alsine média.

* On le désigne par les termes de *monandres* (monandri), *diandres* (diandri), *triandres* (triandri), *tétrandres* (tétrandri), *pentandres* (pentandri), *hexandres* (hexandri), *heptandres* (heptandri), *octandres* (octandri), *ennéandres* (enneandri), *décandres* (decandri), *dodécandres* (dodecandri), *icosandres* (icosandri), *polyandres* (polyandri), qui indiquent la présence de un, deux, trois, quatre, cinq, six, sept, huit, neuf, dix, douze, vingt, ou d'un plus grand nombre d'étamines. En général on observe que le nombre des étamines est de trois ou d'un multiple de trois dans les monocotylédones, et qu'il est de deux, de cinq ou d'un multiple de l'un de ces deux nombres dans les dicotylédones.

120. Les étamines sont souvent naturellement adhérentes ou soudées les unes avec les autres.

Lorsque cette adhérence a lieu par les anthères, on dit qu'elles sont : *syngenèses* ou *syngenésiques* (syngenesa); par exemple, la laitue.

Lorsqu'elle a lieu par la greffe naturelle des filets, alors on a comparé ces étamines réunies ensemble à des frères étroitement liés ; on les a nommées

Monadelphes (monadelpha), quand toutes les étamines sont soudées par les filets en un seul faisceau ; par exemple, la mauve.

Diadelphes (diadelpha), quand elles sont soudées par les filets en deux faisceaux ; par exemple, le polygala.

Polyadelphes (polyadelpha), quand elles sont soudées par les filets en plusieurs faisceaux ; par exemple, le millepertuis.

Par opposition à ces divers termes, on dit que les anthères ou que les étamines so t *distinctes* (distincta), lorsqu'elles ne sont soudées ni par les filets, ni par les anthères.

Je suis persuadé qu'il existe des plantes qui sont à-la-fois monadelphes et syngenèses, c'est-à-dire, soudées par les filets et les anthères ; c'est à cette division qu'on doit peut-être rapporter les étamines du *salix monandra*.

121. Les étamines sont ordinairement égales entre elles en longueur ; quelquefois cependant elles sont inégales ; quoique cette inégalité produise différentes combinaisons, deux seulement ont reçu des noms particuliers ; ainsi on dit que les étamines sont :

Didynames (didynama), quand, sur quatre étamines, il y en a deux plus longues ; par exemple, le lamier.

Tétradynames (tetradynama) quand, sur six étamines, il y en a quatre plus longues que les deux autres ; par exemple, le chou.

122. Les anthères sont presque toujours solitaires sur leur filet, et lorsqu'on en compte plus d'une, c'est en général parce que leurs filets propres sont soudés ensemble ; elles sont ordinairement placées au sommet du filet ; on en trouve cependant qui adhèrent au filet par l'une de leurs faces, et sont conséquemment *latérales* ou appliquées par leur longueur (laterales, adnatæ); par exemple, dans le tulipier. Quelquefois le filet se prolonge au-dessus de l'anthère sous forme de lanière, comme dans le laurier-rose. Parmi les anthères latérales, les unes sont insérées par leur base, d'autres par le milieu d'une de leurs faces, et alors elles sont d'abord droites, ensuite elles deviennent horizontales et *vacillantes* (versatiles, incumbentes).

123. Les anthères sont de petites bourses membraneuses, presque toujours à deux loges ; leur forme générale est linéaire, oblongue,

oblongue, ovoïde ou en fer de flèche ; leur manière de s'ouvrir offre des différences assez remarquables ; dans la plupart chaque loge s'ouvre par une fente longitudinale ; dans quelques-unes, telles que l'épine-vinette, le sapin, elles s'ouvrent par une fente transversale : on en trouve, enfin, comme dans les morelles, dont chaque loge s'ouvre au sommet par un pore. Mais la position de l'anthère elle-même offre une variété bizarre ; dans la plupart l'anthère s'ouvre du côté du pistil ; dans un petit nombre de plantes, et en particulier dans les iridées, l'anthère est attachée en dehors du filet et s'ouvre par conséquent du côté opposé au pistil. M. Richard les nomme anthères *extrorses* (extrorsæ).

124. Les globules du pollen sont attachés dans l'anthère, par le moyen de filamens très-déliés qui s'oblitèrent à leur maturité ; leur couleur est presque toujours jaune : dans quelques plantes, telles que les onagres, ils sont enduits d'une matière visqueuse ; leur forme est très-diverse : la plupart sont sphériques ; on en trouve d'ovoïdes, de cylindriques dans quelques personnées, d'étranglés au milieu, d'autres en forme d'Y ou de croix à quatre branches. Ces globules s'éclatent spontanément toutes les fois qu'ils sont placés sur un liquide, et ils émettent une liqueur subtile et huileuse qui est sans doute le vrai fluide fécondateur. Comme le stigmate est toujours humide, cette explosion y a sans doute lieu peu après l'émission du pollen. Le pollen a la même odeur que la liqueur spermatique des animaux, et il est, selon M. Fourcroy, presque composé des mêmes principes chimiques, plus un peu d'acide malique.

ARTICLE VI.

Des Tégumens floraux.

125. Les organes sexuels sont entourés de tégumens ou d'enveloppes particulières qui sont ordinairement au nombre de deux : quelques auteurs, tels que MM. Hedwig, Philibert et Mirbel, considérant ces deux tégumens comme des modifications d'un seul organe, lui ont donné le nom général de *périanthe* (perianthium); ce terme, qui signifie autour de la fleur, ne peut, ce me semble, être appliqué à la partie sinon la plus essentielle, du moins la plus visible et la mieux connue de la fleur, à la corolle ; il a de plus l'inconvénient d'avoir été pendant

long-temps employé par les botanistes pour désigner le calice
proprement dit, qui peut bien réellement être dit autour de la
fleur : ces motifs m'ont déterminé à admettre la dénomination
proposée par Ehrhart. Sous le nom de *périgone* (perigonium),
qui signifie autour des organes sexuels, je désigne en général
l'enveloppe simple, double ou multiple, qui entoure les organes
sexuels des fleurs. Le périgone est, dans mon opinion, essentiellement composé de deux membranes de nature diverse ; l'une
intérieure, qui est la *corolle* ; l'autre extérieure, qui est le *calice* : ces membranes sont ordinairement distinctes, quelquefois soudées ensemble ; dans le premier cas, le périgone est
double (duplex) ; dans le second, quoiqu'il soit réellement
double, il paroît *simple* (simplex). Etudions d'abord chacun
de ces organes isolés ; nous nous occuperons ensuite des cas où
ils sont réunis.

A R T I C L E   V I I.

De la Corolle.

126. La *corolle* (corolla) (pl. 9, f. 9, 12), est l'enveloppe de
la fleur complette., la plus voisine des étamines ; sa contexture
est entièrement semblable à celle des filets et des styles ; elle
offre à l'intérieur, de même que ces organes, un petit nombre
de vaisseaux lymphatiques, et du tissu cellulaire : elle est toujours colorée ; sa surface n'offre presque jamais de pores corticaux : elle est toujours insérée au même point que les étamines
et souvent soudée avec leurs filets ; quand ceux-ci reçoivent
une nourriture trop abondante, ils s'épanouissent et deviennent
semblables à la corolle : la même transformation a lieu, quoique
un peu plus rarement, dans les styles; enfin, dans certaines
fleurs qui ont une corolle composée de plusieurs pièces disposées en rangées successives, et qui ont aussi plusieurs rangées
d'étamines, comme les ficoïdes, on voit évidemment que les
pièces de la corolle ne sont autre chose que des filets d'étamines
applatis et dépourvus d'anthères. Tous ces faits me paroissent
prouver que la corolle doit être considérée comme entièrement
identique avec les supports des organes sexuels ; savoir, les filets
des étamines et les styles. On conçoit delà comment, dans la
plupart des plantes, elle tombe en même temps que les étamines ; comment, dans celles dont les étamines sont persistantes,

elle se dessèche sans tomber (on la nomme alors *marcescente*);
comment, enfin, elle ne grandit jamais avec le fruit.

127. La corolle est tantôt composée d'une seule pièce, tantôt
composée de plusieurs pièces distinctes et disposées sur un ou
plusieurs rangs ; ces pièces de la corolle se nomment *pétales*
(petala) ; de-là on appelle la corolle ou la fleur :

Apétale (apetala), quand elle manque de corolle ; par exemple, sagina apetala.

Monopétale (monopetala), quand elle est d'une seule pièce,
c'est-à-dire que les pétales sont soudées ensemble comme les
étamines monadelphes.

Polypétale (polypetala), quand elle est composée de plusieurs pièces. Si l'on veut exprimer exactement le nombre des
pièces, on dit qu'elle est

Dipétale (dipetala), *tripétale* (tripetala), *tétrapétale* (te-
trapetala), *pentapétale* (pentapetala), *hexapétale* (hexape-
tala), *heptapétale* (heptapetala), *octopétale* (octopetala),
enneapétale (enneapetala), *decapétale* (decapetala), qui indiquent la présence de deux, trois, quatre, cinq, six, sept,
huit, neuf ou dix pétales.

En général la corolle monopétale est adhérente, par sa base,
avec les filets des étamines, et ceux-ci sont libres dans la corolle polypétale : la famille des Plumbaginées fait seule exception à cette règle.

128. La corolle monopétale (127) est tantôt *entière* (integra, ore integro), c'est-à-dire non divisée sur les bords ; tantôt divisée en fragmens qui sont séparés par une fente plus ou
moins profonde. Ces divisions ne sont point produites par les
mêmes causes que celles des feuilles, mais doivent être considérées comme des fentes produites par la soudure des pétales
qui, quoique naturelle, peut être plus ou moins complette :
cette soudure des pétales est analogue à celle que nous avons
observée dans les filets des étamines, de sorte que les corolles
polypétales sont aux corolles monopétales, ce que les étamines
distinctes sont aux étamines monadelphes. On désigne la profondeur de ces fentes par divers termes :

1°. Les segmens qui sont entre chaque fente, sont nommés
lobes, *segmens* (lobi, segmenta), lorsque leur longueur est
indéterminée ; alors la corolle est dite *lobée* (lobata).

2°. On les nomme *dents* (dentes), quand ils n'atteignent pas le quart de la longueur de la corolle, qui est alors dite *dentée* (dentata).

3°. Ils prennent le nom de *divisions* (divisuræ, divisiones), quand ils atteignent entre le tiers et le milieu de la longueur, et la corolle est nommée alors *divisée* (divisa, fissa).

4°. Ils portent celui de *parties* (partes), quand ils dépassent sensiblement le milieu de la longueur, et on dit alors que la corolle est *partagée* (partita).

129. Dans ces quatre cas différens (128) on exprime, par des termes analogues, à-la-fois le nombre et la profondeur des divisions. Ainsi, on dit d'une corolle qu'elle est :

Bilobée (bilobata), *trilobée* (trilobata), etc., quand elle a deux ou trois lobes.

Bidentée (bidentata), *tridentée* (tridentata), *quadridentée* quadridentata), etc., quand elle a deux, trois ou quatre dents.

Bifide (bifida), *trifide* (trifida), *quadrifide* (quadrifida), *quinquefide* (quinquefida), *sexfide* (sexfida), *septemfide* (septemfida), *octofide* (octofida), *novemfide* (novemfida), *decemfide* (decemfida), *multifide* (multifida), quand elle a deux, trois, quatre, cinq, six, sept, huit, neuf, dix ou plusieurs divisions.

Bipartite (bipartita), *tripartite* (tripartita), *quadripartite* (quadripartita), *quinquepartite* (quinquepartita), *sexpartite* (sexpartita), *septempartite* (septempartita), *octopartite* (octopartita), *novempartite* (novempartita), *decempartite* (decempartita), *multipartite* (multipartita), quand elle a deux, trois, quatre, cinq, six, sept, huit, neuf, dix ou plusieurs parties.

130. On appelle *régulière* (regularis, æqualis) toute corolle, soit monopétale, soit polypétale, dont les divisions ou les pièces sont uniformes, semblables entre elles, et présentent un ensemble très-symmétrique; par exemple, le ciste, la potentelle, la bourrache (pl. 9, f. 9, 10, 11, 15).

Irrégulière (irregularis, inæqualis), celle dont les divisions ou les pièces diffèrent les unes des autres, et ne présentent qu'un ensemble irrégulier; par exemple, le lamier, la violette, le haricot (pl. 12, 15, 14, 17).

131. Dans les corolles polypétales, on donne le nom de *lame* (lamina) à la partie du pétale qui est supérieure, élargie et étalée; et celui d'*onglet* (unguis) à la partie de ce même pétale

qui est placée au-dessous de la lame, et qui lui sert comme de support. Les fleurs dont les pétales sont munis d'onglets sont nommées *onguiculées* (unguiculati); dans les corolles monopétales, on donne le nom de *limbe* (limbus) à la partie supérieure et étalée de la corolle, c'est-à-dire, à celle qui répond à la lame des pétales, et celui de *tube* (tubus) à la partie droite et inférieure de la corolle.

Dans l'une et l'autre classes, on nomme *gorge* (faux) l'entrée du tube formé, soit par la réunion des onglets, soit par leur soudure : la forme des pétales ou des lobes de la corolle se désigne par les mêmes termes qu'on emploie relativement aux feuilles.

132. On dit d'une corolle monopétale régulière qu'elle est

Campanulée ou *en cloche* (campanulata), quand elle a la forme d'une cloche, comme celle du *convolvulus*, du *mandragora*, de l'*atropa*, du *campanula*.

Infundibuliforme ou *en entonnoir* (infundibuliformis), lorsqu'elle ressemble à un entonnoir, c'est-à-dire, lorsqu'elle est conique à sa partie supérieure, et terminée inférieurement par un tube. *Mirabilis*, *primula*, *anchusa*.

Tubulée ou *en tube* (tubulata), lorsqu'elle est formée ou qu'elle se termine par un tuyau un peu alongé qu'on nomme *tube*, comme toutes les infundibuliformes, le *trachelium*, le *gentiana centaurium minus*.

Hypocratériforme ou *en soucoupe* (hypocrateriformis), lorsqu'elle ressemble à la soucoupe des anciens, c'est-à-dire, qu'elle s'évase supérieurement en manière de soucoupe ordinaire, et qu'elle se termine par un tube. *Androsace*, *samolus*, *phlox*.

En roue (rotata), lorsqu'elle ressemble à une roue ou à une molette d'éperon, c'est-à-dire qu'elle est très-applatie supérieurement, et n'a point de tube bien sensible. *Borrago*, *verbascum*, *lysimachia*.

133. On dit d'une corolle monopétale irrégulière, qu'elle est :

En lèvre ou *labiée* (labiata), *en gueule* ou *personée* (personata) (pl. 9, f. 12, 13), quand son limbe forme deux divisions principales, dont l'une est inférieure et l'autre supérieure; ces divisions portent alors le nom de *lèvres* (labia); la supérieure, qui est quelquefois comprimée et saillante comme un casque, prend alors le nom de *casque* (galea); lorsque l'inférieure a sur le sommet une éminence convexe qui forme l'entrée du tube, cette éminence prend le nom de *palais* (palatum).

Éperonnée ou *à éperon* (calcarata) (pl. 9, f. 14), quand elle porte à sa base un prolongement en forme de corne, qu'on nomme *éperon* (calcar).

154. On dit d'une corolle polypétale régulière, qu'elle est :

Cruciforme, *cruciée* (cruciformis, cruciata), lorsqu'elle est composée de quatre pétales disposés en croix, et que, de plus, ses étamines sont au nombre de six. On appelle plante *crucifères* (plantæ cruciferæ) celles dans lesquelles la corolle est cruciforme (pl. 9, f. 15).

Rosacée (rosacea), lorsqu'elle est composée de plusieurs pétales égaux, disposés en rose. *Cistus* (pl. 9, f. 16).

155. On dit d'une corolle polypétale irrégulière, qu'elle est :

Papillonnacée (papillionacea), lorsqu'elle est composée de quatre ou cinq pétales dont la forme et la disposition la rendent à-peu-près semblable à celle du pois commun (pl. 9, f. 17) : *lathyrus*, *ononis*; et alors on nomme,

Étendard (vexillum), le pétale supérieur qui est plié en dos d'âne, ou quelquefois tout-à-fait relevé et étendu (pl. 9, f. 17, c) : il est ordinairement rayé dans l'*ononis*.

Carène (carina), le pétale inférieur qui représente l'*avant* d'une nacelle, et qui renferme presque toujours les étamines et le pistil (b). La carène est quelquefois composée de deux pièces; *glycirrhiza*, *ulex* : elle est contournée dans le *phaseolus*.

Les *ailes* (alæ), les deux pétales latéraux, qui portent ordinairement à leur naissance deux appendices ou oreillettes (a) : elles sont ouvertes ou redressées dans le *trigonella*.

156. Dans les fleurs appelées *composées* (96), des formes analogues à celles décrites dans les nᵒˢ. précédens, ont pris des noms differens. Ainsi chaque fleur isolée porte en général le nom de *fleuron* (105), mais on lui donne spécialement le nom de *fleuron tubuleux* ou *fleuron* proprement dit (flosculus) (pl. 9, f. 10, a), lorsque sa corolle, qui est toujours monopétale, a la forme d'un tube ou d'un cornet cylindrique, et se divise au sommet en quatre ou cinq lobes réguliers. On lui donne le nom de *demi-fleuron* ou *fleuron en languette* (pl. 9, f. 10, b), ou *fleuron ligulé* (semi-flosculus, flosculus ligulatus), quand sa corolle est un peu tubulée à sa base et se dejette ensuite d'un seul côté, de manière à former une languette plane.

Par une conséquence naturelle de l'ancienne manière de considérer les fleurs composées, on a donné divers noms aux combinaisons qui sont résultées de l'aggrégation diverse des fleurons et des demi-fleurons : ainsi on a nommé

Fleur flosculeuse (flosculosus), celle dont tous les fleurons sont tubuleux ; par exemple, le chardon (pl. 9, f. 8).

Fleur demi-flosculeuse (semi-flosculosus), celle dont tous les fleurons sont en languette ; par exemple, la laitue (pl. 9, f. 9).

Fleur radiée (radiatus) (pl. 9, f. 10), celle dont les fleurons sont tubuleux dans le centre, et en languette sur les bords de la tête ; par exemple, la paquerette.

Mais il faut observer que tout fleuron tubuleux qui reçoit trop de nourriture, se transforme en languette, et que souvent le fleuron en languette devient tubuleux dans un terrein maigre, d'où résulte que ces divisions, quoique commodes, sont peu précises.

157. Diverses circonstances particulières peuvent faire subir aux fleurs des altérations ou des changemens considérables, soit dans la forme, soit dans le nombre de leurs parties : on en trouve qui dérogent à leur espèce par le défaut de quelques pétales, ou même de quelques étamines ; et dans ce cas, les autres parties se rapprochent pour l'ordinaire, et la symmétrie de la fleur n'en est point troublée. J'ai observé cette espèce d'altération sur plusieurs pieds de l'*ornithogalum album*, dont toutes les fleurs n'avoient que quatre ou cinq pétales et autant d'étamines, placées respectivement à des distances égales. Certaines plantes des pays chauds perdent entièrement leur corolle lorsqu'on les cultive dans un climat froid ; c'est ce qui arrive au *campanula perfoliata*, au *glaux maritima*, etc.

158. Mais les variations par excès sont beaucoup plus communes que celles qui se font par défaut, et la Nature, jusque dans ses écarts, tend presque toujours vers l'accroissement et la richesse. Qu'une plante qui demande une sève abondante et vigoureuse, soit portée dans un terrein maigre et appauvri, elle sera grèle, foible, chargée d'un petit nombre de feuilles et de fleurs ; mais communément chacune de ses fleurs sera pourvue de toutes les parties qui caractérisent son espèce : au contraire, que la force des engrais et le soin de la culture occasionnent dans certaines plantes une affluence extraordinaire de

sucs nourriciers, outre que leurs parties se multiplieront et prendront de l'embonpoint , le nombre des pétales pourra croître dans chaque fleur, et cet accroissement se fera le plus souvent aux dépens des étamines (1), dont les unes dégénèreront en nouveaux pétales, et les autres resteront la plupart sans anthères , et ne seront qu'ébauchées ; enfin toutes les étamines, et les pistils eux-mêmes , pourront se convertir en pétales, et alors il n'y aura plus de fleur proprement dite , et par conséquent plus de fruit à attendre. On a distingué des fleurs de plusieurs sortes, à raison de ces différentes variations, et l'on a appelé ,

Fleur simple (flos simplex), celle qui n'a que le nombre de pétales qui convient à son espèce.

Fleur double (flos multiplex), celle qui acquiert un plus grand nombre de pétales qu'elle ne doit avoir naturellement, mais dans laquelle les organes sexuels subsistent encore en partie , et fournissent quelques graines fécondes : l'œillet offre des exemples de la fleur double. Les Fleuristes distinguent encore un degré intermédiaire entre la fleur simple et la fleur double , savoir, la fleur semi-double : cette dernière variété est très-commune parmi les renoncules et les anémones.

Fleur pleine (flos plenus), celle dont la corolle est occupée toute entière par des pétales provenus de l'expansion des étamines et des pistils, et qui, par cette raison, reste absolument stérile, ou ne peut se multiplier qu'à l'aide des rejets et des boutures. On trouve souvent des fleurs pleines sur la matricaire, la pivoine, certaines espèces de rosiers , etc.

La fleur pleine est le but vers lequel tendent les soins du Fleuriste , dont les intérêts sont à tous égards séparés de ceux du Botaniste. Le premier, en effet, plus jaloux de jouir que de connoître, appelle continuellement l'art au secours de la Nature, pour exciter celle-ci à des efforts inconnus, et ménager à l'œil des surprises par la nouveauté des couleurs et par le luxe pompeux des ornemens : il sacrifie tout au brillant et à l'apparence ; il néglige l'espèce en faveur de quelques individus qu'il

---

(1) Si l'on décompose un narcisse double, on observera que la partie inférieure des étamines subsiste encore dans le tube de la corolle, tandis que la partie supérieure a acquis, par la surabondance de la sève , une force expansive qui l'assimile aux pétales ordinaires de la fleur.

a adoptés, auxquels il prodigue ses soins, et qu'il transforme
en de nouveaux êtres, qui, sous les dehors de la fécondité et
de l'abondance, cachent une dégradation réelle.

Le Botaniste, au contraire, uniquement attentif à étudier,
à épier la Nature, se plaît à la contempler dans cette naïve
simplicité, plus précieuse sans doute que ces agrémens dont
on ne l'embellit que par la contrainte : il n'adopte les nuances
qu'autant qu'elles n'altèrent point d'une manière sensible la
constance des formes primitives ; en un mot, l'individu qui
s'offre à lui dans ses recherches, n'est point à ses yeux un
être isolé ; il y voit comme le type et le modèle de l'espèce
entière, et il aime à y retrouver ces traits unis, mais vrais,
que la Nature a fidèlement prononcés dans les productions qui
lui appartiennent tout entières.

Une grande partie des fleurs qui naissent à l'aide de la culture, sont donc de véritables monstres végétaux ; mais la
multiplication ou le développement contre nature des parties
simples, qui, dans le règne animal, produit des difformités
choquantes, ne fait ici qu'ajouter à l'individu de nouvelles
graces et un nouveau prix pour ceux qui se bornent à la satis-
faction momentanée du coup-d'œil ; au reste, la Botanique
n'aura jamais rien à craindre de l'art du Fleuriste. La Nature est si riche, et a des ressources si multipliées, que l'a-
bandon qu'elle fait dans nos parterres de ses plus beaux
droits, est moins une perte pour elle, que l'occasion d'une
des plus agréables jouissances qu'elle puisse accorder à l'amateur des jardins.

La corolle périt dans toutes les plantes à l'époque de la fécondation ; dans les fleurs doubles, la fécondation est empêchée
par l'avortement des organes sexuels, en sorte que la corolle y
persiste beaucoup plus long-temps ; c'est leur mutilation même
qui cause le principal mérite de ces fleurs, savoir, leur longue
durée.

139. Il arrive quelquefois que la sève, qui se porte toujours
avec plus d'affluence dans la direction de l'axe de la plante,
tend à faire éclore une seconde fleur à côté de celle qui doit
occuper le centre : mais insuffisante pour fournir à ce double
emploi, elle laisse son opération imparfaite, et il n'en résulte
qu'une monstruosité d'un genre particulier, une fleur jumelle
dans laquelle le nombre des étamines varie au-dessus de celui

qui est affecté à l'espèce, sans cependant être jamais doublé. Cette variation, que l'on peut observer dans le *teucrium nissolianum*, a fait regarder par plusieurs Botanistes le caractère qui se tire des divisions de la corolle, comme équivoque et fautif : cette difficulté, si elle étoit solide, porteroit également contre le nombre des étamines; mais on auroit dû remarquer que dans le cas même dont il s'agit, l'intention de la Nature est toujours marquée, outre que la constance des autres fleurs de l'individu empêchera qu'un accident de l'espèce de celui dont je parle, puisse être une cause de méprise pour un observateur tant soit peu attentif.

ARTICLE VIII.

Du Calice.

140. Nous désignons ici sous le nom de *calice* (calix) (pl. 9, f. 8, *a*), l'enveloppe extérieure et foliacée qui entoure la corolle dans toutes les fleurs complettes. Linné distinguoit plusieurs espèces de calices; mais comme il réunissoit sous un nom commun des organes hétérogènes, les Botanistes restreignent le sens de ce terme à l'espèce qu'il nommoit *périanthe* (perianthium). Le calice est entièrement analogue aux feuilles; son tissu intérieur offre des vaisseaux disposés comme dans les feuilles florales; son épiderme présente des pores corticaux; les sucs qu'il renferme sont presque toujours semblables à ceux des feuilles; sa couleur est constamment verte; il s'étiole à l'obscurité; il exhale du gaz oxygène lorsqu'on l'expose au soleil sous l'eau de source; en un mot, le calice est évidemment composé de feuilles florales avortées et gênées dans leur développement; c'est réellement un involucre particulier, très-voisin de la fleur.

141. C'est d'après ce principe (140) que les Botanistes ont désigné les pièces du calice sous le nom de *feuilles* ou de *folioles*, lorsqu'elles sont distinctes les unes des autres : ainsi on dit d'un calice qu'il est *diphylle* (diphyllus), *triphylle* (triphyllus), *tétraphylle* (tetraphyllus), *pentaphylle* (pentaphyllus), *hexaphylle* (hexaphyllus), *heptaphylle* (heptaphyllus), *octophylle* (octophyllus), *ennéaphylle* (enneaphyllus), *décaphylle* (decaphyllus), *polyphylle* (polyphyllus), lorsqu'on veut désigner qu'il a deux, trois, quatre, cinq, six, sept,

huit, neuf, dix ou un plus grand nombre de pièces distinctes; quelques Botanistes ont employé dans le même sens le mot de *sépale* (sepalum) pour désigner la feuille du calice; mais cette innovation n'a pas été adoptée. On dit que le calice est *monophylle* (monophyllus), lorsqu'il est composé d'une seule pièce, ce qui peut arriver, soit parce que la corolle n'a réellement à sa base qu'une seule feuille, soit, et c'est le cas presque universel, parce que les feuilles du calice sont naturellement soudées; dans les calices monophylles, on désigne la profondeur des lobes par les mêmes termes dont on se sert relativement à la corolle monopétale (128, 129), et en général la forme et la disposition des feuilles du calice se désignent par les mêmes termes que la forme des feuilles et des pétales.

142. La durée du calice est différente, selon qu'il est composé de feuilles articulées ou adhérentes; dans le premier cas, qui ne peut avoir lieu que dans des calices à feuilles distinctes, on dit que le calice est

Caduc (caducus), lorsque ses feuilles se détachent d'elles-mêmes à l'époque de l'épanouissement de la fleur; par exemple, les pavots.

Tombant (deciduus), lorsque ses feuilles se détachent d'elles-mêmes à la fin de la fleuraison; par exemple, les renoncules.

Dans le second cas, on dit du calice qu'il est

Persistant (persistens), lorsqu'il reste en place après la fleuraison jusqu'à la maturité des graines; par exemple, la sauge.

Marcescent (marcescens), quand, étant persistant, il se dessèche et s'oblitère sans tomber; par exemple, le genêt à balai.

Accrescent (accrescens, accretus, crescens), lorsqu'après la fleuraison, il persiste et continue à prendre de l'accroissement; par exemple, l'alkekenge, le rosier.

143. Le calice est constamment placé au-dessous de l'ovaire; cette règle, établie par M. Ventenat, ne souffre aucune exception réelle; mais dans plusieurs plantes à calice monophylle, le calice se soude naturellement en tout ou en partie avec l'ovaire; par exemple, dans le poirier; dans ce cas on dit, en parlant, soit du calice, soit de l'ovaire, qu'ils sont *adhérens* (adhœrentes); dans le cas contraire, c'est-à-dire, quand le

calice ne se soude point avec l'ovaire, par exemple dans le prunier, on dit, en parlant de l'un et de l'autre organes, qu'ils sont *libres* (libera). Cette même distinction est exprimée avec un peu moins d'exactitude par Tournefort, lorsqu'il distingue les plantes dont *le calice devient fruit*, et celles dont *le pistil devient fruit*. Il est évident que lorsque le calice est adhérent, la corolle et les étamines ne peuvent pas être insérées sous l'ovaire, et sont nécessairement placées sur la partie libre du calice, ou au-dessus de l'ovaire; et qu'au contraire, lorsque l'ovaire est libre, les étamines et la corolle peuvent être insérées au-dessous de l'ovaire, entre celui-ci et le calice. C'est cette considération qui a engagé Linné à désigner sous les noms d'*ovaire infère* ou *inférieur* (germen inferum), et de *corolle* ou de *fleur supère* ou *supérieure* (corolla supera, flos superus), la même structure que nous avons nommée calice ou ovaire adhérent, et sous les noms d'*ovaire supère* ou *supérieur* (germen superum), et de *corolle* ou *fleur inférieure* (corolla infera, flos inferus), la structure que nous avons appelée calice ou ovaire libre. Par une conséquence de cette manière de voir, Linné et ses disciples ont souvent donné improprement le nom d'*ovaire* à la partie qui résulte de l'aggrégation de l'ovaire avec une partie du calice, et celui de *calice* à la partie du calice restée libre, c'est-à-dire, aux seules divisions du limbe.

A R T I C L E   I X.

Du Périgone.

144. Tout ce que je viens de dire (126-143) s'applique uniquement aux fleurs complettes, c'est-à-dire munies de deux enveloppes distinctes, et ici tous les Botanistes ont la même opinion; mais leurs avis sont fort différens relativement aux plantes dont la fleur est revêtue d'une enveloppe unique : Tournefort, qui faisoit consister le caractère du calice dans sa persistance, et celui de la corolle dans sa fugacité, nommoit corolle dans le lys, le même organe qu'il appeloit calice dans le narcisse. Linné n'a mis aucune importance à cette distinction, et nommoit indifféremment le même organe, corolle ou calice, selon son degré de coloration. Cette ambiguité tient à ce qu'il avoit adopté pour caractère distinctif entre ces deux organes, que la

corolle est un prolongement du liber, et le calice un prolongement de l'écorce : ce caractère est évidemment nul dans les
monocotylédones, où il n'existe ni liber, ni écorce; il l'est
encore dans les dicotylédones, puisque le liber ne diffère des
couches corticales que par son âge (29), et quand il seroit vrai,
il seroit impossible à vérifier. M. de Lamarck, dans la Flore française, ayant désigné sous le nom de corolle le tégument de la
fleur le plus voisin des étamines, a été obligé de lui conserver
ce nom lorsqu'il étoit unique : cette marche, qui étoit possible
à suivre dans un ordre artificiel, peut induire en erreur lorsqu'il s'agit d'étudier les rapports naturels, et l'auteur même l'a
abandonnée dans le Dictionnaire Encyclopédique. M. de Jussieu,
réunissant les caractères de Tournefort et de Linné, et faisant
remarquer de plus l'analogie de la corolle et des étamines, a
donné le nom de calice à toutes les enveloppes simples; mais
cette analogie des étamines et de la corolle, observée par Jussieu, ne prouve-t-elle pas que les enveloppes des liliacées sont
analogues aux corolles plutôt qu'aux calices?

145. Je crois être assuré, comme je l'ai déjà avancé (125),
que la corolle et le calice existent toujours, mais que dans
certaines plantes ils sont soudés ensemble, d'où résulte une enveloppe que je nomme *périgone* ou *périgone simple* (pl. 9, f.
2). En effet, l'histoire des étamines, du calice et de presque
tous les organes des végétaux, nous ont déjà fourni plusieurs
exemples de ces greffes naturelles : si nous donnons quelque
attention aux périgones simples, nous verrons que leur surface
extérieure est en général plus ferme, colorée en verd et munie
de pores corticaux comme les calices; que leur surface supérieure est plus délicate, colorée et dépourvue de pores corticaux comme les corolles; nous trouverons certaines plantes,
telles que le daphne mezereum, où la soudure des deux lames
est encore incomplette; d'autres, telles que les tétragonies, où
l'apparence des deux surfaces du périgone est si caractérisée,
que tous les Botanistes y ont admis la soudure du calice et de
la corolle : nous concevrons que l'épaisseur de ces deux lames
étant variable, l'apparence du périgone devra être tantôt celle
d'un calice, comme dans les chénopodées; tantôt celle d'une
corolle, comme dans les liliacées. En admettant cette soudure
naturelle, nous concevrons comment le périgone est quelquefois
adhérent à l'ovaire, ou composé de parties opposées avec les

étamines, caractères propres au calice, tandis que dans d'autres plantes il est libre, il est odorant, il a ses lobes alternes avec les étamines, il devient double et multiple par la surabondance de la sève dans les étamines; caractères propres à la corolle.

A R T I C L E X.

Des Nectaires.

146. Le nom de *nectaire* (nectarium), qui, dans son acception primitive, doit être consacré aux organes qui secrètent un nectar ou une liqueur sucrée, a été employé par Linné pour désigner les organes quelconques qui se trouvent dans les fleurs, outre les organes sexuels et leurs enveloppes. Cette définition vague a fait réunir sous un nom commun une multitude de parties fort hétérogènes : les unes sont des excroissances propres à certains organes (147); d'autres, des organes avortés (148); quelques-unes sont réellement des organes particuliers (149); mais ceux-ci offrent encore de grandes diversités.

147. Les nectaires qui ne sont que les appendices ou les excroissances d'autres organes, se retrouvent dans diverses parties de la fleur. 1°. Le calice se prolonge en éperon dans la balsamine; en bosse dans la toque; celui des soudes pousse après la fleuraison des excroissances horizontales, qui ont été nommées *péraphylles* (peraphylla) par quelques Botanistes; 2°. le périgone et la corolle offrent des nectaires semblables : ainsi, on a donné ce nom, ou à l'un des lobes du périgone des orchidées, qui diffère des autres par sa forme, ou à l'éperon qui se trouve à la base des pétales du delphinium, ou aux appendices qui naissent à l'entrée de la gorge de plusieurs borraginées, ou à l'écaille qui se trouve à la base interne des pétales de renoncule, ou enfin aux cils qui naissent sur le bord ou sur le disque des corolles des ményanthes : ces derniers ont été nommés *pérapétales* (perapetala) par Mœnch; 3°. on a aussi donné le nom de nectaire aux appendices qui naissent sur les filets des étamines; ainsi, on trouve des espèces de cornes ou d'appendices sur ceux de la sauge et des zygophyllum; les filets des pancratium sont monadelphes, et la membrane qui les unit a reçu aussi le nom de nectaire; 4°. les anthères se prolongent en appendices

filiformes, par leur base, dans les bruyères; par leur sommet, dans le laurier-rose; 5°. le pistil même offre des espèces d'appendices cornus dans les tétragonies.

148. Les nectaires qui sont des organes avortés, se retrouvent aussi dans diverses parties de la fleur : quoique le calice et la corolle avortent en tout ou en partie dans plusieurs plantes, on les a ordinairement reconnus; mais on a donné le nom de nectaire aux pétales avortés de plusieurs renonculacées, et on a sur-tout été induit en erreur, lorsqu'il a été question d'organes plus délicats : ainsi on a nommé nectaires les étamines avortées dans les albuca, les geranium, les anthirrhinum, etc.; on a aussi donné ce nom au rudiment du pistil avorté dans certaines fleurs monoïques ou dioïques.

149. Parmi les nectaires qui paroissent réellement des organes distincts, on trouve encore des variétés notables quant à leur position et à leur forme : ces glandes nectarifères sont placées sur le calice dans le malpighia, etc.; sur la corolle dans l'épine-vinette, etc.; sur les étamines dans l'adenanthera ; sur le pistil dans la jacinthe, l'albuca; entre les pétales dans la sauvagesia; entre les pétales et les étamines dans les aconits; entre les étamines dans le parnassia; entre les étamines et les pistils dans les joubarbes. Leurs formes, si les bornes de ces Elémens nous permettoient de les énumérer, sont aussi variables que leur position : cette extrême diversité tend à prouver que ces organes sont à peine connus; leur usage ne peut être bien important, puisqu'ils manquent dans les trois quarts des végétaux.

A R T I C L E X I.

Des Fruits en général.

150. Parmi les différens moyens de reproduction qui concourent à perpétuer la succession des végétaux, on sait que la fructification est le plus universel, et comme l'opération familière de la Nature; elle est en même temps le but vers lequel sont dirigées les principales fonctions de la végétation : à mesure qu'elles s'avancent vers ce but, à mesure que le fruit s'accroît et se perfectionne, les organes qui avoient eu le plus de part à sa formation, l'abandonnent,

dépérissent, et le laissent parvenir à son entier développement à l'aide des seuls sucs nourriciers, qu'ils cessent à leur tour de lui fournir, dès qu'il a atteint sa maturité.

C'est dans cet organe, conservateur de l'espèce, que la Nature déploie ses plus fécondes ressources : ce n'est point assez pour elle d'avoir multiplié les fleurs sur la plupart des individus, elle a encore donné plusieurs semences à un grand nombre de fleurs; il en est même à l'égard desquelles ses profusions en ce genre ne connoissent plus de mesures : on ne sait quelquefois ce qu'on doit le plus admirer, ou de la quantité innombrable, ou de l'extrême finesse de ces corpuscules, qui ne sont eux-mêmes que des enveloppes grossières par rapport aux germes qu'ils recèlent (1). Ce terme, qui étonne déjà notre imagination, n'est cependant pas encore le dernier effort de la Nature : l'expérience prouve qu'une seule graine est comme le réservoir commun d'un grand nombre de jets, que des circonstances favorables peuvent faire éclorre et développer (2) : en un mot, la multitude des semences qui se dispersent de toutes parts après la maturation est si prodigieuse que, par le calcul qui en a été fait, le produit complet d'un terrein de quelques lieues de contour, pourroit suffire, au bout de quelques années, pour peupler de végétaux la surface entière du globe.

Mais la Nature, qui ne semble fuir l'indigence et la disette qu'en se portant vers l'excès de l'abondance, se trouve, pour ainsi dire, arrêtée sur sa route par divers obstacles, qui resserrent dans de justes bornes l'emploi de ses facultés. La plupart des semences avortent et demeurent stériles, par les accidens qu'elles essuient dans leur dispersion, par l'intempérie de l'air, et plus encore par le défaut de préparation dans le sol même : par-là l'immensité des ressources se tourne en précaution contre les dangers, et la terre, sans cesser d'être prodigue, nous montre jusque dans les présens qu'elle

---

(1) Un seul pied du *zea* ou *maïs*, a donné jusqu'à deux mille graines; de l'*inula*, trois mille; de l'*helianthus*, quatre mille; du *papaver*, trente-deux mille; du *typha*, quarante mille; et du *nicotiana*, trois cent soixante mille, au rapport de Rai.

(2) Pline rapporte que l'on envoya à Néron trois cent quarante tiges provenues d'un seul grain de blé. *Hist. Nat. liv.* XVIII. *chap.* 10.

nous

nous refuse , des traits marqués de la sagesse infinie qui préside à sa fécondité.

Mais d'ailleurs, quel parti ne tire pas le cultivateur laborieux , de cette tendance presque sans bornes de la Nature vers la reproduction ! Sollicitée par des mains assidues, dégagée des obstacles qui captivoient ses puissances , nourrie par des engrais salutaires , elle recouvre une grande partie de ses droits : elle nous restitue avec usure les semences que nous lui avons confiées avec économie ; elle nous dédommage d'un léger sacrifice , pris sur ses libéralités, par ces moissons abondantes qui nous rendent le fer qui leur a préparé la voie, mille fois plus précieux que l'or dont on les paie , et qui , d'un simple gramen rejeté dans nos spéculations vers la limite du règne végétal, font à notre égard la plus parfaite et la première de toutes les plantes.

151. Le mot de *fruit* (fructus) se prend dans trois acceptions diverses : vulgairement on le réserve aux fruits charnus qui servent à notre nourriture ; et c'est dans ce sens que les arbres qui les produisent sont nommés arbres *fruitiers*. Dans un sens plus général, on désigne par le nom de fruit tout ovaire fécondé qui porte des graines ; par exemple , une cerise : dans un sens plus général encore, on donne ce nom à l'ensemble des ovaires fécondés portés sur un même pédoncule ; par exemple , un cône , une figue.

En Botanique, on désigne par le mot de fruit un ovaire fécondé , et on distingue :

Le fruit *simple* (simplex), ou qui n'est composé que d'un seul ovaire ; par exemple, la cerise (pl. 10, f. 16).

Le fruit *multiple* (multiplex), ou qui est composé de plusieurs ovaires, lesquels appartenoient originairement à une seule fleur ; par exemple, la framboise (pl. 2 , f. 5).

Le fruit *composé* ou *aggrégé* (compositus, aggregatus), c'est – à – dire, formé par la réunion ou le rapprochement de plusieurs ovaires qui proviennent originairement de fleurs différentes ; par exemple, le fruit du mûrier (pl. 10 , f. 21 , 22 , 23).

152. Un fruit est essentiellement composé de deux parties. 1°. La *graine* ou *semence* (semen) (pl. 10, f. 10), qui est destinée

à reproduire un nouvel individu : on la nomme *œuf* (ovum) avant la fécondation, et *graine* après qu'elle a été fécondée. 2°. Le *péricarpe* (pericarpium) ou l'enveloppe qui renferme une ou plusieurs graines. On peut ajouter à ces deux organes, 1°. le *cordon ombilical* (funiculus umbilicalis), c'est-à-dire, le ligament ou filet, au moyen duquel la graine adhère au péricarpe ; 2°. le *placenta* ou *réceptacle* (placenta, receptaculum seminale), qui est le lieu où les cordons ombilicaux s'insèrent sur le péricarpe. Ces deux derniers organes sont quelquefois très-apparens, quelquefois à peine visibles.

153. Quelle que soit la forme et la structure d'un fruit, on remarque qu'il en est de leurs formes extérieures comme de celles des feuilles et des autres parties de la plante. Ainsi on dit qu'un fruit est :

Entier (integer), quand ses contours n'offrent pas de division sensible.

Divisé (divisus), quand ses contours offrent des échancrures qui le divisent en un certain nombre de parties continues.

Composé ou *divisible* (compositus), lorsqu'il est formé de parties articulées qui se séparent à leur maturité : ces parties sont placées tantôt sur un même plan horizontal ; par exemple, le hura ; tantôt à la suite les unes des autres ; par exemple, dans l'hedysarum.

154. La figure réelle du fruit est souvent altérée, parce que certains organes, propres à la fleuraison, persistent autour de lui, et quelquefois même s'y agglutinent au point d'en faire partie, au moins en apparence : ainsi le pédoncule devenu charnu fait partie du fruit de l'acajou ; le polyphore charnu constitue le fruit de la fraise ; les bractées persistent et font partie du fruit dans les cônes, les chatons ; le style persistant produit les pointes qu'on observe au sommet de plusieurs gousses, etc. ; mais aucun organe ne produit plus de changemens dans le fruit que le calice ou le périgone. Sous ce point de vue, on dit que le fruit est

Nu (nudus), quand toute la figure de l'ovaire se montre depuis la base, sans que le calice la recouvre ; par exemple, la cerise.

Voilé (velatus), quand le fruit est caché en partie par

un tégument qui n'adhère pas avec lui; par exemple, la jusquiame.

Couvert (tectus, tunicatus), lorsque le fruit est entièrement caché par un calice ou un périgone qui n'adhère pas avec lui; par exemple, la scabieuse. Quelquefois ce calice, qui recouvre le fruit, devient lui-même succulent; par exemple, dans la blitte.

Involucré (involucratus), quand il est recouvert par les parties extérieures, telles que le spathe ou l'involucre.

ARTICLE XII.

Du Péricarpe.

155. Le péricarpe (pericarpium), c'est-à-dire, cette partie du fruit qui enveloppe les graines, est dans le plus grand nombre des cas tellement apparent, qu'on ne peut le méconnoître; dans certaines plantes, cependant, il est réduit à une lame si mince, et tellement adhérente à la graine, qu'on a coutume de le regarder comme nul, et de nommer ces graines *nues* (nuda), nom qui, quoique inexact, exprime bien l'apparence des graines de composées et de labiées.

*156. Quelle que soit la forme et la structure du péricarpe, on désigne sous le nom de *loges* (loculamenta) les cavités dans lesquelles les graines sont placées; ces loges, lorsqu'il en existe plusieurs, sont ordinairement disposées autour de l'axe du fruit sur un même plan horizontal; dans quelques végétaux cependant, tels que les trianthèmes, les hedysarum, elles sont placées les unes au-dessus des autres. Quelle que soit leur disposition, on indique leur nombre, en disant d'un fruit qu'il est *uniloculaire* (unilocularis), *biloculaire* (bilocularis), *triloculaire* (trilocularis), *quadriloculaire* (quadrilocularis), *quinqueloculaire* (quinquelocularis), *sexloculaire* (sexlocularis), *septemloculaire* (septemlocularis), *octoloculaire* (octolocularis), *novemloculaire* (novemlocularis), *décemloculaire* (decemlocularis), *multiloculaire* (multilocularis), lorsqu'on veut indiquer qu'il est à une, deux, trois, quatre, cinq, six, sept, huit, neuf, dix ou plusieurs loges.

* 157. Le nombre des graines n'est fixe ni dans les fruits ni dans leurs loges; aussi dit-on d'un fruit, d'un péricarpe,

K 2

ou d'une loge en particulier, qu'ils sont *monospermes* (monosperma), *dispermes* (disperma), *trispermes* (trisperma), *tétraspermes* (tetrasperma), *pentaspermes* (pentasperma), *hexaspermes* (hexasperma), *heptaspermes* (heptasperma), *octospermes* (octosperma), *ennéaspermes* (enneasperma), *décaspermes* (decasperma), *polyspermes* (polysperma), *oligospermes* (oligosperma), pour indiquer qu'ils renferment une, deux, trois, quatre, cinq, six, sept, huit, neuf, dix, beaucoup ou peu de graines. Le nombre de graines va, selon Grew, à huit mille dans une capsule de pavot.

* 158. Le péricarpe est souvent divisé à l'extérieur en plusieurs pièces distinctes, qui portent le nom de *valves* (valvulæ) (pl. 10, f. 10, *b*). Le nombre de ces parties se désigne comme celui des loges (156), en disant qu'un fruit est *univalve* (univalvis), *bivalve* (bivalvis), *tri*, *quadri*, *quinque* ou *multivalve*, selon qu'on veut désigner qu'il est à une, deux, trois, quatre, cinq ou plusieurs valves. On désigne sous le nom d'*évalves* (evalves) les fruits qui n'offrent pas de valves distinctes.

159. Les parties solides qui séparent les loges du fruit portent le nom de *cloisons* (dissepimenta, septa) (pl. 10, f. 10, 11); ces cloisons sont tantôt des pièces particulières distinctes des valves; par exemple, dans les crucifères; tantôt des appendices des valves elles-mêmes; par exemple, dans les liliacées; tantôt formées par les bords des valves qui rentrent dans l'intérieur du fruit, et le séparent en divers compartimens; par exemple, dans les rhodoracées, les astragales. La ligne de jonction des valves se nomme *suture* (sutura); chaque loge du fruit est revêtue d'une tunique propre, ordinairement membraneuse ou un peu charnue; lorsque cette tunique devient osseuse, elle prend le nom particulier de *coquille* (putamen) : on distingue la coquille de l'enveloppe propre de la graine, qui quelquefois devient aussi osseuse, parce qu'elle se divise à l'intérieur en compartimens, et qu'elle est composée de pièces distinctes qui s'ouvrent à la germination, comme on le voit dans la noix; une loge revêtue de coquille porte le nom de *noyau* (nucleus) (pl. 10, f. 16, *a*), lorsqu'elle se trouve au milieu d'une pulpe charnue; lorsque plusieurs loges distinctes les unes des autres sont

revêtues de tuniques osseuses, on leur donne le nom d'*osse-lets* ou *pyrènes* (pyrenæ).

160. Relativement à la manière dont les fruits répandent les graines qu'ils renferment, on peut remarquer qu'en général, les fruits ont d'autant plus de facilité à s'ouvrir, qu'ils renferment un plus grand nombre de graines ; et on conçoit que cette disposition étoit nécessaire pour que les graines pussent végéter sans se nuire par leur rapprochement. Sous ce rapport, je divise les fruits en trois classes générales : les fruits *pseudospermes*, *charnus* et *capsulaires*.

Les premiers, que je désigne sous le nom de *pseudosper-mes*, pour rappeler le nom de *graines nues* qu'on a donné à la plupart, ne s'ouvrent d'eux-mêmes à aucune époque de leur maturité, et sont assez consistans pour entourer la graine jusqu'à la germination : celle-ci s'effectue, parce que l'humidité traverse le péricarpe, et que la graine gonflée vient à bout de le rompre. Il est à remarquer que les fruits de cette classe ne contiennent qu'une seule graine, ou du moins un très-petit nombre : je range dans cette classe :

Le *cariopse* (cariopsis). M. Richard désigne sous ce nom un fruit sec, monosperme, dont le péricarpe est tellement adhérent, qu'il se confond avec le tégument propre à la graine ; par exemple, le fruit des graminées.

L'*akène* (akena) (pl. 10, f. 5) M. Richard désigne ici un fruit monosperme, dont le péricarpe, ordinairement membraneux, adhère autour de la graine, mais en est cependant distinct ; par exemple, dans les composées.

L'*utricule* (utriculus). Nous désignons sous ce nom, avec Gœrtner, un fruit monosperme non adhérent avec le calice, dont le péricarpe est peu apparent, mais dont la graine adhère par un cordon ombilical distinct ; par exemple, les amaranthes.

La *samare* (samara). Gœrtner donne ce nom à un fruit oligosperme, coriace, membraneux, très-comprimé, souvent prolongé sur les bords en aile membraneuse, divisé en une ou deux loges, qui ne s'ouvrent point ; par exemple, l'orme.

La *noix* (nux). Les Botanistes désignent sous ce nom un fruit dur, presque ligneux ou osseux, qui renferme un petit nombre de loges et de graines, et qui ne s'ouvre point avant l'époque de la germination; par exemple, le gland, le fruit des borraginées.

161. La seconde classe comprend les fruits qui ne s'ouvrent point d'eux-mêmes, mais dont le péricarpe est mol ou charnu, se putrifie lorsqu'il est placé à l'humidité, et peut ainsi fournir un passage aux graines qu'il renferme : ces graines sont presque toujours plus nombreuses que dans la précédente classe, et moins que dans la suivante. Ces fruits charnus sont formés par un tissu cellulaire très-abondant, et leur surface n'offre qu'un très-petit nombre de pores corticaux, comme celle des feuilles charnues. Je range dans cette division :

La *drupe* (drupa) (pl. 10, f. 16), qui n'est autre chose qu'une noix (160) renfermée dans une enveloppe charnue ou un peu coriace : tel est le fruit du noyer, où la noix est revêtue du brou; telles sont les pêches, les cerises. Cette enveloppe ou ce *brou* est tantôt adhérente au noyau, tantôt libre et distincte : cette différence est peu importante, puisqu'elle existe entre les variétés d'une même espèce, comme on le voit dans les pêches, les prunes.

La *nuculaine* (nuculana) est, selon M. Richard, une drupe non couronnée par les lobes du calice, et qui renferme plusieurs noix distinctes; tel est le fruit du sapotiller.

La *pomme* (pomum) (pl. 10, f. 17, 18), ou *mélonide*, selon la nomenclature de M. Richard, est une drupe charnue, couronnée par les lobes du calice, lequel est devenu partie du péricarpe; telles sont la pomme, la poire.

Le *pépon* ou la *péponide* (pepo, Gœrtn. peponida, Rich.) (pl. 10, f. 19), est un fruit charnu, dont les loges sont écartées de l'axe, placées près de la circonférence, de sorte que le fruit semble offrir dans le centre une seule loge, aux parois de laquelle les graines sont attachées; telle est la courge.

La *baie* (bacca) est un fruit charnu qui n'offre pas de loges distinctes, et dont les graines sont placées au milieu de la pulpe; par exemple, le raisin. On applique quelquefois, par extension, le nom de *baie* à plusieurs autres fruits charnus.

162. La troisième classe comprend les fruits *capsulaires*, c'est-à-dire, qui s'ouvrent d'eux-mêmes à leur maturité, et qui sèment ainsi naturellement les graines qu'ils renferment :

ces fruits ont été nommés, par quelques auteurs, fruits *déhiscens* (dehiscentes); en général, ils renferment un grand nombre de graines. C'est dans cette classe que je range :

La *gousse* ou *légume* (legumen) (pl. 10, f. 13, 14, 15), qui est un fruit composé de deux valves appliquées l'une contre l'autre, et portant des graines le long d'une des sutures : ces graines sont alternativement attachées à l'une et à l'autre valves. Ce fruit est propre aux légumineuses; telle est le pois. Il est ordinairement à une seule loge, quelquefois à deux loges longitudinales, parce que le bord des valves se replie en dedans, quelquefois se sépare en plusieurs loges par des nœuds, des cloisons ou des articulations transversales.

La *silique* (siliqua) (pl. 10, f. 10, 11) est un fruit à deux valves appliquées l'une contre l'autre, ordinairement séparées par une cloison longitudinale distincte des valves, et dont les graines sont attachées à l'une et l'autre sutures. Ce fruit est propre à la famille des crucifères : on le nomme *silicule* (silicula) (pl. 10, f. 12), lorsqu'il n'est pas quatre fois plus long que large. La cloison est toujours parallèle aux valves; mais quand les valves sont comprimées ou creusées en carène, elle semble leur être opposée.

Le *follicule* (folliculus) (pl. 10, f. 9) est une capsule alongée, uniloculaire, univalve, qui s'ouvre par une fente longitudinale, sur les bords de laquelle les graines sont attachées. Les follicules ne sont presque jamais solitaires, excepté dans les cléomés; on en trouve deux dans les apocinées, trois dans le vératre, quatre dans le bulliarda, cinq dans la plupart des crassulées, et jusqu'à douze et quinze dans la joubarbe : leur fente est toujours placée du côté intérieur.

La *coque* (coccum) est un péricarpe formé de deux ou plusieurs lobes élastiques, secs, et qui se séparent spontanément à la maturité; par exemple, dans les euphorbes.

La *capsule* (capsula) (pl. 10, f. 6, 7, 8). On désigne sous ce nom tous les fruits qui s'ouvrent d'eux-mêmes, et qui ne rentrent dans aucune des espèces indiquées ci-dessus. Relativement au mode différent d'après lequel les valves de la capsule se séparent, on distingue :

La *boîte à savonnette* (capsula circumscissa), dont les valves sont placées l'une sur l'autre, et se coupent transversalement par le milieu de leur diamètre; par exemple, le pourpier. La valve supérieure de la trianthème renferme dans le centre une graine renfermée dans une cavité close de toutes parts.

La capsule dont les valves se séparent par le haut (capsula apice dehiscens); par exemple, les cariophyllées;

Celle dont les valves restent soudées par le haut, et se séparent par le bas (basi dehiscens); par exemple, le bocconia.

Celle dont les valves s'ouvrent latéralement sans se séparer au sommet ni à la base (lateraliter dehiscens); par exemple, les campanules.

Celle dont les valves restent fermées, mais où il se forme des trous sur leur dos pour la sortie des graines (poris dehiscens); par exemple, la linaire.

163. Les fruits multiples ou composés, ne présentent que des réunions des divers fruits simples énumérés ci-dessus. Ainsi :

Deux akènes réunis forment le fruit des ombellifères, que M. Richard nomme *polakène* (pl. 10, f. 1).

Plusieurs noix réunies forment le fruit des borraginées.

Plusieurs baies réunies forment le fruit de la mûre, que M. Richard nomme *syncarpe*.

Plusieurs follicules réunis, constituent le fruit des apocynées, des colchicacées et des crassulacées.

164. Nous avons déjà vu qu'en général la structure des fruits est telle, que les graines se trouvent dispersées par l'acte même de la maturation, soit par l'ouverture des fruits polyspermes (162), soit par la destruction du péricarpe des fruits charnus (161), soit par la dispersion des fruits pseudospermes (160). Nous aurons occasion, en étudiant en détail les plantes de la France, d'observer plusieurs mécanismes au moyen desquels s'opère cette dispersion : je dois ici dire quelques mots de certains organes accessoires qui concourent à ce but. Ainsi, la large membrane qui borde les samares, est évidemment destinée à faciliter leur dispersion dans l'air agité; mais nulle part on ne voit plus évidemment ce but de la Nature, que dans l'aigrette qui couronne les fruits des composées : on donne, dans cette famille, le nom d'*aigrette* (pappus) à une houppe de soies qui couronne le sommet du fruit; cette aigrette me paroît être un calice avorté; les soies qui la composent sont tantôt *simples*, et alors on dit que l'aigrette est *simple* ou *pileuse* (pilosus); tantôt *plumeux*, c'est-à-dire bordés de barbes comme une

plume, et alors on dit l'aigrette *plumeuse* (plumosus) ; tantôt *rameux* , et alors on dit l'aigrette *rameuse* (ramosus); tantôt , enfin , *membraneux* , et alors on dit l'aigrette *membraneuse* (membranaceus) : ces poils membraneux sont quelquefois soudés ensemble , et alors la ressemblance de l'aigrette avec un vrai calice , est plus frappante encore. Dans tous les cas , ces aigrettes sont entièrement scarieuses et douées d'une puissante propriété hygroscopique ; tant qu'elles sont humectées elles restent droites , et cette humidité existe naturellement jusqu'à la maturité ; dès qu'elles sont sèches , et cette siccité a lieu naturellement à la maturité , elles s'écartent , et s'appuyant sur l'involucre , elles soulèvent la graine hors du réceptacle. Dans les cariopses des graminées , le même mécanisme est souvent opéré par les poils qui se trouvent à la base des glumes intérieures ; dans quelques autres fruits , tels que les coques , les pépons , les capsules , l'élasticité même des péricarpes tend à faciliter la dispersion des graines , comme on le voit dans les euphorbes , les momordiques et les balsamines : nous retrouverons des organes analogues dans les graines elles-mêmes (167).

A R T I C L E   X I I I.

De la Graine.

165. La *graine* ou *semence* (semen) est le rudiment d'une nouvelle plante semblable à celle qui l'a produite , vivifié par la fécondation sexuelle et enveloppé de toutes parts par des tuniques propres. Elle diffère des bourgeons , des tubercules et des gongyles , 1°. parce qu'elle a eu besoin d'une fécondation particulière pour recevoir la vie ; 2°. parce qu'elle est revêtue de tégumens complets qu'elle doit nécessairement rompre au moment de sa sortie ; 3°. parce qu'elle est probablement toujours munie d'organes particuliers destinés à préparer la première nourriture que la jeune plante doit absorber ; 4°. parce que ses tégumens sont les premiers organes qui se développent , et que l'embryon ne commence à paroître qu'après eux. La graine est véritablement l'œuf d'un végétal ; toutes ses parties ont beaucoup de rapports avec celles qui composent l'œuf des animaux , et ont reçu des noms analogues.

166. Les graines sont attachées au péricape par le moyen d'un filet composé de vaisseaux qui lui apportent sa nourriture jusqu'à la maturité. On le nomme *cordon ombilical* (funiculus

umbilicalis); la partie du péricarpe à laquelle les cordons ombilicaux sont attachés, porte le nom de *placenta* (placenta); la place de la graine où le cordon ombilical aboutit, se nomme *cicatricule*, *ombilic*, *ombilic externe* (hylus, umbilicus, fenestra); le côté de la graine où est l'ombilic, est celui qu'on considère comme la *base* (basis), lorsqu'on décrit une graine, et le côté opposé est regardé comme le *sommet* (apex).

* Quant à leur position générale, on dit que les graines sont :

Droites (erecta), quand leur ombilic est placé du côté de la base du fruit; par exemple, les composées (pl. 10, f. 3).

Inverses (inversa), lorsque leur ombilic est placé à la partie supérieure du fruit; par exemple, les ombellifères (pl. 10, f. 1; pl. 11, f. 4).

Horizontales (horizontalia), quand leur ombilic est placé du côté de l'axe du fruit, c'est-à-dire que leur axe coupe l'axe du fruit à angle droit; par exemple, dans la tulipe (pl. 10, f. 7, 13).

Vagues ou *nichées dans la pulpe* (vaga, nidulantia), quand elles n'observent aucun ordre déterminé; par exemple, le nénuphar (pl. 10, f. 8, 19).

On distingue encore celles qui tiennent aux valves ou aux cloisons, mais ces différences de détail n'ont pas besoin d'explication ultérieure; il en est de même des termes par lesquels on désigne la figure des graines.

167. On peut distinguer dans les graines trois classes d'organes, 1°. les tuniques extérieures ou accessoires; 2°. les tuniques propres; 3°. le noyau ou la substance même de la graine.

Les tuniques extérieures qui manquent, et qu'on peut regarder autant comme des parties du péricarpe, que comme des parties de la graine, sont au nombre de trois.

L'arille (arillus) est un tégument membraneux ou charnu, adhérent à l'ombilic, et qui recouvre la graine en tout ou en partie : le macis de la muscade est un arille incomplet; la tunique qui entoure la graine du café, est un arille complet.

La *pulpe* (pulpa). Gœrtner range parmi les tégumens la pulpe mucilagineuse qui enveloppe la graine, et qui remplit les loges de certains fruits; par exemple, le coing.

L'épiderme (epiderma) est une membrane qui recouvre certaines graines et qui cache leurs tuniques propres; elle n'est jamais lisse comme le test, et porte toujours les poils lorsque la graine en est munie (pl. 11, f. 2, *b*): ainsi c'est l'épiderme qui porte le *coton* dont sont revêtues les graines du cotonnier; c'est elle probablement qui porte la *chevelure* (coma) qu'on observe sur le sommet des graines des épilobes et de plusieurs apocinées; ces poils servent à faciliter la dispersion des semences (164).

168. Les tuniques propres de la graine sont au nombre de deux, le test et la membrane interne; elles sont les premières parties de la graine qui soient visibles.

Le *test* (testa) est ce tégument extérieur ordinairement lisse et crustacé, quelquefois osseux ou pierreux, rarement membraneux, qui existe dans toutes les graines, et qui, malgré son apparence coriace, donne passage aux sucs nourriciers à l'époque de la germination.

La *membrane interne* (membrana interior) est très-mince, parfaitement nette et lisse, plus ou moins adhérente au test: on dit qu'elle manque quelquefois; peut-être son extrême ténuité a-t-elle empêché de la voir.

169. Le lieu où le cordon ombilical (pl. 10, f. 13) s'attache à la graine, est, avons nous dit (166), nommé *ombilic;* ce cordon perce d'abord le test (168); mais comme il arrive dans la plupart des cas que l'embryon n'est pas placé directement devant l'ombilic, le cordon se prolonge entre les deux tuniques propres jusqu'au lieu de l'embryon; la cicatricule interne qu'il forme en perçant la seconde tunique, porte le nom de *chalaza* (chalaza), et le sillon qu'il forme sur sa route, et qui est la trace extérieure d'un organe important, a reçu (par une analogie impropre avec le règne animal) le nom particulier de *rhaphé* (rhaphe). Ce rhaphé est très-visible, par exemple, dans le lablab (pl. 11, f. 6, *a*). Le chalaza est placé d'une manière très-diverse dans différentes plantes; il est quelquefois sur le côté, quelquefois au sommet de la graine; ailleurs il se trouve tout à côté de l'ombilic, mais souvent alors le cordon ombilical fait tout le tour de la graine avant d'y parvenir.

170. Si nous suivons l'histoire d'une graine avant sa maturité, nous observerons que dès le moment où elle est visible, et avant même la fécondation, son noyau est entièrement formé par une liqueur pulpeuse, à laquelle Malpighi a donné le nom de *chorion;* elle disparoît avant la maturité, et sert probablement à envelopper les tégumens ou l'embryon : peu après

la fécondation, on commence à appercevoir une autre liqueur,
tantôt vitrée, tantôt gélatineuse, tantôt semblable à une émul-
sion; on lui a donné le nom d'*amnios* : l'amnios est quelquefois
nu, quelquefois il est enveloppé dans une membrane particulière qui a été nommée *sac de l'amnios ;* quelquefois, enfin, il est
simplement déposé dans du tissu cellulaire, et c'est dans l'amnios
que nage le petit embryon qui n'est visible qu'après la fécondation. Gœrtner a observé que la partie de cet embryon destinée à
se changer en racine, est toujours tournée du côté extérieur de
la graine : peu-à-peu le chorion se détruit, l'amnios diminue
de volume, l'embryon grossit, et la maturité arrive ; elle se
reconnoît, 1°. à la couleur plus fixe et plus foncée des tégumens;
2°. à la consistance plus ferme de la graine ; 3°. à ce que le
noyau remplit entièrement la cavité ; 4°. sur-tout à ce que toutes
les graines, quelle que soit leur grosseur, qui surnageoient avant
leur maturité, tombent au fond de l'eau lorsqu'elles sont mûres.
Examinons maintenant le noyau d'une graine mûre; nous y dis-
tinguons deux parties, le périsperme et l'embryon : la dernière
seule est essentielle et constante.

171. Le *périsperme* (perispermum, Juss. ; albumen, Gœrtn.)
(pl. 11, f. 1, 4), qui ne se trouve que dans certaines familles
de végétaux, est un corps de nature très-diverse dans différentes plantes, qui fait partie du noyau de la graine, et qui n'a-
dhère point avec l'embryon; Gœrtner soupçonne avec beaucoup de vraisemblance, que l'embryon, en grandissant, refoule
l'amnios; celui-ci est, dans certaines plantes, tout entier absorbé par l'embryon ; dans d'autres, il n'est absorbé qu'en
partie, et son résidu forme le périsperme; ce soupçon est confirmé par une autre observation : c'est qu'en général les cotylédons sont épais et charnus dans les graines sans périsperme,
minces et foliacés dans celles qui ont un périsperme; ce périsperme est corné dans les rubiacées, farineux dans les graminées, mucilagineux dans les liserons, etc. Dans certaines familles,
il est absorbé par la jeune plante au moment de la germination;
dans d'autres, il ne paroit lui fournir aucun aliment. Peut-
être confond-on sous un nom commun des organes réellement
distincts ?

172. L'*embryon* (embryo, corculum, plantula) est la petite plante elle-même en miniature ; c'est à lui donner la vie
et à soutenir son existence, qu'est destiné l'appareil compliqué

des organes de la fructification; il est presque toujours solitaire dans chaque graine; on en trouve deux dans la graine du fusain et du ceinbrot, trois dans l'orange, un plus grand nombre dans le *citrus decumana*. Sa situation est *droite* (pl. 11, f. 2) lorsque sa radicule est du côté de la base de la graine, *inverse* (pl. 11, f. 4) quand sa radicule est du côté du sommet; lorsqu'il est accompagné d'un périsperme, il est ordinairement entouré par cet organe; on dit alors que l'embryon est *central* (centrale) (pl. 11; f. 2); dans d'autres plantes, il est placé sur le côté du périsperme; on dit dans ce cas, l'embryon *latéral* (laterale) (pl. 11, f. 1). Quelquefois enfin l'embryon enveloppe le périsperme, comme dans les nyctaginées. Considéré quant à sa direction, on distingue l'embryon selon qu'il est droit, courbé en demi-cercle, entièrement circulaire ou en spirale. Cet organe important est composé de trois parties, la radicule, la plumule et les cotylédons.

173. La *radicule* (radicula) est la partie de l'embryon qui est dirigée vers l'extérieur de la graine, et qui, à la germination, forme la racine de la nouvelle plante; elle tend toujours à descendre, et reprend cette direction aussi souvent qu'on change la position de la graine; c'est elle qui sort la première des tégumens séminaux, et qui pompe la première nourriture destinée à nourrir la jeune plante (46). Dans le guy, la radicule tend d'abord à s'élever, ensuite elle se recourbe et se fixe au corps sur lequel la graine a germé : alors la plumule se soulève et continue à pousser, dans quelque sens qu'elle se trouve; mais cette plante fait exception à toutes les loix de la végétation. Ordinairement la radicule se termine en pointe; mais dans quelques plantes, selon les observations de M. Correa, la radicule s'évase de manière à former tantôt un disque charnu, tantôt un sac qui recouvre à moitié l'embryon, tantôt une tunique qui l'enveloppe en entier; cet évasement de la radicule a été pris, par Gœrtner, pour un organe particulier, auquel il avoit donné le nom de *vitellus* (planch. 11, f. 5). Dans le nénuphar, ce vitellus enveloppe l'embryon, de sorte qu'au premier coup-d'œil, celui-ci semble monocotylédone; mais si l'on ouvre la tunique du vitellus, on trouve en dedans les deux cotylédons et la plumule. D'après la structure de la racine de plusieurs orchidées, M. Correa pense qu'il existe une radicule analogue dans les graines de ces plantes

qui, par leur petitesse, échappent à tous nos moyens d'observation.

174. La *plumule* (plumula) est la partie de l'embryon qui,
dans la graine, est dirigée vers le centre, et qui, à sa sortie,
tend à monter, et constitue la tige de la nouvelle plante. C'est
elle qui porte les cotylédons; elle ne prend le nom de tige
qu'au-dessus de leur insertion dans les dicotylédones.

175. Les *cotylédons* ou les *lobes* (cotyledones, lobi)(pl. 11,
f. 2, 3, 4, 6, 10), sont les rudimens des premières feuilles dont
la plante doit être pourvue au moment de sa naissance; tant qu'ils
sont cachés sous les tégumens ou dans la terre, ils sont étiolés;
dès qu'ils sont exposés à l'air et à la lumière, ils grandissent,
deviennent planes, foliacés, se colorent en verd, et prennent
le nom de *feuilles séminales* (folia seminalia) (pl. 11, f. 8, 9).
Dans un petit nombre de plantes, les cotylédons ne se changent
point en feuilles séminales; tels sont les haricots, les gesses, etc.
(pl. 11, f. 10). Lorsque les cotylédons sont épais et charnus au
moment de la germination, ils se vident graduellement, et leur
substance sert à la nourriture de la plante; lorsqu'ils sont foliacés, ils sont alors abondamment munis de pores corticaux,
et servent à la nutrition plutôt en absorbant de la nourriture
dans l'air, qu'en fournissant leur propre substance; quoi qu'il
en soit, les cotylédons meurent toujours peu après la germination.

176. Puisque la plantule est une plante en miniature, c'est-
à-dire, réduite à ses organes les plus essentiels, il n'est pas
étonnant que les caractères qu'elle présente aux Botanistes
soient les plus constans et les plus propres à donner une idée
des rapports naturels des plantes; aussi le nombre des cotylédons a-t-il servi de premier indice pour distinguer les grandes
classes du règne végétal, dont l'anatomie a ensuite confirmé
la séparation (15). Les plantes *dicotylédones* (dicotyledones)
(pl. 11, f. 2, 3, 4, 5, 6, 9, 10) ont toutes, ainsi que leur nom
l'indique, deux cotylédons opposés. Ordinairement ces cotylédons sont simples; quelquefois ils sont découpés, et ce sont ces
découpures qui, regardées comme des cotylédons distincts,
avoient fait faussement admettre des plantes *polycotylédones*
(polycotyledones).

Les *monocotylédones* (monocotyledones) (pl. 11, f. 1, 8)
n'ont, au contraire, qu'un seul cotylédon au moment de leur

naissance; ce cotylédon sort toujours sur le côté de la graine, et forme une feuille ordinairement engaînante.

Les *acotylédones* (acotyledones) sont ainsi nommées, parce qu'on n'y a point encore observé de cotylédons, soit qu'ils n'existent pas, soit que leur petitesse empêche de les distinguer. La figure 7 de la planche 11, représente la germination d'une mousse d'après Hedwig.

177. Si l'on examine avec soin l'embryon d'un haricot ou d'une fève, on observe entre les deux cotylédons un petit prolongement de la plumule qui porte deux petites feuilles en miniature; ce sont ces feuilles, déjà développées dans la graine, qui portent le nom de *feuilles primordiales* (primordialia) (pl. 11, f. 10), et que plusieurs auteurs ont confondues avec les feuilles séminales; leur forme et leur position ressemblent ordinairement aux cotylédons, tandis que leur apparence est entièrement analogue à celle des feuilles ordinaires; elles servent ainsi à prouver que les feuilles séminales sont de même nature que les feuilles ordinaires de la plante. On peut les observer facilement dans la plupart des légumineuses; celles du haricot sont opposées, et à une seule foliole, tandis que toutes les suivantes sont éparses et à trois folioles.

SECONDE PARTIE.
ACTION DES ORGANES DES VÉGÉTAUX,
ou PHYSIOLOGIE.

178. Nous avons jusqu'ici, par abstraction, considéré les plantes dans un état de repos : rendons-leur maintenant le mouvement vital, et cherchons à démêler comment, au moyen de ce ressort mystérieux, les différentes parties de ces machines admirables exécutent les nombreux phénomènes de la végétation. Essayons de démêler, 1°. les propriétés vitales des végétaux ; 2°. les loix qui opèrent la nutrition des individus ; 3°. celles qui président à la conservation des espèces.

CHAPITRE PREMIER.
PROPRIÉTÉS GÉNÉRALES.

179. Tous les êtres organisés ont une force vitale (2) : de là certains philosophes ont pensé que tous aussi étoient doués de la sensibilité. Mais les végétaux ne nous présentent aucun indice direct de cette propriété. Il semble contraire à la marche générale de la Nature, que des êtres qui ne peuvent ni se défendre du mal, ni l'éviter, soient doués de la faculté de le sentir ; et en outre, on a pu remarquer (3 et 4) que les différences qui existent entre les deux règnes, peuvent toutes se déduire de cette seule différence, savoir, que les animaux ont la sensibilité, c'est-à-dire la connoissance de leur existence, tandis que les végétaux en sont dépourvus. Que si l'on se demande ce que peut être une force vitale dépourvue de sensibilité, j'en appellerai à nos propres sensations. Nous savons, à n'en pouvoir douter, qu'il se passe dans notre corps un grand nombre de phénomènes indépendans de notre volonté, inappréciés par notre sensibilité, et qu'on ne peut cependant ranger dans la classe des phénomènes purement physiques, puisqu'ils cessent après la mort ; tel est, par exemple, le mouvement péristaltique

des

des intestins : imaginons que les végétaux sont des animaux réduits à cette seule classe de phénomènes.

C'est en suivant cette marche de raisonnement, qu'on a été conduit à penser que les végétaux sont, comme les animaux, doués d'irritabilité. Cette question, qui fait maintenant un sujet de discussion entre les Naturalistes les plus habiles , est d'une telle importance, qu'elle mérite un examen spécial.

180. Quand certains corps agissent , soit mécaniquement, soit chimiquement sur les fibres musculaires des animaux, ils y produisent une contraction , laquelle est suivie d'un relâchement lorsque l'action du corps irritant vient à diminuer. On conçoit que si l'irritation a lieu sur une fibre droite, elle tend à en rapprocher les deux extrémités ; dans un vaisseau formé de fibres circulaires , elle rétrécit momentanément le diamètre ; dans un sac, elle diminue la capacité ; telles sont les idées les plus générales qu'on puisse avoir de l'irritabilité , propriété bien constatée dans les animaux , et contestée dans les plantes.

181. Les preuves, sinon les plus frappantes, du moins les plus directes de l'irritabilité végétale , se déduisent des expériences de MM. Brugmans et Coulon. Si l'on coupe en travers une tige d'euphorbe, on voit les sucs sortir de l'orifice des mêmes vaisseaux sur l'une et l'autre tranches. Or, le mouvement de ces sucs avoit dans chaque vaisseau une certaine direction ; ce n'est donc pas l'impulsion de ce mouvement qui détermine la sortie du suc dans les deux sens : ce suc ne coule pas non plus par son propre poids ; car il en sort également dans quelque position qu'on tienne la tige : il n'est point entraîné par le dégagement d'un fluide élastique ; car quoiqu'il soit visqueux, il n'est point entremêlé de bulles : il faut donc que les vaisseaux dans lesquels il est renfermé se soient contractés après leur section pour forcer le suc à en sortir. Cette conséquence est d'autant plus juste, que si on place sur la coupe de ces plantes un liquide astringent, comme une dissolution de sulfate de fer ou de sulfate d'alumine , on voit l'émission du suc cesser à l'instant, comme cela arrive lorsque les mêmes agens sont appliqués sur les plaies d'un animal.

182. Ceci nous conduit à une seconde classe de preuves en faveur de l'irritabilité végétale ; savoir que tous les agens qui augmentent ou diminuent l'irritabilité des animaux , agissent de la même manière sur les végétaux. Ainsi, on sait que les animaux tués par les décharges électriques ne donnent après leur

mort presque aucun signe d'irritabilité ; et M. Van Marum a vu que les euphorbes qui avoient reçu une très-forte décharge de batterie électrique, ne donnent plus de suc lorsqu'on les coupe en travers, quoique ce suc sorte encore des vaisseaux lorsqu'on les presse avec la main. M. Th. de Saussure a remarqué que si l'on fait végéter des plantes dans des gaz qui, à l'état de pureté, ne peuvent leur donner aucun aliment, tels que les gaz azote, hydrogène et acide carbonique, elles périssent beaucoup moins vite dans les premiers que dans le dernier, comme cela arrive dans les asphyxies des animaux. M. Humboldt observe que l'acide muriatique oxigéné, qui irrite puissamment les muscles des animaux, accélère aussi, d'une manière très-marquée, la germination des plantes. Les piqûres mécaniques, avec des aiguilles très-fines, font contracter les muscles des animaux, et produisent le même effet sur les plantes. Ainsi, en piquant les étamines de l'opuntia, de l'épine-vinette, les anthères des cynarocéphales, les poils des drosera, les feuilles de la dionæa, etc., on fait exécuter à ces organes des mouvemens bien plus considérables, que n'eût pu faire la seule agitation mécanique qui leur a été communiquée. M. Julio assure que si l'on mêle avec de l'eau un peu d'opium dissous dans le suc gastrique de corneille, et qu'on y fasse tremper des branches chargées de fleurs équinoxiales, par exemple, des ficoïdes, ces fleurs exécutent leurs mouvemens avec beaucoup plus de lenteur qu'à l'ordinaire : ajoutons encore que la chaleur agit comme stimulant sur les animaux et sur les végétaux.

183. Certains phénomènes, communs à presque toutes les plantes, et qu'on ne peut expliquer par les causes mécaniques, nous fournissent, en faveur de l'irritabilité des végétaux, une troisième classe de preuves, qui, quoique moins directes que les précédentes, n'en sont pas moins importantes. Ainsi, nous verrons dans la suite (201) qu'on ne peut concevoir le mouvement des liquides dans les vaisseaux des plantes, sans admettre que ces vaisseaux peuvent se contracter par l'effet de certains agens. Pourrions-nous concevoir, sans l'irritabilité, ces mouvemens variés qu'exécutent les étamines et les pistils à l'époque de la fécondation ? Pourrions-nous comprendre la fécondation elle-même ? L'acte de la germination ne tient-il pas à la même cause ? Peut-on, sans elle, avoir une idée nette du sommeil des fleurs et des feuilles, et de la tendance des tiges vers la lumière, etc.?

Je ne fais qu'indiquer ici succinctement ces divers faits, sur lesquels je reviendrai dans la suite.

184. Enfin, certains phénomènes, propres à un petit nombre
de plantes, joints avec les précédens, concourent à appuyer la
théorie de l'irritabilité. Ainsi, tout le monde sait que plusieurs
mimosa, et notamment la sensitive, ferment leurs folioles et
abaissent leurs pétioles lorsqu'on leur imprime une agitation plus
ou moins forte. Ce phénomène se présente avec toutes les circonstances d'un effet de l'irritabilité : d'après l'observation de M. Mirbel, il a lieu dès la germination et pendant toute la durée de la
plante. Il se montre avec d'autant plus d'énergie, que l'individu
est plus vigoureux. Il est favorisé par la chaleur, et retardé par le
froid. M. Desfontaines a observé qu'en soumettant une sensitive
à une agitation continue, comme, par exemple, en la mettant dans
une voiture, elle commence d'abord par fermer ses feuilles,
puis s'habitue à ce mouvement, finit par n'en pas être affectée,
épanouit ses feuilles comme dans l'état de repos, et les referme
si on vient à la toucher avec le doigt. Il a vu encore que, si, sur
les feuilles de deux sensitives, on place très-délicatement sur
l'une une goutte d'eau, sur l'autre une goutte d'acide sulfurique, les
feuilles de la première ne donnent aucun signe de mouvement ;
mais dans la seconde, la feuille, placée immédiatement au-
dessus du point où est l'acide sulfurique, commence à se fermer ; celles qui sont au-dessus se ferment successivement, tandis que celles du dessous ne s'ébranlent point. Cette même expérience, répétée par M. Desfontaines sur des mimosa non sensibles au tact, les force à fermer leurs feuilles comme celles des
sensitives.

L'hedysarum gyrans a ceci de plus singulier encore, c'est
que ses folioles sont spontanément dans un état d'oscillation
presque perpétuel, qui paroît accéléré par la chaleur jointe à
l'humidité, mais qui d'ailleurs n'est nullement modifié par les
agens extérieurs. MM. Hallé, Cels et Sylvestre ont même observé que ce mouvement a lieu, dans les feuilles, et jusque dans
les parties des feuilles détachées de la plante.

Pour expliquer ces faits remarquables, M. de Lamarck fait
observer qu'il s'échappe de toutes les plantes des fluides élastiques et invisibles ; qu'il est possible que dans quelques-unes
d'entre elles ces fluides soient retenus avant leur sortie dans certaines cellules : alors, selon la disposition de ces cellules, tantôt

ces fluides s'échappent quand la cellule est pleine, et son dégagement communique à la feuille un mouvement qui paroît spontané, comme dans l'hedysarum gyrans; tantôt les cellules ne se vident que par une impulsion étrangère, comme dans la sensitive; ailleurs les alternatives du jour et de la nuit opèrent le même effet, ce qui donne lieu au sommeil des feuilles. Je laisse aux Naturalistes à décider jusqu'à quel point cette hypothèse ingénieuse satisfait aux faits que les végétaux nous présentent; j'ajouterai seulement que quoique les feuilles et les étamines mobiles exécutent leurs mouvemens sous l'eau, on n'en voit se dégager aucun fluide élastique; je remarquerai sur-tout que lors même qu'on viendroit à prouver que tel ou tel fait particulier ne tient point à l'irritabilité, on n'auroit pas détruit les véritables preuves de cette théorie, qui se déduisent des faits les plus généraux de la végétation.

Je crois avoir établi, dans les articles précédens, que les végétaux sont doués d'irritabilité, et j'ai suivi en ceci l'opinion de plusieurs Naturalistes célèbres, parmi lesquels j'aime à citer MM. Bonnet, Desfontaines et Humboldt. Je ne dois point dissimuler que des Physiologistes également distingués, tels que MM. Lamarck et Senebier, ont embrassé une opinion contraire. Je crois cependant devoir ajouter que la dispute semble être dans les termes plutôt que dans les choses; car les mêmes Naturalistes qui rejettent l'irritabilité des végétaux, admettent la force vitale.

185. Gardons-nous cependant de prétendre tout expliquer par cette propriété; il existe dans les plantes des mouvemens purement mécaniques; telle est l'élasticité avec laquelle les étamines de la pariétaire se débandent et sortent de leur périgone; celle avec laquelle les fruits des impatientes et des momordiques s'ouvrent à leur maturité : plusieurs autres sont dus à de simples affinités hygroscopiques; ainsi les alternatives de sécheresse et d'humidité, paroissent seules déterminer les mouvemens des cils du péristome dans les mousses, des barbes des glumes dans les graminées, des poils des aigrettes dans les composées, des appendices des capsules dans les géraniées, etc.

CHAPITRE II.

DES FONCTIONS QUI CONSTITUENT LA VIE DE L'INDIVIDU, OU DE LA VÉGÉTATION.

Les végétaux tirent leurs alimens de la terre ; ces alimens sont charriés depuis les racines jusqu'aux feuilles ; la partie inutile à la nutrition est chassée au dehors ; une partie de l'air extérieur se combine avec la sève ; celle-ci se change en sucs destinés à la nutrition ; la petite quantité de ces sucs qui lui est inutile , est rejetée au dehors : six périodes de la nutrition qui doivent être étudiés séparement.

ARTICLE PREMIER.

De l'Absorption.

186. Le principe fondamental de toute la nutrition des végétaux , c'est qu'aucune molécule alimentaire n'arrive dans les plantes à moins d'être dissoute ou du moins charriée par l'eau. Il convient donc d'examiner ici par où l'eau entre dans les végétaux , quelle force détermine son entrée , et de quels principes elle est chargée en y entrant.

187. Nous savons déjà (14) que les végétaux sont munis de pores nombreux, par lesquels l'eau pénètre dans leur intérieur ; relativement à la distribution de ces pores , je divise les végétaux en deux grandes classes physiologiques : la première classe , qui comprend presque tous les végétaux vasculaires, a des pores radicaux et des pores corticaux ; les premiers sont toujours placés dans un milieu plus dense et ordinairement plus humide que les seconds ; ainsi la plupart de ces plantes ont leurs racines dans la terre et leurs feuilles dans l'air ; quelques-unes , comme le nayas, ont leurs racines dans la terre et leurs feuilles dans l'eau ; il en est, comme le stratiote , qui ont leurs racines dans l'eau et leurs feuilles dans l'air. La seconde classe , qui renferme presque tous les végétaux cellulaires, a des pores cellulaires épars sur toute la surface, pompe sa nourriture par toute sa superficie et vit dans un seul milieu ; par exemple, les truffes dans la terre , les conferves dans l'eau , les lichens dans l'air.

Il est une autre observation aussi générale que la précédente ; savoir, que tous les végétaux qui appartiennent à la première classe tendent à la perpendicularité , et tous ceux de la seconde croissent indifféremment dans toutes les directions.

188. Un petit nombre de végétaux échappe à cette classification ; ce sont les plantes *parasites*, c'est-à-dire celles qui croissent sur d'autres plantes et en tirent une nourriture déjà élaborée : il faut se garder de les confondre avec les *fausses parasites*, telles que les mousses, les lichens, les épidendres, qui sont simplement appliqués sur l'écorce de leur support et se nourrissent de l'humidité superficielle sans rien tirer de l'intérieur. Parmi les vraies parasites, on trouve plusieurs plantes cellulaires dont la végétation est peu connue, et quelques plantes vasculaires, telles que le gui qui s'implante sur le corps ligneux et se greffe naturellement avec l'arbre qui le porte, la cuscute qui tire sa nourriture au moyen de suçoirs implantés dans l'écorce. Il est à remarquer que ces plantes font à-la-fois exception aux deux règles que j'ai posées plus haut ; la cuscute a même ceci de très-remarquable, que dans sa jeunesse elle tire sa nourriture du sol et s'élève verticalement, qu'ensuite elle devient parasite et cesse d'être perpendiculaire. Je ne parle point ici des orobanches, parce que j'ai quelques raisons de soupçonner que ce sont de fausses parasites.

189. Attachons-nous à étudier l'entrée de l'eau dans les végétaux non parasites, et gardons-nous de confondre, comme on l'a presque toujours fait, l'entrée du liquide dans la plante, avec la marche qu'il suit dans l'intérieur même du végétal. Le premier de ces phénomènes doit être rapporté, comme l'observe M. Senebier, à une classe de faits généraux, savoir à la propriété fortement hygrométrique dont le tissu des végétaux est doué, soit pendant leur vie, soit après leur mort : tout le monde sait avec quelle avidité le bois mort attire et conserve l'humidité ; on a vu des troncs coupés et déracinés, pousser des branches vigoureuses qu'ils ne nourrissoient que par l'humidité qu'ils pompoient de l'air. La rose de Jéricho (anastatica hierochuntina, Linn.) desséchée, s'imbibe d'humidité et épanouit ses branches lorsqu'on la met dans l'eau ; l'écorce extérieure des graines, quoique en apparence morte, pompe l'humidité ambiante ; les poils des aigrettes dans les composées, des chevelures dans les onagres et les apocynées, des barbes dans les graminées, pompent l'humidité de l'air et exécutent des mouvemens si réguliers qu'ils pourroient servir d'hygromètres : tout prouve, en un mot, que le tissu membraneux des végétaux tend, indépendamment de toute action vitale, à se mettre en

équilibre d'humidité avec le milieu qui l'entoure. Or, dans l'état naturel des choses, les pores radicaux qui sont placés dans un milieu humide, pompent cette humidité; les pores corticaux qui sont placés dans un milieu plus sec que l'intérieur du végétal, tendent à exhaler de l'humidité; mais on peut changer l'emploi de ces organes en changeant les circonstances extérieures : plaçons les pores radicaux dans un terrein sec, ils lâcheront leur humidité surabondante pour se mettre en équilibre; M. Brugmans ayant placé des plantes dans du sable sec, a vu de petites gouttelettes d'eau suinter de l'extrémité des radicules : plaçons les pores corticaux dans l'eau ou dans de l'air très-humide, ils absorberont au lieu d'exhaler, comme je l'ai éprouvé par des expériences directes, et comme le prouvoient déjà les effets de la pluie et des arrosemens, les phénomènes de la végétation des plantes grasses, et plusieurs procédés connus des cultivateurs.

190. Les anciens Naturalistes, frappés de l'énorme quantité d'eau que les végétaux absorbent, et fondés sur certaines expériences dans lesquelles les plantes prennent un grand accroissement en paroissant n'absorber que de l'eau, avoient cru que ce liquide seul pouvoit suffire à leur nutrition; mais on a reconnu depuis : 1°. que les végétaux qui croissent dans de l'eau distillée, et sans pouvoir absorber aucun autre aliment, périssent au bout de peu de temps; 2°. que les végétaux contiennent une quantité considérable de carbone, plusieurs substances terreuses, quelques sels, quelques parcelles de métaux et plusieurs gaz, soit libres, soit combinés; que par conséquent l'eau seule ne peut fournir ces différens matériaux. Il convient donc d'examiner ici comment les différentes substances simples dont l'analyse démontre la présence dans tous les végétaux, peuvent y être introduites par l'eau.

191. Il n'est pas besoin de l'analyse chimique pour démontrer que les végétaux contiennent une grande quantité de carbone; mais ce carbone peut-il arriver aux végétaux dans son état de pureté? La théorie nous apprend que le carbone, doué d'une grande affinité pour l'oxigène, n'existe que très-rarement dans la nature à l'état de pureté; que d'ailleurs, dans cet état, il est totalement insoluble dans l'eau : par conséquent, les végétaux ne pourroient absorber que le carbone suspendu dans les eaux, quantité trop insuffisante et trop variable pour devoir

être admise dans l'explication du phénomène qui nous occupe. L'expérience vient ici à l'appui de la théorie : M. Senebier a vu que des plantes qui trempent dans l'eau de fumier (laquelle contient , selon ce savant , beaucoup de carbone en suspension) , aspirent moins que celles qui trempent dans une liqueur mélangée d'eau et d'eau de fumier , et celles-ci moins que celles qui trempent dans l'eau pure. Il se passe ici le même fait que dans les expériences où on fait sucer aux plantes de l'eau colorée ; elles absorbent toujours moins que dans l'eau pure. Il paroît que ces petites molécules suspendues dans l'eau, obstruent les pores du végétal.

Si, au contraire , le carbone , comme il y tend sans cesse , se combine avec l'oxigène , il forme le gaz acide carbonique ; ce gaz est très-abondant dans la nature , parce qu'il est perpétuellement produit par la putréfaction , la fermentation et la respiration , et il se dissout avec une telle facilité dans l'eau , qu'il n'existe pas d'eau dans la nature qui n'en offre une certaine quantité , et qui ne puisse l'introduire dans les végétaux. Le terreau , les engrais et toutes les substances qui sont connues pour favoriser la nutrition des végétaux , contiennent ou forment facilement de l'acide carbonique ; ce gaz se retrouve même dans l'atmosphère , et peut contribuer à la nutrition des végétaux qui tirent leurs alimens de l'air en tout ou en partie. Nous verrons dans la suite qu'on a prouvé , par une multitude d'expériences , qu'en effet l'acide carbonique , dissous dans l'eau que les végétaux absorbent, dépose son carbone dans les plantes.

Existe-t-il quelqu'autre moyen d'expliquer l'entrée du carbone dans les plantes? On conçoit que toutes les substances solubles dans l'eau qui contiennent du carbone , pourront , par leur introduction dans les végétaux, y apporter cette matière. M. Senebier a déjà prouvé , par l'expérience , que les plantes peuvent s'approprier le carbone de l'acide gallique; s'il existe un véritable oxide de carbone, cette substance pourroit peut-être jouer le même rôle : mais la rareté de ces matières , comparée à l'extrême abondance de l'acide carbonique, est à mes yeux une preuve évidente que ce dernier est la principale source du carbone des végétaux. Il faut lui réunir , pour l'explication totale du phénomene , la petite quantité de carbone qui se trouve dans les matières végétales et animales solubles à l'eau , et mélangées dans le terreau. Cette matière soluble dont la nature est encore mal connue, peut introduire dans les végétaux quelques-unes des substances dont nous allons nous occuper.

192. L'oxigène qui entre dans la composition de toutes les substances végétales, existe aussi dans toutes celles dont les végétaux se nourrissent, et peut y entrer de plusieurs manières. 1°. Il s'en trouve presque toujours une certaine quantité dissoute dans l'eau que les végétaux absorbent. 2°. M. Th. Desaussure a prouvé que lorsque les végétaux décomposent le gaz acide carbonique, ils ne rejettent pas tout l'oxigène que ce gaz contient, et s'en approprient une partie. 3°. L'eau qui, soit décomposée, soit fixée, entre dans la composition des végétaux, fournit, comme on sait, une quantité considérable d'oxigène. 4°. L'air atmosphérique lui-même pénètre dans le tissu de plusieurs végétaux, et y introduit du gaz oxigène.

193. Quoique la présence de l'azote ait été long-temps regardée comme le caractère chimique des substances animales, il en existe une petite quantité, soit libre, soit combinée, dans presque tous les végétaux. Cet azote y est introduit, 1°. par l'air atmosphérique, qui, comme nous l'avons vu, pénètre dans les cavités que présente le tissu des végétaux; 2°. il s'en trouve toujours, selon M. Berthollet, une certaine quantité dissoute dans l'eau; 3°. il s'en trouve presque toujours mélangé avec l'acide carbonique, et on est autorisé, d'après les expériences de MM. Senebier et Spallanzani, à croire que cet azote, mêlé avec l'acide carbonique, pénètre dans les végétaux; ce résultat se confirme par l'observation de M. Proust, que les plantes vertes, c'est-à-dire celles qui ont décomposé de l'acide carbonique, contiennent plus d'azote que les plantes étiolées.

Quant à l'hydrogène, il est évidemment introduit dans les plantes à l'état d'eau.

194. Les substances que nous venons d'énumérer, composent la masse principale des végétaux; mais on en trouve encore quelques autres qui méritent notre attention; en voyant que tous les végétaux sont fixés à la terre, que la nature du terrein influe beaucoup sur leur santé et leurs propriétés, que plusieurs terres, plusieurs sels et quelques métaux se retrouvent assez abondamment dans leur tissu, il est impossible de ne pas regarder ces matières comme des élémens essentiels à la

composition des plantes, et de ne pas rechercher le mode de leur introduction. On trouve principalement dans les plantes de la chaux, de la silice, qui est plus commune dans les graminées, du carbonate et du phosphate de chaux, du carbonate de potasse, du carbonate de soude, du nitrate de potasse, du fer oxidé, etc. M. Théod. Desaussure a prouvé, par des expériences très-multipliées et très-exactes, que les plantes ne forment de toutes pièces aucune des substances indécomposées qu'on trouve dans leur tissu, mais qu'elles les pompent toutes dans le terrein ou dans l'atmosphère; ces différentes substances ne paroissent pénétrer dans les plantes que lorsqu'elles sont dissoutes dans l'eau : lorsqu'une plante trempe par ses racines dans de l'eau distillée qui contient une matière solide en dissolution, elle absorbe toujours une partie de cette eau qui se trouve moins chargée de matières étrangères que la partie qui reste dans le vase. Lorsque l'eau contient plusieurs substances en dissolution, la plante pompe de toutes, mais dans des proportions différentes; la facilité avec laquelle ces diverses substances sont pompées par les végétaux, paroît déterminée, non pas tant par le degré de leur importance pour la vie de la plante, que par la simple différence de leur liquidité ; de sorte que les plus liquides sont absorbées en plus grande quantité, et les plus visqueuses le sont beaucoup moins.

ARTICLE II.

Marche de la sève.

195. Nous n'avons jusqu'ici considéré que les circonstances pour ainsi dire extérieures de la nutrition des végétaux : il faut maintenant déterminer, s'il est possible, la route que la sève suit dans l'intérieur du végétal, et la cause qui détermine son ascension.

Après avoir long-temps disputé pour savoir si la sève, aspirée par les racines, monte par la moélle ou par l'écorce, on a enfin recouru à des expériences directes; Magnol, en 1709, et ensuite Duhamel, Bonnet et Delabaisse, ont fait végéter des plantes dans de l'eau colorée, et en suivant les traces de cette espèce d'injection, ils ont démontré que la sève monte constamment par le corps ligneux, tantôt par le bois, tantôt par l'aubier, plus souvent par l'un et l'autre à-la-fois. On a vu

que la sève monte dans les arbres dicotylédones dépouillés d'é-
corce, ou dont le canal médullaire est obstrué ; que les injections colorées suivent toujours la direction des vaisseaux lymphatiques (qui, comme nous l'avons vu , sont très-communs
dans le corps ligneux), et ne se dévient point de cette direction pour se jeter dans les cellules avoisinantes. Il paroît cependant prouvé que la sève peut se détourner de cette direction,
et en s'infiltrant dans le tissu cellulaire , atteindre des vaisseaux
collatéraux ; ainsi lorsqu'on fait à un arbre quatre entailles disposées de sorte que toutes les fibres du tronc soient coupées
par l'une de ces entailles, on voit que l'arbre continue à pomper de la sève, laquelle doit nécessairement, pour arriver aux
branches, se dévier de sa première direction ; c'est par cette
déviation seule qu'on explique comment un arbre greffé avec
deux arbres voisins, et ensuite déraciné, peut être nourri par
les deux arbres qui l'entourent ; comment une feuille exposée dans
l'air peut être nourrie par d'autres feuilles de la même branche
placées sur l'eau ; comment une feuille dont les nervures principales sont coupées, continue à végéter, etc.

196. Il paroît que certaines circonstances encore inconnues,
déterminent le passage de la sève dans différentes parties du
corps ligneux ; M. Coulomb a observé que lorsqu'au premier
printemps, on perce avec des tarrières des troncs de peupliers,
on entend un bruit sourd, et on voit sortir une quantité notable d'eau dans les trous qui atteignent au centre de l'arbre ,
phénomène qui n'a point lieu dans les trous peu profonds.
Cette ascension de la sève par la partie voisine de la moëlle ,
a sans doute lieu par les vaisseaux lymphatiques qui entourent
le canal médullaire.

197. Les injections colorées des végétaux ont donné quelques apperçus sur la vitesse de l'ascension de la sève. Bonnet a
observé, dans les haricots, que l'injection s'est élevée tantôt
à quatre pouces en deux heures, tantôt à trois pouces en une
heure, ou à un demi-pouce en une demi-heure. Mais les expériences de Hales réclament toute l'attention des Physiologistes ; il fit découvrir le pied d'un poirier ; il introduisit la
coupe d'une racine dans un tube luté hermétiquement par le
haut, rempli d'eau, et qui reposoit par le bas dans une cuvette
de mercure : en six minutes, le mercure s'éleva de 8 pouces
dans le tube ; avec un appareil analogue, il observa que les

branches détachées de l'arbre, conservent leur force de sue-
cion ; une branche de pommier éleva, par exemple, en sept
minutes le mercure à 12 pouces de hauteur; il y a plus : ces
branches pompent avec la même énergie lorsqu'on les plonge
dans l'eau par leur extrémité supérieure tronquée.

198. Avant de rechercher les causes de cette ascension de la
sève, il est nécessaire de passer en revue les circonstances externes et internes qui influent sur ce phénomène. Parmi les circonstances externes, 1°. la température paroît être celle qui a
le plus d'influence ; on voit, en comparant les expériences de
M. Hales, que la chaleur accélère, et que le froid retarde cette
ascension ; tous les phénomènes de la végétation tendent d'ailleurs à démontrer ce fait. 2°. L'influence de la lumière n'est pas
aussi bien connue ; quelques expériences de M. Senebier, et
quelques autres qui me sont propres, me font penser qu'elle
est de quelque importance ; on sait déjà que les branches aspirent beaucoup plus pendant le jour que pendant la nuit; mais
on n'a pas encore déterminé avec précision l'influence de la
lumière sur ce phénomène.

199. Quant aux causes internes, nous trouverons, 1°: que
la quantité d'eau absorbée est proportionnelle à la surface de
la coupe de la branche; 2°. elle est proportionnelle au nombre
des pores corticaux qui se trouvent sur la branche ; ainsi dans
les branches d'arbres où l'écorce a peu ou point de pores, elle
est proportionnelle à la surface des feuilles; dans les tiges charnues et naturellement dépouillées de feuilles, elle est proportionnelle à la surface de la tige ; dans les plantes herbacées,
elle est en rapport avec la surface entière de la plante. Nous savons déjà que les pores corticaux sont les organes principaux de
la transpiration, et nous devons en conclure que l'absorption
par les racines ou la coupe des branches, est proportionnelle
à la transpiration.

200. Enfin, indépendamment des circonstances que nous
venons d'apprécier, nous voyons que la quantité de la sève absorbée augmente régulièrement à des époques déterminées de
l'année : ainsi à l'entrée du printemps, et avant la naissance
d'aucune feuille, les arbres tirent du sol une quantité d'eau
très-considérable; cette sève particulière, qui est très-abondante
dans la vigne, où elle a reçu le nom de *pleurs*, traverse le
corps ligneux, et ne paroît à l'extérieur que dans les lieux où la

corps ligneux est entamé. Scott assure que l'eau rendue à cette
époque par un bouleau, est égale au poids de l'arbre entier:
Hales affirme que si, alors, on adapte un tube au sommet d'un
chicot de vigne, l'eau y est poussée avec une énergie telle, qu'il
l'a vue s'élever à vingt et un pieds dans une expérience, et à
quarante - quatre dans une autre. Quelle que soit l'exactitude
accoutumée de ce physicien, on ne peut se défendre de partager ici les doutes de M. Senebier, qui fait remarquer combien il est difficile de concilier ces expériences avec des faits
bien connus, savoir, que l'épaisseur de l'écorce, la frèle enveloppe d'un bourgeon, et jusqu'à une simple couche de gomme,
suffisent pour arrêter l'émission des pleurs.

Il est, dans nos climats, une seconde époque où nous
voyons la sève augmenter en quantité d'une manière très-notable : c'est celle que les cultivateurs désignent sous le nom de
sève d'août. M. de Saussure a remarqué que la chaleur, ni le
froid, ni la sécheresse, ni l'humidité actuelles, ne hâtent ni ne
retardent cette époque ; elle doit, ainsi que la sève du premier
printemps, être attribuée à des causes intérieures, qui dépendent
de la vie même du végétal. Remarquons que ces deux époques
particulières n'ont lieu que dans les plantes vivaces ; que la première s'effectue au moment où les boutons de l'année précédente tendent à se développer ; que la seconde s'opère au moment où les boutons de l'année suivante commencent à poindre.
Il semble que ces boutons, animés d'une force vitale qui leur
est propre, attirent à eux toute la lymphe environnante, à-
peu-près comme la graine, qui, dès l'instant où elle est fécondée, attire toute la sève des organes environnans.

Remarquons que les boutons communiquent avec les racines,
au moyen des trachées qui entourent le canal médullaire ; que
l'époque de leur développement coïncide avec celle où la sève
monte par l'intérieur de l'arbre, et nous aurons de grandes pro-
babilités pour conclure que l'augmentation de la sève aux deux
époques que nous avons indiquées, tient à l'action vitale des
boutons.

201. Plusieurs auteurs ont tenté de donner des explications
mécaniques du mouvement de la sève. Grew en cherche la
cause dans le jeu des utricules ; Malpighi dans la raréfaction et
la condensation alternative de la sève, opérée par la température ; de La Hire dans de prétendues valvules qui empêcheroient

le liquide de redescendre, après que l'expansion de l'air l'auroit forcé à monter ; Perrault compare cette ascension à une simple fermentation ; il en est qui la rapportent à un effet hygrologique ; d'autres l'assimilent à l'ascension de l'eau dans les tubes capillaires ; quelques-uns l'attribuent au vide que la transpiration opère dans certaines parties du végétal. Indépendamment des objections auxquelles chacune de ces théories est sujette, il en est qui sont communes à toutes ; c'est que ces différentes causes doivent agir aussi bien sur le végétal mort que sur le végétal vivant, tandis que les résultats sont entièrement différens ; c'est qu'aucune n'explique la vîtesse et la force de l'ascension de la sève ; aucune ne se concilie avec la direction déterminée des différens sucs du végétal ; aucune ne peut rendre raison de l'ascension de la sève dans les plantes qui végètent sous l'eau. Je ne nie point que quelques-uns de ces moyens ne facilitent l'ascension de la sève ; mais c'est dans les forces vitales qu'il faut chercher la vraie cause de ce phénomène.

Nous voyons que, dans les animaux, l'œsophage est doué d'une propriété contractile qui force les alimens à passer de la bouche dans l'estomac, quelle que soit la position du corps. Pourquoi cette même propriété, qui dans les animaux est indépendante de la volonté, et qui cependant est liée à la vie, n'existeroit-elle pas dans les végétaux ? Cette propriété contractile des vaisseaux des plantes n'est point une hypothèse gratuite ; et indépendamment du grand phénomène de l'ascension de la sève, il en est d'autres que nous pouvons concevoir sans elle, et dont nous avons donné plus haut (181 – 184) l'énumération.

A R T I C L E   I I I.

De l'Emanation aqueuse.

202. Lorsque la sève est parvenue aux parties foliacées de la plante, toute l'eau qui a servi de véhicule aux parties nutritives, et qui ne peut être consommée dans le végétal, s'échappe sous forme de vapeur ; c'est ce qu'on a nommé *transpiration insensible* ou *transpiration aqueuse* des végétaux. Par ce terme, on avoit assimilé cette fonction aux excrétions des animaux, tandis qu'elle est réellement analogue à la sortie des excrémens.

Si l'on met une branche coupée dans un balon, on voit que la branche perd de son poids, et que le balon se couvre de gouttelettes d'eau, qui, étant recueillies, égalent à-peu-près le poids que la branche a perdu. M. Hales a mesuré cette transpiration avec beaucoup d'exactitude : il a placé un hélianthe d'un mètre de hauteur, dans un vase dont l'orifice étoit fermé par une plaque percée de deux trous; l'un d'eux donnoit passage à la tige; l'autre servoit à l'arrosement. Pendant quinze jours, il a pesé exactement l'appareil soir et matin, et il a trouvé que la transpiration moyenne de la plante a été de 612 grammes (20 onces) par jour.

203. La transpiration insensible s'opère, comme nous l'avons dit, par les pores corticaux. En effet, elle est plus grande dans les herbes que dans les arbres; dans les herbes à feuilles minces que dans celles à feuilles charnues; dans les arbres à feuilles caduques que dans ceux à feuilles toujours vertes : elle ne s'opère d'une manière marquée que dans les organes pourvus de pores corticaux, tels que les feuilles, les stipules, les calices, les tiges herbacées et les jeunes pousses ; elle ne s'opère pas sensiblement par les corolles, les organes sexuels, les fruits, les racines et les écorces. Il faut cependant observer, relativement aux parties dépourvues de pores corticaux, qu'elles éprouvent une légère déperdition à l'air; mais cette déperdition s'explique par la porosité et la propriété hygrologique du tissu membraneux, et parce que l'oxigène de l'air s'empare d'un peu de leur carbone.

204. En général, les plantes transpirent davantage dans un lieu chaud et sec, que dans un lieu frais et humide. On sait encore, par des expériences directes, que les plantes transpirent beaucoup plus lorsqu'elles sont exposées à la lumière, que lorsqu'elles sont à l'obscurité ; souvent même elles ne transpirent point à l'obscurité totale. M. Senebier a observé que lorsqu'on expose une plante à l'obscurité, elle cesse subitement de transpirer, et continue encore quelque temps à pomper, de sorte que son poids augmente un peu dans les premiers momens. C'est aussi ce qui arrive dans les premières heures de la nuit. Hales avoit remarqué, dans ses expériences, que, pendant la nuit, son appareil augmentoit en poids plutôt que de perdre; ce qui tient à ce que l'hélianthe cessoit de transpirer, et qu'en même temps l'air extérieur, devenant plus humide, déposoit

un peu d'humidité sur la plante. Au reste, l'influence de la lumière sur ce phénomène est tellement marquée, que la simple interposition d'un papier entre le soleil et la plante, diminue la transpiration.

205. Si l'on compare avec beaucoup d'exactitude, comme l'a fait M. Senebier, la quantité pompée par une branche, avec celle qui est transpirée, on trouve que, généralement, l'eau tirée est à l'eau rendue comme 3 : 2. Ce fait fournit une première induction qu'une partie de l'eau même se fixe dans le végétal. M. Senebier a encore comparé la nature de l'eau pompée et de l'eau expirée : il a fait tremper des branches dans de l'infusion de cochenille, et il a vu que l'eau expirée par elle étoit parfaitement transparente ; il a cependant retrouvé quelque présence d'acidité dans l'eau expirée par des plantes qui trempoient dans de l'eau mêlée d'acide muriatique et sulfurique. Enfin, il s'est assuré que l'eau transpirée par différentes plantes contient $\frac{1}{11520}$ de son poids de matière étrangère ; que celle de la vigne en contient $\frac{1}{25000}$; que cette matière étrangère est dissoluble, partie à l'eau, partie à l'alkool, et que le résidu est un mélange de chaux et de sulfate de chaux.

206. Lorsque la transpiration est modérée, chaque gouttelette d'eau qui arrive à l'orifice d'un vaisseau, s'évapore, et la transpiration est ce qu'on appelle insensible ; s'il arrive une trop grande quantité de liquide à l'orifice du vaisseau, l'évaporation ne peut avoir lieu subitement, et il se forme une gouttelette d'eau. Ce phénomène a lieu notamment dans les feuilles pointues et à nervures simples, parce que les sommités de plusieurs vaisseaux aboutissent dans un même lieu, et que les gouttelettes d'eau, étant réunies, deviennent plus visibles et plus difficiles à évaporer. Ainsi, la sommité des feuilles de graminées est souvent munie, au lever du soleil, d'une gouttelette d'eau. Miller a vu de même des gouttes d'eau suinter de la sommité d'une feuille de bananier. On sait que certains arums ont la sommité de la feuille terminée par un filet, qui est un faisceau de nervures. Ruysch a vu une plante de ce genre, qui, lorsqu'on l'arrosoit, émettoit des gouttes d'eau de la sommité de son filet. C'est, je pense, à un mécanisme analogue qu'on doit rapporter le phénomène que présente le *nepenthes distillatoria*, dont le godet (pl. 7, f. 5) se remplit naturellement d'eau.

207. Les détails dans lesquels je viens d'entrer, tendent à
prouver

prouver l'assertion par laquelle j'ai commencé cet article; savoir, que l'émanation aqueuse des végétaux est un excrément et non une secrétion : en effet, cette eau est presque pure, et n'a donc pas été élaborée par le végétal. Elle sort en quantité si considérable, qu'on ne peut l'attribuer à une élaboration spéciale; elle suinte par l'extrémité même des vaisseaux où nous savons que la sève est renfermée; elle sort toujours en quantité proportionnée à la succion; enfin elle sort, dans plusieurs circonstances, très-peu de temps après que la sève a été pompée.

ARTICLE IV.

De l'Action de l'atmosphère sur la Nutrition.

208. Si l'on expose sous l'eau de source, au soleil, une plante verte, on voit la surface de ses feuilles se couvrir de bulles d'air; ces bulles analysées offrent toujours de l'air plus pur que l'air atmosphérique. On a vu d'abord, dans ce phénomène, une simple expiration gazeuse des végétaux. Les recherches importantes de M. Senebier ont prouvé que ce fait est lié à tous les phénomènes les plus essentiels de la nutrition. En effet,

1°. Cet air n'étoit point simplement contenu dans les vaisseaux et les cellules de la feuille, car il est également fourni par les feuilles épuisées d'air sous la pompe pneumatique.

2°. Cet air provient essentiellement de celui qui est dissous dans l'eau sous laquelle la plante est exposée; en effet, les plantes vivantes ne dégagent point de gaz lorsqu'on les place sous l'eau bouillie ou sous l'eau fraîchement distillée.

3°. Si on place une plante sous de l'eau qui ne contienne en dissolution que du gaz azote, du gaz hydrogène ou du gaz oxigène, il se dégagera une très-petite quantité d'air semblable à celui dissous dans l'eau, et comme il s'en seroit dégagé, si on eût mis tout autre corps sous l'eau du récipient.

4°. Au contraire, si l'eau contient en dissolution du gaz acide carbonique, il se dégage une très-grande quantité d'air, et cet air est du gaz oxigène presque pur. Ces faits, bien avérés, prouvent que les plantes, dans ces circonstances, décomposent le gaz acide carbonique, s'approprient son carbone, et rejettent l'oxigène sous forme de gaz.

209. En étudiant avec soin les circonstances de ce phénomène, on s'est encore assuré que cet effet a lieu seulement lorsque les

plantes sont frappées par les rayons directs du soleil; que pendant la nuit, les plantes ne dégagent aucun gaz; que ce dégagement a lieu seulement dans les organes des plantes qui sont naturellement de couleur verte; savoir, les feuilles, les jeunes pousses, les calices, les fruits avant leur maturité; que cette action s'opère dans le parenchyme des feuilles, et indépendamment de la présence de l'épiderme; on a reconnu enfin, et c'étoit réellement le point important, on a reconnu, dis-je, que le même phénomène a lieu lorsque les plantes sont exposées dans de l'air qui contient un peu de gaz acide carbonique, comme est, par exemple, l'air atmosphérique.

210. S'il est vrai que le phénomène consiste en une absorption de carbone, on doit retrouver ce carbone dans le végétal. Entre plusieurs expériences qui prouvent ce fait, je n'en citerai qu'une, qui est concluante par sa précision. M. Théodore de Saussure a introduit sept plantes de pervenche dans un récipient plein d'une atmosphère artificielle, composée d'air atmosphérique et de sept centièmes et demi de gaz acide carbonique; les racines de ces plantes plongeoient dans un vase séparé, et l'orifice du récipient étoit fermé par du mercure recouvert d'une couche d'eau : il mit sept autres plantes dans un appareil semblable, mais qui ne contenoit aucune particule sensible de gaz acide carbonique. Ces pervenches, avant l'expérience, pesoient deux mille sept cent sept milligrammes, sans y comprendre l'eau de végétation, et fournissoient, par leur carbonisation, cinq cent vingt-huit milligrammes de charbon. Après avoir vécu six jours dans l'appareil dépouillé d'acide carbonique, ces plantes avoient perdu un peu de carbone plutôt que d'en acquérir, tandis que celles qui avoient vécu pendant le même temps dans le récipient qui contenoit de l'acide carbonique, fournirent par leur carbonisation six cent vingt neuf milligrammes de charbon, et avoient par conséquent acquis cent vingt milligrammes de charbon, en décomposant l'acide carbonique de l'air.

211. Nous avons vu que la décomposition de l'acide carbonique ne s'opère, dans nos expériences, que par l'effet de la lumière directe du soleil. M. Senebier observe que les différens rayons du spectre solaire produisent le même effet à différens degrés d'intensité, et que le rayon violet, c'est-à-dire le plus réfrangible, est celui dont l'action est la plus énergique. Il paroît cependant que cette décomposition peut avoir lieu sans

l'action directe du soleil. Ainsi, les plantes des lieux ombragés contiennent du carbone, et offrent une teinte verte, quoique éclairées par la lumière vague du jour ; de même des plantes, soumises à la lumière artificielle de six lampes, ont verdi sans dégager de gaz oxigène. Nous voyons même certains embryons colorés en verd, quoique recouverts par des tuniques nombreuses et opaques. Il en est de même de plusieurs cryptogames et même de quelques phanérogames, telles que les orobanches et le monotropa. Enfin, M. Humboldt a trouvé des végétaux colorés en verd, qui croissoient dans des mines profondes et obscures, dont l'atmosphère contenoit beaucoup de gaz hydrogène. Ces faits tendent à prouver que, quoiqu'il soit vrai que la lumière est le principal agent de la décomposition de l'acide carbonique, elle n'est pas le seul moyen que la Nature emploie pour parvenir à ce but.

212. Que le carbone arbsorbé par les feuilles se mêle ou se combine avec les sucs absorbés par les racines, c'est ce dont l'ensemble de la végétation ne permet guère de douter, quoiqu'on n'ait pas encore de preuves directes de cette union.

213. L'atmosphère agit sur les végétaux, non seulement par l'acide carbonique qu'il contient, mais encore en tant que contenant du gaz oxigène, et la plupart des faits que nous allons énumérer sont dus aux recherches de M. Th. de Saussure. Lorsqu'on place des plantes dans différens gaz, on observe que celles qui sont sous l'acide carbonique périssent très-promptement ; celles qu'on expose sous les gaz azote et hydrogène durent plus long-temps, mais périsent ensuite, sans inspirer aucune quantité sensible de ces gaz ; leur durée est plus longue sous le gaz oxigène, mais aucun de ces gaz n'a une influence aussi salutaire que l'air atmosphérique. Lorsque les plantes végètent dans ce dernier, la quantité de l'azote qui le compose n'est nullement altérée ; mais les parties vertes des plantes absorbent, pendant la nuit, une certaine quantité de gaz oxigène : cette quantité varie selon les plantes. On remarque qu'en général les plantes grasses, les plantes des marais en consomment moins que les autres herbes, moins que les arbres, et les arbres toujours verds, moins que les arbres à feuilles caduques : les extrêmes des plantes observées ont été, d'un côté, l'*alisma*, le plantain d'eau, qui a absorbé $\frac{70}{100}$ de son volume, et le *stapelia variegata* $\frac{63}{100}$; de l'autre, l'abricotier,

qui a consommé huit fois, et le charme, six fois son volume de gaz oxigène.

214. Ce gaz oxigène, inspiré par les parties vertes des plantes, n'y reste point à l'état élastique; car ni la chaleur, ni la pompe pneumatique ne le font dégager : il ne s'incorpore pas dans la partie solide de la plante elle-même, puisque l'action de la lumière le dégage facilement. Il paroît donc qu'à l'époque de l'inspiration, il s'incorpore avec le carbone surabondant; qu'il forme de l'acide carbonique qui se dissout dans l'eau de végétation; que, pendant le jour, cet acide carbonique est exhalé, et qu'il est décomposé dans l'acte de l'expiration. Alors, la plante s'approprie le carbone et une partie du gaz oxigène; le reste du gaz oxigène, mêlé d'un peu de gaz acide carbonique, se dégage dans l'atmosphère. Certaines plantes, par exemple les plantes grasses, retiennent pendant quelque temps, dans leur propre tissu, le gaz acide carbonique formé, aux dépens de leur propre substance, par ces inspirations de gaz oxigène. Lorsqu'on place ces plantes sous l'eau distillée au soleil, elles dégagent du gaz oxigène, quoique l'eau ne contienne point de gaz acide carbonique. Ce fait, qu'on avoit d'abord considéré comme une objection puissante contre la théorie de M. Senebier, est venu s'y ranger de lui-même quand il a été mieux analysé.

215. L'action du gaz oxigène est très-différente sur les parties des végétaux qui ne sont pas vertes, telles que les racines, l'écorce, le bois, l'aubier, les pétales : tous ces organes ne s'assimilent point ce gaz; mais au contraire, il se forme, aux dépens de leur propre substance, de l'acide carbonique. Celui-ci est tantôt dégagé dans l'atmosphère sous forme de gaz, tantôt dissous dans l'eau de végétation, et ensuite charrié dans les parties vertes qui le décomposent. Ce contact du gaz oxigène avec les parties des végétaux qui ne sont pas vertes, ou, en d'autres termes, cette décarbonisation de certaines parties du végétal est très-nécessaire à son existence. On peut expliquer par-là pourquoi les racines horizontales des arbres sont plus vigoureuses que les racines pivotantes; pourquoi de l'eau stagnante au pied des arbres nuit à leur végétation; pourquoi les fleurs vicient davantage l'air que les parties vertes des plantes, etc.

216. Si je veux maintenant me rendre raison de l'effet général qui résulte pour la nutrition des transmutations perpétuelles que je viens d'énoncer, je trouve très-probable que le

carbone qui entre dans la sève à l'état de matière soluble végétale ou animale, est conduite dans ce liquide par les parties
vertes, mais que pour pouvoir s'incorporer au suc descendant,
elle a besoin d'être transformée en acide carbonique, ce qui la
rend plus soluble et plus facile à transporter ; c'est ce qui s'opère
pendant la nuit : l'action de la lumière vient ensuite chasser de
cet acide carbonique l'oxigène qui n'a ainsi servi qu'à transporter plus facilement ce carbone de la sève dans le suc nourricier. Qu'il me soit permis d'indiquer ici une conséquence pratique des faits que je viens d'énoncer ; c'est que pour faire végéter avec succès des plantes dans un lieu renfermé, il faut
faire ensorte que l'air s'y renouvelle pendant la nuit, parce
qu'à cette époque les végétaux inspirent du gaz oxigène.

217. Nous pouvons maintenant apprécier avec quelque exactitude l'influence des végétaux sur l'atmosphère ; nous voyons
d'un côté que les végétaux vicient l'air, 1°. parce que toutes
les parties qui ne sont pas vertes forment de l'acide carbonique
avec leur carbone surabondant et l'oxigène de l'air ; 2°. parce
que les parties vertes inspirent pendant la nuit une certaine
quantité de gaz oxigène, qu'elles ne rendent pas complettement
pendant le jour. D'un autre côté les végétaux purifient l'air,
1°. en décomposant le gaz acide carbonique formé aux dépens
de leur propre substance ; 2°. en décomposant l'acide carbonique
qui leur arrive dissous dans l'eau ou dans l'air. Or, pour déterminer lequel de ces deux effets l'emporte sur l'autre, il suffit
de considérer que la totalité de la végétation consiste à augmenter la masse du carbone fixé dans les plantes ; que ce
carbone n'y arrive que par la décomposition de l'acide carbonique ; que par conséquent les végétaux vivans considérés en
général, doivent augmenter la quantité de gaz oxigène libre,
lequel est, à son tour, absorbé par la respiration des animaux,
par la combustion et par la combinaison qui s'en opère avec le
terreau, d'où résulte une proportion permanente du gaz oxigène
dans l'air atmosphérique. L'expérience confirme cette théorie :
M. de Saussure a introduit dans un ballon fermé, plein d'air atmosphérique, une branche chargée de feuilles qui tenoit encore au
tronc dont les racines végétoient dans le terreau ; il a vu qu'au
bout de deux à trois semaines, l'air du ballon contenoit une proportion plus considérable de gaz oxigène. Pour réussir dans cette
expérience, il faut que la branche n'occupe qu'une très-petite

partie de la capacité du ballon, et qu'elle ne soit point séparée du tronc et des racines qui lui fournissent de l'acide carbonique à décomposer.

ARTICLE V.

Des Sucs nourriciers.

218. Je réunis dans cette classe tous les sucs qui ont passé par les périodes que nous venons d'étudier ; c'est-à-dire qui ont été pompés par les racines, chariés jusque vers les feuilles, qui se sont dépouillés de leur eau surabondante, et qui ont été soumis à l'action ou au mélange des matières pompées dans l'air : après ces différentes élaborations, la lymphe est changée en un nouveau suc, dont nous devons maintenant étudier la marche, la nature et l'usage.

219. Ces sucs se trouvent dans des vaisseaux particuliers qu'on a distingués non d'après leur forme, mais d'après leur contenu ; ces vaisseaux se trouvent principalement dans l'écorce et souvent aussi entremêlés dans le corps ligneux avec les vaisseaux lymphatiques : les sucs s'y meuvent en sens inverse du mouvement de la sève dans les vaisseaux lymphatiques, c'est-à-dire de haut en bas ou en se dirigeant des feuilles vers les racines ; on s'assure de cette direction des sucs par des expériences faciles. Si l'on fait à l'écorce d'un arbre dicotylédone une forte ligature ou une section transversale, on voit que les sucs ne peuvent redescendre, et qu'il se forme au-dessus de la ligature un bourrelet assez considérable ; ces sucs ne descendent point par leur propre poids, car le bourrelet s'opère également du côté du bout de la branche, lorsqu'on fait l'expérience sur un arbre à rameaux pendans. Les mêmes raisonnemens que nous avons présentés en parlant de la lymphe, tendent à prouver que la marche des sucs descendans doit être aussi attribuée à la contractilité organique des vaisseaux.

220. Leur usage est indiqué d'une manière qui ne me paroît pas équivoque, par la seule considération des parties où ces sucs abondent. Nous les voyons dans les dicotylédones, descendre des feuilles aux racines, le long de l'écorce et de l'aubier, c'est-à-dire dans les parties mêmes où s'opère la formation des nouvelles couches et l'accroissement de la plante ; leur marche est bien moins connue dans les monocotylédones ; on

sait cependant que dans ces plantes ils ne passent pas dans les parties extérieures où le développement ne s'opère pas , et on peut penser, avec vraisemblance, qu'ils passent par l'intérieur de la tige , dans les lieux où s'opère le développement des nouvelles fibres.

221. Nous nous confirmerons dans cette idée que les sucs descendans servent immédiatement à la nutrition des végétaux, en étudiant de plus près les ligatures ou les sections transversales de l'écorce. Dans cette expérience capitale , il se passe deux faits dignes d'attention. La partie de la tige qui est inférieure à la section circulaire, ne forme point de couches nouvelles , parce que les sucs nourriciers ne peuvent y parvenir; la partie supérieure à la section, est au contraire dans un état de pléthore : elle forme des couches nouvelles; la surabondance des sucs nourriciers se jette sur les fruits lorsqu'elle en est chargée, et hâte leur maturité : ces mêmes sucs se déposent dans le tissu cellulaire et forment un bourrelet, lequel développe avec une grande facilité des feuilles ou des racines, selon les circonstances dans lesquelles on le place. Si on enlève en entier l'écorce d'un arbre, les sucs descendans ne pouvant plus descendre par l'écorce et y développer de nouvelles couches , se jettent en totalité sur l'aubier, dont ils augmentent beaucoup la densité. On sait que Buffon a proposé d'écorcer un an à l'avance les arbres qu'on veut couper , afin que l'aubier atteigne la dureté du bois. Je pense donc que , d'après ces faits, on peut regarder comme prouvé que le suc descendant sert à la nutrition des organes des plantes, et notamment aux nouvelles couches.

222. Dans quelques familles de plantes , le suc descendant a une nature particulière; il est, par exemple, laiteux dans les euphorbiacées et les apocinées, résineux dans les conifères. Ce suc coloré est-il une secrétion du suc nourricier ? ou bien seroit-il ce suc nourricier lui-même qui, dans ces végétaux, auroit une nature différente? Je suis porté pour cette dernière opinion, parce que, 1°. dans les plantes où ce suc coloré existe, on n'a pas encore apperçu d'autres sucs descendans; 2°. ce suc est généralement très-abondant dans les plantes où il se trouve, et il doit par conséquent avoir un usage important; 3°. il a la même direction et la même marche que le suc nourricier; 4°. quoiqu'il se dirige de haut en bas, il est toujours plus abondant dans le haut de la plante que dans le bas, ce qui semble indiquer que

pendant cette route il se combine avec les parties qui se deve-
loppent. Au reste, comme le nom de suc propre a été donné
à des liquides fort hétérogènes quant à leur nature, leur position et leur cours, et avant qu'on eût pensé à distinguer les secrétions d'avec le fluide nourricier, je n'oserois affirmer que
tous ces sucs colorés appartiennent à la même classe.

223. Maintenant nous pouvons essayer de déterminer le rôle
que joue dans la nutrition chacune des substances introduites
par la sève dans les végétaux. Observons d'abord que la sève
contient une très-petite quantité de matière étrangère à l'eau.
M. Vauquelin n'en trouve que $\frac{1}{100}$ dans la sève d'orme, et ce
centième lui-même contient près de $\frac{99}{100}$ de carbonate de chaux :
il calcule que si cette matière étrangère est seule nutritive, et
en négligeant ce que les végétaux tirent de l'air, il faudroit,
pour qu'un charme augmentât de 5 myriagrammes, qu'il passât
dans ses vaisseaux 2,800 myriagrammes de sève. Cette quantité paroît immense, et l'on est bien tenté de penser que l'eau
elle-même concourt à la nutrition. Ce soupçon se confirme par
l'observation de M. Senebier, que la quantité d'eau exhalée par
la transpiration est toujours inférieure à l'eau pompée. Il se
confirme sur-tout par les expériences de M. Théodore de Saussure ; ce physicien a fait végéter des plantes dans de l'eau distillée en vase clos, et dans de l'air dépouillé de gaz acide carbonique. Après quelque temps, il a vu que ces plantes, réduites à un état de siccité déterminé, avoient augmenté en
poids d'une quantité qui depasse toujours celle de l'air absorbé ;
que conséquemment une partie de l'eau s'incorpore à leur propre substance, de manière que la dessication ne peut l'enlever ;
il a vu que si on fait croître la plante dans une atmosphère qui
contient du gaz acide carbonique, elle augmente d'un poids
beaucoup supérieur à la quantité d'acide carbonique décomposé, c'est-à-dire, que si la plante peut absorber du carbone,
elle fixe en même temps dans son tissu une plus grande quantité d'eau ; il est parvenu à prouver cette fixation de l'eau dans
les végétaux par une autre voie : il estime, par plusieurs expériences, la quantité de matière soluble qui se trouve dans le
terreau le plus fertile, la quotité de cette matière soluble absorbée par un hélianthe dans un temps déterminé ; il ajoute à
cette quantité celle de l'oxigène et du carbone déposé par l'atmosphère sur les feuilles de la plante, et il trouve que toutes

ces quantités réunies ne font que la 20ᵉ. partie du poids que l'hélianthe a acquis pendant ce temps, et qu'il ne peut perdre par la dessication la plus complette. Quoique ce calcul ne puisse pas être très-rigoureux, on voit que lors même qu'on se seroit trompé du tiers ou du triple pour chacun de ces élémens, la conclusion seroit toujours la même, c'est-à-dire, qu'il faut nécessairement admettre qu'une partie de l'eau qui compose la sève est fixée dans le tissu du végétal, et forme même probablement une partie considérable de son poids. En effet, sans cette fixation de l'eau dans la substance solide des végétaux, comment concevoir et la quantité d'hydrogène qui se retrouve dans tous leurs produits, et la quantité d'eau qui se dégage dans la combustion des végétaux, et qu'on ne peut regarder comme formée par l'opération, jusqu'à ce que du moins on en ait des preuves directes ?

224. Maintenant la grande question de la décomposition de l'eau dans les végétaux, se réduit à cette autre, bien moins importante. L'eau qui entre dans la partie solide des végétaux est-elle décomposée au moment de sa fixation, de sorte que l'un de ses élémens soit fixé dans le tissu, tandis que l'autre seroit éliminé sous forme de gaz? ou bien est-elle fixée à l'état d'eau, et d'une manière analogue à l'eau de cristallisation des minéraux? et n'est-ce que par la suite des phénomènes chimiques qui se passent dans le tissu végétal, que les élémens d'une partie de cette eau sont séparés et entrent dans des combinaisons nouvelles? ou bien enfin ces deux effets n'ont-ils pas lieu dans différentes circonstances ou dans différens végétaux ?

225. On a cru que le gaz oxigène dégagé par les plantes qui végètent sous l'eau au soleil, étoit dû à la décomposition de l'eau; mais on a reconnu que cet oxigène ne se dégage point sous l'eau distillée, sous l'eau bouillie, sous l'eau chargée de gaz azote ou de gaz hydrogène; que ce dégagement n'a lieu que dans le cas où la plante trouve de l'acide carbonique à décomposer; que s'il est un petit nombre de plantes, telles que les plantes grasses, qui émettent du gaz oxigène dans l'eau distillée ou dans le gaz azote, c'est que ces plantes forment de l'acide carbonique aux dépens de leur propre substance, et le décomposent ensuite elles-mêmes. On ne peut donc point conclure de ce phénomène à la décomposition directe de l'eau. Un petit nombre de faits restent encore pour étayer cette opinion;

M. Senebier a vu que des graines de pois germent sous l'eau distillée, et dégagent pendant leur germination du gaz qui contient une petite quantité d'hydrogène, dont il ne peut trouver l'origine, si ce n'est dans la décomposition de l'eau. M. Humboldt a vu différens champignons placés sous l'eau, dégager du gaz hydrogène, sans qu'on pût y soupçonner de fermentation. A l'exception de ces deux cas très-particuliers, rien ne tend à prouver que la décomposition de l'eau ait lieu dans les végétaux vivans au moment de sa fixation, et tout tend à confirmer l'idée de M. de Saussure, que l'eau se fixe dans les végétaux, tout comme elle entre dans la composition de certains minéraux.

226. Nous avons établi que le carbone des plantes est dû à la décomposition de l'acide carbonique introduit par les racines et par les feuilles. Nous allons tenter de présenter le mode de cette décomposition. Il paroît évident que les feuilles et les parties vertes des plantes sont les principaux organes de l'assimilation du carbone; eux seuls du moins dégagent du gaz oxigène : la lumière paroît être l'agent qui sépare l'oxigène du carbone : du moins le dégagement de ce gaz dans toutes nos expériences, n'a lieu que lorsque les plantes sont exposées aux rayons directs du soleil; au contraire, les plantes exposées à l'obscurité totale, ne donnent point de gaz oxigène, et ne combinent presque point de carbone.

On trouve le carbone dans tous les produits chimiques des végétaux, mais il se dépose inégalement dans leurs différens organes; il est abondant dans le corps ligneux, et sur-tout dans les parties vertes. M. Théod. de Saussure observe que cette proportion diminue en automne, que le bois contient plus de carbone que l'aubier, et l'un et l'autre ordinairement moins que l'écorce. Les différens végétaux offrent à cet égard des différences notables; en général la quantité du carbone combiné dans leurs corps ligneux est d'autant plus grande, que la végétation naturelle de l'arbre est plus lente; et cette quantité de carbone paroît aussi d'accord avec la pesanteur du bois et la quantité de chaleur qu'il dégage dans sa combustion.

227. Les matières terreuses et salines qui pénètrent dans les végétaux, se déposent inégalement dans les différentes plantes et dans les différens organes de la même plante; comme elles sont incombustibles, on a un moyen facile d'en reconnoître la

présence : c'est de comparer la quantité de cendre produite par la combustion de diverses plantes ou de divers organes d'une même plante. M. Théod. de Saussure, considérant que ces matières terreuses et salines sont introduites en dissolution dans l'eau pompée par les racines, que cette lymphe se dirige naturellement vers les parties de la plante où doit se faire la transpiration, que celle-ci emporte une quantité presque inappréciable de matières étrangères à l'eau, et est généralement proportionnée à la succion, établit ce principe général par lequel on peut expliquer la plupart des faits connus, savoir, que la quantité des matières terreuses et salines, ou, en d'autres termes, la quantité des cendres est proportionnelle à la quantité de la succion et de la transpiration. Ainsi, si l'on compare les végétaux les uns aux autres, on trouve que les herbes ont plus de cendres que les arbres, et parmi ceux-ci les arbres à végétation rapide, plus que ceux à végétation lente. Si l'on compare les organes d'un même végétal, on trouve que le bois en donne moins que l'aubier, l'aubier moins que l'écorce, l'écorce moins que les feuilles (1).

228. Les sels alkalins, c'est-à-dire, ceux de potasse ou de soude, sont de beaucoup plus abondans dans les cendres des plantes herbacées ou des parties herbacées des arbres qui sont en état d'accroissement, comme ils sont aussi les plus abondans dans le terreau. La proportion de ces sels n'augmente jamais sensiblement, et diminue le plus souvent, à mesure que la plante vieillit sur le même sol. Ces sels sont toujours moins abondans dans l'écorce que dans le bois et l'aubier, et on ne trouve pas de différence entre ces derniers organes. On retrouve une quantité notable de sels alkalins, et notamment de phosphate de potasse, dans les graines. Ces variétés paroissent tenir à ce que la pluie et l'eau qui lavent le végétal enlèvent proportionnellement beaucoup plus les sels alkalins, qui sont les plus solubles. Lorsque cet effet a eu lieu, les autres matières terreuses, qui ne sont pas si facilement enlevées par l'eau, paroissent être en plus grande proportion dans les cendres. Les phosphates de chaux et de magnésie sont, après les sels alkalins, les plus abondans dans les plantes qui sont en état d'accroissement, et leur proportion diminue de même, et par

____

(1) Ces résultats et les suivans sont tirés des recherches de M. de Saussure.

les mêmes causes, à mesure que la plante avance en âge. L'é-
corce en contient moins que le bois, et celui-ci moins que l'aubier.

Le carbonate de chaux se trouve abondamment dans les
cendres de l'écorce; il se retrouve aussi dans celles de l'aubier, et plus encore dans celles du bois.

La quantité proportionnelle de silice qui se trouve dans les
cendres des plantes, augmente proportionnellement à mesure
que la plante avance en âge, à cause de la disparution des sels
solubles. Il est à remarquer que cette terre se trouve en beaucoup plus grande quantité dans les graminées que dans les
autres familles; elle est très-abondante dans leur épiderme, et
se trouve concrétée dans le nœud de quelques-unes. Peut-être
cette différence tient-elle à ce que ces plantes transpirent plus
que les autres. Parmi les autres plantes, la silice est presque
nulle dans le bois, plus fréquente dans l'écorce, et quatre ou
cinq fois plus considérable dans les feuilles. Ainsi, les arbres
s'en dépouillent annuellement par la chute de leurs feuilles.

Enfin les oxides de fer et de manganèse augmentent, dans
les cendres, à mesure que la végétation avance. Leur proportion, dans les plantes, est toujours moindre que dans le terreau.

ARTICLE VI.

Des Secrétions.

229. Nous avons vu que le suc descendant se dirige généralement vers les parties qui se développent, et contribue
puissamment à leur nutrition. Ce n'est pas là son unique emploi : il fournit encore différentes matières qui, élaborées par
des organes particuliers, jouent dans l'économie végétale un
rôle digne de quelque attention.

Parmi ces secrétions, il en est qui produisent des sucs stationnaires, au moins en apparence, dans l'intérieur du végétal, et dont l'histoire est tout-à-fait inconnue. Ainsi, dans le
parenchyme des feuilles, des fruits et des écorces de plusieurs
plantes, on trouve des vésicules pleines d'huile essentielle :
quoiqu'on ignore leur usage, on peut présumer qu'il est de
quelque importance, puisque ces vésicules existent ou manquent dans des familles entières. Ainsi, les myrtées, les hypé-
ricées, les hespéridées, les rutacées, ont presque toutes les

feuilles ponctuées ; les ombellifères, et plusieurs hespéridées, ont des dépôts semblables d'huile essentielle, placés dans les tuniques du fruit.

250. On connoît un peu davantage l'histoire des secrétions qui s'opèrent près de la surface même des végétaux, et qui tendent à repousser au dehors certaines matières, ou inutiles à la nutrition, ou nécessaires, soit à la conservation, soit à l'action de certains organes.

Parmi ces excrétions, il en est qui sont invisibles, insensibles au poids, et que nous connoissons seulement par certains phénomènes particuliers. Ainsi, le dictame fraxinelle émet, à la fin des beaux jours de l'été, une vapeur qui s'enflamme lorsqu'on en approche une lumière : cette vapeur est incoercible sous l'eau, et sa nature, qui paroît s'approcher de celle des huiles essentielles, est encore mal connue ; mais parmi ces excrétions gazeuses, les plus importantes sont celles qui produisent les odeurs végétales.

251. Les odeurs n'ont rien de commun entre elles, si ce n'est d'affecter les nerfs olfactifs, et ceci tient uniquement à l'état aériforme que certaines substances peuvent acquérir. Ainsi, on peut concevoir que les excrétions gazeuses des végétaux pourront affecter l'odorat, et nous procurer des sensations peu différentes, quoique provenant de causes essentiellement différentes. Lorsque nous voyons l'arsenic brûlé émettre une odeur analogue à celle de l'ail, nous concevons que notre odorat peut être affecté d'une manière semblable par des corps très-différens. M. Fourcroy confirme ces données en nous montrant déjà cinq classes d'odeurs très-différentes, parmi celles qui proviennent du règne végétal. 1°. Les esprits recteurs, extractifs ou muqueux qu'on obtient en distillant au bain-marie des plantes inodores sans addition d'eau ; par exemple, l'eau de bourrache ; 2°. les esprits recteurs, huileux, fixes, indissolubles à l'eau, et que l'oxigène détruit ; par exemple, le jasmin ; 3°. les esprits recteurs, huileux, fixes, dissolubles dans l'eau froide, sur-tout dans l'eau chaude, et plus encore dans l'alcool ; telles sont les eaux aromatiques des labiées ; 4°. les esprits recteurs, aromatiques et acides, comme les eaux et alcools aromatiques de canelle et de benzoin ; 5°. les esprits recteurs, hydrosulfureux, qui précipitent en brun ou en noir

les dissolutions métalliques, comme les eaux distillées des choux et de la plupart des crucifères.

232. Toutes les parties des plantes émettent des odeurs : ainsi, la racine est aromatique dans toutes les drymyrhizées, fétide dans toutes les valérianées vivaces. Le bois est odorant dans plusieurs laurinées, fétide dans l'olax zeylanica. L'écorce et les feuilles sont odorantes dans les laurinées, les labiées, les myrtées, souvent fétide dans les rutacées. Les fleurs offrent sur-tout une variété d'odeurs très-remarquable : toutes ont, à un degré plus ou moins marqué, l'odeur du pollen ; mais, en outre, il en existe un grand nombre dont les corolles sont odorantes ; les unes, comme celles des stapelia, exhalent une odeur si fétide, que certains insectes y déposent leurs œufs, comme dans la viande pourrie. Le plus grand nombre produit, au contraire, les parfums les plus aromatiques. Au milieu de cette diversité dans l'origine des odeurs végétales, il est bon de remarquer, avec M. Nicholson, qu'en général les odeurs qui ne proviennent pas des corolles n'agissent point sur les nerfs, même lorsqu'elles sont fortes, tandis que les odeurs produites par les corolles ont sur-tout, lorsqu'elles sont fortes, un effet spasmodique très-marqué et souvent dangereux. Les premières sortent rarement du végétal sans trituration, se conservent souvent après sa mort, et se rencontrent principalement dans les plantes où nous observons des vésicules glanduleuses, pleines de sucs propres stationnaires, ou d'huile essentielle. Les secondes, au contraire, sortent spontanément des fleurs, ne se conservent presque jamais après leur mort, et rarement après la fécondation ; elles sont produites par des corolles où les yeux, armés des meilleurs instrumens, ne peuvent distinguer aucun organe destiné à cette secrétion. Les unes émettent continuellement leur odeur ; d'autres, telles que l'*aletris fragrans* ou le *cactus grandiflorus*, exhalent leur parfum d'une manière brusque et instantanée ; le *cestrum diurnum* n'est odorant que pendant le jour : un grand nombre, au contraire, telles que le *cestrum nocturnum*, le *geranium triste*, etc., exhalent leurs parfums à l'entrée de la nuit ; presque toutes les fleurs semblent même plus odorantes à cette époque. En général, les fleurs cessent d'être odorantes à l'époque de la fécondation, et c'est un des avantages des fleurs doubles, que la fécondation ne s'y opérant point, leurs parfums sont plus durables. La lumière

paroît n'avoir aucune influence sur ce phénomène ; du moins une jonquille, élevée par M. Senebier à l'obscurité totale, a fleuri et a développé son parfum comme à l'ordinaire.

233. Les secrétions liquides sont au moins aussi variées, et peut-être un peu mieux connues que les secrétions gazeuses : plusieurs d'entre elles s'opèrent par les poils glanduleux placés sur la surface du végétal ; tel est le suc caustique des poils de l'ortie et du malpighia urens ; le suc acide du pois ciche ; le suc visqueux des drosera. Des secrétions ordinairement miellées sont aussi produites dans les fleurs par les véritables nectaires ; dans plusieurs végétaux, au contraire, des sucs analogues suintent sur l'écorce ou les feuilles, sans qu'on puisse y découvrir d'organes spéciaux affectés à cet usage. Ainsi, l'écorce du robinier visqueux, de la *gysophila viscosa*, de plusieurs silenés, exsude un suc visqueux ; les feuilles florales de l'*inula gluti-nosa* suintent une liqueur blanche et très - visqueuse ; les feuilles du mélèse suintent une espèce de manne. Le *bole-tus suberosus* transude, d'après M. Plenck, un suc légèrement acide. Il est très-probable que les petits lichens qui s'enfoncent dans les pierres produisent ce phénomène, à-peu-près comme les vers qui creusent les rochers, c'est-à-dire, en transudant une liqueur qui est de nature à dissoudre certaines pierres.

234. Enfin, les racines elles-mêmes présentent, dans quelques plantes, des secrétions particulières ; c'est ce qu'on observe dans le carduus arvensis, l'inula helenium, le scabiosa arvensis, plusieurs euphorbes et plusieurs chicoracées. Dans ces dernières plantes, ces secrétions ont été très-visibles, parce qu'elles sont laiteuses comme le suc propre : il semble que ces secrétions des racines ne soient autre chose que les parties des sucs propres, qui, n'ayant pas servi à la nutrition, sont rejetées au dehors lorsqu'elles arrivent à la partie inférieure des vaisseaux. Peut-être ce phénomène, assez difficile à voir, est-il commun à un grand nombre de plantes. MM. Plenck et Humboldt ont eu l'idée ingénieuse de chercher dans ce fait la cause de certaines habitudes des plantes. Ainsi, on sait que le chardon des champs nuit à l'avoine ; l'euphorbe et la scabieuse au lin ; l'inule aulnée à la carotte ; l'érigeron âcre et l'ivroie au froment, etc. Peut-être les racines de ces plantes suintent-elles des matières nuisibles à la végétation des autres. Au contraire, si la salicaire croît volontiers près du saule, l'orobanche

rameuse près du chanvre, etc., n'est-ce pas que les secrétions des racines de ces plantes sont utiles à la végétation des autres?

255. C'est peut-être de la même classe de faits qu'il faut rapprocher les transudations abondantes de gommes, de résines, de manne, de gomme-résines, de caautchouc, qu'on tire des différens arbres; mais je n'ose encore les classer ici, parce que plusieurs de ces sucs paroissent dus à un état morbifique.

256. Celle des excrétions des végétaux dont la Nature et l'usage offrent le moins d'incertitudes, est celle de la poussière glauque. Les Botanistes désignent en général sous le nom de *glauque*, toute surface dont le verd approche un peu du verd de mer. MM. Boucher et Senebier ont remarqué que toutes les surfaces glauques ne se mouillent point lorsqu'on les met dans l'eau. Malgré cette uniformité de propriétés, les causes qui rendent glauque la surface d'un végétal sont très-différentes. Ainsi, 1°. il y a des feuilles qui sont glauques, parce que leur surface est couverte de petits poils extrêmement courts, et visibles seulement au microscope; telle est, par exemple, la face inférieure des feuilles de framboisier; ces petits poils retiennent autour d'eux de petites bulles d'air, de sorte que, lorsque l'on trempe la feuille dans l'eau, la surface glauque ne peut se mouiller; 2°. dans quelques feuilles, la teinte glauque est due à ce que l'épiderme, c'est-à-dire, la lame extérieure du tissu cellulaire, s'exfolie, et qu'il se glisse une couche d'air entre les deux lames extérieures; c'est ce qu'on observe dans la surface inférieure des feuilles des pitcairnia et de quelques autres broméliacées; 3°. la teinte glauque est due ordinairement à ce que la surface de la feuille transude une matière de nature analogue à la cire, indissoluble à l'eau, presque entièrement soluble dans l'alcool. Cette matière, qui porte le nom de poussière glauque, a en effet une apparence pulvérulente, donne à la feuille une teinte bleuâtre ou grisâtre, et empêche le contact de l'eau. Il paroît évidemment que son usage est de garantir de l'humidité et de la putréfaction les feuilles et les fruits charnus : aussi elle est sur-tout abondante sur les plantes grasses ou pulpeuses et sur les fruits charnus. Malgré l'extrême ressemblance que présentent l'usage et la nature des poussières glauques, on y remarque cependant des différences assez singulières : celle des prunes renaît en peu de temps lorsqu'on l'enlève;

celle

celle des cacalies charnues ne renaît point lorsqu'elle a été enlevée ; la plupart naissent sur les organes verds et foliacés des plantes ; quelques-unes se développent ou du moins se conservent sur les tiges devenues ligneuses : telle est celle qui recouvre les tiges du *rubus occidentalis*. Seroit-ce à la même classe de faits qu'on doit rapprocher la couche singulière de cire qui recouvre le tronc du ceroxylon, palmier découvert dans les Andes par MM. Humboltd et Bonpland?

237. Les plantes aquatiques sont garanties de l'action de l'eau par une couche tantôt visqueuse, tantôt glaireuse, tantôt vernissée, dont la nature, quoique mal connue, paroît très-différente de la poussière glauque, mais qui s'en rapproche par son usage.

ARTICLE VII.

Considérations générales sur la Nutrition.

238. Après avoir ainsi passé en revue les principaux faits relatifs à la nutrition des végétaux, essayons de comparer l'ensemble de ces phénomènes avec ceux qui nous sont connus, quant à la nutrition des animaux. Cette comparaison servira, je l'espère, à nous donner une idée plus nette de la co-ordination de tous les faits que nous venons d'énumérer, et à diriger nos recherches subséquentes sur les points qui méritent une attention spéciale.

239. Si nous réduisons les phénomènes de la nutrition des animaux à leurs généralités fondamentales, et aux faits qui paroissent communs à toutes les classes dont la structure est bien connue, nous y distinguerons six périodes qui se retrouvent aussi dans tous les végétaux vasculaires.

1°. Les animaux introduisent dans leur bouche des alimens mélangés de différentes matières, les unes nutritives, les autres inutiles à la nutrition.

Les végétaux pompent, par leurs racines, l'eau et les matières qui y sont dissoutes, soit utiles, soit inutiles à leur nutrition.

2°. Les alimens des animaux suivent un canal particulier, qui, par sa contractilité organique, les conduit jusqu'au lieu où les matières vraiment alimentaires doivent être séparées des autres.

Les alimens des végétaux sont forcés, par la contractilité organique des vaisseaux, à s'élever jusque dans les organes foliacés, où paroît s'opérer la séparation des matières utiles ou inutiles à la nutrition.

3°. La partie des alimens inutile à la nutrition est rejetée au dehors par les animaux, sous forme d'excrémens.

La partie des alimens des végétaux qui est inutile à leur nutrition, est rejetée au dehors sous forme d'émanation aqueuse.

4°. Le chyme des animaux, c'est-à-dire, la partie nutritive des alimens, est pompée par des vaisseaux lymphatiques qui la conduisent dans un réservoir où elle reçoit l'influence de l'atmosphère.

La partie nutritive des alimens des végétaux va, par des routes inconnues, se mêler avec une autre sorte d'alimens pompée dans l'atmosphère par les organes foliacés.

5°. Après avoir reçu l'influence de l'atmosphère, le chyme, changé en sang, parcourt tout le corps, et sert à la nutrition de tous les organes.

Après avoir reçu l'influence de l'atmosphère, la lymphe des végétaux, changée en suc descendant, s'éloigne des organes foliacés, et va nourrir les parties qui se développent.

6°. Dans différentes parties du corps, le sang secrète des substances particulières ou inutiles à la nutrition, comme l'urine, ou nécessaires au jeu de certains organes, comme les larmes, ou propres à la reproduction, comme le fluide spermatique.

Dans différentes parties de la plante, le suc descendant secrète des substances ou inutiles à la nutrition, comme les odeurs, ou nécessaires à la conservation de certains organes, comme le glauque, ou propres à la génération, comme le fluide du pollen.

240. Voilà donc de grands traits de ressemblance dans la marche de la nutrition de tous les êtres organisés. Leurs différences peuvent maintenant se déduire de la manière la plus claire : ainsi en suivant le même ordre, nous trouverons que,

1°. Les animaux étant doués de volonté et de mouvement, peuvent choisir leurs alimens, les saisir et les emporter avec eux, ce qui suppose que ces alimens ont une certaine solidité. Les végétaux étant dépourvus de sensations et de mouvemens volontaires, se nourrissent des matières inorganiques les plus répandues, et qui s'offrent à eux sans résistance, telle que l'eau, et absorbent avec elle, sans faire de choix, toutes les matières qui y sont dissoutes. Les premiers font entrer ces alimens dans leur corps par un effet de leur volonté; les seconds, par une conséquence nécessaire de la faculté hygroscopique de leur tissu; les animaux n'ont le plus souvent qu'une seule bouche, les végétaux en ont plusieurs; il est cependant des animaux, tels que le rhizostome, découvert par M. Cuvier, qui ont un grand nombre de bouches, ainsi que les plantes.

2°. Les alimens des animaux, avant d'arriver au lieu où se fait la séparation de leurs principes, reçoivent une première élaboration dans un sac particulier. Ce sac manque dans les végétaux, et si cette élaboration préalable des alimens y existe, elle s'opère graduellement dans toute la longueur des vaisseaux séveux.

3°. Les excrémens des animaux, c'est-à-dire, ce qui servoit de support ou de véhicule aux matières nutritives, sont généralement solides. Ceux des végétaux sont de l'eau presque pure, parce que c'est en effet l'eau seule qui, en dissolvant différentes matières, les rend propres à la nutrition des végétaux.

4°. L'action de l'atmosphère sur la nutrition des animaux, consiste principalement à leur enlever le carbone surabondant. Elle tend, au contraire, à fixer du carbone dans les végétaux.

5°. Le sang ou le fluide nourricier des animaux se meut dans leur corps en repassant plusieurs fois par les mêmes canaux, c'est-à-dire, par une véritable circulation; le suc nourricier des végétaux descend des feuilles aux racines, et ne paroit jamais revenir dans une autre direction.

D'après ce parallèle, on voit que les ressemblances des deux règnes organisés consistent dans la marche des phénomènes, et leurs différences, dans la cause qui détermine ces phénomènes, et dans le choix des matières qui y sont employées.

241. Les efforts des Anatomistes doivent maintenant se diriger sur les points qui, d'après le tableau que nous venons de présenter, sont encore imparfaits; savoir : 1°. la connoissance exacte des pores radicaux; 2°. la manière dont les vaisseaux séveux s'abouchent avec les vaisseaux qui conduisent le suc descendant; 3°. la structure des vaisseaux qui renferment le suc nourricier; 4°. les organes qui opèrent plusieurs secrétions; 5°. l'histoire des vaisseaux propres. Les Physiologistes ont à

déterminer , 1°. quelle élaboration la sève subit depuis la racine jusqu'aux feuilles ; 2°. comment s'opère l'incorporation de la sève avec les matières pompées dans l'atmosphère ; 5°. ils doivent sur-tout mieux étudier les sucs descendans, les sucs propres et les secrétions.

ARTICLE VIII.

De l'Influence de la lumière.

242. Nous avons établi, en analysant les différentes fonctions des végétaux, que la succion est plus considérable à la lumière qu'à l'obscurité; que la transpiration aqueuse est très-abondante à la lumière, presque nulle à l'obscurité; qu'enfin la décomposition du gaz acide carbonique, s'opère presque toujours par l'intermède de la lumière : la réunion de trois actions aussi importantes, rend la lumière indispensable pour la végétation, et c'est dans ce sens qu'il faut entendre l'adage ancien que le soleil est le cœur des plantes. Le soleil n'est pas le seul moyen de reproduire ces phénomènes, et la lumière artificielle de nos lampes produit des effets semblables, mais dont l'intensité est proportionnée à celle de la lumière elle-même. Nous avons à examiner dans cet article, l'action de la lumière sur la coloration des végétaux, et sur la direction des tiges et des feuilles.

243. Si l'on expose à l'obscurité totale une plante bien portante, ses feuilles cessant de transpirer et de décomposer le gaz acide carbonique, se remplissent de liqueurs stagnantes, meurent et tombent au bout de peu de temps sans altération notable dans leur couleur. Au contraire, si on fait naître ou croître à l'obscurité totale une plante quelconque, toutes les parties qui s'y développent sont plus grèles, plus aqueuses, plus alongées qu'à l'ordinaire, et leur couleur, au lieu d'être verte, est d'un blanc argenté. Les plantes qui se sont ainsi développées à l'obscurité, portent le nom de plantes *étiolées*. Il arrive souvent dans la nature que les plantes qui croissent dans des lieux trop ombragés, sont à demi-étiolées; c'est-à-dire que leurs feuilles sont vertes comme à l'ordinaire, mais leur tige très-alongée. On s'est assuré par des expériences, que l'étiolement tient uniquement à l'absence de la lumière. Lorsqu'on transporte à la lumière une plante étiolée , elle cesse

de s'alonger aussi rapidement, et dans l'espace de vingt-quatre heures d'exposition au plein jour, elle acquiert une teinte verte à-peu-près égale à celle des autres plantes.

244. Il n'y a que les parties vertes des plantes qui dégagent du gaz oxigène à la lumière; il n'y a qu'elles qui deviennent blanches à l'obscurité, d'où l'on a conclu que la verdeur des plantes tient à ce dégagement du gaz oxigène, ou plutôt, pour être conséquent avec les principes posés ci-dessus, que la couleur verte des plantes est due à la fixation du carbone, lequel provient de la décomposition de l'acide carbonique. M. Senebier fait observer que la couleur fondamentale du tissu végétal, est d'un blanc jaunâtre, et que le carbone étant d'un bleu noir très-foncé, peut très-bien, en se déposant dans le tissu, le colorer en verd.

Dans toutes les circonstances où le dégagement de gaz oxigène cesse d'avoir lieu dans les parties vertes des plantes, il s'y opère un changement de couleur; ainsi les fruits verds, en mûrissant, acquièrent différentes couleurs, et les feuilles, à l'automne, se peignent, les unes en jaune, les autres en rouge; et enfin, presque toutes finissent, après leur mort, par cette couleur uniforme que, d'après elles, on a nommé *feuille-morte*. Quelques Chimistes ont attribué ce changement de couleur à l'action du gaz oxigène qui, n'étant plus dégagé, réagit sur le végétal; d'autres à l'action du gaz acide carbonique non décomposé. Il faut encore observer que, même dans ces colorations en jaune ou en rouge, la lumière joue quelque action: tout le monde sait que les fruits ne se colorent que du côté qui y est exposé, et que si on recouvre d'une plaque opaque une partie d'un fruit, la partie recouverte ne se colore point; ce qui prouve que cette action est locale.

245. Les couleurs des parties des végétaux qui ne sont pas vertes, sont encore plus difficiles à concevoir, et ne paroissent pas tenir d'une manière immédiate à l'action de la lumière. Certaines fleurs, telles que celles de la tulipe, sont déjà colorées dans leur bouton, et la plupart sont également colorées, même lorsqu'elles se développent à l'obscurité totale. L'atmosphère paroît avoir quelque influence sur ces colorations; ainsi plusieurs fleurs, telles que la rose, se colorent au moment où elles sortent de leur bouton; d'autres, comme le *cheiranthus mutabilis*, sont blanchâtres au moment de leur épanouissement et se colorent quelque temps après leur exposition à l'air: il

en est, enfin, qui changent de couleur pendant leur fleuraison; ainsi plusieurs borraginées ont des fleurs qui naissent rouges et qui deviennent ensuite bleues ou violettes. Plusieurs Chimistes sont disposés à croire que ces colorations diverses sont dues, comme celles des feuilles et des fruits, à diverses doses d'oxigénation. M. Lamarck regarde les colorations automnales des feuilles et des fruits, comme des états morbifiques, et considère les pétales comme des parties qui sont naturellement, et dès leur naissance, dans un état analogue à celui des parties vertes en automne : ils leur ressemblent en effet sous deux points de vue, c'est qu'ils n'ont point de transpiration aqueuse, ni de décomposition de gaz acide carbonique.

246. Parmi les couleurs des fleurs, celle qui paroît la plus constante est le jaune pur, encore même le voit-on passer au rouge dans le nyctage faux-jalap et la rose églantier, au blanc dans l'anthyllide vulnéraire, au verdâtre dans la dessication des fleurs de lotier, de primevère et de l'épervière à feuilles de statice. Le jaune orangé, tel que celui de la capucine, n'offre aucune variation : le rouge, le bleu et le blanc ne paroissent que trois modifications d'une même nature, et passent l'une dans l'autre avec une grande facilité. Au reste, M. Lamarck fait observer que la constance de la couleur varie dans différentes familles et dans différens genres; ainsi, par exemple, parmi les radiées, les unes ont le rayon de même couleur que le disque, d'autres ont le rayon de couleur différente du disque, et jamais une plante d'une de ces classes ne passe dans l'autre : parmi les ombellifères, les unes ont la fleur blanche ou rose, les autres ont la fleur jaune, et non seulement ces couleurs sont constantes dans les espèces, mais elles suivent presque toujours les divisions génériques.

247. L'action de la lumière sur la direction des tiges, est plus générale, et, s'il est possible, encore plus marquée que sur la coloration : les plantes qui croissent dans les lieux renfermés se dirigent toujours du côté où la lumière leur arrive; celles qu'on fait croître dans des caves se dirigent vers les soupiraux. M. Tessier a vu que si, dans une cave, on pratique deux sortes de soupiraux; les uns ouverts à l'air, et qui ne donnent point accès à la lumière; les autres fermés par des verres qui interceptent l'air et laissent passer la lumière, les plantes se dirigent toujours vers ces derniers : c'est à la même

classe de faits, dont la cause immédiate est encore inconnue, qu'il faut rapporter la courbure des plantes dans les serres, l'alongement des jeunes arbres dans les forêts : la transpiration aqueuse et la fixation du carbone s'opèrent, sur-tout du côté où la lumière vient frapper la plante ; celle-ci doit acquérir plus de développement et plus de poids de ce côté, et c'est peut-être ce qui contribue à son inflexion.

248. Les feuilles sont très-sensibles à l'action de la lumière : c'est probablement à son influence qu'il faut rapporter le fait que j'ai déjà cité, que leur face supérieure tend toujours à se diriger du côté du soleil ; mais c'est sur-tout à cet agent qu'on doit rapporter les faits connus sous le nom de *sommeil des feuilles*. Un grand nombre de feuilles, et notamment de feuilles composées, prennent, pendant la nuit, une position différente de celle qu'elles ont pendant le jour ; c'est ce phénomène qu'on a désigné sous le nom de sommeil des feuilles : il est lié avec un autre fait bien plus général ; c'est la suppression de la transpiration aqueuse pendant la nuit. Il est prouvé, par l'observation, que la chaleur n'influe point sur ces mouvemens, puisqu'ils ont lieu à toutes les températures, un peu après le lever et un peu après le coucher du soleil. Les alternatives de sécheresse et d'humidité semblent d'abord y influer ; mais le phénomène s'opère comme à l'ordinaire dans les chambres où le degré d'humidité ne varie point. La lumière y a au contraire une action très-marquée. Ainsi, dans l'état naturel des choses, le sommeil et le réveil des feuilles coïncident avec le coucher et le lever du soleil. Si des plantes à feuilles ailées, et dont le sommeil est bien marqué, telles que la sensitive, sont placées dans un lieu perpétuellement éclairé, on voit que les mouvemens alternatifs de sommeil et de réveil sont accélérés ; et si on les met dans un lieu éclairé pendant la nuit et obscur pendant le jour, on les voit, au bout de quelque temps, s'ouvrir à l'entrée de la nuit et se fermer le matin. Avant de prendre cette nouvelle marche, elles offrent, pendant quelques jours, de nombreuses anomalies, comme si leur habitude luttoit contre l'action de la lumière : c'est peut-être à cette force de l'habitude qu'on doit attribuer d'autres faits en apparence opposés aux précédens ; savoir, que plusieurs plantes, telles que l'*oxalis stricta*, ouvre et ferme ses feuilles à ses heures accoutumées, lors même qu'elle est exposée à l'obscurité totale.

249. Relativement à la disposition que les feuilles prennent pendant la nuit, on les a distinguées en plusieurs classes. Ainsi, parmi les feuilles simples, on en observe qui sont pendant la nuit :

Face-à-face (conniventia), savoir, quand deux feuilles opposées s'appliquent par leur face supérieure ; par exemple, l'arroche de jardin.

Enveloppantes (includentia), quand, étant alternes, elles s'approchent de la tige comme pour envelopper le bouton de leur aisselle ; par exemple, les *sida*.

En entonnoir (circum sepientia), quand elles s'élèvent et entourent la tige en forme d'entonnoir, comme pour protéger les jeunes pousses ; par exemple, la mauve du Pérou.

Protectrices (munientia), quand elles se déjettent en bas, de manière à former une espèce d'abri aux fleurs ; par exemple, l'impatiente n'y-touchez-pas.

Parmi les feuilles composées, on en trouve qui sont :

Dressées (conduplicantia), c'est-à-dire, que les folioles opposées des feuilles ailées s'appliquent au-dessus du pétiole par leur face supérieure ; par exemple, le baguenaudier.

En berceau (involventia), quand, étant ternées, les trois folioles se redressent, se réunissent par le sommet et s'écartent par leur milieu, de manière à former un pavillon qui abrite les fleurs ; par exemple, le trèfle incarnat.

Divergentes (divergentia), quand, étant ternées, les trois folioles se redressent, divergent par leur sommet et se rapprochent par leur base ; par exemple, les mélilots.

Pendantes (dependentia), quand les folioles pendent vers la terre, comme les lupins, les oxalis.

Rabattues (invertentia), quand leur petiole s'élève et que les folioles s'abaissent en tournant sur elles-mêmes, de manière qu'elles s'appliquent l'une sur l'autre par leur surface supérieure, quoique pendantes vers la terre ; par exemple, les casses.

Embriquées (imbricantia), quand les folioles s'appliquent le long du pétiole, le cachent en entier en se recouvrant comme les tuiles d'un toit, et en se dirigeant vers le sommet du pétiole ; par exemple, la sensitive.

Rebroussées (retrorsa), quand les folioles s'embriquent en sens inverse des précédentes, c'est-à-dire, en se dirigeant du côté de la base du pétiole, comme dans le *galega caribæa*. Quant au sommeil des fleurs, voyez n°. 271 et suivans.

ARTICLE IX.

De l'influence de la Température.

250. Tout le monde sait, d'une manière générale, que la chaleur accélère, que le froid retarde la végétation, et que la plupart des plantes ne peuvent vivre qu'entre certaines limites de chaud et de froid; mais si nous examinons de plus près l'action de la température sur les végétaux, nous verrons qu'elle agit sur eux, aussi bien que sur les animaux, comme stimulant d'irritabilité. En effet, tous les phénomènes sur lesquels nous avons établi la réalité de cette propriété vitale des plantes, sont accélérés par la chaleur, et retardés par le froid. Sous ce rapport, l'influence de la température est sur-tout manifeste dans la succion comparée de plantes exposées à diverses températures, et dans le développement des bourgeons et des graines, qui paroît principalement déterminé par la chaleur.

251. Indépendamment de cette influence sur la vitalité, la température agit d'une manière purement physique sur la végétation. Ainsi, 1°. la chaleur dilate et le froid condense tous leurs organes; 2°. la chaleur augmente la transpiration, soit par son action sur l'irritabilité, soit en augmentant l'évaporation; 3°. elle facilite la putréfaction et la fermentation, lesquelles tendent à former aux plantes un terreau nutritif. On conçoit, d'après ces données générales, que si la chaleur augmente beaucoup sans que l'humidité croisse en même temps, l'évaporation deviendra si considérable, que les végétaux périront de desséchement : c'est ce qui fait que dans les pays très-chauds il n'y a que les régions humides qui soient favorables aux plantes. Si, au contraire, la température baisse, il se forme moins d'acide carbonique; ce qui rend la nutrition plus difficile : à des degrés plus bas, les liquides que la plante auroit pu absorber se congèlent, de sorte que la nutrition devient nulle. Si enfin le froid augmente encore, les liquides contenus dans l'intérieur du végétal se gèlent; par la dilatation qu'opère toujours la gelée, ils rompent les vaisseaux et les cellules qui les renfermoient, d'où résulte la mort de la plante ou de la partie gelée.

252. Cependant l'organisation des végétaux est si variée, que la chaleur agit très-diversement sur eux ; il en est qui peuvent résister à des degrés considérables de chaleur. Ainsi, le *vitex agnus castus* a été trouvé par M. Sonnerat, tout auprès d'une source, à 62 degrés, et par M. Forster, au pied d'un volcan, où le sol étoit à 80 degrés ; M. Ramond a vu la verveine officinale croître à Bagnères, sur le bord d'un ruisseau, dont l'eau est à 51 degrés ; et M. Adanson assure que certaines plantes restent vertes dans les sables du Sénégal, qui ont quelquefois jusqu'à 61 degrés de chaleur. Il en est d'autres, au contraire, qui résistent à de grands degrés de froid. Ainsi, les chênes ont résisté, en Danemarck, à un froid de 25 degrés, et les bouleaux, en Laponie, à 52 degrés. M. Senebier a vu des fleurs de fève supporter, à la fin de l'automne, un froid de 5 degrés. Le noisetier fleurit quelquefois, selon L'héritier, à 6 degrés. Le perce-neige en fleur peut être recouvert d'une épaisse couche de glace sans en paroître altéré. Pour expliquer ces différens faits, on s'est demandé si les végétaux n'auroient point, comme les animaux, la faculté de développer un certain degré de chaleur qui leur permettroit de résister au froid extérieur ? ou bien si cette importante propriété doit être simplement attribuée à la structure de leurs parties ?

253. On a cru pouvoir prouver, par la simple théorie, que les végétaux développent de la chaleur, en faisant considérer que le résultat général de la végétation est de solidifier des liquides et des fluides élastiques. Mais cet effet est amplement compensé, parce que l'eau qui entre dans les végétaux sous forme liquide, en sort sous forme de fluide élastique, c'est-à-dire, en emportant une grande quantité de calorique. Jean Hunter, et ensuite MM. Schopff, Bierkander, Pictet et Maurice, ont cherché à déterminer, par l'expérience, la température des arbres. En plaçant un thermomètre au fond d'un trou fait à un tronc, on observe que la température de l'arbre est constamment plus froide que l'air pendant les six mois d'été, et plus chaude pendant les six mois d'hiver. En comparant cette marche du thermomètre avec celle d'autres instrumens semblables placés dans la terre, MM. Pictet et Maurice observent que les variations du thermomètre placé dans l'arbre correspondent assez exactement à celles d'un thermomètre placé à 15 décimètres de profondeur. Desaussure a encore observé

que la neige fond presque aussi vîte au pied des arbres morts qu'au pied des arbres vivans. Ces deux derniers faits tendent à éloigner l'hypothèse d'une chaleur propre aux végétaux, et nous amènent à penser au contraire que les plantes qui résistent aux extrêmes de la température sont simplement douées de la double faculté de se mettre lentement en équilibre avec la température de l'air, et promptement avec celle du sol.

254. En général, l'action de la chaleur et du froid est beaucoup moindre sur les parties solides que sur les parties liquides du végétal. Ainsi, les graines mûres qui ne contiennent point d'eau liquide ont résisté à des degrés excessifs de froid et de chaud, tandis qu'elles gèlent facilement avant leur maturité ou après leur germination. Le bois et les couches extérieures de l'écorce, qui l'un et l'autre contiénnent peu d'humidité, résistent bien au froid, tandis que l'aubier et le liber sont facilement altérés. Cette altération est plus prompte encore dans les feuilles, les jeunes pousses, les fleurs, les fruits charnus. Si on compare les diverses plantes entre elles, on voit de même que celles qui contiennent plus de parties liquides sont plus facilement altérées par la chaleur et le froid; d'où l'on peut conclure ce premier théorème, que toutes choses d'ailleurs égales, la faculté de chaque plante et de chaque partie d'une plante, pour résister aux extrêmes de la température, est en raison inverse de la quantité d'eau qu'elle contient. Par cette seule loi, nous expliquons pourquoi les gelées du printemps et de l'automne font plus de mal que celles de l'hiver; pourquoi il est utile, comme on le pratique en Suède, d'effeuiller les arbres délicats à l'approche des gelées; pourquoi les arbres gèlent plus facilement dans les terreins gras et humides que dans les sols secs et stériles; dans un temps pluvieux que dans un temps sec; dans les lieux exposés au soleil que dans ceux exposés au nord, etc.

255. M. Blagden a prouvé que l'eau bourbeuse gèle beaucoup plus difficilement que l'eau pure, et l'on sait que les liquides visqueux, tels que les gommes et les résines, se gèlent avec difficulté. M. de Rumford a montré encore que les liquides sont d'autant plus mauvais conducteurs de la chaleur, qu'ils sont plus visqueux; d'où nous pouvons conclure ce second théorème, que la faculté des végétaux pour résister aux extrêmes de la température, est en raison directe de la viscosité de leurs

sucs ; ce qui explique pourquoi les arbres supportent en au—
tomne des froids qui les auroient tués au printemps ; pourquoi
plusieurs arbres résineux résistent à des froids très-intenses, etc.

256. La physique nous apprend encore que l'eau gèle plus
facilement quand sa masse est plus grande ; M. Senebier a vu
que l'eau résiste à 7 degrés de froid dans les tubes capillaires ,
qui sont cependant d'un plus grand diamètre que les vaisseaux
des plantes. Nous savons encore que l'évaporation est d'autant
plus facile, que l'ouverture des tubes est plus large ; d'où je con-
clus cette troisième loi : la faculté des végétaux pour résister aux
extrêmes de la température , est en raison inverse du diamètre de
leurs vaisseaux et de leurs cellules ; ce qui fait concevoir , par
exemple, pourquoi le tissu cellulaire gèle avant le tissu vasculaire.

257. On sait encore que l'eau , lorsqu'elle est dans un repos
parfait, résiste à plusieurs degrés de froid , et qu'elle s'évapore
moins par la chaleur ; d'où nous conclurons que la faculté des
végétaux pour résister aux extrêmes de la température , est en
raison inverse du mouvement de leurs liquides ; ce qui nous
donne une seconde cause de la facilité avec laquelle les arbres
gèlent lorsqu'ils sont chargés de feuilles.

258. M. de Rumford a prouvé qu'à l'exception de la chaleur
rayonnante , dont les loix sont encore mal connues , les molécules de liquide ne se transmettent pas l'une à l'autre le calorique dont elles sont échauffées , mais le reçoivent des solides , et
le transmettent aux solides ; on sait encore que les molécules
chaudes deviennent légères , et tendent à monter , tandis que
les molécules froides deviennent lourdes , et tendent à des—
cendre. Si nous appliquons ces données à la végétation, nous
voyons qu'un arbre a l'extrémité inférieure de ses vaisseaux
plongée dans le sol, et aspire toujours un liquide plus frais que
l'air en été , et plus chaud en hiver ; ce liquide s'élève jusqu'au
sommet du végétal sans difficulté , et met tout l'intérieur de
l'arbre au niveau de la température du sol. Lorsque, changé en
suc propre, il redescend le long des parties extérieures de l'arbre , il a acquis toutes les qualités qui peuvent le faire résister
au froid ; il est devenu plus visqueux ; son mouvement est devenu plus lent, sa quantité moins considérable. La structure
même de l'écorce des dicotylédones concourt à émousser l'action de la température extérieure. Ainsi les poils et les cellules
externes de l'écorce contiennent de l'air captif, qui est l'un des

corps les moins perméables au calorique ; la surface extérieure de l'écorce est souvent charbonnée, et enfin toute la charpente des végétaux est composée des matières qui transmettent le plus difficilement le calorique. C'est sans doute à la structure même de l'écorce qu'on doit attribuer la faculté qu'ont la plupart des dicotylédones, de résister au froid, tandis que les arbres monocotylédones qui sont dépourvus d'écorce, sont presque tous incapables de supporter la gelée. Concluons donc que si certains végétaux résistent aux extrêmes de la température, si tous sont plus chauds que l'air en hiver, et plus frais en été, il n'est point nécessaire d'admettre que les végétaux développent de la chaleur, mais que ces faits s'expliquent facilement en appliquant aux végétaux les loix connues des Physiciens sur la transmission de la chaleur.

CHAPITRE III.

DES FONCTIONS QUI CONSTITUENT LA VIE DE L'ESPÈCE, ou DE LA REPRODUCTION.

ARTICLE PREMIER.

De la Reproduction en général.

2⁄59. Il existe dans les végétaux deux modes de reproduction très-différens, les boutures et les graines. Une *bouture* est une partie de la plante qui se sépare et qui forme un nouvel être distinct de la plante-mère, mais animé par la même force vitale. Une *graine* est un nouvel être qui se forme sur la plante-mère, qui en tire sa nourriture pendant quelque temps, et qui ensuite s'en sépare après avoir reçu la vie par une opération particulière. La bouture étant une continuation du même être, n'a point d'enveloppe propre ; la graine étant un être essentiellement distinct, a une enveloppe propre.

La bouture ne se développant que dans les circonstances favorables, n'a point d'organes particuliers propres à la former ou à la nourrir ; la graine, destinée à maîtriser les circonstances, a reçu des organes particuliers de formation et de nutrition. La bouture étant une continuation du même être, le reproduit avec toutes les particularités qui lui sont propres, c'est-à-dire, qu'elle redonne les moindres variétés ; la graine étant un nouvel être, ne ressemble à la plante qui l'a formée que dans les parties essentielles à l'espèce.

La bouture étant une espèce d'accident produit par les circonstances extérieures, se présente sous des formes variables;
la graine étant essentielle à l'espèce, offre les formes les plus
constantes de toutes celles que les végétaux nous présentent.

Enfin la bouture étant due aux circonstances extérieures, les
hommes peuvent imiter ces circonstances, et produire des boutures. La graine étant due à des causes internes et à l'essence
même de l'espèce, les hommes ne sont point maîtres de sa formation.

26o. Ces deux organes, en apparence si différens, ont cependant entre eux une certaine correspondance; ainsi on peut
forcer une plante à porter un plus grand nombre de fruits, en
l'empêchant de porter des boutures; on peut sur-tout diminuer
graduellement l'abondance des graines d'une plante, en la mul-
tipliant habituellement de boutures; il paroît qu'il faut ranger
sous ce dernier chef, le phénomène de l'infécondité perpétuelle
des graines de canne à sucre, de saule, des plantes grasses vivaces, et de plusieurs autres plantes cultivées.

ARTICLE II.

De la Reproduction par boutures.

261. Au milieu des variations nombreuses que présentent les
reproductions par boutures, on peut distinguer deux classes:
1°. celles qui se séparent d'elles-mêmes de la plante-mère;
2°. celles qui ne s'en séparent qu'artificiellement ou accidentellement. La première classe comprend les *gongyles* et les
bulbes; la seconde, les *boutons*, les *boutures*, les *marcottes*,
les *cayeux* et les *greffes*.

262. On a donné le nom de *gongyle* (gongylus) aux globules reproducteurs des plantes acotylédones; ces globules paroissent en effet différer des graines, et se rapprocher des boutures, soit parce que dans plusieurs on ne peut distinguer de
fécondation préalable, soit parce que leur accroissement paroît
avoir lieu au moyen d'une simple extension, et sans que l'embryon perce aucune enveloppe visible. Mais peut-être ces différences apparentes tiennent-elles uniquement à notre igno-
rance, et celle-ci à l'extrême petitesse des organes dont il s'agit.
L'histoire mieux connue des mousses, et quelques particularités de la structure des varecs, tendent à me faire penser que

ces gongyles sont de véritables graines dont le développement diffère de celui des graines ordinaires, absolument comme la végétation des acotylédones diffère de celle des végétaux vasculaires.

263. Le nom très-impropre de *bulbes* (bulbi) a été donné à certains tubercules reproducteurs qui naissent sur les ramifications de la racine dans la saxifraga granulata , aux aisselles des feuilles dans l'ixia bulbifera, entre les pédicelles des fleurs dans plusieurs aulx, et à la place même des graines dans la capsule de quelques amaryllis. Leur structure et leur histoire sont encore peu connues ; on sait seulement qu'ils se développent sans fécondation ; qu'ils se séparent d'eux-mêmes de la plante-mère , et en reproduisent une nouvelle qui conserve de l'ancien individu jusqu'aux moindres variétés.

264. L'histoire des boutons n'a été encore bien observée que dans les dicotylédones : là nous voyons évidemment que tous les points de la couche intérieure de l'écorce peuvent développer des boutons lorsqu'une cause quelconque rallentit dans un lieu déterminé le mouvement de la sève descendante, ou en augmente la quantité. Ces boutons ou ces germes sont de deux sortes , les uns destinés à produire des branches , les autres destinés à produire des racines ; de-là , deux nouvelles sous-divisions de la multiplication des végétaux par boutures.

265. A l'aisselle de toutes les feuilles, la sève se trouve un peu retardée dans sa marche, et il s'y développe naturellement un bouton, lequel se change en branche ; une branche , sous ce point de vue, peut être considérée comme un individu distinct, né sur un autre individu ; on peut même réaliser cette métaphore , et c'est ce qui constitue la *greffe* (insitio). Cette opération consiste à transplanter un bouton sur un individu différent de celui sur lequel il a pris naissance : pour qu'elle réussisse , il faut nécessairement que le liber des boutons ou de la greffe s'abouche avec le liber du sujet , c'est-à-dire, de l'arbre sur lequel on le place ; on remplit cette condition indispensable par divers procédés dont on peut lire les détails, soit dans les Familles des Plantes d'Adanson , soit dans le Dictionnaire d'Agriculture de Rozier. La transplantation d'un bouton sur un individu de la même espèce , est une opération qui manque rarement ; mais lorsqu'on le transplante sur un individu d'une espèce différente, il faut que ces espèces aient entre elles certaines

analogies , savoir, que les deux espèces soient de nature à entrer en sève à-peu-près à la même époque, que la quantité de sève absorbée par l'une et par l'autre soit à-peu-près égale, que la nature des sucs soit peu différente, qu'enfin la forme des vaisseaux soit de nature à leur permettre de s'aboucher ; quant à cette dernière condition, dont nos connoissances anatomiques ne nous permettent pas encore de juger directement, nous en trouvons un indice dans les rapports naturels, et on observe que les plantes de même genre ou de même famille se greffent plus facilement ensemble que celles qui appartiennent à des familles différentes. Lorsque ces diverses conditions sont remplies, le bouton se développe, et toutes les branches qui en sortent sont absolument semblables à celles que le bouton auroit produites, si on l'eût laissé dans sa place naturelle. Cette assertion est vraie lorsqu'on la considère dans sa généralité ; mais on ne peut nier cependant que la nature du sujet n'ait, dans certains cas, une légère influence sur la nature des sucs, et notamment sur le fruit de la greffe.

266. Tout ce que nous avons dit sur la naissance d'une branche, s'applique, avec de légères modifications, à d'autres modes de reproductions. Ainsi, dans les tiges souterraines et bulbeuses, la jeune branche qui pousse latéralement, porte le nom de *cayeu* (bulbillus).

Dans les plantes dont les racines supérieures ou les branches inférieures s'étalent à la surface du sol, elles poussent, d'espace en espace, des racines et des boutons à feuilles : il suffit de séparer ces parties de la plante-mère, pour reproduire un nouvel individu ; ces productions nouvelles se nomment *drageons* (stolones).

267. De même si, par une ligature ou une coupure transversale, on arrête le mouvement de la sève descendante, il se forme à la partie supérieure un bourrelet, lequel étant enveloppé de terre humide, donne naissance à des racines ; tantôt on coupe la branche, on la met en terre, et les racines naissent de la partie inférieure de son écorce : ce nouvel individu porte le nom spécial de *bouture* ; ailleurs on ne sépare la branche que lorsqu'elle a poussé des racines dans la terre placée autour du bourrelet ; quelquefois on couche une branche ou un arbre en terre, son écorce pousse des racines et on coupe ensuite les

branches ,

branches, dont chacune produit un nouvel individu : dans plusieurs plantes il naît des racines dans les places où la sève s'arrête naturellement , telles que les aisselles des feuilles et les articulations de la tige. Ces différens procédés de multiplication artificielle , portent le nom de *marcotte*.

ARTICLE III.

De la Reproduction par graines en général.

268. La reproduction par le moyen des graines , se compose de quatre époques que nous allons étudier séparément : la fleuraison , la fécondation , la maturation et la germination.

ARTICLE IV.

De la Fleuraison.

269. L'époque de la fleuraison des végétaux , comparée avec leur âge , offre les mêmes diversités que l'époque de la puberté parmi les animaux. Il en est qui fleurissent en moins d'une année ; d'autres demeurent deux , trois ou plusieurs années avant de fleurir. La plupart continuent ensuite à fleurir d'année en année jusqu'à la fin de leur vie. Les circonstances extérieures peuvent accélérer ou retarder cette époque de la puberté des végétaux. Ainsi, la plupart de nos plantes bisannuelles, mises en serre ou transportées sous les tropiques, fleurissent la première année ; plusieurs autres , qui dans les pays chauds sont annuelles , deviennent bisannuelles dans nos climats. La nature du sol influe aussi sur ce phénomène. Ainsi, certaines plantes maritimes , telles que le *nitraria* , fleurissent plutôt lorsqu'on les arrose avec de l'eau salée. Un sol trop gras développe beaucoup de feuilles et peu de fleurs ; un sol maigre accélère souvent la fleuraison : c'est peut-être à ce même fait qu'il faut rapporter deux observations constatées par les cultivateurs ; savoir, 1°. que les boutures fleurissent souvent plutôt que si on eût laissé les mêmes boutons suivre leur développement naturel ; 2°. que les plantes qui ont fait un long voyage fleurissent fréquemment dans l'année de leur arrivée. Il semble , dans ces différens cas , que l'individu épuisé se hâte de donner des graines , afin de conserver l'espèce.

Tome I.

O

270. L'époque de la fleuraison, comparée à la saison de l'année, montre d'une manière évidente l'influence de la chaleur : on sait que chaque plante fleurit à une époque à-peu-près déterminée : la plupart au printemps et en été ; quelques-unes à l'automne et en hiver ; la série des plantes, rangée d'après l'époque de leur fleuraison annuelle, constitue ce que Linné a nommé *Calendrier de Flore*. Mais la chaleur hâte et le froid retarde l'époque de la fleuraison. C'est sous ce point de vue que M. Adanson a eu l'idée ingénieuse de mesurer le nombre de degrés de chaleur nécessaire pour la fleuraison comparée des plantes. Ainsi, par exemple, le peuplier blanc épanouit sa fleur quand il a reçu 168 degrés de chaleur ; la violette, 272 ; le lilas, 725 ; la vigne, 1770, etc., etc.

Sous ce point de vue, on observe un phénomène singulier : c'est que des plantes d'une même espèce, exposées en apparence aux mêmes circonstances, fleurissent à des époques un peu différentes. Tout le monde a remarqué que, dans les promenades, tel ou tel arbre fleurit toujours le premier ou toujours le dernier. Ce phénomène tiendroit-il à quelque circonstance encore inapperçue dans la position de l'arbre, ou peut-être à quelque différence dans l'intensité de l'irritabilité de l'individu ?

271. L'époque de la fleuraison, comparée avec l'heure de la journée, offre encore des variétés notables. La plupart des plantes fleurissent indistinctement à toutes les heures ; mais il en est un grand nombre qui ouvrent et ferment leurs fleurs à des heures déterminées. La série de ces plantes, rangées d'après l'heure de leur fleuraison, constitue ce que Linné a nommé *horloge de Flore*. Ainsi, le *tragopogon* s'ouvre entre trois et cinq heures du matin ; le nénuphar, à sept ; le pourpier, à onze ; plusieurs ficoïdes, vers midi ; le *silene noctiflora*, entre cinq à six heures du soir ; la belle de nuit, entre sept et huit ; et le *convolvulus purpureus*, à dix heures du soir. Ce phénomène paroît principalement dû à l'influence diverse qu'une même lumière exerce sur différens végétaux. Ainsi, on peut forcer une belle de nuit à s'ouvrir le matin et à se fermer le soir, en l'exposant à l'obscurité pendant le jour, et à la lumière de plusieurs lampes pendant la nuit.

272. Ces phénomènes, compliqués avec ceux de la durée de

la fleuraison (274), ont fait distinguer les fleurs en plusieurs classes physiologiques.

1°. Les fleurs *éphémères* (ephemeri) s'ouvrent à une heure déterminée, et tombent ou se ferment pour toujours à une autre heure également fixe : il y a des éphémères *diurnes*, tels que les cistes, dont les fleurs s'ouvrent entre dix et onze heures du matin, et périssent entre trois et quatre de l'après-midi ; et des éphémères *nocturnes*, tels que le ciste à grande fleur, qui s'épanouit à sept heures du soir, et se ferme avant la fin de la nuit.

2°. Les fleurs *équinoxiales* (equinoctiales) s'ouvrent à une heure déterminée, se referment à une heure fixe, et se rouvrent de nouveau une ou plusieurs fois en suivant les mêmes loix : il y a de même des fleurs équinoxiales *diurnes*, comme l'ornithogale en ombelle, qui s'ouvre plusieurs jours de suite à onze heures du matin, se referme à trois heures de l'après-midi ; et des éphémères *nocturnes*, comme le *mesembrianthemum noctiflorum*, qui s'épanouit à sept heures du soir, et se ferme vers sept heures du matin.

3°. Les fleurs *météoriques* (meteorici) sont celles dont l'épanouissement ou la clôture sont liés avec l'état de l'atmosphère ; plusieurs plantes de la classe précédente appartiennent en même temps à celle-ci. La plupart des composées sont un peu météoriques ; le *sonchus* de Sibérie ne se ferme point, dit-on, pendant la nuit quand il doit pleuvoir le lendemain ; le *calendula pluvialis* ne s'ouvre pas le matin quand il doit pleuvoir dans la journée. La lumière paroît avoir une beaucoup moindre influence sur ces derniers phénomènes que sur les premiers.

273. Le développement de la fleur et des organes qui l'entourent, se fait ordinairement d'une manière lente ou régulièrement progressive, jusqu'au moment où la fleur s'épanouit ; mais dans quelques plantes, la végétation acquiert une promptitude extraordinaire au moment où les pédoncules et les boutons se développent ; ainsi dans l'*agave fœtida*, on a vu le pédoncule s'élever, en soixante-dix jours, à 17 mètres et demi de hauteur, et dans certains jours, pousser de 5 décimètres. On voit souvent les pédicelles des fruits des jongermannes pousser de 5 à 7 centimètres en quelques heures. On ignore les causes

de cette végétation extraordinaire, et les moyens que la Nature emploie pour dévier la sève de ses routes ordinaires, et la diriger toute sur les organes de la reproduction.

274. La fleuraison dure jusqu'au moment où la fécondation est opérée ; cette règle ne souffre aucune exception réelle ; si, malgré cette uniformité, la durée des fleurs est très-différente, cette diversité tient tantôt, 1°. à ce que, dans certaines fleurs, le bouton s'ouvre long-temps avant que les anthères soient prêtes à lancer leur pollen, et dans d'autres, au moment même où va s'opérer cette émission; 2°. à ce que, dans quelques fleurs, toutes les étamines lancent à-la-fois leur pollen , tandis qu'il en est, comme la parnassie, la rue, où chaque étamine vient l'une après l'autre et à des intervalles réglés, le jeter sur le stigmate; 3°. à ce que, dans les fleurs unisexuelles , l'émission du pollen ou la fécondation du stigmate est retardée par l'absence de tout individu de l'autre sexe. Ainsi on peut prolonger beaucoup la fleuraison d'une plante , en l'empêchant d'être fécondée, et c'est précisément ce qui a lieu dans les fleurs doubles.

ARTICLE V.

De la Fécondation.

275. Les anciens avoient déjà des idées très-justes sur le sexe des plantes. Théophraste , Pline, et même quelques poëtes, tels que Claudien et Pontanus, en parlent de manière à ne laisser aucun doute; cette connoissance , qui paroissoit alors bien établie, fut ensuite oubliée , et parmi les modernes, c'est Zaluzianski, qui, en 1592, distingua de nouveau le sexe des plantes. Camérarius, en 1694, et Vaillant, en 1727, donnèrent les preuves et les circonstances de ce phénomène ; Linné , en 1736, fit enfin généralement adopter cette opinion , en ajoutant quelques preuves aux faits déjà connus , mais sur-tout en s'en servant comme base de sa classification.

276. Quoique les détails dans lesquels je suis entré sur la structure des fleurs puissent suffire pour établir cette opinion, je crois devoir rappeler ici les preuves principales sur lesquelles elle est fondée.

1°. Toutes les fleurs qui n'ont que des étamines, ne donnent jamais de graines.

2°. Toutes les fleurs qui n'ont que des pistils, ne donnent de graines fertiles qu'autant qu'elles ont auprès d'elles des fleurs chargées d'étamines; Gledistch possédoit à Berlin un palmier femelle qui, chaque année, fleurissoit sans porter de fruit; il fit venir de Dresde, par la poste, la poussière fécondante d'un palmier mâle, la répandit sur les stigmates de la femelle, et celle-ci porta des fruits pour la première fois.

3°. Lorsque, dans une fleur munie d'étamines et de pistils, on supprime les étamines, le pistil ne donne point de graines fécondes; cette expérience a été faite par Linné; nous la voyons répétée en grand lorsqu'il pleut à l'époque de la fleuraison de la vigne ou du bled; la pluie entraîne les anthères, et un grand nombre d'ovaires avorte faute de fécondation.

4°. Lorsque, dans une fleur munie d'étamines et de pistil, on supprime ce dernier, la fleur ne porte aucune graine; la même chose a lieu si on coupe le style avant la fécondation; et dans les ovaires à plusieurs loges et à plusieurs styles, lorsqu'on coupe un des styles ou des stigmates, la loge correspondante du fruit avorte nécessairement.

277. 5°. Enfin, à ces preuves il en faut ajouter une dernière, tirée des fécondations croisées; lorsqu'on pose sur le stigmate d'une fleur femelle le pollen d'une fleur mâle d'une autre espèce, on obtient souvent des graines, lesquelles produisent des individus mixtes entre le père et la mère; ces espèces de mulots végétaux ont reçu le nom d'*hybrides*; cette expérience, faite par Linné, lui a suggéré l'idée hardie que les espèces de plantes étoient autrefois moins nombreuses qu'actuellement; que leur nombre a augmenté et augmente encore par des croisemens de races; il a même cru reconnoître quelques-unes de ces hybrides naturelles : mais observons que l'expérience est très-délicate à faire; qu'elle manque souvent, même avec les plus grandes précautions; qu'elle exige la suppression totale des organes de l'un des deux sexes, ce qui n'a jamais lieu dans la Nature; que les classes des plantes, comme les papilionacées, où les organes sexuels sont très-rapprochés et enveloppés dans la corolle, offrent autant de variétés que celles où les fleurs sont très-ouvertes; et, d'après ces considérations, nous

conviendrons que s'il existe des hybrides naturelles, elles sont au moins beaucoup plus rares qu'on ne l'a cru, et n'ont peut-être lieu que dans les plantes dioïques.

278. En répétant, avec beaucoup de soins, les expériences que j'ai indiquées plus haut (276), Spallanzani a observé que certaines plantes femelles, telles que l'épinard, donnent des graines fertiles lors même qu'elles n'ont reçu l'impression d'aucun organe mâle. Ces faits sont encore trop peu nombreux pour leur donner une grande confiance ; mais fussent-ils même beaucoup mieux constatés, ils ne prouveroient autre chose, sinon que dans certains végétaux, comme dans certains animaux (les pucerons), une seule fécondation peut suffire pour plusieurs générations.

279. Toute la structure des fleurs est combinée sur la condition générale que la fécondation s'opère dans l'air : celui-ci transporte le pollen sur le stigmate, qui, étant humide, fait rompre les petites vésicules du pollen, de sorte que le liquide fécondateur imprègne le stigmate. Cette propriété remarquable qu'a le pollen de s'éclater au contact de l'humidité, rend absolument impossible toute fécondation sous l'eau, et nous voyons en effet que toutes les plantes aquatiques viennent fleurir à la surface. La vallisnérie offre un exemple remarquable du besoin que les végétaux ont d'opérer leur fécondation dans l'air ; les mousses aquatiques viennent elles-mêmes fleurir à la surface de l'eau ; et s'il existe, ce qui n'est pas encore prouvé, quelques cryptogames dont la fleuraison se passe sous l'eau, il est très-probable que cette fleuraison sera analogue à celle de la pillulaire ; c'est-à-dire, qu'elle aura lieu dans des cavités fermées et pleines d'un air secrété par la plante. On peut cependant faire fleurir des plantes sous l'eau ; mais leur pollen, examiné au microscope, est entièrement dénaturé. M. Ramond a vu des renoncules aquatiques fleurir au fond de l'eau ; leurs ovaires paroissoient dans un état sain : comme les graines n'ont point été semées, on ne peut s'assurer si elles étoient fertiles ; et quand l'expérience auroit réussi, elle tendroit seulement, ce me semble, à fournir un nouvel exemple que dans quelques végétaux une fécondation peut suffire pour plusieurs générations (278).

280. Au moment où la fécondation va s'opérer, les organes

sexuels exécutent certains mouvemens d'orgasme qui ont fixé l'attention des Naturalistes, comme étant des indices de l'irritabilité des végétaux et de l'analogie de la reproduction des plantes avec celle des animaux. Ces mouvemens ont été décrits avec autant d'exactitude que d'élégance par M. Desfontaines. Dans plusieurs liliacées, dans les rues, les saxifrages, etc., les étamines s'approchent du pistil au moment de lancer leur pollen ; dans les *geranium* et les *kalmia*, les filets se courbent pour poser l'anthère sur le pistil : dans plusieurs plantes, les étamines s'approchent successivement du pistil ; ailleurs, toutes celles d'un même rang s'en approchent ensemble ; quelquefois, comme dans le tabac, elles s'en approchent toutes-à-la-fois. Les organes femelles offrent aussi quelques mouvemens d'orgasme ; mais ils sont moins marqués que dans les mâles, comme si la loi qui porte ceux-ci à chercher les femelles étoit commune à tous les êtres organisés. Les pistils des nigelles, des passiflores, du lys, de l'épilobe, se penchent du côté des étamines ; les stigmates de la tulipe et de la gratiole se dilatent d'une manière remarquable.

281. C'est probablement à la même classe de phénomènes qu'on doit rapporter le fait singulier observé par M. Lamarck, que le chaton des *arum* acquiert une chaleur considérable à une certaine époque de la fleuraison. M. Senebier a vu que, dans le gouet commun, cette chaleur va jusqu'à 21°,8, l'air ambiant étant à 14°,9. Elle s'élève jusqu'au-delà de 40° dans un *arum* de l'Isle-de-France, observé par M. Bory. M. Senebier pense que cette chaleur est due à la combinaison rapide du gaz oxigène de l'air avec la surface du chaton, et il apporte en preuve que cette surface noircit pendant le phénomène.

ARTICLE VI.

De la Maturation.

282. A peine la fécondation est-elle achevée, que les sucs qui nourrissoient également toutes les parties de la fleur cessent d'alimenter d'abord les étamines, puis la corolle, souvent aussi les styles et le calice, et se jettent tous sur l'ovaire ; alors le fruit commence à grossir : ces sucs se dirigent d'abord vers les graines et les font grossir ; ensuite ils dilatent le péricarpe

lui-même, et enfin se jettent de nouveau sur la graine pour lui donner le degré de perfection nécessaire. En général les graines sont souvent sujettes à avorter, lorsque le péricarpe acquiert un embonpoint contre nature.

283. La maturation des péricarpes observée seulement sur les fruits cultivés, est encore mal connue; la sève pénètre dans le fruit; la transpiration y étant presque nulle, ce fruit grossit plus que toute autre partie, à proportion de la sève qu'il reçoit; la quantité de la sève y est encore augmentée, parce qu'elle ne peut facilement redescendre par l'écorce, à cause des articulations qui se trouvent fréquemment sur les pédoncules. Il est si vrai que ces deux causes concourent à la grosseur qu'acquièrent les fruits charnus, qu'on peut, en leur donnant plus d'intensité, augmenter la grosseur ou accélérer la maturité d'un fruit : c'est ainsi que la culture cherche à diminuer la transpiration des fruits, soit en les faisant croître en espalier ou à l'abri du vent, soit en ne les exposant à l'ardeur du soleil qu'à la dernière époque de la maturité, soit en les enfermant dans des bouteilles ou des sacs. Lancry est parvenu encore au même but, en coupant un bourrelet circulaire d'écorce au-dessous du fruit, c'est-à-dire en arrêtant la sève descendante. Tous les sucs qui arrivent ainsi dans le fruit ne servent qu'à le grossir, et ils conservent leur saveur âpre ou acide jusqu'à la dernière époque de la maturation; alors les pores extérieurs du fruit s'oblitèrent; les pédoncules obstrués eux-mêmes, ne donnent plus qu'une moindre quantité de sève; l'oxigène dû à la décomposition de l'acide carbonique ne pouvant plus s'échapper, se jette sur le mucilage du fruit et le change en matière sucrée : en effet, on peut imiter cette dernière époque de la maturation, en coupant un fruit un peu avant sa maturité, et en le tenant dans une chambre chaude. Dans ce procédé on tend à diminuer sa transpiration, et à supprimer l'arrivée de nouveaux sucs; c'est par la même raison que les piqûres des insectes, en empêchant l'arrivée de nouveaux sucs, accélèrent la maturité. On sait maintenant que l'utilité des *cinips* pour hâter la maturité des figues, n'est qu'un cas particulier de ce phénomène général.

284. La graine, pour parvenir à sa maturité, présente une série de phénomènes bien différente de celle des péricarpes :

elle commence par être sucrée, et n'est mûre que lorsque la
matière sucrée a disparu pour faire place à une substance fé-
culacée, ou huileuse, ou cornée, etc.; elles contiennent toujours des matières terreuses et beaucoup de carbone. En général les graines mûres ne contiennent plus d'eau liquide; celle
que la sève leur a fournie a été entièrement combinée et a probablement été solidifiée. Cette absence totale d'humidité étoit
nécessaire à la graine, pour qu'elle pût résister aux alternatives
du chaud et du froid, et concourt aussi à augmenter sa pesanteur spécifique, laquelle est utile à la germination des
plantes sauvages. La germination rend aux graines l'eau qu'elles
ont perdue dans leur maturation, enlève le carbone surabondant qu'elles ont combiné, et les fait ainsi passer par une série
d'états inverse de celle que la maturation présente. On conçoit,
d'après cet exposé, comment il se fait que des graines cueil-
lies avant leur pleine maturité et semées sur-le-champ, germent
plutôt que celles qui ont acquis l'époque de leur maturité; mais
ces graines mal mûres ne peuvent conserver cette faculté, parce
que leur humidité s'évapore et les laisse désorganisées.

ARTICLE VII.

De la Germination.

285. Une graine mûre, c'est-à-dire qui ne contient plus
d'eau à l'état liquide, se détache naturellement de la plante-
mère, et forme un être distinct animé d'une force vitale qui
lui est propre; mais qui demeure dans un état de torpeur jusqu'à ce que les circonstances extérieures auxquelles il sera soumis, lui permettent de se développer. On donne le nom de *germination*, au phénomène par lequel la plante nouvelle reprend
son mouvement vital, sort de sa coque et se suffit à elle-même
jusqu'au développement complet de ses organes nourriciers.
Dès qu'une graine se trouve placée dans un lieu convenable,
elle absorbe de l'humidité; elle se gonfle, ses cotylédons gros-
sissent, sa radicule s'alonge, l'enveloppe se rompt, la radicule
sort par cette fissure et se dirige vers la terre; la plumule se
redresse, se dégage de l'enveloppe; les cotylédons s'étalent,
fournissent à la plantule la nourriture qu'ils contiennent ou qu'ils
élaborent, puis se flétrissent, tombent ou se détruisent, et la

germination est achevée. Après cet exposé rapide du phénomène, il convient, pour s'en faire une idée juste, d'examiner : 1°. les circonstances extérieures nécessaires à la germination ; 2°. les circonstances internes de cette opération.

286. De toutes les circonstances extérieures, la plus essentielle pour la germination, est la présence de l'eau ; elle agit généralement comme corps humectant et sans décomposition. Il paroît que, dans certains cas, tels, par exemple, que l'expérience où MM. Senebier et Huber ont fait germer des pois dans l'eau distillée fermée hermétiquement ; il paroît, dis-je, que dans certains cas l'eau se décompose et agit en tant que contenant de l'oxigène ; si la quantité d'eau est trop considérable, alors elle nuit à la germination, soit en macérant la graine ou les jeunes pousses, soit sur-tout en donnant au sol une mobilité si grande que la jeune plante ne peut se fixer : les graines absorbent en germant une quantité d'eau supérieure à leur propre masse.

287. L'air, en tant que contenant de l'oxigène, est aussi trèsnécessaire à la germination ; Homberg a vu cependant des graines de laitue, de pourpier et de cresson-alenois, lever sous le vide de la pompe pneumatique ; M. Senebier a vu des pois germer sous l'eau distillée ; mais ces expériences, qui d'ailleurs n'ont pas été assez répétées, sont hors du cours naturel des choses, et on sait maintenant, d'après les expériences de MM. Senebier et Huber, 1°. que la germination ne s'opère point dans tous les gaz qui ne contiennent pas d'oxigène ; 2°. qu'elle s'opère dans un gaz qui ne contient qu'un huitième de son volume de gaz oxigène ; 3°. que la proportion la plus favorable pour la germination, est que le gaz contienne une partie d'oxigène et trois d'azote ; 4°. qu'une plus grande dose d'oxigène accélère trop la germination et affoiblit la plantule ; 5°. qu'une graine de laitue, par exemple, absorbe, pendant sa germination, une quantité de gaz oxigène égale au volume de 26 milligrammes d'eau ; 6°. que les graines germent moins bien sous l'eau distillée que sous l'eau oxigénée. M. Humboldt a encore observé que l'acide muriatique oxigéné, accélère beaucoup la germination ; il a vu, par exemple, des graines de cresson-alenois trempées dans cet acide, germer au bout de six heures. Il assure que les oxides métalliques auxquels l'oxigène est peu adhérent, tels que celui du manganèse, hâtent la germination.

288. Mais quel est le rôle du gaz oxigène dans la germination ? On a cru long-temps qu'il étoit absorbé par la graine ;
M. Th. de Saussure a prouvé qu'au contraire le gaz oxigène
se combine avec le carbone surabondant des cotylédons , et
forme du gaz acide carbonique qui , dans les expériences faites
à vase clos , se retrouve dans l'air et l'eau du bocal. On peut
se convaincre facilement de cette formation d'acide carbonique ,
en fermant le récipient par de l'eau de chaux , et on peut , au
moyen de cette théorie , expliquer tous les faits relatifs aux
phénomènes chimiques que la germination présente ; peut-être ,
pour rendre raison de la promptitude extrême que l'oxigène en
grande dose donne à la germination , serons–nous conduits à
admettre qu'il agit comme stimulant sur les organes des végétaux , ainsi que sur ceux des animaux.

289. L'eau et l'oxigène seroient inutiles pour la germination ,
s'ils n'étoient favorisés par un certain degré de chaleur ; si la
température est assez froide pour geler l'eau , ou assez chaude
pour l'évaporer entièrement , la germination est impossible :
entre ces deux extrêmes on remarque que la germination est
d'autant plus prompte que la température est plus élevée ; cet
effet peut tenir , soit à ce que l'élévation de la température
favorise l'action des affinités , soit à ce qu'elle devient stimulant d'irritabilité. La lumière , au contraire , n'a aucune action favorable sur la germination , et paroît même la retarder.
Si , comme nous l'avons prouvé , elle favorise la décomposition
de l'acide carbonique , elle doit en effet nuire à une opération
qui consiste à former de l'acide carbonique.

290. Le sol lui-même influe sur la germination , non seulement en fournissant à la jeune plante un aliment convenable ,
mais encore en lui servant de support et d'appui. Sous ce point
de vue , il ne doit être ni trop mou , ni trop tenace ; la profondeur à laquelle les graines doivent être enfouies pour que
la germination puisse avoir lieu , est determinée pour chaque
graine par trois circonstances : 1°. qu'elle ne soit pas telle que
la graine ne puisse pas recevoir assez d'oxigène pour se débar-
rasser de son carbone surabondant ; 2°. que sa plumule puisse
s'alonger jusqu'à la surface du sol ; 3°. que le terrein ne soit
pas trop tenace , afin de ne pas arrêter la plumule. Les graines
qui sont enfouies assez avant pour ne pas recevoir d'oxigène ,

restent plusieurs années sans germer et se développent lorsqu'on remue le terrein ; celles qui ayant eu assez d'oxigène et d'eau pour germer, n'ont pu atteindre la surface du sol, périssent après avoir germé. Tous les procédés employés par les cultivateurs pour la conservation des graines, consistent à les garantir de l'action simultanée de l'eau, de l'oxigène et de la chaleur.

291. Une graine placée dans les circonstances favorables pour la germination, absorbe de l'eau ; mais cette eau paroît suivre une route différente dans les graines des différentes familles ; si on sème différentes graines, dont les unes ont la cicatricule couverte de mastic, et d'autres ont la surface entière mastiquée, sauf la cicatricule, on observe : 1°. que dans les graines des graminées, et peut-être dans toutes les monocotylédones, l'eau pénètre dans les graines par la cicatricule ; 2°. que dans les légumineuses et plusieurs autres dicotylédones, l'eau pénètre les graines par toute la surface, sauf la cicatricule.

Si, au moyen des eaux colorées, nous suivons la germination des légumineuses (la seule famille qu'on ait encore bien étudiée sous ce rapport), nous verrons que l'eau colorée pénètre toute la surface du test, mais ne traverse nullement l'enveloppe interne ; elle se rend, par une multitude de canaux, près de la cicatricule au chalaza : dans ce lieu la sommité de la radicule se trouve implantée, et c'est par cet organe que l'eau colorée pénètre dans la plantule ; elle entre dans les cotylédons qu'elle gonfle, et qui alors forcent l'enveloppe à se rompre.

292. Si nous cherchons à apprécier l'emploi de chaque partie de la graine pour la germination, nous voyons d'abord que les enveloppes servent à protéger les cotylédons de l'humidité et de la décomposition, et à diriger le fluide aqueux vers la radicule ; mais dans des expériences soignées on peut faire germer des plantes tout-à-fait dépouillées de leur enveloppe, pourvu qu'on préserve les cotylédons d'une trop grande humidité.

Les cotylédons servent à la germination, 1°. en forçant, par leur gonflement, la rupture des enveloppes de la graine : cette puissance des cotylédons paroît analogue à la force avec laquelle l'eau s'élève dans les tubes capillaires. On n'a cependant pas encore expliqué comment s'opère l'ouverture des

noyaux ligneux. 2°. Les cotylédons servent principalement à
fournir à la jeune plante, la nourriture nécessaire à son premier développement; on peut cependant faire germer une
graine dicotylédone avec un seul lobe, pourvu qu'on ait soin
de mastiquer la coupe pour l'empêcher de se pourrir; on peut
même faire développer pendant quelque temps un embryon
sans cotylédons; mais, dans le premier cas, on n'obtient qu'une
plante foible et débile, et dans le second elle périt bientôt.
Pour apprécier exactement l'emploi des cotylédons dans la
germination, j'ai pesé avec soin un grand nombre de grains,
avant et pendant leur germination; dans des haricots du poids
de 172 décigrammes, les cotylédons en pèsent 160; à l'é-
poque de leur plus grand grossissement, ils ont le poids de
306 décigrammes; après leur mort, ils sont réduits à 29 décigrammes. Conséquemment si l'on néglige l'acide carbonique
qu'ils ont formé, on trouve que les cotylédons ont fourni à la
plantule 277 décigrammes de matière, dont 131 de leur propre
substance, et 146 de l'eau qu'ils avoient d'abord reçu par la
radicule. Parmi les cotylédons, il en est qui sont très-charnus,
et qui, comme nous venons de le voir, fournissent à la plantule leur propre substance; ceux au contraire qui sont foliacés
et munis de pores, tirent de l'atmosphère une partie de la
nourriture, qu'ils transmettent à la plantule.

Quant au périsperme, son usage dans la germination, est encore peu déterminé; quelques-uns, tels que celui des graminées, se vident en entier à cette époque et jouent réellement
le rôle de cotylédons; d'autres, tels que celui des rubiacées,
ne paroissent subir alors aucune altération (171).

De toutes les parties de la graine, la seule vraiment essentielle est la plantule. Encore même Vastel est parvenu à faire
germer des haricots, tantôt en coupant perpétuellement leur
radicule au moment où elle sortoit, tantôt en retranchant leur
plumule. Ni l'une ni l'autre de ces parties ne constituent donc
essentiellement l'individu, et ceci nous ramène à l'opinion de
quelques savans (44), qui placent dans le collet le centre de la
vitalité.

293. Nous avons déjà vu (173-174) que la radicule et la plumule
ont des propriétés très-différentes : la première tend toujours
à descendre; la seconde toujours à monter. Si l'on retourne

une ou plusieurs fois une graine germante, ces deux organes changent aussitôt leur direction. Hunter a fait germer des plantes au centre d'un globe sphérique plein de terre et placé sur une machine qui lui faisoit décrire un mouvement circulaire continu ; la radicule s'est tortillée tout à l'entour de la graine, et a péri quand elle n'a pu s'alonger davantage, ce qui montre que dans chaque instant indivisible elle avoit tendu au centre de la terre. On peut arrêter légèrement cette tendance, en plaçant une graine de telle sorte qu'elle ait de la terre humide en dessus, et de la terre très-sèche en dessous ; dans ce cas la radicule descend très-peu et se tortille horizontalement, de manière à profiter de l'humidité sans cependant s'élever auprès d'elle : ce phénomène mystérieux est le plus inexplicable de tous ceux que les végétaux nous présentent.

CHAPITRE IV.

DE LA DURÉE DES VÉGÉTAUX.

294. Relativement à leur durée, on distingue généralement les plantes en trois classes : les *annuelles* ⊙, qui ne vivent qu'un an ; les *bisannuelles* ♂, qui vivent deux ans ; les *vivaces* ♃, qui vivent plus de deux ans. Cette division, qui est commode pour les cultivateurs, est entièrement subordonnée aux circonstances extérieures, et ne peut satisfaire le Physiologiste. En effet, des plantes annuelles, comme la capucine, deviennent vivaces lorsqu'on les empêche de donner des graines, c'est-à-dire lorsqu'on rend leurs fleurs doubles. Des plantes bisannuelles deviennent annuelles dans les climats chauds ; des plantes vivaces, telles que le riccin et la belle de nuit, deviennent annuelles dans les climats froids.

Nous trouverons une division plus précise en considérant le but même de la végétation, qui est de produire des graines. Sous ce rapport, je divise les végétaux en deux classes : 1°. ceux qui ne peuvent produire de fruits qu'une seule fois, ou les *monocarpiques* ; 2°. ceux qui peuvent produire du fruit plusieurs fois, ou les *polycarpiques*. Parmi ceux-ci on peut encore distinguer ceux où la même tige porte du fruit plusieurs fois, ou les *caulocarpiques*, et ceux où la même tige ne porte du fruit qu'une fois, mais où la racine pousse chaque année de nouvelles tiges, c'est-à-dire les *rhizocarpiques*.

295. Les plantes monocarpiques sont de durée fort différente ;
les unes, comme certains *mucors*, naissent et meurent le même
jour; d'autres, comme quelques véroniques, exécutent toutes
leurs fonctions en moins de trois mois : la plupart, dans nos
climats, vivent environ un an; il en est qui, comme l'onagre,
durent deux ans; quelques-unes, enfin, telles que les agaves,
vivent près de cent ans; mais toutes prolongent leur existence
jusqu'au moment où elles ont porté des graines; toutes meurent
irrémissiblement après la maturité de leurs graines. Dans toutes
l'art de l'homme peut alonger ou abréger la durée de la vie,
en retardant ou en accélérant la fructification.

296. Les plantes polycarpiques offrent des phénomènes bien
différens : leur enfance est ordinairement plus prolongée; mais
lorsqu'elles ont porté leurs graines, elles continuent à vivre, à
pousser de nouvelles tiges ou de nouvelles branches, qui elles-
mêmes donnent de nouvelles graines. Or, comme le nombre
des branches ou des tiges que les plantes peuvent pousser sans
fécondation nouvelle, est réellement indéfini ; comme ce nombre
peut être indéfiniment augmenté au moyen des boutures et des
greffes; comme on ne doit appeler un nouvel individu que celui qui est le produit d'une fécondation nouvelle, il s'ensuit que
la durée des individus parmi les plantes polycarpiques, est
réellement indéfinie. Je suppose qu'on n'eût apporté d'Amérique qu'un seul tubercule de pomme de terre, et que cette
plante n'eût jamais depuis lors été semée de graines, mais pro-
pagée par la division des tubercules, il est clair que tous les
individus de pomme de terre, existans aujourd'hui dans l'Europe, seroient (aux yeux du Physiologiste) des parties d'un
même individu, et qu'ainsi cette plante seroit, pour ainsi dire,
immortelle. Il n'en est point ainsi dans la nature : les accidens
que les corps extérieurs font nécessairement subir à la plante,
arrêtent sa durée et la font, pour ainsi dire, périr toujours de
mort violente ; chaque plante résiste à ces corps extérieurs avec
une énergie déterminée par sa structure, et c'est ainsi cette
structure qui détermine la durée ordinaire de chaque espèce :
celles dont le tissu est mol et herbacé, périssent en peu d'années; les arbres vivent en général d'autant plus long-temps,
que leur bois est plus dur et leur surface difficile à altérer :
ainsi on arrive à concevoir comment certains arbres immenses,

comme les cèdres du Liban et les baobabs (1) des îles de la Magdeleine, ont un âge qui remonte au-delà de tous les temps historiques.

297. Voici donc, entre les animaux et les végétaux, une nouvelle différence si extraordinaire, que j'ose à peine l'énoncer. Les animaux formant un tout, ont un terme à leur accroissesement, passé lequel le passage perpétuel des sucs dans les mêmes vaisseaux, doit nécessairement finir par obstruer les canaux et causer une mort naturelle. Les végétaux, au contraire, devant être considérés comme une aggrégation d'une multitude d'individus, n'ont la plupart aucun terme nécessaire à leur accroissement, et conséquemment ne peuvent terminer leur existence que par l'influence des corps extérieurs, c'est-à-dire par mort violente.

---

(1) M. Adanson estime, par des calculs ingénieux et très-plausibles, que les baobabs des îles de la Magdeleine ont plus de 6000 ans.

TABLEAU

DES PRINCIPALES DIVISIONS DE L'ANALYSE DES GENRES,

Par le moyen duquel on peut abréger le travail qu'exige la recherche des Plantes.

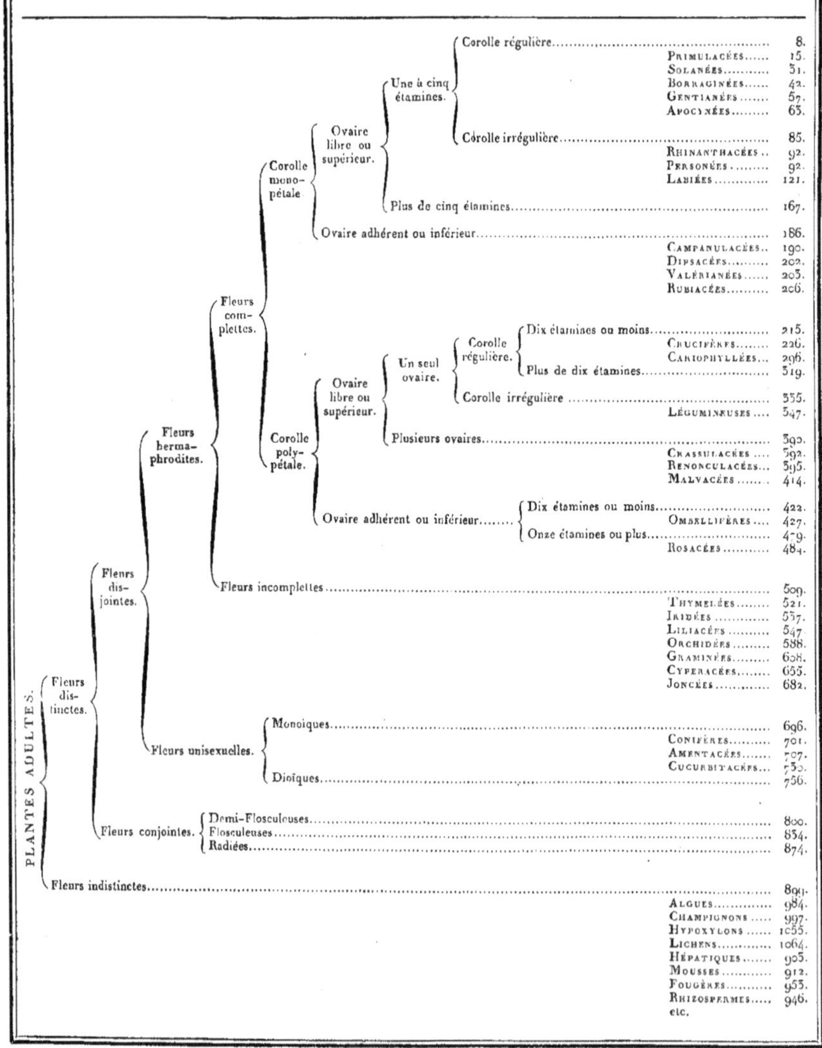

MÉTHODE ANALYTIQUE.

PREMIÈRE PARTIE.

ANALYSE DES GENRES.

Tome I.   a

28. { Filamens des étamines élargis à la base et fermant la corolle............... POLÉMOINE (CDXL). Filamens des étamines non sensiblement élargis...... 29.

29. { Limbe de la corolle cilié sur les bords, ou tout hérissé en dessus...................... 50. Limbe de la corolle ni velu ni cilié.................. 31.

30. { Limbe de la corolle barbu en dessus. MÉNYANTHE (CDXLI). Limbe de la corolle cilié........... VILLARSIE (CDXLII).

31. SOLANÉES. { Corolle en roue........................... 52. Corolle en entonnoir, en tube ou en cloche. 36.

32. { Anthères s'ouvrant par deux fentes longitudinales.. 33. Anthères s'ouvrant par deux pores à leur sommet...... .... MORELLE (CDXX).

33. { Calice renflé après la fleuraison, et enveloppant la baie. .... COQUERET (CDXIX). Calice ne grandissant, ni ne se renflant après la fleuraison........................... 34.

34. { Feuilles radicales; hampe nue.... RAMONDIE (CDXIII). Tige garnie de feuilles........................... 35.

35. { Corolle un peu irrégulière; étamines souvent velues.... .... MOLÈNE (CDXII). Corolle régulière; étamines glabres.. PIMENT (CDXXI).

36. { Corolle parfaitement régulière....................... 57. Entrée de la corolle à lobes inégaux et coupés obliquement.................. JUSQUIAME (CDXIV).

37. { Corolle en forme de tube ou d'entonnoir alongé.... 58. Corolle en forme de cloche...................... 40.

38. { Herbes à étamines glabres....................... 39. Arbrisseaux à étamines un peu velues à la base.......... .... LYCIET (CDXXII).

39. { Corolle à cinq angles et à cinq plis dans sa partie supérieure...................... DATURA (CDXVI). Corolle sans angles ni plis, mais à cinq lobes............. .... NICOTIANE (CDXV).

40. { Fruit charnu; étamines égales...................... 41. Fruit capsulaire; étamines inégales. LISERON (CDXXXVII).

41. { Feuilles radicales; hampe nue. MANDRAGORE (CDXVII). Tige feuillée.................. ATROPA (CDXVIII).

42. BORRAGINÉES. { Entrée du tube de la corolle nue..... 45. Entrée du tube fermée par des écailles. 49.

43. { Corolle à lobes égaux, ou alternativement grands et petits...................... 44. Corolle à lobes inégaux, et tronquée obliquement...... .... VIPÉRINE (CDXXV).

60. {Fleur jaune...................... VILLARSIE (CDXLII).
{Fleur bleue.................. *Gentiane ciliée* (2779).

61. {Deux glandes velues à la base interne des lobes de la
corolle...................... SWERTIE (CDXLIV).
Point de glandes à la base interne des lobes de la corolle...................... 62.

62. {Anthères tordues en spirale après la fécondation; fleurs
jamais bleues...................... CHIRONIE (CDXLVI).
Anthères non tordues après la fécondation................
.... GENTIANE (CDXLV).

63. APOCYNÉES. {Calice à cinq parties profondes......... 64.
{Calice à cinq dents ou à cinq lobes qui ne
passent pas le milieu................. 65.

64. {Entrée de la corolle garnie d'appendices très-distincts;
fleurs en corimbe................. NÉRION (CDXLIX).
Entrée de la corolle presque nue; fleurs axillaires.......
.... PERVENCHE (CDXLVIII).

65. {Deux stigmates; tige grimpante...... CYNANQUE (CDL).
{Un stigmate; tige droite........... ASCLÉPIADE (CDLI).

66. {Quatre étamines...................... 67.
{Deux ou trois étamines.................. 78.

67. {Des feuilles à la racine ou sur la tige............ 68.
{Point de feuilles.................. CUSCUTE (CDXXXIX).

68. {Corolle ayant la consistance membraneuse ou écailleuse...................... PLANTAIN (CCCXXVII).
Corolle colorée non membraneuse ni écailleuse..... 69.

69. {Feuilles opposées le long de la tige.................. 70.
{Feuilles radicales ou alternes.................. 75.

70. {Un seul ovaire.................. 71.
{Quatre ovaires au fond du calice.................. 165.

71. {Deux étamines courtes et deux longues............ 72.
{Etamines égales entre elles.................. 74.

72. {Fleurs jaunes.................. TOZZIA (CCCLIII).
{Fleurs bleues, blanches ou rouges.................. 73.

73. {Feuilles digitées à cinq ou sept folioles..................
.... GATILIER (CCCLVII).
Feuilles simples, découpées...... VERVEINE (CCCLVIII).

74. {Corolle en roue.............. CENTENILLE (CCCXXXIII).
{Corolle en tube ou en entonnoir.... EXACUM (CDXLVII).

75. {Fleurs agglomérées en tête serrée..................
.... GLOBULAIRE (CCCXXXII).
Fleurs non réunies en tête.................. 76.

76. {Arbrisseau à feuilles épineuses......... HOUX (DCCXIV).
{Herbe à feuilles non épineuses.................. 77.

127. { Filamens des étamines bifurqués à leur sommet. 128.
{ Filamens des étamines simples et entiers......... 129.

128. { Entrée du calice nue après la fleuraison................
{ .... BRUNELLE (CCCXCVI).
{ Entrée du calice fermée de poils après la fleuraison.
{ .... CLÉONIE (CCCXCVII).

129. { Calice chargé d'une bosse comprimée et arrondie......
{ .... TOQUE (CCCXCIX).
{ Calice n'ayant pas de bosse remarquable......... 13o.

13o. { Une ou deux petites dents de chaque côté à la base de
{ la lèvre inférieure de la corolle............... 131.
{ Aucune dent particulière à la base de la lèvre infér. 133.

131. { Anthères plus ou moins velues................... 132.
{ Anthères parfaitement glabres.. ORVALE (CCCLXXIX).

132. { Lèvre supérieure de la corolle entière ; anthères velues
{ en dehors..................... LAMIER (CCCLXXX).
{ Lèvre supérieure dentelée ; anthères pubescentes en
{ dedans..................... GALÉOPSIS (CCCLXXXI).

133. { Calice à deux lèvres................... 134.
{ Calice dont les dents ne sont point déjetées en deux
{ lèvres................... 142.

134. { Calice nu après la fleuraison................... 135.
{ Calice fermé de poils après la fleuraison........ 141.

135. { Calice bordé de deux rangées de poils...................
{ .... THYMBRA (CCCLXXII).
{ Calice glabre, ou dont les poils ne sont point disposés
{ sur deux rangs................... 136.

136. { Fleurs axillaires, verticillées, ou en épis lâches. 137.
{ Fleurs disposées en épis serrés embriqués de bractées.
{ .... 140.

137. { Gorge de la corolle fortement renflée...................
{ .... DRACOCÉPHALE (CCCXCV).
{ Gorge de la corolle peu ou point renflée....... 138.

138. { Fleurs en verticilles, ou en têtes serrées...................
{ .... CLINOPODE (CCCXC).
{ Fleurs solitaires ou en petites grappes lâches. 139.

139. { Lèvre supérieure de la corolle voûtée ; fruits glabres.
{ .... MÉLISSE (CCCXCIII).
{ Lèvre supérieure de la corolle plane ; fruits velus.
{ .... MÉLITTE (CCCXCIV).

140. { Fleurs blanches à tube comprimé. ORIGAN (CCCXCI).
{ Fleurs purpurines ou bleues, à tube long, cylindrique.
{ .... LAVANDE (CCCLXXV).

141. { Dents du calice épineuses ; étamines cachées dans le
{ tube..................... CRAPAUDINE (CCCLXXVI).
{ Dents du calice non épineuses.... THYM (CCCXCII).

POLYPÉTALES.

225. { Pétales rétrécis en onglet; herbes non aquatiques.... .... LIN (DCCLXXXIII).
Pétales sessiles; herbes aquatiques..................... .... ÉLATINE (DCCLXXVII).

226. CRUCIFÈRES. { Ovaire, ou fruit grèle, quatre fois au moins plus long que large....... 227.
Ovaire, ou fruit dont la longueur ne passe pas quatre fois la largeur. 242.

227. { Calice à folioles demi-ouvertes ou étalées....... 228.
Calice exactement fermé, à folioles droites..... 231.

228. { Quatre glandes sur le disque de la fleur; silique souvent terminée en corne..................... 229.
Point de glandes sur le disque de la fleur; silique jamais terminée en corne......................... 230.

229. { Calice très-ouvert; feuilles non embrassantes......... .... MOUTARDE (DCCXXVII).
Calice peu ouvert et bossu à sa base; feuilles embrassantes.......................... CHOU (DCCXXVIII).

230. { Onglets des pétales longs; valves de la silique se roulant en dehors avec élasticité; fleurs jamais jaunes.................... CARDAMINE (DCCXXXIV).
Onglets courts; valves non élastiques; fleurs souvent jaunes.......................... SISYMBRE (DCCXXXII).

231. { Silique cylindrique ou comprimée............... 232.
Silique tétragone.................. VELAR (DCCXXXI).

232. { Silique dont les valves s'ouvrent sans élasticité. 233.
Silique dont les valves se roulent en dehors avec élasticité...................... DENTAIRE (DCCXXXV).

233. { Silique bosselée et comme articulée. RADIS (DCCXXVI).
Silique ni bosselée ni articulée..................... 234.

234. { Graines entourées d'une bordure membraneuse....... ....,...... GIROFLÉE (DCCXXX).
Graines non bordées de membranes.............. 235.

235. { Feuilles de la tige embrassantes à leur base..... 236.
Feuilles de la tige nulles ou non embrassantes à leur base .... 239.

236. { Fleurs blanches, ou rouges, ou bleues........... 237.
Fleurs jaunes ou jaunâtres......................... 238.

237. { Graines comprimées; fleurs assez petites.............. .... ARABETTE (DCCXXXIII).
Graines globuleuses; fleurs assez grandes............... .... CHOU (DCCXXVIII).

238. { Silique à une seule graine; feuilles entières.......... .... PASTEL (DCCLIII).
Silique à plusieurs graines; feuilles dentées ou découpées........................... CHOU (DCCXXVIII).

302. {
Un style....................... ORTÉGIE (DCCLXXI).
Deux styles.................................... 3o3.
Trois styles.................................... 3o4.
Quatre styles.................................... 3o5.
Cinq styles.................................... 3o7.

303. {
Huit étamines.............. MŒHRINGIE (DCCLXXVI).
Quatre étamines.................. SAGINE (DCCLXXIV)..

304. {
Pétales bifides ; feuilles opposées. ALSINE (DCCLXXV).
Pétales échancrés ; feuilles verticillées...................
.... POLYCARPE (DCCLXXII).

305. {
Huit étamines fertiles......... ÉLATINE (DCCLXXVII).
Quatre étamines fertiles........................... 3o6.

306. {
Calice à quatre pièces entières ; capsules à quatre
valves...................... SAGINE (DCCLXXIV).
Calice à quatre pièces découpées ; capsule à huit
valves.................... Lin radiola (4453).

307. {
Étamines distinctes à la base...................... 3o1.
Étamines un peu soudées à la base; capsule à dix
valves...................... LIN (DCCLXXXIII).

308. {
Dix étamines.................................... 3o9.
Moins de dix étamines........................... 3i5.

309. {
Deux styles.................................... 3io.
Trois styles.................................... 3i2.
Cinq styles.................. LYCHNIS (DCCLXVIII).

310. {
Calice en tube, à cinq dents...................... 3ii.
Calice en cloche, à cinq divisions...................,
.... GYPSOPHILE (DCCLXIII).

311. {
Calice entouré à la base de deux ou quatre bractées..
.... ŒILLET (DCCLXV).
Calice nu.................. SAPONAIRE (DDCLXIV).

312. {
Fruit non charnu ; gorge des pétales presque toujours
garnie d'écailles pétaloïdes...... SILENÉ (DCCLXVI).
Fruit charnu ; gorge toujours nue...................
.... CUCUBALE (DCCLXVII).

313. {
Un style.................................... 3i6.
Deux styles.................. VELÈZE (DCCLXIX).

316. {
Feuilles opposées.............. FRANKÉNIA (DCCLXX).
Feuilles alternes. Salicaire à feuilles d'hysope (3648).

317. {
Herbe à feuilles opposées...................... 3i8.
Arbrisseaux à feuilles alternes ou en faisceaux.........
.... VINETTIER (DCCXVIII).

318. {
Calice à douze lobes.............. PÉPLIDE (DCXXXII).
Calice à cinq ou six lobes........................... 3i5.

351. { Ombilic des graines latéral; folioles lancéolées ou linéaires...................... OROBE (DCXCVI).
Ombilic terminal; folioles grandes et ovales...................................... FÈVE (DCXCVIII).

352. { Stigmate velu; dents du calice plus courtes que la corolle.................... VESCE (DCXCVII).
Stigmate glabre; dents du calice presque égales à la corolle.......................... ERS (DCXCIX).

353. { Feuilles simples, ternées ou digitées, ou ne naissant qu'après les fleurs........................... 354.
Feuilles ailées............................. 375.

354. { Toutes les étamines distinctes.................. 355.
Etamines réunies, toutes ou plusieurs ensemble.. 356.

355. { Arbre à fleurs roses ou blanches..... CERCIS (DCLXX).
Herbe à fleurs jaunes........... ANAGYRIS (DCLXXI).

356. { Toutes les étamines soudées ensemble........... 357.
Etamines soudées, à l'exception d'une seule qui reste libre................................. 362.

357. { Feuilles simples ou ternées .... 358.
Feuilles digitées.................... LUPIN (DCLXXV).

358. { Calice à deux ou cinq lobes.................... 359.
Calice à deux folioles............. AJONC (DCLXXII).

359. { Feuilles ou folioles entières; calice à deux lèvres ou à cinq dents.................................. 360.
Feuilles ou folioles dentées en scie; calice à cinq lobes linéaires......................... ONONIS (DCLXXVI).

360. { Carène tombante et ne couvrant qu'incomplettement les organes sexuels.............. GENÊT (DCLXXIII).
Carène droite, couvrant les organes sexuels..... 361.

361. { Gousse à plusieurs graines; feuilles ternées, à folioles égales.................... CYTISE (DCLXXIV).
Gousse à une ou deux graines; feuilles simples ou à trois folioles, dont celle du milieu très-grande..... .... ANTHYLLIDE (DCLXXVII).

362. { Fleurs jaunes........................... 363.
Fleurs blanches ou rougeâtres................. 369.

363. { Stipules grandes, foliacées et distinctes du pétiole... .... LOTIER (DCLXXXIII).
Stipules assez petites, ou adhérentes au pétiole. 364.

364. { Feuilles simples................... SCORPIURE (DCCI).
Feuilles ternées ou digitées................. 365.

365. { Stipules entièrement distinctes du pétiole; carène très-petite.................................. 366.
Carène presque égale aux ailes.................. 367.

366. { Folioles finement dentées ; gousses non articulées...
.... TRIGONELLE (DCLXXXII).
Folioles entières ; gousses articulées...................
.... ORNITHOPE (DCCII).

367. { Gousses cachées dans le calice; fleurs en têtes serrées................... TRÈFLE (DCLXXIX).
Gousses saillantes hors du calice ; fleurs en épis ou
en grappes............................... 568.

368. { Gousses très-arquées ou contournées en spirale ; les
trois folioles de la feuille insérées au même point...
.... LUSERNE (DCLXXXI).
Gousses peu ou point arquées ; deux folioles latérales
insérées un peu au-dessous de la terminale.........
.... MÉLILOT (DCLXXX).

369. { Herbe grimpante ; carène tordue en spirale...........
.... HARICOT (DCLXXXV).
Tige non grimpante ; carène droite.............. 370.

370. { Feuilles et calice chargés de points glanduleux.......
.... PSORALIER (DCLXXVIII).
Aucunes glandes sur les feuilles et les calices. 371.

371. { Stipules distinctes du pétiole, et imitant de vraies
folioles............................... 372.
Stipules ou adhérentes au pétiole, ou très-petites. 365.

372. { Gousse polysperme ; calice à cinq découpures égales.
.... LOTIER (DCLXXXIII).
Gousse à une ou deux graines; calice à deux lèvres.
.... DORYCNIUM (DCLXXXIV).

373. { Une corolle................................... 374.
Point de corolle................. CAROUBIER (DCLXIX).

374. { Toutes les étamines soudées ensemble..................
.... ANTHYLLIDE (DCLXXVII).
Etamines soudées , sauf une qui reste libre.... 375.

375. { Fleurs d'un jaune vif............................... 576.
Fleurs blanchâtres ou rougeâtres.................. 580.

376. { Gousse membraneuse et renflée ; style barbu en-
dessous............... BAGUENAUDIER (DCLXXXIX).
Gousse non renflée; style non barbu; fleurs souvent
en ombelle............................... 377.

377. { Gousse découpée sur un de ses bords en échancrures
profondes................... HIPPOCRÉPIS (DCCIII).
Gousse ni découpée, ni échancrée sur les bords. 379.

378. { Graines oblongues ou cylindriques ; gousse sans corne.
.... CORONILLE (DCCIV).
Graines en quarré long ; gousses terminées en corne
applatie................... SÉCURIGÈRE (DCCV).

379. { Fleurs axillaires; carène très-petite......................
.... ORNITHOPE (DCCII).
Fleurs en ombelles pédonculées ; carène presque égale
aux ailes... 380.

380. { Fleurs solitaires , ou en grappes ou en épis....... 581.
Fleurs en ombelles......... *Coronille bigarrée* (4050).

381. { Carène dont le dos n'est pas surmonté d'une pointe. 582.
Carène dont le dos porte une pointe acérée.............
.... OXYTROPIS (DCXCI).

382. { Gousse divisée en deux loges par une cloison longitu-
tinale... 383.
Gousse à une loge , ou dont les cloisons sont transversales.. 384.

383. { Gousse très-comprimée, dentée en scie sur les bords..
.... BISERRULE (DCXCIII).
Gousse peu ou point comprimée , non dentée...........
.... ASTRAGALE (DCXCII).

384. { Gousse à une seule loge........................... 585.
Gousse à plusieurs articles placés bout-à-bout..........
.... SAINFOIN (DCCVI).

585. { Herbes ou sous-arbrisseaux; calice à cinq dents.. 586.
Arbre ou arbrisseau ; calice à quatre dents.............
.... ROBINIER (DCLXXXVIII).

586. { Gousse à une graine; ailes très-courtes...............
.... ESPARCETTE (DCCVII).
Gousse à deux ou plusieurs graines ; ailes au moins
égales à la carène................................. 587.

387. { Gousse à deux graines; poils de la plante émettant une
liqueur acide............................ CICHE (DCC).
Gousse à plus de deux graines ; poils non acidifères..
.... 388.

588. { Gousse non renflée.............................. 389.
Gousse renflée , un peu pédicellée dans le calice......
.... PHAQUE (DCXC).

389. { Carène à deux pétales distincts.......................
.... RÉGLISSE (DCLXXXVI).
Carène à deux pétales soudés en un seul...............
.... GALÉGA (DCLXXXVII).

590. { Des stipules à la base des feuilles (au moins dans leur
jeunesse)...................................... 413.
Point de stipule à la base des feuilles.............. 391.

391. { Une glande à la base de chaque ovaire ; feuilles charnues.. 392.
Point de glandes à la base des ovaires ; feuilles non
charnues....................................... 395.

392. CRASSULACÉES.
{ Trois étamines..... TILLÉE (DCXVII).
Quatre étamines. BULLIARDE (DCXVI).
Cinq étamines... CRASSULE (DCXVIII).
Plus de cinq étamines............. 393.

393.
{ Quatre ou cinq ovaires et autant de pétales....... 394.
Six ou plus de six ovaires, et autant de pétales.......
.... JOUBARBE (DCXX).

394.
{ Corolle polypétale................... SÉDUM (DCXIX).
Corolle monopétale.................. OMBILIC (DCXV).

395. RENONCULACÉES.
{ Plusieurs styles; fruit non charnu. 396.
Un seul style ; fruit charnu...........
.... ACTÉE (DCCCXXIV).

396.
{ Feuilles alternes ou radicales...................... 397.
Feuilles opposées.............. CLÉMATITE (DCCCVII).

397.
{ Fleur très-irrégulière et souvent prolongée en éperon.
.... 398.
Fleur régulière ou peu irrégulière, et jamais prolongée
en éperon............................... 400.

398.
{ Fleur prolongée à sa base en éperon.............. 399.
Fleur sans éperon, mais qui forme une espèce de
casque.................... ACONIT (DCCCXXI).

399.
{ Un éperon................. DAUPHINELLE (DCCCXX).
Cinq éperons................ ANCOLIE (DCCCXIX).

400.
{ Calice à trois folioles , ou remplacé par un involucre
à trois folioles.............................. 401.
Calice nul, ou ayant au moins cinq folioles...... 403.

401.
{ Calice placé très-près de la fleur.................. 402.
Involucre placé beaucoup au-dessous de la fleur.......
.... ANÉMONE (DCCCIX).

402.
{ Fleur jaune à huit ou neuf pétales. FICAIRE (DCCCXI).
Fleur bleue ou blanche à six pétales...................
.... HÉPATIQUE (DCCCX).

403.
{ Une écaille à la base interne de chaque pétale.........
.... RENONCULE (DCCCXIII).
Point d'écailles à la base interne des pétales..... 404.

404.
{ Etamines saillantes hors de la corolle qui est caduque,
et souvent à quatre pétales.... PIGAMON (DCCCVIII).
Corolle ayant au moins cinq pétales; étamines non
saillantes.............................. 405.

405.
{ Fleurs d'un jaune vif................................ 406.
Fleurs d'un jaune pâle , rouges, bleues ou blanches. 408.

406.
{ Une collerette orbiculaire , verte et multifide, placée
sous la fleur.............. Hellébore d'hiver (4666).
Point de collerette............................ 407.

407.
{ Cinq pétales ; fleur ouverte.. POPULAGE (DCCCXXII).
{ Dix ou quinze pétales ; fleur globuleuse................
.... TROLLE (DCCCXV).

408.
{ Vingt étamines ou plus............................ 409.
{ Dix à douze étamines.............................. 412.

409.
{ Capsules ou ovaires polyspermes.................. 410.
{ Capsules ou ovaires monospermes..................
.... ADONIDE (DCCCXII).

410.
{ Capsules ou ovaires glabres...................... 411.
{ Capsules ou ovaires cotonneux à la surface..........
.... PIVOINE (DCCCXXIII).

411.
{ Fleurs bleues ; cinq à dix capsules souvent soudées en
une seule..................... NIGELLE (DCCCXVII).
{ Fleurs jamais bleues ; trois à cinq capsules toujours
distinctes................... HELLÉBORE (DCCCXVI).

412.
{ Trois capsules ou trois ovaires presque réunis.........
.... GARIDELLE (DCCCXVIII).
{ Capsules très-nombreuses disposées sur un long ré-
ceptacle................... RATONCULE (DCCCXIV).

413.
{ Pétales non insérés sur le calice ; étamines monadel-
phes................................... 414.
{ Pétales insérés sur le calice ; étamines libres...... 484.

414. MALVACÉES.
{ Calice double...................... 415.
{ Calice simple...................... 420.

415.
{ Calice extérieur à trois folioles.................. 416.
{ Calice extérieur d'une seule pièce lobée ou à plus de
trois folioles................................ 417.

416.
{ Capsules ou ovaires disposés circulairement..........
.... MAUVE (DCCLXXXIX).
{ Capsules ou ovaires agglomérés en tête..............
.... MALOPE (DCCLXXXVIII).

417.
{ Calice extérieur à trois ou six lobes peu profonds. 418.
{ Calice extérieur à plusieurs folioles, ou plusieurs la-
nières profondes............................. 419.

418.
{ Calice à trois lobes ; poils rayonnans..............
.... LAVATÈRE (DCCXCI).
{ Calice à cinq à six lobes ; poils simples..............
.... STÉGIE (DCCXCII).

419.
{ Plusieurs ovaires.................. GUIMAUVE (DCCXC).
{ Un seul ovaire à cinq stigmates. HIBISQUE (DCCXCIV).

420.
{ Plus de quinze étamines ; fleur jaune. SIDA (DCCXCIII)
{ Dix étamines ; fleur jamais jaune.................. 343.

421.
{ Dix étamines ou moins............................ 422.
{ Onze étamines ou plus............................ 479.

435. { Point de collerettes partielles...................... 436.
{ Collerettes partielles à une ou plusieurs folioles.. 438.

436. { Feuilles ailées.. 437.
{ Feuilles deux fois ternées......... EGOPODE (DLXXII).

437. { Pétales égaux entre eux ; fruit ovale-oblong............
{ .... BOUCAGE (DLXXIII).
{ Pétales extérieurs très-grands ; fruits globuleux.......
{ .... *Coriandre cultivée* (3434).

438. { Fruit comprimé, presque plane.................... 439.
{ Fruit ovoïde ou cylindrique, ou à deux bosses.... 441.

439. { Pétales à-peu-près égaux........................... 440.
{ Pétales du bord de l'ombelle grands et bifurqués.....
{ .... BERCE (DLXXXVIII).

440. { Trois nervures sur chaque graine.....................
{ .... IMPÉRATOIRE (DLXXV).
{ Cinq nervures sur chaque graine....... SELIN (DXCI).

441. { Fruit à deux bosses très-distinctes....................
{ .... *Coriandre à deux bosses* (3435).
{ Fruit ovoïde ou oblong, ou cylindrique.......... 442.

442. { Bord du calice, ou sommet de l'ovaire entier... 443.
{ Calice à cinq dents qui persistent au sommet de l'o-
{ vaire....................... ŒNANTHE (DLXXXI).

443. { Fruit cylindrique et alongé....................... 444.
{ Fruit ovoïde... 445.

444. { Fruit terminé par une pointe trois fois au moins plus
{ longue que la graine.......... SCANDIX (DLXXVII).
{ Fruit dépourvu de pointe remarquable.................
{ .... CERFEUIL (DLXXVI).

445. { Fruit glabre....................................... 446.
{ Fruit velu ou hérissé de pointes.................... 468.

446. { Folioles de la collerette générale simples et entières..
{ .... 447.
{ Folioles de la collerette découpées................ 467.

447. { Fruit ovoïde ou globuleux, ou relevé d'ailes mem-
{ braneuses.................................... 448.
{ Fruit très-comprimé et plane.................... 465.

448. { Collerettes partielles à une foliole simple, ou à plu-
{ sieurs folioles.................................. 449.
{ Collerettes partielles à une foliole divisée en plusieurs
{ lobes.. 464.

449. { Fruit lisse, strié ou sillonné.................... 450.
{ Fruit bordé ou relevé de nervures ou d'ailes sail-
{ lantes... 460.

450. { Calice dont le bord est entier.................... 451.
{ Calice à cinq dents visibles au-dessus de l'ovaire. 459.

465. { Fruit entouré d'un bourrelet épais et calleux..........
.... TORDYLE (DXCVII).
Fruit non bordé de bourrelet................... 466.

466. { Pétales oblongs, égaux entre eux...... SELIN (DXCI).
Pétales extérieurs grands et bifides....................
.... BERCE (DLXXXVIII).

467. { Fruit arrondi, strié.................... AMMI (DXCIV).
Fruit oblong, à huit ailes membraneuses..............
.... LASER (DLXXXVII).

468. { Folioles de la collerette entières................... 469.
Folioles de la collerette découpées. CAROTTE (DXCV).

469. { Fruit hérissé de poils roides et très-longs..............
.... CAUCALIDE (DXCVI).
Fruit pubescent et cotonneux..................... 470.

470. { Pétales échancrés ou courbés en cœur au sommet.....
.... ATHAMANTE (DXC).
Pétales lancéolés.................... BUBON (DLXXXII).

471. { Collerette générale nulle ou à une foliole........ 472.
Collerette générale à deux ou plusieurs folioles.. 478.

472. { Fruit bordé d'ailes membraneuses................. 473.
Fruit non bordé d'ailes.......................... 475.

473. { Point de collerette partielle..................... 474.
Une collerette partielle à plusieurs folioles...........
.... FÉRULE (DCIV).

474. { Fruit oblong.......................... THAPSIE (DCIII).
Fruit ovale............................ ANETH (DC).

475. { Fruit plane.......................... PANAIS (DCII).
Fruit ovoïde ou peu comprimé.................... 476.

476. { Trois nervures sur chaque semence. MACERON (DCI).
Cinq nervures sur chaque semence.............. 477.

477. { Fruit globuleux....................... ACHE (DXCIX).
Fruit un peu comprimé.................. ANETH (DC).

478. { Fruit comprimé, bordé d'une aile membraneuse......
.... PEUCÉDANE (DXCVIII).
Fruit ovoïde, lisse, anguleux, à écorce épaisse, et
non bordé........................ ARMARINTE (DCV).

479. { Calice à deux valves............ POURPIER (DCXXIV).
Calice à plus de deux valves ou de deux lobes. 479*.

479*. { Feuilles opposées ou verticillées................. 480.
Feuilles alternes ou nulles à l'époque de la fleuraison .... 483.

480. { Herbe à calice cylindrique et à douze étamines.......
.... SALICAIRE (DCXXIX).
Arbrisseaux à calice en cloche ou en toupie, et à
vingt étamines. .... 481.

498.

498. { Quatre ou cinq étamines.......................... 499.
     { Douze étamines au moins........................ 500.

499. { Quatre étamines ; calice à quatre lobes...............
     { .... SANGUISORBE (DCLII).
     { Cinq étamines ; calice à dix lobes. SIBBALDIE (DCLV).

500. { Deux ovaires.................. AIGREMOINE (DCLIII).
     { Au moins cinq ovaires............................ 501.

501. { Calice à cinq découpures.......................... 502.
     { Calice à huit ou dix découpures.................... 504.

502. { Calice ouvert.............................:.......... 503.
     { Calice étranglé au sommet, et renfermant les ovaires.
     { .... ROSIER (DCL).

503. { Fruit charnu ; tige garnie d'aiguillons. RONCE (DCLXII).
     { Fruit non charnu ; point d'aiguillons. SPIRÉE (DCLXIII).

504. { Calice à dix découpures ; cinq pétales............ 505.
     { Calice à huit découpures ; quatre ou huit pétales. 508.

505. { Graines ou ovaires surmontés chacun d'une longue
     {   barbe............................ BENOITE (DCLX).
     { Graines ou ovaires non surmontés d'une barbe. 506.

     { Graines ou ovaires portés sur un réceptacle grand et
     {   arrondi ; fleurs jamais jaunes.................,.... 507.
506. { Graines ou ovaires portés sur un réceptacle petit,
     {   souvent pointu ; fleurs souvent jaunes...............
     {   .... POTENTILLE (DCLVII).

507. { Fruit charnu ; fleurs blanches.. FRAISIER (DCLVIII).
     { Fruit non succulent ; fleurs rouges. COMARET (DCLIX).

508. { Quatre pétales jaunes........ TORMENTILLE (DCLVI).
     { Huit pétales blancs.................. DRYADE (DCLXI).

INCOMPLETTES.

     { Fleurs entièrement nues, ou munies seulement d'une
     {   enveloppe commune à un grand nombre de fleurs.
509. {   .... 510.
     { Fleurs munies chacune d'une enveloppe propre ou
     {   périgone.. 515.

510. { Plante flottante ou végétant dans l'eau............ 511.
     { Plante croissant sur la terre...................... 512.

     { Plante marine ; fleurs entourées de spathe.............
511. {   .... ZOSTÈRE (CCIII).
     { Plante d'eau douce ; fleurs sans spathe............ 973.

512. { Suc propre laiteux................................ 513.
     { Suc propre non laiteux. .... 514.

561. { Fleurs en grappes, en épis ou en panicule........ 562.
{ Fleurs en ombelle sortant d'une spathe à deux valves.
.... AIL (CCXLII).

562. { Filamens des étamines tous ou la plupart élargis à leur
{ base..................................... 563.
{ Filamens des étamines non élargis à leur base... 564.

563. { Base des six filamens voutée et couvrant l'ovaire........
{ .... ASPHODÈLE (CCXXXV).
{ Base de trois filamens alongée, droite et ne couvrant
{ pas l'ovaire................... ORNITHOGALE (CCXLI).

564. { Fleurs jaunes.................... ORNITHOGALE (CCXLI).
{ Fleurs bleues ou blanches......................... 565.

565. { Racine bulbeuse; fleurs souvent bleues...............
{ .... SCILLE (CCXL).
{ Racine fibreuse; fleurs jamais bleues....................
{ .... PHALANGÈRE (CCXXXIX).

566. { Lanières de la fleur rétrécies à sa base en un pétiole
{ étroit................... BULCOCODE (CCXXX).
{ Lanières de la fleur roulées ou réfléchies en dehors...
{ .... ÉRYTHRONE (CCXXXI).

567. { Fleurs globuleuses ou en grelot, et à six dents.... 568.
{ Fleurs en roue ou en entonnoir, et à six lobes .... 569.

568. { Fleur blanche; fruit charnu........ MUGUET (CCXIII).
{ Fleurs bleues ou violettes; fruit non charnu...........
{ .... MUSCARI (CCXXXVIII).

569. { Etamines déjetées de côté; périgone resserré à sa base
{ et en cloche au sommet. HÉMÉROCALLE (CCXXXVI).
{ Etamines droites; périgone en tube, en roue ou en en-
{ tonnoir.................................... 570.

570. { Un stigmate................... JACINTHE (CCXXXVII).
{ Trois stigmates............... POLIANTHE (CCXLVIII).

571. { Fleurs solitaires ou en ombelle, sortant d'une spathe
{ commune................................ 572.
{ Fleurs en épi ou en panicule, ne sortant pas d'une
{ spathe commune......................... 576.

572. { Etamines très-saillantes........ PANCRACE (CCXLIV).
{ Etamines cachées dans la fleur, ou égales à sa gorge.573.

573. { Entrée du tube couronnée par un godet cylindrique ou
{ en cloche................... NARCISSE (CCXLV).
{ Entrée du tube nue ou garnie d'écailles distinctes. 574.

574. { Fleur jaune; six petites écailles à l'entrée du tube......
{ .... AMARYLLIS (CCXLIII).
{ Fleur blanche; point d'écailles.................... 575.

c 5

653.
{ Valves des glumes fortement creusées en carène; arète très-courte............... DACTYLE (CLXXVIII).
{ Valves concaves ou peu carénées ; arète de longueur variable................ FESTUQUE (CLXXIV).

634.
{ Epillets n'ayant qu'une ou deux fleurs fertiles et une stérile ; valves de la glume très-scarieuses............ .... MÉLIQUE (CLXIX).
{ Epillets ayant de deux à vingt fleurs fertiles ; valves de la glume peu scarieuses................ 635.

635.
{ Valves de la balle très-ventrues , évasées en forme de cœur............... BRIZE (CLXXIV).
{ Valves de la balle peu ventrues et non en forme de cœur............... PATURIN (CLXXV).

636.
{ Epillets simplement sessiles ; axe non creusé...... 637.
{ Epillets un peu enfoncés à leur base dans des cavités creusées dans l'axe................ 646.

637.
{ Epillets uniflores................ 638.
{ Epillets à deux ou plusieurs fleurs................ 645.

638.
{ Deux stigmates................ 639.
{ Un seul stigmate................ NARD (CLXXXIV).

639.
{ Glume à deux valves................ 640.
{ Glume à une seule valve hérissée en dehors............ .... TRAGUS (CLX).

640.
{ Valves des glumes sans arète................ 642.
{ Une au moins des valves de la glume munie d'arète.. .... 641.

641.
{ Valves membraneuses , l'une et l'autre munies d'arète. .... PHLÉOLE (CLVII).
{ Valves dures dont l'intérieure seule porte une arète.... .... TRACHYNOTE (CLXXIX).

642.
{ Balle à deux valves entières......... PASPALE (CLXII).
{ Balle à une valve frangée au sommet................ .... CHAMAGROSTIS (CLXXXV).

643.
{ Une bractée foliacée et découpée à la base de chaque épillet................ CYNOSURE (CLXXXI).
{ Point de bractée à la base des épillets............ 644.

644.
{ Valve externe des balles divisée en pointes ou en arètes à son sommet................ 645.
{ Valve externe des balles entière au sommet, et chargée d'une arète dorsale.......... AVOINE (CLXXI).

645.
{ Valve externe des balles divisée en cinq lanières roides................ ÉCHINAIRE (CLXXX).
{ Valve externe des balles terminée par trois pointes... .... SESLÉRIE (CLXXXII).

646. { Epillets solitaires sur chaque dent de l'axe........ 647.
{ Deux ou trois épillets sur chaque dent de l'axe... 651.

647. { Valve externe des balles prolongée en trois ou quatre
{ barbes....................... ÉGILOPE (CLXXXVI).
{ Valve externe des balles sans arètes, ou à une seule
{ arète.. 648.

648. { Une ou deux fleurs fertiles dans chaque épillet... 649.
{ Plus de deux fleurs fertiles dans chaque épillet... 650.

649. { Une arète au sommet de la valve externe des balles..
{ .... SEIGLE (CLXXXVIII).
{ Point d'arète................... ROTTBOLLE (CLXXXV).

650. { Valves de la glume égales entre elles et opposées à l'axe
{ .... FROMENT (CLXXXVII).
{ Valves de la glume inégales et parallèles à l'axe.......
{ .... IVRAIE (CLXXXIX).

651. { Epillets uniflores........................... ORGE (CXCI).
{ Epillets à deux ou quatre fleurs......... ÉLYME (CXC).

652. { Epillets, les uns mâles, les autres femelles ou herma-
{ phrodites, mélangés ensemble dans les mêmes épis.
{ .... 653.
{ Epillets mâles disposés en panicule terminale ; épillets
{ femelles en épis axillaires............. MAÏS (CXCIV).

653. { Fleurs en épis ; arètes, lorsqu'elles existent, naissant
{ des valves des balles............................. 654.
{ Fleurs en panicule ; arètes naissant du réceptacle.......
{ .... HOUQUE (CXCIII).

654. { Epillets trois ensemble sur chaque dent de l'axe........
{ .... ORGE (CXCI).
{ Epillets deux ensemble sur chaque dent de l'axe.......
{ .... BARBON (CXCII).

655. CYPÉRACÉES. { Fleurs hermaphrodites ; graines nues. 656.
{ Fleurs dioïques ou monoïques ; graines
{ renfermées dans un godet percé au
{ sommet.................. CAREX (CXCV).

656. { Glumes des épillets disposées sur deux rangs opposés
{ et réguliers.................... SOUCHET (CXCVIII).
{ Glumes des épillets embriquées en tout sens..... 657.

657. { Graines tout-à-fait nues ou entourées de soies plus
{ courtes que les glumes..................... 658.
{ Graines entourées de soies très-longues.................
{ .... LINAIGRETTE (CXCV bis).

658. { Glumes toutes fertiles................. SCIRPE (CXCVI).
{ Glumes inférieures de chaque épi stériles..............
{ .... CHOIN (CXCVII).

659. { Un ou deux stigmates............................... 660.
{ Quatre ovaires et quatre stigmates................. 667.

660. { Un seul ovaire.. 661.
{ Deux ovaires.................... SANGUISORCE (DCLII).

661. { Ovaire libre et dans le périgone.................... 662.
{ Ovaire adhérent au périgone........................ 666.

662. { Feuilles à cinq folioles ou à cinq lobes.................
{ .... ALCHIMILLE (DCLIV).
{ Feuilles entières ou pinnatifides.................... 663.

663. { Fleurs axillaires ; fruit à une graine............... 664.
{ Fleurs en têtes ou en épis terminaux ; capsule à deux
{ ou plusieurs graines....... PLANTAIN (CCCXXVIII).

664. { Feuilles linéaires ; fleurs toutes hermaphrodites. 665.
{ Feuilles ovales ; fleurs, les unes femelles, les autres
{ hermaphrodites.......... PARIÉTAIRE (CCLXXXIX).

665. { Périgone à quatre parties inégales ; étamines sail-
{ lantes..................... CAMPHRÉE (CCCXXI).
{ Périgone à deux parties ; étamines non saillantes......
{ .... CORISPERME (CCCXX).

666. { Feuilles opposées................. ISNARDE (DCXXIX).
{ Feuilles alternes........................ THÉSION (CCCI).

667. { Périgone à quatre valves ; capsules sessiles...........
{ .... POTAMOT (CCXX).
{ Périgone à deux valves ; capsules pédicellées.........
{ .... RUPPIE (CCXIX).

668. { Feuilles alternes .... 669.
{ Feuilles opposées................................... 674.

669. { Périgone non tubuleux.............................. 670.
{ Périgone tubuleux.................... THÉSION (CCCI).

670. { Toutes les fleurs hermaphrodites................... 671.
{ Fleurs hermaphrodites mélangées de fleurs femelles.
{ .... ARROCHE (CCCXVI).

671. { Base du périgone prolongée en dehors en cinq appen-
{ dices, après la fleuraison......... SOUDE (CCXVIII).
{ Base du périgone non prolongée en appendices. 672.

672. { Un style à deux ou trois stigmates....................
{ .... ANSÉRINE (CCCXVII).
{ Deux styles....................................... 673.

673. { Périgone à cinq parties.............. BETTE (CCCXIV).
{ Périgone à deux parties......... CORISPERME (CCXX).

674. { Des stipules à la base des feuilles.................. 675.
{ Point de stipules................................... 676.

675. { Capsules à cinq valves ; stipules et bractées grandes
{ et membraneuses............. PARONIQUE (CCCXXV).
{ Capsule ne s'ouvrant pas ; stipules et bractées peu ap-
{ parentes....................... HERNIAIRE (CCCXXVI).

676. { Un seul style et un seul stigmate.... GLAUX (DCXXX).
      { Deux styles ou deux à trois stigmates............. 670.

677. { Etamines sessiles sur le pistil...........................
      { .... ARISTOLOCHE (CCXCVIII).
      { Etamines non placées sur le pistil................. 678.

678. { Périgone à quatre folioles.......................... 226.
      { Périgone à trois, six ou douze parties............ 679.

679. { Feuilles alternes................................... 680.
      { Feuilles opposées.................. PÉPLIDE (DCXXXII).

680. { Feuilles linéaires, lancéolées ou ovales, toujours en-
      {   tières.. 681.
      { Feuilles de forme diverse, et dentées, incisées ou an-
      {   guleuses.. 688.

681. { Un seul ovaire et un seul style.................. 682.
      { Plusieurs ovaires ou plusieurs styles.............. 687.

682. { Plante croissant sur la terre ou dans l'eau douce.. 683.
      { Plante marine........................ CAULINIE (CCIV).

683. { Etamines glabres................................ 684.
      { Etamines barbues...................... ABAMA (CCIX).

684. { Lanières du périgone en roue ou en cloche...... 685.
      { Lanières du périgone rapprochées en tube à la base
      {   et ouvertes au sommet... APHYLLANTHE (CCVIII).

685. { Fleurs disposées en épis serrés et placés sur le côté de
      {   la tige.............................. ACORE (CCV).
      { Fleurs en tête, en grappe, ou en panicule ou soli-
      {   taires... 686.

686. { Feuilles cylindriques; capsule à trois loges...........
      {   .... JONC (CCVII).
      { Feuilles planes; capsule à une loge.... LUZULE (CCVI).

687. { Un petit involucre à trois dents sous chaque fleur.....
      {   .... TOFIELDIE (CCXXVI).
      { Point d'involucre à trois dents sous chaque fleur. 583.

688. { Feuilles à cinq ou sept lobes linéaires, et digitées......
      {   .... CHAMÉROPS (CCIX*).
      { Feuilles non digitées................. RUMEX (CCCX).

689. { Feuilles entières ou dentées....................... 690.
      { Feuilles ailées, ou digitées ou profondément lobées.694.

690. { Ovaire globuleux; fruit charnu et arrondi....... 691.
      { Ovaire comprimé; fruit membraneux et applati.......
      {   .... ORME (CCLXXXIV).

691. { Deux styles................................... 692.
      { Un ou trois styles.............................. 693.

692. { Des épines aux aisselles des feuilles. JUJUBIER (DCCXVI).
      { Aisselles nues ou munies de stipules membraneuses...,
      {   .... MICOCOULIER (CCLXXXIII).

693. { Un style....................... NERPRUN (DCCXV).
{ Trois styles...................... PALIURE (DCCXVII).

694. { Feuilles ailées avec impaire ; cinq étamines................
{ .... CAROUBIER (DCLXIX).
{ Feuilles digitées ; six étamines. CHAMÉROPS (CCIX*).

UNISEXUELLES.

695. { Fleurs monoïques ; les mâles et les femelles sont sur
{ le même individu............................... 696.
{ Fleurs dioïques ; les mâles et les femelles sont sur
{ deux pieds.................................... 756.

696. MONOÏQUES. { Arbres........................... 697.
{ Herbes............................ 727.

697. { Feuilles entières, dentées ou lobées............... 698.
{ Feuilles ailées ou digitées.................... 724.

698. { Feuilles alternes ou en faisceaux................. 699.
{ Feuilles ou boutons opposés..................... 721.

699. { Feuilles entières, ou dentelées ou pinnatifides... 700.
{ Feuilles lobées, à nervures palmées............... 720.

700. { Filamens des étamines nuls ou soudés ensemble ;
{ feuilles jamais dentées, ordinairement linéaires et
{ persistantes................................ 701.
{ Filamens des étamines distincts ; feuilles souvent den-
{ tées et ordinairement caduques.................. 707.

701. CONIFÈRES. { Feuilles naissant par faisceaux......... 702.
{ Feuilles solitaires ou nulles............. 703.

702. { Deux ou cinq feuilles à chaque faisceau. PIN (CCLXVI).
{ Quinze ou vingt feuilles à chaque faisceau..............
{ .... MÉLÈZE (CCLXVIII).

703. { Feuilles nulles..................... ÉPHÉDRA (CCLXXI).
{ Des feuilles........ .... 704.

704. { Feuilles alternes................................. 705.
{ Feuilles opposées ou verticillées. GÉNEVRIER (CCLXIX).

705. { Fruit charnu ; anthères en bouclier, à huit lobes......
{ .... IF (CCLXX).
{ Fruit nullement charnu ; anthères n'ayant point la
{ forme d'un bouclier.......................... 706.

706. { Feuilles persistantes ; écailles des cônes obtus.........
{ .... SAPIN (CCLXVII).
{ Feuilles caduques ; écailles des cônes prolongées en
{ pointe à l'époque de la fleuraison....................
{ .... MÉLÈZE (CCLXVIII).

707. AMENTACÉES. { Fleurs hermaphrodites............... 708.
{ Fleurs monoïques.................... 709.
{ Fleurs dioïques...................... 718.

770. { Neuf étamines; un style......... LAURIER (CCCVIII).
{ Six étamines; trois styles.......... SMILAX (CCXVII).

771. { Arbuste à rameaux épineux et fleurissant avant la
{ naissance des feuilles......... ARGOUSSIER (CCCIII).
{ Arbuste ou arbre non épineux...................... 772.

772. { Périgone tubuleux à trois, quatre ou cinq lobes. 773.
{ Périgone nul ou non tubuleux, ou en forme d'écailles,
{ ou à deux parties................................. 700.

773. { Trois étamines, trois stigmates...... OSYRIS (CCCII).
{ Huit étamines, un stigmate.......................... 521.

774. { Plante terrestre ou parasite........................ 775.
{ Plante flottante sur l'eau, ou vivant au fond de l'eau.
{ .... 794.

775. { Feuilles alternes................................... 776.
{ Feuilles opposées.................................. 788.

776. { Feuilles ailées, digitées ou décomposées......... 777.
{ Feuilles simples, entières ou incisées............. 779.

777. { Fleurs à cinq pétales et disposées en ombelle...........
{ .... Boucage dioïque (3414).
{ Fleurs sans pétales et non disposées en ombelle.. 778.

778. { Feuilles digitées; périgone à cinq lobes...............
{ .... CHANVRE (CCXC).
{ Feuilles ailées avec impaire; périgone à quatre lobes.
{ .... PIMPRENELLE (DCLI).

779. { Feuilles engaînantes à leur base.................... 780.
{ Feuilles non engaînantes........................... 781.

780. { Fleurs glumacées; deux à trois étamines. CAREX (CXCV).
{ Fleurs non glumacées; six étamines... RUMEX (CCCX).

781. { Un calice et une corolle. Sedum à odeur de rose (3605).
{ Un seul tégument floral........................... 781*.

781*. { Périgone à six lobes................................ 782.
{ Périgone à moins de six lobes..................... 784.

782. { Feuilles linéaires naissant en faisceaux. ASPERGE (CCX).
{ Feuilles solitaires non linéaires.................. 783.

783. { Ovaire libre; pétiole chargé de deux vrilles...........
{ .... SMILAX (CCXVII).
{ Ovaire adhérent et placé sous le limbe du périgone;
{ point de vrilles................... TAMME (CCXVIII).

784. { Périgone à cinq lobes.............................. 785.
{ Périgone à deux ou quatre lobes.................. 786.

785. { Une vrille à l'aisselle des feuilles; trois étamines.....
{ .... BRYONE (CDLXV).
{ Point de vrilles; cinq étamines... ÉPINARD (CCCXV).

CONJOINTES.

800. CHICORACÉES. {
Graines ou ovaires chargés d'aigrettes.................................. 801.
Graines nues et toutes dépourvues d'ai-
grettes........................... 831.
}

801. {
Aigrette composée de poils.................. 802.
Aigrette composée d'écailles ou de membranes.. 829.
}

802. {
Poils de l'aigrette simples et non rameux, au moins à
l'œil nu...................... 803.
Poils de l'aigrette plumeux.................. 821.
}

803. {
Graines terminées par un appendice mince qui fait
paroître l'aigrette pédicellée................ 804.
Graines non terminées en col mince ; aigrette sessile.
.... 810.
}

804. {
Réceptacle nu ou un peu ponctué.............. 805.
Réceptacle garni de paillettes entremêlées avec les
fleurs..................................... 809.
}

805. {
Involucre à sept ou huit folioles entourées à la base
d'une seconde rangée avortée................ 806.
Involucre à folioles nombreuses et embriquées. 807.
}

806. {
Tige garnie de feuilles.... CHONDRILLE (CDLXXVII).
Tige nue; feuilles radicales... PISSENLIT (CDLXXXV).
}

807. {
Folioles de l'involucre membraneuses sur les bords ;
fleurs bleues ou jaunes........ LAITUE (CDLXXVIII).
Folioles de l'involucre non membraneuses sur les
bords ; fleurs toujours jaunes.................... 808.
}

808. {
Folioles de l'involucre déjetées en dehors à la maturité ;
hampe nue et à une fleur.. PISSENLIT (CDLXXXV).
Folioles de l'involucre serrées et entourant les graines
à la maturité ; tige souvent feuillée ou à plusieurs
fleurs.................. BARCKHAUSIE (CDLXXXIV).
}

809. {
Aigrettes du bord simples, et celles du milieu plumeu-
ses; fleurs jamais jaunes. GÉROPOGON (CDXCVIII).
Aigrettes toujours simples... PORCELLE (CDLXXXVI).
}

810. {
Aigrettes de la circonférence différentes de celles du
centre..................................... 811.
Aigrettes toutes semblables.................... 813.
}

811. {
Aigrettes du bord sessiles, et celles du milieu pédi-
cellées.................... *Porcelle glabre* (2957).
Aigrettes toutes sessiles......................... 812.
}

812. {
Folioles externes de l'involucre étroites et étalées; ai-
grette de la circonférence écailleuse..................
.... DRÉPANIE (CDLXXXVII).
Aigrettes de la circonférence avortées; folioles de l'in-
volucre toutes serrées.... HYOSÉRIDE (CDLXXXIX).
}

826. {
Graine portée sur un pédicelle creux......................
.... PODOSPERME (CDXCV).
Graine sessile.................. SCORZONÈRE (CDXCIV).
}

827. {
Aigrettes des graines extérieures courtes et avortées..
.... THRINCIE (CDXC).
Aigrettes toutes égales............................ 828.
}

828. {
Graines lisses ou striées en long. LIONDENT (CDXCI).
Graines tuberculeuses ou striées en travers...........
.... PICRIDE (CDXCII).
}

829. {
Feuilles et involucres épineux........... SCOLYME (DI).
Plante non épineuse................................ 830.
}

830. {
Involucre scarieux.............. CUPIDONE (CDXCIX).
Involucre foliacé à huit folioles........ CHICORÉE (D).
}

831. {
Réceptacle nu................................... 832.
Réceptacle garni d'écailles....................... 829.
}

832. {
Involucre à plusieurs rangs de folioles embriquées....
.... *Lampsane fluette* (2874).
Involucre à deux rangs, dont l'extérieur très-court. 833.
}

833. {
Folioles intérieures de l'involucre enveloppant les grai-
nes à leur maturité......... RHAGADIOLE (CDLXXV).
Graines non enveloppées...... LAMPSANE (CDLXXIV).
}

834. FLOSCULEUSES. {
Graines couronnées d'une aigrette composée de poils.................... 835.
Graines nues ou terminées par une ou
deux dents.................... 860.
}

835. {
Poils de l'aigrette simples ou légèrement dentés. 836.
Poils de l'aigrette rameux ou plumeux............. 853.
}

836. {
Réceptacle garni d'écailles ou de paillettes; feuilles
souvent épineuses............................ 837.
Réceptacle nu; feuilles et involucre jamais épineux. 843.
}

837. {
Paillettes du réceptacle longues et très-apparentes. 838.
Paillettes tronquées et formant de petites alvéoles. 842.
}

838. {
Fleurs toutes égales et hermaphrodites............ 839.
Fleurs extérieures grandes, femelles ou stériles........
.... CENTAURÉE (DX).
}

839. {
Folioles de l'involucre épineuses.................. 840.
Folioles de l'involucre non épineuses.............. 841.
}

840. {
Fleurs bleues; filets des étamines hérissés; rang externe
de l'involucre grand et foliacé. CARDONCELLE (DIV).
Fleurs purpurines ou blanchâtres; filets glabres; folioles
de l'involucre à-peu-près égales.. CHARDON (DVIII).
}

841. {
Folioles de l'involucre aiguës et crochues au sommet...
.... BARDANE (DVII).
Folioles droites et non crochues...... SARRÈTE (DIX).
}

858. {
Epines de l'involucre simples.... GALACTITE (DXIV).
Epines extérieures de l'involucre très-rameuses.......
.... *Atractylis grillée* (3101).
}

859. {
Folioles de l'involucre scarieuses et luisantes..........
.... LEUZÉE (DXIII).
Folioles de l'involucre ni scarieuses ni luisantes.......
.... CIRSE (DXV).
}

860. {
Involucres épineux............................ 861.
Involucres nullement épineux.................. 862.
}

861. {
Fleurs d'un jaune orangé; très-peu d'épines..........
.... CARTHAME (DIII).
Fleurs blanches ou bleues; beaucoup d'épines........
.... ECHINOPE (DII).
}

862. {
Etamines insérées sur la corolle.................. 863
Etamines non insérées sur la corolle..............
.... JASIONE (CDLXXIII).
}

863. {
Réceptacle nu ou chargé de poils.................. 864.
Réceptacle garni d'écailles ou de paillettes........ 868.
}

864. {
Toutes les graines nues , ou toutes munies d'une
courte membrane............................ ... 865.
Graines extérieures nues , celles du centre munies
d'une aigrette à cinq poils.... IMMORTELLE (DXX).
}

865. {
Folioles de l'involucre petites et serrées......... 866.
Folioles extérieures de l'involucre grandes et étalées.
.... CARPÉSIE (DXL).
}

866. {
Fleurons tous hermaphrodites et à cinq dents..........
.... BALSAMITE (DXLI).
Fleurons extérieurs femelles , entiers ou à trois
dents.......................... 867.
}

867. {
Graines tout-à-fait nues; fleurons extérieurs entiers..
.... ARMOISE (DXLIII).
Graines couronnées par une petite membrane ; fleu-
rons intérieurs à trois dents.... TANAISIE (DXLII).
}

868. {
Feuilles alternes.......................... 869.
Feuilles opposées ; graines à deux dents. BIDENT (DLI).
}

869. {
Involucre à plus de dix folioles serrées............ 870.
Involucre à moins de dix folioles lâches..............
.... MICROPE (DXLIV).
}

870. {
Corolle prolongée sur la graine en deux oreillettes ob-
tuses.......................... DIOTIS (DXLVI).
Corolle non prolongée en oreillettes.............. 871.
}

871. {
Graines couronnées par une petite membrane ; ré-
ceptacle conique ou convexe.................... 872.
Graines nues, réceptacle plane.................... 873.
}

872. 〔 Graines membraneuses sur les bords...................
.... ANACYCLE (DXLVIII).
Graines non membraneuses sur les bords.............
.... *Camomille flosculeuse* (5267).

873. 〔 Involucre hémisphérique ; fleurs toujours jaunes......
.... SANTOLINE (DXLV).
Involucre ovoïde , souvent épineux ; fleurs jaunes ou
rouges........................... CENTAURÉE (DX).

874. RADIÉES. 〔 Involucre non épineux.................... 875.
Involucre épineux........................... 898.

875. 〔 Feuilles alternes ou radicales..................... 876.
Feuilles opposées........................... 894.

876. 〔 Graines couronnées d'une aigrette de poils....... 877.
Graines non couronnées de poils................... 886.

877. 〔 Demi-fleurons de la même couleur que le disque. 878.
Demi-fleurons d'une autre couleur que le disque. 884.

878. 〔 Folioles de l'involucre embriquées sur plusieurs rangs.
.... 879.
Folioles de l'involucre disposées sur un seul ou sur
deux rangs........................... 880.

879. 〔 Cinq à six demi-fleurons à chaque fleur...............
.... SOLIDAGE (DXXVIII).
Dix à douze demi-fleurons au moins. INULE (DXXVII).

880. 〔 Feuilles radicales et naissant après les fleurs..........
.... *Tussilage pas-d'âne* (5163).
Tige garnie à-la-fois de feuilles et de fleurs...... 881.

881. 〔 Involucre à un seul rang de folioles ou à deux , dont
l'extérieur très-petit........................... 882.
Involucre à 2 rangs égaux........................... 883.

882. 〔 Un petit rang extérieur de folioles ; sommité des
folioles de l'involucre noire ou scarieuse...........
.... SÉNEÇON (DXXX).
Un seul rang de folioles ; sommité des folioles de
l'involucre verte et foliacée.. CINÉRAIRE (DXXXI).

883. 〔 Toutes les graines garnies d'aigrettes.................
.... ARNIQUE (DXXXIV).
Graines extérieures sans aigrettes.................
.... DORONIC (DXXXIII).

884. 〔 Réceptacle plane ; folioles de l'involucre embriquées.
.... 885.
Réceptacle conique ; folioles de l'involucre disposées
sur un rang.............. PAQUEROLLE (DXXXIV*).

885. 〔 Demi-fleurons grêles , étroits et linéaires..............
.... VERGERETTE (DXXV).
Demi-fleurons larges et oblongs.... ASTER (DXXVI).

886. { Réceptacle nu....................................... 887.
     { Réceptacle garni de paillettes..................... 892.

887. { Toutes les graines nues ou couronnées de membranes.
     { .... 888.
     { Graines du centre chargées d'aigrettes.............
     { .... DORONIC (DXXXIII).

888. { Graines courbées , plissées et irrégulières..........
     { .... SOUCI (DXXXV).
     { Graines droites et régulières..................... 889.

889. { Graines nues au sommet...................... 890.
     { Graines couronnées par une membrane..............
     { .... PYRÈTHRE (DXXXVII).

890. { Folioles de l'involucre embriquées; tige feuillée 891.
     { Folioles de l'involucre sur un seul rang ; hampe nue.
     { .... PAQUERETTE (DXXXIX).

891. { Folioles de l'involucre scarieuses sur les bords......
     { .... CHRYSANTHÊME (DXXXVI).
     { Folioles de l'involucre non scarieuses sur les bords.
     { .... MATRICAIRE (DXXXVIII).

892. { Réceptacle plane.............................. 893.
     { Réceptacle convexe............ CAMOMILLE (DXLVIII).

893. { Involucre ovoïde , à écailles courtes et serrées........
     { .... ACHILLÉE (DXLIX).
     { Involucre ouvert , à folioles souvent plus grandes que
     { la fleur........................ BUPHTHALME (DL).

894. { Graines couronnées par une aigrette de plus de dix
     { poils.............. *Arnique de montagne* (3198).
     { Graines nues ou couronnées de membranes , ou
     { chargées de deux à cinq arètes................. 895.

895. { Feuilles entières ou lobées; involucre à plusieurs rangs
     { de folioles............................. 896.
     { Feuilles pinnatifides; involucre à un seul rang de fo-
     { lioles............................... TAGÈTE (DXXXII).

896. { Graines couronnées par un bord membraneux.........
     { .... BUPHTHALME (DL).
     { Graines couronnées par deux ou cinq arètes..... 897.

897. { Arètes fermes ; réceptacle étroit....... BIDENT (DLI).
     { Arètes molles et fugaces ; réceptacle très-large.......
     { .... HÉLIANTHE (DLII).

898. { Graines couronnées d'une aigrette plumeuse...........
     { .... ATRACTYLIS (DXVII).
     { Graines couronnées par un bord membraneux........
     { .... *Buphthalme épineux* (3283).

CRYPTOGAMES.

912. **MOUSSES.** { Capsule formée par un rudiment d'opercule qui ne s'ouvre jamais...... PHASQUE (CI).
Capsule dont l'opercule s'ouvre à la maturité... 913.

913. { Péristome (ou orifice de la capsule) nu........... 914.
Péristome muni d'une ou deux rangées de cils.. 915.

914. { Coiffe peu distincte, qui se rompt en travers, et entoure la base de la capsule......... SPHAIGNE (CII).
Coiffe très-distincte, qui se rompt en long, et n'entoure point la base de la capsule....................
.... GYMNOSTOME (CIII).

915. { Dents du péristome adhérentes par le sommet à une membrane horizontale..................... .... 916.
Orifice de la capsule bordé de dents libres au sommet.
.... 917.

916. { Coiffe très-velue; poils dirigés de haut en bas.........
.... POLYTRIC (CXV).
Coiffe peu velue; poils dirigés de bas en haut..........
.... OLIGOTRIC (CXVI).

917. { Orifice de la capsule bordé d'une seule rangée de dents.. 918.
Orifice de la capsule bordé de deux rangées de dents.
.... 931.

918. { Péristome à quatre dents............................ 919.
Péristome à huit, seize ou trente-deux dents ... 920.

919. { Dents pyramidales beaucoup plus courtes que la capsule............................ TÉTRAPHIS (CIV).
Dents divisées très-profondément, et courbées en arc.............................. ANDRÉÉE (CV).

920. { Capsule posée sur une apophise en parasol ou en cône renversé..................... SPLANC (CVI).
Capsule non posée sur une apophise.............. 921.

921. { Coiffe hérissée de poils en dessus .... 922.
Coiffe glabre..................................... 923.

922. { Coiffe striée en long; capsules terminales à leur naissance...................... ORTHOTRIC (CXVII).
Coiffe non striée; capsules latérales dès leur naissance...................... PTÉROGONE (CX).

923. { Dents du péristome droites, ou plus ou moins étalées.. 924.
Dents du péristome contournées en spirale, et quelquefois soudées.................... TORTULE (CXIV).

924. { Dents du péristome simples et entières........... 925.
Dents du péristome fendues au sommet en deux ou trois lanières... 929.

925. { Coîffe très-grande, persistante et en forme d'éteignoir.
.... ETEIGNOIR (CVII).
Coîffe médiocre, caduque.......................... 926.

926. { Dents du péristome placées à distance égale les unes
des autres................................... 927.
Dents du péristome rapprochées deux à deux........
.... DIDYMODON (CXI).

927. { Capsule terminale, au moins à sa naissance..... 928.
Capsule latérale dès sa naissance... PTÉROGONE (CX).

928. { Dents du péristome linéaires, rapprochées par le
sommet........................... WEISSIE (CVIII).
Dents du péristome élargies à leur base, divergentes
au sommet............................ GRIMMIE (CIX).

929. { Dents du péristome fendues en deux lanières jusqu'au
milieu de leur longueur........... DICRANE (CXIII).
Dents du péristome fendues au-delà du milieu en
deux ou trois lanières............................ 930.

930. { Péristome à seize dents divisées en deux ou trois lanières........................... TRICHOSTOME (CXII).
Péristome à huit ou seize dents divisées jusqu'à la base
en deux lanières................... DIDYMODON (CXI).

931. { Coîffe hérissée de poils en dessus. ORTHOTRIC (CXVII).
Coîffe glabre.. 932.

932. { Coîffe ventrue et tétragone à la base, en alène au
sommet.......................... FUNAIRE (CXVIII).
Coîffe à-peu-près conique............................ 933.

933. { Capsule naissant du sommet des rameaux......... 934.
Capsule naissant latéralement le long des branches. 939.

934. { Capsule sphérique; lanières du péristome interne bifurquées.................... BARTHRAMIE (CXXIII).
Capsule ovale-oblongue ou pyriforme; lanières du
péristome interne simples.......................... 935.

935. { Dents du péristome externe courtes, obtuses ou
tronquées....................................... 936.
Dents du péristome externe aiguës................ 937.

936. { Capsule portée sur un long pédicelle.. MÉÉSIE (CXXI).
Capsule presque sessile.......... BUXBAUMIE (CXXIV).

937. { Péristome interne divisé en lanières uniformes.. 938.
Péristome interne divisé en lanières alternativement
plus larges et plus étroites.............. BRY (CXXII).

938. { Capsule oblongue...................... POHLIE (CXX).
Capsule ovoïde...................... TIMMIE (CXIX).

939. { Capsule sphérique; lanières du péristome interne
bifurquées.. .... BARTHRAMIE (CXXIII).
Capsule oblongue ou ovoïde....................... 940.

940. { Capsule portée sur un long pédicelle............. 941.
{ Capsule presque sessile.......................... 943.

941. { Péristome interne à seize cils, ou seize lanières uniformes.. 942.
Péristome interne à trente - deux ou quarante - huit
lanières inégales entre elles....... HYPNE (CXXVI).

942. { Péristome interne composé de seize cils distincts à
la base..................... NECKÈRE (CXXVII).
Péristome interne à seize lanières partant d'une membrane............................. LESKÉE (CXXV).

943. { Péristome interne à seize cils; plante non aquatique.
.... NECKÈRE (CXXVII).
Péristome interne en réseau; mousse aquatique.......
.... FONTINALE (CXXVIII).

944. { Fruit pédonculé ou naissant vers les racines...... 945.
{ Fruits sessiles à l'aisselle des feuilles............. 972.

945. { Fruits naissant de la tige ou de la feuille, s'ouvrant
naturellement en plusieurs valves.............. 909.
Fruits placés vers les racines, ne s'ouvrant point
d'eux-mêmes.................................. 946.

946. RHIZOSPERMES. { Feuilles cylindriques ou en alène, droites,
entières et pointues.............. 947.
Feuilles planes, obtuses, ovales ou arrondies........................... 948.

947. { Fruits oblongs, lisses en dehors, et de couleur blanchâtre.............................. ISOTE (CXLV).
Fruits globuleux, velus en dehors, et d'un brun roussâtre......................... PILULAIRE (CXLVI).

948. { Feuilles alternes, pétiolées et à quatre lobes pro-
fonds...................... MARSILE (CXLVII).
Feuilles opposées, ovales, presque sessiles...........
.... SALVINIE (CXLVIII).

949. { Plante composée d'articles emboîtés les uns à la suite
des autres.................................... 950.
Plante non composée d'articles emboîtés......... 951.

950. { Epi conique composé de corpuscules en forme de têtes
de clou......................... PRÊLE (CXLIX).
Fruits arrondis placés à l'aisselle des feuilles..... 974.

951. { Fruits naissant vers la racine...................... 946.
{ Fruits naissant vers le sommet de la plante....... 952.

952. { Feuilles petites, nombreuses, rapprochées, embriquées ou déjetées sur deux rangs. LYCOPODE (CLXIV).
Feuilles peu nombreuses, assez grandes et éparses. 955.

1005. { Taches ou plaques incrustées sous l'épiderme, et émettant une pulpe remplie de graines....... 1055. / Poussière, filamens, cupule ou gelée nue, placés sur l'écorce, ou sortant de dessous l'épiderme.. 1006.

1006. { Filamens droits ou couchés, placés sur l'épiderme. 1007. / Gelée, poussière ou aggrégation de cupules sortant de dessous l'épiderme................................. 1008.

1007. { Filamens courts, roides et droits ; graines inconnues. .... ÉRINÉUM (XVIII). / Filamens mols, blancs, étalés, portant des tubercules d'abord jaunes, puis noirs........ ERYSIPHÉ (LIII).

1008. { Masse gélatineuse sortant de l'écorce des branches... .... GYMNOSPORANGE (XXXII). / Poussières ou cupules naissant presque toujours sur les feuilles ou les herbes....................... 1009.

1009. { Poussière nue plus ou moins menue............. 1010. / Aggrégation de cupules membraneuses ou charnues pleines de graines................ ECIDIUM (XXXVI).

1010. { Poussière composée de globules pédicellés et insérés sur un réceptacle un peu charnu. PUCCINIE (XXXIII). / Poussière composée de globules sans pédicelle, et facile à détacher par le moindre frottement. 1011.

1011. { Globules simples et uniloculaires.... UREDO (XXXV). / Globules divisés en deux loges par un étranglement.. .... BULLAIRE (XXXIV).

1012. { Graines placées à la surface du champignon.... 1013. / Graines renfermées dans l'intérieur du champignon, au moins dans la jeunesse de la plante........ 1030.

1013. { Surface fructifère couverte d'une pulpe liquide qui contient les graines............................. 1014. / Surface fructifère non couverte de pulpe....... 1015.

1014. { Chapeau pédonculé, couvert de rides proeminentes. .... SATYRE (XXX). / Chapeau sessile, vide dans le centre, divisé en lanières qui s'anastomosent en forme de grillage...... .... CLATHRE (XXXI).

1015. { Surface fructifère unie........................... 1016. / Surface fructifère hérissée de pointes, de tubes, de lames ou de rides........................... 1024.

1016. { Plante gélatineuse...................... 1017. / Plante charnue, coriace ou membraneuse...... 1019.

1017. { Graines placées sur la surface entière de la plante... .... TREMELLE (XX), / Graines placées à la surface inférieure ou supérieure, ... 1018.

1018. { Graines à la surface supérieure.......... PEZIZE (XIX).
      { Graines à la surface inférieure..... HELVELLE (XXI).

1019. { Chapeau convexe, régulier et pédonculé............
      {   HÉLOTIUM (XVIII).
      { Plante sessile ou sans chapeau, ou munie d'un cha-
      {   peau irrégulier ou concave .... 1020.

1020. { Plante qui se renverse pendant son accroissement,
      {   de manière que la surface supérieure devient infé-
      {   rieure............... AURICULAIRE (XXIV).
      { Plante qui ne se renverse point en grandissant. 1021.

1021. { Plante en forme de coupe................ PEZIZE (XIX).
      { Plante en forme de corne, de spatule, ou surmontée
      {   d'un chapeau irrégulier...................... 1022.

1022. { Plante en forme de corne, simple ou rameuse, aiguë
      {   ou obtuse, ou élargie en spatule............ 1023.
      { Plante surmontée d'un chapeau.................. 1018.

1023. { Plante élargie au sommet en spatule comprimée.......
      {   .... SPATULAIRE (XXII).
      { Plante en forme de corne, ou élargie en massue au
      {   sommet..................... CLAVAIRE (XXIII).

1024. { Surface fructifère couverte de papilles, de pointes
      {   ou de tubes............................. 1025.
      { Surface fructifère couverte de rides ou de feuillets.
      {   .... 1027.

1025. { Surface fructifère couverte de papilles ou de pointes.
      {   .... 1026.
      { Surface fructifère couverte de tubes. BOLET (XXVI).

1026. { Plante qui se retourne pendant sa végétation ; surface
      {   fructifère munie de très-petites papilles............
      {   .... AURICULAIRE (XXIV).
      { Plante qui ne se retourne point ; surface fructifère
      {   hérissée de pointes................... HYDNE (XXV).

1027. { Rides placées à la surface supérieure du chapeau.....
      {   .... MORILLE (XXIX).
      { Rides ou feuillets à la surface inférieure....... 1028.

1028. { Feuillets libres, ou à peine anastomosés entre eux...
      {   .... AGARIC (XXVIII).
      { Rides proéminentes, presque toujours anastomosées
      {   entre elles................................ 1029.

1029. { Rides peu prononcées ; plante qui se retourne pen-
      {   dant la végétation.......... AURICULAIRE (XXIV).
      { Rides très-prononcées ; plante qui ne se retourne
      {   point................... MÉRULE (XXVII).

1030. { Graines renfermées dans une masse charnue, dépour-
      {   vue d'enveloppe particulière................... 1031.
      { Graines non renfermées dans une masse charnue. 1034.

1031. {
Masse charnue placée au sommet d'une vessie pleine d'eau...................................... PILOBOLE (LI).
Masse charnue composant la plante entière.... 1032.
}

1032. {
Masse qui, étant coupée en travers, offre des veines dirigées en divers sens; plante cachée sous terre. .... TRUFFE (LVI).
Masse sans veines internes; plantes tantôt exposées à l'air, tantôt souterraines...................... 1033.
}

1033. {
Masse charnue ou pulpeuse, de couleur rouge........ .... TUBERCULAIRE (LIV).
Chair compacte, blanchâtre, revêtue d'une écorce dure .... SCLÉROTE (LV).
}

1034. {
Graines se présentant sous la forme d'une poussière abondante .... 1035.
Graines ou éparses, ou mêlées dans une pulpe, ou nichées dans des capsules membraneuses... 1046.
}

1035. {
Poussière entre-mêlée de filamens................ 1036.
Poussière non entre-mêlée de filamens........... 1044.
}

1036. {
Plusieurs champignons placés sur une membrane commune...................................... 1037.
Champignons nullement réunis par une membrane. .... 1039.
}

1037. {
Réceptacles des graines entourés d'une double enveloppe.................................. DIDERME (XLII).
Réceptacles entourés d'une seule enveloppe... 1038.
}

1038. {
Réceptacles traversés par un axe qui est le prolongement du pédicelle.............. STÉMONITIS (XLI).
Réceptacles sessiles ou portés par un pédicelle qui ne se prolonge pas en axe.............. TRICHIE (XL).
}

1039. {
Réseau mol et irrégulier, entourant une pulpe qui se change en poussière.......... .... 1040.
Membrane plus ou moins consistante enveloppant une pulpe liquide ou charnue qui se change en poussière... 1041.
}

1040. {
Etuis coriaces cachés sous la pulpe. SPUMAIRE (XLIV).
Point d'étuis coriaces cachés sous la pulpe.............. .... RÉTICULAIRE (XLIII).
}

1041. {
Membrane simple..................................... 1042.
Membrane double; l'extérieure s'ouvre en plusieurs rayons............................. GÉASTRE (XLVII).
}

1042. {
Réceptacle pédonculé s'ouvrant au sommet par un orifice cartilagineux......... TULOSTOME (XLVIII).
Réceptacle sessile ou en toupie, s'ouvrant peu régulièrement.. 1043.
}

1056. { Réceptacles s'ouvrant au sommet par un orifice arrondi... 1057.
Réceptacles s'ouvrant par une fente simple ou par
des fentes polygonales......................... 1060.

1057. { Réceptacles portés sur une tige distincte..... 1058.
Réceptacles solitaires ou aggrégés, mais non portés
sur une tige.................... .... 1059.

1058. { Tige cotonneuse à l'intérieur; réceptacles attachés
à la tige, mais non enchâssés en dedans.........
.... RHIZOMORPHE (LVII).
Tige non cotonneuse en dedans; réceptacles enchâssés dans la tige.................... SPHÉRIE (LVIII).

1059. { Pulpe séminifère, jamais noire, et sortant sous une
consistance à demi-solide...... NÉMASPORE (LIX).
Pulpe séminifère, presque toujours noire, sortant sous
une consistance liquide et fugace. SPHÉRIE (LVIII).

1060. { Fentes polygonales; plantes parasites sur les feuilles.
.... XYLOMA (LX).
Fentes simples; plantes croissant sur les écorces ou
le bois .... 1061.

1061. { Plantes sortant de dessous l'épiderme...............
.... HYPODERME (LXI).
Plantes croissant sur le bois mort, ou sur l'épiderme.
.... HYSTÉRIE (LXII).

1062. { Réceptacles ayant à l'extérieur la même couleur que
la croûte...................... PERTUSAIRE (LXV).
Réceptacles noirs, croûte blanche, rouge ou bleue.....
.... 1063.

1063. { Réceptacles oblongs s'ouvrant par une fente..........
.... OPÉGRAPHE (LXIII).
Réceptacles arrondis s'ouvrant par un pore...........
.... VERRUCAIRE (LXIV).

1064. LICHENS. { Plante composée d'une croûte formée de globules .... 1065.
Plante composée de membranes étendues eu
forme d'écailles, de feuilles ou de tiges, 1077.

1065. { Réceptacles nuls ou pulvérulens................ 1066.
Réceptacles membraneux, coriaces ou charnus. 1068.

1066. { Réceptacles nuls.................... LÈPRE (LXVI).
Réceptacles couverts ou composés d'une poussière peu
différente de la croûte elle-même............ 1067.

1067. { Poussière des réceptacles de la couleur de la croûte....
.... VARIOLAIRE (LXVIII).
Poussière des réceptacles d'une couleur différente de
la croûte.................... CONIOCARPE (LXVII).

1083. {
Réceptacles sphériques pleins de poussière.............
.... SPHÉROPHORE (LXX).
Réceptacles en forme d'écussons, non pulvérulens en
dedans... 1084.
}

1084. {
Tiges lisses ou chargées çà et là d'un peu de pous-
sière......................... CORNICULAIRE (LXXII).
Tiges toutes couvertes de tubercules grenus...........
.... STÉRÉOCAULE (LXXI).
}

1085. {
Tiges revêtues d'une espèce d'écorce distincte.........
.... USNÉE (LXXIII).
Tiges non revêtues d'écorce....................... 1086.
}

1086. {
Tiges lisses ou portant çà et là des paquets poudreux.
.... CORNICULAIRE (LXXII).
Tiges toutes couvertes d'une poudre glauque adhé-
rente............................... ORSEILLE (LXXIV).
}

1087. {
Tiges trouées au sommet ou évasées en forme d'en-
tonnoir.. 1088.
Tiges ni trouées ni évasées au sommet.......\.........
.... CLADONIE (LXXV).
}

1088. {
Tiges percées au sommet........ HÉLOPODE (LXXVII).
Tiges évasées en entonnoir fermé à la base............
.... SCYPHOPHORE (LXXVI).
}

1089. {
Plante d'une consistance gélatineuse...................
.... COLLÈMA (LXXXVII).
Plante non gélatineuse............................. 1090.
}

1090. {
Feuilles ou écailles adhérentes, ou appliquées à la
surface qui les supporte....................... 1091.
Feuilles libres, droites ou en touffe............. 1097.
}

1091. {
Réceptacles placés sur les écailles ou sur les feuilles.
.... 1092.
Réceptacles placés entre les écailles ou sur leurs bords
.... 1096.
}

1092. {
Réceptacles enfoncés dans la croûte au moins dans leur
jeunesse.. 1093.
Réceptacles superficiels, même à leur naissance. 1094.
}

1093. {
Réceptacles concaves entourés d'une bordure..........
.... URCÉOLAIRE (LXXXIII).
Réceptacles globuleux, caducs. VOLVAIRE (LXXXIV).
}

1094. {
Plante toute formée de folioles embriquées et distinctes...................... EMBRICAIRE (LXXXVIII).
Plante formée de globules ou d'écailles dans le milieu
de la rosette............................... 1095.
}

1095. {
Rosette irrégulière formée d'écailles distinctes.........
.... ÉCAILLAIRE (LXXXV).
Rosette régulière, poudreuse au milieu, foliacée au
bord............................... PLACODE (LXXXVI).
}

1096. {
Réceptacles placés entre les écailles.....................
.... RHIZOCARPE (LXXI).
Réceptacles placés sur le bord des écailles................
.... PSORA (LXXII).
}

1097. {
Réceptacles enfoncés dans la feuille.....................
.... ENDOCARPE (XCIV).
Réceptacles superficiels............................ 1098.
}

1098. {
Réceptacles adhérens seulement par leur centre. 1099.
Réceptacles adhérens par toute leur surface inférieure.
.... 1101.
}

1099. {
Plante noirâtre et comme charbonnée; réceptacles
souvent ridés................ OMBILICAIRE (XCIII).
Plante presque jamais charbonnée; réceptacles jamais
ridés............................ 1100.
}

1100. {
Feuilles velues ou hérissées en dessous... LOBAIRE (XC).
Feuilles glabres en dessous........ PHYSCIE (LXXXIX).
}

1101. {
Feuilles dont les deux surfaces sont semblables. 1078.
Feuilles dont les deux surfaces sont différentes.. 1102.
}

1102. {
Surface inférieure munie de petites fossettes glabres et
arrondies............................ STICTA (XCI).
Surface inférieure non munie de petites fossettes arrondies............................ PELTIGÈRE (XCII).
}

SECONDE PARTIE.

ANALYSE DES ESPÈCES.

I. NOSTOCH.   *NOSTOCH.*

1. { Plantes aquatiques...................... *N. à verrues* (7).
{ Plantes non aquatiques................................. 2.

2. { Plante lobée ou plissée............................. 3.
{ Plante arrondie et non lobée ni plissée .... 6.

3. { Peau ou enveloppe membraneuse....................... 4.
{ Peau cartilagineuse................................. 5.

4. { Plante verdâtre croissant sur la terre... *N. commun* (1).
{ Plante d'un verd noirâtre croissant sur les pierres ou les
  écorces........................ *N. lichenoïde* (3).

5. { Plante d'un brun jaunâtre.............. *N. coriace* (2).
{ Plante d'un verd bleuâtre.............. *N. découpé* (5).

6. { Plante fixée au sol par une radicule latérale............
{ .... *N. en vessie* (4).
{ Point de racines ni de crampons........................ 7.

7. { Globules sphériques souvent agglomérés..................
{ .... *N. sphérique* (6).
{ Globules irréguliers ordinairement distincts.............
{ .... *N. commun* (1).

II. RIVULAIRE.   *RIVULARIA.*

1. { Tube simple........................ *R. tubulée* (8).
{ Tubes ou lames ramifiées............................ 2.

2. { Plante fétide d'un verd foncé.............. *R. fétide* (9).
{ Plante inodore d'un verd clair........ *R. de Haller* (10).

III. ULVE.   *ULVA.*

1. { Plante gélatineuse à l'intérieur..................... 2.
{ Plante non gélatineuse à l'intérieur................... 4.

2. { Plante étranglée d'espace en espace.. *U. articulée* (13).
{ Plante non étranglée............................... 3.

3. { Plante plusieurs fois bifurquée..... *U. cotonneuse* (12).
{ Plante simple ou irrégulièrement rameuse ....
{ .... *U. diaphane* (11).

4. { Membrane formant un tube continu ou interrompu... 5.
{ Membrane plane.. 7.

5. { Surface externe du tube parsemée de petits tubercules.
{ .... *U. ridée* (16).
{ Surface externe non parsemée de tubercules......... 6.

6. { Tube simple et continu .... *U. intestinale* (15).
{ Tube rameux et étranglé d'espace en espace.............
{ .... *U. comprimée* (14).

7. { Membrane sans pédoncule ni nervure.................. 8.
{ Membrane pédonculée ou traversée par une nervure ou
{ marquée de zones concentriques................... 27.

8. { Plante d'eau douce...................... *U. naine* (17).
{ Plante marine................................. 9.

9. { Plante d'un beau verd d'épinards.................... 10.
{ Plante brunâtre, verdâtre ou rougeâtre............. 13.

10. { Membrane alongée, ou lancéolée ou linéaire........ 11.
{ Membrane large, arrondie, attachée par le centre.. 12.

11. { Membrane papyracée très-mince..... *U. lancéolée* (21).
{ Membrane coriace.................... *U. ruban* (22).

12. { Membrane très-mince et demi-transparente...............
{ .... *U. laitue* (20).
{ Membrane demi-coriace et opaque. *U. ombiliquée* (18).

13. { Plante de couleur rose, rouge ou pourpre............. 14.
{ Plante d'un verd brun ou fauve........................ 21.

14. { Consistance mince et demi-transparente............. 15.
{ Consistance un peu ferme et demi-coriace........... 20.

15. { Membrane plusieurs fois bifurquée en lobes obtus........
{ .... *U. annulaire* (26).
{ Membrane entière ou rameuse, mais non bifurquée. 16.

16. { Membrane ciliée sur les bords........................... 26.
{ Membrane entière sur les bords ou un peu sinueuse. 17.

17. { Membrane linéaire, divisée en lobes pointus, bifur-
{ qués..................... *U. tortillée* (23).
{ Membrane élargie, simple ou lobée................. 18.

18. { Membrane rétrécie en pédoncule et divisée au sommet en
{ lobes digités..................... *U. palmée* (27).
{ Membrane sessile à lobes courts et épars.............. 19.

19. { Plante d'un pourpre sale ou violet... *U. pourpre* (19).
{ Plante d'un rose vif.. .... *Varec déchiré* (63).

20. { Membrane divisée au sommet en lobes entiers, dispo-
{ sés comme les doigts de la main. *U. comestible* (28).
{ Membrane ciliée sur les bords.......... *U. ciliée* (29).

21. { Lobes entiers sur les bords, et souvent ondulés..... 22.
{ Lobes dentés en scie irrégulièrement sur les bords.. 32.

22. { Consistance mince et papyracée.... .... 23.
{ Consistance ferme et coriace........... *U. crépue* (30).

23. { Lobes obtus et réguliers.............. *U. bifurquée* (25).
{ Lobes aigus et souvent irréguliers.. *U. tortillée* (23).

24. { Membrane traversée par une nervure longitudinale. 25.
{ Membrane non traversée par une nervure longitudinale... 26.

25. { Plante de couleur rose.............. *U. en langue* (31).
{ Plante verdâtre.................... *U. polypode* (32).

26. { Feuilles ou lobes pointus au sommet.... *U. ciliée* (29).
{ Lobes obtus........................ *Varec déchiré* (63).

27. { Membrane marquée de zones transversales.......... 28.
{ Membrane dépourvue de zones, rétrécie en pétiole à
sa base.. 29.

28. { Zones très-visibles; plante droite, en forme d'éventail.
.... *U. queue de paon* (57).
{ Zones peu visibles : plantes couchées et arrondies......
.... *U. écaille* (38).

29. { Pétiole portant une membrane entière................. 30.
{ Pétiole portant une membrane fortement lobée..... 31.

30. { Consistance mince; plante de 2 décim. de longueur....
.... *U. fougère* (33).
{ Consistance coriace; plante atteignant 1-3 mètres de
longueur.... .... *U. sucrée* (34).

31. { Membrane divisée en lobes alongés, disposés comme
les doigts de la main................. *U. digitée* (35).
{ Membrane divisée d'un et d'autre côté en lobes arrondis.................................... *U. bulbeuse* (36).

32. { Membrane tendant à se bifurquer une ou plusieurs fois.
.... *U. dentelée* (24).
{ Membrane divisée en lobes linéaires, disposés comme
les barbes d'une plume.... *Varec en languette* (79).

IV. VAREC. *FUCUS.*

1. { Tubercules fructifères réunis dans une gousse terminale formée par le renflement de la membrane... 2.
{ Tubercules fructifères protubérans çà et là sous la forme
de verrues.................................. 26.

2. { Plante offrant en quelqu'une de ses parties des expansions
membraneuses analogues à des feuilles.............. 3.
{ Plante n'offrant que des filamens ou des espèces de ten-
dons analogues à des tiges et à des rameaux...... 13.

3. { Membranes traversées par une nervure longitudinale. 4.
{ Membranes non traversées par une nervure longitudinale.................................... 11.

4. { Plante munie de vésicules sphériques qui ne renferment que de l'air... 5.
Plante sans vésicules aëriennes........................... 6.

5. { Vésicules aëriennes formées par la dilatation de la feuille........................ *V. vésiculeux* (39).
Vésicules aëriennes pédicellées et distinctes des feuilles. .... *V. nageant* (58).

6. { Membranes foliacées, distinctes de la tige............ 7.
Membranes foliacées composant toute la plante, ou ne paroissant qu'une continuation de la souche........ 8.

7. { Membranes foliacées, entières et renflées en gousses sphériques ou cylindriques........................... 29.
Membranes foliacées, planes, dentelées ou déchique-tées................................... *V. dépareillé* (57).

8. { Lobes de la plante entiers sur les bords.............. 9.
Lobes de la plante dentés en scie sur les bords....... .... *V. dentelé* (43).

9. { Gousses fructifères obtuses............................. 10.
Gousses fructifères aiguës.............. *V. cornu* (41).

10. { Gousses fructifères oblongues, quatre fois plus lon-gues que larges................. *V. à long fruit* (42).
Gousses fructifères ovales, deux fois au plus aussi lon-gues que larges........................ *V. spiral* (40).

11. { Membranes composant la plante entière.............. 12.
Membranes distinctes de la tige...................... 7.

12. { Feuille courbée en gouttière.... *V. en gouttière* (45).
Feuille tortillée en spirale sur elle-même................. .... *V. tortillé* (44).

13. { Tige simple ou bifurquée une ou plusieurs fois..... 14.
Tige irrégulièrement rameuse........................... 19.

14. { Tige simple................ *Ceramium filet* (111).
Tige bifurquée................................. 15.

15. { Tige comprimée, courbée en gouttière, et obtuse au sommet..................... *V. en gouttière* (45).
Tige comprimée, non courbée en gouttière, très-aiguë. .... *V. entrelacé* (80).
Tige peu ou point comprimée, et non courbée en gout-tière................................. 16.

16. { Rameaux formant à leur aisselle un sinus arrondi.. 17.
Rameaux plus ou moins divergens, ne formant pas de sinus arrondi.................................. 18.

17. { Plante longue de 1-2 mètres, sortant à sa base d'une coupe orbiculaire..................... *V. courroie* (51).
Plante longue de 2-3 décimètres, ne sortant pas d'une coupe.................................. *V. bifurqué* (50).

18. {
Rameaux pointus et peu divergens... *V. lombric* (49).
Rameaux souvent obtus ; les supérieurs très-divergens.
.... *V. nivelé* (83).

19. {
Plante fine comme un cheveu, et à peine de la longueur du petit doigt.................... *V. en gazon* (48).
Plante beaucoup plus épaisse qu'un cheveu, et au moins longue comme la main............................... 20.

20. {
Gousses fructifères marquées de cloisons transversales..
.... *V. à silique* (46).
Gousses fructifères sans cloisons transversales..... 21.

21. {
Tige ou rameaux renflés çà et là en vésicules aëriennes. 22.
Tige sans vésicules, ou dont les vésicules renferment une matière visqueuse............................... 23.

22. {
Vésicules ovoïdes ; rameaux peu branchus..............
. ... *V. à nœuds* (47).
Vésicules presque sphériques ; rameaux garnis de petites branches qui les font paroître comme dentés..........
.... *V. fibreux* (52).

23. {
Rameaux garnis de petites branches géminées qui portent chacune un pore à leur base intérieure...........
.... *V. sédum* (54).
Point de pore à la base des petites branches........ 24.

24. {
Tige et rameaux anguleux hérissés de petites branches épineuses, et striés en long........ *V. bruyère* (53).
Tiges et rameaux filiformes ou comprimés, non striés. 25.

25. {
Tiges cylindriques ; gousses fructifères surmontées d'un appendice ordinairement simple...... *V. barbu* (55).
Tiges comprimées ; gousses fructifères surmontées d'un appendice bifurqué ou découpé.....................
.... *V. à feuilles d'aurone* (56).

26. {
Plante verte, verdâtre ou brunâtre................... 27.
Plante rose, rouge ou pourpre......................... 43.

27. {
Plante offrant l'apparence d'une tige qui porte des feuilles .... 28.
Plante offrant l'apparence d'une tige cylindrique ou comprimée, diversement ramifiée.................. 30.

28. {
Feuilles planes........................ *V. nageant* (58).
Feuilles convexes ou renflées........................ 29.

29. {
Feuilles à-peu-près globuleuses et obtuses..............
.... *V. gousse de raisin* (59).
Feuilles cylindriques , un peu pointues...................
.... *V. vermiculaire* (62).

30. {
Tige simple ou régulièrement bifurquée............ 14.
Tige rameuse .... 31.

31.

45. { Membrane un peu épaisse, divisée par articles comme une feuille de raquette............ *V. prolifère* (66).
Membrane très-mince, irrégulièrement lobée.......... .... *V. déchiré* (63).

46. { Nervure longitudinale émettant de côté et d'autre des nervures secondaires........................ .... 47.
Point de nervures secondaires......................... 49.

47. { Ramifications toutes disposées sur un seul plan........... .... *V. ailé* (64).
Ramifications éparses en divers sens................. 48.

48. { Nervures secondaires très-visibles, souvent rameuses au sommet............................ *V. sanguin* (61).
Nervures secondaires peu visibles, toujours simples..... .... *V. en langue* (60).

49. { Bords ondulés ou garnis de cils tuberculeux............. .... *V. à nervure* (65).
Bords planes et entiers...................... *V. ailé* (64).

50. { Tige plus ou moins comprimée........................ 51.
Tige cylindrique..................................... 58.

51. { Tige divisée en articles comme une raquette............. .... *V. prolifère* (66).
Tige non divisée par articles........................ 52.

52. { Tige plusiéurs fois bifurquée........ *V. entrelacé* (80).
Tige rameuse, mais non bifurquée................... 53.

53. { Branches disposées de côté et d'autre de la tige ou des rameaux principaux .... 54.
Rameaux principaux un peu flexueux, émettant de petits rameaux du côté convexe, tandis que le côté concave est nu.... .... *V. écarlate* (70).

54. { Consistance tendre et charnue.......... *V. obtus* (72).
Consistance cornée ou cartilagineuse............... 55.

55. { Sommet de la tige obtus, élargi et applati. *V. hipne* (75).
Sommet de la tige non élargi, et ordinairement pointu. .... 56.

56. { Dernières ramifications plus applaties que la tige, souvent dentées en scie et disposées comme les folioles d'une feuille pennée.............. *V. plumeux* (71).
Dernières ramifications linéaires et un peu éparses.. 57.

57. { Rameaux extrêmes non garnis de globules pédicellés... .... *V. corné* (74).
Rameaux extrêmes garnis de globules pédicellés........ .... *V. cartilagineux* (75).

58. { Consistance charnue ou demi-membraneuse........ 59.
Consistance cornée ou tendineuse.................... 60.

59. { Plante d'un rouge pourpre............ *V. pourpre* (84).
    { Plante d'un rouge clair ou jaunâtre. *V. à verrues* (85).

60. { Plante haute d'un décimètre, absolument dépourvue de
    {   cloisons................................ *V. plié* (87).
    { Plante haute de 3–5 centimètres, un peu cloisonnée vers
    {   le sommet..................... *V. vermifuge* (88).

V. CÉRAMIUM.   *CERAMIUM.*

1. { Filamens rameux .... 2.
   { Filamens simples................................ 27.

2. { Rameaux verticillés autour des tiges principales. ... 3.
   { Rameaux non verticillés............................ 9.

3. { Plante verte ou brune........................... 4.
   { Plante rose ou rouge, ou pourpre................ 6.

4. { Articles séparés par des étranglemens. *Ulve articulée* (13).
   { Rameaux très-nombreux et couvrant la tige dans sa par-
   {   tie supérieure.................................. 5.

5. { Cloisons du bas de la tige proéminentes; rameaux pres-
   {   que toujours branchus.............. *C. verticillé* (90).
   { Cloisons du bas de la tige peu sensibles; rameaux sim-
   {   ples................................. *C. éponge* (89).

6. { Rameaux des verticilles simples...................... 7.
   { Rameaux des verticilles bifurqués ou rameux.......... 8.

7. { Rameaux écartés et plus courts que les entre-nœuds....
   {   .... *C. casuarina* (93).
   { Rameaux très-serrés et plus longs que les entre-nœuds.
   {   .... *C. à filets simples* (92).

8. { Rameaux une ou plusieurs fois bifurqués..............
   {   .... *C. à feuilles de prèle* (91).
   { Rameaux digités.................... *C. digité* (94).

9. { Extrémité des tiges ou des grandes branches roulée en
   {   crosse ou en forceps .... 10.
   { Extrémités non roulées........................ 11.

10. { Plante dure, noirâtre, irrégulièrement rameuse.......
    {   .... *C. courbé* (101).
    { Plante grèle, rougeâtre, plusieurs fois bifurquée........
    {   .... *C. en forceps* (110).

11. { Plante verte............................... 12.
    { Plante rose, rouge, violette ou brune.............. 16.

12. { Plante composée d'articles étranglés à leur point de réu-
    {   nion.................................... 13.
    { Plante cloisonnée et non articulée..................... 14.

13. { Touffe arrondie composée de tiges qui rayonnent d'un
    {   centre................ *C. égagropile* (97).
    { Touffe lâche irrégulière............... *C. chaînette* (98).

14. { Rameaux disposés comme les barbes d'une plume ; tiges terminées par des globules ovoïdes.. *C. en balai* (96).
Rameaux épars ou bifurqués ; globules nuls ou latéraux. 15.

15. { Plante d'un aspect soyeux ; cloisons à peine visibles..... .... *C. soyeux* (99).
Plante à cloisons très-visibles et dont les entre-nœuds sont alternativement comprimés en divers sens............. .... *C. des rochers* (100).

16. { Plante articulée comme une raquette................. 17.
Plante cloisonnée et non articulée..................... 18.

17. { Articles ovoïdes renflés.............. *Ulve articulée* (15).
Articles planes élargis vers le haut. *Varec prolifère* (66).

18. { Rameaux principaux comprimés, et émettant de chaque cloison un filet simple et un filet rameux opposés..... .... *C. écarlate* (95).
Rameaux cylindriques................................. 19.

19. { Rameaux très-serrés et digités........... *C. digité* (94).
Rameaux épars et non digités....................... 20.

20. { Globules fructifères pédicellés....................... 21.
Globules fructifères sessiles......................... 22.

21. { Plante très-délicate, d'un rouge vif, dont les cloisons seules conservent la couleur après la dessication....... .... *C. en pinceau* (102).
Plante un peu ferme, d'un rouge violet dans toutes ses parties.............................. *C. pédicellé* (103).

22. { Plante d'un brun presque noir...................... 23.
Plante rouge ou purpurine........................... 24.

23. { Rameaux extrêmes très-divergens et souvent obtus...... .... *C. changeant* (106).
Rameaux extrêmes peu divergens, toujours aigus....... .... *C. varec* (105).

24. { Plante longue de 1-2 décim........... *C. noueux* (107).
Plante longue de 5 centim. au plus.................. 25.

25. { Tige annelée de blanc et de pourpre lorsqu'elle est sèche ou âgée................. *C. axillaire* (108).
Tige non annelée de blanc et de pourpre............ 26.

26. { Plante divisée en rameaux grèles et bifurqués......... .... *C. grèle* (109).
Plante peu rameuse, non bifurquée. *Varec vermifuge* (88).

27. { Filamens fins comme des cheveux et non roulés au sommet .... 28.
Filamens beaucoup plus épais qu'un cheveu et roulés en spirale au sommet...................... *C. lacet* (111).

28. { Touffe arrondie et serrée; filamens rayonnans d'un centre...................................... *C. égagropile* (97).
{ Touffe lâche et irrégulière........................... 29.

29. { Filamens de 2 millim. de diamètre... *C. fil de lin* (112).
{ Filamens d'un demi-millim. de diamètre au plus.... 3o.

3o. { Filamens droits et distincts.......... *C. capillaire* (113).
{ Filamens crépus et entrelacés....... *C. en paquet* (114).

VI. DIATOME.   *DIATOMA.*

1. { Plantes très-petites, formant un tapis roide, luisant et
d'un verd glauque .... *D. roide* (115).
{ Plantes à peine visibles à l'œil nu, formant un léger
duvet verdâtre................... *D. en floccons* (116).

VII. CHANTRANSIE.   *CHANTRANSIA.*

1. { Plante d'un verd presque noir........................... 2.
{ Plante d'un beau verd............................. 5.

2. { Articles épais, ovoïdes, étranglés à leur point de jonction...................................... *C. en collier* (117).
{ Articles alongés ou en toupie, non étranglés à leur jonction.. 3.

3. { Plante beaucoup plus grèle qu'un cheveu ; cloisons garnies de cils........................... *C. noire* (120).
{ Plante épaisse au moins comme un cheveu ; cloisons non
ciliées.. 4.

4. { Plante irrégulièrement rameuse...... *C. fluviatile* (118).
{ Plante régulièrement bifurquée...... *C. bifurquée* (119).

5. { Plante flottante dans l'eau........................ 6.
{ Plante adhérente aux corps solides................. 7.

6. { Filamens alongés, peu entrelacés. *C. des ruisseaux* (122).
{ Filamens frisés, entre-croisés.......... *C. crépue* (123).

7. { Plante d'un verd glauque; intervalle des cloisons double
de leur largeur...................... *C. à vessies* (124).
{ Plante d'un beau verd; intervalle des cloisons quadruple
de leur largeur................... *C. pelotonnée* (121).

VIII. CONFERVE.   *CONFERVA.*

1. { Longueur des articles égale à leur largeur, ou au plus
double de cette largeur............................ 2.
{ Articles au moins trois fois plus longs que larges......
.... 11.

2. { Plante parasite qui émet elle-même de nouveaux filets.
.... *C. parasite* (139).
{ Plante non parasite ; filets simples................... 3.

3. {
Articles presque aussi larges que longs ; filets très-
menus.......................... *C. en floccons* (140).
Articles décidément plus longs que larges............. 4.

4. {
Matière verte de l'intérieur des loges disposée en spirale. 5.
Matière verte de l'intérieur des loges disposée en étoile
double , ou en masse irrégulière...................... 8.

5. {
Spirale décrivant deux tours dans chaque loge ; graines
sphériques.................. .... *C. condensée* (127).
Spirale décrivant plus de deux tours ; graines ellipsoï-
des... 6.

6. {
Spirale décrivant trois tours réguliers qui offrent souvent
la forme d'une demi-ellipse.... *C. à portiques* (126).
Spirale décrivant plusieurs tours entremêlés et peu réguliers.. 7.

7. {
Plante adhérente au fond de l'eau , onctueuse au toucher.
.... *C. adhérente* (129).
Plante flottante , un peu rude au toucher...................
.... *C. conjuguée* (125).

8. {
Plante d'un aspect gras et luisant, qui flotte sur l'eau
et retient les bulles d'air............ *C. jaunâtre* (132).
Plante qui n'a point un aspect gras , et qui , lorsqu'elle
flotte , ne retient pas sensiblement les bulles d'air... 9.

9. {
Deux étoiles vertes intérieures, à quatre rayons.........
.... *C. en croix* (135).
Deux étoiles à six rayons............................. 10.

10. {
Etoiles très-petites relativement à la grandeur des articles et rayonnantes en tout sens... *C. étoilée* (234).
Etoiles oblongues , remplissant presque toute la loge , et à
trois pointes de chaque côté........ *C. à peigne* (136).

11. {
Articles trois ou quatre fois plus longs que larges........ 12.
Articles cinq fois plus longs que larges.....................
.... *C. alongée* (130).

12. {
Filamens roulés sur eux-mêmes en spirale...............
.... *C. serpentine* (138).
Filamens droits , ondulés ou coudés.................... 13.

13. {
Filamens coudés et accouplés au sommet de l'angle for-
mé par la génuflexion............. *C. genouillée* (137).
Filamens droits ou ondulés........................... 14.

14. {
Matière verte de l'intérieur des loges , disposée en triple
spirale............................ *C. renflée* (128).
Matière verte disposée en une ou deux masses distinctes. 15.

15. {
Matière verte remplissant à moitié le tube ; graines fort
petites placées dans l'intérieur des loges. *C. effilée* (131).
Matière verte remplissant presque tout le tube ; graines as-
sez petites placées entre les tubes accouplés.. ....
.... *C. croisée* (133).

IX. BATRACHOSPERME. *BATRACHOSPERMUM.*

1. { Plantes de couleur verte...................................... 2.
{ Plantes violettes ou brunes .... 7.

2. { Plantes ne paroissant à l'œil nu que comme des mamme-
{ lons gélatineux.. 3.
{ Plante où l'on distingue la tige et les filamens à l'œil nu. 5.

3. { Plante d'eau douce... 4.
{ Plante marine................... *B. hémisphérique* (140*).

4. { Mammelons arrondis et entiers..... *B. pelotonné* (141).
{ Mammelons alongés et lobés........ *B. en faisceau* (142).

5. { Tige simple garnie de filamens dans toute sa longueur..
{ .... *B. queue-de-chat* (146*).
{ Tige plus ou moins rameuse........................... 6.

6. { Rameaux principaux alongés et branchus au sommet....
{ .... *B. en plume* (143).
{ Rameaux assez courts disposés en verticilles peu régu-
{ liers...................... *B. en houppe* (144).

7. { Filamens en houppes verticillées autour des tiges.......
{ .... *B. à collier* (145).
{ Filamens épars sur toute la surface...... *B. hérissé* (146).

X. HYDRODYCTIE. *HYDRODYCTION.*

1. .... *H. pentagone* (147).

XI. VAUCHERIE. *VAUCHERIA.*

1. { Filamens distincts non enveloppés dans une matière glai-
{ reuse.. 2.
{ Filamens à peine visibles au microscope, enveloppés dans
{ une matière glaireuse............... *V. infusoire* (160).

2. { Plantes vertes vivant à l'air libre ou dans l'eau douce. 3.
{ Plantes jaunes ou brunes vivant dans l'eau salée.........
{ .... *V. à appendices* (159).

3. { Filamens en groupes plus ou moins serrés, ne rayonnant
{ point d'un centre commun............................ 4.
{ Filamens rayonnans d'un centre commun.................
{ .... *V. en mammelons* (158).

4. { Extrémités des filamens renflées en tubercules continus
{ et persistans...................... *V. à massue* (157).
{ Extrémités non renflées ou qui portent des tubercules ar-
{ ticulés et caduques................................. 5.

5. { Graines sessiles sur les côtés ou au sommet des filamens. 6.
{ Graines portées sur des pédoncules simples ou rameux. 8.

6. { Graines solitaires placées au sommet des filamens.........
{ .... *V. ovoïde* (156).
{ Graines géminées près du sommet ou le long des filamens. 7.

7. { Graines placées très-près du sommet. *V. gazonnée* (155).
   { Graines éparses le long des filamens...... *V. sessile* (154).

8. { Graines solitaires sur chaque pédoncule............. 9.
   { Plus d'une graine sur chaque pédoncule.............. 10.

9. { Plante aquatique................... *V. à hameçon* (153).
   { Plante qui vit sur la terre ou les pierres..................
   { .... *V. terrestre* (152).

10. { Deux graines opposées sur chaque pédoncule......... 11.
    { Plus de deux graines sur chaque pédoncule............ 12.

11. { Pédoncule se prolongeant au-delà des graines en une
    {   corne simple......................... *V. géminée* (151).
    { Pédoncule se prolongeant en une corne à trois branches.
    { .... *V. en croix* (150).

12. { Pédoncule divisé en rameaux qui portent tous des grai-
    {   nes, excepté celui du sommet... *V. à bouquet* (149).
    { Pédoncule divisé en rameaux alternativement stériles et
    {   chargés de graines....... *V. à plusieurs cornes* (148).

XII. BYSSE.   BYSSUS.

1. { Plante de couleur noire, rouge ou violette............ 2.
   { Plante orangée, jaune ou blanche.................... 4.

2. { Filamens noirâtres très-entre-croisés.................. 5.
   { Filamens rouges peu entrelacés........... *B. rouge* (170).

3. { Plante croissant sur le bois mort..... *B. des caves* (166).
   { Plante croissant sur les rochers... *B. des rochers* (166*).

4. { Plante orangée ou jaune............................. 5.
   { Plante de couleur blanche........................... 9.

5. { Filamens exactement couchés et appliqués sur la surface
   {   qui les porte...................................... 6.
   { Filamens formant des touffes plus ou moins redressées. 7.

6. { Plante très-rameuse régulièrement appliquée, et dont les
   {   ramifications semblent réunies par une membrane....
   { .... *B. des parois* (161).
   { Plante irrégulière émettant des lobes et des rameaux dis-
   {   tincts et sans ordre .... *B. jaunâtre* (163).

7. { Touffes d'un centim. au plus de hauteur, et d'un jaune
   {   pâle........................... *B. doré* (169).
   { Touffes de 4 centim. au moins, et d'un jaune orangé. 8.

8. { Filamens entre-croisés et non luisans. *B. entremêlé* (167).
   { Filamens luisans, roides, non entrecroisés...........
   { .... *B. orangé* (168).

9. { Filamens couchés et appliqués sur la surface qui les porte,
   {   toujours distincts .... 10.
   { Filamens tellement serrés qu'on ne peut les distinguer les
   {   uns des autres à la vue simple. *B. gigantesque* (165).

10. { Plante très-rameuse exactement appliquée, et dont les ramifications paroissent réunies par une membrane.. .... *B. des parois* (161).
Plante à rameaux irréguliers et distincts.............. 11.

11. { Filamens réunis en faisceaux épais, flocconeux et peu rameux............................... *B. alongé* (164).
Filamens réunis en faisceaux minces et divisés aux extrémités.................................. *B. blanc* (162).

XIII. MONILIE. *MONILIA.*

1. { Pédicules simples.................................. 2.
Pédicules rameux.................... *M. en grappe* (173).

2. { Filets articulés disposés comme les digitations des feuilles composées................................. *M. digitée* (172).
Filets articulés disposés en aigrette sphérique et rayonnante................................. *M. glauque* (171).

XIV. BOTRYTIS. *BOTRYTIS.*

1. { Fibres couchées, émettant des pédicelles simples et insérés sur elles à angle droit........................... 2.
Fibres toutes redressées et rameuses, sans aucun ordre déterminé.. 4.

2. { Pédicelles rayonnans au sommet; graines placées le long des rayons de l'ombelle,.......... *B. en ombelle* (177).
Graines en tête au sommet des pédicelles............ 5.

3. { Graines au nombre de six au plus sur chaque pédicelle; plantes de couleur rose................... *B. rose* (178).
Graines au nombre de trente au moins; plantes grises ou roussâtres................... *B. en paquets* (179).

4. { Plantes de couleur grise, naissant sur les corps qui pourissent... 5.
Plantes de couleur verte, sortant des fentes de l'écorce. .... *B. perce-bois* (176).

5. { Graines disposées en grappes au sommet des ramifications.............................. *B. à grappe* (175).
Graines solitaires au sommet des pédicelles qui sont très-multipliés.................... *B. en arbre* (174).

XV. ÉGÉRITE. *ÆGERITA.*

1. { Plante en forme de croûte jaune, orangée ou rouge... 2.
Plante grise, brune ou noirâtre...................... 3.

2. { Plaques d'un jaune doré, croissant sur les écorces ou les bois morts .... *É. orangée* (181).
Croûtes d'abord jaunâtres, puis rouges, croissant sur les fromages .... *É. en croûte* (182).

3. {
Plante d'un gris brun , grosse comme une tête de ca-
mion...................... *É. tête d'épingle* (180).
Plante d'abord grise , puis noire , 7-8 fois plus grande
qu'une tête d'épingle..... *É. des bois morts* (183).

XVI. CONOPLÉE.   *CONOPLEA.*

1 .... *C. puccinie* (184).

XVII. ÉRINEUM.   *ERINEUM.*

N. B. Je ne donne aucune analyse des champignons qui
croissent sur les feuilles, parce que leurs caractères ne peuvent
se voir qu'au microscope , et que leur nom est toujours tiré de
celui de la plante sur laquelle ils vivent.

XVII*. STILBUM.   *STILBUM.*

1. {
Tubercule blanchâtre; pédicelle noir.. *S. roide* (188*).
Tubercule noir comme le pédicelle.. *S. noir* (188**).

XVIII. HÉLOTIUM.   *HELOTIUM.*

1. {
Couleur blanche........................ *H. agaric* (189).
Couleur d'un rose vif.............. *H. des fumiers* (190).

XIX. PEZIZE.   *PEZIZA.*

1. {
Plante de consistance coriace ou gélatineuse......... 2.
Plante de consistance charnue ou analogue à la cire. 8.

2. {
Plante croissant sur les fientes ou les fumiers........ 3.
Plante croissant sur la terre ou les troncs d'arbres... 4.

3. {
Surface supérieure tachée de points noirs ....
.... *Sphérie ponctuée* (771).
Surface blanche ou rougeâtre non ponctuée..............
.... *P. coriace* (191).

4. {
Plante coriace en coupe régulière... NIDULAIRE (XLIX).
Plante gélatineuse ou irrégulière...................... 5.

5. {
Surface supérieure d'un noir de charbon. *P. noire* (233).
Surface supérieure nullement noire .... 6.

6. {
Plante sessile, très-irrégulière, presque en forme d'oreille.
.... *P. oreille de Juda* (230).
Plante un peu pédicellée et peu irrégulière............. 7.

7. {
Pédicule central épais à sa base, souvent crevassé.......
.... *P. tremelle* (231).
Pédicule un peu latéral, rétréci à la base, jamais cre-
vassé.................. *P. gélatineuse* (232).

8. {
Plante croissant dans l'eau......... *P. aquatique* (192).
Plante ne croissant pas dans l'eau................... 9.

9. { Plante croissant sur la terre ou le fumier............ 10.
     Plante croissant sur les bois, les écorces ou les fruits,
        vivans ou morts.............................. 27.

10. { Plante de couleur rouge ou orangée................. 11.
     Plante blanchâtre, jaunâtre, fauve ou brune........ 16.

11. { Plante croissant sur la terre.................... 12.
     Plante croissant sur les fientes ou les fumiers....... 15.

12. { Plante charnue, orbiculaire, très-petite.............. 13.
     Plante de consistance de cire, grande et en forme d'o-
        reille..................... *P. scarlatine* (224).

13. { Plante épaisse, sessile, ombiliquée en dessus............
        .... *P. ombiliquée* (198).
     Plante assez mince, légèrement pédicellée, concave en
        dessus.. 14.

14. { Surface inférieure hérissée de longs poils noirs..........
        .... *P. en écusson* (199).
     Surface inférieure tapissée de fibres étroites entre-
        croisées...................... *P. aranéeuse* (197).

15. { Plante bordée de cils noirs............... *P. ciliée* (200).
     Plante non ciliée..................... *P. grenue* (205).

16. { Plante sessile.................................... 17.
     Plante pédonculée................................ 23.

17. { Surface inférieure glabre......................... 18.
     Surface inférieure velue ou laineuse................. 22.

18. { Bords entiers................................... 19.
     Bords sinués ou découpés........................... 20.

19. { Plante croissant sur les fientes, et ponctuée en dessus.
        .... *P. des fientes* (204).
     Plante croissant sur la terre, et non ponctuée. *P. bay* (219*).

20. { Plante en forme de coupe ou de grelot.............. 21.
     Plante en forme d'oreille, à lobes spiraux...............
        .... *P. en limaçon* (229).

21. { Coupe régulière à bords crénelés.. *P. crénelée* (226).
     Coupe ou grelot irrégulier, à bords sinués ou fendus....
        .... *P. vesse-loup* (227).

22. { Surface supérieure plus obscure que l'inférieure........
        .... *P. en cuvette* (228).
     Surface inférieure plus obscure que la supérieure.......
        .... *P. laineuse* (225).

23. { Pédicule beaucoup plus court que le diamètre du cha-
        peau .... 24.
     Pédicule un peu plus long que le diamètre du chapeau. 25.

24. { Bords entiers ou à peine sinués..... *P. en ciboire* (219).
     Bords régulièrement crénelés........ *P. crénelée* (226).

25. { Plante entièrement glabre .... 26.
     Plante un peu velue en dessous du chapeau..............
        .... *P. pédiculée* (222).

44. { Pédicelle trois fois plus long que le diamètre de la coupe.......................... *P. en alene* (217).
Pédicelle égal au diamètre du chapeau...................................... *P. des châtaignes* (218).

45. { Plante entièrement glabre, lisse ou tuberculeuse.. 46.
Plante velue ou ciliée............................... 50.

46. { Plantes croissant sur les fruits ou leurs enveloppes.. 47.
Plantes croissant sur les tiges ou les branches........ 48.

47. { Plante de couleur blanche ou jaunâtre. *P. des fruits* (214).
Plante de couleur brune ou rousse.................... 44.

48. { Pédicelles et bords de la coupe tuberculeux...................................... *P. calycium* (212).
Pédicelles et bords de la coupe lisses............... 49.

49. { Pédicelle au moins égal au diamètre du chapeau...................................... *P. gobelet* (213).
Pédicelle plus court que le diamètre du chapeau...................................... *P. imberbe* (210).

50. { Bords de la coupe ciliés............ *P. couronnée* (215).
Surface inférieure de la coupe cotonneuse........... 51.

51. { Plante croissant sur l'écorce des branches mortes...................................... *P. clandestine* (216).
Plante croissant sur le bois nu........ *P. lactée* (211).

XX. TRÉMELLE. *TREMELLA.*

1. { Plantes de couleur verte.................... NOSTOCH (1).
Plantes blanches, jaunes, rouges, violettes ou noires. 2.

2. { Masse gélatineuse dépourvue de toute enveloppe..... 3.
Plante gélatineuse offrant une espèce d'enveloppe.... 5.

3. { Plante sortant de dessous l'épiderme des troncs de ge-névriers..................... GYMNOSPORANGE (XXXII).
Plante non parasite, ou ne sortant pas de dessous l'é-piderme..................................... 4.

4. { Plante charnue.................... TUBERCULAIRE (LIV).
Plante gélatineuse......................... ÉGÉRITE (XV).

5. { Plante croissant sur la terre.......... *T. helvelle* (241).
Plante croissant sur les bois, les écorces, les fruits, etc. 6.

6. { Surface couverte de mammelons épars et glanduleux...................... *T. glanduleuse* (235).
Surface unie ou lobée sans mammelons................. 7.

7. { Plante un peu cartilagineuse, attachée par le côté...................... *T. persistante* (237).
Plante non cartilagineuse ou attachée par sa base...... 8.

8. { Plante presque vésiculeuse, croissant sur les fruits pourris...................... *T. charbonnée* (234).
Plante charnue ou gélatineuse, croissant sur le bois ou
l'écorce.. '9.

9. { Plante rétrécie à sa base en un court pédicule........ 10.
Plante sessile non rétrécie à sa base................. 14.

10 { Plante évasée au sommet en une coupe légèrement concave... 11.
Plante non creusée en soucoupe à son sommet...... 12.

11. { Pédicelle marqué de sillons sinueux. *Pezize tremelle*(231).
Pédicelle court et sans sillons. *T. déliquescente* (238).

12. { Pédicule latéral............... *Pezize gélatineuse* (232).
Pédicule central............................... 13.

13. { Plante noire en dessus dès sa jeunesse; bords entiers.
.... *Pezize noire* (233).
Plante noirâtre à sa vieillesse seulement; bords souvent
lobés................ *Pezize tremelle* (231).

14. { Plante ne dépassant guère un centim. de hauteur. 15.
Plante de 3 - 9 centim. de hauteur................. 16.

15. { Couleur jaune.................... *T. déliquescente* (238).
Couleur violette.................... *T. améthyste* (236).

16. { Plante mince, pubescente en dessous ....
.... *Pezize oreille de Juda* (230).
Plante épaisse, glabre................................ 17.

17. { Plante charnue, très-gélatineuse, sillonnée à la surface........................ *T. cérébrale* (239).
Plante mince, élastique, divisée en lobes profonds et
plissés................ *T. mésentère* (240).

XXI. HELVELLE. *HELVELLA.*

1. { Chapeau absolument sessile........... *H. sessile* (242).
Chapeau pédonculé................................ 2.

2. { Chapeau marqué en dessous de nervures proéminentes.
.... MÉRULE (XXVII).
Chapeau non relevé de nervures à sa surface inférieure. 3.

3. { Pédicule sillonné ou marqué de nervures anastomosées.
.... *H. en mître* (243).
Pédicule lisse et uni................................ 4.

4. { Pédicule plein.................... HÉLOTIUM (XVIII).
Pédicule fistuleux, au moins à sa base.............. 5.

5. { Chapeau divisé en deux ou plusieurs lobes rabattus et
irréguliers................ *H. élastique* (244).
Chapeau arrondi ou ovoïde, un peu sinueux........ 6.

6. { Plante charnue, gélatineuse...... *H. gélatineuse* (245).
Plante de consistance fragile..... *H. de Bulliard* (246).

XXII. SPATULAIRE.   *SPATULARIA.*

1. .... *S. jaunâtre* (247).

XXIII. CLAVAIRE.   *CLAVARIA.*

1. { Plante simple et nullement ramifiée.................. 2.
   { Plante plus ou moins divisée.......................... 9.

2. { Plantes charnues...................................... 3.
   { Plantes coriaces...................................... 8.

3. { Plantes obtuses, ordinairement plus grosses vers le som-
   {   met... 4.
   { Plantes pointues, amincies au sommet................. 9.

4. { Plante d'un rose vif, et de 2 millimètres de hauteur.....
   {   .... *C. brillante* (249).
   { Plante qui n'est pas rose, et qui dépasse 5 centimètres
   {   de longueur....................................... 5.

5. { Plante fistuleuse..................................... 6.
   { Plante non creusée en dedans..... ... *C. en pilon* (248).

6. { Plante blanche ou jaune, glabre même dans sa jeunesse. 7.
   { Plante bistrée, pubescente dans sa jeunesse.............
   {   .... *C. fistuleuse* (251).

7. { Plante blanche.................... *C. blanc d'ivoire* (250).
   { Plante jaunâtre ou orangée.............. *C. jaune* (252).

8. { Plante de couleur noire, croissant sur la terre.. ....
   {   .... *C. langue de serpent* (265).
   { Plante grise ou ferrugineuse, croissant sur le bois.......
   {   .... *C. des bains chauds* (266).

9. { Plantes charnues...................................... 10.
   { Plantes coriaces...................................... 22.

10. { Plante qui croît sur la terre........................ 11.
    { Plante qui croît sur le bois ou les feuilles mortes... 17.

11. { Surface plissée ou ridée.................. *C. ridée* (257).
    { Surface unie.. 12.

12. { Plante non divisée, ou seulement bifurquée au sommet
    {   des tiges.. 13.
    { Plante extrêmement rameuse.......................... 14.

13. { Tiges cylindriques non sillonnées, amincies aux deux
    {   bouts..................... *C. en faisceau* (255).
    { Tiges comprimées, marquées d'un sillon sur chaque
    {   face..................... *C. bifurquée* (254).

14. { Couleur blanche ou jaune........................... 15.
    { Couleur cendrée, grise ou violette.................. 16.

15. { Rameaux atteignant tous à la même hauteur............
    {   .... *C. nivelée* (261).
    { Rameaux inégaux................... *C. corail* (262).

16. { Couleur grisâtre; rameaux souvent comprimés au sommet.............................. *C. cendrée* (263).
Couleur violette ou noirâtre ; rameaux cylindriques.....
.... *C. améthyste* (264).

17. { Plante pubescente............................... 18.
Plante glabre................................... 19.

18. { Couleur blanche ou légèrement cendrée. *C. bisse* (259).
Couleur rouge ou brune............... *C. filiforme* (255).

19. { Plante simple ou bifurquée au sommet.............,......
.... *C. en aiguillon* (256).
Plante irrégulièrement rameuse...................... 20.

20. { Rameaux taillés en forme de massue.... *C. bisse* (259).
Rameaux non en forme de massue.................... 21.

21. { Tige divisée au sommet en sept ou huit filamens grèles
et égaux....................... *C. en pinceau* (258).
Tige divisée en branches comme un petit arbre........ .
.... *C. mousse* (260).
Tronc très-épais, divisé au sommet en pointes d'abord
droites, puis pendantes.. *Hydne tête de Méduse* (281).

22. { Surface entière glabre.............................. 23.
Surface cotonneuse ou drapée .... 25.

23. { Extrémité des rameaux ou des tiges simple ou rarement
bifurquée................................... 8.
Extrémité des tiges découpée ou frangée............ 24.

24. { Couleur blanche, d'un gris ou d'un jaune pâle..........
.... *C. laciniée* (267).
Couleur brune ou noire............... *C. coriace* (268).

25. { Tige courte, divisée en lanières disposées en bouquet
ou en éventail............... *C. à tête fleurie* (269).
Tige bifurquée ou irrégulièrement rameuse...........
.... *C. cotonneuse* (270).

XXIV. AURICULAIRE. *THELEPHORA.*

1. { Chapeau en forme d'entonnoir attaché par le centre.. 2.
Chapeau plane attaché par le côté ou par l'une de ses
surfaces.................................. 3.

2. { Surface inférieure ridée et gélatineuse. *A. tremelle* (272).
Surface inférieure lisse et non gélatineuse...............
.... *A. cariophyllée* (271).

3. { Chapeau attaché par le côté..................... 4.
Chapeau appliqué par l'une de ses surfaces .... 8.

4. { Surface supérieure marquée de zones velues ou peluchées.................................... 5.
Surface supérieure absolument glabre.................. 7.

5.

5. { Surface inférieure poreuse........ *A. papyracée* (276).
{ Surface inférieure ridée ou unie, non poreuse....... 6.

6. { Chapeau mince et coriace........... *A. réfléchie* (274).
{ Chapeau charnu ou gélatineux, un peu épais......... 2.

7. { Chapeau blanchâtre, d'un centimètre de diamètre.......
.... *A. des mousses* (275).
{ Chapeau brun ou ferrugineux, de 3–5 centimètres de
diamètre.................... *A. tannée* (273).

8. { Surface libre d'un beau bleu............ *A. bleue* (279).
{ Surface libre d'un rouge vif.........................
.... *A. couleur de sang* (279*).
{ Surface libre, n'étant ni rouge ni bleue............. 9.

9. { Plante croissant sur la terre, et ridée à sa base.......
.... *A. embrassante* (278).
{ Plante non ridée à sa base, et croissant sur le bois ou
les mousses................................... 10.

10. { Plante croissant sur les mousses. *A. des mousses* (275).
{ Plante croissant sur le bois et les écorces d'arbres 11.

11. { Surface inférieure couleur de tabac et d'un aspect poudreux...................... *A. de Persoon* (280).
{ Surface inférieure lisse et non couleur de tabac..... 12.

12. { Plante mollasse, souvent poreuse en dessous, et velue
en dessus...................... *A. papyracée* (276).
{ Plante coriace, ni poreuse ni velue. *A. corticale* (277).

XXV. HYDNE.   *HYDNUM.*

1. { Plantes ou étendues sur les troncs, ou indistinctement
rameuses................................... 2.
{ Plantes offrant un chapeau distinct.................. 7.

2. { Plantes indistinctement rameuses au sommet........ 3.
{ Plantes étendues sur les troncs par la surface qui n'est
pas garnie de pointes...................... 5.

3. { Tronc simple (quelquefois très-court), chargé au sommet de pointes alongées...................... 4.
{ Tronc rameux; rameaux chargés de pointes au sommet...................... *H. corail* (283).

4. { Tronc très-court; pointes pendantes dès leur naissance.
.... *H. hérisson* (282).
{ Tronc alongé, pointes d'abord droites, puis pendantes.
.... *H. tête de Méduse* (281).

5. { Pointes à peine visibles; plante croissant entre le bois
et l'écorce...................... *H. blanc* (284).
{ Pointes assez visibles; plante croissant sur l'écorce... 6.

Tome I.   g

6. { Surface supérieure concave et irrégulière................
     .... B. des souterrains (299).
   { Surface supérieure plane ou convexe.................... 7.

7. { Surface inférieure de la même couleur que la supé-
     rieure...................................... 8.
   { Surface inférieure de couleur différente de la supé-
     rieure................................... 17.

8. { Plante d'un rouge ou d'un jaune assez décidé........ 9.
   { Plante blanchâtre, roussâtre ou brunâtre............ 10.

9. { Plante rouge, chair roussâtre........ B. écarlate (304).
   { Plante jaune, chair jaune............. B. sulfurin (318).

10. { Chapeau moins épais à sa base que les tubes ne sont
      longs..................................... 11.
    { Chapeau plus épais à sa base que la longueur des tubes. 12.

11. { Plante grise, laineuse en dessus........... B. uni (303).
    { Plante rousse ou brune, non laineuse. B. mince (316).

12. { Plante blanchâtre.................... B. de mélèze (313).
    { Plante rousse ou brune, ou fauve.................... 13.

13. { Chapeau marqué de zones parallèles au bord....... 14.
    { Chapeau sans zones parallèles au bord............. 15.

14. { Ecorce dure et d'un noir luisant, placée sous l'épiderme
      du chapeau......................... B. ongulé (308).
    { Point d'écorce particulière sous l'épiderme..............
      .... B. obtus (309).

15. { Plusieurs plantes placées les unes au-dessus des autres,
      et soudées par la base........... B. embriqué (314).
    { Plantes distinctes et non sensiblement embriquées. 16.

16. { Epaisseur du chapeau au moins quadruple de la lon-
      gueur des tubes........... B. faux amadouvier (307).
    { Epaisseur du chapeau au plus double de la longueur
      des tubes....................... B. subéreux (306).

17. { Pores sinueux et irréguliers...................... 18.
    { Pores arrondis et réguliers..................... 20.

18. { Surface supérieure d'un rouge de brique...............
      .... B. labyrinthe (310).
    { Surface supérieure blanche, jaunâtre ou roussâtre.. 19.

19. { Chapeau épais de 3-4 centimètres. B. odorant (312).
    { Chapeau épais de 6-8 millimètres.. B. imberbe (305).

20. { Surface inférieure blanchâtre ou pâle.............. 21.
    { Surface inférieure jaune, brune ou rouge........... 23.

21. { Surface supérieure velue et distinctement zonée.......
      .... B. bigarré (301).
    { Surface supérieure glabre, peu ou point zonée..... 22.

22. { Plante épaisse de 6-8 centim. et plus. B. de frêne (311).
    { Plante épaisse de 1-2 centim....... B. de saule (315).

23. { Plante épaisse de 6-8 centim. et plus... *B. hérissé* (317).
{ Plante épaisse de moins d'un centimètre..............
.... *B. à peau poreuse* (502).

24. { Pédicule latéral.. 25.
{ Pédicule central ou peu excentrique................... 28.

25. { Pédicule ou surface du chapeau, écailleuse ou crevassée.
{ .... *B. de noyer* (320).
{ Pédicule et surface supérieure du chapeau, glabres. 26.

26. { Tubes blancs........................ *B. oblique* (321).
{ Tubes jaunes ou fauves............................ 27.

27. { Chapeau zoné en dessus, et lobé sur les bords........
{ .... *B. feuille d'acanthe* (322).
{ Chapeau non zoné, et à peine sinueux.... *B. sabot* (319).

28. { Surface supérieure glabre.............................. 29.
{ Surface supérieure velue ou peluchée.................. 30.

29. { Pores rameux ou sinueux....... *Hydne bisannuel* (295).
{ Pores simples et arrondis .... 30.

30. { Plante croissant sur la terre............. *B. poreux* (326).
{ Plante croissant sur les branches d'arbres.. *B. en écu* (323).

31. { Chapeau frangé sur les bords........... *B. frangé* (325).
{ Chapeau non frangé sur les bords...... *B. vivace* (324).

32. { Pédicule nul ou latéral............. *B. de bouleau* (327).
{ Pédicule central .... 33.

33. { Pédicule muni d'un collier............. *B. à collier* (359).
{ Pédicule nu .... 34.

34. { Tubes blancs ou bleuâtres .... 35.
{ Tubes jaunes ou rouges................................ 40.

35. { Pédicule plus ou moins hérissé ou peluché............. 36.
{ Pédicule glabre....................................... 37.

36. { Chapeau orangé ; écailles du pédicule rouges............
{ .... *B. orangé* (337).
{ Chapeau fauve ou gris; écailles du pédicule noires.....
{ .... *B. rude* (336).

37. { Pédicule épais et renflé à la base.................... 38.
{ Pédicule cylindrique .... 39.

38. { Chair blanche, devenant bleue quand on l'entame ;
{ pédicule plus blanc au sommet qu'à la base...........
{ .... *B. indigotier* (333).
{ Chair ne devenant pas bleue quand on l'entame ; pédi-
{ cule blanchâtre ou jaunâtre...... *B. comestible* (330).

39. { Pédicule jaunâtre, marqué de lignes rouges en réseau.
{ .... *B. chicotin* (332).
{ Pédicule roux, sans ligne en réseau. *B. marron* (331).

XXVII. MÉRULE.   *MERULIUS.*

5. { Pédicule de la même couleur que le chapeau........... 6.
   { Pédicule noir ; chapeau jaunâtre... *M. à pied noir* (342).

6. { Plante jaunâtre ; chapeau un peu convexe en naissant....
   { .... *M. chanterelle* (341).
   { Plante rousse ou brune , toujours concave au sommet....
   { .... *M. ondulé* (347).

7. { Plante d'un jaune orangé............. *M. jaunâtre* (343).
   { Plante d'un gris foncé.............. *M. hydropique* (345).

8. { Plante de couleur jaunâtre....... *M. en trompette* (344).
   { Plante d'un gris noirâtre.. *M. corne d'abondance* (346).

9. { Plante munie d'un court pédicule latéral...................
   { . ... *M. des mousses* (348).
   { Plante absolument sessile............................... 10.

10. { Surface inférieure d'un gris plus ou moins foncé...... 11.
    { Surface inférieure d'un jaune rougeâtre ou orangé.... 12.

11. { Surface supérieure blanche............. *M. réticulé* (349).
    { Surface supérieure noire............... *M. délicat* (350).

12. { Surface supérieure cotonneuse....... *M. tremelle* (351).
    { Surface supérieure glabre , bords un peu cotonneux.......
    { .... *M. pleureur* (352).

XXVIII. AGARIC. *AGARICUS.*

1. { Plante dépourvue de volva............................... 2.
   { Plante munie d'une volva complette ou incomplette. 266.

2. { Pédicule nul , latéral ou excentrique. .... 3.
   { Pédicule central.................................... 20.

3. { Pédicule nul.. 4.
   { Pédicule court , latéral ou excentrique................. 10.

4. { Feuillets anastomosés................................. 5.
   { Feuillets non anastomosés .... 6.

5. { Plante épaisse et glabre............... *A. de chêne* (353).
   { Plante mince et velue en dessus....... *A. coriace* (356).

6. { Feuillets non creusés en gouttière sur leur tranche..... 7.
   { Feuillets creusés en gouttière sur leur tranche...........
   { .... *A. d'aulne* (358).

7. { Chapeau cotonneux en dessus...................... 8.
   { Chapeau glabre.................................... 9.

8. { Feuillets inégaux , anastomosés dans leur jeunesse......
   { .... *A. coriace* (356).
   { Feuillets inégaux un peu réunis à leur base.............
   { .... *A. à duvet roux* (357).
   { Feuillets tous égaux en longueur....... *A. tricolor* (355).

42. { Pédicule écailleux, jaunâtre..... *A. jaune d'ochre* (551).
{ Pédicule blanc et velu................................... 43.

43. { Pédicule renflé à sa base...... *A. faux-éphémère* (384).
{ Pédicule non renflé à sa base....... *A. en bouclier* (557).

44. { Pédicule renflé à sa base............................. 45.
{ Pédicule non renflé à sa base........................ 47.

45. { Cavité du pédicule traversée par un filet hérissé...... 46.
{ Cavité du pédicule vide................... *A. élevé* (558).

46. { Pédicule long de 15 centim. au moins. *A. massette* (383).
{ Pédicule long de 5-6 centim. *A. faux-éphémère* (384).

47. { Feuillets blancs... 48.
{ Feuillets colorés... 49.

48. { Chapeau presque sphérique, large de 1 centim. au plus.
{ .... *A. pilule* (543).
{ Chapeau presque plane, large de 2 centim...............
{ .... *A. de moyenne taille* (553).

49. { Pédicule blanc.. 50.
{ Pédicule jaunâtre, au moins à la base................. 51.

50. { Feuillets rougeâtres..................... *A. coronille* (544).
{ Feuillets d'abord jaunes, puis noirs. *A. changeant* (415).

51. { Collier redressé................ *A. à graines rouges* (556).
{ Collier étalé ou rabattu................. *A. en toge* (555).

52. { Pédicule renflé à la base............................... 53.
{ Pédicule non renflé à la base.......................... 58.

53. { Chapeau glabre.. 54.
{ Chapeau plus ou moins peluché...................... 56.

54. { Feuillets décurrens sur le pédic. *A. à graines noires* (416).
{ Feuillets non adhérens au pédicule.................... 55.

55. { Pédicule quinze à vingt fois plus long qu'épais.........
{ .... *A. lustré* (545).
{ Pédicule trois ou quatre fois plus long qu'épais.........
{ .... *A. comestible* (418).

56. { Collier mobile sur le pédicule....... *A. massette* (383).
{ Collier adhérent au pédicule................. .... 57.

57. { Feuillets blancs............... *A. à tige d'oignon* (546).
{ Feuillets rougeâtres, bruns ou noirs. *A. comestible* (418).

58. { Pédicule écailleux en dessous du collier.............. 59.
{ Pédicule non écailleux................................. 60.

59. { Plante d'un blanc jaunâtre, fixée en terre par une lon-
{ gue racine................... *A. racine de navet* (550).
{ Plante bleuâtre, croissant sur les troncs. *A. azuré* (417).
{ Plante fauve ou rousse.............. *A. annulaire* (548).

60. { Feuillets rouges, bruns ou noirâtres.................. 61.
{ Feuillets blancs ou jaunâtres........................ 64.

61. { Collier mobile sur le pédicule....... *A. massette* (583).
{ Collier fixe............. .... 62.

62. { Pédicule trois ou quatre fois plus long qu'épais.........
{ .... *A comestible* (418).
{ Pédicule huit à dix fois au moins plus long qu'épais. 63.

63. { Pédicule blanc; plante solitaire..... *A. coronille* (544).
{ Pédicule jaunâtre ; deux ou trois plantes réunies en—
{ semble.................... *A. à graines rouges* (556).

64. { Pédicule tacheté de jaune .... 65.
{ Pédicule non moucheté .... 66.

65. { Collier court, peu étalé................. *A. raclé* (552).
{ Collier long, étalé ou rabattu.. ..... *A. pudique* (554).

66. { Plante d'un jaune doré; feuillets blancs. *A. doré* (549).
{ Plante fauve; feuillets colorés............. .... 67.

67. { Collier redressé en godet......... ... *A. annulaire* (548).
{ Collier peu prononcé; plante terrestre. *A. paillet* (547).

68. { Pédicule creux ou fistuleux............................. 69.
{ Pédicule plein................................... 77.

69. { Plante croissant sur le bois mort ou pourri .... 70.
{ Plante terrestre.................................... 71.

70. { Chapeau fauve, strié sur les bords. *A.des bois morts*(532).
{ Chapeau jaune, non strié......... *A. pulvérulent* (411).

71. { Plantes solitaires................................. 72.
{ Plantes croissant par grouppes.................... 73.

72. { Feuillets jaunâtres, avec des nébulosités noirâtres.......
{ .... *A. larmoyant* (385).
{ Feuillets d'un jaune orangé....... *A.à pied grèle* (551).

73. { Lambeaux de la membrane qui recouvre les feuillets
{ persistans au bord du chapeau.................... 74.
{ Lambeaux placés sur le pédicule, et très-fugaces. 75.

74. { Feuillets tirant sur le violet; lambeaux remarquables.
{ .... *A. à appendices* (414).
{ Feuillets cannelle; lambeaux peu visibles..................
{ .... *A. hydrophile* (541).

75. { Feuillets adhérens au pédicule.. *A. à pied grèle* (531).
{ Feuillets non adhérens au pédicule.................... 76.

76. { Chapeau strié sur les bords....... *A. hydrophile* (541).
{ Chapeau lisse.................... *A. en cloche* (408).

77. { Plante croissant sur les vieux bois .... 78.
{ Plante croissant sur la terre....................... 80.

78. { Pédicule et chapeau écailleux....... *A. écailleux* (542).
{ Pédicule ni chapeau écailleux.................... 79.

79. { Feuillets libres .... *A. chatain* (556).
{ Feuillets légèrement décurrens. *A. des bois morts* (532).

80. { Pédicule chargé d'écailles plus ou moins nombreuses. 81.
     { Pédicule sans écailles.................................... 83.

81. { Chapeau écailleux ou pulvérulent. *A. à tête grenue* (529).
     { Chapeau ni écailleux, ni pulvérulent.................. 82.

82. { Feuillets roussâtres.................... *A. turbiné* (530).
     { Feuillets rouges........................ *A. muqueux* (539).

83. { Feuillets libres.. 84.
     { Feuillets adhérens ou décurrens...................... 85.

84. { Chapeau laineux........................ *A. laineux* (538).
     { Chapeau glabre .... *A. pourpré* (533).

85. { Chapeau gluant........................ *A. glutineux* (528).
     { Chapeau non gluant.................................... 86.

86. { Pédicule sensiblement aminci à sa base. *A. hybride* (540).
     { Pédicule cylindrique ou épais à sa base.............. 87.

87. { Pédicule taché vers le sommet par un anneau rouge....
     { .... *A. taché de sang* (535).
     { Pédicule non taché de rouge.......................... 88.

88. { Chapeau couleur de rouille, luisant en dessus ....
     { .... *A. à tête luisante* (537).
     { Chapeau non luisant .... 89.

89. { Chapeau de 3 centim. de diamètre au plus................
     { .... *A. à pied grêle* (531).
     { Chapeau de 8-10 centim. de diamètre au moins. 90.

90. { Feuillets nus.......................... *A. nu* (527).
     { Feuillets recouverts d'une membrane en toile d'arai-
     {   gnée.................... *A. aranéeux* (534).

91. { Pédicule fistuleux ou creux........................... 92.
     { Pédicule plein.. 161.

92. { Feuillets qui noircissent ou se pourrissent en vieillissant. 93.
     { Feuillets qui ne noircissent pas, et se dessèchent en
     {   vieillissant .... 119.

93. { Feuillets adhérens au pédicule .... 94.
     { Feuillets non adhérens au pédicule .... 99.

94. { Plantes solitaires ou distinctes....................... 95.
     { Plantes en touffe soudées ensemble par le bas du pédi-
     {   cule .... 96.

95. { Chapeau ordinairement strié sur les bords ; feuillets non
     {   mouchetés................. *A. à graines brunes* (409).
     { Chapeau jamais strié ; feuillets mouchetés............
     { .... *A. papilionacé* (400).

96. { Chapeau sensiblement strié sur les bords.............. 97.
     { Chapeau non strié...................................... 98.

97. { Pédicule long de 8-10 centim. ; feuillets peu adhérens.
     { .... *A. hydropique* (396).
     { Pédicule long de 3-4 centim. ; feuillets adhérens par
     {   toute leur largeur.................... *A. bulleux* (402).

98. { Pédicule marqué d'une tache noire et annulaire..........
.... *A. de terreau* (399).
Pédicule non taché de noir.... *A. ami du fumier* (401).

99. { Pédicule absolument glabre........................ 100.
Pédicule écailleux, velu ou farineux.................. 114.

100. { Pédicule plus épais à la base...................... 101.
Pédicule cylindrique............................... 102.

101. { Chapeau blanc avec le sommet jaune..................
.... *A. faux éteignoir* (391).
Chapeau brun, blanc, ou marbré de brun et de blanc.
.... *A. pie* (386).

102. { Pédicule fauve ou jaune...................... 103.
Pédicule blanc ou un peu grisâtre.................. 104.

103. { Chapeau hémisphérique non strié...................
.... *A. demi-orbiculaire* (410).
Chapeau presque plane, strié sur les bords...............
.... *A. aqueux* (407).

104. { Plantes soudées plusieurs ensemble par le pied.... 105.
Plantes solitaires ou en société, mais non soudées par
le pied.................................... 106.

105. { Chapeau d'un fauve pâle, marqué de taches rousses
vers son sommet.................... *A. à encre* (389).
Chapeau grisâtre, fauve au centre. *A. déliquescent*(397).

106. { Chapeau grisâtre ou d'un jaune pâle, avec le centre
roux.................................... 107.
Chapeau dont le centre ne se distingue pas par la couleur.................................... 111.

107. { Pédicule épais de 7-8 millimètres. *A. micacé* (390).
Pédicule très-grêle.......................... 108.

108. { Chapeau partagé en cinq ou six lobes dans sa vieillesse.
.... *A. éphémère* (394).
Chapeau entier, sinué ou déchiré, mais non lobé. 109.

109. { Feuillets presque tous entiers.... *A. éphémère*, β (394).
Demi-feuillets au moins égaux en nombre aux feuillets
entiers.................................... 110.

110. { Pédicule long de 8-10 centimètres...... *A. strié* (404).
Pédicule long de 3-4 centim. *A. en forme de dé* (393).

111. { Feuillets blanchâtres dans leur jeunesse. *A. entassé* (398).
Feuillets rouges ou violets........................ 113.

113. { Feuillets d'un rouge marron.. *A. à tête conique* (405).
Feuillets violets............ *A. à feuillets violets* (406).

114. { Pédicule farineux...................... *A. cendré* (387).
Pédicule velu ou peluché.......................... 115.

115. { Pédicule et chapeau jaunes, un peu charnus. *A. amer*(412).
Pédicule ou chapeau blanchâtre.................... 116.

116. { Plante croissant sur les fumiers.. *A. des fumiers* (595).
{ Plante croissant sur la terre ou les feuilles mortes. 117.

117. { Chapeau peluché...................................... 118.
{ Chapeau fugace, non peluché..... *A. chancelant* (405).

118. { Chapeau en cône alongé................. *A. drapé* (588).
{ Chapeau convexe ou presque plane. *A. cotonneux* (392).

119. { Feuillets non adhérens au pédicule................ 120.
{ Feuillets adhérens ou décurrens...................... 145.

120. { Feuillets entiers, aboutissant à un bourrelet annulaire
{   distinct du pédicule................ *A. stylobate* (420).
{ Feuillets entiers, n'aboutissant point à un bourrelet an-
{   nulaire............... .... 121.

121. { Pédicule velu ou velouté dans toute sa longueur ou à sa
{   base............ .... 122.
{ Pédicule absolument glabre........................... 128.

122. { Pédicule long de 3 centimètres....... *A. pigmée* (442).
{ Pédicule long de 8–16 centimètres.................. 123.

123. { Feuillets blancs................................... 124.
{ Feuillets jaunâtres, fauves ou roussâtres............ 126.

124. { Pédicule rayé longitudinalement par des stries bleuâtres.
{   .... *A. à cent raies* (426).
{ Pédicule sans raies ni stries bleuâtres............... 125.

125. { Chapeau marqué de taches roussâtres...................,
{   .... *A. en bouclier* (557).
{ Chapeau marqué de lignes rousses rayonnantes.........
{   .... *A. pied menu* (427).

126. { Feuillets jaunâtres; chapeau gluant. *A. pied noir* (422).
{ Feuillets fauves ou roux; chapeau non gluant...... 127.

127. { Chapeau conique, marqué de lignes rousses.............
{   .... *A. en roseau* (421).
{ Chapeau convexe, plane ou concave, sans lignes rayon-
{   nantes........................... *A. alliacé* (423).

128. { Chapeau strié, au moins sur les bords.............. 129.
{ Chapeau non strié.... .... 137.

129. { Feuillets rouges, violets ou cannelle.............. 130.
{ Feuillets blancs ou jaunâtres....................... 131.

130. { Chapeau en cône................................... 113.
{ Chapeau en cloche ou plane..... *A. hydrophile* (541).

131. { Pédicule marqué de stries longitudinales bleuâtres.......
{   .... *A. à cent raies* (426).
{ Pédicule non strié de bleu........................... 132.

132. { Pédicule marqué d'un côté par un sillon large et plus
{   ou moins profond............... *A. en roseau* (421).
{ Pédicule sans sillon................................. 133.

Tome I.   h

205. { Pédicule un peu plus épais à la base qu'au sommet...... .... *A. arqué* (484).
Pédicule un peu plus mince à la base qu'au sommet... .... *A. à tête enfumée* (473).

206. { Feuillets formés par une membrane plissée facile à sé-parer du chapeau.................... *A. contigu* (456).
Feuillets non formés par une membrane plissée séparée du chapeau.. 207.

207. { Chapeau verdâtre ou bleuâtre......... *A. odorant* (468).
Chapeau blanc, roux, jaunâtre ou rougeâtre...... 208.

208. { Pédicule marqué de stries ou raies longitudinales......... .... *A. petit-bonnet* (461).
Pédicule sans stries ni raies............................ 209.

209. { Chapeau blanchâtre ou jaunâtre...................... 210.
Chapeau d'un rouge assez vif vers son centre............... .... *A. ficoïde.* (465).

210. { Pédicule un peu plus épais à son sommet qu'à sa base. .... *A. virginal* (448).
Pédicule un peu plus épais à la base qu'au sommet. 166.

211. { Pédicules rameux.. 212.
Pédicules simples.. 214.

212. { Pédicules longs de 4-5 cent. au plus. *A. tubéreux* (478).
Pédicules longs de 8-10 centim........................ 213.

213. { Plante d'un blanc de lait.............. *A. rameux* (479).
Feuillets et chapeau jaunes........... *A. rampant* (496).

214. { Plantes croissant sur les tiges ou les feuilles des végétaux morts ou vivans................................ 215.
Plantes croissant sur la terre.................... 221.

215. { Chapeau velouté comme une pêche. *A. velouté* (509).
Chapeau glabre.. 216.

216. { Chapeau rayé ou moucheté.................... 217.
Chapeau ni rayé, ni moucheté.................... 218.

217. { Chapeau fauve, avec des raies noirâtres................ .... *A. à graines orangées* (518).
Chapeau avec des taches rousses.................... .... *A. des tiges mortes.* (519).

218. { Plante croissant sur d'autres champignons................ .... *A. tubéreux.* (478).
Plante ne croissant pas sur d'autres champignons. 219.

219. { Pédicule au moins quatre fois plus long que le dia-mètre du chapeau.................... *A. clou* (439).
Pédicule au plus deux fois plus long que le diamètre du chapeau.. 220.
Pédicule un peu plus court que le diamètre du chapeau. .... *A. horizontal* (526).

220. { Feuillets blancs................ *A. des rameaux* (520).
{ Feuillets fauves ou jaunâtres...... *A. des devins* (488).

221. { Chapeau velu, peluché, écailleux ou poudreux. 222.
{ Chapeau glabre............................ 227.

222. { Chapeau poudreux.......................... 223.
{ Chapeau velu, peluché ou écailleux.............. 224.

223. { Bords du chapeau entiers...... *A. à tête grenue* (529).
{ Bords du chapeau sinueux......... *A. poudreux* (511).

224. { Chapeau blanc ou jaunâtre .... 225.
{ Chapeau brun ou rouge .... 226.

225. { Feuillets adhérens................. *A. des pacages* (474).
{ Feuillets libres .... *A. argenté* (513).

226. { Plantes solitaires ; chapeau brun .... 226*.
{ Plantes soudées par la base ; chapeau rouge...... ....
{ .... *A. pourpré* (533).

226*. { Pédicule brun.................... *A. à pied brun* (493).
{ Pédicule blanchâtre............. *A. à tête brune* (498).

227. { Chapeau rayé ou strié.................... 228.
{ Chapeau ni rayé ni strié.................... 234.

228. { Feuillets adhérens au pédicule..... *A. caméléon* (482).
{ Feuillets libres............................... 229.

229. { Feuillets gris ou rougeâtres...................... 230.
{ Feuillets jaunâtres...................... 232.

230. { Pédicule plus long que le diamètre du chapeau... 231.
{ Pédicule plus court que le diamètre du chapeau........
{ .... *A. gris de souris* (505).

231. { Feuillets rougeâtres.................... *A. glauque* (480).
{ Feuillets gris ou bleuâtres. *A. gorge de pigeon* (512).

232. { Chapeau de 2 centim. au plus de diamètre..............
{ .... *A. terrestre* (524).
{ Chapeau de 6 centim. au moins de diamètre...... 233.

233. { Chapeau sinué sur les bords..... *A. à tête rayée* (501).
{ Chapeau crevassé par des fentes rayonnantes...........
{ .... *A. crevassé* (517).

234. { Pédicule aminci à sa base.................... 235.
{ Pédicule cylindrique ou plus épais à la base....... 236.

235. { Feuillets adhérens .... *A. en fuseau* (475).
{ Feuillets libres.................. *A. écarlate* (500).

236. { Pédicule rayé ou strié en long.................... 237.
{ Pédicule ni rayé ni strié.................... 242.

237. { Feuillets adhérens................. *A. à pied rayé* (476).
{ Feuillets libres.................... 238.

238. { Feuillets entièrement blancs. *A. à tête blanche* (508).
{ Feuillets plus ou moins colorés.................... 239.

239. { Pédicule plus long que le diamètre du chapeau............ .... *A. fauve* (499). Pédicule égal ou plus court que le diamètre du chapeau.. 240.

240. { Feuillets grisâtres ou jaunâtres...................... 241. Feuillets d'un rouge de rouille............................ .... *A. à graines pourpres.* (502).

241. { Chapeau cartilagineux et sinueux........................ .... *A. cartilagineux* (506). Chapeau arrondi et satiné............. *A. satiné* (510).

242. { Feuillets absolument libres............................ 243. Feuillets plus ou moins adhérens au pédicule..... 256.

243. { Pédicule plus long que le diamètre du chapeau. 244. Pédicule égal ou plus court que le diamètre du chapeau.. .... 248.

244. { Feuillets blancs ; pédicule tortillé...... *A. tortu* (497). Feuillets colorés...................................... 245.

245. { Chapeau blanchâtre ou jaunâtre..................... 246. Chapeau écarlate ou safrané........................ 247.

246. { Feuillets pointus du côté du pédicule............. 246*. Feuillets arqués du côté du pédicule. *A.à pied plein* (523).

246*. { Feuillets roux ; chapeau blanchâtre. *A. inodore* (521). Feuillets et chapeau jaunâtres. *A. à pied blanc* (522).

247. { Chapeau écarlate , pâle dans sa vieillesse.................. .... *A. écarlate* (500). Chapeau aurore, noircissant dans sa vieillesse............... .... *A. safrané* (515).

248. { Chapeau ou feuillets d'un rouge pourpre ou orangé. 255. Chapeau ou feuillets blancs , roux , jaunâtres ou noirâtres... .... 249.

249. { Feuillets très-épais , non arqués du côté du pédicule. .... *A. noircissant* (413). Feuillets minces , arqués du côté du pédicule..... 250.

250. { Feuillets formés par une membrane plissée , séparable du chapeau.............. *A. blanc cendré* (503). Feuillets non formés par une membrane plissée, séparable du chapeau .... 251.

251. { Pédicule jaunâtre .... 252. Pédicule blanc.. 254.

252. { Pédicule épais de près de 2 centim.......................... .... *A. couleur de froment* (504). Pédicule épais de 2 centimetres au plus............ 253.

253. { Chapeau hémisphérique , conique ou plane.............. .... *A. faux mousseron* (525). Chapeau convexe, irrégulièrement bosselé................ .... *A. échaudé* (514).

XXIX. MORILLE. *MORCHELLA.*

XXX. SATYRE. *PHALLUS.*

XXXI. CLATHRE. *CLATHRUS.*

XXXII. GYMNOSPORANGE. *GYMNOSPORANGIUM.*

2. $\left\{\begin{array}{l}\text{Plante de couleur rousse ou brune....... } G.\ brun\ (579).\\ \text{Plante de couleur jaune................ } G.\ conique\ (578).\end{array}\right.$

XXXIII. PUCCINIE. *PUCCINIA.*

XXXIV. BULLAIRE. *BULLARIA.*

XXXV. UREDO. *UREDO.*

XXXVI. ÉCIDIUM. *ÆCIDIUM.*

Je ne donne pas l'analyse des champignons parasites sur les feuilles, parce que leurs caractères ne peuvent, pour la plupart, être étudiés qu'au microscope, et que le nom des espèces est toujours tiré du nom des plantes sur lesquelles ils croissent.

XXXVII. MOISISSURE. *MUCOR.*

1. $\left\{\begin{array}{l}\text{Pédicule simple..................... } M.\ vulgaire\ (669).\\ \text{Pédicule rameux..................... } M.\ rameuse\ (668).\end{array}\right.$

XXXVIII. LYCÉE. *LYCEA.*

1. .... *L. boîte à savonette* (670).

XXXIX. TUBULINE. *TUBULINA.*

1. $\left\{\begin{array}{l}\text{Tubes d'un brun de rouille, avec le sommet blanc.....}\\ \text{..................................... } T.\ cylindrique\ (671).\\ \text{Tubes rouges ou bruns, même au sommet.............}\\ \text{.................................... } T.\ fraise\ (672).\end{array}\right.$

XL. TRICHIE. *TRICHIA.*

1. $\left\{\begin{array}{l}\text{Péridiums sessiles sur la membrane commune......... 2.}\\ \text{Péridiums pédiculés............................... 5.}\end{array}\right.$

2. $\left\{\begin{array}{l}\text{Péridiums blancs ou jaunes........................ 3.}\\ \text{Péridiums rouges marrons ou bruns..................}\\ \text{...................................... TUBULINE (XXXIX).}\end{array}\right.$

3. $\left\{\begin{array}{l}\text{Péridium jaune.................................... 4.}\\ \text{Péridium blanc................... } T.\ penchée\ (685).\end{array}\right.$

4. $\left\{\begin{array}{l}\text{Péridium sphérique................... } T.\ dorée\ (673).\\ \text{Péridium ovoïde................... } T.\ ovoïde\ (673^*).\end{array}\right.$

5. $\left\{\begin{array}{l}\text{Un seul péridium sur chaque pédicelle.............. 6.}\\ \text{Plusieurs péridiums sur un seul pédicelle..........}\\ \text{.................................... } T.\ en\ grappe\ (674^*).\end{array}\right.$

6. $\left\{\begin{array}{l}\text{Péridiums blancs................................... 7.}\\ \text{Péridiums colorés................................. 11.}\end{array}\right.$

7. $\left\{\begin{array}{l}\text{Péridiums sphériques.............................. 8.}\\ \text{Péridiums ovoïdes.............. } T.\ utriculaire\ (676).\end{array}\right.$

8. { Pédicules blancs.................................... 9.
   { Pédicules gris ou roux............................ 10.

9. { Réseau-filamenteux jaune. *T. à filamens jaunes* (680).
   { Réseau-filamenteux brun............... *T. blanche* (679).

10. { Péridium mol et aqueux............... *T. cendrée* (686).
    { Péridium ferme et non aqueux.... *T. à globules* (685).

11. { Péridiums rouges, orangés ou jaunes................. 12.
    { Péridiums bleuâtres, verdâtres ou grisâtres.......... 22.

12. { Péridium jaune orangé ou roux...................... 13.
    { Péridium rouge.................................... 20.

13. { Péridium qui devient concave en vieillissant............
    {   .... *T. en toupie* (678).
    { Péridium toujours convexe......................... 14.

14. { Péridium ovoïde, piriforme ou cylindrique.......... 15.
    { Péridium globuleux................................ 16.

15. { Réseau filamenteux dilaté en forme de cylindre, après
    {   la destruction du péridium......... *T. penchée* (685).
    { Réseau non dilaté.................... *T. en poire* (674).

16. { Pédicules striés ou sillonnés...................... 17.
    { Pédicules lisses.................................. 19.

17. { Poussière jaune............... *T. à demi-grillage* (689).
    { Poussière brune ou noire.......................... 18.

18. { Pédicule souvent rameux, non renflé à sa base.........
    {   .... *T. à toupet* (677).
    { Pédicule toujours simple, renflé à sa base..............
    {   .... *T. orangée* (682).

19. { Pédicule plus long que le péridium.. *T. en réseau* (690).
    { Pédicule plus court que le péridium..... *T. dorée* (673).

20. { Pédicule plus court que le péridium..................... 21.
    { Pédicule plus long que le péridium.. *T. écarlate* (688).

21. { Pédicule évasé à sa base, et plissé dans sa longueur.....
    {   .... *T. trompeuse* (675).
    { Pédicule ni évasé, ni plissé............... *T. rouge* (687).

22. { Péridium sphérique et verd .... *T. verte* (681).
    { Péridium ovoïde ou cylindrique, et jamais verd.... 23.

23. { Pédicule au moins égal à la longueur du péridium..... 24.
    { Pédicule plus court que le péridium.................. 25.

24. { Pédicule blanc; poussière noire........................
    {   .... *Stémonitis à pied blanc* (693).
    { Pédicule et poussière grise............. *T. cendrée* (686).

25. { Péridium ovoïle.................................. 26.
    { Péridium en forme de poire...... *T. trompeuse* (675).

26. { Membrane et pédicule roux....... *T. utriculaire* (676).
    { Membrane blanche; pédicule blanc extrêmement court.
    {   .... *T. à capsule* (684).

XLI. STÉMONITIS.   *STEMONITIS.*

1. Plantes réunies sur une membrane étalée............... 2.
    Plantes distinctes ou rapprochées, mais non insérées sur une membrane commune à plusieurs.....................
    .... *S. à pied blanc* (693).

2. Péridium blanc et ovoïde dans sa jeunesse, roux et cylindrique dans sa vieillesse..... *S. en faisceaux* (691).
    Péridium blanc et cylindrique dans sa jeunesse, noirâtre dans sa vieillesse..................... *S. massette* (692).

XLII. DIDERME.   *DIDERMA.*

1. Pédicelles simples......................... *D. fleuri* (694).
    Pédicelles rameux........................ *D. rameux* (695).

XLIII. RÉTICULAIRE.   *RETICULARIA.*

1. Plante pédiculée... 2.
    Plante sessile.. 3.

2. Pédicelle simple................... *R. hémisphérique* (696).
    Pédicelle rameux.................. *Diderme rameux* (695).

3. Plante blanche, jaune, grise ou noire................... 4.
    Plante couleur de rose.................................... 11.

4. Plante de couleur jaune................................... 5.
    Plante blanche, grise ou noire............................ 6.

5. Réseau interne jaune; plante de 2 centim. de diamètre,
    .... *R. jaune* (701).
    Réseau interne blanc; plante de 7-10 centim. de diamètre.............................. *R. des jardins* (702).

6. Plante formant une masse arrondie...................... 7.
    Plante composée de deux lames parallèles et sinueuses.
    .... *R. sinueuse* (697).

7. Globules de la grosseur d'un pois au plus............. 8.
    Plante de la grosseur d'une prune au moins........... 9.

8. Plantes munies de fibres radicales implantées dans l'écorce................................... *R. noire* (698).
    Plantes dépourvues de fibres radicales....................
    .... *R. sphéroïdale* (699).

9. Consistance ferme et charnue........ *R. charnue* (703).
    Consistance molle et écumeuse....................... 10.

10. Plante d'un blanc roussâtre......... *R. des jardins* (702).
    Plante d'un blanc de neige... *Spumaire blanche* (704).

11. Plante de la grosseur d'un pois au plus...................
    .... *R. sphéroïdale* (699).
    Plante cinq ou six fois plus grosse qu'un pois...........
    .... *R. rose* (700).

XLIV. SPUMAIRE.   *SPUMARIA.*

1. .... *S. blanche* (704).

XLV. LYCOGALE.   *LYCOGALA.*

1. { Péridium gris ou blanc, plein dans sa jeunesse d'une
    pulpe blanchâtre.. 2.
    Péridium rouge et plein dans sa jeunesse d'une pulpe
    rouge.. *L. rouge* (705).

2. { Péridium gris marqué de petites ponctuations ....
    .... *L. ponctuée* (706).
    Péridium blanc sans ponctuations sensibles...............
    .... *L. argentée* (707).

XLVI. VESSELOUP.   *LYCOPERDON.*

1. { Collet de la racine creusé de sillons profonds qui le font
     paroitre plissé.. 2.
     Collet ni sillonné ni plissé.................................... 3.

2. { Plante de couleur rousse ou terreuse. *V. à verrues* (715).
    Plante de couleur jaune ou orangée. *V. orangée* (716).

3. { Plante croissant sur les bois ou les troncs.............. 4.
    Plante croissant sur la terre............................ 5.

4. { Surface cotonneuse................. *V. cotonneuse* (710).
    Surface lisse ou légèrement peluchée. LYCOGALE (XLV).

5. { Surface écailleuse, tuberculeuse ou peluchée......... 6.
    Surface lisse.. 7.

6. { Pédicule alongé, renflé à sa base..... *V. matras* (709).
    Pédicule nul ou aminci à sa base .... 8.

7. { Peau très-coriace et de couleur brune..... *V. cuir* (716*).
    Peau membraneuse; chair rouge dans la jeunesse.......
    .... *V. ardoisée* (708).

8. { Poussière d'un jaune cendré; péridium épais et ferme.
    .... *V. en forme d'outre* (711).
    Poussière brune ou noirâtre; péridium mince, flasque. 9.

9. { Péridium exactement globuleux; racine très-petite. 10.
    Péridium plus ou moins alongé à sa base en toupie ou
    en pédicule.. 11.

10. { Plante dont le diamètre ne dépasse pas 4 centimètres
     .... *V. protée, var. α* (714).
     Plante dont le diamètre dépasse 12 et même 20 centi-
     mètres.. *V. gigantesque* (712).

11. { Péridium de 6 - 8 centimètres de diamètre; racine
     peu considérable.. *V. protée* (714).
     Péridium de 12 - 15 centimètres de diamètre; racine
     en touffe.. *V. ciselée* (713).

XLVII. GÉASTRE. *GEASTRUM.*

1. { Péridium élevé au-dessus du piédestal par un pédicelle particulier .... 2.
{ Péridium sessile sur le piédestal...................... 4.

2. { Enveloppe externe à quatre rayons......................
{ .... G. *à quatre pieds* (719).
{ Enveloppe externe divisée en six à dix rayons....... 3.

3. { Orifice du péridium arrondi, applati.....................
{ ...., G. *à plusieurs pieds* (717).
{ Orifice conique, strié, proéminent...... G. *strié* (718).

4. { Péridium plus pâle que le piédestal, et sans réseau marqué.. G. *roux* (721).
{ Péridium de la même couleur que le piédestal, et sensiblement réticulé.......... G. *hygrométrique* (720).

XLVIII. TULOSTOME. *TULOSTOMA.*

1. .... T. *d'hiver* (722).

XLIX. NIDULAIRE. *CYATHUS.*

1. { Surface interne de la coupe striée en long. N. *striée* (723).
{ Surface interne lisse et non striée..................... 2.

2. { Surface interne non luisante; bords de la coupe droits. 3.
{ Surface interne luisante; bords renversés en dehors dans la vieillesse..................... N. *vernissée* (725).

3. { Diamètre de la coupe plus grand que sa hauteur........
{ .... N. *applatie* (726).
{ Diamètre de la coupe moindre que sa hauteur..........
.... N. *lisse* (724).

L. STICTIS. *STICTIS.*

1. .... S. *rayonnante* (727).

LI. PILOBOLE. *PILOBOLUS.*

1. .... P. *cristallin* (728).

LII. THÉLÉBOLE. *THELEBOLUS.*

1. .... T. *hérissé* (729).

LIII. ÉRYSIPHE. *ERYSIPHE.*

N. B. Je ne donne point l'analyse des champignons parasites sur les feuilles, parce que leurs caractères ne peuvent se voir qu'au microscope, et que leurs noms sont toujours tirés du nom de la plante sur laquelle ils croissent.

LIV. TUBERCULAIRE. *TUBERCULARIA.*

1. { Plante parasite sur les mousses ou les lichens....... 2.
{ Plante parasite sur l'écorce ou le bois des arbres..... 3.

2. { Couleur d'un rose vif...................... *T. rose* (742):
{ Couleur d'un rouge foncé......... *T. vermillon* (741).

3. { Plante croissant sur le bois, et devenant noire en vieillissant............................... *T. noirâtre* (740).
{ Plante restant sur l'écorce, et ne changeant pas de couleur............... .... 4.

4. { Couleur d'un rose vif.................... *T. rose* (742).
{ Couleur de vermillon ou de rouge-brique.............. 5.

5. { Tubercules isolés.................... *T. vulgaire* (758).
{ Tubercules confluens.............. *T. confluente* (759).

LV. SCLÉROTE. *SCLEROTIUM.*

1. { Plantes émettant des fibres radicales. *S. des safrans* (743).
{ Plante sans racines................................ 2.

2. { Plante globuleuse et d'un noir luisant. *S. globuleux* (746).
{ Plante oblongue ou irrégulière, non luisante.......... 3.

3. { Couleur noirâtre ; plante croissant sur la terre ou les
fumiers........................... *S. des bouses* (744).
{ Couleur noire ; plante croissant entre l'écorce et le
bois des branches........................ *S. dur* (745).

LVI. TRUFFE. *TUBER.*

1. { Plante dépourvue de toutes racines.................... 2.
{ Plante munie d'une base radicale semblable à celle d'un
oignon avant la naissance des radicules..............
.... *T. blanche* (750).

2. { Surface lisse et unie....................................... 3.
{ Surface relevée de verrues ou d'aspérités..............
.... *T. comestible* (747).

3. { Couleur d'un brun noirâtre.......... *T. musquée* (748).
{ Couleur grise .... *T. grise* (749).

LVII. RHIZOMORPHE. *RHIZOMORPHA.*

1. { Plante de l'épaisseur d'un cheveu. *R. crin de cheval* (752).
{ Plante cinq ou six fois au moins plus épaisse qu'un cheveu............................... *R. fragile* (751).

LVIII. SPHÉRIE. *SPHÆRIA.*

1. { Plantes à plusieurs loges ou agglomérées, ou portées
sur un réceptacle charnu........................... 2.
{ Plantes à une seule loge séminale..................... 46.

2. { Loges séminales enchâssées dans un réceptacle alongé
et caulescent................................... 5.
{ Loges séminales soudées par la base, ou placées sur
un réceptacle étalé et peu apparent.................. 9.

3. { Plante de couleur noire.................................... ... 4.
    { Plante toute entière de couleur jaune. *S. militaire* (753).

4. { Plante croissant sur la terre .... 5.
    { Plante croissant sur le bois ou l'écorce des arbres. 6.

5. { Plante jaune à l'intérieur, et munie d'une racine........
    { .... *S. à racine* (754).
    { Plante sans racine, blanche à l'intérieur. *S. digitée* (757).

6. { Plante divisée au sommet en lobes applatis et pointus. 7.
    { Plante simple ou divisée en lobes non applatis et sou-
    {   vent obtus.. 8.

7. { Plante entièrement glabre............ *S. variable* (756).
    { Plante hérissée de poils noirs, sur-tout dans sa jeu-
    {   nesse.................................. *S. cornue* (755).

8. { Plante arrondie, marquée en dedans de zones concen-
    {   triques............................ *S. concentrique* (758).
    { Plante alongée, digitée et d'un blanc uni en dedans....
    { .... *S. digitée* (757).

9. { Loges séminales placées sur un réceptale étalé..... 10.
    { Loges séminales simplement réunies par leur base en
    {   faisceaux.. 33.

10. { Plante croissant sur les feuilles des arbres, ou sur les
    {   chaumes des graminées.............................. 11.
    { Plante croissant sur le bois ou l'écorce des arbres, ou
    {   sur le fumier... 13.

11. { Plante de couleur jaune ou blanchâtre. *S. massette* (778).
    { Plante de couleur noire................................. 12.

12. { Loges séminales blanches, enchâssées dans un récep-
    {   tacle noir...................... *S. faux xyloma* (772).
    { Loges et réceptacle noirs....... *S. des graminées* (779).

13. { Plante concave croissant sur le fumier. *S. ponctuée* (771).
    { Plante convexe croissant sur le bois ou l'écorce des
    {   arbres .... 14.

14. { Substance interne marquée de zones concentriques.....
    { .... *S. concentrique* (758).
    { Point de zones dans l'intérieur....................... 15.

15. { Plante formant une plaque noire presque plane..... 16.
    { Plante convexe ou irrégulière, ou n'étant pas noire. 20.

16. { Plaque orbiculaire de 1-2 centim. de diamètre..... 17.
    { Plaque irrégulière, de grandeur indéterminée...... 18.

17. { Plaque marquée de points protubérans. *S. en disque* (777).
    { Plaque unie, ni grenue ni ponctuée. *S. nummulaire* (776).

18. { Orifices des loges cylindriques et très-proéminens.......
    { .... *S. menteuse* (760).
    { Orifices des loges coniques et pointus. *S. scabreuse* (769).
    { Orifices concaves ou peu proéminens................. 19.

19. { Orifices ombiliqués................ *S. en stigmate* (774).
{ Orifices coniques et non ombiliqués....... *S. nue* (775).

20. { Plante de couleur blanche, grise ou noire........... 21.
{ Plante de couleur rouge, rousse ou brune.... .... 28.

21. { Loges et orifices des loges tétragones. *S. épineuse* (760*).
{ Loges arrondies ; orifices nuls ou cylindriques...... 22.

22. ⎧ Plante boursoufflée, et de 2-5 centim. de diamètre.....
⎪ .... *S. charbonneuse* (759).
⎨ Plante peu ou point boursoufflée, et ne dépassant pas
⎩ un centimètre de diamètre........................... 23.

23. ⎧ Plantes naissant sur l'écorce, en lignes qui suivent la
⎨ direction des fibres........ *S. note de musique* (770).
⎩ Plantes non disposées en lignes régulières............ 24.

24. { Surface grenue, raboteuse ou tuberculeuse......... 25.
{ Surface à-peu-près unie................................. 27.

25. { Loges placées sur une base noire.................... 26.
{ Loges placées sur une base blanche. *S. mâche-fer* (762).

26. ⎧ Surface grenue ; plante croissant sur les troncs morts.
⎪ .... *S. grenue* (761).
⎨ Surface mammelonnée ; plante croissant sur l'écorce...
⎩ .... *S. soudée* (763).

27. { Boutons sphériques ramassés......... *S. ramassée* (768).
{ Boutons oblongs, pointus, épars.... *S. pénétrante* (773).

28. ⎧ Plante noire en dehors, et rougeâtre en dedans........
⎪ .... *S. bicolore* (764).
⎩ Plante de la même couleur en dedans et en dehors. 29.

29. { Plante d'un rouge vermillon.......... *S. bicolore* (764).
{ Plante rousse ou brune............................ .. 30.

30. ⎧ Surface marquée de rides ou de sillons sinueux...........
⎪ .... *S. brune* (766).
⎩ Surface unie ou grenue......................... 31.

31. ⎧ Boutons orbiculaires relevés en mammelons à leur centre.
⎪ .... *S. en bouclier* (767).
⎩ Boutons arrondis, convexes.......................... 32.

32. ⎧ Boutons sphériques, souvent distincts.................
⎪ .... *S. du coudrier* (765).
⎨ Boutons déprimés, souvent soudés ensemble............
⎩ .... *S. soudée* (763).

33. { Plante blanche......................... *S. blanche* (781).
{ Plante noire ou brune .... 34.

34. { Plante croissant sur les graminées .... 35.
{ Plante croissant sur le bois ou l'écorce des arbres... 36.

35. ⎧ Loges non couronnées de poils. *S. des graminées* (779).
⎨ Loges couronnées par trois ou quatre poils noirs........
⎩ .... *S. à poils roides* (810).

56. { Plante croissant sur l'écorce, et perçant l'épiderme. 37.
     { Plante croissant sur le bois dénudé d'écorce......... 43.

37. { Loges obtuses ou terminées par un orifice très-obtus. 58.
     { Loges oblongues ou terminées par un col un peu pointu.
     .... 41.

38. { Grouppes composés de cinq ou six loges peu proémi-
     { nentes.. 39.
     { Grouppes composés de quinze à vingt loges proémi-
     { nentes... 40.

39. { Loges disposées en anneau, et rapprochées par le som-
     { met...................................... S. couronnée (783).
     { Loges rapprochées par la base, et disposées en grouppe
     { circulaire........................... S. en pustule (782).

40. { Loges noires........................... S. du cytise (785).
     { Loges brunes ou rougeâtres. S. de l'épinevinette (788).

41. { Grouppes composés de trois à cinq loges.......... 42.
     { Grouppes composés de sept à dix loges...................
     { .... S. à mammelons cornus (786).

42. { Plante noire croissant sur le hêtre..... S. du hêtre (784).
     { Plante brune croissant sur le chêne...... S. rape (780).

43. { Loges plus minces à la base qu'au sommet .... 44.
     { Loges au moins aussi épaisses au sommet qu'à la base. 45.

44. { Surface glabre; orifice peu ou point visible..............
     { .... S. en massue (787).
     { Surface pubescente; orifice enfoncé et plissé.............
     { .... S. sphincter (799).

45. { Loges surmontées de mammelons pointus..............
     { .... S. à mammelons cornus (786).
     { Loges globuleuses; mammelons obtus...................
     { .... S. à base blanche (796).

46. { Plantes croissant sur les bois ou les écorces des arbres. 47.
     { Plantes croissant sur le fumier..... S. des fientes (791).
     { Plantes croissant sur les feuilles ou les tiges herba-
     { cées.. 63.

47. { Plante noire ou blanche................................ 48.
     { Plante rouge.. 61.

48. { Loges obtuses ou prolongées en mammelons très-obtus.
     { .... 49.
     { Loges prolongées en poil ou en col long et pointu... 59.

49. { Plante naissant sur le bois dénudé d'écorce........ 50.
     { Plante naissant sur l'écorce, et perçant l'épiderme.. 55.

50. { Loges globuleuses ou ovoïdes .... 51.
     { Loges oblongues, rétrécies à la base. S. sphincter (799).

51. { Plante entièrement glabre .... 52.
     { Plante cotonneuse ou entourée de poils à sa base... 54.

52. { Plante glabre, terminée par un mammelon obtus. 53.
{ Point de mammelons; quelques poils noirs à la base....
.... S. *graine de pavot* (798).

53. { Globules d'un millim. de diamètre, non enfoncés dans
{ le bois............. .... S. *poussière* (801).
{ Globules enfoncés dans le bois, et de 4 millimètres au
{ moins de diamètre........... S. *à base blanche* (796).

54. { Loges noires et cotonneuses seulement à la base........
{ .... S. *à base cotonneuse* (795).
{ Loges blanchâtres et cotonneuses sur toute la surface...
{ .... S. *laineuse* (797).

55. { Plante glabre................................ 56.
{ Loges entourées à leur base d'un duvet cotonneux. 58.

56. { Loge terminée par un large orifice circulaire............
{ .... S. *du tilleul* (803).
{ Loge à orifice étroit ou peu apparent................. 57.

57. { Matière de l'intérieur des loges se répandant autour de
{ l'orifice, et formant une tache noire. S. *tachante* (802).
{ Matière de l'intérieur des loges ne formant pas de tache.
{ .... S. *en mammelons* (792).

58. { Duvet brun.................. S. *à base cotonneuse* (795).
{ Duvet jaunâtre.................. S. *tuberculaire* (794).

59. { Col latéral.................. S. *à bec latéral* (790).
{ Col ou poil terminal............................ 60.

60. { Col terminal et solitaire.............. S. *laineuse* (797).
{ Loge surmontée d'un poil roide. S. *en forme de cils* (811).

61. { Plante croissant sur le bois dénudé d'écorce.......... 62.
{ Plante croissant dans l'écorce, et perçant l'épiderme....
{ .... S. *tuberculaire* (794).

62. { Plante glabre, ovoïde, un peu enfoncée dans le bois....
{ .... S. *sanguine* (800).
{ Plante globuleuse, non enfoncée dans le bois, et un peu
{ pubescente.................. S. *pezize* (795).

63. { Loges obtuses ou applaties et sans col apparent...... 64.
{ Loges surmontées par des poils roides ou par un col
{ alongé................................ 68.

64. { Tubercules convexes.......................... 65.
{ Tubercules planes ou concaves.................. 67.

65. { Matière de l'intérieur des loges sortant d'elle-même, et
{ se répandant sur la feuille.......... S. *pustule* (808).
{ Matière ne sortant point d'elle-même de la tige...... 66.

66. { Feuille décolorée autour de chaque loge...............
{ .... S. *lichenoïde* (807).
{ Feuille non décolorée....... S. *en forme de point* (806).
                                                        67.

67. { Disque en forme de petite coupe... *S. en cratère* (804).
     { Disque plane, avec un petit point central..............
     .... *S. applatie* (805).

68. { Loges surmontées par un col cylindrique............ 69.
     { Loges surmontées de poils roides .... 70.

69. { Col très-proéminent..................... *S. gnome* (789).
     { Col sortant à peine hors de l'épiderme. *S. du scirpe* (809).

70. { Un seul poil sur chaque loge. *S. en forme de cils* (811).
     { Plusieurs poils sur chaque loge. *S. à poils roides* (810).

LIX. NÉMASPORE.   *NEMASPORA.*

1. { Appendices gommeux, de couleur blanche.............
    .... *N. blanche* (812).
    { Appendices gommeux, de couleur jaune............. 2.

2. { Appendices d'un jaune doré : plante croissant sur les
    peupliers....................... *N. dorée* (813).
    { Appendices orangés : plante croissant sur le hêtre......
    .... *N. orangée* (814).

LX. XYLOMA.   *XYLOMA.*

1. { Taches noires... 2.
    { Taches rouges...................... *X. rouge* (814*).

2. { Taches nombreuses, assez petites..................... 3.
    { Taches assez grandes, et paroissant formées par l'ag-
    grégation de plusieurs plantes........................ 8.

3. { Taches entourées de lignes noires et sinueuses marquées
    sur la feuille.................... *X. lichenoïde* (819).
    { Point de lignes noires autour des taches.... .... 4.

4. { Taches disposées en anneau circulaire...................
    .... *X. du chèvrefeuille* (817*).
    { Taches éparses....................... .... 5.

5. { Taches visibles à la surface supérieure seule......... 6.
    { Taches plus ou moins visibles à-la-fois sur les deux
    surfaces .... 7.

6. { Taches planes un peu ridées, souvent confluentes......
    .... *X. ponctué* (817).
    { Taches distinctes, convexes, s'ouvrant en plusieurs
    valves.................. *X. à plusieurs valves* (818).

7. { Taches orbiculaires.............. *X. du marceau* (820).
    { Taches oblonges ou ovales........ *X. du peuplier* (821).

8. { Tache proéminente ou très-visible du côté supérieur
    de la feuille................................ 9.
    { Tubercules naissant du côté inférieur ....
    .... *X. du chèvrefeuille* (817*).

Tome I.   i

9. { Substance intérieure d'un beau blanc......................
.... X. à chair blanche (816).
{ Substance intérieure noire........ X. des érables (815).

LXI. HYPODERME.   *HYPODERMA.*

1. { Plante croissant sur l'écorce des parties ligneuses.... 2.
{ Plante croissant sur les feuilles ou les herbes.......... 4.

2. { Plante très-petite croissant sur les cônes de sapins........
.... H. des cônes (824).
{ Plante bien visible à l'œil nu, croissant sur la tige des
{ arbres.. 3.

3. { Tubercule oblong à bords tuméfiés et réguliers..........
.... H. du fréne (826*).
{ Tubercule alongé à bords sinueux ou crispés...........
.... H. du chéne (826).

4. { Des raies noires çà et là autour des réceptacles..........
.... H. des pins (823).
{ Point de raies noirâtres autour des réceptacles........ 5.

5. { Réceptacle ovale ou oblong........... H. xyloma (822).
{ Réceptacle linéaire très-alongé... H. des roseaux (825).

LXII. HYSTÉRIUM.   *HYSTERIUM.*

1. { Réceptacles sessiles alongés, munis d'une légère fente. 2.
{ Réceptacles rétrécis à la base, profondément divisés en
{ deux valves.......................... H. coquille (827).

2. { Plante croissant sur l'écorce.......... .... H. nain (828).
{ Plante croissant sur le bois nu........................ 3.

3. { Réceptacles oblongs.................. H. opégraphe (829).
{ Réceptacles linéaires et alongés......... H. étroit (830).

LXIII. OPÉGRAPHE.   *OPEGRAPHA.*

1. { Plante croissant sur les écorces d'arbres................ 2.
{ Plantes croissant sur les pierres........................ 21.

2. { Croûte mince ou peu apparente...................... 3.
{ Croûte épaisse souvent fendillée...................... 20.

3. { Croûte non entourée d'une ligne noire.................. 4.
{ Croûte entourée d'une ligne noire.................... 19.

4. { Réceptacles ovales ou arrondis...................... 5.
{ Réceptacles linéaires, simples ou rameux............ 9.

5. { Croûte blanche ou peu apparente.................... 6.
{ Croûte bleuâtre..................... O. bleuâtre (837).

6. { Réceptacles fort rapprochés et formant une tache noire. 7.
{ Réceptacles épars et écartés...................... 8.

7. { Croûte peu ou point sensible.......... O. du chéne (830).
{ Croûte un peu apparente.............. O. du hêtre (831).

8. { Croûte presque nulle ; réceptacles ovales très-écartés...
.... *O. dispersée* (833).
Croûte apparente ; réceptacles irréguliers................
.... *O. étoilée* (832).

9. { Croûte blanche.. 10.
Croûte un peu colorée.................................... 17.

10. { Réceptacles sinueux, rameux ou divergens entre eux. 11.
Réceptacles droits , rapprochés et parallèles... ....
.... *O. du cerisier* (841).

11. { Croûte unie et continue................................. 12.
Croûte formée de plusieurs petites croûtes un peu bosselées.............................. *O. boursoufflée* (834).

12. { Réceptacles couverts de poussière glauque............ 13.
Réceptacles noirs non poudreux...................... 14.

13. { Réceptacles sinueux un peu proéminens..... ....
.... *O. serpentine* (843).
Réceptacles enfoncés , droits ou divisés en rameaux droits.
.... *O. poudreuse* (844).

14. { Réceptacles simples.................... .... 15.
Réceptacles rameux....................................... 16.

15. { Réceptacle creusé en dessus d'un sillon plane et large....
.... *O. gravée* (839).
Réceptacle à sillon étroit.............. *O. bâtarde* (838).

16. { Sillon du réceptacle très-prononcé....... *O. noire* (840).
Sillon du réceptacle peu ou point marqué.............. 8.

17. { Croûte bleuâtre...................... *O. bleuâtre* (837).
Croûte rousse ou rougeâtre............................ 18.

18. { Sillon du réceptacle peu ou point prononcé...............
.... *O. roussâtre* (842).
Sillon du réceptacle bien prononcé. *O. rougeâtre* (836).

19. { Croûte boursoufflée ou fendillée.... *O. galleuse* (835).
Croûte lisse et mince................. *O. bordée* (845).

20. { Réceptacles enfoncés presque toujours simples...........
.... *O. épaisse* (846).
Réceptacles proéminens rameux.... *O. fendillée* (847).

21. { Croûte sensiblement fendillée...... *O. marquetée* (850).
Croûte non fendillée.................................... 22.

22. { Croûte poudreuse d'un blanc de lait. *O. cérébrale* (849).
Croûte roussâtre à peine visible... *O. des pierres* (848).

LXIV. VERRUCAIRE. *VERRUCARIA.*

1. { Plantes croissant sur le bois ou les écorces d'arbres.... 2.
Plantes croissant sur les pierres....................... 15.

2. { Plante croissant sur l'écorce.............................. 3.
{ Plante croissant sur le bois dénudé d'écorce..............
{ .... *V. cicatricule* (857).

3. { Tubercules atteignant au moins la grosseur d'une tête
{ d'épingle .... 4.
{ Tubercules planes ou convexes et très-petits........ 7.

4. { Une tache rouge au centre du tubercule................
{ .... *V. sanguinolente* (863).
{ Substance intérieure du tubercule noire ou blanche... 5.

5. { Croûte roussâtre ou jaunâtre........................ 6.
{ Croûte blanche....... .... *V. en bouton* (860).

6. { Tubercules très-rapprochés............ *V. luisante* (861).
{ Tubercules écartés.......... *V. à gros tubercules* (862).

7. { Croûte blanchâtre ou grisâtre........................ 8.
{ Croûte rousse ou jaunâtre........................ 14.

8. { Réceptacles parfaitement orbiculaires.............. 9.
{ Réceptacles ovales ou oblongs.................... 12.

9. { Croûte d'un blanc de lait; réceptacles planes..........
{ .... *V. blanc de lait* (859).
{ Croûte grisâtre ou un peu glauque; réceptacles con-
{ vexes................................... 10.

10. { Croûte extrêmement mince....................... 11.
{ Croûte épaisse et compacte..... *V. à petit fruit* (858).

11. { Réceptacles un peu convexes.......... *V. atome* (852).
{ Réceptacles coniques.......... *V. du marronnier* (854).

12. { Croûte blanche à peine visible....................... 13.
{ Croûte grisâtre ou verdâtre.......... *V. du saule* (855).

13. { Réceptacles proéminens.......... *V. du cerisier.* (856).
{ Réceptacles paroissant à demi-cachés sous l'épiderme...
{ .... *V. de l'épiderme* (851).

14. { Croûte très-mince, lisse, à peine visible..............
{ .... *V. ponctuée* (853).
{ Croûte épaisse souvent fendillée..... *V. luisante* (862).

15. { Croûte blanchâtre à peine visible................ 16.
{ Croûte distinctement colorée.................... 20.

16. { Tubercules épars.......................... 17.
{ Tubercules disposés en bandes circulaires..........
{ .... *V. concentrique* (870).

17. { Croûte lisse ou à peine visible................. 18.
{ Croûte relevée çà et là en mammelons fructifères.......
{ .... *V. de Dufour* (869).

18. { Réceptacles convexes extrêmement petits.......... 19.
{ Réceptacles planes surmontés d'un col percé au som-
{ met................................. *V. du mortier* (868).

19. { Croûte grenue un peu grisâtre... *V. des rochers* (864).
{ Croûte lisse et très-blanche.... *V. des calcaires* (865).

20. { Croûte brune ou noirâtre............................ 21.
{ Croûte rouge ou bleue............................. 22.

21. { Croûte mince d'un brun olivâtre........................
{ .... *V. à large bouche* (871).
{ Croûte épaisse d'un brun noir........ *V. noirâtre* (872).

22. { Croûte rouge.......................... *V. rouge* (866).
{ Croûte bleue...................... *V. bleue* (867).

LXV. PERTUSAIRE. *PERTUSARIA.*

1. { Tubercules percés de pores toujours distincts............
{ .... *P. commune* (873).
{ Pores des tubercules se réunissant en un large orifice...
{ .... *P. de Wulfen* (874).

LXVI. LÈPRE. *LEPRA* (1).

1. { Plante croissant sur les pierres ou la terre.............. 2.
{ Plantes croissant sur les arbres ou les mousses........ 3.

2. { Croûte noire...................... *L. des antiques* (875).
{ Croûte verte ou jaunâtre................... *L. verte* (877).

3. { Croûte blanche .... *L. lactée* (876).
{ Croûte verte ou jaunâtre................. *L. verte* (877).
{ Croûte rouge ou orangée........... *L. odorante* (878).
{ Croûte d'un gris jaunâtre .... *L. indistincte* (879).

LXVII. CONIOCARPE. *CONIOCARPON.*

1. { Réceptacles rouges...................... *C. rouge* (880).
{ Réceptacles olivâtres.................... *C. olivâtre* (881).
{ Réceptacles noirs...................... *C. noir* (882).

LXVIII. VARIOLAIRE. *VARIOLARIA.*

1. { Plantes croissant sur l'écorce des arbres.............. 2.
{ Plantes croissant sur les rochers.................... 3.

2. { Fond des cupules blanc.............. *V. du hêtre* (883).
{ Fond des cupules jaune (après la chûte de la poussière).
{ .... *V. à coupes jaunes* (884).

3. { Croûte très-mince.................. *V. lactée* (885).
{ Croûte épaisse et fendillée.......... *V. blanchie* (886).

LXIX. ISIDIUM. *ISIDIUM.*

1. { Plante d'un blanc cendré.............. *I. corallin* (887).
{ Plante d'un verd glauque foncé.... *I. verd foncé* (888).

____

(1) Les plantes semblables aux lèpres et non indiquées ici, sont des pa-
tellaires jeunes et qui n'ont pas encore de fruits.

LXX. SPHÉROPHORE.   *SPHÆROPHORUS.*

1. { Tige lisse irrégulièrement rameuse. *S. à globules* (889).
{ Tige un peu rude régulièrement bifurquée.................
.... *S. gazonnant* (890).

LXXI. STÉRÉOCAULE.   *STEREOCAULON.*

1. .... *S. paschal* (891).

LXXII. CORNICULAIRE.   *CORNICULARIA.*

1. { Plante croissant sur la terre ou les rochers, ou parmi
{ les mousses.................................. 2.
{ Plante croissant sur le bois ou l'écorce des arbres........ 8.

2. { Plante toute entière d'un brun foncé.................... 3.
{ Plante d'un blanc jaunâtre ou à branches jaunâtres.... 7.

3. { Plante formant une touffe droite ou assez roide........ 4.
{ Plante molle à rameaux fins et entrelacés.............. 5.

4. { Scutelles noirâtres tuberculeuses sur les bords...........
{ .... *C. triste* (892).
{ Scutelles d'un brun marron à peine dentelées...........
{ .... *C. piquante* (893).

5. { Plante noire ou brune, non gélatineuse................ 6.
{ Plante d'un verd foncé, un peu gélatineuse.............
{ .... *C. des mousses* (897).

6. { Rameaux lisses plusieurs fois bifurqués. *C. laineuse* (898).
{ Rameaux un peu rudes irrégulièrement branchus........
{ .... *C. entrelacée* (899).

7. { Tige et rameaux d'un jaune pâle..... *C. jaunâtre* (895).
{ Tige noire ; rameaux d'un jaune pâle. *C. bicolore* (896).

8. { Plante d'un jaune vif.................... *C. rusée* (894).
{ Plante blanche, grise ou noirâtre.... *C. crinière* (900).

LXXIII. USNÉE.   *USNEA.*

1. { Tige lisse ou peu articulée.................... 2.
{ Tige étranglée d'espace en espace, et renflée dans l'in-
{ tervalle des articulations.......... *U. articulée* (905).

2. { Scutelles entourées de barbes ou de rameaux rayonnans. 3.
{ Scutelles non rayonnantes, mais entières sur les bords. 4.

3. { Plante formant une touffe droite....... *U. fleurie* (901).
{ Plante formant une touffe molle, pendante et alongée...
{ .... *U. entrelacée* (902).

4. { Scutelles planes ou concaves.......... *U. flasque* (904).
{ Scutelles convexes...................... *U. barbue* (903).

LXXIV. ORSEILLE.   *ROCCELLA.*

1. { Tige cylindrique.............. *O. des teinturiers* (906).
{ Tige comprimée...................... *O. varec* (907).

LXXV. CLADONIE. *CLADONIA.*

1. { Tiges droites.................... 2.
{ Tiges étalées sur la terre, et entre-croisées............
.... *C. vermiculaire* (908).

2. { Aisselles des ramifications percées.............. 3.
{ Aisselles des ramifications non percées. *C. pointue* (909).

3. { Sommités des rameaux stériles penchées d'un même
côté.................... *C. des rennes* (910).
{ Sommités des rameaux droites........ *C. cornue* (911).

LXXVI. SCYPHOPHORE. *SCYPHOPHORUS.*

1. { Tubes ou entonnoirs plus longs et plus apparens que les
feuilles qui sont à la base.................... 2.
{ Tubes ou entonnoirs courts et peu apparens........ 4.

2. { Tubercules d'un rouge vif........,.... *S. cochenille* (915).
{ Tubercules bruns.................... 3.

3. { Tube en forme de cône renversé. *S. en entonnoir* (916).
{ Tube cylindrique, à peine évasé au sommet............
.... *S. cornu* (917).

4. { Plante d'un blanc jaunâtre; des cils noirs au sommet
des feuilles.................... *S. replié* (913).
{ Plante d'un verd glauque; point de cils noirs........ 5.

5. { Tubes feuillés; tubercules roux........ *S. diffus* (912).
{ Tubes non feuillés; tubercules bruns....................
.... *S. corne de cerf* (914).

LXXVII. HÉLOPODE. *HELOPODIUM.*

1. .... *H. délicat* (918).

LXXVIII. BÉOMYCÈS. *BŒOMYCES.*

1. { Tubercules pédonculés.................... 2.
{ Tubercules sessiles.................... 4.

2. { Tubercules bruns.................... 3.
{ Tubercules d'un rose vif............ *B. des landes* (919).

3. { Tubercules globuleux............ *B. des rochers* (921).
{ Tubercules planes en dessus............ *B. roux* (920).

4. { Tubercules adhérens par le centre seulement............
.... *B. verd-de-gris* (922).
{ Tubercules adhérens par toute la surface inférieure. 5.

5. { Tubercules couleur de rose, convexes, souvent ridés
en dessus.................... *B. elvelle* (923).
{ Tubercules n'étant pas à-la-fois couleur de rose, convexes, ridés et charnus.......... PATELLAIRE (LXXX).

LXXIX. CALYCIUM.   *CALYCIUM.*

1. { Croûte blanchâtre ou cendrée .... 2.
   { Croûte jaune, verte ou brune........................... 4.

2. { Tubercules pédicellés............................... 3.
   { Tubercules sessiles...................... *C. sessile* (929).

3. { Tubercule concave , pulvérulent en dessus ....
   { .... *C. en massue* (924).
   { Tubercule convexe, souvent hérissé en dessus............
   { .... *C. des chênes* (925).

4. { Croûte jaune.. 5.
   { Croûte d'un brun verdâtre.........., *C. en toupie* (928).

5. { Pédicelles noirs .... 6.
   { Pédicelles jaunes............ *C. couleur de soufre* (925*).

6. { Pédicelle de 4-6 millim. ; tubercule convexe..........
   { .... *C. des sapins* (926).
   { Pédicelle de 1-2 millim. ; tubercule plane..............
   { .... *C. à pied court* (927).

LXXX. PATELLAIRE.   *PATELLARIA.*

1. { Scutelles un peu épaisses , non bordées ou dont la bor-
   {   dure n'est pas formée par la croûte (1).............. 2.
   { Scutelles membraneuses entourées d'une bordure for-
   {   mée par la croûte................................. 60.

2. { Scutelles noires , brunes ou grises..................... 3.
   { Scutelles rouges, roses, orangées ou jaunes......... 56.

3. { Scutelles parfaitement noires.......................... 4.
   { Scutelles tirant sur le brun , le gris ou le glauque... 21.

4. { Plante croissant sur le bois ou l'écorce des arbres.... 5.
   { Plante croissant sur les pierres et les rochers .... 12.
   { Plante croissant à terre ou sur les mousses...............
   { .... *P. des mousses* (943).

5. { Scutelles planes ou concaves.......................... 6.
   { Scutelles convexes................................... 8.

6. { Croûte cendrée ou verdâtre. *P. en forme de point* (952).
   { Croûte blanche....................................... 7.

7. { Croûte mince , lisse......... *P. à croûte blanche* (955).
   { Croûte compacte, ridée........ *Calycium sessile* (929).

8. { Plante croissant sur l'écorce.......................... 9.
   { Plante croissant sur le bois dénudé d'écorce...........
   { .... *P. à mille scutelles* (955).

---

(1) Ce caractére est important, mais difficile à reconnoître; on fera bien, dans les cas douteux, de chercher successivement dans les deux séries.

23. { Croûte pulvérulente et d'un blanc de lait..............
     .... *P. crétacée* (956).
     Croûte d'un blanc sale , non pulvérulente.......... 24.

24. { Croûte lisse..................................... 25.
     Croûte grenue et raboteuse... *P. des remparts* (955).

25. { Scutelles sans rebord , ou dont le bord est formé par
       la croûte............................ *P. glauque* (952).
     Scutelles entourées d'un rebord noir ....
     .... *P. à fruit bleuâtre* (950).

26. { Plante croissant sur les mousses ou les bois pourris. 27.
     Plante croissant sur l'écorce des arbres.............. 28.

27. { Croûte blanchâtre étendue sur les mousses..............
     .... *P. graine de moutarde* (944).
     Croûte verdâtre posée sur le bois pourri..............
     .... *P. à croûte verdâtre* (945).

28. { Croûte blanche ; scutelles proéminentes..............
     .... *P. des écorces* (954).
     Croûte cendrée ; scutelles non proéminentes............
     .... *P. frottée* (953).

29. { Croûte brune............................... 30.
     Croûte jaune..................... 32.
     Croûte rousse ou rouge..................... 34.

30. { Croûte grenue , spongieuse ou gélatineuse.......... 31.
     Croûte unie , lisse , fendillée. *P. brune et noire* (948).

31. { Scutelles d'un brun olivâtre ; bordure grenue............
     .... *P. brune* (946).
     Scutelles noires ; rebord entier. *P. des tourbières* (947).

32. { Croûte pulvérulente ; plante croissant sur les écorces.
     .... *P. jaunâtre* (959).
     Croûte non pulvérulente ; plante croissant sur les ro-
       chers............................... 33.

33. { Croûte inégale et bosselée. *P. couleur de soufre* (958).
     Croûte lisse et unie.......... *P. à double face* (957).

34. { Scutelles couvertes d'une poussière glauque......... 35.
     Scutelles noires , sans poussière glauque..................
     .... *P. rouge d'ochre* (949).

35. { Scutelles fort petites , à bord fort épais ....
     .... *P. de Dickson* (951).
     Bord de la scutelle assez étroit , comparativement à son
       diamètre..................... *P. à fruit bleuâtre* (950).

36. { Croûte rouge..................... *P. en coupe* (964).
     Croûte jaune ou jaunâtre............................. 37.
     Croûte blanche , grise , verdâtre ou nulle........ ... 43.

37. { Croûte grenue , pulvérulente ou très-mince........ 38.
     Croûte crustacée et épaisse......... *P. venteuse* (960).

38. { Scutelles rouges ou orangées........................... 39.
    { Scutelles jaunes .... 41.

39. { Croûte grenue; scutelles tirant sur l'orangé........ 40.
    { Croûte poudreuse; scutelles d'un rouge vif.............
    {   .... *P. à fruit rouge* (961).

40. { Croûte d'un jaune très-pâle, souvent oblitérée.........
    {   .... *P. oblitérée* (969).
    { Croûte d'un jaune verdâtre, continue..................
    {   .... *P. jaune verdâtre* (975).

41. { Scutelles entourées d'un rebord plus pâle...............
    {   .... *P. jaune verdâtre* (975).
    { Bord de la scutelle de la même couleur que le disque. 42.

42. { Croûte pulvérulente...................... *P. jaune* (974).
    { Croûte mince et très-adhérente. *P. des rochers* (979).
    { Croûte grenue.................... *P. jaune d'œuf* (976).

43. { Plante croissant sur le bois ou l'écorce............. 44.
    { Plante croissant sur les pierres .... 52.

44. { Plante croissant sur l'écorce........................ 45.
    { Plante croissant sur le bois dénudé d'écorce............
    {   .... *P. variable* (977).

45. { Scutelles totalement dépourvues de rebord d'une autre
    {   couleur .... 46.
    { Rebord de la scutelle ayant une autre teinte que le dis-
    {   que.. 47.

46. { Scutelle très-convexe.............. *P. sphéroïdale* (968).
    { Scutelle un peu concave......... *P. ferrugineuse* (971).

47. { Scutelle rose ou rougeâtre .... 48.
    { Scutelle jaune ou orangée........................... 50.

48. { Croûte grenue....................................... 49.
    { Croûte mince, pulvérulente......... *P. étendue* (966).

49. { Scutelle rougeâtre, souvent tachée de points noirs......
    {   .... *P. rougeâtre* (965).
    { Scutelle rose ou couleur de chair, non ponctuée.......
    {   .... *P. rose* (963).

50. { Scutelle entourée d'un bord blanc très-distinct.........
    {   .... *P. couleur de cire* (978).
    { Bord jaunâtre et peu distinct .... 51.

51. { Croûte mince et blanchâtre........... *P. orangée* (972).
    { Croûte grenue et grisâtre....... *P. des ormeaux* (973).

52. { Scutelle plane, concave ou à peine convexe........ 53.
    { Scutelle très-convexe et couleur de chair............ 59.

53. { Scutelles rouges ou roses............................ 54.
    { Scutelles jaunes ou orangées........................ 56.

54. { Rebord grenu...................... *P. frangée* (962).
    { Rebord non grenu..................................... 55.

55. { Rebord épais et très-proéminent. *P. en coupe* (964).
     { Rebord plane et peu apparent...... *P. oblitérée* (969).

56. { Scutelle d'un jaune clair.............................. 57.
     { Scutelle d'un jaune orangé un peu foncé.............. 58.

57. { Scutelles enfoncées dans la pierre. *P. creusante* (980).
     { Scutelles non enfoncées dans la pierre ....
     { .... *P. des rochers* (979).

58. { Bord plus pâle que le disque....... *P. oblitérée* (969).
     { Bord de la couleur du disque. *P. à bord luisant* (970).

59. { Plante croissant sur les pierres. *P. couleur de chair* (967).
     { Plante croissant sur la terre..... *P. sphéroïdale* (968).

60. { Scutelles noires , brunes ou rougeâtres.............. 61.
     { Scutelles blanchâtres ou couleur de chair, ou d'un roux
     {   pâle... 68.

61. { Scutelle noire................. *P. noire et cendrée* (985).
     { Scutelle brune ou rougeâtre .... 62.

62. { Bord épais, calleux et entier............ *P. tartre* (989).
     { Bord mince, grenu ou denté....................... 63.

63. { Plante croissant sur l'écorce des arbres.............. 64.
     { Plante croissant sur les rochers ou les murs .... 66.
     { Plante croissant sur les tas de mousses. *P. des hypnes* (983).

64. { Scutelles très-petites et très-écartées. *P. dispersée* (986).
     { Scutelles peu écartées, et ayant environ 2 millimètres
     {   de diamètre.. 65.

65. { Scutelles brunes ; bords peu crénelés. *P. brunâtre* (984).
     { Scutelles rougeâtres ; bords très-crénelés. *P. rouge* (981).

66. { Scutelles d'un brun luisant et assez grandes. *P. baie* (982).
     { Scutelles d'un brun pâle et assez petites .... 67.

67. { Bord un peu grenu ; scutelles écartées. *P. dispersée* (986).
     { Bord non grenu ; scutelles rapprochées. *P. brunâtre* (984).

68. { Croûte d'un gris très-foncé........ *P. du peuplier* (988).
     { Croûte blanchâtre .... 69.

69. { Plante croissant sur les tas de mousses.............. 70.
     { Plante croissant sur les arbres, les murs ou les rochers. 71.

70. { Disque des scutelles roux.............. *P. tartre* (989).
     { Disque des scutelles jaune pâle...... *P. d'Upsal* (990).

71. { Croûte grenue, verruqueuse, irrégulière............ 72.
     { Croûte mince et assez lisse .... 73.

72. { Scutelles blanchâtres................. *P. parelle* (991).
     { Scutelles rousses...................... *P. tartre* (989).

73. { Rebord entier ; scutelles très-rapprochées................
     {   .... *P. anguleuse* (987).
     { Rebord grenu ou crénelé............ *P. dispersée* (986).

LXXXI. RHIZOCARPE. *RHIZOCARPON.*

1. { Ecailles jaunes entremêlées de scutelles noires......... 2.
{ Ecailles grises ou brunes, mêlées de scutelles noires. 3.

2. { Ecailles d'un jaune citrin ou verdâtre....................
{ .... *R. géographique* (992).
{ Ecailles d'un jaune cuivré ou abricot................ .... 4.

3. { Ecailles grises; fibres radicales très-visibles............
{ .... *R. conferve* (993).
{ Ecailles brunes................................ 4.

4. { Ecailles planes extrêmement petites. *R. arlequin* (994).
{ Ecailles convexes et assez grandes..................... 5.

5. { Ecailles d'un jaune abricot............. *R. abricot* (995).
{ Ecailles d'un jaune brun.......... *R. noir et brun* (996).

LXXXII. PSORA. *PSORA.*

1. { Ecailles convexes............................ 2.
{ Ecailles planes ou concaves..................... 6.

2. { Ecailles jaunes ou rousses..................... 3.
{ Ecailles blanches ou grisâtres.................. 4.

3. { Ecailles d'un roux vif; plante croissant sur les rochers.
{ .... *P. tabac d'Espagne* (997).
{ Ecailles d'un jaune citron; plante croissant sur la terre.
{ .... *P. loriot* (998).

4. { Plante attachée au sol par des racines................
{ .... *P. vésiculaire* (999).
{ Point de racines.......................... 5.

5. { Folioles creuses, peu renflées, très-sinueuses............
{ .... *P. raquette* (1000).
{ Folioles renflées, blanches, peu sinueuses...............
{ .... *P. blanche* (1001).

6. { Ecailles d'un rouge de brique..... *P. trompeuse* (1002).
{ Ecailles d'un gris brun....... *P. couleur de cuir* (1003).

LXXXIII. URCÉOLAIRE. *URCEOLARIA.*

1. { Ecailles blanchâtres ou grisâtres..................... 2.
{ Ecailles d'un brun marron........... *U. marron* (1005).

2. { Scutelles noires ou grises....................... 3.
{ Scutelles d'un roux fauve....... *U. de Lamarck* (1010).

3. { Croûte composée d'écailles planes ou convexes....... 4.
{ Croûte grenue et souvent un peu foliacée.............
{ .... *U. graveleuse* (1008).

4. { Ecailles à-peu-près planes; scutelles de 1-2 millim. de
{ diamètre............................... 5.
{ Ecailles convexes; scutelles de 3-4 millim. de diamètre.
{ .... *U. à yeux bordés* (1009).

5. {
Scutelles en forme de pores enfoncés dans la croûte... 6.
Scutelles entourées d'un bord poudreux et tortu..........
.... *U*. *contournée* (1004).
}

6. {
Croûte blanche; scutelles réunies en forme de ligne......
.... *U*. *opégraphe* (1006).
Croûte grisâtre ou jaunâtre; scutelles arrondies..........
.... *U*. *fendillée* (1007).
}

LXXXIV. VOLVAIRE.　*VOLVARIA.*

1. {
Tubercule fructifère noir............. *V*. *coquille* (1011).
Tubercule couleur de chair....... *V*. *épanouie* (1012).
}

LXXXV. ÉCAILLAIRE.　*SQUAMMARIA.*

1. {
Plante croissant sur les rochers.................... 2.
Plante croissant sur la terre..................... 7.
}

2. {
Croûte et scutelles d'un jaune vif..... *É*. *succin* (1014).
Croûte ou scutelles n'étant pas jaunes.................. 3.
}

3. {
Scutelle fauve, ou rousse ou brune............... 4.
Scutelle d'un rouge vif................. *É*. *rubis* (1021).
Scutelle noire............... *É*. *aux yeux noirs* (1020).
}

4. {
Bord de la scutelle simple.................... 5.
Bord de la scutelle tendant à former un double tour au-
tour du disque................... *É*. *de Smith* (1016).
}

5. {
Ecailles d'un blanc jaunâtre..................... 6.
Ecailles d'un roux pâle........ *É*. *cartilagineuse* (1019).
}

6. {
Croûte bombée dans le centre. *É*. *en forme d'île* (1015).
Croûte attachée uniquement par le centre...............
.... *É*. *en bouclier* (1022).
}

7. {
Ecailles blanches à la surface........ *É*. *lentille* (1018).
Ecailles d'un verd glauque pâle......................... 8.
}

8. {
Bord de la scutelle simple........... *É*. *épaisse* (1017).
Bord de la scutelle tendant à former un double tour
autour du disque................. *É*. *de Smith* (1016).
}

LXXXVI. PLACODE.　*PLACODIUM.*

1. {
Croûte orangée, jaune ou jaunâtre.................... 2.
Croûte blanchâtre ou grisâtre..................... 6.
}

2. {
Scutelles de la même couleur que la croûte........... 3.
Scutelles tirant sur le roux ou le brun.............. 5.
}

3. {
Folioles rapprochées, d'un jaune citrin ou verdâtre.. 4.
Folioles écartées et d'une couleur orangée...............
.... *P*. *élégant* (1026).
}

4. {
Folioles du bord de la croûte, larges et planes..........
.... *P*. *jaune* (1024).
Folioles du bord de la croûte, étroites, convexes........
.... *P*. *des murs* (1025).
}

5. { Scutelle d'un brun clair , avec une bordure blanche cré-
       nelée...................... *P. jaunâtre* (1027).
     Scutelle d'un **rouge carmélite**, non bordée..............
       .... *P. brillant* (1023).

6. { Scutelles noires ou noirâtres........................... 7.
     Scutelles rousses ou brunes....................... 8.

7. { Croûte blanchâtre et farineuse dans le milieu............
       .... *P. blanchâtre* (1028).
     Croûte grisâtre non farineuse.... *P. rayonnant* (1031).

8. { Scutelles d'un roux pâle.................. *P. pâle* (1029).
     Scutelles d'un roux brun.............. *P. bigarré* (1030).

LXXXVII. COLLÈMA.   *COLLEMA.*

1. { Feuilles petites, embriquées épaisses ou peu distinctes. 2.
     Feuilles libres, lobées et peu épaisses................ 10.

2. { Plante croissant sur la terre ou les rochers............ 3.
     Plante croissant sur les troncs d'arbres................ 9.

3. { Plante croissant sur les pierres ou les rochers......... 4.
     Plante croissant sur la terre ou parmi les mousses.... 7.

4. { Feuilles dressées très-serrées........................... 5.
     Feuilles étalées ou embriquées en croûte, ou à peine vi-
       sibles.................................. 6.

5. { Disque des scutelles plane et brunâtre...................
       .... *C. en faisceaux* (1037).
     Disque des scutelles concave et d'un verd foncé...........
       .... *C. en paquets* (1036).

6. { Scutelles rousses , avec une bordure blanchâtre..........
       .... *C. variable* (1033).
     Scutelles d'un noir bleuâtre non bordées de blanc.......
       .... *C. noir* (1032).

7. { Scutelles planes ou concaves........................... 8.
     Scutelles convexes.................. *C. grenu* (1035).

8. { Scutelles planes d'un roux bai.......... *C. crépu* (1038).
     Scutelles concaves d'un verd foncé. *C. en paquets* (1036).

9. { Croûte adhérente d'un brun gris.........................
       .... *C. à petites feuilles* (1034).
     Folioles disposées en faisceaux et d'un verd foncé........
       .... *C. en faisceaux* (1037).

10. { Plante croissant sur les troncs d'arbres................ 12.
      Plante croissant sur les mousses, la terre ou les rochers. 13.

11. { Feuille glabre en dessous...................... 12.
      Feuille cotonneuse en dessous....... *C. plombé* (1045).

12. { Feuille très-mince, assez ridée.. *C. noircissant* (1043).
      Feuille tuberculeuse ou grenue en dessus.................
        .... *C. verd de bouteille* (1044).

13. { Plante croissant sur les rochers.................... 14.
{ Plante croissant sur la terre ou la mousse .... 15.

14. { Scutelles éparses sur la feuille.................... ....
.... C. à feuilles de jacobée (1042).
{ Scutelles disposées sur le bord des feuilles ....
.... C. en crête (1039).

15. { Plante d'un verd foncé, croissant sur la terre..... 16.
{ Plante d'un verd glauque, croissant sur les mousses.....
.... C. découpé (1041).

16. { Feuilles déchiquetées et crépues ....:............
.... C. à feuilles de jacobée (1042).
{ Feuilles dichotomes, roulées en long sur elles-mêmes.
.... C. cornu (1040).

LXXXVIII. EMBRICAIRE.   *IMBRICARIA.*

1. { Feuilles velues ou hérissées en dessous.............. 2.
{ Feuilles glabres en dessus............................ 18.

2. { Lobes des feuilles étroits ou linéaires .... 3.
{ Lobes des feuilles larges ou arrondis............... 15.

3. { Surface supérieure blanchâtre ou d'un gris pâle..... 4.
{ Surface supérieure noire, brune ou rousse........... 11.

4. { Scutelles absolument noires............................ 5.
{ Scutelles brunes, grises ou un peu glauques.......... 6.

5. { Lanières des feuilles convexes, non pulvérulentes ......
.... E. étoilée (1047).
{ Lanières des feuilles planes, pulvérulentes çà et là sur
les bords.................... E. orbiculaire (1051).

6. { Surface marquée de raies anastomosées et grenues....
.... E. brodée (1054).
{ Surface non marquée de raies grenues............... 7.

7. { Scutelles grises ou d'un noir glauque.................. 8.
{ Scutelles brunes................ E. pulvérulenta (1049).

8. { Milieu de la rosette foliacé........................... 9.
{ Milieu de la rosette grenu ou poudreux. E. grise (1050).

9. { Bords des lobes garnis de paquets pulvérulens.........
.... E. bleuâtre (1046).
{ Point de paquets pulvérulens........................... 10.

10. { Rosette régulière; bordure de la scutelle entière.........
.... E. étoilée (1047).
{ Rosette irrégulière; bordure de la scutelle crénelée.....
.... E. barbe de chèvre (1048).

11. { Scutelles noires................................... 12.
{ Scutelles de couleur brune............................... 13.

12. { Surface d'un gris noir ; scutelles hérissées de poils en
dessous.................... *E. à cheveux noirs* (1052).
Surface brune ou rousse ; scutelles glabres..... ....
.... *E. brune* (1053).

13. { Surface marquée de rides proéminentes, anastomosées
et poudreuses..................... *E. brodée* (1054).
Point de rides proéminentes grenues................ 14.

14. { Feuilles d'un roux gris clair.... *E. pulvérulente* (1049).
Feuilles d'un brun olivâtre foncé...... *E. brûlée* (1055).

15. { Lobes des feuilles très-pulvérulens sur les bords..........
.... *E. farineuse* (1059).
Lobes des feuilles non pulvérulens..................... 16.

16. { Surface inférieure noire et hérissée.....................
.... *E. à feuilles de chêne* (1056).
Surface inférieure garnie d'un duvet d'un bleu noi-
râtre................................... 17.

17. { Scutelle entourée d'un bord blanc saillant...............
.... *E. à duvet bleu* (1057).
Scutelle à bord plane d'un roux pâle. *E. plombée* (1058).

18. { Feuilles divisées en lobes larges et arrondis.......... 19.
Feuilles divisées en lobes étroits et linéaires......... 22.

19. { Feuille d'un jaune vif............... *E. des parois* (1060).
Feuille d'un jaune pâle, ou verdâtre ou brunâtre.... 20.

20. { Scutelle de la même couleur que la feuille...............
.... *E. olivâtre* (1061).
Scutelles d'une couleur différente de celle de la feuille. 21.

21. { Feuille membraneuse d'un verd glauque en dessus......
.... *E. ciboire* (1062).
Feuille coriace d'un jaune pâle en dessus................
.... *E. froncée* (1063).

22. { Surface inférieure beaucoup plus foncée que la supérieure.................................. 23.
Surface inférieure à-peu-près de la couleur de la supérieure.................................. 29.

23. { Plante croissant sur la terre ou sur les rochers....... 24.
Plante croissant sur le bois ou l'écorce des arbres... 27.

24. { Surface supérieure marquée de points noirs épars... 25.
Surface supérieure non ponctuée................. 26.

25. { Plante d'un gris cendré, croissant sur la terre..........
.... *E. charbonnée* (1069).
Plante d'un jaune verd ou glauque, croissant sur les
rochers..................... *E. ponctuée* (1064).

26. { Lobes des feuilles chargés de paquets poudreux..........
.... *E. renflée* (1066).
Point de paquets pulvérulens........ *E. courbée* (1067).

Tome I.   k

27. { Plante d'un blanc glauque............................ 28.
     { Plante d'un jaune blanchâtre....... *E. douteuse* (1068).

28. { Folioles percées d'un trou vers le milieu. *E. percée* (1065).
     { Folioles non percées de trou.......... *E. renflée* (1066).

29. { Les deux surfaces noires........... *E. de Fahlun* (1070).
     { Les deux surfaces blanchâtres......... *E. percée* (1065).

LXXXIX. PHYSCIE.   *PHYSCIA.*

1. { Feuilles de couleur jaune ou jaunâtre................. 2.
    { Feuilles n'étant pas de couleur jaune.................. 6.

2. { Plante croissant sur la terre........................ 3.
    { Plante croissant sur les troncs des arbres............. 4.

3. { Feuilles droites, lisses, courbées en canal................
    { .... *P. en capuchon* (1081).
    { Feuilles étalées à la base, irrégulièrement bosselées.....
    { .... *P. des neiges* (1082).

4. { Feuilles d'un jaune orangé, divisées en lobes déchique-
    {   tés et ciliés................... *P. aux yeux d'or* (1085).
    { Feuilles d'un jaune vif, à lobes non ciliés............. 5.

5. { Plante chargée de scutelles... *P. des genévriers* (1083).
    { Plante chargée de paquets pulvérulens. *P. des pins* (1084).

6. { Bords de la feuille ciliés................................ 7.
    { Bords de la feuille nullement ciliés.................... 10.

7. { Feuilles blanchâtres étalées, croissant sur les arbres ou
    {   les rochers.................................... 8.
    { Feuilles brunâtres, droites, croissant sur la terre.........
    { .... *P. d'Islande* (1080).

8. { Scutelles sessiles; cils peu nombreux.................. 9.
    { Scutelles presque pédicellées; cils assez nombreux.......
    { .... *P. ciliée* (1075).

9. { Extrémités des lobes renflées en voûte. *P. délicate* (1072).
    { Extrémités des lobes non renflées...... *P. exiguë* (1071).

10. { Surface inférieure noire ou brune..................... 11.
     { Surface inférieure blanche........................ 14.

11. { Surface supérieure de la couleur de l'inférieure..........
     { .... *P. des haies* (1085).
     { Surface supérieure grise ou glauque.................. 12.

12. { Surface supérieure grisâtre, un peu pulvérulente ou gre-
     {   nue............................... *P. grenue* (1074).
     { Surface supérieure glauque, lisse.................... 13.

13. { Scutelles brunes; surface inférieure tachée de noir et de
     {   blanc........................ *P. trompeuse* (1088).
     { Scutelles rouges; surface inférieure toute noire ou brune.
     { .... *P. glauque* (1087).

14. { Plante croissant sur le bois, les troncs d'arbres ou les rochers... 15.
{ Plante croissant sur la terre............................. 5.

15. { Surface inférieure tachée de noir. *P. trompeuse* (1088).
{ Surface inférieure blanchâtre............................ 16.

16. { Feuille cartilagineuse un peu ferme.................... 17.
{ Feuille molle et membraneuse. *P. du prunellier* (1075).

17. { Bords de la feuille garnis de paquets farineux........ 18.
{ Bords de la feuille nullement farineux................. 19.

18. { Lobes alongés, bifurqués, peu rameux à l'extrémité...
{ .... *P. farineuse* (1076).
{ Lobes assez courts, déchiquetés au sommet.............
{ .... *P. raboteuse* (1077).

19. { Scutelles latérales.................. *P. des frênes* (1078).
{ Scutelles terminales................. *P. nivellée* (1079).

XC. LOBAIRE. *LOBARIA.*

1. { Surface inférieure brune ou roussâtre................... 2.
{ Surface inférieure toute blanche.... *L. herbacée* (1092).

2. { Des paquets de filamens à l'aisselle et au bord des lobes.
{ .... *L. à paquets* (1093).
{ Point de paquets filamenteux........................... 3.

3. { Scutelles sessiles; feuilles bosselées en dessus......... 4.
{ Scutelles un peu pédicellées; feuilles lisses en dessus....
{ .... *L. perlée* (1091).

4. { Surface inférieure brune dans les cavités, blanche sur
{ les arêtes...................... *L. pulmonaire* (1090).
{ Surface inférieure toute brune ou noirâtre..............
{ .... *L. à fossettes* (1089).

XCI. STICTA. *STICTA.*

1. { Scutelles insérées par le centre. *S. fuligineuse* (1094).
{ Scutelles attachées par toute leur surface..............
{ .... *S. des bois* (1095).

XCII. PELTIGÈRE. *PELTIGERA.*

1. { Réceptacles placés sur le bord de la feuille............. 2.
{ Réceptacles placés sur le disque même de la feuille.. 9.

2. { Réceptacles dirigés du côté supérieur de la feuille.... 3.
{ Réceptacles tournés du côté inférieur...................
{ .... *P. renversée* (1102).

3. { Feuille dont le diamètre passe à peine la largeur du doigt. 4.
{ Feuille dont le diamètre atteint la largeur de la main... 5.

4. { Veines de la surface inférieure brunes. *P. veinée* (1096).
{ Veines de la surface inférieure blanches................
{ .... *P. bâtarde* (1097).

5. { Surface inférieure relevée de nervures rameuses..... 6.
{ Point de nervures à la surface inférieure.... ....
.... *P. aux aphthes* (1100).

6. { Réceptacles horizontaux................................. 7.
{ Réceptacles verticaux.................................. 8.

7. { Feuille d'un verd glauque....... *P. horizontale* (1098).
{ Feuille d'un gris cendré.............. *P. canine* (1099).

8. { Réceptacles d'un brun noir........... *P. digitée* (1102).
{ Réceptacles d'un brun roux........... *P. canine* (1099).

9. { Surface inférieure blanchâtre ; réceptacles enfoncés......
{ .... *P. à pochettes* (1104).
{ Surface inférieure orangée ; réceptacles superficiels.....
{ .... *P. orangée* (1103).

XCIII. OMBILICAIRE. *UMBILICARIA*.

1. { Feuilles hérissées en dessous........................... 2.
{ Feuilles glabres en dessous.......................... 8.

2. { Surface supérieure glauque ou blanchâtre............. 3.
{ Surface supérieure grise ou brune..................... 4.

3. { Surface inférieure noire............. *O. à vrilles* (1108).
{ Surface inférieure rousse ou jaunâtre...................
{ .... *O. à trompes* (1110).

4. { Réceptacles enfoncés dans la feuille. *O. enfoncée* (1105).
{ Réceptacles superficiels ou saillans..................... 5.

5. { Réceptacles sessiles, planes ou convexes............. 6.
{ Réceptacles presque pédicellés, en forme de cône ren-
{ versé.................... *O. à trompes* (1110).

6. { Surface inférieure garnie de poils serrés et rameux.... 7.
{ Poils de la surface inférieure simples et placés sur des
{ nervures............... *O. hérissée* (1106).

7. { Surface supérieure lisse et d'un brun de bronze..........
{ .... *O. drapée* (1109).
{ Surface supérieure ponctuée et d'un gris roussâtre.......
{ .... *O. coriace* (1107).

8. { Réceptacles marqués de rides à la surface supérieure. 9.
{ Réceptacles lisses et non ridés...................... 13.

9. { Surface inférieure lisse et unie...................... 10.
{ Surface inférieure ridée ou garnie de papilles........ 11.

10. { Surface supérieure d'un gris foncé. *O. écailleuse* (1116).
{ Surface supérieure noire ou bronzée. *O. glabre* (1117).

11. { Surface inférieure ridée ; bords souvent criblés..........
{ .... *O. rongée* (1113).
{ Surface inférieure garnie de papilles ; bords jamais per-
{ cés .... 12.

12. { Surface supérieure d'un brun foncé. *O. à papilles* (1114).
     { Surface supérieure d'un gris cendré.....................
     .... *O. gris de souris* (1115).

13. { Surface de la feuille lisse ou à peine fendillée......... 14.
     { Surface de la feuille bosselée irrégulièrement.............
     .... *O. à pustules* (1112).

14. { De petites fentes à la surface supérieure...................
     .... *O. à fruit lisse* (1111).
     { De petites papilles à la surface supérieure..............
     .... *O. écailleuse* (1116).

XCIV. ENDOCARPE.   *ENDOCARPON.*

1. { Plante croissant dans l'eau.......... *E. fluviatile* (1118).
    { Plante croissant hors de l'eau........................... 2.

2. { Lobes nombreux dressés ou relevés ; plante de 2-3 cen-
    timètres de diamètre....................................... 3.
    { Lobes nuls, ou très-courts et étalés ; plante très-petite.
    . ... *E. d'Hedwig* (1121).

3. { Lobes très-profonds................. *E. compliqué* (1119).
    { Lobes n'atteignant pas au-delà du milieu de la feuille...
    .... *E. rougeâtre* (1120).

XCV. RICCIE.   *RICCIA.*

1. { Plantes flottantes dans l'eau........................... 2.
    { Plantes adhérentes au sol............................... 4.

2. { Feuille arrondie ou en forme de cœur. *R. nageante* (1122).
    { Feuille bifurquée, à lobes linéaires.................... 3.

3. { Feuilles planes...................... *R. flottante* (1123).
    { Feuilles convexes, noueuses d'espace en espace..........
    .... *R. noueuse* (1124).

4. { Feuilles percées de petits pores à la surface..............
    .... *R. poreuse* (1125).
    { Surface supérieure non percée de pores............... 5.

5. { Folioles planes ; rosettes de 2 centim. au plus de dia-
    mètre.................................. *R. glauque* (1126).
    { Folioles concaves en dessus ; rosettes de 3-4 centim....
    .... *R. bifurquée* (1127).

XCVI. BLASIE.   *BLASIA.*

1. .... *B. naine* (1128).

XCVII. TARGIONIE.   *TARGIONIA.*

1. { Fruits solitaires terminaux, et s'ouvrant en dessous de
    la feuille...................... *T. hypophylle* (1129).
    { Fruits aggrégés, placés en dessus de la feuille...........
    .... *T. sphérocarpe* (1130).

XCVIII. ANTHOCÈRE. *ANTHOCEROS.*

1. { Feuille crépue, d'un verd jaunâtre. *A. ponctué* (1151).
{ Feuille plane, d'un verd foncé.......... *A. lisse* (1152).

XCIX. MARCHANTIE. *MARCHANTIA.*

1. { Disques pédonculés, divisés en huit ou dix lobes........
{ .... *M. protée* (1133).
{ Disques divisés en quatre à sept lobes................... 2.

2. { Feuille demi-transparente sur les bords des lobes.... 3.
{ Feuille coriace et opaque sur les bords des lobes..... 4.

3. { Surface supérieure ponctuée....... *M. croisette* (1158).
{ Surface supérieure lisse et non ponctuée..................
{ .... *M. à feuille étroite* (1157).

4. { Feuilles de 2 centim. de longueur................... 5.
{ Feuilles de 5-6 centim. au moins de longueur....... 6.

5. { Feuille ciliée et d'un verd clair. *M. hémisphérique* (1134).
{ Feuille non ciliée et d'un verd pourpre en dessous.......
{ .... *M. odorante* (1135).

6. { Réceptacles pédicellés, divisés en quatre lobes..........
{ .... *M. croisette* (1158).
{ Réceptacles pédicellés, divisés en cinq à sept lobes......
{ .... *M. conique* (1136).

C. JONGERMANNE. *JUNGERMANNIA.*

1. { Plante composée d'une membrane foliacée............. 2.
{ Plante composée d'une tige garnie de feuilles.......... 7.

2. { Feuille glabre ou à peine garnie de quelques cils..... 3.
{ Feuille pubescente sur toute sa surface..................
{ .... *J. pubescente* (1143).

3. { Feuilles ou lobes de feuilles traversés par une nervure
{ longitudinale................................... 4.
{ Point de nervures longitudinales................... 6.

4. { Feuilles plusieurs fois bifurquées, à lobes linéaires;
{ plante croissant sur les troncs..... *J. fourchue* (1142).
{ Feuille sinuée ou irrégulièrement rameuse; plante crois-
{ sant sur la terre humide................... 5.

5. { Pédicelles naissant de la surface supérieure ....
{ .... *J. épiphylle* (1159).
{ Pédicelles naissant de la surface inférieure..............
{ .... *J. grasse* (1140).

6. { Feuilles à lobes disposés comme les doigts de la main...
{ .... *J. palmée* (1144).
{ Feuilles à lobes irréguliers ou disposés en aile............
{ .... *J. découpée* (1141).

26. { Oreillette dentelée, naissant du côté supérieur...........
　　　.............................. *J. renversée* (1165).
　　　Oreillette entière, naissant du côté inférieur..........
　　　................................. *J. applatie* (1162).

27. { Feuille dentée sur tout son contour.................. 28.
　　　Feuille échancrée ou dentée au sommet.............. 29.

28. { Pédicelle long de 3-4 centim. ; feuilles écartées........
　　　....................................... *J. doradille* (1155).
　　　Pédicelle long d'un centim. au plus ; feuilles embriquées.
　　　................................. *J. fluette* (1145).

29. { Feuilles échancrées ou à deux lobes.................. 50.
　　　Feuilles à trois, quatre ou cinq lobes.................. 54.

30. { Jets couchés ou rampans...................... 51.
　　　Jets droits ; feuilles argentées, très-serrées............
　　　................................. *J. chaton* (1170).

31. { Feuilles à deux dents plus courtes que le limbe...... 52.
　　　Feuilles à deux lobes fins, plus longs que le limbe.......
　　　................................. *J. à deux becs* (1151).

32. { Jets terminés par une petite tête foliacée. *J. fendue* (1148).
　　　Jets non terminés en tête............................ 55.

33. { Pédicelles naissant au sommet des rameaux..............
　　　..................... *J. à deux dents* (1150).
　　　Pédicelles naissant au milieu des rameaux..............
　　　..................... *J. à deux pointes* (1149).

54. { Des stipules à la base des feuilles...................... 55.
　　　Point de stipules.................... *J. barbue* (1147).

35. { Plante d'un verd pâle, naissant sur le bois pourri........
　　　..................... *J. rampante* (1158).
　　　Plante d'un verd décidé, naissant sur la terre humide...
　　　..................... *J. à trois lobes* (1157).

C I. P H A S Q U E.　　　*P H A S C U M.*

1. { Tige presque nulle ; feuilles radicales.................. 2.
　　 Tige visible et garnie de feuilles...................... 5.

2. { Feuilles inférieures dentées ou découpées..............
　　 .... *P. dentelé* (1174).
　　 Feuilles entières.................................... 5.

5. { Capsule droite, presque sessile...................... 4.
　　 Capsule portée sur un pédicelle recourbé..............
　　 .... *P. courbé* (1173).

4. { Feuilles embriquées et sans nervure longitudinale.......
　　 .... *P. sans pointe* (1171).
　　 Feuilles étalées, traversées par une nervure............
　　 .... *P. pointu* (1172).

5. { Feuilles crépues, sur-tout par la dessication............
.... *P. crépu* (1175).
Feuilles non crépues...................................... 6.

6. { Feuilles terminées par un poil blanc. *P. porte-poil* (1176).
Feuilles non terminées par un poil blanc.............. 7.

7. { Feuilles ovales, terminées par une petite pointe........
.... *P. pointu* (1172).
Feuilles alongées en forme d'alène. *P. en alène* (1177).

CII. SPHAIGNE.   *SPHAGNUM.*

1. { Capsules sphériques............... *S. latifolium* (1178).
Capsules ovales ou oblongues .... 2.

2. { Feuilles lancéolées ou capillaires, planes ou en carène ;
rameaux longs, étalés .... 3.
Feuilles ovales-oblongues, concaves ; rameaux courts,
presque embriqués................ *S. compact* (1181).

3. { Feuilles divergentes au sommet....... *S. hérissé* (1180).
Feuilles appliquées, même au sommet..................
.... *S. capillaire* (1179).

CIII. GYMNOSTOME.   *GYMNOSTOMUM.*

1. { Mousse longue de 1-3 décim., et croissant dans l'eau...
.... *G. aquatique* (1182).
Mousse de 1-6 centim. de longueur, et ne croissant
point dans l'eau.................................... 2.

2. { Extrémité des feuilles blanche et souvent dentée ....
.... *G. cilié* (1184).
Extrémité des feuilles colorée en verd................. 3.

3. { Tiges rameuses.................................... 4.
Tiges simples....................................... 5.

4. { Tige fragile ; capsule en toupie et cannelée............
.... *G. de Laponie* (1183).
Tige flexible : capsule ovoïde et non cannelée..........
.... *G. à bec courbé* (1189).

5. { Capsule en forme de poire....... *G. pyriforme* (1185).
Capsule ovoïde ou ellipsoïde .... 6.

6. { Feuilles surmontées d'un long poil blanc. *G. ovoïde* (1190).
Feuilles non surmontées par un poil blanc.............. 7.

7. { Feuilles crépues dans l'état de siccité ; capsule resserrée
à son orifice............ *G. à petite bouche* (1191).
Feuilles non crépues dans la dessication.............. 8.

8. { Feuilles dont la nervure se prolonge en une petite
pointe............... *G. tronqué* (1186).
Feuilles aiguës, mais dont la nervure ne se prolonge
pas en pointe....................................... 9.

154 ANALYSE DES ESPÈCES.

9. { Feuilles entières sur les bords......... G. *obtus* (1188).
{ Feuilles un peu dentelées vers le sommet...............
.... G. *de Heim* (1187).

CIV. TÉTRAPHIS.   *TETRAPHIS.*

1. .... *T. pellucide* (1192).

CV. ANDRÉÉE.   *ANDREÆA.*

1. { Pédoncule jaunâtre; feuilles rudes sur le dos...........
.... *A. des rochers* (1193).
{ Pédoncule d'un pourpre foncé; feuilles lisses sur le dos.
.... *A. des Alpes* (1194).

CVI. SPLANC.   *SPLACHNUM.*

1. { Apophyse sphérique................. *S. sphérique* (1196).
{ Apophyse en cône ou en bouteille renversée.......... 2.

2. { Apophyse plus large que la capsule, et en forme de
bouteille renversée................ *S. ampoulé* (1195).
{ Apophyse ne dépassant pas la largeur de la capsule,
et en forme de cône renversé...................... 3.

3. { Capsules sphériques; feuilles supérieures obtuses........
.... *S. de Frœlich* (1197).
{ Capsule ovale ou cylindrique; feuilles terminées en
pointe...................................... 4.

4. { Pédicelles d'un rouge vif; feuilles dentelées vers le som-
met...................... *S. dentelé* (1199).
{ Pédicelles d'un jaune orangé pâle; feuilles entières......
.... *S. menu* (1198).

CVII. ÉTEIGNOIR.   *ENCALYPTA.*

1. { Coîffe entière à sa base.......... *E. vulgaire* (1200).
{ Coîffe dentée ou frangée à sa base.................. 2.

2. { Capsule tortillée en spirale sur elle-même. *E. tordu* (1202).
{ Capsule non marquée de stries spirales. *E. frangé* (1201).

CVIII. WEISSIE.   *WEISSIA.*

1. { Feuilles qui se tortillent par la dessication............. 2.
{ Feuilles non tortillées, même après la dessication... 4.

2. { Capsule marquée de sillons longitudinaux................
.... *W. crispée* (1203).
{ Capsule non marquée de sillons longitudinaux......... 3.

3. { Tige très-courte; pédicelles jaunes. *W. contestée* (1205).
{ Tige de 5-6 centim. de hauteur; pédicelles roussâtres.
.... *W. à crochets* (1204).

4. { Tige rameuse, au moins vers le sommet........ 5.
{ Tige simple .... 6.

5. { Plante d'un verd noirâtre ; capsule un peu penchée.....
.... *W. noirâtre* (1208).
Plante d'un verd clair ; capsule droite....................
.... *W. à bec courbé* (1207).

6. { Coiffe tronquée obliquement à sa base, et en capuchon.................. .... *Grimmie lancéolée* (1210).
Coiffe horizontale à sa base .... 7.

7. { Capsule droite, ovoïde............... *W. naine* (1206).
Capsule pendante, pyriforme. *Grimmie recourbée* (1209).

CIX. GRIMMIE.   *GRIMMIA.*

1. { Tige toujours simple ; coiffe qui se fend latéralement. 2.
Tige presque toujours rameuse; coiffe qui se fend à la
base en plusieurs lanières............................ 3.

2. { Capsule droite...................... *G. lancéolée* (1210).
Capsule pendante................... *G. recourbée* (1209).

3. { Capsule striée en long............................... 4.
Capsule lisse...................................... 5.

4. { Opercule court convexe............... *G. sessile* (1211).
Opercule surmonté d'une pointe droite et alongée......
.... *G. à courte tige* (1212).

5. { Feuilles terminées par un poil blanc................... 6.
Feuilles non terminées par un poil blanc...............
.... *G. des Alpes* (1213).

6. { Capsule droite, insérée sur un pédicelle central..... 7.
Capsule penchée; pédicelle court, latéral...............
.... *G. à pied court* (1216).

7. { Pédicelle très-court, non engaîné.... *G. criblée* (1214).
Pédicelle long de 7-8 millim., engaîné à sa base.......
.... *G. noirâtre* (1215).

CX. PTÉROGONE.   *PTERIGYNANDRUM.*

1. { Coiffe glabre... 2.
Coiffe hérissée de poils............ *P. de Smith* (1222).

2. { Souche rampante, émettant des branches droites... 3.
Tige droite ou ascendante............................. 5.

3. { Opercule court et conique .... 4.
Opercule en crochet oblique...... *P. filiforme* (1218).

4. { Mousse d'un verd jaunâtre; feuilles presque sans nervure............................... *P. délié* (1217).
Mousse d'un verd foncé ; feuilles traversées par une
nervure................... *P. intermédiaire* (1220).

5. { Feuilles ovales, concaves, très-petites.................
.... *P. chainette* (1219).
Feuilles lancéolées, en carène, très-aiguës.............
.... *P. de Ramond* (1221).

CXI. DIDYMODON.   *DIDYMODON.*

1. { Feuilles du sommet des tiges dirigées d'un seul côté. 2.
   { Feuilles toutes droites, et non déjetées de côté..... 3.

2. { Tige et pédicelle ne dépassant pas 1 centim. de lon-
   {   gueur..................... *D. unilatéral* (1223).
   { Tige et pédicelle de 5-6 centim. de longueur..........
   { .... *D. capillaire* (1225).

3. { Tige toujours simple, longue de 5-6 millimètres......
   { .... *D. nain* (1224).
   { Tige ordinairement rameuse; longue de 2 centimètres.
   { .... *D. roide* (1226).

CXII. TRICHOSTOME.   *TRICHOSTOMUM.*

1. { Tige rameuse...2.
   { Tige simple...7.

2. { Mousse aquatique.................... *T. fontinale* (1234).
   { Mousse croissant sur la terre ou les pierres........... 3.

3. { Feuilles terminées par un poil ou un prolongement blanc. 4.
   { Feuilles vertes à l'extrémité, et sans poil.............. 7.

4. { Feuilles absolument entières........................... 5.
   { Feuilles dentelées au moins au sommet................. 6.

5. { Pédicelles de trois centim. de longueur...................
   { .... *T. blanchâtre* (1228).
   { Pédicelles de sept millim. au plus de longueur............
   { .... *T. à petit fruit* (1235).

6. { Tige traînante, à rameaux courts et alternes............
   { .... *T. laineux* (1229).
   { Tige demi-redressée, divisée en branches alongées......
   { .... *T. unilatéral* (1230).

7. { Pédicelles deux ou trois fois plus longs que la tige.......
   { .... *T. pâle* (1227).
   { Pédicelles plus courts que la tige.................... 8.

8. { Feuilles très-tortillées, dentées en scie..................
   { .... *T. dentelé* (1232).
   { Feuilles entières, non tortillées.........................
   { .... *T. en faisceau* (1231).

CXIII. DICRANE.   *DICRANUM.*

1. { Feuilles embriquées................................. 2.
   { Feuilles déjetées, sur deux rangs opposés............. 23.

2. { Feuilles dirigées d'un seul côté vers l'extrémité des
   {   jets... 3.
   { Feuilles également embriquées en tous sens........... 8.

3. { Feuilles très-pointues, presque en forme d'alène...... 4.
   { Feuilles presque obtuses, d'un verd foncé..................
   { .... *D. en aiguille* (1240).

19. { Mousse aquatique ; coîffe fendue à la base en plusieurs
     lanières...................... .... *D. en aiguille* (1240).
     Mousse non aquatique ; coiffe qui se fend de côté...... 20.

20. { Pédicelle pâle et jaunâtre.............................. 21.
     Pédicelle d'un rouge vif, au moins vers le haut..........
     .... *D. à plusieurs fruits* (1252).

21. { Plante haute de 2 centim., fleurs – mâles en têtes ses-
     siles.................... *D. de montagne* (1244).
     Plante haute de 5-7 centim., fleurs–mâles en gemmes
     pédonculés................ *D. bâtard* (1242).

22. { Pédicelles flexueux ; nervure des feuilles verte...........
     .... *D. flexueux* (1243).
     Pédicelles droits ; nervure des feuilles purpurine.........
     .... *D. purpurin* (1248).

23. { Pédicelles terminant les tiges ; cinq à neuf feuilles.......
     .... *D. verdoyant* (1255).
     Pédicelles partant du milieu des tiges ; soixante à quatre-
     vingts feuilles...................... *D. adianthe* (1257).
     Pédicelles partant de la base des tiges ; quinze à vingt
     feuilles................ *D. à feuilles d'if* (1256).

CXIV. TORTULE.   *TORTULA.*

1. { Base du pédicelle nue............................... 2.
    Base du pédicelle entourée de feuilles roulées en cy-
    lindre..................... *T. enveloppée* (1267).

2. { Feuilles dont la nervure se prolonge en un poil blanc 3.
    Feuilles dont la nervure est peu ou point préominente. 5.

3. { Tige longue de 2-6 centim.; nervure des feuilles rou-
    geâtre........................ *T. des champs* (1262).
    Tige de 1 centim. de longueur ; nervure verdâtre..... 4.

4. { Capsule ovale, oblongue ; cils du péristome soudés en-
    semble.................. *T. à long poil* (1259).
    Capsule cylindrique ; cils du péristome libres............
    .... *T. des murs* (1260).

5. { Nervure des feuilles prolongée en une très – courte
    pointe.. 6.
    Nervure des feuilles nullement prolongée en pointe... 8.

6. { Feuilles ovales–oblongues ; cils du péristome soudés en-
    semble.................. *T. en alène* (1258).
    Feuilles linéaires-lancéolées ; cils du péristome libres.. 7.

7. { Feuilles florales, munies d'une nervure...................
    .... *T. ongle d'oiseau* (1265).
    Feuilles florales sans nervure...... *T. trompeuse* (1266).

8. { Tige simple et très-courte............. *T. roide* (1263).
    Tige rameuse, et longue de 2-4 centim................ 9.

9. { Feuilles crépues lorsqu'elles sont sèches ; nervure verte..
.... *T. tortueuse* (1261).
Feuilles non crépues; nervure de couleur foncée.........
.... *T. nerveuse* (1264).

CXV. POLYTRIC.   *POLYTRICHUM.*

1. { Capsule quadrangulaire............................ 2.
{ Capsule ovoïde ou cylindrique.................... 5.

2. { Feuilles dentées en scie, au moins vers le sommet.. 3.
{ Feuilles absolument entières.................... 4.

3. { Capsule évidemment tétragone, posée sur une apophyse
bien distincte.................... *P. commun* (1272).
Capsule presque cylindrique; apophyse peu prononcée. 8.

4. { Feuilles terminées par un poil blanc...................
.... *P. à poil blanc* (1273).
Feuilles non terminées par un poil blanc. *P. roide* (1274).

5. { Tige simple ou presque nulle.................... 6.
{ Tige rameuse.................... 13.

6. { Capsule posée sur une apophyse ou un renflement du
pédicelle............................ 7.
Capsule sans apophyse............................ 9.

7. { Capsule en forme de toupie arrondie ; tige presque
nulle.................... *P. arrondi* (1269).
Capsule ovale ou cylindrique.................... 8.

8. { Pédicelle de 10-12 centim. de longueur..................
.... *P. à long pédicelle* (1275).
Pédicelle de 5 centim. de longueur.. *P. élégant* (1276).

9. { Capsule cylindrique.................... 10.
{ Capsule sphérique, ovoïde ou en toupie............ 11.

10. { Feuilles fermes, nullement crépues...................
.... *P. à feuilles d'aloès* (1271).
Feuilles crépues, au moins dans l'état de dessication.....
.... OLIGOTRIC (CXVI).

11. { Tige nulle; péristome à trente-deux dents............ 12.
Tige longue de 1-2 centim ; péristome à soixante-quatre
dents.................... *P. à gros pédicelle* (1270).

12. { Capsule ovale, arrondie.................... *P. nain* (1268).
{ Capsule en forme de toupie............ *P. arrondi* (1269).

13. { Capsule ovoïde ou cylindrique.................... 14.
Capsule rétrécie au-dessous du sommet...................
.... *P. à urne* (1283).

14. { Capsule ovoïde.................... 15.
{ Capsule cylindrique.................... 16.

15. {
Capsule droite ; opercule long et droit.....................
.... *P. noirâtre* (1279).
Capsule inclinée à sa maturité ; opercule en bec oblique.
.... *P. des Alpes* (1277).
}

16. {
Feuilles des rosettes mâles, terminées par un renfle-
ment ; pédicelle long de 12-16 millim...............
.... *P. à feuilles d'aloés* (1271).
Feuilles des rosettes nullement renflées au sommet ;
pédicelle long de 5 centim......... *P. arctique* (1278).
}

CXVI. OLIGOTRIC. *OLIGOTRICHUM.*

1. {
Feuilles minces, ondulées, visiblement dentées ....
.... *O. ondulé* (1281).
Feuilles charnues, concaves, entières ou à peine den-
tées...................... *O. de la forêt Noire* (1282).
}

CXVII. ORTHOTRIC. *ORTHOTRICHUM.*

1. {
Feuilles fortement crépues dans l'état de dessication.....
.... *O. crépu* (1288).
Feuilles non crépues........ .... **2**.
}

2. {
Feuilles prolongées au sommet en un poil blanc et soyeux.
.... *O. diaphane.* (1287).
Feuilles non prolongées en pointe au sommet......... **3**.
}

3. {
Feuilles dentées ou rongées au sommet. *O. strié* (1286).
Feuilles entières au sommet............................. **4**.
}

4. {
Pédicelle plus long que les feuilles.. *O. irrégulier* (1283).
Pédicelle ne dépassant pas les feuilles. .... **5**.
}

5. {
Coiffe hémisphérique ; péristome simple ....
.... *O. hémisphérique* (1284).
Coiffe conique ; péristome double. *O. apparenté* (1285).
}

CXVIII. FUNAIRE. *FUNARIA.*

1. {
Pédicelle long de 4-6 centim. ; feuilles florales entières.
.... *F. hygrométrique* (1289).
Pédicelle long de 1 centim. ; feuilles florales dentelées..
.... *F. de Muhlenberg* (1290).
}

CXIX. TIMMIE. *TIMMIA.*

1. {
Feuilles linéaires-lancéolées ; opercule déprimé au centre.
.... *T. du Meckelbourg* (1291).
Feuilles embrassantes à leur base ; opercule déprimé....
.... *T. d'Autriche* (1292).
}

CXX. POHLIE. *POHLIA.*

1. .... *P. alongée* (1295).
                                                    CXXI.

CXXI. MÉESIE.   *MEESIA.*

CXXII. BRY.   *BRYUM.*

30. { Pédicelle long de 6-7 centimètres. *B. bisannuel* (1306).
    { Pédicelle long de 2-4 centimètres....................... 2.

31. { Capsule pendante................... *B. ventru* (1308).
    { Capsule inclinée.. 32.

32. { Pédicelle plus long que la tige..... *B. penché* (1296).
    { Pédicelle ordinairement plus court que la tige...........
    { .... *Timmie du Meckelbourg* (1291).

CXXIII. BARTHRAMIE.   *BARTHRAMIA.*

1. { Pédoncules ordinairement terminaux , plus longs que
   {   les feuilles .... 2.
   { Pédoncule de la longueur des feuilles , toujours laté-
   {   raux........................... *B. de Haller* (1321).

2. { Feuilles d'un verd glauque , et fortement dentées........
   {   .... *B. crépue* (1317).
   { Feuilles vertes , peu ou point dentées.................. 3.

3. { Tige courte ; feuilles droites et serrées ....
   {   .... *B. à feuilles droites* (1318).
   { Tige un peu alongée ; feuilles un peu crépues ou étalées. 4.

4. { Feuilles linéaires , très-légèrement dentées........... 5.
   { Feuilles ovales - lancéolées , entières....................
   {   .... *B. des fontaines* (1320).

5. { Tige de 2-4 centim. de longueur. *B. vulgaire* (1316).
   { Tige de 7-10 centim. de longueur. *B. d'Œder* (1319).

CXXIV. BUXBAUMIE.   *BUXBAUMIA.*

1. { Capsule sessile au milieu d'une touffe de petites feuilles.
   {   .... *B. feuillée* (1322).
   { Capsule pédonculée et presque entièrement nue..........
   { .... *B. sans feuilles* (1323).

CXXV. LESKÉE.   *LESKEA.*

1. { Tiges simples................... *L. de Seliger* (1327).
   { Tiges rameuses..................................... 2.

2. { Feuilles obtuses................................... 3.
   { Feuilles aiguës................................... 5.

3. { Capsule inclinée ; feuilles sans nervure..................
   {   .... *L. luisante* (1324).
   { Capsule droite ; feuilles munies de nervure à leur base. 4.

4. { Feuilles planes ; opercule long et courbé.................
   {   .... *L. trichomane* (1325).
   { Feuilles concaves ; opercule conique. *L. atténuée* (1333).

5. { Feuilles déjetées sur deux rangs opposés.................
   {   .... *L. applatie* (1326).
   { Feuilles embriquées en tous sens .... 6.

6. { Feuilles sans nervure longitudinale .... 7.
   { Feuilles traversées par une nervure................... 9.

CXXVI. HYPNE.   *HYPNUM.*

42. { Feuilles qui se dirigent d'un seul côté, au moins à l'ex-
         trémité des rameaux............................ 43.
     { Feuilles embriquées ou étalées en tous sens......... 56.

43. { Feuilles traversées par une nervure longitudinale... 44.
     { Feuilles sans nervure............................ 52.

44. { Nervures persistantes sous forme de poils roides après
         la mort des feuilles............... *H. faucille* (1550).
     { Nervures ne persistant pas après la chute des feuilles. 45.

45. { Feuilles lisses ou ridées en long...................... 46.
     { Feuilles ridées en travers à leur base.. *H. ridé* (1560).

46. { Trois stries à la base de chaque feuille .... 51.
     { Point de stries ou une seule à la base des feuilles.. 47.

47. { Feuilles ovales-oblongues ou lancéolées .... 48.
     { Feuilles presque linéaires................ *H. roulé* (1557).

48. { Tige longue, grèle, flottante sur l'eau. *H. flottant* (1555).
     { Tige ne flottant pas sur l'eau .... 49.

49. { Feuilles des tiges munies de nervure .... 50.
     { Feuilles des périchœtiums seules munies de nervure.....
         .... *H. des marais* (1354).

50. { Jets couchés...................... *H. à nervure* (1558).
     { Jets dressés.......................... *H. à bec* (1556).

51. { Périchœtium alongé, à folioles obtuses...............
         .... *H. en crochet* (1551).
     { Périchœtium court, à folioles mucronées...............
         .... *H. à bec* (1556).

52. { Feuillage verd ou un peu roussâtre................... 53.
     { Feuillage d'un brun rougeâtre...... *H. scorpion* (1559).

53. { Feuilles ovales-lancéolées............................ 54.
     { Feuilles presque linéaires................ *H. roulé* (1557).

54. { Opercule court et conique........................ 55.
     { Opercule très-alongé et très-pointu. *H. cyprès* (1552).

55. { Feuilles du périchœtium sans nervure. *H. courbé* (1553).
     { Feuilles du périchœtium munies de nervure............
         .... *H. des marais* (1354).

56. { Feuilles munies d'une nervure longitudinale au moins à
         leur base.................................... 57.
     { Feuilles sans nervures............................ 59.

57. { Sommités des jets très-acérées..................... 58.
     { Sommités des jets obtuses...... *H. vermiculaire* (1545).

58. { Jets très-longs; feuilles en cœur.... *H. en cœur* (1540).
     { Feuilles ovales et dont la nervure n'atteint pas le som-
         met................... *H. pointu* (1559).

59. { Feuilles lancéolées, aiguës .... 60.
     { Feuilles ovales, obtuses........ *Leskée luisante* (1524).

14

2. { Folioles ovales à trois ou cinq lobes; pétioles écailleux.
.... *Adianthe odorant* (1401).
Folioles lancéolées ou linéaires, entières ou dentées;
pétioles lisses..............................,...... 3.

3. { Plante de la longueur de la main, ayant des feuilles stériles et des feuilles fertiles.......... *P. crépue* (1404).
Plante de la longueur du bras, ayant des feuilles toutes
fertiles.................... *P. aigle impérial* (1403).

CXXXII. BLECHNUM.   *BLECHNUM.*

1.   .... *B. en épi* (1405).

CXXXIII. SCOLOPENDRE.   *SCOLOPENDRIUM.*

1. { Feuilles oblongues.......... .... *S. officinale* (1406).
Feuilles évasées à leur base en deux grands appendices.
............................,.......... *S. hémionite* (1407).

CXXXIV. DORADILLE.   *ASPLENIUM.*

1. { Feuilles simples ou non découpées jusqu'à la nervure. 2.
Feuilles découpées jusqu'à la nervure en lobes distincts. 4.

2. { Feuilles non échancrées en cœur....................... 5.
Feuilles échancrées en cœur à la base...................
.... SCOLOPENDRE (CXXXIII).

3. { Feuilles linéaires, à lobes pointus au sommet, non écailleuses....................... *D. septentrionale* (1408).
Feuilles pinnatifides, à lobes obtus, écailleuses en dessous.................... *Cétérach des boutiques* (1433).

4. { Feuilles une seule fois pennées......................... 5.
Feuilles plusieurs fois pennées ou décomposées........ 7.

5. { Folioles en forme de trapèze, munies d'une oreillette du
côté supérieur..................... *D. maritime* (1412).
Folioles ovales ou arrondies, sans oreillettes.......... 6.

6. { Pétiole brun dans toute sa longueur. *D. polytric* (1410).
Pétiole verd, excepté à la base......... *D. verte* (1411).

7. { Lobes des feuilles obtus ou tronqués................... 8.
Lobes des feuilles pointus................. *D. noire* (1414).

8. { Lobes ovales-arrondis............... *D. des murs* (1413).
Lobes en forme de coin alongé. *D. d'Allemagne* (1409).

CXXXV. ATHYRIUM.   *ATHYRIUM.*

1. { Pinnules ne portant que quatre à cinq lobes de chaque
côté...................... *A. des fontaines* (1416).
Pinnules portant quinze à vingt lobes de chaque côté....
.... *A. fougère femelle* (1415).

CXXXVI. ASPIDIUM. *ASPIDIUM.*

1. { Feuilles paroissant simplement ailées. *A. fragile* (1417).
Feuilles paroissant trifurquées, parce que les deux pinnules inférieures sont très-grandes........................
.... *A. de montagne* (1418).

CXXXVII. POLYSTIC. *POLYSTICHUM.*

1. { Feuilles une fois ailées.......................... 2.
Feuilles deux ou trois fois ailées................ 7.

2. { Pinnules pinnatifides.......................... 3.
Pinnules dentées.............. *P. lonchite* (1422).

3. { Pétioles garnis d'écailles rousses................ 4.
Pétioles nus .... 6.

4. { Ecailles éparses presque tout le long du pétiole........ 5.
Des écailles seulement à la base du pétiole...............
.... *P. calliptère* (1426).

5. { Un seul grouppe de capsules à la base de chaque lobe..
.... *P. raccourci* (1420).
Plusieurs grouppes de capsules à la base de chaque lobe.
.... *P. fougère mâle* (1419).

6. { Lobes triangulaires, entièrement couverts de capsules à la maturité.............. *P. théliptère* (1427).
Lobes oblongs, dont les capsules restent en grouppes distincts..................... *P. oréoptère* (1428).

7. { Lobes ovales ou oblongs, à dents obtuses ou terminées en pointe molle.......................... 8.
Lobes un peu en demi-lune, à dents roides et épineuses.
.... *P. à aiguillon* (1423).

8. { Feuille deux fois ailée.......................... 9.
Feuille trois fois ailée.............. *P. Tanaisie* (1425).

9. { Grouppes de capsules occupant chacun la moitié de la largeur des lobes.............. *P. roide* (1421).
Grouppes de capsules beaucoup plus petits que la moitié de la largeur des lobes.... *P. à petites pointes* (1424).

CXXXVIII. POLYPODE. *POLYPODIUM.*

1. { Feuille pinnatifide.............. *P. commun* (1429).
Feuille dont les pinnules sont divisées jusqu'à la côte du milieu...................................... 2.

2. { Feuille ailée, dont les pinnules inférieures sont rejetées en bas.............. *P. phœgoptère* (1430).
Feuille paroissant ternée, parce que les deux pinnules inférieures sont aussi grandes que le reste de la feuille.
.... *P. dryoptère* (1431).

CXXXIX. ACROSTIC.   *ACROSTICHUM.*

1. .... *A. à petites feuilles* (1432).

CXL. CÉTÉRACH.   *CÉTÉRACH.*

1. { Feuille pinnatifide.............. *C. des boutiques* (1433).
{ Feuille dont les pinnules sont divisées jusqu'à la côte du
  milieu.. 2.

2. { Pinnules pinnatifides, couvertes en dessous d'écailles
    très-nombreuses............... *C. de Maranta* (1434).
  { Pinnules à lobes courts et presque palmés, à écailles
    rares................................. *C. des Alpes* (1435).

CXLI. OSMONDE.   *OSMUNDA.*

1. .... *O. royale* (1436).

CXLII. BOTRYCHE.   *BOTRYCHIUM.*

1. .... *B. en croissant* (1437).

CXLIII. OPHIOGLOSSE.   *OPHIOGLOSSUM.*

1. .... *O. vulgaire* (1438).

CXLIV. LYCOPODE.   *LYCOPODIUM.*

1. { Feuilles éparses ou embriquées................... 2.
   { Feuilles disposées sur deux ou quatre rangs réguliers. 7.

2. { Feuilles ciliées ou terminées par un poil.............. 3.
   { Feuilles ni ciliées, ni terminées par un poil.......... 4.

3. { Feuille ciliée................. *L. fausse sélagine* (1445).
   { Feuilles terminées par un poil...... *L. à massue* (1442).

4. { Feuilles lancéolées, pointues....................... 5.
   { Feuilles ovales, obtuses, avec une petite pointe..........
     .... *L. dentelé* (1447).

5. { Fruits en épis terminaux; tiges un peu rampantes..... 6.
   { Fruits solitaires, axillaires; tiges non rampantes..........
     .... *L. sélagine* (1443).

6. { Feuilles entières, épi feuillé...... *L. des marais* (1444).
   { Feuilles légèrement dentées; épi embriqué d'écailles.....
     .... *L. à feuilles de genevrier* (1441).

7. { Toutes les coques ou capsules à deux valves............ 8.
   { Coques ou capsules, les unes à deux, les autres à quatre
     valves .... 9.

8. { Epis sessiles .... *L. des Alpes* (1439).
   { Epis pédicellés.................... *L. applati* (1440).

9. { Feuilles entières, obtuses.......... *L. helvétique* (1446).
   { Feuilles un peu dentelées, et terminées par une petite
     pointe................................ *L. dentelé* (1447).

CXLV. ISOTE. *ISOETES.*

1. .... *I. des lacs* (1448).

CXLVI. PILULAIRE. *PILULARIA.*

1. .... *P. à globules* (1449).

CXLVII. MARSILE. *MARSILEA.*

1. .... *M. à quatre feuilles* (1450).

CXLVIII. SALVINIE. *SALVINIA.*

1. .... *S. nageante* (1451).

CXLIX. PRÊLE. *EQUISETUM.*

1. { Tiges fleuries, dépourvues de feuilles ou de rameaux. 2.
   { Tiges fleuries, garnies de feuilles ou de rameaux..... 6.

2. { Gaînes entières ou à peine crénelées. *P. d'hiver* (1452).
   { Gaînes divisées en dents profondes et aiguës.......... 3.

3. { Epi ovoïde, contigu avec la dernière gaîne...............
   { .... *P. des bourbiers* (1456).
   { Epi cylindrique, écarté de la dernière gaîne.......... 4.

4. { Gaînes fort larges, à vingt ou vingt-cinq dents...........
   { .... *P. des marécages* (1454).
   { Gaînes peu élargies, et à dix ou douze dents.......... 5.

5. { Verticilles des tiges stériles, composés de huit à quinze
   { feuilles.......................... *P. des champs* (1455).
   { Verticilles des tiges stériles, ayant plus de quinze
   { feuilles.......................... *P. des fleuves* (1455).

6. { Feuilles ou rameaux simples............................ 7.
   { Feuilles ou rameaux rameux.......... *P. des bois* (1458).

7. { Gaînes à huit ou dix dents........ *P. des marais* (1457).
   { Gaînes à vingt dents............. *P. des bourbiers* (1456).

CL. CHARAGNE. *CHARA.*

1. { Fruits solitaires................................... 2.
   { Fruits aggrégés plusieurs ensemble.......... .... 7.

2. { Tige évidemment striée........................... 3.
   { Tige lisse ou à peine striée................... 5.

3. { Tige hérissée de petits aiguillons, au moins à ses sommi-
   { tés............................ .... 4.
   { Tige dépourvue de petits aiguillons.. *C. vulgaire* (1459).

4. { Aiguillons épars sur toute la surface.. *C. hérissée* (1461).
   { Aiguillons placés seulement vers les sommités...........
   { .... *C. cotonneuse* (1460).

5. { Rameaux ne portant de fruits que dans le tiers inférieur
    de leur longueur.................... *C. capillaire* (1462).
    { Fruits disposés le long des rameaux..................... 6.

6. { Plante ne dépassant pas 1 décim. de longueur...........
    .... *C. batrachosperme* (1464).
    { Plante atteignant 2-3 décim. de longueur................
    .... *C. vulgaire* (1459).

7. { Tige d'un verd foncé ; fruits aggrégés sept ou huit en-
    semble........................... *C. flexible* (1463).
    { Tige d'un verd clair ; fruits aggrégés trois ensemble.....
    .... *C. à fruits aggrégés* (1465).

CLI. NAYADE.   *NAYAS.*

1. { Feuilles linéaires, recourbées, ramassées vers le sommet
    des branches........................... *N. fluette* (1467).
    { Feuilles oblongues, droites, disposées le long des bran-
    ches........................... *N. vulgaire* (1466).

CLII. LENTICULE.   *LEMNA.*

1. { Feuilles pétiolées et à trois lobes. *L. à trois lobes* (1468).
    { Feuilles simples et sessiles............................ 2.

2. { Feuilles munies de racines en dessous..................... 3.
    { Feuilles sans racines.............. *L. sans racines* (1472).

3. { Une seule racine sous chaque feuille...................... 4.
    { Plusieurs racines sous chaque feuille...................
    .... *L. à plusieurs racines* (1471).

4. { Feuilles à peine convexes en dessous. *L. exiguë* (1469).
    { Feuilles fortement gonflées en dessous...................
    .... *L. gonflée* (1470).

CLIII. FLOUVE.   *ANTHOXANTHUM.*

1. .... *F. odorante* (1473).

CLIV. CRYPSIS.   *CRYPSIS.*

1. { Panicule ovale, plus longue que large.. *C. choin* (1474).
    { Panicule hémisphérique, plus large que longue...........
    .... *C. piquante* (1475).

CLV. VULPIN.   *ALOPECURUS.*

1. { Tige droite et point coudée à ses articulations........... 2.
    { Tige couchée dans sa partie inférieure, et coudée à ses
    articulations..................... *V. genouillé* (1478).

2. { Balles glabres..................... *V. des champs* (1477).
    { Balles velues........................... 3.

3. { Epi presque sphérique........ *Phléole de Gérard* (1485).
    { Epi cylindrique........................... 4.

4. { Racine bulbeuse; épi grêle et pointu.................................
.... *V. bulbeux* (1479).
Racine fibreuse; épi serré, mol et un peu obtus.........
.... *V. des prés* (1476).

CLVI. POLYPOGON.   *POLYPOGON.*

1. .... *P. de Montpellier* (148c).

CLVII. PHLÉOLE.   *PHLEUM.*

1. { Glumes velues ou ciliées................................... 2.
{ Glumes glabres........................... *P. rude* (1483).

2. { Racine fibreuse; tige droite............................... 3.
{ Racine bulbeuse; tige un peu couchée.................... 5.

3. { Epi blanchâtre, cylindrique.......... *P. des prés* (1481).
{ Epi brun ou rougeâtre, ovale ou arrondi................ 4.

4. { Epi ovale............................. *P. des Alpes* (1484).
{ Epi sphérique.......................... *P. de Gérard* (1485).

5. { Epi cylindrique......................... *P. noueuse* (1482).
{ Epi arrondi............................. *P. de Gérard* (1485).

CLVIII. PHALARIS.   *PHALARIS.*

1. { Glumes toujours ciliées sur le dos, non prolongées en
  aile .... 2.
  Glumes ordinairement glabres, prolongées en aile sur le
  dos... 5.

2. { Feuilles glabres... 3.
{ Feuilles velues ou pubescentes.... *P. pubescente* (1487).

3. { Tige souvent rameuse, haute de 2 décim. au plus.........
  .... *P. des sables* (1486).
  Tige ordinairement simple, haute de 4-8 décim....... 4.

4. { Epi blanchâtre, un peu rameux, presque glabre..........
  .... *P. phléole* (1488).
  Epi rougeâtre, simple, d'un aspect velu..................
  .... *P. des Alpes* (1489).

5. { Toutes les fleurs fertiles; épi non dilaté au sommet.. 6.
  Fleurs inférieures avortées; épi dilaté au sommet.......
  .... *P. paradoxale* (1492).

6. { Epi cylindrique, de 5-7 millim. d'épaisseur...............
  .... *P. cylindrique* (1493).
  Epi ovale ou oblong.. 7.

7. { Epi nu et sans barbes.......... *P. des Canaries* (1490).
{ Epi garni de barbes................... *P. à vessies* (1491).

CLIX. LÉERSIE.   *LEERSIA.*

1. .... *L. à fleurs de riz* (1494).

CLX. TRAGUS.   *TRAGUS.*

1. .... *T. en grappe* (1495).

CLXI. PANIC.   *PANICUM.*

1. { Pédoncules chargés de filets en forme d'alène autour des fleurs.. 2.
Pédoncules glabres ou velus, dépourvus de filets en forme d'alène.. 5.

2. { Pédoncule ou axe de la panicule glabre................ 3.
Pédoncule velu ou cotonneux........ *P. d'Italie* (1499).

3. { Filets rudes et accrochans, quand on glisse la panicule de bas en haut entre les doigts........ *P. verticillé* (1496).
Filets non accrochans.. 4.

4. { Filets verdâtres; feuilles vertes........... *P. verd* (1497).
Filets jaunes; feuilles glauques..... *P. glauque* (1498).

5. { Gaîne des feuilles glabre........... *P. pied de coq* (1501).
Gaîne des feuilles hérissée de poils tuberculeux........ 6.

6. { Epis rameux, hérissés de longues soies blanches..........
.... *P. ondulé* (1500).
Panicule très-rameuse, lâche et glâbre................. 7.

7. { Panicule pendante au sommet; graines lisses, assez grosses............................... *P. millet* (1502).
Panicule droite, très-déliée; graines petites..............
.... *P. capillaire* (1503).

CLXII. PASPALE.   *PASPALUM.*

1. { Racine fibreuse; valve externe de la glume non étalée.. 2.
Racine rampante; valve externe de la glume étalée...
.... *P. pied de poule* (1506).

2. { Valves des glumes très-inégales..... *P. sanguin* (1504).
Valves des glumes sensiblement égales...................
.... *P. douteux* (1505).

CLXIII. AGROSTIS.   *AGROSTIS.*

1. { Une arète dorsale sur l'une des valves de la balle........ 2.
Fleurs nues et sans barbes............................ 13.

2. { Arète partant du sommet de la valve................. 3.
Arète partant de la base, du milieu ou au-dessous du sommet.. 4.

3. { Arète courbée ou tordue; pédicelles étalés à la fleuraison.
.... *A. rouge* (1512).
Arète droite; pédicelles serrés contre l'axe..............
.... *A. faux millet* (1511).

4. { Arète égale à la glume, ou plus courte qu'elle........ 5.
Arète plus longue que la glume............................ 6.

5. { Fleurs munies à la base d'un petit renflement ; panicule
serrée...................... *A. ventrue* (1508).
Fleurs non renflées à la base ; panicule assez lâche.......
.... *A. douteuse* (1517).

6. { Graines noires et luisantes....... *A. paradoxale* (1507).
Graines blanches et mattes............................ 7.

7. { Arète insérée un peu au-dessous du sommet de la valve. 8.
Arète partant de la base ou du milieu de la valve....... 9.

8. { Pédicelles alongés et couvrant l'axe de toutes parts.......
.... *A. jouet des vents* (1509).
Pédicelles courts, laissant çà et là l'axe à nu..............
.... *A. interrompue* (1510).

9. { Tige droite...................................... 10.
Tige couchée ou ascendante...... *A. des chiens* (1513).

10. { Pédicelles droits ; arète droite dépassant peu la glume. 11.
Pédicelles étalés ; arète genouillée presque deux fois plus
longue que la glume........................ 12.

11. { Panicule blanchâtre assez garnie ; fleurs ventrues à la base.
.... *A. ventrue* (1508).
Panicule violette peu garnie ; fleurs non ventrues........
.... *A. filiforme* (1514).

12. { Feuilles capillaires ; panicule étalée dès sa naissance......
.... *A. des rochers* (1516).
Feuilles linéaires en gouttière, panicule étalée seulement
à la fleuraison...................... *A. des Alpes* (1515).

13. { Feuilles planes herbacées........................ 14.
Feuilles dures piquantes, coürbées en gouttière...... 20.

14. { Tige rampante à sa base............ *A. traçante* (1522).
Tige droite ou demi-couchée, mais non rampante.. 15.

15. { Glume deux fois plus longue que la balle. *A. étalée* (1518).
Glume dépassant peu la balle...................... 16.

16. { Tige droite de la longueur de la main au plus....... 17.
Tige un peu couchée à la base, deux fois au moins plus
longue que la main...................... 18.

17. { Panicule étalée en tout sens............ *A. naine* (1519).
Panicule serrée en forme d'épi unilatéral...............
.... *Chamagrostis exiguë* (1650).

18. { Tige cylindrique...................................... 19.
Tige comprimée...................... *A. douteuse* (1517).

19. { L'une au moins des valves de la glume, pubescente sur
toute sa surface...................... *A. vulgaire* (1520).
Valves de la glume ne portant de poils que sur leur dos.
.... *A. blanche* (1521).
20.

20. { Tige droite ; gaîne des feuilles nue à son entrée..........
.... *A. maritime* (1524).
Tige rampante ; entrée de la gaîne couronnée de poils.
.... *A. piquante* (1523).

CLXIV. CALAMAGROSTIS. *CALAMAGROSTIS.*

1. { Valve externe de la balle munie d'une arète.......... 2.
Valve externe de la balle dépourvue d'arète.......... 4.

2. { Arète genouillée et plus longue que la glume........ 3.
Arète droite, plus courte que la glume. *C. lancéolée* (1529).

3. { Valve extérieure de la balle couverte de poils sur toute
sa surface...................... *C. argentée* (1526).
Valve extérieure de la balle garnie de quelques poils à
sa base...... .... *C. roseau* (1527).

4. { Glumes et sommité de la tige lisses au toucher....... 5.
Glumes et sommité de la tige rudes au toucher, et gar-
nies de petites aspérités visibles à la loupe..........
.... *C. lancéolée* (1529).

5. { Feuilles dures, roulées en dessus. *C. des sables* (1525).
Feuilles molles, à-peu-près planes.. *C. colorée* (1528).

CLXV. STIPE. *STIPA.*

1. { Arètes velues et plumeuses.......... *S. empennée* (1530).
Arètes nues.. 2.

2. { Arète deux ou trois fois plus longue que la fleur..........
.... *S. à courte arète* (1533).
Arète huit à dix fois au moins plus longue que la fleur. 3.

3. { Glumes blanchâtres...................... *S. jonc* (1531).
Glumes rousses...................... *S. chevelue* (1532).

CLXVI. LAGURIER. *LAGURUS.*

1. { Panicule ovale ; fleurs munies d'arètes. *L. ovale* (1534).
Panicule cylindrique ; fleurs sans arètes.................
.... *Canne à sucre cylindrique* (1535).

CLXVII. CANNE-A-SUCRE. *SACCHARUM.*

1. { Panicule serrée en forme d'épi cylindrique argenté......
.... *C. cylindrique* (1535).
Panicule rameuse et irrégulière. *C. de Ravenne* (1536).

CLXVIII. LAMARCKIE. *LAMARCKIA.*

1. .... *L. dorée* (1537).

CLXIX. MÉLIQUE. *MELICA.*

1. { Balles glabres................................ 2.
Balles hérissées de poils........................ 3.

2. { Entrée de la gaîne couronnée de poils..............
.... *Fétuque bleue* (1573).
Entrée de la gaîne nue ou couronnée d'une membrane. 3.

Tome I.   m

3. { Feuilles dures, roulées en dessus... *M. rameuse* (154c).
{ Feuilles planes, herbacées........................ 4.

4. { Membrane de la gaîne opposée au limbe; une balle et un rudiment dans chaque glume...... *M. uniflore* (1558).
{ Membrane de la gaîne non opposée au limbe; deux balles et un rudiment dans chaque glume..............
.... *M. de montagne* (1559).

5. { Tige simple; rameaux de la panicule peu ou point divergens............................ *M. ciliée* (1541).
{ Tige rameuse; rameaux inférieurs de la panicule très-divergens........................ *M. de Bauhin* (1542).

CLXX. DANTHONIE.　*DANTHONIA.*

1. { Arète tortillée, plus longue que la glume................
.... *D. de Provence* (1544).
{ Arète avortée et plus courte que la glume..............
.... *D. inclinée* (1543).

CLXXI. AVOINE.　*AVENA.*

1. { Toutes les fleurs hermaphrodites.................. ...... 2.
{ Quelques fleurs mâles ou femelles mélangées dans chaque glume.................................. 22.

2. { Valves externes des balles entières au sommet........ 3.
{ Valves externes des balles fendues au sommet en deux lobes acérés.................................. 16.

3. { Epillets pendans................................ 4.
{ Epillets droits.................................. 6.

4. { Balles glabres ou légèrement pubescentes.............. 5.
{ Balles hérissées de longs poils roux. *A. follette* (1547).

5. { Arètes droites....................... *A. nue* (1546).
{ Arètes nulles ou tortillées.......... *A. cultivée* (1545).

6. { Deux ou trois fleurs au plus dans chaque glume..... 7.
{ Plus de trois fleurs dans chaque glume.............. 13.

7. { Tige cotonneuse vers le haut........ *A. canche* (1554).
{ Tige glabre.................................. 8.

8. { Feuilles des jeunes pousses disposées sur deux rangs opposés..................... *A. à deux rangs* (1550).
{ Feuilles éparses .... 9.

9. { Feuilles roulées en dessus........................ 10.
{ Feuilles planes ou pliées en deux sur leur nervure.. 11.

10. { Gaines glabres, excepté à leur orifice; des écailles ciliées au collet.......... ..... *A. toujours verte* (1548).
{ Gaines cotonneuses; point d'écailles au collet des racines.
.... *A. en alène* (1553).

11. { Glumes très-grandes; deux arètes sur l'une des balles..
.... *A. améthyste* (1552).
{ Glumes de grandeur moyenne; chaque balle munie d'une seule arète................................. 12.

12. { Feuilles velues ou pubescentes..... *A. pubescente* (1549).
{ Feuilles glabres .... *A. de Seyne* (1552*).

13. { Tous les épillets sessiles............... *A. fragile* (1556).
{ Tous ou plusieurs épillets pédicellés................ 14.

14. { Arête partant presque du sommet dans les fleurs supé-
{ rieures de l'épillet.............. *A. bigarrée* (1551).
{ Toutes les arètes dorsales ; plusieurs épillets sessiles... 15.

15. { Epillets supérieurs sessiles........... *A. des prés* (1555).
{ Epillets tous pédicellés............. *A. de Seyne* (1552*).

16. { Feuilles glabres, à l'exception de quelques poils à l'en-
{ trée de la gaîne.......................... 17.
{ Feuilles pubescentes........................ 22.

17. { Deux à quatre fleurs dans chaque épillet............ 18.
{ Cinq à huit fleurs dans chaque épillet.............. 19.

18. { Valve externe des balles lisse dans toute sa longueur....
{ .... *A. grèle* (1558).
{ Valve externe des balles lisse à la base, rude et striée
{ vers le haut............................ *A. rude* (1559).

19. { Panicule composée de quatre ou cinq épillets pédicellés.
{ .... *Danthonie de Provence* (1544).
{ Epillets nombreux et plusieurs sessiles. *A. des prés* (1555).

20. { Glumes et balles très-acérées ; panicule resserrée en
{ épi...................... *A. de Lœfling* (1557).
{ Glumes peu acérées ; panicule un peu lâche......... 21.

21. { Panicule jaunâtre.................... *A. jaunâtre* (1560).
{ Panicule argentée ou violette....... *A. argentée* (1561).

22. { Feuilles inférieures velues ou pubescentes........... 23.
{ Toutes les feuilles glabres.......................... 24.

23. { Glumes presque glabres ; barbes très-apparentes.........
{ .... *A. molle* (1564).
{ Glumes très-velues ; barbes peu apparentes..............
{ ....∓........................ *A. laineuse* (1563).

24. { Gaîne supérieure ventrue, et ne portant qu'un rudiment
{ de feuille.................... *A. odorante* (1565).
{ Gaîne supérieure non ventrue, et portant une vraie
{ feuille.................... *A. élevée* (1562).

CLXXII. CANCHE.   *AIRA.*

1. { Panicule étalée et très-lâche............................ 2.
{ Panicule resserrée en forme d'épi.................... 4.

2. { Tige à peine de la longueur de la main...................
{ .... *C. cariophyllée* (1568).
{ Tige au moins deux fois aussi longue que la main..... 3.

3. { Feuilles planes, striées en dessus... *C. en gazon* (1566).
{ Feuilles très-étroites et presque cylindriques..............
{ .... *C. flexueuse* (1567).

4. { Arètes cylindriques plus longues que la glume..........
.... *C. précoce* (1570).
Arètes épaissies en massues au sommet, et ne dépassant
pas la glume...................... *C. blanchâtre* (1569).

CLXXIII. ROSEAU.   *ARUNDO.*

1. { Tige ligneuse à sa base................ *R. cultivé* (1572).
Tige herbacée........................ *R. commun* (1571).

CLXXIV. FÉTUQUE.   *FESTUCA.*

1. { Balles aiguës, mais dépourvues d'arète................. 2.
Balles terminées par une arète........................ 11.

2. { Feuilles planes ou courbées en carène.................. 3.
Feuilles roulées sur elles-mèmes, et filiformes........ 7.

3. { Cinq fleurs ou moins de cinq fleurs dans chaque épillet. 4.
Plus de cinq fleurs à chaque épillet..................... 8.

4. { Feuilles planes, non piquantes.................... 5.
Feuilles courbées en carène, piquantes au sommet.......
.... *F. tardive* (1574).

5. { Glumes vertes, bleuâtres ou rougeâtres................. 6.
Glumes jaunâtres et luisantes........... *F. dorée* (1576).

6. { Tige munie à sa base d'écailles scarieuses ....
.... *F. des bois* (1577).
Point d'écailles à la base de la tige.... *F. bleue* (1573).

7. { Feuilles lisses sur les bords ; glumes lisses, jaunâtres...
.... *F. dorée* (1576).
Feuilles un peu rudes ; glumes souvent pubescentes ou
violettes............................ *F. des brebis* (1582).

8. { Panicule simple ; épillets presque sessiles................
.... *F. fausse ivraie* (1578).
Panicule rameuse ; épillets pédonculés................. 9.

9. { Pédicelles des épillets fermes, épais et divergens........
.... *F. maritime* (1575).
Pédicelles foibles, grèles et non divergens .... 10.

10. { Sept à neuf fleurs par épillet......... *F. élevée* (1579).
Dix à quinze fleurs par épillet..... *F. sans arète* (1581).

11. { Arète plus courte que les valves de la glume........ 12.
Arète plus longue que les valves de la glume........ 25.

12. { Toutes les feuilles planes ou roulées, ou pliées en long. 13.
Feuilles inférieures roulées ; supérieures planes...... 16.

13. { Limbe des feuilles plane................................ 14.
Limbe des feuilles roulé ou plié en long, ou filiforme. 17.

14. { Feuilles glabres................................. 15.
Feuilles, sur-tout les inférieures, pubescentes............
.... *F. phléole* (1593).

15. { Panicule hérissée de poils; épillets à deux ou trois fleurs.
.... *F. velue* (1592).
Panicule à-peu-près glabre; épillets à quatre ou cinq fleurs.
.... *F. roseau* (1580).

16. { Feuilles velues en dessus........... *F. rougeâtre* (1583).
Feuilles glabres................. *F. hétérophylle* (1587).

17. { Balles velues ou pubescentes, au moins à leur sommet. 18.
Balles parfaitement glabres........................... 21.

18. { Balles velues ou hérissées sur toute leur surface...... 19.
Balles pubescentes au sommet........................ 20.

19. { Feuilles sétacées, toutes glabres.... *F. de Haller* (1591).
Feuilles roulées en dessus, et pubescentes dans la concavité................................ *F. cendrée* (1585).

20. { Feuilles glauques, lisses au toucher... *F. glauque* (1586).
Feuilles rudes au toucher........... *F. des brebis* (1582).

21. { Feuilles parfaitement glabres........................... 22.
Feuilles pubescentes en dessus dans leur concavité.....
.... *F. dure* (1584).

22. { Feuilles dures, un peu piquantes au sommet..........
.... *F. eskia* (1589).
Feuilles molles ou non piquantes..................... 23.

23. { Feuilles rudes au toucher.......... *F. des brebis* (1582).
Feuilles lisses au toucher............................ 24.

24. { Axe des balles glabre.................... *F. naine* (1588).
Axe des balles poilu................. *F. de Suisse* (1590).

25. { Balles lisses ou à peine pubescentes.................. 26.
Balles garnies de longs cils.............. *F. ciliée* (1595).

26. { Pédicelles des épillets très-dilatés à leur sommet........
.... *F. univalve* (1597).
Pédicelles grêles et non dilatés..................... 27.

27. { Une membrane au sommet de la gaîne des feuilles.......
.... *F. queue de rat* (1594).
Une tache brune au sommet de la gaîne..................
.... *F. brome* (1596).

CLXXV. PATURIN. *P O A.*

1. { Deux fleurs à chaque épillet............................. 2.
Trois à cinq fleurs dans chaque épillet.................. 3.
Six à douze fleurs dans chaque épillet.................. 25.
Vingt fleurs environ par épillet..........................
.... *P. à longs épillets* (1598).

2. { Panicule lâche... 3.
Panicule serrée en forme d'épi...... *P. en crête* (1621).

3. { Balles relevées de côtes longitudinales. *P. canche* (1620).
Balles ni plissées, ni sillonnées en long.................. 4.

4.
{ Tige très-foible et très-longue ; glumes verdâtres........ .... *P. des bois* (1611).
{ Tige droite , longue de 2 décim. ; glumes un peu rougeâtres..................... *P. millet* (1619).

5.
{ Panicule resserrée ou déjetée d'un seul côté........... 6.
{ Panicule lâche , disposée en tous sens................. 11.

6.
{ Epillets disposés sur deux rangs opposés................. .... *P. à deux rangées* (1617).
{ Epillets épars ou déjetés d'un seul côté................. 7.

7.
{ Tiges à-peu-près cylindriques .... 8.
{ Tiges comprimées , sur-tout vers le bas............... 10.

8.
{ Tige ou racine bulbeuse.............. *P. bulbeux* (1613).
{ Racines fibreuses ; tige non renflée à la base.......... 9.

9.
{ Fleurs luisantes , disposées également en tous sens...... .... *P. en crête* (1621).
{ Fleurs non luisantes , déjetées d'un seul côté.............. .... *P. dur* (1624).

10.
{ Pédicelles inférieurs beaucoup plus longs que les supérieurs..................... *P. annuel* (1606).
{ Pédicelles inférieurs à-peu-près égaux aux supérieurs... .... *P. comprimé* (1612).

11.
{ Tige cylindrique.................................... 12.
{ Tige comprimée................................... 24.

12.
{ Limbe de toutes les feuilles plane ou plié en long... 13.
{ Limbe des feuilles (au moins des inférieures) roulé en dessus.. 22.

13.
{ Gaînes des feuilles lisses au toucher................... 14.
{ Gaînes des feuilles rudes au toucher................... 20.

14.
{ Valves des glumes et des balles très-obtuses.......... 15.
{ Valves des glumes et des balles un peu pointues..... 16.

15.
{ Gaîne couronnée par une membrane très-courte ; quatre à six fleurs par épillet............... *P. écarté* (1602).
{ Gaîne couronnée par une membrane alongée ; cinq à douze fleurs par épillet............ *P. maritime* (1601).

16.
{ Gaîne des feuilles couronnée par une membrane..... 17.
{ Membrane nulle ou remplacée par une série de poils..... .... *P. du Rhin* (1609*).

17.
{ Valves des glumes et des balles marquées de nervures latérales... 18.
{ Valves sans nervures , presque toujours panachées de pourpre... 19.

18.
{ Membrane des gaînes courte et tronquée................. .... *P. des prés* (1609).
{ Membrane des gaînes alongée et pointue................. .... *P. des marais* (1608).

19. { Epillets à quatre ou six fleurs...... *P. des Alpes* (1614).
    { Epillets à trois fleurs................... *P. élégant* (1615).

20. { Tige rude au toucher sous la panicule... *P. rude* (1607).
    { Tige lisse au toucher sous la panicule................. 21.

21. { Valve externe des balles à trois nervures...............
    {.............................. *P. à trois nervures* (1604).
    { Valve externe des balles à cinq nervures...............
    {.............................. *P. rougeâtre* (1605).

22. { Feuilles supérieures planes. *P. à feuilles étroites* (1610).
    { Feuilles supérieures semblables aux inférieures...... 23.

23. { Pédicelles grèles, très-divergens ; épillets petits et poin-
    { tus.................................... *P. divergent* (1622).
    { Pédicelles un peu fermes ; épillets obtus.............. 15.

24. { Tige longue, foible, penchée au sommet................
    {.............................. *P. des bois* (1611).
    { Tige courte, droite ou coudée à la base................
    {.............................. *P. annuel* (1606).

25. { Panicule serrée en forme d'épi, ou dirigée d'un seul
    { côté.................................... 26.
    { Panicule lâche, égale en tous sens.................. 28.

26. { Tige cylindrique.................................... 27.
    { Tige comprimée, au moins à la base.............. 35.

27. { Tiges à-peu-près droites................ *P. roide* (1623).
    { Tiges tout-à-fait couchées...... *P. des rivages* (1618).

28. { Tiges cylindriques.................................... 29.
    { Tiges comprimées, au moins à la base.............. 35.

29. { Feuilles marquées à leur base de deux taches triangu-
    { laires.................................... 30.
    { Point de taches à la base du limbe.................. 31.

30. { Tige nue vers le haut ; épillets étalés ; verticilles plus
    { de trois ensemble................ *P. aquatique* (1603).
    { Tige feuillée jusqu'à la panicule ; épillets serrés contre
    { l'axe................ *P. flottant* (1600).

31. { Six fleurs dans chaque épillet.................. 12.
    { Plus de six fleurs dans chaque épillet.............. 32.

32. { Gaîne des feuilles couronnée par une membrane.... 33.
    { Membrane nulle ou remplacée par des poils......... 34.

33. { Balles obtuses.................. *P. maritime* (1601).
    { Balles pointues, pubescentes. *P. de Molineri* (1616*).

34. { Panicule aussi longue que le reste de la plante ; tige feuil-
    { lée jusqu'à la base de la panicule. *P. amourettes* (1599).
    { Tige nue vers le haut ; panicule plus courte que le reste
    { de la tige.................. *P. du Rhin* (1609).

35. { Tige feuillée jusqu'à la panicule..... *P. flottant* (1600).
    { Tige nue dans sa partie supérieure.................. 36.

36. { Pédoncules inférieurs verticillés quatre à cinq ensemble.
.... *P. comprimé* (1612).
Pédoncules inférieurs verticillés deux à trois ensemble.
.... *P. du Mont Cenis* (1612).

CLXXVI. BRIZE.   *BRIZA.*

1. { Panicule composée de deux à sept épillets...............
.... *B. à gros épillets* (1625).
Panicule de plus de sept épillets....................... **2.**

2. { Panicule un peu rousse ; feuille supérieure distante de
la panicule........................... *B. vulgaire* (1626).
Panicule verdâtre ; feuille supérieure touchant la base
de la panicule........................... *B. verdâtre* (1627).

CLXXVII. BROME.   *BROMUS.*

1. { Feuilles sensiblement égales en largeur............... **2.**
Feuilles supérieures plus larges que les inférieures......
.... *B. droit* (1633).

2. { Pédicelles très-dilatés vers le sommet..................
.... *B. de Madrid* (1640).
Pédicelles grêles, peu ou point épaissis au sommet... **5.**

3. { Toutes les feuilles entièrement glabres............... **4.**
Feuilles, au moins les inférieures, velues ou pubescentes........................... **6.**

4. { Balles glabres........................... **5.**
Balles hérissées de petits poils courts.. *B. épais* (1629).

5. { Quatre fleurs par épillet ; barbe assez longue...........
.... *B. élancé* (1637).
Plus de quatre fleurs par épillet, ou barbe fort courte...
.... FÉTUQUE (CLXXIV).

6. { Deux à quatre fleurs par épillet....................... **7.**
Plus de quatre fleurs par épillet....................... **8.**

7. { Arêtes beaucoup plus courtes que les glumes...........
.... *Phalaris pubescente* (1487).
Arêtes plus longues que les glumes... *B. élancé* (1637).

8. { Balles parfaitement glabres sur leur surface extérieure. **9.**
Balles velues ou pubescentes sur leur surface externe. **13.**

9. { Gaine des feuilles inférieures pubescente ou velue... **10.**
Gaine des feuilles glabre........................... **12.**

10. { Valves extérieures des balles entières au sommet........
.... *B. des prés* (1635).
Valves extérieures des balles fendues au sommet.... **11.**

11. { Epillets ovales, composés de sept à dix-huit fleurs.......
.... *B. rude* (1632).
Epillets pointus, composés de cinq fleurs...............
.... *B. des toits* (1639).

12. { Valves concaves ; épillets presque cylindriques...........
.... *B. des champs* (1634).
Valves courbées en carène ; épillets applatis.............
.... *B. seigle* (1628).

13. { Gaîne des feuilles hérissée de poils roides ou épars.. 14.
Gaîne des feuilles couverte d'un duvet mol et cotonneux.. 15.

14. { Épillets de cinq à sept fleurs ; barbes deux fois plus
longues que les balles.............. *B. stérile* (1638).
Épillets de neuf à dix fleurs ; barbes de la longueur des
balles................................ *B. âpre* (1636).

15. { Cinq fleurs à chaque épillet........ *B. des toits* (1639).
Plus de cinq fleurs à chaque épillet.................... 16.

16. { Pédicelles plus courts que les épillets ....
.... *B. rougissant* (1641).
Pédicelles plus longs que les épillets................. 17.

17. { Épillets de six à huit fleurs ; tige pubescente vers le
haut.................................. *B. mollet* (1630).
Épillets de huit à douze fleurs ; tige glabre vers le haut.
.... *B. multiflore* (1631).

CLXXVIII. DACTYLE.   *DACTYLIS.*

1. .... *D. pelotonné* (1642).

CLXXIX. TRACHYNOTE.   *TRACHYNOTIA.*

1. .... *T. roide* (1643).

CLXXX. ÉCHINAIRE.   *ECHINARIA.*

1. .... *É. en tête* (1644).

CLXXXI. CYNOSURE.   *CYNOSURUS.*

1. { Panicule courte, ovale, garnie de barbes.................
.... *C. hérissé* (1646).
Panicule alongée, d'égale largeur dans toute sa longueur
et à peine barbue.................... *C. à crête* (1645).

CLXXXII. SESLÉRIE.   *SESLERIA.*

1. { Bractées entières ; épi oblong ou cylindrique.......... 2.
Bractées dentelées ; épi ovale ou sphérique........... 5.

2. { Épillets disposés sur deux rangs ; feuilles très-étroites...
.... *Paturin à deux rangées* (1617).
Épillets non disposés sur deux rangs ; feuilles larges de
4-5 millim............... *S. bleuâtre* (1647).

3. { Épi sphérique et blanchâtre. *S. à tête blanche* (1649).
Épi ovoïde bleuâtre........................... 4.

4. { Valves de la balle terminées par deux ou trois dents.....
.... *S. bleuâtre* (1647).
Valves de la balle terminées par deux ou cinq barbes...
.... *S. à petite tête* (1648).

CLXXXIII. CHAMAGROSTIS. *CHAMAGROSTIS.*

1. ....:............................ *C. exiguë* (1650).

CLXXXIV. NARD. *NARDUS.*

1. { Epi droit; fleurs rapprochées............ *N. serré* (1651).
{ Epi courbé; fleurs écartées.............. *N. barbu* (1652).

CLXXXV. ROTTBOLLE. *ROTTBOLLA.*

1. .... *R. courbée* (1653).

CLXXXVI. ÉGILOPE. *EGYLOPS.*

1. { Glumes pubescentes à la surface extérieure............ 2.
{ Glumes glabres...................... *É. roide* (1655*).

2. { Epi court; valves de la glume à trois barbes.............
{ .... *É. ovale* (1654).
{ Epi alongé; valves des glumes inférieures à deux barbes
{ .... *É. alongé* (1655).

CLXXXVII. FROMENT. *TRITICUM.*

1. { Epi serré et embriqué. .... 2.
{ Epillets écartés non embriqués........ .... 5.

2. { Epi simple.. 3.
{ Epi rameux...................... *F. à épi rameux* (1657).

3. { Epi épais, embriqué en tous sens.................. 4.
{ Epi comprimé; épillets sur deux rangs opposés...........
{ .... *F. locular* (1659).

4. { Glumes adhérentes autour de la graine mûre.............
{ .... *F. épeautre* (1658).
{ Glumes n'adhérant pas autour de la graine mûre........
{ .... *F. cultivé* (1656).

5. { Valves des balles pubescentes, velues ou fortement ci-
{ liées .... 6.
{ Valves des balles glabres.............................. 8.

6. { Valves externes des balles bordées de cils roides........
{ .... *F. cilié* (1666).
{ Valves externes des balles velues ou pubescentes..... 7.

7. { Huit à neuf fleurs par épillet; barbes de 10-15 millim.
{ .... *F. des bois* (1665).
{ Neuf à dix-huit fleurs par épillet; barbes nulles ou de
{ 3-4 millim..................... *F. penné* (1663).

8. { Balles terminées par une arète........................ 9.
{ Balles sans arètes............................... 13.

9. { Quatre à cinq fleurs par épillet...................... 10.
{ Huit à neuf fleurs par épillet........................ 12.

10. { Limbe des feuilles linéaire , de 1 millim. de largeur....
{ ... . *F. faux-nard* (1671).
{ Limbe des feuilles de 7-8 millim. de largeur........ 11.

11. { Racine rampante ; tige droite assez ferme................
{ .... *F. rampant* (1661).
{ Racine fibreuse ; tige foible et penchée au sommet......
{ .... *F. des haies* (1660).

12. { Feuilles planes et molles.................. *F. grèle* (1664).
{ Feuilles roulées en cylindre , piquantes au sommet......
{ .... *F. à feuilles de dattier* (1667).

13. { Valves des glumes lisses........................ 15.
{ Valves des glumes striées en long.................. 14.

14. { Valves de la glume pointues........ *F. rampant* (1661).
{ Valves de la glume tronquées ou un peu échancrées....
{ .... *F. à feuilles de jonc* (1662).

15. { Tige d'un décim. au plus ; épi simple.............. 16.
{ Tige de 2-3 décim. ; épi souvent rameux................
{ .... *F. fausse-fétuque* (1670).

16. { Epillets écartés et d'une teinte violette....................
{ .... *F. faux-paturin* (1668).
{ Epillets rapprochés , blanchâtres.....................
{ .... *F. fausse-rottbolle* (1669).

CLXXXVIII. SEIGLE.   *SECALE.*

1. { Feuilles glabres ; arètes rudes ; glumes ciliées...........
{ .... *S. cultivée* (1672).
{ Feuilles un peu velues ; arètes et glumes très-velues....
{ .... *S. velu* (1673).

CLXXXIX. YVRAIE.   *LOLIUM.*

1. { Tige lisse au toucher............................. 2.
{ Tige rude au toucher............................. 4.

2. { Epillets sans barbe , composés de trois à treize fleurs. 3.
{ Epillets barbus au sommet, composés de vingt à vingt-
{ cinq fleurs...................... *Y. multiflore* (1677).

3. { Epillets un peu comprimés , à six à douze fleurs.........
{ .... *Y. vivace* (1674).
{ Epillets à-peu-près cylindriques , à trois à quatre fleurs.
{ .... *Y. menue* (1675).

4. { Tige rude dans toute sa longueur ; épillets à cinq à neuf
{ fleurs...................... *Y. enivrante* (1676).
{ Tige un peu rude au sommet ; épillets de vingt à vingt-
{ cinq fleurs...................... *Y. multiflore* (1677).

CXC. ÉLYME.   *ELYMUS.*

1. { Plante glauque ; gaines lisses et glabres...............
.... *E. des sables* (1678).
Plante verte ; gaines rudes ou pubescentes...............
.... *E. d'Europe* (1679).

CXCI. ORGE.   *HORDEUM.*

1. { Toutes les fleurs garnies de barbes................ 2.
Fleurs latérales nues et sans barbes................ 7.

2. { Gaines des feuilles entièrement glabres............... 3.
Gaines inférieures velues ou pubescentes............... 5.

3. { Toutes les fleurs hermaphrodites ; barbes longues de
6-8 centimètres................................ 4.
Fleurs latérales mâles ; barbes de 2-3 centimètres.......
.... *O. faux seigle* (1685).

4. { Epi un peu comprimé et alongé.... *O. commun* (1680).
Epi quadrangulaire ou à six rangées...................
.... *O. à six rangs* (1681).

5. { Toutes les fleurs hermaphrodites.....................
.... *Élyme d'Europe* (1679).
Fleurs latérales mâles................ 6.

6. { Involucres ciliés; tige droite. *O. queue de souris* (1684).
Involucres non ciliés ; tige coudée à la base...............
.... *O. maritime* (1686).

7. { Epi à-peu-près d'égale largeur dans toute sa longueur ;
barbes droites................ *O. à deux rangs* (1682).
Epi plus large à la base qu'au sommet; barbes étalées..
.... *O. pyramidal* (1683).

CXCII. BARBON.   *ANDROPOGON.*

1. { Fleurs en panicules lâches ; une manchette de poils sous
les épillets.................. *B. grillon* (1687).
Feurs disposées en un ou plusieurs épis serrés......... 2.

2. { Un seul épi terminal.................. *B. d'Allioni* (1962).
Deux ou plusieurs épis.................. 3.

3. { Deux épis.................. 4.
Plus de deux épis.................. 5.

4. { Glumes glabres ; entrée de la gaine garnie de poils......
.... *B. double épi* (1690).
Glumes velues ; entrée de la gaine glabre, munie d'une
membrane.................. *B. hérissé* (1691).

5. { Six à dix épis purpurins........ *B. pied de poule* (1688).
Quatre à cinq épis d'un verd pâle. *B. de Provence* (1689).

CXCIII. HOUQUE.   *HOLCUS.*

1. .... *H. d'Alep* (1693).

CXCIV. MAÏS.   *MAYS.*

1. .... *M. cultivé* (1694).

CXCV. CAREX.   *CAREX.*

1. { Un seul épi.. 2.
{ Plusieurs épis, soit distincts, soit agglomérés....... 8*.

2. { Deux stigmates....................................... .... 5.
{ Trois stigmates.. 6.

3. { Épis mâles et épis femelles sur deux pieds différens.... 4.
{ Épi mâle au sommet, femelle à la base............... 5.

4. { Racine rampante; feuilles lisses au toucher..............
{ .... *C. dioïque* (1695).
{ Racine fibreuse; feuilles rudes.... *C. de Davall* (1696).

5. { Capsule unie sur les angles............................ 5*.
{ Capsule dentelée sur les angles, vers le sommet.........
{ .... *C. de Davall* (1696).

5*. { Glumes blanchâtres; épi de quatre à cinq fleurs..........
{ .... *C. à quatre fleurs* (1700).
{ Glumes brunâtres; épi de douze à vingt fleurs...........
{ .... *C. puce* (1697).

6. { Fleurs mâles au sommet de l'épi........................ 7.
{ Fleurs mâles et femelles, entremêlées.....................
{ .... *C. de Bellardi* (1701).

7. { Epi composé de quatre à cinq fleurs blanchâtres..........
{ .... *C. à quatre fleurs* (1700).
{ Epi composé de quinze à vingt fleurs brunâtres...... 8.

8. { Capsules très-étalées.............. *C. de Ramond* (1698).
{ Capsules droites ou à peine divergentes...................
{ .... *C. de Desfontaines* (1699).

8*. { Epis composés de fleurs mâles et de fleurs femelles.. 9.
{ Epis mâles et épis femelles, distincts................. 35.

9. { Deux stigmates.. 10.
{ Trois stigmates .... 35.

10. { Epis mâles à leur sommet, et femelles à leur base... 11.
{ Epis femelles à leur sommet, mâles à leur base..... 26.

11. { Racine rampante... 11*.
{ Racine fibreuse... 18.

11*. { Capsules marquées sur leurs faces de fortes nervures
{   longitudinales.................... *C. faux choin* (1704).
{ Capsules lisses ou à stries peu sensibles.............. 12.

12. { Feuilles planes... 15.
{ Feuilles courbées en gouttière, ou roulées en dessus. 14.

13. { Trois à quatre épis roux..... *C. à longue racine* (1711).
{ Sept à huit épis bruns................... *C. fétide* (1710).

14. { Tige souvent courbée, haute d'un décim. au plus... 17.
{ Tige ordinairement droite, haute de 2 déc. au moins. 15.

15. { Aucune bractée qui dégénère en feuille....................
{ .... C. à deux rangées (1703).
{ Une ou plusieurs bractées foliacées.................... 16.

16. { Epi brun; bractée inférieure très-longue....................
{ .... C. divisé (1706).
{ Epi doux; bractée inférieure, au plus double de la lon-
{ gueur de l'épi.................... C. des sables (1702).

17. { Epi brun; capsule non bordée d'un appendice....................
{ .... C. à feuilles de jonc (1712).
{ Epi roux; capsule bordée d'un appendice membraneux..
{ .... C. des sables (1702).

18. { Tige droite, triangulaire.................... 19.
{ Tiges inclinées ou courbées, à-peu-près cylindriques ...
{ .... C. à feuilles de jonc (1712).

19. { Epillets disposés en panicule rameuse .... 20.
{ Epillets en grappe ou en épi simple.................... 21.

20. { Sept à neuf épillets; écailles rousses, même sur les
{ bords.................... C. paradoxal (1714).
{ Vingt à trente épillets; écailles rousses, avec le bord
{ blanc.................... C. en panicule (1715).

21. { Trois épillets. .... C. à trois lobes (1713).
{ Plus de trois épillets.................... 22.

22. { Epillets rapprochés les uns des autres.................... 23.
{ Epillets très-écartés les uns des autres.................... 24.

23. { Epi brun; point de bractée alongée en feuille....................
{ .... C. à deux rangées (1703).
{ Epi jaune; bractée inférieure dégénérant en feuille......
{ .... C. jaunâtre (1705).
{ Epillets verdâtres.................... C. rude (1708).

24. { Bractée inférieure, dégénérant en une feuille plus longue
{ que la tige.................... C. verdâtre (1709).
{ Bractée inférieure, peu ou point foliacée.................... 25.

25. { Epillets très-écartés; tiges en fleur, plus courtes que les
{ feuilles.................... C. écarté (1707).
{ Epillets peu écartés; tiges plus longues que les feuilles...
{ .... C. rude (1708).

26. { Racine fibreuse.................... 27.
{ Racine traçante.................... 26*.

26*. { Trois épillets; écailles obtuses...... C. bicolor (1724*).
{ Cinq à six épillets; écailles pointues ....
{ .... C. de Schreber (1719).

27. { Epillets disposés en tête serrée, ovale ou arrondie... 28.
{ Epillets disposés en épis cylindriques et alongés...... 29.

28. { Trois ou quatre bractées foliacées formant un involucre
      sous les fleurs.................... *C. faux souchet* (1717).
      Bractées non disposées en involucre................ 28*.

28*. { Ecailles pointues.. 28**.
       Ecailles obtuses...................... *C. bicolor* (1724*).

28**. { Ecailles d'un roux pâle................. *C. ovale* (1718).
        Ecailles noires...................... *C. en deuil* (1725).

29. { Bractées inférieures, dégénérant en feuilles........... 30.
      Aucune bractée foliacée.............................. 31.

30. { Huit à dix épillets très-écartés.......... *C. espacé* (1723).
      Trois à quatre épillets peu écartés...... *C. étoilé* (1722).

31. { Capsules deux fois plus longues que les glumes; six à
        douze épillets........................ *C. alongé* (1724).
      Capsules égales aux glumes; trois à sept épillets.... 32.

32. { Trois à quatre épillets; capsules divergentes en étoile...
        .... *C. étoilé* (1722).
      Cinq à sept épillets; capsules non divergentes............
        .... *C. court* (1721).

33. { Epis bruns, mâles au sommet, femelles à la base........
        .... *C. courbé* (1716).
      Epis noirs, femelles au sommet, mâles à la base.... 34.

34. { Epillets pédicellés...................... *C. en deuil* (1725).
      Epillets sessiles....................... *C. noire* (1726).

35. { Deux stigmates; capsule ordinairement comprimée. 36.
      Trois stigmates; capsule ordinairement triangulaire. 41.

36. { Un seul épi mâle................................... 37.
      Plusieurs épis mâles............................... 39.

37. { Gaîne des feuilles inférieures, déchirée en forme de ré-
        seau.......................... *C. roide* (1729).
      Gaîne des feuilles, non déchirée en réseau......... 38.

38. { Racine rampante; épis bigarrés de verd et de brun......
        .... *C. en gazon* (1728).
      Racine fibreuse; épis d'un roux brun, bigarrés de blan-
        châtre........................ *C. à pointe* (1727).

39. { Gaîne des feuilles inférieures, déchirée en forme de ré-
        seau.......................... *C. roide* (1729).
      Gaîne des feuilles, non déchirée en réseau......... 40.

40. { Epis longs, mols et penchés; racine fibreuse...........
        .... *C. grêle* (1730).
      Epis courts, droits et assez fermes; racine rampante.....
        .... *C. en gazon* (1728).

41. { Plusieurs épis mâles.............................. 42.
      Un seul épi mâle................................. 53.

42. { Capsule velue ou cotonneuse sur ses faces........... 43.
      Capsule glabre.................................... 45.

43. { Feuilles glabres.................................... 44.

{ Feuilles , glumes et gaînes hérissées de poils..............
        .... *C. hérissé* (1744).

44. { Tige droite ; feuilles roulées et filiformes................
        .... *C. filiforme* (1740).

{ Tige courbée ; feuilles non roulées , glauques............
        .... *C. glauque* (1743).

45. { Capsule terminée par un orifice entier................... 46.

{ Capsule terminée par deux pointes plus ou moins divergentes .... 48.

46. { Epi de couleur blanchâtre................ *C. panic* (1759).

{ Epis bruns ou bigarrés de verd et de brun.......... 47.

47. { Tige droite , ferme ; feuilles aussi longues que la tige.....
        .... *C. des marais* (1765).

{ Tige arquée , ordinairement plus longue que les feuilles.
        .... *C. glauque* (1743).

48. { Racine fibreuse .... 49.

{ Racine rampante .... 50.

49. { Epis femelles , étalés , portés sur de longs pédicelles.....
        .... *C. étalé* (1760).

{ Epis femelles , droits , presque sessiles..................
        .... *C. épi d'orge* (1762).

50. { Capsules renflées .... 51.

{ Capsules non renflées à leur maturité................ 52.

51. { Epis femelles , un peu étalés ; capsules ovales............
        .... *C. en vessie* (1763).

{ Epis femelles , droits ; capsules globuleuses...............
        .... *C. ampoulé* (1764).

52. { Pointes du sommet de la capsule divergentes ; épis
courts.................................... *C. des rives* (1766).

{ Pointes de la capsule courtes et droites ; épis alongés....
        .... *C. des marais* (1765).

53. { Capsule velue ou cotonneuse sur ses faces........... 54.

{ Capsule glabre sur ses faces , quelquefois ciliée sur les
angles... 67.

54. { Epillets blanchâtres , disposés comme les doigts de la
main .... 55.

{ Epillets roux ou bruns , disposés en grappe ou en
épis... 56.

55. { Pédicelles des épis femelles , deux fois plus longs que les
gaînes .... *C. digité* (1759).

{ Pédicelles des épis femelles , égaux à la longueur des
gaînes.................................... *C. pied d'oiseau* (1758).

56. { Epi femelle inférieur , porté sur un long pédicelle radi-
cal... 57.

{ Epi femelle inférieur , ne naissant pas de la racine. 58.
                                                    57.

57. { Epi mâle, plus épais au sommet qu'à la base; capsule
      noirâtre.............................. *C. précoce* (1731).
      Epi mâle cylindrique; capsule blanchâtre...............
      .... *C. à épi radical* (1737).

58. { Feuilles filiformes, roulées en dessus sur leurs bords.....
      .... *C. filiforme* (1740).
      Feuilles planes ou courbées en gouttière.............. 59.

59. { Tiges quatre fois plus courtes que les feuilles; bractées
      argentées .... *C. bas* (1736).
      Tiges égales, ou plus longues que les feuilles...... 59*.

59*. { Carène, ou nervure longitudinale des glumes, glabre. 60.
       Carène des glumes hérissée d'aspérités ou de poils roides.
       .... *C. des ombrages* (1731*).

60. { Epi mâle, obtus au sommet........................... 61.
      Epi mâle, aigu au sommet........................... 62.

61. { Epis d'un brun roux; pédicelles cachés dans la gaîne....
      .... *C. précoce* (1731).
      Epis sessiles, bigarrés de brun et de blanc...........
      .... *C. des bruyères* (1735).

62. { Capsule pointue, ou prolongée en bec.................. 63.
      Capsule obtuse, et non prolongée en bec............. 64.

63. { Epis droits; glumes pointues......... *C. redressé* (1741).
      Epis étalés; glumes obtuses.............. *C. brun* (1742).

64. { Epis femelles, sessiles........................... 65.
      Epis femelles, pédonculés............ *C. glauque* (1743).

65. { Capsules deux fois plus longues que les glumes...........
      .... *C. de montagne* (1733).
      Capsules égales à la longueur des glumes............ 66.

66. { Capsule ovoïde...................... *C. à pilules* (1734).
      Capsule globuleuse................ *C. cotonneux* (1732).

67. { Feuilles glabres, souvent rudes sur les bords.......... 68.
      Feuilles garnies de poils sur les bords et sur le dos........
      .... *C. poilu* (1749).

68. { Glumes et bractées d'un blanc argenté.. *C. blanc* (1752).
      Epis jaunâtres, roux ou bruns........................ 69.

69. { Capsule obtuse, et non prolongée en bec.............. 70.
      Capsule pointue, ou prolongée en bec.............. 74.

70. { Racine fibreuse..................................... 71.
      Racine rampante................................... 72.

71. { Capsules pâles, sans nervures; tige de 3 décimètres....
      .... *C. pâle* (1758).
      Capsules brunes, à une nervure sur deux de leurs faces;
      tige de 4-8 centimètres......... *C. capillaire* (1753).

72. { Feuilles glauques; tige un peu rude sur les angles.... 73.
      Feuilles vertes; tige lisse............... *C. panic* (1759).

Tome I.   n

73. { Glumes de l'épi mâle aiguës ; tige droite............... .... *C. bourbeux* (1757).
Glumes de l'épi mâle obtuses ; tige souvent arquée....... .... *C. glauque* (1743).

74. { Capsules dirigées vers la base de l'épi............... .... *C. à feuilles de souchet* (1761).
Capsules droites ou étalées, mais non dirigées en bas............... 75.

75. { Epis jaunes, sur-tout à la maturité des fruits............. .... *C. jaune* (1745).
Epis roux, bruns ou noirs............... 76.

76. { Feuilles filiformes, roulées sur les bords............... .... *C. à courts épis* (1748).
Feuilles planes ou courbées en gouttière............... 77.

77. { Gaîne des feuilles inférieures prolongée au sommet en membrane scarieuse............... *C. distant* (1756).
Gaîne des feuilles non prolongée en membrane..... 78.

78. { Capsules ciliées ou pubescentes sur les angles....... 79.
Capsules entièrement glabres............... 80.

79. { Col de la capsule ordinairement bifurqué ; épis femelles linéaires............... *C. ferrugineux* (1750).
Col de la capsule coupé obliquement ; épis femelles courts............... *C. ferme* (1746).

80. { Epis femelles droits............... 81.
Epis femelles étalés ou pendans............... 83.

81. { Feuilles radicales roides et deux fois au moins plus courtes que la tige............... 82.
Feuilles radicales à-peu-près égales à la tige............. .... *C. fauve* (1755).

82. { Epi mâle droit ; feuilles larges de 2-3 millim............. .... *C. des Alpes* (1747).
Epi mâle souvent déjeté de côté ; feuilles larges de 4-6 millim............... *C. ferme* (1746).

83. { Tige haute de 3-4 décim. ; capsules noires............. .... *C. des frimats* (1751).
Tige de 7 décim. ou plus............... 84.

84. { Epis étalés ; tige de 7-8 décim.......... *C. étalé* (1760).
Epis pendans à la maturité ; tige de 1-2 mètres........... .... *C. élevé* (1754).

CXCV*.(vol. 5. p. 131.) LINAIGRETTE. *ERIOPHORUM.*

1. { Epis nombreux et pédicellés............... 2.
Epis solitaires et sessiles............... 4.

2. { Feuilles planes, excepté au sommet ; pédicelles souvent rameux............... *L. à plusieurs épis* (1767).
Feuilles pliées en carène ; pédicelles toujours simples. 3.

3. { Tige cylindrique ; aigrette longue.....................
.... *L. à feuille étroite* (1768).
Tige presque triangulaire ; aigrette courte...............
.... *L. grèle* (1769).

4. { Ecailles florales d'un roux jaunâtre ; aigrette longue et
peu fournie................... *L. des Alpes* (1772).
Ecailles d'un gris luisant............................ 5.

5. { Racine fibreuse ; épi ovale........... *L. engaînée* (1770).
Racine traçante ; épi globuleux....... *L. en tête* (1771).

CXCVI. SCIRPE. *SCIRPUS*.

1. { Un seul épi simple et terminal...................... 2.
Plusieurs épis en tête, en panicule ou en ombelle.... 9.

2. { Tige rameuse..................... *S. flottant* (1785).
Tige très-simple................................... 3.

3. { Racine fibreuse................................... 4.
Racine rampante.................................. 8.

4. { Des écailles jaunâtres au collet de la racine ; épi jaune.
.... *S. en gazon* (1775).
Point d'écailles à la base des tiges ; épi roux, brun ou
blanchâtre .... 5.

5. { Epi ovoïde, contenant plus de vingt fleurs...............
.... *S. ovoïde* (1774).
Epi ne contenant pas dix fleurs....................... 6.

6. { Graine nue............................. *S. épingle* (1784).
Graine munie à sa base de quelques poils............. 7.

7. { Tige de 5 centim. ; bractées égales. *S. des champs* (1777).
Tige de 8-12 centim. ; bractées inégales.................
.... *S. des tourbières* (1776).

8. { Tige feuillée.............. *S. faux-carex* (1781).
Tige nue.............. *S. des marais* (1775).

9. { Epillets sessiles ou ramassés en tête.................. 10.
Epillets pédonculés ou disposés en panicule......... 18.

10. { Tige triangulaire.............................. 11.
Tige cylindrique.............................. 14.

11. { Epillets disposés en forme d'épi comprimé..............
.... *S. faux-carex* (1781).
Epillets disposés en têtes arrondies, sessiles ou pédon-
culées.................................... 12.

12. { Cinq à six bractées à la base de la tête de fleurs......
.... *S. de Micheli* (1790).
Une bractée roide à la base de la tête de fleurs...... 13.

13. { Tige à trois angles peu proéminens...................
.... *S. triangulaire* (1779).
Tige à trois faces concaves, et à tro s angles très-proé-
minens.................... *S. pointu* (1780).

14. { Deux à trois épillets sessiles et latéraux............ 15.
{ Plusieurs épillets réunis en têtes terminales......... 16.

15. { Tige fine comme un cheveu, et prolongée d'un centimètre au-dessus des épis.. *S. en forme de crin* (1786).
Tige trois fois plus épaisse, prolongée de 7 centimètres
au-dessus des épis................. *S. couchée* (1787).

16. { Têtes sphériques; jamais plus de deux bractées... 17.
Têtes irrégulières, entourées de trois à cinq bractées...
.... CHOIN (CXCVII).

17. { Une seule tête sessile .... *S. de Rome* (1789).
{ Plusieurs têtes pédonculées et une sessile. *S. jonc* (1788).

18. { Tige cylindrique.................................... 19.
{ Tige triangulaire .... 20.

19. { Tige nue............................ *S. des lacs* (1778).
{ Tige feuillée.................. *Choin marisque* (1796).

20. { Tige capillaire, haute de 2 décim. au plus......... 22.
{ Tige épaisse, haute de 4 décim. au moins......... 21.

21. { Pédoncules simples; épillets ovales-coniques............
.... *S. maritime* (1782).
Pédoncules rameux; épillets arrondis. *S. des bois* (1783).

22. { Graine nue à sa base.................. *S. annuel* (1791).
{ Graine garnie de poils à sa base........ CHOIN (CXCVII).

CXCVII. CHOIN.   *SCHÆNUS.*

1. { Tige terminée par un épi solitaire, ou plusieurs épis
sessiles et ramassés................................ 2.
Tige terminée par des épis en panicule ou pédonculés. 4.

2. { Collerette de deux feuilles........................ 3.
Collerette de quatre à six feuilles, toutes plus longues
que l'épi.............. *Ch. à longues pointes* (1797).

3. { Bractées égales; têtes souvent divisées en deux lobes...
.... *Ch. ferrugineux* (1795).
Bractées inégales; tête non divisée. *Ch. noirâtre* (1792).

4. { Tige grêle, triangulaire.......................... 5.
{ Tige épaisse, cylindrique......... *Ch. marisque* (1796).

5. { Panicule blanche.................. *Ch. blanc* (1794).
{ Panicule rousse ou brune.............. *Ch. brun* (1795).

CXCVIII. SOUCHET.   *CYPERUS.*

1. { Collerette de une, deux ou trois feuilles sous les pédoncules .... 2.
Collerette de plus de trois feuilles................... 4.

2. { Tige cylindrique; épillets paroissant latéraux............
.... *S. en forme de jonc* (1798).
Tige triangulaire; épillets terminaux................. 5.

5. { Epillets bruns ou noirâtres................. *S. brun* (1799).
   { Epillets d'un jaune pâle............... *S. jaunâtre* (1800).

4. { Racine fibreuse.................................... 7.
   { Fibres de la racine renflées en tubercules ovales ou alongés .... 5.

5. { Ombelle lâche ; pédoncules très-inégaux souvent rameux.................................... *S. long* (1801).
   { Ombelle ramassée ; pédoncules simples et presque égaux.
   .... 6.

6. { Fibres radicales renflées çà et là en tubercules ovales et
   amers.............................. *S. rond* (1803).
   { Fibres radicales terminées par un tubercule arrondi et
   de saveur douce................. *S. comestible* (1802).

7. { Epis disposés en ombelle lâche...... *S. de Monti* (1804).
   { Epis disposés en tête serrée...... *S. en faisceau* (1804*).

CXCIX. MASSETTE.   *TYPHA.*

1. { Epis mâles et femelles continus...........................
   .... *M. à larges feuilles* (1805).
   { Epis mâles et femelles séparés par un intervalle nu... 2.

2. { Feuilles glauques plus courtes que la tige qui ne dépasse
   pas 3 décim...................... *M. naine* (1807).
   { Feuilles vertes au moins aussi longues que la tige qui atteint 1 mètre.............. *M. à feuille étroite* (1806).

CC. RUBANIER.   *SPARGANIUM.*

1. { Tige droite ou saillante hors de l'eau................... 2.
   { Tige couchée ou flottante............. *R. flottant* (1810).

2. { Tige simple............. .... *R. simple* (1809).
   { Tige rameuse....................... *R. rameux* (1808).

CCI. GOUET.   *ARUM.*

1. { Feuilles simples , en cœur ou en flèche.................. 2.
   { Feuilles à cinq ou six digitations , disposées en pédale. _
   .... *G. serpentaire* (1811).

2. { Feuilles cordiformes ; spathe et chaton courbés...........
   .... *G. à capuchon* (1814).
   { Feuilles sagitées ; spathe et chaton droits.............. 3.

3. { Oreillettes des feuilles divergentes à angle droit ; feuilles
   marbrées de blanc................. *G. d'Italie* (1813).
   { Oreillettes peu divergentes ; feuilles sans taches ou à
   taches noires.................... *G. commun* (1812).

CCII. CALLA.   *CALLA.*

1. .... *C. des marais* (1815).

CCIII. ZOSTÈRE.   *ZOSTERA.*

1. { Souche de la plante hérissée d'écailles rousses............
 .... *Caulinie de l'Océan* (1819).
 Souche non hérissée d'écailles...................... 2.

2. { Graines terminées par un bec crochu ; feuilles de 8-10
 millim. de largeur au plus.......... *Z. marine* (1817).
 Graines non terminées par un bec crochu ; feuilles de 20
 mill. de largeur au moins. *Z. de la Méditerranée* (1818).

CCIV. CAULINIE.   *CAULINIA.*

1. .... *C. de l'Océan* (1819).

CCV. ACORE.   *ACORUS.*

1. .... *A. odorant* (1820).

CCVI. LUZULE.   *LUZULA.*

1. { Fleurs blanches ou jaunes.......................... 2.
 Fleurs rousses ou brunes.......................... 4.

2. { Fleurs blanches................................... 3.
 Fleurs jaunes.......................... *L. jaune* (1823).

3. { Divisions de la fleur presque égales entre elles............
 .... *L. blanchâtre* (1822).
 Divisions intérieures deux fois plus longues que les exté-
 rieures...................... *L. couleur de neige* (1821).

4. { Fleurs disposées en corimbe ou en ombelle irrégulière. 5.
 Fleurs disposées en épi ou en grappe terminale........ 8.

5. { Pédicelles ne portant le plus souvent qu'une fleur........
 .... *L. printannière* (1825).
 Pédicelles portant au moins trois fleurs.............. 6.

6. { Pédicelles ne portant que trois à quatre fleurs........ 7.
 Pédicelles portant chacun un petit épi de sept à dix fleurs
 et plus................... *L. des champs* (1827).

7. { Feuilles glabres, excepté à l'entrée de leur gaîne........
 .... *L. marron* (1824).
 Feuilles hérissées çà et là de poils soyeux..............
 .... *L. à large feuille* (1826).

8. { Epi ovoïde droit.................. *L. des champs* (1827).
 Epi cylindrique ou alongé, souvent penché.......... 9.

9. { Epi lobé à la base et interrompu par des bractées folia-
 cées........................... *L. en grappe* (1829).
 Epi simple non interrompu par des bractées foliacées...
 .... *L. en épi* (1828).

CCVII. JONC.   *JUNCUS.*

1. { Tiges nues ; feuilles radicales..................... 2.
 Tiges feuillées.................................... 11.

2. { Fleurs terminales..................................✦.......... 3.
   { Fleurs latérales.. 7.

3. { Une à trois fleurs entourées par trois feuilles très-fines
   {   et très-longues.............. *J. à trois pointes* (1837).
   { Plus de trois fleurs.. 4.

4. { Fleurs en tête serrée et sessile..... *J. des landes* (1836).
   { Fleurs en panicule ou en corimbe lâche................ 5.

5. { Bractées plus courtes que la panicule ; feuilles linéaires
   {   en gouttière............................. *J. rude* (1838).
   { L'une des bractées au moins égale à la panicule ; feuilles
   {   cylindriques piquantes au sommet.................. 6.

6. { Capsules deux fois plus longues que le périgone..........
   {   .... *J. aigu* (1831).
   { Capsules atteignant au plus la longueur du périgone.....
   {   .. .. *J. maritime* (1830).

7. { Fleurs noirâtres , presque sessiles.............. ....
   {   .... *J. septentrional* (1839).
   { Fleurs pédicellées , vertes , blanchâtres ou rousses.. 8.

8. { Tige et feuilles capillaires........... *J. filiforme* (1835).
   { Tige et feuilles quatre ou cinq fois plus épaisses qu'un
   {   cheveu .... 9.

9. { Tige droite..................................... 10.
   { Tige courbée vers le haut.............. *J. courbé* (1834).

10. { Panicule serrée ; point d'étranglement sous la panicule..
    {   .... *J. aggloméré* (1832).
    { Panicule lâche ; tige marquée d'un étranglement sous la
    {   panicule...................... *J. épars* (1833).

11. { Feuilles dépourvues de nœuds ou de renflemens transver-
    {   saux.. 12.
    { Feuilles renflées d'espace en espace en nœuds transver-
    {   saux.. 19.

12. { Fleurs disposées en une seule tête terminale.......... 13.
    { Fleurs disposées en panicule ou en plusieurs paquets pé-
    {   dicellés.. 14.

13. { Huit à dix fleurs noires et luisantes......................
    {   .... *J. de Jacquin* (1840).
    { Trois à quatre fleurs d'un roux brun.....................
    {   .... *J. à trois bractées* (1841).

14. { Tige simple , comprimée.............. *J. bulbeux* (1842).
    { Tige bifurquée ou rameuse , cylindrique.............. 15.

15. { Fleurs solitaires.................................... 16.
    { Fleurs agglomérées.................................. 17.

16. { Tige bifurquée ; capsule oblongue........................
    {   .... *J. des crapauds* (1844).
    { Tige rameuse paniculée ; capsule globuleuse.............
    {   .... *J. inondé* (1845).

17. { Capsule plus courte que le périgone ; trois étamines......
.... *J. pygmée* (1845).
Capsule plus longue que le périgone ; six étamines.. 18.

18. { Tige foible, rampante ou flottante... *J. flottant* (1847).
Tige droite, ordinairement bifurquée. *J. humble* (1846).

19. { Tige foible, rampante ou flottante.. *J. flottant* (1847).
Tige droite ou ascendante............................ 20.

20. { Fleurs noires ; tige de 2 décim. au plus...................
.... *J. des Alpes* (1850).
Fleurs rousses ou verdâtres ; tige de 3-5 décim..... 21.

21. { Divisions du périgone acérées ; les trois intérieures plus
longues............................ *J. des bois* (1849).
Divisions du périgone presque obtuses et égales entre
elles............................ *J. articulé* (1848).

CCVIII. APHYLLANTHE.   *APHYLLANTHES.*

1.   .... *A. de Montpellier* (1851).

CCIX. ABAMA.   *A B A M A.*

1.   .... *A. des marais* (1852).

CCIX*. CHAMÉROPS.   *CHAMÆROPS.*

1.   .... *C. humble* (1852*).

CCX. ASPERGE.   *ASPARAGUS.*

1. { Tige herbacée ; feuilles molles et point piquantes.... 2.
Tige ligneuse ; feuilles roides et un peu piquantes.......
.... *A. à feuilles aiguës* (1855).

2. { Pédicelle de la fleur articulé dans le milieu...............
.... *A. officinale* (1853).
Pédicelle de la fleur articulé sous la fleur immédiate-
ment.......................... *A. à feuilles menues* (1854).

CCXI. STREPTOPE.   *STREPTOPUS.*

1.   .... *S. embrassant* (1856).

CCXII. PARISETTE.   *PARIS.*

1.   .... *P. à quatre feuilles* (1857).

CCXIII. MUGUET.   *CONVALLARIA.*

1. { Fleurs cylindriques, placées aux aisselles des feuilles. 2.
Fleurs globuleuses, portées sur une hampe..............
.... *M. de mai* (1862).

2. { Feuilles verticillées.................. *M. verticillé* (1858).
Feuilles alternes.......................... 3.

3. { Pédicelles à une seule fleur......... *M. anguleux* (1859).
Pédicelles à plusieurs fleurs.......................... 4.

4. { Baie bleue; tige anguleuse. *M. à large feuille* (1860).
{ Baie rouge; tige cylindrique..... *M. multiflore* (1861).

CCXIV. MAYANTHÊME.   *MAYANTHEMUM.*

1. .... *M. à deux feuilles* (1863).

CCXV. SMILAX.   *SMILAX.*

1. { Plante très-épineuse et en forme de buisson............
{ .... *S. piquant* (1864).
{ Plante alongée, grimpante, peu épineuse................
{ .... *S. de Barbarie* (1865).

CCXVI. FRAGON.   *RUSCUS.*

1. { Tige roide, rameuse; feuilles non luisantes; fleurs
{ nues.............................. *F. piquant* (1866).
{ Tige pliante, peu rameuse; feuilles luisantes; une fo-
{ liole à la base de chaque paquet de fleurs............
{ .... *F. à languette* (1867).

CCXVII. TAMME.   *TAMUS.*

1. .... *T. commun* (1868).

CCXVIII. ZANICHELLE.   *ZANICHELLIA.*

1. .... *Z. des marais* (1869).

CCXIX. RUPPIE.   *RUPPIA.*

1. .... *R. maritime* (1870).

CCXX. POTAMOT.   *POTAMOGETON.*

1. { Feuilles de deux sortes, les unes inondées, les autres
{ flottantes.............................. 2.
{ Feuilles toutes inondées.............................. 4.

2. { Feuilles flottantes, ovales, arrondies à la base....... 3.
{ Feuilles flottantes, oblongues, rétrécies en pointe à la
{ base.............................. *P. flottant* (1872).

3. { Epi long de 3-4 centim............. *P. nageant* (1871).
{ Epi long de 1-2 centim....... *P. intermédiaire* (1873).

4. { Feuilles ovales, oblongues ou lancéolées... .... 5.
{ Feuilles linéaires.............................. 11.

5. { Feuilles sessiles et demi-embrassantes.............. 6.
{ Feuilles rétrécies en pétiole.......... *P. luisant* (1875).

6. { Feuilles alternes, excepté les deux supérieures........ 7.
{ Feuilles la plupart opposées.............. 10.

7. { Feuilles crépues ou dentelées sur les bords.............
{ .... *P. crépu* (1878).
{ Feuilles non crépues.............................. 8.

8. { Feuilles courtes, ovales............................... 9.
   { Feuilles lancéolées, alongées..... *P. des Alpes* (1875*).

9. { Feuilles pointues, très-serrées, disposées sur deux rangs.
   { .... *P. serré* (1877).
   { Feuilles obtuses, écartées, embrassantes, éparses.......
   { .... *P. embrassant* (1876).

10. { Feuilles toutes opposées, à trois ou cinq nervures.......
    { .... *P. à feuilles opposées* (1879).
    { Feuilles du bas alternes, à une seule nervure............
    { .... *P. serré* (1877).

11. { Tige cylindrique.................................... 12.
    { Tige comprimée.................... *P. comprimé* (1880).

12. { Feuilles assez larges pour y distinguer une nervure lon-
    {   gitudinale et deux latérales .... 13.
    { Feuilles trop étroites pour en distinguer les nervures. 14.

13. { Feuilles longues de 2 centim...... *P. gramen* (1874).
    { Feuilles longues de 8-10 centim. *P. des Alpes* (1875*).

14. { Feuilles lisses ; stipules scarieuses sur les bords..........
    { .... *P. marin* (1882).
    { Feuilles non lisses ; stipules foliacées sur les bords.. 15.

15. { Feuilles longues de 2 centimètres....... *P. fluet* (1883).
    { Feuilles longues de 6-10 centimètres....................
    { .... *P. à dents de peigne* (1881).

CCXXI. FLUTEAU.   *ALISMA.*

1. { Six capsules divergentes............... *F. étoilé* (1884).
   { Plus de six capsules........ .... 2.

2. { Capsules disposées circulairement..................... 5.
   { Capsules disposées en tête hérissée. *F. renoncule* (1888).

3. { Tige droite................................... 4.
   { Tige rampante ou flottante........ *F. nageant* (1887).

4. { Feuilles ovales, pointues..... *F. plantain d'eau* (1885).
   { Feuilles échancrées en cœur à la base. *F. parnassie* (1886).

CCXXII. SAGITTAIRE. *SAGITTARIA.*

1. .... *S. en flèche* (1889).

CCXXIII. BUTOME.   *BUTOMUS.*

1. .... *B. en ombelle* (1890).

CCXXIV. SCHEUCHZÈRE.   *SCHEUCHZERIA.*

1. .... *S. des marais* (1891).

CCXXV. TROSCART.   *TRIGLOCHIN.*

1. { Fruit linéaire, composé de trois capsules soudées en-
   {   semble...................... *T. des marais* (1892).
   { Fruit ovoïde, composé de six capsules soudées..........
   { .... *T. maritime* (1893).

CCXXVI. TOFIELDIE.   *TOFIELDIA.*

1. .... *T. des marais* (1894).

CCXXVII. VÉRATRE.   *VERATRUM.*

1. { Fleurs d'un blanc verdâtre.............. *V. blanc* (1895).
{ Fleurs d'un pourpre noir.................. *V. noir* (1896).

CCXXVIII. COLCHIQUE.   *COLCHICUM.*

1. { Fleur paroissant avec les feuilles......................... 2.
{ Fleur paroissant avant les feuilles....................... 5.

2. { Fleurs ordinairement nombreuses , et d'un décimètre de
{   longueur au moins.............. *C. d'automne* (1897).
{ Fleur solitaire , de 5-6 centimètres de longueur.........
{   .... *C. des Alpes* (1898).

5. { Lobes de la fleur ovales-oblongs. *C. des Alpes* (1898).
{ Lobes de la fleur linéaires, de 5 millim. de largeur.....
{   .... *C. de montagne* (1899).

CCXXIX. MÉRENDÈRE.   *MERENDERA.*

1. .... *M. bulbocode* (1900).

CCXXX. BULBOCODE.   *BULBOCODIUM.*

1. .... *B. printannier* (1901).

CCXXXI. ERYTHRONE.   *ERYTHRONIUM.*

1. .... *E. dent-de-chien* (1902).

CCXXXII. TULIPE.   *TULIPA.*

1. { Pétales barbus au sommet............ *T. sauvage* (1903).
{ Pétales glabres................................... 2.

2. { Feuilles pubescentes en dessus.... *T. odorante* (1904).
{ Feuilles glabres................................ 3.

5. { Pétales obtus..................... *T. de Gessner* (1905).
{ Pétales aigus................. *T. à fleur pointue* (1906).

CCXXXIII. FRITILLAIRE.   *FRITILLARIA.*

1. { Fleurs pendantes , disposées en anneau , et couronnées
{   d'un bouquet de feuilles....... *F. impériale* (1909).
{ Fleurs solitaires , géminées ou ternées vers le sommet
{   de la plante... 2.

2. { Feuilles inférieures opposées.. *F. des Pyrénées* (1908).
{ Feuilles alternes.................... *F. pintade* (1907).

CCXXXIV. LYS.   *LILIUM.*

1. { Pétales roulés en dehors............................. 2.
{ Pétales ouverts, mais non roulés en dehors........... 4.

2. { Feuilles verticillées , ovales-lancéolées....................
    .... *L. martagon* (1914).
    { Feuilles éparses , linéaires.................................... 3.

3. { Fleurs rouges........................ *L. ponpon* (1912).
    { Fleurs jaunes.................... *L. des Pyrénées* (1913).

4. { Fleurs blanches........................... *L. blanc* (1910).
    { Fleurs rouges ou orangées.......... *L. bulbifere* (1911).

CCXXXV. ASPHODÈLE. *ASPHODELUS.*

1. { Fleurs blanches ou rougeâtres........................... 2.
    { Fleurs jaunes........................... *A. jaune* (1915).

2. { Feuilles cylindriques , un peu fistuleuses.................
    .... *A. fistuleux* (1916).
    { Feuilles linéaires ou en glaive , courbées en gouttière. 3.

3. { Tige simple............................ *A. blanc* (1918).
    { Tige rameuse...................... *A. rameux* (1917).

CCXXXVI. HÉMÉROCALLE. *HEMEROCALLIS.*

1. { Fleurs blanches.................... *H. fleur de lys* (1921).
    { Fleurs jaunes ou rougeâtres........................... 2.

2. { Fleurs d'un jaune rougeâtre , à segmens ondulés.........
    .... *H. fauve* (1919).
    { Fleurs d'un jaune citrin , à segmens planes..............
    .... *H. jaune* (1920).

CCXXXVII. JACINTHE. *HYACINTHUS.*

1. { Fleurs blanches , bleues ou roses........................ 2.
    { Fleurs d'un jaune verdâtre.......... *J. tardive* (1924).

2. { Lobes atteignant le milieu de la longueur de la fleur ;
    bractée plus courte que le pédicelle. *J. d'Orient* (1923).
    { Lobes ne passant pas le quart de la longueur de la fleur ;
    bractée égale au pédicelle....... *J. améthyste* (1922).

CCXXXVIII. MUSCARI. *MUSCARI.*

1. { Pédoncules des fleurs supérieures très-alongés...........
    .... *M. à toupet* (1928).
    { Pédoncules supérieurs égaux à la fleur , ou plus courts
    qu'elle........................... 2.

2. { Epi court , ovale et serré ; fleurs odorantes........... 3.
    { Fleurs inférieures un peu écartées , toutes inodores.......
    .... *M. botride* (1927).

3. { Fleurs d'un brun rouge , toutes sessiles...................
    .... *M. odorant* (1925).
    { Fleurs d'un bleu violet , avec le bord blanc ; les supé-
    rieures sessiles................... *M. à grappe* (1926).

CCXXXIX. PHALANGÈRE.   *PHALANGIUM.*

CCXL. SCILLE.   *SCILLA.*

CCXLI. ORNITHOGALE. *ORNITHOGALUM.*

1. { Fleurs jaunes; filamens peu ou point élargis à leur
   base... 2.
   Fleurs blanches, jaunâtres ou verdâtres................. 4.

2. { Pédicelles glabres...................... *O. jaune* (1942).
   Pédicelles velus ou pubescens........................... 5.

3. { Pédicelles simples, souvent solitaires......................
   .... *O. fistuleux* (1944).
   Pédicelles souvent rameux, toujours nombreux...........
   .... *O. nain* (1943).

4. { Fleurs disposées en grappes ou en épis alongés......... 5.
   Fleurs disposées en grappes semblables à une ombelle. 7.

5. { Fleurs droites; tous les filets des étamines simples.... 6.
   Fleurs pendantes; trois filets des étamines bifurqués.....
   .... *O. penché* (1949).

6. { Fleurs jaunâtres.................. *O. des Pyrénées* (1945).
   Fleurs blanches.................. *O. de Narbonne* (1646).

7. { Fleurs nombreuses, en forme de cloche; ovaire noirâtre.
   .... *O. d'Arabie* (1947).
   Fleurs en petit nombre, très-ouvertes; ovaire jaunâtre.
   .... *O. en ombelle* (1948).

CCXLII. AIL. *ALLIUM.*

1. { Feuilles planes ou en gouttière........................... 2.
   Feuilles cylindriques ou demi-cylindriques........... 19.

2. { Etamines, dont trois ont les filets à trois pointes...... 3.
   Etamines toutes simples................................. 6.

3. { Ombelle ne portant point de bulbes.................... 4.
   Ombelle portant des bulbes entre les pédicelles....... 5.

4. { Bulbe simple; ombelle très-serrée.. *A. poireau* (1950).
   Bulbe émettant latéralement d'autres petits bulbes........
   .... *A. faux-poireau.* (1951).

5. { Feuilles entières.................. *A. cultivé* (1952).
   Feuilles dentelées ou ondulées sur les bords..............
   .... *A. rocambole* (1953).

6. { Ombelle ne portant point de bulbes.................... 7.
   Ombelle portant des bulbes entre les pédicelles..........
   .... *A. en carène* (1954).

7. { Tige presque nue; fleurs radicales.......................
   .... *A. faux-moly* (1965).
   Tige garnie de feuilles................................. 8.
   Tige nue; feuilles radicales.......................... 11.

8. { Feuilles glabres... 9.
   Feuilles velues ou pubescentes.......... *A. velu* (1956).

9. { Etamines saillantes hors de la fleur.................... 10.
   { Etamines plus courts que la fleur......... *A. rose* (1957).

10. { Feuilles linéaires et très-étroites..... *A. douteux* (1955).
    { Feuilles elliptiques assez larges... *A. victoriale* (1963).

11. { Tige anguleuse ou comprimée...................... 12.
    { Tige cylindrique.............. .... 15.

12. { Tige comprimée ou à deux angles. *A. anguleux* (1958).
    { Tige à trois ou quatre angles..................... 13.

13. { Tige triangulaire............................... 14.
    { Tige quadrangulaire............ *A. de Piemont* (1961).

14. { Feuilles lancéolées, planes, rétrécies en pétiole..........
    .... *A. des ours* (1966).
    { Feuilles alongées, pliées en carène, non rétrécies à
    leur base..................... *A. triangulaire* (1959).

15. { Fleurs jaunes........................... *A. moly* (1964).
    { Fleurs blanches ou roses .... 16.

16. { Etamines plus longues que le périgone...................
    .... *A. victoriale* (1963).
    { Etamines égales ou plus courtes que le périgone...... 17.

17. { Ombelle de huit à quinze fleurs peu ouvertes....... 18.
    { Ombelle de trente à quarante fleurs assez ouvertes.....
    .... *A. noir* (1962).

18. { Segmens floraux acérés, quelquefois plus longs que
    leur pédicelle.............. *A. à grande fleur* (1960).
    { Segmens floraux presque obtus, et plus courts que le
    pédicelle....................... *A. de Piémont* (1961).

19. { Toutes les étamines simples......................... 20.
    { Etamines alternativement simples ou à trois pointes. 26.

20. { Ombelle ne portant que des capsules................ 21.
    { Ombelle portant des bulbes entre les pédicelles...........
    .... *A. des lieux cultivés* (1968).

21. { Tige nue; feuilles radicales...................... 22.
    { Tige feuillée............................... 23.

22. { Tige ventrue à sa base; fleurs verdâtres ou peu rou-
    geâtres............................ *A. oignon* (1967).
    { Tige grèle, non ventrue à sa base; fleurs purpurines....
    .... *A. civette* (1973).

23. { Fleur jaune..................... *A. jaune* (1970).
    { Fleur blanche, jaunâtre, rose ou purpurine.......... 24.

24. { Segmens floraux obtus........................... 25.
    { Segmens floraux pointus; spathe courte............ 24*.

24*. { Valves de la spathe étroites et presque linéaires ....
    .... *A. musqué* (1969).
    { Valves de la spathe larges, concaves et arrondies........
    .... *A. feuillé* (1975*).

25. { Fleurs purpurines; spathe très-longue...................
.... *A. en panicule* (1972).
Fleurs blanchâtres; spathe médiocre... *A. pâle* (1971).

26. { Ombelle portant des bulbes entre les pédicelles..........
.... *A. des vignes* (1976).
Ombelle ne portant pas de bulbes.................... 27.

27. { Tige feuillée; étamines saillantes.......................
.... *A. à tête ronde* (1975).
Feuilles radicales; étamines non saillantes...............
.... *A échalotte* (1974).

CCXLIII. AMARYLLIS. *AMARYLLIS.*

1. .... *A. jaune* (1977).

CCXLIV. PANCRACE. *PANCRATIUM.*

1. .... *P. maritime* (1978).

CCXLV. NARCISSE. *NARCISSUS.*

1. { Feuilles planes............................... 2.
Feuilles demi-cylindriques ou en alène..................
.... *N. jonquille* (1983).

2. { Hampe à une fleur............................... 3.
Hampe à plusieurs fleurs............... *N. tazette* (1982).

3. { Tube surmonté d'un godet très-court..................
.... *N. des poëtes* (1979).
Godet atteignant ou dépassant le milieu du limbe. .... 4.

4. { Godet plus court que les segmens de la fleur............
.... *N. faux-narcisse* (1980).
Godet plus long que les segmens de la fleur............
.... *N. bulbocode* (1981).

CCXLVI. NIVÉOLE. *LEUCOIUM.*

1. { Hampe à une fleur............. *N. printannière* (1984).
Hampe à plusieurs fleurs........................... 2.

2. { Feuilles filiformes très-étroites... *N. d'automne* (1986).
Feuilles planes, larges de 2-3 centim.... *N. d'été* (1985).

CCXLVII. GALANTINE. *GALANTHUS.*

1. .... *G. perce-neige* (1987).

CCXLVIII. POLYANTHE. *POLYANTHES.*

1. .... *P. tubéreuse* (1988).

CCXLIX. AGAVÉ. *AGAVE.*

1. .... *A. d'Amérique* (1989).
CCL.

CCL. IRIS. *IRIS.*

1. { Divisions externes de la fleur, barbues à leur base... 2.
{ Divisions toutes dépourvues de barbe................... 4.

2. { Tige haute de 5-6 décim., et portant plusieurs fleurs.
{ .... *I. germanique* (1990).
{ Tige haute de 2-3 décim., ne portant qu'une ou ra-
{ rement deux fleurs................................ 3.

3. { Tube de la fleur saillant hors des spathes................
{ .... *I. naine* (1991).
{ Tube de la fleur couvert par les spathes................
{ .... *I. jaunâtre* (1992).

4. { Fleurs jaunes..................... *I. faux-acore* (1993).
{ Fleurs bleues, violettes ou blanches................... 5.

5. { Ovaire à trois angles............................... 6.
{ Ovaire à six angles................................. 8.

6. { Divisions externes de la fleur très-ouvertes; feuilles en
{ glaive.. 7.
{ Divisions externes redressées, feuilles linéaires beau-
{ coup plus longues que la tige...... *I. des prés* (1997).

7. { Fleur petite, d'un bleu sale; angles de l'ovaire marqués
{ d'un sillon........................... *I. fétide* (1994).
{ Fleur assez grande, d'un bleu violet; angles de l'ovaire
{ aigus..................... *I. faux-xyphium* (1995).

8. { Tige comprimée à deux fleurs.... *I. graminée* (1996).
{ Tige cylindrique à trois fleurs....... *I. bâtarde* (1998).

CCLI. GLAYEUL. *GLADIOLUS.*

1. .... *G. commun* (1999).

CCLII. IXIA. *IXIA.*

1. { Fleur solitaire; feuilles plus longues que la hampe; six
{ stigmates..................... *I. bulbocode* (2000).

CCLIII. SAFRAN. *CROCUS.*

1. { Stigmate de la longueur de la fleur, et penché ou pen-
{ dant........................... *S. cultivé* (2001).
{ Stigmate droit plus court que la fleur................. 2.

2 { Stigmate à trois lobes peu profonds................... 5.
{ Stigmate découpé en plusieurs lanières irrégulières......
{ .... *S. découpé* (2002).

5. { Feuilles planes; stigmate plus court que les étamines....
{ .... *S. printannier* (2005).
{ Feuilles un peu en gouttière; stigmate égal aux étamines.
{ .... *S. nain* (2004).

Tome I.   o

1. { Tablier ou lanière inférieure de la fleur, entier ou cré-
    nelé.. 2.
    { Tablier à trois, quatre ou cinq lobes................. 4.

2. { Fleurs blanchâtres; tablier linéaire......................
    .... *O. à deux feuilles* (2005).
    { Fleurs rouges ou brunes; tablier ovale ou arrondi..... 3.

3. { Tablier entier; racines à tubercules palmés..............
    .... *O. noir* (2026).
    { Tablier crénelé; racine à tubercules ovoïdes............
    .... *O. papillon* (2017).

4. { Tablier à trois lobes.................................. 5.
    { Tablier à quatre lobes................................ 18.
    { Tablier à cinq lobes.................................. 26.

5. { Tubercules de la racine ovoïdes et entiers............ 6.
    { Racine à tubercules palmés ou à fibres cylindriques. 12.

6. { Eperon plus court que l'ovaire......................... 8.
    { Eperon au moins égal à la longueur de l'ovaire........ 7.

7. { Fleurs purpurines roses ou d'un blanc rosé..............
    .... *O. pyramidal* (2007).
    { Fleur d'un blanc jaunâtre................ *O. pâle* (2018).

8. { Lobes du tablier ovales, à-peu-près égaux............ 9.
    { Lobe moyen du tablier, long, grèle, linéaire............
    .... *O. à odeur de bouc* (2019).

9. { Lobe moyen du tablier entier ou denté............... 10.
    { Lobe moyen du tablier divisé en deux lobes ou très-
    échancré.. 18.

10. { Fleurs en tête serrée; sommités des lanières de la fleur
     acérées...................... *O. globuleux* (2006).
    { Fleurs en épi oblong; lanières de la fleur non rétrécies
     en alène.. 11.

11. { Bractées inférieures atteignant la longueur de la fleur...
     .... *O. sureau* (2020).
    { Bractées inférieures dépassant à peine l'ovaire...........
     .... *O. punais* (2008).

12. { Epéron plus court que l'ovaire....................... 13.
    { Eperon plus long que l'ovaire. *O. à long éperon* (2024).

13. { Eperon semblable à une corne et atteignant environ le
     milieu de l'ovaire................................... 14.
    { Eperon très-court, semblable à une bourse......... 17.

14. { Tablier à-peu-près plane; tige pleine............... 15.
    { Lobes latéraux du tablier déjetés en en-bas; tige creuse.
     .... *O. à larges feuilles* (2021).

15. { Epi à peine plus long que large....... *O. sureau* (2020).
    { Epi cylindrique évidemment plus long que large..... 16.

CCLV. OPHRYS.   *O P H R Y S.*

2. { Tablier à trois lobes ; racine à un tubercule..............
.... *O. à un tubercule* (2028).
Tablier à quatre lobes ; racine à deux tubercules........
.... *O. homme-pendu* (2030).

3. { Feuilles en alène aussi longue que la tige ; tablier entier...................... *O. des Alpes* (2029).
Feuilles plus courtes que la tige ; tablier échancré... 4.

4. { Une pointe repliée en dessous, naissant de l'échancrure.
.... *O. araignée* (2032).
Aucune pointe naissant de l'échancrure...................
.... *O. mouche* (2031).

CCLVI. SÉRAPIAS. *SERAPIAS.*

1. { Languette de la lanière inférieure de la fleur, glabre...
.... *S. à languette* (2033).
Languette velue ou hérissée.......... *S. en cœur* (2034).

CCLVII. NÉOTTIE. *NEOTTIA.*

1. { Feuilles ovales-lancéolées............................ 2.
Feuilles linéaires...................... *N. d'été* (2036).

2. { Racine à un à trois tubercules oblongs. *N. spirale* (2035).
Racine rampante à fibres cylindriques....................
.... *N. rampante* (2037).

CCLVIII. ÉPIPACTIS. *EPIPACTIS.*

1. { Tablier ou lanière inférieure de la fleur, entier au sommet.. 2.
Tablier lobé.. 6.

2. { Fleurs blanches, jaunâtres ou rougeâtres................ 3.
Fleurs purpurines........................ *É. rouge* (2042).

3. { Tablier obtus au sommet................................ 4.
Tablier sensiblement pointu. *É. à large feuille* (2039).

4. { Ovaires sessiles, glabres et jamais pendans............ 5.
Ovaires pédicellés, pubescens, souvent pendans........
.... *É. des marais* (2038).

5. { Feuilles lancéolées-linéaires ou en glaive...................
.... *É. en glaive* (2040).
Feuilles ovales-lancéolées.......... *É. en lance* (2041).

6. { Tige munie de deux feuilles........................ 7.
Tige sans feuilles et garnie de quelques écailles.........
.... *É. nid d'oiseau* (2043).

7. { Tige pubescente ; feuilles ovales....... *É. ovale* (2044).
Tige glabre ; feuilles en cœur...... *É. en cœur* (2045).

CCLIX. MALAXIS. *MALAXIS.*

1. .... *M. de Lœsel* (2046).

CCLXVIII. MÉLÈZE.   *LARIX.*

1. .... *M. d'Europe* (2064).

CCLXIX. GÉNEVRIER.   *JUNIPERUS.*

1. { Feuilles pointues .... 2.
{ Feuilles obtuses .... *G. de Phénicie* (2068).

2. { Feuilles verticillées trois ou quatre ensemble, sessiles et
ouvertes .... 3.
{ Feuilles opposées, un peu décurrentes et la plupart appliquées contre les rameaux .... *G. sabine* (2067).

3. { Baie d'un bleu noirâtre à sa maturité, et dont le dia-
mètre n'excède pas 6 millim ...... *G. commun* (2065).
{ Baie rougeâtre et dont le diamètre atteint 12 millim....
.... *G. oxycèdre* (2066).

CCLXX. IF.   *TAXUS.*

1. .... *I. commun* (2069).

CCLXXI. ÉPHÉDRA.   *EPHEDRA.*

1. .... *É. double-épi* (2070).

CCLXXII. SAULE.   *SALIX.*

1. { Individu femelle en fleurs .... 2.
{ Individu mâle en fleurs .... 34.

2. { Capsules ou ovaires glabres .... 3.
{ Capsules velues .... 15.

3. { Arbre ou arbrisseau assez élevé .... 4.
{ Sous-arbrisseau rampant, ne dépassant pas 1 décim. de
hauteur .... 14.

4. { Chatons naissant après les feuilles .... 5.
{ Chatons naissant avant les feuilles .... 15.

5. { Feuilles glabres dès leur jeunesse .... 6.
{ Feuilles couvertes en dessous, dans leur jeunesse, de
poils soyeux et couchés .... 11.

6. { Feuilles munies de stipules, même à leur développement parfait .... 7.
{ Feuilles nues ; stipules caduques .... 8.

7. { Ecorce grise ou verdâtre... *S. à trois étamines* (2074).
{ Ecorce noirâtre ou purpurine...... *S. amandier* (2075).

8. { Arbre à rameaux longs, flexibles et pendans ....
.... *S. du Levant* (2076).
{ Arbre ou arbrisseau à rameaux droits ou peu étalés.. 9.

9. { Feuilles d'un blanc glauque en dessous. *S. phylica* (2077).
{ Feuilles vertes en dessous .... 10.

26. { Dents des feuilles calleuses ; chaton long de 1 centim...
.... *S. fétide* (2097).
Dents des feuilles non calleuses ; chaton long de 2-3
centim.......... .... *S. myrte* (2096).

27. { Nervures des feuilles saillantes en dessous et réticulées.
.... *S. réticulé* (2083).
Nervures peu ou point saillantes...................... 28.

28. { Feuilles glabres ou pubescentes en dessous.......... 29.
Feuilles très-velues ou bordées de longs poils....... 31.

29. { Feuilles dont les bords se roulent en dessous............
.... *S. à longues feuilles* (2098).
Feuilles à bords planes.................................... 30.

30. { Feuilles glabres, plus longues que les chatons............
.... *S. bleuâtre* (2094).
Feuilles pubescentes, plus courtes que les chatons.......
.... *S. arbuste* (2095).

31. { Feuilles opaques, abondamment soyeuses en dessous. 32.
Feuilles minces, pubescentes en dessous, ou soyeuses
sur les bords...................................... 33.

32. { Feuilles adultes, velues et soyeuses en dessus............
.... *S. soyeux* (2088).
Feuilles adultes, glabres en dessus. *S. de Suisse* (2087).

33. { Feuilles poilues sur les bords............ *S. cilié* (2090).
Feuilles pubescentes, presque soyeuses sur toute leur
surface........................ *S. des Pyrénées* (2089).

34. { Une anthère sous chaque écaille. *S. à une étamine* (2099).
Deux anthères.................................... 35.
Trois anthères.................................... 47.
Cinq à sept anthères........ *S. à cinq étamines* (2079).

35. { Filets des étamines distincts ou soudés à leur base seu-
lement.................................... 36.
Filets soudés jusqu'au milieu de leur longueur..........
.... *S. drapé* (2073).

36. { Sous-arbrisseau dont la hauteur ne passe pas 1 décim. 57.
Arbre ou arbrisseau de 5-6 décim. au moins de hauteur.................... .... 38.

37. { Feuilles vertes et glabres en dessous.................. 14.
Feuilles blanches ou pubescentes, et réticulées en dessous.............................. *S. réticulé* (2083).

38. { Arbre à rameaux flexibles et pendans....................
.... *S. du Levant* (2076).
Arbre ou arbrisseau à rameaux non pendans......... 39.

39. { Ecorce des branches d'un jaune vif.... *S. jaune* (2072).
Ecorce des branches verte, grise ou brune........... 40.

40. { Ecorce brune, couverte çà et là de poussière glauque.. .... *S. Daphné* (2078).
{ Ecorce non couverte de poussière glauque.......... 41.

41. { Chatons se développant avant les feuilles............ 16.
{ Chatons se développant après les feuilles............ 42.

42. { Feuilles dentées sur tout leur contour................. 43.
{ Feuilles entières ou à peine çà et là dentées........ 27.

43. { Chaton long de 1 centim. ; dentelures des feuilles cal-
{ leuses................................... *S. fétide* (2097).
{ Chaton long de 2-7 centim............................ 44.

44. { Feuilles glauques ou soyeuses en dessous............ 45.
{ Feuilles glabres et vertes en dessous.................. 46.

45. { Feuilles ovales, glabres et glauques. *S. phylica* (2077).
{ Feuilles oblongues, linéaires, soyeuses en dessous.......
{ .... *S. blanc* (2071).

46. { Arbrisseau de 6-7 décim................. *S. myrte* (2096).
{ Arbre de 2-3 mètres au moins........ *S. fragile* (2080).

47. { Feuilles glauques en dessous.......... *S. phylica* (2077).
{ Feuilles vertes en dessous................................ 48.

48. { Stipules persistantes à la base des feuilles adultes.... 7.
{ Stipules caduques ; feuilles adultes nues..................
{ .... *S. fragile* (2080).

CCLXXIII. PEUPLIER. *POPULUS.*

1. { Feuilles glabres des deux côtés......................... 2.
{ Feuilles blanches et cotonneuses en dessous.......... 4.

2. { Rameaux tous redressés en pyramide alongée...........
{ .... *P. pyramidal* (2104).
{ Rameaux étalés ou formant une tête arrondie......... 3.

3. { Feuilles triangulaires, pointues, vertes et presque ver-
{ nissées.................................... *P. noir* (2103).
{ Feuilles arrondies, cendrées en dessous. *P. tremble* (2102).

4. { Feuilles de couleur grisâtre en dessus, à pétiole très-
{ comprimé.................... *P. tremble* (2102).
{ Feuilles d'un verd foncé en dessus, à pétiole peu com-
{ primé.. 5.

5. { Feuilles presque lobées; chatons oblongs, à écailles jau-
{ nâtres.................................... *P. blanc* (2100).
{ Feuilles peu dentées; chatons cylindriques, à écailles
{ brunes.................................... *P. grisâtre* (2101).

CCLXXIV. MYRICA. *MYRICA.*

1. .... *M. galé* (2105).

CCLXXV. BOULEAU. *BETULA.*

1. { Grand arbre à écorce blanche sur le tronc............. 2.
{ Sous-arbrisseau nain, à écorce brune.. *B. nain* (2108).

2. { Feuilles et jeunes pousses glabres...... *B. blanc* (2106).
   { Feuilles et jeunes pousses pubescentes....................
     .... *B. pubescent* (2107).

CCLXXVI. AULNE.   *ALNUS.*

1. { Feuilles glabres.. 2.
   { Feuilles pubescentes ou cotonneuses en dessous..........
     .... *A. blanchâtre* (2110).

2. { Arbre qui dépasse beaucoup la hauteur d'un homme. 3.
   { Sous-arbrisseau de la longueur de la main.............
     .... *Bouleau nain* (2108).

3 { Feuilles bordées de créneaux obtus, et comme tronquées
     au sommet..................... *A. glutineux* (2109).
   { Feuilles à dents pointues et en scie, non tronquées au
     sommet............................... *A. verd* (2111).

CCLXXVII. CHARME.   *CARPINUS.*

1. .... *C. commun* (2112).

CCLXXVIII. HÊTRE.   *FAGUS.*

1. .... *H. des forêts* (2113).

CCLXXIX. CHATAIGNER.   *CASTANEA.*

1. .... *Ch. ordinaire* (2114).

CCLXXX. COUDRIER.   *CORYLUS.*

1. .... *C. noisettier* (2115).

CCLXXXI. CHÊNE.   *QUERCUS.*

1. { Feuilles glabres sur les deux surfaces................. 2.
   { Feuilles velues en dessous .... 5.

2. { Feuilles profondément sinuées, et nullement piquantes. 3.
   { Feuilles ovales, piquantes, peu ou point sinuées.........
     .... *Ch. au kermès* (2123).

3. { Cupule des glands très-grosse et fortement hérissée ;
     nervures des feuilles prolongées en pointe au sommet
     de chaque lobe..................... *Ch. égilops* (2119).
   { Cupule médiocre et un peu rude ; lobes obtus et sans
     pointe.. 4.

4. { Glands pédonculés............... *Ch. à grappe* (2116).
   { Glands sessiles..................... *Ch. sessile* (2117).

5. { Feuilles sinuées, pinnatifides et caduques............. 6.
   { Feuilles simples, entières ou dentées et persistantes... 9.

6. { Arbre qui ne dépasse jamais la hauteur d'un homme....
     .... *Ch. nain* (2120).
   { Arbre qui dépasse beaucoup la hauteur d'un homme. 7.

CCXCI.. AMBROSIE.   *AMBROSIA.*

1. .... *A. maritime* (2138).

CCXCII. LAMPOURDE.   *XANTHIUM.*

1. { Point d'épines à la base des feuilles. *L. gloutteron* (2139).
{ Trois épines à la base de chaque feuille..................
.... *L. épineuse* (2140).

CCXCIII. MERCURIALE.   *MERCURIALIS.*

1. { Feuilles cotonneuses, blanchâtres, presque entières......
.... *M. cotonneuse* (2143).
{ Feuilles non cotonneuses et dentées en leurs bords... 2.

2. { Feuilles dures; tige simple............ *M. vivace* (2141).
{ Feuilles molles; tige branchue...... *M. annuelle* (2142).

CCXCIV. EUPHORBE.   *EUPHORBIA.*

1. { Ovaires ou capsules glabres et unies..................... 2.
{ Ovaires ou capsules velues ou tuberculeuses.......... 23.

2. { Fleurs toutes, ou du moins les supérieures, disposées en
    ombelle .... 4.
{ Fleurs axillaires dans l'aisselle des rameaux.......... 3.

3. { Feuilles arrondies; graines tuberculeuses ....
    .... *E. monnoyer* (2144).
{ Feuilles ovales-oblongues; graines lisses ....
    .... *E. peplis* (2145).

4. { Ombelle à deux, trois ou quatre rayons................ 5.
{ Ombelle à cinq rayons ou davantage.................. 9.

5. { Feuilles éparses.. 6.
{ Feuilles opposées..................... *E. épurge* (2150).

6. { Feuilles de la tige lancéolées, ou linéaires et alon-
    gées... 7.
{ Feuilles de la tige arrondies.......... *E. peplus* (2146).

7. { Lobes externes de la fleur purpurins ou rougeâtres... 8.
{ Lobes externes de la fleur jaunâtres.....................
    .... *E. de Terracine* (2151).

8. { Bractées arrondies, presque rhomboïdales ....
    .... *E. à feuilles menues* (2149).
{ Bractées lancéolées, aiguës.............. *E. fluet* (2148).
{ Bractées presque en forme de cœur....................
    .... *E. en faulx* (2147).

9. { Lobes externes de l'involucre obtus et entiers....... 10.
{ Lobes externes de l'involucre échancrés, à deux dents ou
    à deux cornes.. 13.

10. { Ombelle à cinq rayons............................... 11.
{ Ombelle à plus de cinq rayons........................ 12.

11. { Feuilles étalées, écartées, un peu dentées..............
  .... *E. réveil-matin* (2155).
  Feuilles entières, serrées; les inférieures réfléchies......
  .... *E. sapinette* (2152).

12. { Racine ligneuse; feuilles ovales-oblongues................
  .... *E. de Nice* (2161).
  Racine herbacée; feuilles lancéolées-linéaires...........
  .... *E. de Gérard* (2160).

13. { Ombelle à cinq rayons .... 14.
  { Ombelle à plus de cinq rayons...................... 19.

14. { Feuilles entières............................ 15.
  { Feuilles dentées en scie......... *E. denté en scie* (2150).

15. { Feuilles de la tige serrées et presque embriquées.... 16.
  { Feuilles de la tige un peu écartées, nullement embriquées................................ 17.

16. { Feuilles inférieures déjetées en arrière, et comme embriquées de haut en bas......... *E. sapinette* (2152).
  Toutes les feuilles dressées......... *E. maritime* (2153).

17. { Tige et racines herbacées..................... 18.
  { Racine ou souche presque ligneuse.................. 20.

18. { Lobes externes de l'involucre jaunâtres................
  .... *E. des bleds* (2154).
  Lobes externes de l'involucre rougeâtres...............
  .... *E. en faulx* (2147).

19. { Bractées soudées ensemble et perfoliées...............
  .... *E. des bois* (2167).
  Bractées distinctes.......................... 20.

20. { Feuilles linéaires.......................... 21.
  { Feuilles ovales ou oblongues....................... 22*.

21. { Bractées un peu pointues; lobes externes de l'involucre à
  deux cornes............................. 22.
  Bractées obtuses; lobes externes de l'involucre échancrés..................... *E. ésule* (2159).

22. { Tige toute herbacée; plusieurs rameaux stériles naissant
  sous l'ombelle..................... *E. cyprès* (2158).
  Tige ligneuse et rameuse à la base....................
  .... *E. à feuilles de pin* (2157).

22*. { Lobes externes de l'involucre à deux cornes blanches,
  longues, épaisses ..... *E. à feuilles de myrte* (2162).
  Lobes externes de l'involucre à deux dents très-courtes.
  .... *E. de Nice* (2161).

23. { Capsule velue............................ 24.
  { Capsule tuberculeuse et non velue.................. 26.

24. { Bractées supérieures soudées ensemble.....................
     .... E. des vallons (2165).
     { Bractées non soudées ensemble......................... 25.

25. { Lobes externes de l'involucre jaunâtres. E. poilu (2166).
     { Lobes externes de l'involucre d'un pourpre foncé.........
     .... E. doux (2167).

26. { Lobes externes de l'involucre entiers.................... 27.
     { Lobes externes de l'involucre à deux cornes...............
     .... E. des bleds (2154).

27. { Tige ligneuse , au moins à la base..................... 28.
     { Tige herbacée... 30.

28. { Feuilles glabres ; vieux rameaux un peu épineux.........
     .... E. piquant (2169).
     { Feuilles velues ; tiges simples , herbacées vers le haut.
     .... 29.

29. { Ombelle penchée ou pendante avant la fleuraison.........
     .... E. de Carniole (2170).
     { Ombelle droite..................... E. d'Irlande (2174).

30. { Lobes externes de l'involucre jaunes ou roussâtres... 31.
     { Lobes externes de l'involucre d'un pourpre foncé.........
     .... E. pourpré (2168).

31. { Tige haute de 6-9 décim., et divisée en plusieurs ra-
     meaux stériles................... E. des marais (2175).
     { Tige de 3 décim. au plus; simple ou à rameaux non
     stériles .... 32.

32. { Bractées glabres... 33.
     { Bractées velues , au moins sur leur nervure posté-
     rieure... 34.

33. { Feuilles un peu dentelées; rayons de l'ombelle trifur-
     qués.......................... E. à verrues (2171).
     { Feuilles entières ; rayons de l'ombelle bifurqués.........
     .... E. d'Irlande (2174).

34. { Tiges et feuilles presque glabres ; graines lisses..........
     .... E. à large feuille (2172).
     { Plante toute pubescente ; graines ponctuées (L.).........
     .... E. pubescent (2173).

CCXCV. BUIS.   *BUXUS.*

1.   .... B. toujours vert (2176).

CCXCVI. RICIN.   *RICINUS.*

1.   .... R. commun (2177).

CCXCVII. TOURNESOL.   *CROTON.*

1.   .... T. des teinturiers (2178).

6. { Fleurs sessiles, disposées en tête ou en corimbe.........
.... D. camelée (2195).
Fleurs pédonculées en panicule......... D. garou (2196).

CCCVI. PASSERINE.   *PASSERINA.*

1. { Feuilles cotonneuses en dessus, et glabres en dessous...
.... P. cotonneuse (2200).
Feuilles glabres ou également velues sur les deux faces.. 2.

2. { Feuilles entièrement glabres.............................. 3.
Feuilles hérissées de poils plus ou moins nombreux... 6.

3. { Tige simple, haute d'un pied (3 décim.)..................
.... Daphné thymélée (2191).
Tige rameuse, haute d'un décim. au plus............ 4.

4. { Fleurs dioïques.................................... 5.
Fleurs hermaphrodites................. P. à calice (2199).

5. { Fleurs solitaires, munies de deux petites bractées à leur
base.................... P. des neiges (2198).
Fleurs géminées, sans bractées...... P. dioïque (2197).

6. { Feuilles soyeuses et blanchâtres des deux côtés...........
.... Daphné tarton-raire (2194).
Feuilles munies de poils épars et peu nombreux..........
.... P. des neiges (2198).

CCCVII. STELLÈRE.   *STELLERA.*

1. .... S. passerine (2201).

CCCVIII. LAURIER.   *LAURUS.*

1. .... L. d'Apollon (2202).

CCCIX. RENOUÉE.   *POLYGONUM.*

1. { Feuilles ovales-lancéolées, ou lancéolées-linéaires.... 2.
Feuilles en forme de cœur, de fer de lance ou de triangle.................................... 15.

2. { Fleurs disposées en épis ou en panicule................. 3.
Fleurs axillaires.............................. 13.

3. { Un seul épi terminal.......................... 4.
Plusieurs épis ou une panicule..................... 6.

4. { Deux stigmates; racine non tortue. R. amphibie (2206).
Trois stigmates; racine plus ou moins tortue.......... 5.

5. { Feuilles radicales prolongées sur le pétiole; les supé-
rieuses embrassantes............. R. bistorte (2205).
Feuilles ni prolongées sur leur pétiole, ni embrassantes.
.... R. vivipare (2204).

6. { Trois stigmates; plante haute de 1-2 mètres............
.... R. d'Orient (2211).
Deux stigmates; plante plus courte qu'un mètre...... 7.

7.

7. { Cinq étamines; feuilles échancrées en cœur à la base..... .... R. *amphibie* (2205).
{ Plus de cinq étamines; feuilles non échancrées en cœur. 8.

8. { Six étamines; fleurs en épis............................ 9.
{ Huit étamines; fleurs en panicule. R. *des Alpes* (2215).

9. { Gaînes ou bractées terminées par des cils............. 10.
{ Point de cils au sommet des gaînes ni des bractées. 11.

10. { Feuilles lancéolées-linéaires, jamais tachées; épis grèles. .... R. *fluette* (2207).
{ Feuilles ovales-lancéolées, souvent tachées; épis denses. .... R. *persicaire* (2208).

11. { Plante entièrement glabre; saveur âcre.................. .... R. *poivre-d'eau* (2206).
{ Plante pubescente ou velue en quelque partie; saveur non brûlante................................... 12.

12. { Tige droite; gaînes munies de quelques poils........... .... R. *à feuilles de patience* (2210).
{ Tige ascendante; gaînes glabres. R. *blanchâtre* (2209).

13. { Tige droite..................... R. *de Bellardi* (2214).
{ Tige couchée....................................... 14.

14. { Feuilles coriaces, persistantes; stipules grandes et à deux lobes........................... R. *maritime* (2212).
{ Feuilles vertes, ni coriaces ni persistantes; stipules médiocres................... R. *des petits oiseaux* (2213).

15. { Tige droite.................................... 16.
{ Tige rampante, couchée ou grimpante............... 17.

16. { Angles du fruit dentés.......... R. *de Tartarie* (2216).
{ Angles du fruit non dentés.......... R. *sarrazin* (2216).

17. { Anthères blanches; fruit à trois ailes saillantes......... .... R. *des buissons* (2218).
{ Anthères violettes; fruit à trois angles non ailés........ .... R. *liseron* (2217).

CCCX. RUMEX. *RUMEX.*

1. { Un tubercule à la base d'une ou plusieurs des valves qui entourent le fruit; saveur fade...................... 2.
{ Point de tubercule sur les valves séminales; saveur aigrelette.. 11.

2. { Valves séminales entières........................... 5.
{ Valves séminales dentées........................... 8.

3. { Pétioles et nervures d'un rouge foncé. R. *sanguin* (2224).
{ Pétioles et nervures verdâtres..................... 4.

4. { Tubercule sur une seule des valves séminales........... .... R. *patience* (2219).
{ Tubercules sur deux ou trois valves séminales...... 5.

Tome I.   P

CCCXI. RHUBARBE.   *RHEUM*.

CCCXII. PHYTOLACCA. *PHYTOLACCA.*

1. .... *P. à dix étamines* (2237).

CCCXIII. BLITE. *BLITUM.*

1. { Fleurs en paquets, tous axillaires.... *B. effilée* (2238).
{ Paquets supérieurs non munis de feuilles à leur base...
.... *B. en tête* (2239).

CCCXIV. BETTE. *BETA.*

1. { Tige couchée à la base; fleurs solitaires ou deux en-
{ semble........................ *B. maritime* (2240).
{ Tige droite; fleurs trois ou quatre ensemble............
{ .... *B. commune* (2241).

CCCXV. ÉPINARD. *SPINACIA.*

1. { Fruits chargés de deux à quatre cornes. *E. cornu* (2242).
{ Fruits sans cornes................. *E. sans cornes* (2243).

CCCXVI. ARROCHE. *ATRIPLEX.*

1. { Tige ligneuse........................ 2.
{ Tige herbacée........................ 4.

2. { Feuilles alternes........................ 3.
{ Feuilles opposées .... *A. pourpier* (2245).

3. { Feuilles rétrécies en pétiole.......... *A. halime* (2244).
{ Feuilles sessiles................... *A. glauque* (2246).

4. { Tige droite........................ 5.
{ Tiges étalées ou couchées................... 8.

5. { Feuilles çà et là dentées ou anguleuses; fleurs à-peu-
{ près sessiles................... 6.
{ Feuilles oblongues, entières; fleurs femelles pédoncu-
{ lées................... *A. pédonculée* (2247).

6. { Feuilles en forme de triangle ou de rhombe.......... 7.
{ Feuilles oblongues, dentées seulement dans le bas de la
{ plante................... *A. des rives* (2253).

7. { Valves des fleurs femelles persistantes, entières..... ....
{ .... *A. de jardin* (2254).
{ Valves des fleurs femelles persistantes, dentées....... 9.

8. { Valves des fleurs femelles persistantes, entières............
{ .... *A. couchée* (2251).
{ Valves des fleurs femelles persistantes, dentées...... 9.

9. { Feuilles d'un verd glauque presque blanchâtre....... 10.
{ Feuilles non sensiblement glauques................... 11.

10. { Feuilles alternes; sommités glabres. *A. rosette* (2248).
{ Feuilles inférieures opposées; sommités pubescentes.....
{ .... *A. découpée* (2249).

P 2

11. { Feuilles supérieures presque linéaires et entières.........
.... *A. étalée* (2252).
Feuilles supérieures triangulaires ou en fer de lance......
.... *A. en fer de lance* (2250).

CCCXVII. ANSÉRINE. *CHENOPODIUM.*

1. { Feuilles dentées, sinuées, lobées ou anguleuses....... 2.
Feuilles toutes entières.................... 13.

2. { Feuilles oblongues, sinuées ou pinnatifides............ 3.
Feuilles deltoïdes ou rhomboïdales , dentées ou anguleuses..................... 5.

3. { Feuilles glabres................. 4.
Feuilles un peu velues , demi-pinnatifides..............
.... *A. botride* (2262).

4. { Feuilles glauques en dessous; tiges un peu couchées.....
.... *A. glauque* (2264).
Feuilles vertes en dessous ; tiges droites.................
.... *A. ambrosie* (2263).

5. { Feuilles vertes sur les deux surfaces................... 6.
Feuilles chargées en dessous de poudre glauque ou blanchâtre..................... 10.

6. { Feuilles légèrement sinuées et presque entières...... 7.
Feuilles fortement dentées................... 8.

7. { Feuilles triangulaires.............. *A. bon Henri* (2255).
Feuilles ovales................. *A. polysperme* (2266).

8. { Feuilles à cinq ou sept lobes aigus , divergens...........
.... *A. bâtarde* (2261).
Feuilles à quinze ou vingt larges dentelures.......... 9.

9. { Feuilles luisantes en dessus........ *A. des murs* (2258).
Feuilles non luisantes en dessus. *A. des villages* (2256).

10. { Tige droite ; feuilles fortement dentées ou lobées.... 11.
Tige couchée; feuilles peu ou point dentées..............
.... *A. fétide* (2265).

11. { Feuilles triangulaires............ ... *A. rougeâtre* (2257).
Feuilles ovales ou rhomboïdales................. 12.

12. { Graine lisse.................. *A. à graine lisse* (2259).
Graine légèrement chagrinée..................
.... *A. à feuilles de figuier* (2260).

13. { Feuilles linéaires................. 14.
Feuilles ovales ou triangulaires.................. 7.

14. { Plante entièrement glabre................. 15.
Plante plus ou moins velue.................. 16.

15. { Tige herbacée................. *A. maritime* (2268).
Tige ligneuse................. *A. ligneuse* (2269).

16. { Rameaux droits et serrés contre la tige.....................
.... *A. à balais* (2267).
Rameaux très-ouverts................ *A. hérissée* (2270).

CCCXVIII. SOUDE. *SALSOLA.*

1. { Feuilles terminées en pointe épineuse.................. 2.
Feuilles non épineuses.................................... 5.

2. { Tige couchée ; fleurs un peu scarieuses sur les bords...
.... *A. kali* (2275).
Tige étalée ; fleurs non scarieuses. *S. épineuse* (2274).

5. { Tige droite.. 4.
Tige couchée ou étalée, ou ascendante............... 5.

4. { Feuilles glabres, charnues, longues de 9 centimètres...
.... *S. vulgaire* (2273).
Feuilles ou velues, ou longues de 2-5 centimètres au
plus.............................. (cccxvii. 14).

5. { Plante glabre................... *S. vulgaire* (2273).
Plante un peu velue.............................. 6.

6. { Racine ligneuse ; anthères purpurines. *S. couchée* (2271).
Racine herbacée ; anthères jaunes. *S. des sables* (2272).

CCCXIX. SALICORNE. *SALICORNIA.*

1. { Tige ligneuse et grise dans le bas, haute de 3-4 décimètres........................ *S. ligneuse* (2277).
Tige herbacée, verte jusqu'au bas, haute de 1-2 décimètres....................... *S. herbacée* (2276).

CCCXX. CORISPERME. *CORISPERMUM.*

1. .... *C. à feuilles d'hysope* (2278).

CCCXXI. CAMPHRÉE. *CAMPHOROSMA.*

1. .... *C. de Montpellier* (2279).

CCCXXII. POLYCNÈME. *POLYCNEMUM.*

1. .... *P. des champs* (2280).

CCCXXIII. THÉLIGONE. *THELIGONUM.*

1. .... *T. charnu* (2281).

CCCXXIV. AMARANTHE. *AMARANTHUS.*

1. { La plupart des feuilles échancrées au sommet...........
.... *A. blette* (2282).
Aucune feuille échancrée au sommet.................. 2.

2. { Tige droite........................ *A. à épi* (2283).
Tiges étalées ou un peu ascendantes. *A. couchée* (2283*).

CCCXXV. PARONYQUE.   *PARONYCHIA.*

<table>
<tr><td>1.</td><td>{ Tige droite .... 2.
{ Tige couchée .... 4.</td></tr>
<tr><td>2.</td><td>{ Tige herbacée .... 3.
{ Tige ligneuse .... *Herniaire fausse-renouée* (2295).</td></tr>
<tr><td>3.</td><td>{ Fleurs cachées sous des bractées grandes et argentées..
.... *P. en tête* (2291).
{ Fleurs non cachées par les bractées, et à lobes longs et
pointus................................... *P. en cîme* (2284).</td></tr>
<tr><td>4.</td><td>{ Fleurs cachées sous des bractées grandes et argentées... 5.
{ Fleurs non cachées sous les bractées...................... 8.</td></tr>
<tr><td>5.</td><td>{ Fleurs axillaires........... *P. à feuille de renouée* (2287).
{ Fleurs en têtes terminales .... 6.</td></tr>
<tr><td>6.</td><td>{ Feuilles planes, ovales, oblongues ou lancéolées...... 7.
{ Feuilles linéaires, courbées en carène....................
.... *P. en tête* (2291).</td></tr>
<tr><td>7.</td><td>{ Feuilles ciliées...................... *P. serpolet* (2289).
{ Feuilles glabres ou pubescentes..... *P. argentée* (2290).</td></tr>
<tr><td>8.</td><td>{ Lobes de la fleur prolongés en arête aiguë.............. 9.
{ Lobes de la fleur presque obtus........................ 10.</td></tr>
<tr><td>9.</td><td>{ Tiges pubescentes; fleurs en petits bouquets.............
.... *P. herissée* (2285).
{ Tiges glabres; fleurs en verticilles axillaires.............
.... *P. verticillée* (2286).</td></tr>
<tr><td>10.</td><td>{ Feuilles glabres......... *P. à feuilles de renouée* (2287).
{ Feuilles pubescentes.............. *P. pubescente* (2288).</td></tr>
</table>

CCCXXVI. HERNIAIRE.   *HERNIARIA.*

<table>
<tr><td>1.</td><td>{ Tiges couchées et nombreuses...................... 2.
{ Tige droite, ligneuse......... *H. fausse-renouée* (2295).</td></tr>
<tr><td>2.</td><td>{ Feuilles glabres...................... *H. glabre* (2292).
{ Feuilles velues ou pubescentes........................ 3.</td></tr>
<tr><td>3.</td><td>{ Racine herbacée .... *H. velue* (2293).
{ Racine ligneuse..................... *H. des Alpes* (2294).</td></tr>
</table>

CCCXXVII. PLANTAIN.   *PLANTAGO.*

<table>
<tr><td>1.</td><td>{ Hampes nues; feuilles radicales...................... 2.
{ Tiges garnies de feuilles .... 20.</td></tr>
<tr><td>2.</td><td>{ Feuilles entières ou à peines dentées.................... 3.
{ Feuilles pinnatifides............. *P. corne de cerf* (2316).</td></tr>
<tr><td>3.</td><td>{ Capsule contenant plus de deux graines................. 4.
{ Capsule ne contenant que deux graines................. 5.</td></tr>
<tr><td>4.</td><td>{ Hampe plus longue que la main; épi de trente à qua-
rante fleurs.............. *P. à grandes feuilles* (2296).
{ Hampe plus courte que le doigt; épi de trois à six
fleurs..................... *P. à petites feuilles* (2297).</td></tr>
</table>

CCCXXVIII. LITTORELLE.   *LITTORELLA.*

CCCXXIX. STATICE.   *STATICE.*

CCCXXX. DENTELAIRE.   *PLUMBAGO.*

CCCXXXI. NYCTAGE.   *NYCTAGO.*

CCCXXXII. GLOBULAIRE. *GLOBULARIA.*

1. { Tige très-courte ou couchée sur la terre.............. 2.
{ Tige feuillée, droite, rameuse....... *G. turbith* (2333).

2. { Tige couchée.. 3.
{ Tige presque nulle ; hampes radicales.................. 4.

3. { Feuilles obtuses ou échancrées au sommet...............
{ .... *G. à feuilles en cœur* (2336).
{ Feuilles un peu pointues et non échancrées au sommet.
{ .... *G. naine* (2337).

4. { Tige herbacée...................... *G. commune* (2335).
{ Tige ligneuse...................... *G. à tige nue* (2334).

CCCXXXIII. CENTENILLE. *CENTUNCULUS.*

1. .... *C. naine* (2338).

CCCXXXIV. MOURON. *ANAGALLIS.*

1. { Tiges droites ou étalées................................ 2.
{ Tiges rampantes ou tout-à-fait couchées............... 5.

2. { Feuilles ovales.. 4.
{ Feuilles étroites lancéolées............................. 3.

3. { Fleurs bleues.................... *M. de Monelli* (2341).
{ Fleurs blanches très-petites. *Lysimaque lin-étoilé*(2349).

4. { Fleur bleue...................... *M. bleu* (2339.
{ Fleur rouge...................... *M. rouge* (2340).

5. { Pédicelles plus longs que les feuilles. *M. délicat* (2342).
{ Pédicelles plus courts que les feuilles..................
{ .... *M. à feuille épaisse* (2343).

CCCXXXV. LYSIMAQUE. *LYSIMACHIA.*

1. { Pédoncules portant plusieurs fleurs..................... 2.
{ Pédoncules ne portant qu'une fleur...................... 3.

2. { Fleurs en panicule ; lobes de la corolle ovale.............
{ .... *L. commune* (2344).
{ Fleurs en grappes axillaires ; lobes de la corolle linéaires.
{ .... *L. en bouquets* (2345).

3. { Fleur jaune.. 4.
{ Fleur blanchâtre.................... *L. lin-étoilé* (2349).

4. { Tige droite...................... *L. ponctuée* (2346).
{ Tige rampante ou couchée............................. 5.

5. { Tige couchée ; folioles du calice linéaires................
{ .... *L. des bois* (2348).
{ Tige rampante ; folioles du calice ovales-lancéolées......
{ .... *L. nummulaire* (2347).

CCCXXXVI. HOTTONE. *HOTTONIA.*

1. .... *H. aquatique* (2348).

CCCXXXVII. CORIS.   *CORIS.*

1.   .... *C. de Montpellier* (2349).

CCCXXXVIII. ANDROSACE.   *ANDROSACE.*

1. { Fleur blanche ou rougeâtre............................... **2.**
   { Fleur jaune........... *Primevère fausse-joubarbe* (2575).

2. { Pédoncules ne portant qu'une seule fleur.............. **3.**
   { Pédoncule portant deux ou plusieurs fleurs disposées en
   {   ombelle.. **12.**

3. { Plante plus ou moins velue.............................. **4.**
   { Plante absolument glabre........... *A. lactée* , β (2361).

4. { Pédicelle plus court que les feuilles ou égal à leur lon-
   {   gueur.. **5.**
   { Pédicelle plus long que les feuilles...................... **8.**

5. { Feuilles serrées, embriquées, nullement étalées...... **6.**
   { Feuilles non embriquées et un peu étalées............. **7.**

6. { Feuilles hérissées; poils simples... *A. faux-bry* (2356).
   { Feuilles cotonneuses ; poils rameux. *A. embriquée* (2355).

7. { Feuilles pubescentes ; poils simples.......................
   {   .... *A. pubescente* (2552).
   { Feuilles cotonneuses ; poils rameux.......................
   {   .... *A. des Alpes* (2357).

8. { Feuilles ciliées ou hérissées de poils simples............. **9.**
   { Feuilles cotonneuses ; poils rameux.......................
   {   .... *A. des Alpes* (2357).

9. { Fleur blanche... **10.**
   { Fleur rose ou d'un violet pâle............................ **11.**

10. { Feuilles linéaires un peu courbées en carène.............
    {   .... *A. des Pyrénées* (2553).
    { Feuilles oblongues , planes....... *A. cylindrique* (2354).

11. { Feuilles oblongues , planes............... *A. ciliée* (2358).
    { Feuilles linéaires ou en forme d'alène. *A. carnée* (2360).

12. { Feuilles entières..................................... **13.**
    { Feuilles dentées..................................... **16.**

13. { Feuilles oblongues un peu obtuses..................... **14.**
    { Feuilles linéaires, pointues ou en alène............... **15.**

14. { Feuilles pubescentes............... *A. trompeuse* (2362).
    { Feuilles garnies de longs poils blancs et soyeux...........
    {   .... *A. velue* (2359).

15. { Fleurs roses ou couleur de chair , au nombre de deux à
    {   douze............................... *A. carnée* (2360).
    { Fleurs blanches au nombre de deux à cinq...............
    {   .... *A. lactée* (2361).

16. { Calice plus grand que la corolle. *A. à grand calice* (2364).
    { Calice moins grand que la corolle...........................
    { .... *A. septentrionale* (2365).

CCCXXXIX. PRIMEVÈRE.   *PRIMULA.*

CCCXL. CORTUSE.   *CORTUSA.*

CCCXLI. SOLDANELLE.   *SOLDANELLA.*

CCCXLII. GIROSELLE.   *DODECATHEON.*

CCCXLIII. CYCLAMEN.   *CYCLAMEN.*

1. {
Feuilles arrondies, échancrées en cœur..................
.... *C. d'Europe* (2379).
Feuilles linéaires............ *C. à feuille linéaire* (2380).
}

CCCXLIV. SAMOLE.   *SAMOLUS.*

1.   .... *S. de Valerandus* (2381).

CCCXLV. POLYGALA.   *POLYGALA.*

1. {
Lobe inférieur de la corolle chargé d'une houppe colorée... 2.
Point de houppe colorée sur le lobe inférieur de la corolle................ *P. faux-buis* (2386).
}

2. {
Feuilles inférieures très-arrondies et presque en spatule.
.... *P. amer* (2383).
Feuilles inférieures non arrondies au sommet......... 3.
}

3. {
Capsule échancrée au sommet; tige à-peu-près droite. 4.
Capsule non échancrée; tige couchée.....................
.... *P. des rochers* (2385).
}

4. {
Grandes divisions du calice ovales.. *P. commun* (2382).
Grandes divisions du calice oblongues.............
.... *P. de Montpellier* (2384).
}

CCCXLVI. VÉRONIQUE.   *VERONICA.*

1. {
Fleurs disposées en grappes axillaires.................. 2.
Fleurs solitaires ou en grappes terminales............ 15.
}

2. {
Tiges alongées et feuillées........................ 3.
Tiges très-courtes; feuilles presque radicales...........
.... *V. à feuilles radicales* (2398).
}

3. {
Tige glabre..................................... 4.
Tige velue ou pubescente .... 7.
}

4. {
Feuilles lancéolées ou linéaires.................... 5.
Feuilles ovales ou arrondies..................... 6.
}

5. {
Tige droite; capsules non échancrées au sommet........
.... *V. mouron* (2393).
Tige couchée ou rampante; capsules échancrées.........
.... *V. à écusson* (2392).
}

6. {
Tige presque ligneuse, rampante ou très-couchée.......
.... *V. d'Allioni* (2397).
Tige herbacée, droite ou ascendante...................
.... *V. beccabunga* (2394).
}

7. {
Poils de la tige rangés sur deux lignes opposées....... 8.
Poils épars................................... 9.
}

8. {
Tige droite................ *V. petit-chêne* (2389).
Tige couchée ou rampante......... *V. douteuse* (2395).
}

CCCXLIX. BARTSIE.   *BARTSIA*.

CCCL. RHINANTHE.   *RHINANTHUS*.

CCCLI. PÉDICULAIRE.   *PEDICULARIS*.

4. { Feuilles de la tige verticillées...... *P. verticillée* (2437).
   { Feuilles de la tige nulles, alternes ou opposées........ 5.

5. { Calices glabres.. 6.
   { Calices hérissés de poils.................................... 8.

6. { Lobes de la feuille ovales ou oblongs.................... 7.
   { Lobes de la feuille linéaires et acérés...........................
   .... *P. en faisceau* (2440).

7. { Dents du calice entières ; tige droite........................
   { .... *P. tronquée* (2435).
   { Dents du calice dentées ; tige arquée ou inclinée........
   .... *P. arquée* (2439).

8. { Lobes du calice entiers ; tige droite...................... 9.
   { Lobes du calice dentés ; tige ascendante..................
   .... *P. à long bec* (2438).

9. { Lèvre supérieure de la corolle obtuse ; tige de la lon—
   { gueur du doigt......... .... *P. rose* (2441).
   { Lèvre supérieure pointue ; tige au moins de la longueur
   { de la main.................... *P. incarnate* (2436).

10. { Corolle tachée de rouge ; tige de la longueur du doigt...
    { .... *P. tachée de feu* (2442).
    { Corolle toute jaunâtre ; tige au moins longue comme la
    { main .... 11.

11. { Lèvre supérieure de la corolle glabre.................... 12.
    { Lèvre supérieure de la corolle velue en dehors...........
    { .... *P. à épi feuillé* (2445).

12. { Epi garni de bractées courtes....... *P. tubéreuse* (2443).
    { Epi garni à sa base de bractées longues et foliacées........
    { .... *P. à épi feuillé* (2444).

CCCLII. MÉLAMPYRE.   *MELAMPYRUM.*

1. { Fleurs en épi conique ou quadrangulaire.............. 2.
   { Fleurs disposées par couples, et tournées d'un même
   { côté .... 3.

2. { Epi conique ; bractées planes, colorées, garnies de dents
   { acérées.................... *M. des champs* (2446).
   { Epi quadrangulaire et compact ; bractées en cœur et
   { pliées en gouttière................ *M. à crétes* (2447).

3. { Calices velus ; bractées violettes. *M. des foréts* (2448).
   { Calices glabres ; bractées vertes ou noirâtres.......... 4.

4. { Corolle tout-à-fait jaune et ouverte........................
   { .... *M. des bois* (2450).
   { Corolle blanche, tachée de jaune et presque fermée...
   { .... *M. des prés* (2449).

CCCLIII. TOZZIA.   *TOZZIA.*

1. .... *T. des Alpes* (2451).
                                                    CCCLIV.

CCCLIV. OROBANCHE.   *OROBANCHÉ.*

1. { Une bractée sous chaque fleur; corolle à quatre lobes. 2.
{ Trois bractées sous chaque fleur; corolle à cinq lobes. 6.

2. { Etamines entièrement glabres...... *O. majeure* (2452).
{ Etamines velues vers leur base........................ 3.

3. { Sommité de la plante couverte de poils visqueux.........
{ .... *O. du serpollet* (2456).
{ Sommité de la plante non visqueuse.................... 4.

4. { Corolles glabres en dehors........... *O. élancée* (2455).
{ Corolles pubescentes en dehors........................ 5.

5. { Lobes des parties du calice très-inégaux; corolles jau-
{ nâtres..................... *O. à petite fleur* (2454).
{ Lobes des parties du calice presque égaux; corolles un
{ peu rougeâtres..................... *O. vulgaire* (2453).

6. { Plante bleuâtre ou violette, toujours simple.............
{ .... *O. bleuâtre* (2457).
{ Plante jaunâtre presque toujours rameuse.................
{ .... *O. rameuse* (2458).

CCCLV. LATHRÉE.   *LATHRÆA.*

1. { Tige rameuse, cachée sous terre..........................
{ .... *L. clandestine* (2459).
{ Tige simple, non cachée sous terre......................
{ .... *L. écailleuse* (2460).

CCCLVI. ACANTHE.   *ACANTHUS.*

1. { Feuilles épineuses.................... *A. épineuse* (2462).
{ Feuilles non épineuses............ *A. sans épines* (2461).

CCCLVII. LILAS.   *LILAC.*

1. { Feuilles cordiformes; arbrisseaux de 2-3 mètres...........
{ .... *L. commun* (2463).
{ Feuilles lancéolées ou découpées; arbrisseau d'un mètre.
{ .... *L. de Perse* (2464).

CCCLVIII. FRÊNE.   *FRAXINUS.*

1. { Fleurs sans calice ni corolle............. *F. élevé* (2465).
{ Fleurs munies d'un calice et de quatre pétales............
{ .... *F. à fleurs* (2466).

CCCLIX. OLIVIER.   *OLEA.*

1. .... *O. d'Europe* (2467).

CCCLX. PHILARIA.   *PHILLYREA.*

1. { Feuilles oblongues dentelées. *P. à large feuille* (2468).
{ Feuilles linéaires entières... *P. à feuille étroite* (2469).

Tome I.   q

CCCLXI. JASMIN.   *JASMINUM.*

1. { Fleurs jaunes ; feuilles alternes....... *J. arbuste* (2471).
   { Fleurs blanches ; feuilles opposées... *J. commun* (2470).

CCCLXII. TROÈNE.   *LIGUSTRUM.*

1. .... *T. commun* (2472).

CCCLXIII. GATILIER.   *VITEX.*

1. .... *G. agneau-chaste* (2473).

CCCLXIV. VERVEINE.   *VERBENA.*

1. { Tige droite........................... *V. officinale* (2474).
   { Tige couchée ou étée............... *V. couchée* (2475).

CCCLXV. LYCOPE.   *LYCOPUS.*

1. { Feuilles fortement sinuées ou dentées....................
   { .... *L. européen* (2476).
   { Feuilles pinnatifides..................... *L. élevé* (2477).

CCCLXVI. CUNILE.   *CUNILA.*

1. .... *C. faux-thym* (2478).

CCCLXVII. ROMARIN.   *ROSMARINUS.*

1. .... *R. officinal* (2479).

CCCLXVIII. SAUGE   *SALVIA.*

1. { Feuilles ayant à leur base une échancrure qui leur donne
   {   la forme de cœur.................................. 2.
   { Feuilles sans échancrure à leur base.................. 6.

2. { Fleurs bleues, violettes ou blanches.................. 3.
   { Fleurs jaunâtres.................. *S. glutineuse* (2484).

3. { Bractées larges, colorées, plus longues que les calices..
   {   .... *S. sclarée* (2485).
   { Bractées non colorées, plus courtes que les calices... 4.

4. { Verticille inférieur composé de plus de dix fleurs.........
   {   .... *S. verticillée* (2489).
   { Tous les verticilles composés de moins de dix fleurs. 5.

5. { Lèvre supérieure de la corolle fort grande et plus longue
   {   que le tube.................... *S. des prés* (2481).
   { Lèvre supérieure de la corolle moins longue que le tube.
   {   .... *S. sauvage* (2482).

6. { Pointe des bractées épineuse et réfléchie...............
   {   .... *S. éthiopienne* (2485).
   { Pointe des bractées ni épineuse, ni réfléchie.......... 7.

7. { Fleurs en épis ou en grappes lâches.................... 8.
   { Fleurs en épis serrés et tétragones. *S. d'Espagne* (2492).

8. { Epis terminés par une houppe de feuilles.............. 9.
    { Epis non terminés par une houppe de feuilles........ 10.

9. { Houppe de feuilles rouges ou violettes. *S. hormin* (2486).
    { Houppe de feuilles vertes................ *S. verte* (2487).

10. { Feuilles finement crenelées; corolle une fois plus grande
    {   que le calice..................... *S. officinale* (2480).
    { Feuilles grossièrement crénelées ; corolle à peine plus
    {   grande que le calice................ *S. verveine* (2488).

CCCLXIX. BUGLE.   *AJUGA.*

1. { Plusieurs fleurs à chaque aisselle des feuilles florales.. 2.
    { Fleurs solitaires à l'aisselle des feuilles florales........ 5.

2. { Collet de la racine émettant des rejets rampans.........
    {   .... *B. rampante* (2491).
    { Collet de la racine sans rejets rampans................ 3.

3. { Feuilles inférieures beaucoup plus grandes que les supé-
    {   rieures...................... *B. pyramidale* (2493).
    { Feuilles inférieures à-peu-près égales aux supérieures. 4.

4. { Feuilles florales entières............ *B. des Alpes* (2492).
    { Feuilles florales fortement dentées ou trilobées...........
    {   .... *B. de Genève* (2494).

5. { Fleurs jaunes...................... *B. faux-pin* (2495).
    { Fleurs rouges........................... *B. musquée* (2496).

CCCLXX. GERMANDRÉE.   *TEUCRIUM.*

1. { Fleurs axillaires ou en épis........................... 2.
    { Fleurs en tête.................................... 13.

2. { Feuilles pinnatifides ou à trois lobes.................... 3.
    { Feuilles entières , dentées ou crénelées................. 5.

3. { Feuilles pinnatifides; plusieurs fleurs à chaque aisselle...
    {   .... *G. botride* (2498).
    { Feuilles à trois lobes; fleurs solitaires à chaque aisselle. 4.

4. { Lèvre inférieure de la corolle velue en dessous...........
    {   .... *G. fausse-ivette* (2499).
    { Lèvre inférieure de la corolle glabre....... (CCCLXIX. 5).

5. { Calice en cloche; arbrisseau........ *G. ligneuse* (2497).
    { Calice oblong; herbe ou sous-arbrisseau............. 6.

6. { Lobe supérieur du calice très-grand......................
    {   .... *G. de Provence* (2507).
    { Lobes du calice à-peu-près égaux..................... 7.

7. { Feuilles en forme de cœur... *G. sauge des bois* (2501).
    { Feuilles ovales ou oblongues................ .... 8.

8. { Fleurs solitaires à chaque aisselle.................... 9.
    { Deux ou plusieurs fleurs à chaque aisselle........... 10.

9. Grande lèvre de la corolle placée au-dessous des étamines...................... G. marum (2500).
Grande lèvre de la corolle placée au-dessus des étamines................... G. renversée (2502).

10. Plante glabre un peu luisante........ G. luisante (2505).
Plante velue ou pubescente...................... 11.

11. Fleurs d'un blanc jaunâtre ; bractées entières.............
.... G. jaune (2506).
Fleurs rouges ou blanches ; bractées dentées.......... 12.

12. Feuilles sessiles ; fleurs géminées... G. scordium (2503).
Feuilles pétiolées ; fleurs ternées. G. petit-chéne (2504).

13. Feuilles arrondies un peu cunéiformes...................
.... G. des Pyrénées (2508).
Feuilles oblongues ou lancéolées.................... 14.

14. Feuilles vertes et glabres en dessus....................
.... G. de montagne (2509).
Feuilles cotonneuses sur les deux surfaces............ 15.

15. Tige droite................. G. en téte (2512).
Tiges couchées au moins à la base.................. 16.

16. Sommité de la plante blanchâtre..... G. polium (2510).
Sommité de la plante jaunâtre ou dorée..................
.... G. à téte jaune (2511).

CCCLXXI. SARRIETTE.   *SATUREIA.*

1. Fleurs ramassées en têtes terminales. *S. en téte* (2513).
Fleurs axillaires ou verticillées..................... 2.

2. Calice en cloche , non strié................... 3.
Calice cylindrique à dix stries.................. 5.

3. Fleurs en petit nombre (quatre à six) à chaque aisselle. 4.
Fleurs nombreuses et disposées en verticilles serrés.......
.... *S. thymbra* (2515).

4. Feuilles ponctuées en dessous , acérées et plus longues
que les entre-nœuds.......... *S. de montagne* (2516).
Feuilles lisses, la plupart moins longues que les entre-
nœuds.................... *S. des jardins* (2514).

5. Pédoncule solitaire à chaque aisselle et chargé de trois
à six fleurs................. *S. de Saint-Julien* (2517).
Chaque aisselle munie de deux pédoncules chargés de
trois à quatre fleurs chacun....... *S. de Grèce* (2518).

CCCLXXII. THYMBRA.   *THYMBRA.*

1. .... *T. en épi* (2519).

CCCLXXIII. HYSOPE.   *HISSOPUS.*

1. .... *H. officinale* (2520).

CCCLXXIV. NÉPÉTA.   *NEPETA.*

1. { Feuilles toutes pétiolées ; panicules feuillées............ 2.
   { Feuilles supérieures sessiles ; panicules presque nues. 4.

2. { Feuilles toutes cordiformes.......... *N. chataire* (2521).
   { Feuilles supérieures lancéolées............................ 3.

3. { Fleurs en cîmes ou verticilles serrés. *N. lancéolée* (2522).
   { Fleurs en panicule lâche....... *N. à fleurs lâches* (2523).

4. { Tige glabre.................................... *N. nue* (2524).
   { Tige garnie de poils......... *N. à large feuille* (2525).

CCCLXXV. LAVANDE.   *LAVANDULA.*

1. { Epi surmonté par un toupet de feuilles. *L. stéchas* (2527).
   { Epi nu et sans toupet de feuilles......... *L. aspic* (2526).

CCCLXXVI. CRAPAUDINE.   *SIDERITIS.*

1. { Calice à deux lèvres, fermé de poils pendant la matura-
   {   tion ; point de bractées............................... 2.
   { Calice à cinq lobes égaux, nu pendant la maturation ;
   {   verticilles entourés de bractées...................... 3.

2. { Fleurs blanches ; lèvre supérieure du calice grande et
   {   entière................................ *C. de Rome* (2528).
   { Fleurs jaunes tachées de brun ; lèvre supérieure du calice
   {   à trois dents.................... *C. de montagne* (2529).

3. { Toutes les feuilles sessiles............................. 4.
   { Feuilles inférieures pétiolées........... *C. enfilée* (2530).

4. { Feuilles blanches cotonneuses ; bractées plus courtes que
   {   les calices...................... *C. blanchâtre* (2531).
   { Feuilles verdâtres, glabres, velues ou hérissées ; brac-
   {   tées plus longues que les calices.................... 5.

5. { Feuilles presque glabres ; fleurs jaunes...................
   {   .... *C. à feuilles d'hysope* (2532).
   { Feuilles velues ou hérissées ; fleurs d'un jaune pâle.......
   {   .... *C. faux-scordium* (2533).

CCCLXXVII. MENTHE.   *MENTHA.*

1. { Verticilles rapprochés en forme de têtes ou d'épis ter-
   {   minaux .... 2.
   { Verticilles écartés, entremêlés de feuilles............. 6.

2. { Feuilles et tiges glabres .... 3.
   { Tiges ou feuilles velues............................... 4.

3. { Feuilles sessiles ; pédicelles glabres..... *M. verte* (2536).
   { Feuilles pétiolées ; pédicelles souvent velus..............
   {   .... *M. poivrée* (2537).

4. { Feuilles sessiles ; épis alongés .... 5.
   { Feuilles pétiolées ; épis arrondis... *M. hérissée* (2538).

CCCLXXVIII. GLÉCHOME. *GLECHOMA.*

CCCLXXIX. ORVALE. *ORVALA.*

CCCLXXX. LAMIER. *LAMIUM.*

8. { Feuilles de la tige pétiolées........... *L. pourpre* (2553).
   { Feuilles de la tige sessiles......... *L. embrassant* (2555).

CCCLXXXI. GALÉOPSIS.   *GALEOPSIS.*

1. { Tiges renflées un peu au-dessous de chaque nœud... 2.
   { Tiges d'égale épaisseur d'un nœud à l'autre.......... 3.

2. { Corolle deux fois plus longue que le calice................
   { .... *G. tétrahit* (2559).
   { Corolle trois ou quatre fois plus longue que le calice....
   { .... *G. bigarrée* (2560).

3. { Fleurs jaunes.. 4.
   { Fleurs rouges ou roses................................. 5.

4. { Tige simple; lèvre supérieure de la corolle très-écartée
   {   de l'inférieure.............. *Galeobdolon jaune* (2581).
   { Tige rameuse; lèvre supérieure de la corolle peu écartée
   {   de l'inférieure.................. *G. à fleur jaune* (2556).

5. { Poils du calice soyeux; corolle trois fois plus grande que
   {   le calice......................... *G. ladane* (2557).
   { Poils du calice hérissés; corolle dépassant peu le calice.
   { .... *G. à petite fleur* (2558).

CCCLXXXII. BÉTOINE.   *BETONICA.*

1. { Corolles purpurines, rougeâtres ou blanches......... .. 2.
   { Corolles d'un jaune pâle.... *B. queue de renard* (2565).

2. { Calice glabre et lisse en dehors..... *B. officinale* (2561).
   { Calice plus ou moins velu................................ 3.

3. { Lèvre supérieure oblongue et étroite.................... 4.
   { Lèvre supérieure ample et arrondie au sommet...........
   { .... *B. d'Orient* (2564).

4. { Feuilles peu velues; épi cylindrique quelquefois inter—
   {   rompu....................... *B. roide* (2562).
   { Feuilles presque cotonneuses; épi court continu.........
   { .... *B. velue* (2563).

CCCLXXXIII. ÉPIAIRE.   *STACHYS.*

1. { Plante plus ou moins velue, herbacée et non visqueuse. 2.
   { Plante glabre, ligneuse et visqueuse. *L. visqueuse* (2570).

2. { Toutes les feuilles sessiles............................. 3.
   { Feuilles inférieures fortement pétiolées................. 4.

3. { Tige presque droite; fleurs purpurines..................
   { .... *É. des marais* (2567).
   { Tige un peu couchée à la base; fleurs jaunâtres.........
   { .... *É. crapaudine* (2573).

4. { Fleurs jaunâtres .... 5.
   { Fleurs blanches ou purpurines........................... 7.

2. { Feuilles un peu dentées.............. O. *commun* (2586).
   { Feuilles très-entières................. O. *de Crète* (2587).

CCCXCII. THYM.   *THYMUS.*

1. { Division moyenne de la lèvre inférieure entière....... 2.
   { Division moyenne de la lèvre inférieure échancrée... 5.

2. { Tiges droites; feuilles presque linéaires............... 3.
   { Tiges couchées; feuilles ovales ou oblongues.......... 4.

3. { Feuilles fortement ciliées à leur base... *T. zygis* (2591).
   { Feuilles pubescentes non ciliées..... *T. commun* (2592).

4. { Feuilles glabres ou ciliées............ *T. serpolet* (2589).
   { Feuilles hérissées sur leurs deux surfaces.................
   { .... *T. laineux* (2590).

5. { Pédoncules jamais chargés de plus de trois fleurs....... 6.
   { Pédoncules la plupart chargés de plus de trois fleurs. 10.

6. { Feuilles entières ou à peine dentées.................... 7.
   { Feuilles fortement dentées.... *T. à grande fleur* (2596).

7. { Fleurs disposées aux aisselles des feuilles, qu'elles dé-
   {   passent peu..................................... 8.
   { Fleurs en grappes terminales; feuilles florales courtes....
   { .... *T. de Crète* (2599).

8. { Calice presque glabre.............. *T. poivré* (2595).
   { Calice hérissé................................. 9.

9. { Calice renflé à la base; fleurs assez petites.................
   { .... *T. des champs* (2593).
   { Calice cylindrique; fleurs deux fois plus grandes que le
   {   calice......................... *T. des Alpes* (2594).

10. { Feuilles dentées............................... 11.
    { Feuilles entières, blanches en dessous. *T. de Crète* (2599).

11. { Dents du calice égales entre elles..... *T. népeta* (2598).
    { Deux dents inférieures du calice plus longues que les
    {   autres.............................. *T. calament* (2597).

CCCXCIII. MÉLISSE.   *MELISSA.*

1. { Feuilles ovales-oblongues presque radicales.................
   { .... *M. des Pyrénées* (2601).
   { Feuilles ovales en cœur, disposées le long de la tige......
   { .... *M. officinale* (2600).

CCCXCIV. MÉLITTE.   *MELITTIS.*

1. .... *M. à feuilles de mélisse* (2602).

CCCXCV. DRACOCÉPHALE.   *DRACOCEPHALUM.*

1. { Feuilles découpées un peu cotonneuses....................
   { .... *D. d'Autriche* (2603).
   { Feuilles entières, glabres......... *D. de Ruysch* (2604).

CCCXCVI. BRUNELLE. *BRUNELLA.*

1. { Feuilles entières ou dentées, point laciniées........... 2.
{ Feuilles supérieures profondément laciniées..............
.... *B. découpée* (2606).

2. { Feuilles pétiolées, ovales-oblongues, souvent dentées. 3.
{ Feuilles sessiles, étroites, entières....................
.... *B. à feuilles d'hysope* (2608).

3. { Fleurs longues de 2 centim. ; lèvre supérieure du calice
à trois dents très-petites......... *B. commune* (2605).
{ Fleurs longues de 3 centim. ; lèvre supérieure du calice
à trois lobes.................... *B. à grande fleur* (2607).

CCCXCVII. CLÉONIE. *CLEONIA.*

1. .... *C. de Portugal* (2609).

CCCXCVIII. BASILIC. *OCYMUM.*

1. { Feuilles planes entières.................... 2.
{ Feuilles crépues, bosselées ou découpées. *B. crépu* (2611).

2. { Plante entièrement glabre............... *B. nain* (2612).
{ Plante un peu hérissée vers le haut. *B. commun* (2610).

CCCXCIX. TOQUE. *SCUTELLARIA.*

1. { Fleurs axillaires.................... 2.
{ Fleurs en épi terminal.................... 3.

2. { Bractées plus longues que les calices....................
.... *T. des Alpes* (2614).
{ Bractées plus courtes que les calices....................
.... *T. de Columna* (2613).

3. { Feuilles dentées.................... *T. tertianaire* (2615).
{ Feuilles entières.................... *T. naine* (2616).

CD. UTRICULAIRE. *UTRICULARIA.*

1. { Eperon conique ; entrée de la corolle fermée par le palais.................... *U. commune* (2617).
{ Eperon très-court courbé en dehors ; corolle un peu ouverte.................... *U. naine* (2618).

CDI. GRASSÈTE. *PINGUICULA.*

1. { Fleur bleue ou purpurine.................... 2.
{ Fleur d'un blanc jaunâtre.......... *G. des Alpes* (2621).

2. { Lèvre supérieure à deux lobes pointus....................
.... *G. vulgaire* (2619).
{ Lèvre supérieure à deux lobes arrondis............... 3.

3. { Feuilles ovales-arrondies..... *G. à grande fleur* (2620).
{ Feuilles oblongues.......... *G. à longue feuille* (2620*).

CDII. LIMOSELLE.   *LIMOSELLA.*

1.   .... *L. aquatique* (2622).

CDIII. LINDERNIE.   *LINDERNIA.*

1.   .... *L. pyxidaire* (2623).

CDIV. ÉRINE.   *ERINUS.*

1.   .... *É. des Alpes* (2624).

CDV. SCROPHULAIRE.   *SCROPHULARIA.*

1. { Feuilles en forme de cœur, crénelées sur les bords..... 2.
{ Feuilles découpées en lobes nombreux et découpés..... 8.

2. { Plante hérissée de quelques poils sur sa tige ou ses feuilles..................................... 3.
{ Plante entièrement glabre..................... 6.

3. { Fleurs d'un pourpre foncé..................... 4.
{ Fleurs de couleur pâle ou jaunâtre................. 5.

4. { Feuilles inférieures simplement en forme de cœur.......
.... *S. noueuse* (2625).
{ Feuilles inférieures lobées à leur base, ou munies d'appendices sur leur pétiole...... *S. à oreillettes* (2630).

5. { Feuilles presque aussi larges que longues.................
.... *S. printannière* (2626).
{ Feuilles oblongues, très-échancrées en cœur............
.... *S. à feuilles de sauge* (2628).

6. { Fleurs en grappe presque nue et terminale........... 7.
{ Fleurs portées sur des pédoncules axillaires..............
.... *S. voyageuse* (2629).

7. { Tige à quatre angles saillans et presque ailés...........
.... *S. aquatique* (2627).
{ Tige à quatre angles obtus..... *S. à trois lobes* (2631).

8. { Fleur d'un pourpre noir ; palais nu... *S. canine* (2632).
{ Fleur d'un rouge pâle ; palais muni d'une petite lame orbiculaire.................... *S. luisante* (2633).

CDVI. LINAIRE.   *LINARIA.*

1. { Feuilles pétiolées, dentées ou anguleuses............ 2.
{ Feuilles sessiles et entières..................... 6.

2. { Fleurs solitaires aux aisselles des feuilles............. 5.
{ Fleurs en grappe terminale. *Anarrhine paquerette* (2660).

3. { Feuilles arrondies, plus courtes que les pétioles...... 4.
{ Feuilles ovales ou en fer de lance, plus longues que les pétioles.................... 5.

4. { Feuilles glabres................. *L. cymbalaire* (2634).
{ Feuilles hérissées de poils............. *L. poilue* (2635).

5. { Feuilles ovales , non anguleuses..... *L. bâtarde* (2637).
{ Feuilles en fer de lance , oreillées ou anguleuses à la base.................... *L. élatine* (2636).

6. { Feuilles inférieures verticillées....................... 7.
{ Feuilles toutes éparses , alternes ou opposées........ 20.

7. { Feuilles ovales............................... 8.
{ Feuilles linéaires............................... 11.

8. { Toutes les feuilles verticillées trois à trois , excepté les feuilles florales............................. 9.
{ Feuilles inférieures seulement verticillées............. 10.

9. { Fleurs pédicellées , axillaires , réfléchies après la fleuraison.................... *L. réfléchie* (2638).
{ Fleurs en épi terminal.................. *L. ternée* (2639).

10. { Fleurs jaunes.............. *L. à feuille de thym* (2642).
{ Fleurs bleues ou violettes........ *L. des Alpes* (2650).

11. { Fleurs jaunes................................. 12.
{ Fleurs violettes , blanches ou rayées.................. 16.

12. { Eperon de couleur violette.......... *L. bigarrée* (2640).
{ Eperon jaune................................. 13.

13. { Tige droite ; fleurs très-petites....... *L. simple* (2646).
{ Tige tombante ou ascendante....................... 14.

14. { Plante presque entière , couverte de poils courts et visqueux.......................... *L. des rochers* (2649).
{ Plante pubescente seulement vers le sommet........ 15.

15. { Eperon rayé de lignes foncées , longitudinales........... .... *L. des Pyrénées* (2643).
{ Eperon non rayé...................... *L. couchée* (2644).

16. { Corolles sensiblement rayées en long............ 17.
{ Corolles non rayées..................... 18.

17. { Eperon plus long que la corolle. *L. de Pélissier* (2648).
{ Eperon plus court que la corolle........ *L. rayée* (2641).

18. { Fleurs blanches ; éperon très-long. *L. de Chalep* (2647).
{ Fleurs bleues , éperon de moyenne longueur......... 19.

19. { Fleurs très-petites ; calices pubescens................... .... *L. des champs* (2645).
{ Fleurs moyennes ; calices glabres. *L. des Alpes* (2650).

20. { Fleurs jaunes.................................. 21.
{ Fleurs rougeâtres ou bleuâtres.................. 23.

21. { Feuilles inférieures opposées , éperon violet............. .... *L. bigarrée* (2640).
{ Feuilles toutes alternes ; éperon jaune.............. 22.

22. { Fleurs en épi simple et serré....... *L. commune* (2654).
{ Fleurs en épi lâche et rameux........................... .... *L. à feuilles de genêt* (2655).

23. { Fleurs rougeâtres; feuilles la plupart alternes...........
.... *L. naine* (2652).
Fleurs bleuâtres; feuilles la plupart opposées.............
.... *L. à feuille d'origan* (2651).

CDVII. MUFLIER.   *ANTIRRHINUM.*

1. { Feuilles ovales, oblongues ou linéaires............... 2.
Feuilles arrondies, échancrées en cœur..................
.... *A. faux-asaret* (2659).

2. { Feuilles linéaires ou lancéolées; tige glabre........... 3.
Feuilles ovales; tige velue................... 4.

3. { Lobes du calice courts et obtus.. *M. à grande fleur* (2655).
Lobes du calice longs et linéaires. *M. rubicond* (2656).

4. { Plante couverte de poils courts, mols, serrés............
.... *M. toujours vert* (2657).
Plante couverte d'un duvet blanc presque laineux.......
.... *A. velouté* (2658).

CDVIII. ANARRHINE.   *ANARRHINUM.*

1. .... *A. paquerette* (2660).

CDIX. DIGITALE.   *DIGITALIS.*

1. { Fleurs purpurines ou blanches......................... 2.
Fleurs jaunes, jaunâtres ou couleur de rouille........ 3.

2. { Feuilles rétrécies en pétiole.......... *D. pourpre* (2661).
Feuilles décurrentes sur la tige....................
.... *D. à feuilles de molène* (2662).

3. { Tige et feuilles un peu velues. *D. à grande fleur* (2663).
Tige et feuilles très-glabres......................... 4.

4. { Fleur jaune; lobes du calice pointus...................
.... *D. à petite fleur* (2664).
Fleur couleur de rouille; lobes du calice obtus...........
.... *D. rouillée* (2665).

CDX. GRATIOLE.   *GRATIOLA.*

1. .... *G. officinale* (2666).

CDXI. CELSIE.   *CELSIA.*

1. .... *C. d'Orient* (2667).

CDXII. MOLÈNE.   *VERBASCUM.*

1. { Feuilles décurrentes sur la tige......................... 2.
Feuilles sessiles ou pétiolées, mais non décurrentes.. 4.

2. { Filets des étamines glabres. *M. à feuille épaisse* (2670).
Filets des étamines hérissés de poils................... 3.

3. { Tige simple.................... *M. bouillon-blanc* (2668).
Tige rameuse.......... *M. faux-bouillon-blanc* (2669).

4. { Filets des étamines hérissés de poils violets............ 5.
{ Filets des étamines glabres ou hérissés de poils jaunes
ou blancs... 8.

5. { Feuilles sinuées ou pinnatifides..................... 6.
{ Feuilles crénelées.. 7.

6. { Feuilles presque glabres........... *M. de Chaix* (2680).
{ Feuilles blanchâtres et velues......... *M. sinuée* (2681).

7. { Epis simples ou à peine rameux à la base............ 8.
{ Epis nombreux, disposés en panicule..................
{ .... *M. mélangée* (2674).

8. { Feuilles molles; tige cylindrique ..... *M. noire* (2675).
{ Feuilles fermes; tige anguleuse.........................
{ .... *M. queue de renard* (2676).

9. { Feuilles garnies d'un duvet cotonneux .... 10.
{ Feuilles glabres ou munies de poils rares et épars. .. 12.

10. { Fleurs presque sessiles; feuilles supérieures échancrées
en cœur...................... *M. phlomide* (2671).
{ Fleurs portées sur des pédicelles de 5-10 millimètres de
longueur... 11.

11. { Duvet court, égal, peu abondant et non floconneux....
{ .... *M. lychnis* (2672).
{ Duvet épais, floconneux, inégal. *M. poudreuse* (2673).

12. { Fleurs d'un pourpre foncé......... *M. purpurine* (2677).
{ Fleurs blanches ou jaunes............................ 13.

13. { Plante glabre; fleurs solitaires à chaque bractée.........
{ .... *M. blattaire* (2678).
{ Plante pubescente; fleurs souvent géminées.............
{ .... *M. fausse-blattaire* (2679).

CDXIII. RAMONDIE. *RAMONDIA.*

1. .... *R. des Pyrénées* (2682).

CDXIV. JUSQUIAME. *HYOSCIAMUS.*

1. { Feuilles sessiles et embrassantes......... *J. noire* (2683).
{ Feuilles pétiolées.................................... 2.

2. { Corolle d'un blanc sale; angles des feuilles obtus.........
{ .... *J. blanche* (2684).
{ Corolle d'un jaune doré; angles des feuilles aigus........
{ .... *J. dorée* (2685).

CDXV. NICOTIANE. *NICOTIANA.*

1. { Feuilles sessiles; lobes des corolles pointus...............
{ .... *N. tabac* (2686).
{ Feuilles pétiolées; lobes des corolles obtus..............
{ .... *N. rustique* (2687).

CDXVI. DATURA.   *DATURA.*

1. .... *D. stramoine* (2688).

CDXVII. MANDRAGORE.   *MANDRAGORA.*

1. .... *M. officinale* (2689).

CDXVIII. ATROPA.   *ATROPA.*

1. { Tige feuillée ; fleurs axillaires..... *A. belladone* (2690).
    { Tige nulle ; feuilles et fleurs radicales....................
    { .... *Mandragore officinale* (2689).

CDXIX. COQUERET.   *PHYSALIS.*

1. .... *C. alkekenge* (2691).

CDXX. MORELLE.   *SOLANUM.*

1. { Plante herbacée et non grimpante.................... 2.
    { Plante ligneuse à la base et un peu grimpante............
    { .... *M. douce-amère* (2692).

2. { Feuilles ovales, entières ou peu sinuées, ou anguleuses. 5.
    { Feuilles découpées en lobes distincts, et presque ailées. 5.

3. { Pédoncules portant plusieurs fleurs ; fruits sphériques. 4.
    { Pédoncules à une fleur ; fruits ovoïdes ou cylindriques.
    { .... *S. mélongène* (2697).

4. { Plante glabre ; fruits noirs.............. *M. noire* (2693).
    { Plante velue ; fruits jaunes.............. *M. velue* (2694).

5. { Fleurs blanches ou violettes........ *M. tubéreuse* (2695).
    { Fleurs jaunes............... *M. pomme d'amour* (2696).

CDXXI. PIMENT.   *CAPSICUM.*

1. .... *P. annuel* (2698).

CDXXII. LYCIET.   *LYCIUM.*

1. { Calices à cinq dents égales......... *L. d'Europe* (2699).
    { Calices à deux lèvres entières ou à deux dents..........
    { .... *L. de Barbarie* (2700).

CDXXIII. MÉLINET.   *CERINTHE.*

1. { Corolles plus longues que le calice.................... 2.
    { Corolles plus courtes que le calice.... *M. glabre* (2702).

2. { Corolles à cinq dents, courtes, obtuses et réfléchies...
    { .... *M. rude* (2701).
    { Corolles à cinq lobes pointus, droits et linéaires.......
    { .... *M. à petites fleurs* (2703).

CDXXIV. HÉLIOTROPE.   *HELIOTROPIUM.*

1. { Tige herbacée....................................... 2.
    { Tige ligneuse ; fleurs odorantes... *H. du Pérou* (2704).

2. { Tige droite...................... *H. européen* (2705).
    { Tiges nombreuses et couchées....... *H. couché* (2706).

CDXXV. VIPÉRINE.   *ECHIUM.*

1. { Poils du haut de la plante roides et hérissés.......... 2.
    { Poils du haut de la plante mous et couchés..............
    { .... *V. à feuilles de plantain* (2711).

2. { Feuilles ovales ou oblongues, rétrécies à leur base; tige
    {   droite.. 3.
    { Feuilles élargies à leur base; tige demi-couchée.........
    { .... *V. violette* (2709).

3. { Tige très-hérissée; étamines glabres................... 4.
    { Tige peu hérissée; étamines velues vers le haut........
    { .... *V. méridionale* (2710).

4. { Corolles fort irrégulières........... *V. commune* (2707).
    { Corolles presque régulières... *V. des Pyrénées* (2708).

CDXXVI. GREMIL.   *LITHOSPERMUM.*

1. { Fleurs blanches ou jaunes, dépassant peu ou point le
    {   calice....................................... 2.
    { Fleurs purpurines, beaucoup plus longues que le calice. 4.

2. { Fleurs d'un blanc sale....................... 3.
    { Fleurs jaunes.................. *G. de la Pouille* (2714).

3. { Tiges dures; semences lisses et luisantes................
    { .... *G. officinal* (2712).
    { Tiges foibles et molles; semences ridées..............
    { .... *G. des champs* (2713).

4. { Tige herbacée................................. 5.
    { Tige ligneuse; feuilles linéaires..... *G. ligneux* (2717).

5. { Tiges stériles, couchées et rampantes. *G. violet* (2715).
    { Tiges toutes fleuries et étalées. *G. des teinturiers* (2716).

CDXXVII. NONÉE.   *NONEA.*

1. .... *N. violette* (2718).

CDXXVIII. PULMONAIRE.   *PULMONARIA.*

1. { Feuilles radicales ovales et un peu en cœur.............
    { .... *P. officinale* (2719).
    { Feuilles radicales, lancéolées et étroites..............
    { .... *P. à feuille étroite* (2720).

CDXXIX. ORCANETTE.   *ONOSMA.*

1. .... *O. vipérino* (2721).

CDXXX. CONSOUDE.   *SYMPHYTUM.*

1. { Racine non tubéreuse; feuilles décurrentes..............
    { .... *C. officinale* (2722).
    { Racine tubéreuse; feuilles peu ou point décurrentes.....
    { .... *C. tubéreuse* (2723).

CDXXXI.

CDXXXI. MYOSOTE. *MYOSOTIS.*

1. { Epis de fleurs dégarnis de feuilles...................... 2.
{ Epis de fleurs garnis de feuilles.......................... 4.

2. { Racine annuelle ; tube de la corolle plus court que le
{   calice........................... *M. annuelle* (2724).
{ Racine vivace ; tube de la corolle égal au calice.... 3.

3. { Feuilles hérissées de poils épars ; fruits lisses...........
{ .... *M. vivace* (2725).
{ Feuilles garnies de poils couchés et soyeux ; fruits cré-
{   nelés sur les bords.................. *M. naine* (2726).

4. { Fleurs bleues ; fruits très-hérissés........................
{ .... *M. à fruits de bardane* (2727).
{ Fleurs jaunes ; fruits un peu tuberculeux.................
{ .... *Gremil de la Pouille* (2714).

CDXXXII. BUGLOSSE. *ANCHUSA.*

1. { Fleurs en grappes, en têtes ou en panicules serrées.. 2.
{ Fleurs très-écartées, disposées en grappe très-lâche...
{ .... *B. à fleurs lâches* (2728).

2. { Toutes les feuilles alternes............................. 3.
{ Chaque touffe de fleurs entourée de deux feuilles oppo-
{   sées..................... *B. toujours verte* (2733).

3. { Fleurs en grappes ou en panicules ; feuilles planes.... 4.
{ Fleurs en tête ; feuilles ondulées sur les bords............
{ .... *B. ondulée* (2732).

4. { Tige droite, haute de 3-4 décimètres................. 5.
{ Tiges étalées, hautes de 2-3 décimètres.................
{ .... *Gremil des teinturiers* (2716).

5. { Calice divisé jusqu'au milieu de sa longueur.............
{ .... *B. à feuille étroite* (2730).
{ Calice divisé presque jusqu'à la base.................. 6.

6. { Corolles violettes ; écailles de la gorge très-barbues.....
{ .... *B. d'Italie* (2729).
{ Corolles d'un bleu d'azur ; écailles légèrement hérissées.
{ .... *B. de Barrelier* (2731).

CDXXXIII. LYCOPSIDE. *LYCOPSIS.*

1.   .... *L. des champs* (2734).

CDXXXIV. RAPETTE. *ASPERUGO.*

1.   .... *R. couchée* (2735).

CDXXXV. CYNOGLOSSE. *CYNOGLOSSUM.*

1. { Fruits rudes et planes ; feuilles velues.................. 2.
{ Fruits lisses et concaves ; feuilles presque glabres... 6.

Tome I.   r

2. { Etamines cachées dans la corolle....................... 3.
{ Etamines saillantes hors de la corolle....................
.... *C. de l'Apennin* (2740).

3. { Calice presque aussi grand que la corolle............ 4.
{ Calice de moitié plus court que la corolle..............
.... *C. à feuilles de giroflée* (2739).

4. { Fleurs d'un rouge sale (quelquefois blanches)....... 5.
{ Fleurs d'un bleu clair et rayé. *C. à fleur rayée* (2738).

5. { Feuilles couvertes de poils courts, nombreux et couchés.
.... *C. officinale* (2736).
{ Feuilles chargées de poils longs, épars et dressés........
.... *C. de montagne* (2737).

6. { Fleurs bleues ; feuilles radicales, pétiolées et en cœur..
.... *C. ombiliquée* (2741).
{ Fleurs blanches ; feuilles glauques, lancéolées...........
.... *C. à feuilles de lin* (2742).

CDXXXVI. BOURRACHE. *BORRAGO.*

1. .... *B. officinale* (2743).

CDXXXVII. LISERON. *CONVOLVULUS.*

1. { Tige herbacée................................ 2.
{ Arbrisseau ligneux................... *L. argenté* (2752).

2. { Tiges couchées ou grimpantes...................... 3.
{ Tiges droites et non entortillées..................... 9.

3. { Fleurs blanches................................. 4.
{ Fleurs bleues ou purpurines...................... 6.

4. { Feuilles en forme de fer de flèche.................. 5.
{ Feuilles à-peu-près ovales........ *L. de Sicile* (2746).

5. { Lobes de la base des feuilles tronqués. *L. des haies* (2744).
{ Lobes de la base des feuilles pointus. *L. des champs* (2745).

6. { Feuilles un peu épaisses, parfaitement glabres...........
.... *L. soldanelle* (2748).
{ Feuilles velues ou pubescentes..................... 7.

7. { Feuilles dentées ou découpées......................
.... *L. à feuilles d'Althéa* (2747).
{ Feuilles entières............................. 8.

8. { Feuilles ovales ; stigmate à deux lobes. *L. de Sicile* (2746).
{ Feuilles en cœur ; stigmate à trois lobes..................
.... *L. tricolor* (2749).

9. { Feuilles soyeuses et un peu obtuses....... *L. rayé* (2750).
{ Feuilles aiguës et non soyeuses.. *L. de Biscaye* (2751).

CDXXXVIII. CRESSE. *CRESSA.*

1. .... *C. de Crète* (2753).

CDXXXIX. CUSCUTE.   *CUSCUTA.*

1.
{ Fleurs portées sur de très-courts pédicelles..............
.... C. *à grande fleur* (2754).
{ Fleurs absolument sessiles..... C. *à petite fleur* (2755).

CDXL. POLÉMOINE.   *POLEMONIUM.*

1. .... P. *bleu* (2756).

CDXLI. MÉNYANTHE.   *MENYANTHES.*

1.
{ Fleurs blanches.................... M. *trefle-d'eau* (2757).
{ Fleurs jaunes.......... *Villarsie faux-nénuphar* (2758).

CDXLII. VILLARSIE.   *VILLARSIA.*

1. .... V. *faux-nénuphar* (2758).

CDXLIII. CHLORE.   *CHLORA.*

1.
{ Calice à huit lobes...................... C. *enfilée* (2759).
{ Calice membraneux déjeté d'un seul côté.................
.... *Gentiane jaune* (2761).

CDXLIV. SWERTIE.   *SWERTIA.*

1. .... S. *vivace* (2760).

CDXLV. GENTIANE.   *GENTIANA.*

1.
{ Entrée du tube de la corolle nue........................ 2.
{ Entrée du tube garnie d'appendices frangés.......... 18.

2.
{ Lobes de la corolle entiers ou à peine dentelés....... 3.
{ Lobes de la corolle ciliés................ G. *ciliée* (2779).

3.
{ Corolle en roue ou en cloche oblongue................. 4.
{ Corolle en entonnoir.................................... 12.

4.
{ Calice membraneux déjeté d'un seul côté............. 5.
{ Calice à deux ou plusieurs lobes égaux................ 7.

5.
{ Feuilles ovales ; fleurs jaunes très-ouvertes.............
.... G. *jaune* (2761).
{ Feuilles lancéolées ; fleurs purpurines ou d'un jaune rou-
geâtre... 6.

6.
{ Lobes de la corolle divisés au-delà du milieu............
.... G. *bâtarde* (2762).
{ Lobes de la corolle non divisés jusqu'au milieu............
.... G. *pourpre* (2763).

7.
{ Calice à deux lobes larges et obtus. G. *à deux lobes* (2766).
{ Calice à quatre ou plus de quatre lobes étroits......... 8.

8.
{ Corolle à quatre divisions.......... G. *croisette* (2767).
{ Corolle à cinq divisions................................. 10.
{ Corolle à plus de cinq divisions........................ 9.

9. { Lobes du calice plus longs que son tube...................
.... G. *de Hongrie* (2764).
Lobes du calice plus courts que son tube..................
.... G. *ponctuée* (2765).

10. { Tige très-courte chargée d'une seule fleur..................
.... G. *à tige courte* (2770).
Tige de la longueur de la main au moins, et chargée de
plusieurs fleurs.................................... 11.

11. { Feuilles ovales-lancéolées.......... G. *asclépiade* (2768).
Feuilles étroites et linéaires.. G. *pneumonanthe* (2769).

12. { Fleurs à cinq divisions au moins...................... 13.
Fleurs à quatre divisions............ EXACUM (CDXLVII).

13. { Fleurs d'un bleu foncé, verdâtre ou violet.......... 14.
Fleurs d'un rouge clair, jaunes ou blanches..............
.... CHIRONIE (CDXLVI).

14. { Corolle à cinq divisions...................... 15.
Corolle à dix divisions, dont cinq plus petites............
.... G. *des Pyrénées* (2775).

15. { Calice renflé et à cinq angles très-saillans.................
.... G. *à calice enflé* (2774).
Calice non renflé et à angles peu saillans.............. 16.

16. { Calice marqué de cinq raies brunes longitudinales ; lobes
de la corolle entiers............ G. *perce-neige* (2773).
Calice non rayé ; lobes de la corolle légèrement dentés. 17.

17. { Feuilles un peu pointues et les radicales écartées..........
.... G. *printanière* (2771).
Feuilles très-obtuses, les radicales serrées................
.... G. *de Bavière* (2772).

18. { Calice à quatre ou cinq parties égales entre elles... 19.
Calice à quatre ou cinq parties, dont deux plus grandes.
.... G. *des champs* (2777).

19. { Fleurs d'un bleu violet, à cinq divisions.................
.... G. *d'Allemagne* (2776).
Fleurs d'un bleu vif, à quatre divisions.................
.... G. *des glaciers* (2778).

CDXLVI. CHIRONIE.   *CHIRONIA.*

1. { Fleurs rouges ou blanches...................... 2.
Fleurs jaunes...................... C. *maritime* (2782).

2. { Fleurs sessiles et en épi le long de la tige. C. *en épi* (2783).
Fleurs pédonculées en bouquets ou en corimbes....... 3.

3. { Calice égal à la longueur du tube et divisé presque jusqu'à sa base...................... C. *élégante* (2781).
Calice de moitié plus court que le tube et divisé jusqu'au
milieu de sa longueur.......... C. *centaurée* (2780).

CDXLVII. EXACUM. *EXACUM.*

1. { Fleur jaune ou jaunâtre............................ 2.
{ Fleur bleue ou violette............. GENTIANE (CDXLV).

2. { Fleurs toutes terminales; limbe ouvert....................
.... *E. filiforme* (2784).
{ Fleurs au sommet et aux aisselles des rameaux; limbe
fermé........................ *E. nain* (2785).

CDXLVIII. PERVENCHE. *VINCA.*

1. { Tiges couchées; feuilles lancéolées très-glabres...........
.... *P. couchée* (2786).
{ Tiges un peu dressées; feuilles ovales un peu ciliées....
.... *P. à grande fleur* (2787).

CDXLIX. NÉRION. *NERIUM.*

1. .... *N. laurier-rose* (2788).

CDL. CYNANQUE. *CYNANCHUM.*

1. .... *C. de Montpellier* (2789).

CDLI. ASCLÉPIADE. *ASCLEPIAS.*

1. { Fleurs d'un blanc sale............................ 2.
{ Fleurs d'un rouge noirâtre............. *A. noire* (2791).

2. { Feuilles ovales cotonneuses en dessous. *A. de Syrie* (2792).
{ Feuilles un peu en cœur et à-peu-près glabres...........
.... *A. dompte-venin* (2790).

CDLII. PLAQUEMINIER. *DIOSPYROS.*

1. .... *P. faux-lotier* (2793).

CDLIII. ALIBOUFIER. *STYRAX.*

1. .... *A. officinal* (2794).

CDLIV. LÉDON. *LEDUM.*

1. .... *L. des marais* (2795).

CDLV. ROSAGE. *RHODODENDRON.*

1. { Feuilles glabres................... *R. ferrugineux* (2796).
{ Feuilles hérissées sur les bords........ *R. hérissé* (2797).

CDLVI. AZALÉE. *AZALEA.*

1. .... *A. couchée* (2798).

CDLVII. MENZIÈSE. *MENZIESIA.*

1. .... *M. dabéoci* (2799).

CDLVIII. BRUYÈRE. *ERICA.*

1. { Feuilles éparses ou verticillées et non prolongées à leur
base.................................... 2.
{ Feuilles opposées et prolongées en fer de flèche à leur
base................. *Callune bruyère* (2808).

CDLIX. CALLUNE.　　*CALLUNA.*

CDLX. ANDROMÈDE.　*ANDROMEDA.*

CDLXI. ARBOUSIER.　　*ARBUTUS.*

CDLXII. PYROLE.　　*PYROLA.*

CDLXIII. CAMARINE.　　*EMPETRUM.*

CDLXIV. AIRELLE. *VACCINIUM.*

1. { Tige à-peu-près droite; corolle à quatre dents....... 2.
{ Tige couchée et rampante; corolle à quatre divisions...
.... *A. canneberge* (2821).

2. { Calice entier......................... *A. myrtille* (2818).
{ Calice à quatre divisions................................ 3.

3. { Feuilles ponctuées en dessous et persistantes..............
.... *A. rouge* (2820).
{ Feuilles veinées en dessous et caduques...................
.... *A. fangeuse* (2819).

CDLXV. BRYONE. *BRYONIA.*

1. .... *B. dioïque* (2822).

CDLXVI. MOMORDIQUE. *MOMORDICA.*

1. .... *M. élastique* (2823).

CDLXVII. CONCOMBRE. *CUCUMIS.*

1. { Angles des feuilles obtus; ovaires pubescens.............
.... *C. melon* (2824).
{ Angles des feuilles pointus; ovaires tuberculeux........
.... *C. cultivé* (2825).

CDLXVIII. COURGE. *CUCURBITA.*

1. { Fleurs blanches; graine presque quarrée...................
.... *C. calebasse* (2826).
{ Fleurs jaunes; graine ovale............................ 2.

2. { Feuilles profondément découpées; graines noires ou
{ rouges......................... *C. pastèque* (2829).
{ Feuilles entières ou peu lobées; graines blanches..... 3.

3. { Limbe de la fleur rabattu en dehors; feuilles horizon-
{ tales.......................... *C. potiron* (2827).
{ Limbe de la fleur droit; feuilles verticales. *C. pépon* (2828).

CDLXIX. CAMPANULE. *CAMPANULA.*

1. { Sinus des lobes du calice réfléchis sur la capsule...... 2.
{ Sinus des lobes du calice non réfléchis sur la capsule. 7.

2. { Tige chargée de plusieurs fleurs...................... 3.
{ Tige à une fleur.................... *C. d'Allioni* (2831).

3. { Entrée du tube de la corolle garnie de longs poils......
{ .... *C. barbue* (2832).
{ Entrée du tube de la corolle non garnie de poils...... 4.

4. { Fleurs en épi cylindrique............ *C. en épi* (2833).
{ Fleurs en grappe ou en panicule....................... 5.

5. { Style à trois stigmates............................... 6.
{ Style à cinq stigmates............... *C. carillon* (2833).

6.
{ Diamètre de la corolle de 3-4 centim. *C. spécieuse* (2854).
{ Diamètre de la corolle de 1 centim. au plus..............
.... *C. de Sibérie* (2855*).

7.
{ Fleurs ramassées en tête ou en épi très-serré......... 8.
{ Fleurs solitaires en grappes, en panicule ou en épi lâche. 11.

8.
{ Fleurs en têtes arrondies.............................. 9.
{ Fleurs en épi cylindrique.......... *C. en thyrse* (2847).

9.
{ Plante hérissée de poils roides et épars. *C. en tête* (2846).
{ Plante velue, pubescente ou cotonneuse............. 10.

10.
{ Surface inférieure des feuilles pas plus velue que la
{   supérieure..................... *C. agglomérée* (2845).
{ Surface inférieure des feuilles un peu cotonneuse et
{   blanchâtre..................... *C. des pierres* (2845*).

11.
{ Lobes de la corolle atteignant le milieu de sa longueur. 12.
{ Lobes de la corolle n'atteignant pas le milieu........ 13.

12.
{ Tige à une fleur.............. *C. du mont Cenis* (2830).
{ Tige à plusieurs fleurs................. *C. étalée* (2856).

13.
{ Lobes du calice plus courts que la corolle............ 14.
{ Lobes du calice au moins égaux à la corolle........ 54.

14.
{ Corolle toute glabre................................. 15.
{ Corolle pubescente ou hérissée....................... 31.

15.
{ Style évidemment saillant hors de la corolle...........
{   .... *C. à petites fleurs* (2843*).
{ Style plus court que la corolle, ou égal à sa longueur. 16.

16.
{ Plante plus courte que le doigt ; stigmate simple........
{   .... *C. pygmée* (2850).
{ Plante plus longue que le doigt ; stigmate à trois lobes. 17.

17.
{ Calice hérissé de poils............................. 18.
{ Calice glabre .... 21.

18.
{ Feuilles glabres, au moins en dessus............... 19.
{ Feuilles hérissées de poils épars en dessus.......... 20.

19.
{ Lobes du calice grêles et presque en alène.............
{   .... *C. raiponce*, γ (2837).
{ Lobes du calice lancéolés-linéaires...................
{   .... *C. à feuilles de pêcher*, γ (2838).

20.
{ Feuilles de la tige oblongues, linéaires, presque en-
{   tières.................. *C. des Vaudois* (2835).
{ Feuilles pétiolées, en triangle alongé, fortement dentées.
{   .... *C. à feuilles d'ortie* (2842).

21.
{ Tiges droites ou ascendantes ; feuilles supérieures ses-
{   siles .... 22.
{ Tiges couchées ; toutes les feuilles pétiolées.............
{   .... *C. à feuilles de lierre* (2831).

22.
{ Feuilles un peu poilues............................. 23.
{ Feuilles glabres................................... 25.

CDLXX. PRISMATOCARPE. *PRISMATOCARPUS.*

CDLXXI. RAIPONCE. *PHYTEUMA.*

2. { Bractées plus courtes que les fleurs .... 3.
   { Bractées plus longues que les fleurs...................... 6.

3. { Feuilles entières.................................. 4.
   { Feuilles dentées.................................. 5.

4. { Feuilles inférieures linéaires ou lancéolées...............
   { .... R. hémisphérique (2859).
   { Feuilles inférieures en coin ou en spatule...............
   { .... R. à petite tête (2858).

5. { Feuilles inférieures oblongues ou à peine échancrées en
   {   cœur...................... R. orbiculaire (2861).
   { Feuilles inférieures fortement échancrées...............
   { .... R. de Charmeil (2854).

6. { Bractées oblongues, dépassant peu les fleurs...............
   { .... R. à collet (2860).
   { Bractées linéaires beaucoup plus longues que les fleurs.
   { .... R. de Scheuchzer (2862).

7. { Feuilles inférieures échancrées en cœur .... 8.
   { Feuilles inférieures non échancrées en cœur....... 10.

8. { Bractées plus courtes que les fleurs.................... 9.
   { Bractées plus longues que les fleurs. R. de Haller (2868).

9. { Feuilles supérieures entières.........................
   { .... R. à feuilles de bétoine (2865).
   { Feuilles supérieures dentées............ R. en épi (2867).

10. { Feuilles velues.................... R. de Micheli (2863).
    { Feuilles glabres.... R. à feuilles de scorzonère (2866).

CDLXXII. LOBÉLIE. *LOBELIA.*

1. { Feuilles planes.................................. 2.
   { Feuilles formées de deux tubes accolés.................
   { .... L. de Dortmann (2869).

2. { Tige droite, haute de 5 décimètres. L. brûlante (2870).
   { Tige très-courte, couchée ou rampante. L. naine (2871).

CDLXXIII. JASIONE. *JASIONE.*

1. { Feuilles ondulées ou crépues sur les bords..............
   { .... J. de montagne (2872).
   { Feuilles planes sur les bords.......... J. vivace (2873).

CDLXXIV. LAMPSANE. *LAMPSANA.*

1. { Feuilles radicales ; hampe nue et uniflore............. 2.
   { Tiges feuillées et chargées de plusieurs fleurs..........
   { .... L. commune (2876).

2. { Feuilles dentées ; hampes renflées au sommet...........
   { .... L. fluette (2874).
   { Feuilles pinnatifides ; hampes cylindriques.............
   { .... L. fétide (2875).

CDLXXV. RHAGADIOLE. *RHAGADIOLUS.*

1. { Feuilles lancéolées, entières ou dentées. R. *étoilé* (2877).
   { Feuilles découpées en lyre, et terminées par un grand
   lobe...................... R. *comestible* (2878).

CDLXXVI. PRÉNANTHE. *PRENANTHES.*

1. { Fleurs purpurines............................... 2.
   { Fleurs jaunes.................................... 3.

2. { Feuilles linéaires et entières. P. *à feuilles menues* (2880).
   { Feuilles oblongues, échancrées en cœur à la base et
   dentelées.................. P. *pourpre* (2879).

3. { Feuilles radicales ; hampe nue....... P. *bulbeux* (2883).
   { Tige feuillée et chargée de plusieurs fleurs........... 4.

4. { Feuilles décurrentes sur la tige.......... P. *ozier* (2881).
   { Feuilles non décurrentes....................... 5.

5. { Feuilles de la tige ovales-lancéolées, en fer de flèche
   à la base........................... . P. *élégant* (2882).
   { Feuilles de la tige pinnatifides, terminées par un grand
   lobe anguleux.......... *Chondrille des murs* (2885).

CDLXXVII. CHONDRILLE. *CHONDRILLA.*

1. { Feuilles de la tige linéaires et entières. C. *effilée* (2884).
   { Feuilles de la tige pinnatifides, terminées par un grand
   lobe anguleux.................. C. *des murs* (2885).

CDLXXVIII. LAITUE. *LACTUCA.*

1. { Fleurs jaunes....................................... 2.
   { Fleurs bleues ou violettes......................... 6.

2. { Nervure longitudinale hérissée de piquans en dessous. 3.
   { Nervure nue et sans piquans...................... 5.

3. { Feuilles de la tige linéaires, entières, en fer de flèche
   à la base.............. L. *à feuilles de saule* (2889).
   { Feuilles de la tige découpées ou dentées.............. 4.

4. { Feuilles pointues, verticales, pinnatifides..............
   .... L. *sauvage* (2887).
   { Feuilles obtuses, horizontales, sinuées. L. *vireuse* (2888).

5. { Feuilles bordées de cils un peu épineux. L. *vireuse,* β (2888).
   { Feuilles non bordées de cils épineux. L. *cultivée* (2886).

6. { Feuilles supérieures pinnatifides...... L. *vivace* (2890).
   { Feuilles supérieures entières, linéaires, en forme de fer
   de flèche..................................... 7.

7. { Lobes des feuilles inférieures dirigés vers le bas du pétiole........................ L. *de Suze* (2892).
   { Lobes des feuilles inférieures non dirigés vers le bas
   du pétiole.................. L. *délicate* (2891).

CDLXXIX. LAITRON.   *SONCHUS.*

CDLXXX. PICRIDIUM.   *PICRIDIUM.*

CDLXXXI. ÉPERVIÈRE.   *HIERACIUM.*

7. { Feuilles plus velues que l'involucre. *E. des rochers* (2912).
   { Feuilles moins velues que l'involucre.................. 8.

8. { Feuilles presque linéaires ; poils de l'involucre rous-
       sâtres........................... *E. des Alpes* (2905).
   { Feuilles oblongues ; poils de l'involucre blancs...........
       .... *E. de Schrader* (2907).

9. { Feuilles la plupart radicales ; tige nue ou presque nue. 10.
   { Feuilles disposées le long de la tige.................. 20.

10. { Feuilles entières ou à peine dentées.................. 11.
    { Feuilles incisées .... 18.

11. { Feuilles glabres ou à peine cotonneuses.............. 12.
    { Feuilles garnies de poils longs et souvent épars.... 13.

12. { Involucre glabre ; feuilles vertes..... *E. rongée* (2903).
    { Feuilles glauques ; involucre cotonneux et un peu blan-
        châtre.............. *E. à feuilles de statice* (2917).

13. { Poils roides et très-simples.................... 14.
    { Poils mols et un peu rameux (à la loupe)...............
        .... *E. des rochers* (2912).

14. { Racine poussant des rejets traçans.................. 15.
    { Point de rejets au collet de la racine.............. 16.

15. { Pédicelles simples ; fleurs serrées. *E. auricule* (2914).
    { Pédicelles rameux ; fleurs lâches. *E. à bouquet* (2915).

16. { Feuilles glauques, presque linéaires.................. 17.
    { Feuilles ovales-oblongues , jamais glauques..............
        .... *E. orangée* (2904).

17. { Fleurs de 7-9 millimètres de diamètre..................
        .... *E. fausse-piloselle* (2916).
    { Fleurs de 2-3 centimètres de diamètre.............. 39.

18. { Feuilles toutes glabres ou couvertes d'un coton blanc...
        .... *E. à feuilles de brunelle* (2935).
    { Feuilles garnies de petits poils non cotonneux....... 19.

19. { Lobes des feuilles passant la moitié de leur largeur....
        .... *E. de Jacquin* (2936).
    { Lobes des feuilles peu prononcés. *E. de Haller* (2906).

20. { Feuilles de la tige sessiles ou embrassantes.......... 21.
    { Feuilles de la tige évidemment pétiolées............ 18.

21. { Feuilles garnies de poils longs et laineux............ 22.
    { Feuilles glabres ou à poils épars non laineux....... 25.

22. { Feuilles entières ou à peine dentées.................. 23.
    { Feuilles fortement dentées. *E. fausse-andryale* (2911).

23. { Poils de la tige insérés sur une proéminence noire......
        .... *E. velue* (2908).
    { Poils de la tige non insérés sur une proéminence noire. 24.

24. { Poils simples ; feuilles embrassantes ; racine tronquée.. .... *E. ériophore* (2909).
Poils rameux ; feuilles sessiles ; racine non tronquée.... .... *E. laineuse* (2910).

25. { Feuilles de la tige embrassantes à leur base........ 26.
Feuilles de la tige non embrassantes................. 58.

26. { Base des feuilles formant deux oreillettes pointues.. 27.
Base des feuilles arrondie................................ 29.

27. { Tige ou feuilles plus ou moins velues................. 28.
Tige et feuilles glabres........ *E. des marais* (2934).

28. { Tige feuillée jusqu'au haut ; oreillettes descendantes.. .... *E. fausse-blattaire* (2933).
Tige nue vers le haut ; oreillettes horizontales.......... .... *E. à grandes fleurs* (2932).

29. { Tige visqueuse dans le haut........................... 30.
Tige non visqueuse.................................... 32.

30. { Limbe des demi-fleurons plane et non calleux au sommet... 31.
Limbe des demi-fleurons tubuleux et calleux au sommet................................ *E. tubuleuse* (2931).

31. { Fleurs jaunes ; feuilles ovales. *E. embrassante* (2929).
Fleurs d'un jaune très-pâle ; feuilles oblongues........... .... *E. blanchâtre* (2930).

32. { Fleurs nombreuses (quinze à vingt), à-peu-près en corimbe........................ *E. de Savoie* (2927).
Fleurs peu nombreuses ou disposées en panicule... 33.

33. { Réceptacle nu.. 34.
Réceptacle garni de petits poils épars.................... .... *E. de montagne* (2924).

34. { Aigrette d'un blanc sale ou roussâtre................. 55.
Aigrette d'un blanc de neige......................... 36.

35. { Feuilles radicales incisées.. *E. fausse-lampsane* (2922).
Feuilles radicales entières ou à peine dentées........... .... *E. à feuilles de succise* (2925).

36. { Fleurs solitaires ou à-peu-près disposées en corimbe. 37.
Fleurs en grappe.............. *E. faux-prénanthe* (2921).

37. { Feuilles presque glabres. *E. à feuilles de mélinet* (2920).
Feuilles garnies de longs poils........ *E. velue* (2908).

38. { Feuilles d'un verd glauque........................ 39.
Feuilles nullement glauques..................... 40.

39. { Côte postérieure des feuilles garnie de poils............ .... *E. glauque* (2919).
Quelques poils à la base des feuilles.................. .... *E. à feuilles de poireau* (2918).

40. { Feuilles entières ou dentées........................... 41.
{ Feuilles fortement lobées vers le bas de leur limbe. 44.

41. { Feuilles radicales évidemment pétiolées ; tige presque
{   nue .... 42.
{ Feuilles radicales non pétiolées ; tige très-feuillée.... 43.

42. { Feuilles radicales un peu en cœur à leur base............
{ .... *E. des murs* (2925).
{ Feuilles radicales prolongées sur leur pétiole............
{ .... *E. des bois* (2926).

43. { Feuilles ovalés-oblongues.......... *E. de Savoie* (2927).
{ Feuilles lancéolées-linéaires..... *E. en ombelle* (2928).

44. { Feuilles glabres........... *E. fausse - chondrille* (2937).
{ Feuilles pubescentes............. *E. de Jacquin* (2936).

CDLXXXII. ANDRYALE.   *ANDRYALA.*

1. { Tige feuillée et portant plusieurs fleurs................ 2.
{ Tige nue, uniflore................. *A. de Nismes* (2940).

2. { Feuilles entières ou dentées ; fleurs en corimbe...........
{ .... *A. à feuilles entières* (2938).
{ Feuilles presque pinnatifides ; tiges à trois ou quatre
{   fleurs...................... *A. découpée* (2939).

CDLXXXIII. CRÉPIDE.   *CREPIS.*

1. { Feuilles glabres ou presque glabres..................... 2.
{ Feuilles hérissées.................. *C. bisannuelle* (2941).

2. { Involucre glabre ou hérissé de poils noirs............. 3.
{ Involucre ayant un aspect farineux ou un peu cotonneux. 4.

3. { Involucres glabres.................... *C. des toits* (2942).
{ Involucres hérissés de petits poils noirs..................
{ .... *C. verdâtre* (2943).

4. { Feuilles du bas pinnatifides ; involucres marqués de côtes
{   longitudinales................ *C. de Dioscoride* (2944).
{ Feuilles du bas dentées ; involucre non sillonné..........
{ .... *C. ambiguë* (2945).

CDLXXXIV. BARKHAUSIE.   *BARKHAUSIA.*

1. { Fleurs jaunes................................. 2.
{ Fleurs rouges....................... *B. rouge* (2947).

2. { Plante toute glabre.................. *B. liondent* (2950).
{ Plante plus ou moins velue ou hérissée................ 3.

3. { Ecailles externes de l'involucre glabres , scarieuses ,
{   ovales, très-lâches............... *B. des Alpes* (2946).
{ Ecailles externes de l'involucre , à-peu-près semblables
{   aux extérieures............................... 4.

4. { Involucres couverts d'un léger duvet grisâtre............
{ .... *B. à feuilles de pissenlit* (2949).
{ Involucres hérissés de poils saillans..................... 5.

5. { Plante d'un verd clair et non odorante. *B. hérissée* (2951).
{ Plante puante, d'un verd grisâtre et sale.. *B. fétide* (2948).

CDLXXXV. PISSENLIT. *TARAXACUM.*

1. { Folioles extérieures de l'involucre, renversées en en-bas..................... *P. dent-de-lion* (2952).
{ Folioles extérieures de l'involucre peu ou point étalées. ....*P. des marais* (2953).

CDLXXXVI. PORCELLE. *HYPOCHÆRIS.*

1. { Feuilles velues; toutes les aigrettes pédicellées........ 2.
{ Feuilles glabres; aigrettes extérieures sessiles............ ....*P. glabre* (2957).

2. { Tige feuillée et velue................................... 3.
{ Tige nue, glabre et écailleuse................. ....*P. à longues racines* (2956).

3. { Tige simple et uniflore................. *P. uniflore* (2955).
{ Tige rameuse et à plus d'une fleur.... *P. tachée* (2954).

CDLXXXVII. DRÉPANIE. *DREPANIA.*

1. .... *D. barbue* (2958).

CDLXXXVIII. ZACINTHE. *ZACINTHA.*

1. .... *Z. à verrues* (2959).

CDLXXXIX. HYOSÉRIDE. *HYOSERIS.*

1. { Feuilles radicales, hampe nue et uniflore.............. 2.
{ Tige feuillée et multiflore............................... 3.

2. { Hampes non renflées au sommet; feuilles entièrement glabres.......................... *H. rayonnante* (2960).
{ Hampes renflées au sommet; feuilles hérissées de poils rares................................... *H. rude* (2961).

3. { Pédoncules renflés au sommet...... *H. de Crète* (2964).
{ Pédoncules cylindriques.................................. 4.

4. { Involucres glabres.................... *H. dormeuse* (2962).
{ Involucres rudes et hérissés....... *H. rhagadiole* (2963).

CDXC. THRINCIE. *THRINCIA.*

1. { Involucre glabre...................... *T. hérissée* (2965).
{ Involucre cotonneux..................................... 2.

2. { Feuilles hérissées de poils bifurqués... *T. velue* (2966).
{ Feuilles glabres ou garnies de poils rares et simples..... .... *T. tubéreuse* (2967).

CDXCI. LIONDENT. *LEONTODON.*

1. { Hampe simple et uniflore................................ 2.
{ Tige rameuse et multiflore....... *L. d'automne* (2968).

2.

Tome I.   S

CDXCVI. UROSPERME.   *UROSPERMUM.*

1. { Poils mols; feuilles supérieures verticillées...............
    .... *U. de Dalechamp* (2985).
    { Poils roides; feuilles supérieures alternes............. 2.

2. { Feuilles un peu embrassantes et munies d'oreillettes.....
    .... *U. fausse-picride* (2986).
    { Feuilles rétrécies à la base............... *U. rude* (2987).

CDXCVII. SALSIFIX.   *TRAGOPOGON.*

1. { Feuilles découpées ou dentées... UROSPERME (CDXCVI).
    { Feuilles entières....................................... 2.

2. { Fleurs jaunes.. 3.
    { Fleurs bleues ou violettes............................. 5.

3. { Feuilles et tige glabres................................ 4.
    { Duvet cotonneux sur la tige et à la base supérieure des
      feuilles........................... *S. hérissé* (2990).

4. { Pédoncules cylindriques.............. *S. des prés* (2988).
    { Pédoncules fortement renflés en toupie au-dessous de la
      fleur....................... *S. à gros pédoncules* (2989).

5. { Tige de 5 décim. au plus. *S. à feuilles de safran* (2992).
    { Tige de 5 décim. au moins. *S. à feuilles de poireau* (2991).

CDXCVIII. GÉROPOGON.   *GEROPOGON.*

1. { Fleur d'un violet pâle.................. *G. glabre* (2993).
    { Fleur jaune.................. *Salsifix hérissé* (2990).

CDXCIX. CUPIDONE.   *CATANANCE.*

1. { Fleur bleue........................... *C. bleue* (2994).
    { Fleur jaune.......................... *C. jaune* (2995).

D. CHICORÉE.   *CICHORIUM.*

1. { Fleurs toutes sessiles; feuilles velues. *C. sauvage* (2996).
    { Fleurs, les unes sessiles, les autres pédonculées; feuilles
      glabres........................... *C. endive* (2997).

DI. SCOLYME.   *SCOLYMUS.*

1. { Feuilles tachées de blanc, cartilagineuses sur les bords.
    .... *S. taché* (2998).
    { Feuilles non tachées ni cartilagineuses...................
    .... *S. d'Espagne* (2999).

DII. ÉCHINOPE.   *ECHINOPS.*

1. { Fleurs blanchâtres; involucre partiel hérissé à sa base.
    .... *É. à tête ronde* (3000).
    { Fleurs bleuâtres; involucre partiel, glabre...............
    .... *É. ritro* (3001).

DIII. CARTHAME. *CARTHAMUS.*

1. { Fleur jaune ou orangée.. 2.
   { Fleur bleue ou purpurine...................................... 3.

2. { Point d'aigrette................. *C. des teinturiers* (3002).
   { Une aigrette à poils simples. *Centaurée laineuse* (3059).

3. { Aigrette à poils simples........... CARDONCELLE (DIV).
   { Aigrette plumeuse................... *Cirse acarna* (3074).

DIV. CARDONCELLE. *CARDUNCELLUS.*

1. { Feuilles toutes pinnatifides jusqu'à la côte moyenne......
   .... *C. de Montpellier* (3003).
   { Feuilles supérieures à peine divisées jusqu'au milieu de
     leur largeur............................. *C. doux* (3004).

DV. ONOPORDONE. *ONOPORDUM.*

1. { Plante élevée d'environ 1 mètre........................ 2.
   { Plante naine; feuilles et fleurs radicales................ 3.

2. { Ecailles extérieures de l'involucre étalées................
   .... *O. acanthe* (3005).
   { Ecailles extérieures de l'involucre réfléchies..............
   .... *O. de Dalmatie* (3006).

3. { Feuilles sinuées ou pinnatifides........... *O. nain* (3007).
   { Feuilles ovales-arrondies.... *Arctione laineuse* (3008).

DVI. ARCTIONE. *ARCTIUM.*

1. .... *A. laineuse* (3008).

DVII. BARDANE. *LAPPA.*

1. { Involucres cotonneux.. *B. à têtes cotonneuses* (3009).
   { Involucres glabres.. 2.

2. { Fleurs aggrégées et de la grosseur d'une noisette........
   .... *B. à petites têtes* (3010).
   { Fleurs solitaires et de la grosseur d'une noix.............
   .... *B. à grosses têtes* (3011).

DVIII. CHARDON. *CARDUUS.*

1. { Feuilles décurrentes le long de la tige................. 2.
   { Feuilles non décurrentes................................ 14.

2. { Fleurs solitaires au sommet des pédoncules........... 3.
   { Fleurs aggrégées plusieurs ensemble en têtes ou en co-
     rimbes... 10.

3. { Feuilles tachées de blanc. *C. à taches blanches* (3013).
   { Feuilles non tachées................................... 4.

4. { Feuilles cotonneuses ou velues........................ 5.
   { Feuilles glabres sur les deux surfaces.................. 7.

5. { Fleurs droites............ *C. à feuilles d'acanthe* (3016).
{ Fleurs penchées ou pendantes...................... 6.

6. { Pédoncules nus................... *C. penché* (3017).
{ Pédoncules garnis d'appendices épineux...................
{ .... *C. à pédoncules épineux* (3018).

7. { Feuilles bordées d'épines dures, longues et jaunâtres...
{ .... *C. à feuilles de carline* (3022).
{ Feuilles bordées de cils un peu épineux................ 8.

8. { Pédoncules à-peu-près de la longueur de la main..... 9.
{ Pédoncules à-peu-près de la longueur du doigt..........
{ .... *C. argémone* (3023).

9. { Feuilles de la tige pinnatifides. *C. intermédiaire* (3021).
{ Feuilles de la tige dentées............... *C. terné* (3020).

10. { Folioles de l'involucre droites........................ 11.
{ Folioles de l'involucre étalées ou réfléchies.......... 13.

11. { Fleurs aggrégées trois ou quatre ensemble au sommet
{ des tiges.............................. 12.
{ Fleurs nombreuses disposées en corimbe................
{ .... *C. fausse-carline* (3024).

12. { Pédoncules nus...................... *C. à trochets* (3015).
{ Pédoncules garnis d'appendices épineux...... ....
{ .... *C. à fleurs menues* (3014).

13. { Feuilles peu velues en dessous ; fleurs presque sessiles.
{ .... *C. fausse-bardane* (3025).
{ Feuilles cotonneuses en dessous ; fleurs pédonculées......
{ .... *C. fausse-carline* (3024).

14. { Feuilles parsemées de taches blanches. *C. Marie* (3012).
{ Feuilles non tachées de blanc............ SARRÈTE (DIX).

DIX. SARRÈTE. *SERRATULA.*

1. { Feuilles peu ou point velues........................ 2.
{ Feuilles blanches et cotonneuses en dessous............ 5.

2. { Feuilles de la tige fortement dentées ou découpées.... 3.
{ Feuilles radicales ovales, entières. *S. à tige nue* (3029).

3. { Tige chargée de plusieurs fleurs.................... 4.
{ Tige terminée par une seule fleur..................
{ .... *S. à feuilles variables* (3028).

4. { Tous les fleurons égaux et à stigmate bifurqué..........
{ .... *S. des teinturiers* (3026).
{ Fleurons extérieurs plus grands et à stigmate simple..
{ .... *S. couronnée* (3027).

5. { Feuilles pinnatifides..... *S. à tête d'artichaut* (3030).
{ Feuilles un peu dentées............ *S. rhapontic* (3031).

DX. CENTAURÉE. *CENTAUREA.*

1. { Folioles de l'involucre non épineuses au sommet...... 2.
{ Folioles de l'involucre épineuses au sommet.......... 21.

2. { Folioles de l'involucre entières........................ 3.
{ Folioles de l'involucre ciliées sur les bords........... 7.

3. { Folioles de l'involucre de consistance foliacée....... 4.
{ Folioles de l'involucre membraneuses................. 6.

4. { Fleurs purpurines.................................... 5.
{ Fleurs jaunes................ .... *C. des Alpes* (3033).

5. { Lobes des feuilles grands et oblongs ; folioles de l'in-
{ volucre obtuses.................... *C. commune* (3032).
{ Lobes des feuilles linéaires ; folioles de l'involucre ai-
{ guës........ .... *C. chondrille* (3034).

6. { Involucres blanchâtres ; graines munies d'aigrettes......
{ .... *C. brillante* (3035).
{ Involucres roussâtres ; graines presque sans aigrettes...
{ .... *C. amère* (3036).

7. { Sommité des folioles de l'involucre réfléchie en dehors. 8.
{ Folioles de l'involucre droites.......... .... 11.

8. { Fleurons extérieurs stériles et plus grands............. 9.
{ Fleurons tous égaux et hermaphrodites..................
{ .... *C. flosculeuse* (3039).

9. { Feuilles pubescentes ou un peu rudes. *C. plumeuse* (3040).
{ Feuilles couvertes d'un duvet cotonneux............. 10.

10. { Tige rameuse ; involucre verdâtre.....................
{ .... *C. à dents de peigne* (3042).
{ Tige simple; involucre noirâtre..... *C. uniflore* (3041).

11. { Feuilles et fleurs naissant de la racine.................
{ .... *C. en demi-deuil* (3043).
{ Tiges portant les feuilles et les fleurs............... 12.

12. { Fleurons tous hermaphrodites et égaux. *C. noire* (3038).
{ Fleurons extérieurs stériles et plus grands............ 13.

13. { Toutes les graines dépourvues d'aigrette............. 14.
{ Graines (au moins celles du disque) munies d'aigrette. 15.

14. { Folioles de l'involucre ciliées.......... *C. jacée* (3037).
{ Folioles de l'involucre déchirées ou dentées.. ....
{ .... *C. amère* (3036).

15. { Feuilles entières ou çà et là dentées................ 16.
{ Feuilles pinnatifides............................... 17.

16. { Tige simple et uniflore ; feuilles décurrentes..........
{ .... *C. de montagne* (3044).
{ Tige branchue et multiflore ; feuilles sessiles..........
{ .... *C. bleuet* (3045).

17. { Lobes des feuilles obtus.............. *C. cendrée* (3046).
{ Lobes des feuilles pointus.......................... 18.

18. { Lobes des feuilles entiers et non décurrens........... 19.
{ Lobes dentés ou lobés et décurrens. *C. scabieuse* (3049).

19. { Involucres blanchâtres et non tachés.................. 20.
    { Folioles de l'involucre marquées d'une tache brune.....
    { .... C. tachée (3047).

20. { Involucres oblongs ; lobes des feuilles linéaires.........
    { .... C. en panicule (3048).
    { Involucres globuleux ; lobes des feuilles pointus.........
    { .... C. à feuilles de chicorée (3050).

21. { Folioles de l'involucre terminées par une épine simple..
    { .... C. de Salamanque (3065).
    { Folioles de l'involucre à plusieurs épines ou à une épine
    { rameuse .... 22.

22. { Fleurs purpurines ou blanches....... .... 23.
    { Fleurs jaunes.................................... 28.

23. { Epines de l'involucre palmées............. .... 24.
    { Epines de l'involucre ramifiées latéralement à leur base. 26.

24. { Feuilles prolongées sur la tige par leur base.......... 25.
    { Feuilles non décurrentes.................... C. rude (3051).

25. { Feuilles presque glabres ; toutes les graines à aigrette....
    { .... C. à feuilles de laitron (3053).
    { Feuilles cotonneuses , graines extérieures nues...........
    { .... C. à feuilles de prénanthe (3052).

26. { Epines de l'involucre longues et étalées................. 27.
    { Epines de l'involucre concaves , dentées sur les bords ...
    { .... C. à dents de moule (3056).

27. { Aigrette nulle.................... C. chausse-trape (3054).
    { Toutes les graines couronnées d'aigrette..................
    { .... C. fausse-chausse-trape (3055).

28. { Tige ailée ; feuilles décurrentes........................ 29.
    { Tige non ailée ; feuilles sessiles...................... 32.

29. { Epines de l'involucre très-rameuses ; graines cannelées
    { en long...................... C. chardon-béni (3058).
    { Epines de l'involucre peu rameuses ; graines lisses... 30.

30. { Fleurs solitaires ; écailles internes de l'involucre termi-
    { nées par un appendice arrondi...................... 31.
    { Fleurs aggrégées deux à trois ensemble ; écailles internes
    { linéaires...................... C. de la Pouille (3061).

31. { Fleurs pédonculées non entourées de bractées.............
    { .... C. du solstice (3060).
    { Fleurs sessiles entourées de bractées. C. de Malte (3062).

32. { Feuilles épineuses à l'extrémité de leurs lobes....... 33.
    { Feuilles non épineuses...................... 34.

33. { Ecailles externes de l'involucre pinnatifides..............
    { .... C. laineuse (3059).
    { Ecailles externes de l'involucre un peu ciliées au som-
    { met...................... C. hybride (3057).

9. { Fleurs solitaires.................... *C. de Tartarie* (3080).
   { Fleurs nombreuses ou ramassées plusieurs ensemble. 10.

10. { Feuilles et involucres glabres.......................... 11.
    { Feuilles ou involucres velus ou hérissés en dessous. 12.

11. { Fleurs entourées de bractées assez longues............ 12.
    { Fleurs pédonculées non entourées de bractées...........
    { .... *C. jaunâtre* (3082).

12. { Bractées sinuées; feuilles peu ou point épineuses.........
    { .... *C. des lieux cultivés* (3079).
    { Bractées pinnatifides; feuilles très-épineuses..............
    { .... *C. très-épineux* (3078).

13. { Sommité de la plante couverte de poils roussâtres........
    { .... *C. roussâtre* (3081).
    { Surface inférieure des feuilles, couverte de coton blanc.
    { .... *C. à feuilles de roquette* (3085).

14. { Surface inférieure des feuilles, toute couverte d'un du-
    {   vet cotonneux, blanc ou roussâtre................... 15.
    { Surface inférieure des feuilles, glabre ou à peine velue. 22.

15. { Des épines sur le bord ou à la base des feuilles..... 16.
    { Point d'épines.. 21.

16. { Epines naissant sur le bord des feuilles............... 17.
    { Epines naissant à l'aisselle ou à la base des feuilles......
    { .... *C. étoilé* (3094).

17. { Duvet blanc; épines solitaires........................ 18.
    { Duvet roussâtre; épines naissant deux ou trois ensemble.
    { .... *C. de Casabona* (3093).

18. { Feuilles simplement bordées de cils épineux......... 19.
    { Dents ou lobes des feuilles prolongés en fortes épines. 20.

19. { Feuilles pinnatifides; lobes perpendiculaires sur la côte.
    { .... *C. ambigu* (3085).
    { Feuilles entières ou à lobes dirigés vers le sommet......
    { .... *C. variable* (3086).

20. { Involucre très-cotonneux............... *C. laineux* (3091).
    { Involucre presque glabre............... *C. féroce* (3092).

21. { Involucre glabre; feuilles ciliées... *C. variable* (3086).
    { Involucre cotonneux; feuilles non ciliées...............
    { .... *C. des Alpes* (3095).

22. { Tiges à une seule fleur ou à plusieurs fleurs pédonculées. 23.
    { Tigées terminées par trois fleurs sessiles..................
    { .... *C. à trois têtes* (3084).

23. { Tige naine et haute de 1 décim. environ. *C. nain* (3089).
    { Tige de 3-5 décim....................................... 24.

24. { Tige à une ou deux fleurs............................. 25.
    { Tige à plusieurs fleurs........... *C. des champs* (3092).

25. { Racine tubéreuse ; feuilles profondément pinnatifides....
.... *C. bulbeux* (3087).
Racine fibreuse ; feuilles sinuées. *C. d'Angleterre* (3088).

DXVI. CARLINE. *CARLINA.*

1. { Fleurs blanches ou rougeâtres........................... 2.
Fleurs jaunes........................ *C. en corimbe* (3100).

2. { Tige beaucoup plus longue que le diamètre de la fleur. 3.
Tige égale au diamètre de la fleur ou au plus triple de ce
diamètre .... 4.

3. { Écailles de la couronne blanchâtres. *C. vulgaire* (3098).
Écailles de la couronne rougeâtres... *C. laineuse* (3099).

4. { Feuilles glabres................. *C. à courte tige* (3096).
Feuilles blanchâtres et cotonneuses des deux côtés.......
.... *C. à feuilles d'acanthe* (3097).

DXVII. ATRACTYLIS. *ATRACTYLIS.*

1. { Involucre entouré de bractées dressées. *A. naine* (3102).
Involucre entouré de bractées étalées. *A. grillée* (3101).

DXVIII. CACALIE. *CACALIA.*

1. { Fleurs blanches ou rougeâtres........................... 2.
Fleurs jaunes........................ *C. sarrasine* (3106).

2. { Involucre ne renfermant que trois à cinq fleurons.... 3.
Involucre renfermant quinze à vingt fleurons............
.... *C. à feuilles blanches* (3105).

3. { Feuilles presque glabres........... *C. des Alpes* (3103).
Feuilles cotonneuses au moins en dessous................
.... *C. pétasite* (3104).

DXIX. EUPATOIRE. *EUPATORIUM.*

1. .... *E. à feuilles de chanvre* (3107).

DXX. IMMORTELLE. *XERANTHEMUM.*

1. { Ecailles intérieures de l'involucre étalées................
.... *I. annuelle* (3108).
Ecailles intérieures de l'involucre droites................
.... *I. fermée* (3109).

DXXI. ÉLYCHRYSE. *ELYCHRYSUM.*

1. { Ecailles de l'involucre blanches........................ 2.
Ecailles de l'involucre jaunes........................ 3.

2. { Feuilles obtuses, embriquées sur quatre rangs serrés...
.... *É. des frimats* (3110).
Feuilles pointues, éparses, écartées... *É. perlé* (3111).

5. { b. Feuilles toutes étroites, presque linéaires.............
.... É. stæchas (3112).
  ¥. Feuilles oblongues, et les inférieures presque en spatule................. É. des sables (3113).

DXXII. GNAPHALE.   *GNAPHALIUM.*

1. { Ecailles de l'involucre blanchâtres ou brunes.......... 2.
   { Ecailles de l'involucre jaunâtres ou jaunes............ 16.

2. { Ecailles intérieures de l'involucre glabres, blanches ou roses.................. .... 3.
   { Ecailles de l'involucre cotonneuses ou de couleur brune. 4.

3. { Feuilles radicales à-peu-près en spatule. *G. dioïque*(3123).
   { Feuilles toutes oblongues................... 15.

4. { Fleurs disposées en épi, en panicules ou en plusieurs têtes.................... 5.
   { Fleurs solitaires au sommet de la tige ou réunies en une seule tête................... 13.

5. { Fleurs disposées en épi simple et terminal............. 6.
   { Fleurs réunies par petits paquets terminaux ou latéraux. 7.

6. { Epi composé de deux à cinq fleurs...... *G. basse* (3115).
   { Epi composé de quinze à vingt fleurs. *G. des bois* (3116).

7. { Feuilles de la tige sept à huit fois plus longues que les involucres....................... *G. des marais* (3117).
   { Feuilles de la tige n'étant pas trois fois plus longues que les involucres................... 8.

8. { Involucres très-cotonneux, même au sommet des écailles. .... *G. des champs* (3119).
   { Involucres peu cotonneux ou presque glabres vers le sommet................... 9.

9. { Têtes composées de trois à quatre fleurs............. 10.
   { Têtes composées de huit à dix fleurs...................
   .... *G. d'Allemagne* (3118).

10. { Tige très-droite................... 11.
    { Tige couchée ou étalée................... 12.

11. { Tige bifurquée ou dichotome vers le haut...............
    .... *G. de montagne* (3121).
    { Tige irrégulièrement rameuse... *G. de France* (3120).

12. { Tige bifurquée ou dichotome vers le haut...............
    .... *G. de montagne, β* (3121).
    { Tige irrégulièrement rameuse........... *G. naine* (3122).

13. { Tige très-courte et à une seule fleur. *G. basse, γ* (3115).
    { Tige terminée par plusieurs fleurs................... 14.

14. { Fleurs entourées de bractées rayonnantes et cotonneuses. .... *G. pied-de-lion* (3125).
    { Fleurs non entourées de bractées rayonnantes...........
    .... *G. des Alpes* (3124).

DXXVII. INULE.   *INULA.*

1. { Feuilles embrassantes ou décurrentes.................. 2.
   { Feuilles ni embrassantes, ni décurrentes.............. 9.

2. { Feuilles embrassantes............................... 3.
   { Feuilles décurrentes.............. *I. changeante* (3159).

3. { Ecailles de l'involucre linéaires...................... 4.
   { Ecailles de l'involucre ovales.......... *I. aulnée* (3142).

4. { Bords de la feuille planes........................... 5.
   { Bords de la feuille ondulés ou frisés.................. 8.

5. { Tige chargée de trois fleurs ou moins. *I. odorante*(3143).
   { Tige chargée de plus de trois fleurs.................. 6.

6. { Feuilles lancéolées, pointues, un peu dentées......... 7.
   { Feuilles oblongues, obtuses, entières....................
   { .... *I. œil de Christ* (3144).

7. { Feuilles décidément embrassantes. *I. britanique* (3145).
   { Feuilles à peine demi-embrassantes. *I. hérissée* (3151).

8. { Fleurs globuleuses ; demi-fleurons de 2 - 3 millimètres
   {   de longueur.................... *I. pulicaire* (3147).
   { Demi-fleurons de 10-15 millimètres de longueur..........
   { .... *I. dysentérique* (3146).

9. { Feuilles glabres.................................... 10.
   { Feuilles velues.................................... 16.

10. { Feuilles charnues, linéaires et souvent à trois pointes....
    { .... *I. perce-pierre* (3157).
    { Feuilles non charnues, et jamais à trois pointes..... 11.

11. { Feuilles linéaires.................................. 12.
    { Feuilles ovales, oblongues ou lancéolées............. 14.

12. { Nervures des feuilles nombreuses, presque longitudi-
    {   nales.................... *I. en glaive* (3153).
    { Nervures des feuilles peu saillantes et partant de la côte
    {   du milieu...................................... 13.

13. { Tige parfaitement glabre. *I. à feuilles de saule* (3150).
    { Tige pubescente, au moins vers le haut..............
    { .... *I. tubéreuse* (3155).

14. { Tige glabre.. 15.
    { Tige pubescente, au moins vers le haut. *I. roide* (3148).

15. { Tige terminée par deux ou trois fleurs.................
    { .... *I. à feuilles de saule* (3150).
    { Tige terminée par un corimbe de huit à dix fleurs....
    { .... *I. d'Allemagne* (3149).

16. { Sommité de la plante visqueuse...................... 17.
    { Plante nullement visqueuse......................... 18.

17. { Fleurs nombreuses, disposées en panicule alongée....... .... *I. visqueuse* (3154).
Fleurs peu nombreuses , à-peu-près disposées en co- rimbe.................... *I. de roche* (3156).

18. { Feuilles ovales ou lancéolées.................... 19.
Feuilles linéaires.................... *I. tubéreuse* (3155).

19. { Involucre embriqué......................... 20.
Folioles externes de l'involucre étalées ou recourbées. 21.

20. { Feuilles couvertes de longs poils un peu soyeux.......... .... *I. de montagne* (3158).
Feuilles couvertes en dessous d'un duvet grisâtre très- court.................... *I. de Vaillant* (3152).

21. { Involucre poilu........................ *I. hérissée* (3151).
Involucre glabre........................ *I. roide* (3148).

DXXVIII. SOLIDAGE. *SOLIDAGO.*

1. { Plante non visqueuse ; demi-fleurons larges de 3 millim. 2.
Plante visqueuse vers le haut ; demi-fleurons d'un mil- limètre............................ *S. odorante* (3162).

2. { Pédicelles des fleurs plus courts qu'elles.................. .... *S. verge-d'or* (3160).
Pédicelles des fleurs deux fois plus longs qu'elles........ .... *S. naine* (3161).

DXXIX. TUSSILAGE. *TUSSILAGO.*

1. { Fleurs blanchâtres ou rouges........................ 2.
Fleurs jaunes.................... *T. pas-d'âne* (3163).

2. { Hampe nue, à plusieurs fleurs..................... 3.
Tige feuillée, à une fleur........ *T. des Alpes* (3164).

3. { Fleurs presque toutes solitaires sur leur pédicelle.... 4.
Deux ou quatre fleurs sur chaque pédicelle............. .... *T. blanchâtre* (3166).

4. { Fleurs purpurines.................... *T. pétasite* (3165).
Fleurs blanchâtres ou d'un rouge très-pâle............. .... *T. blanc de neige* (3167).

DXXX. SENEÇON. *SENECIO.*

1. { Fleurs flosculeuses........................... 2.
Fleurs radiées........................... 4.

2. { Plante visqueuse dans le haut....... *S. visqueux* (3169).
Plante non visqueuse........................ 3.

3. { Feuilles pinnatifides ou profondément sinuées........ 4.
Feuilles entières ou dentées. *Cacalie sarrasine* (3106).

4. { Tige tendre, haute de 2-5 décim.. *S. commun* (3168).
Tige ferme, haute de 5-8 décim... *S. Jacobée* (3173).

5. { Demi-fleurons courts, roulés en dehors, peu apparens. 6.
{ Demi-fleurons grands et étalés...................... 8.

6. { Sommité de la plante visqueuse... *S. visqueux* (3169).
{ Plante non visqueuse.............................. 7.

7. { Feuilles supérieures pinnatifides..... *S. des bois* (3170).
{ Feuilles sinuées................. *S. des Apennins* (3171).

8. { Feuilles découpées............................... 9.
{ Feuilles entières ou dentées...................... 16.

9. { Feuilles glabres ou çà et là un peu cotonneuses...... 10.
{ Feuilles toutes blanchâtres et cotonneuses........... 15.

10. { Lobes des feuilles étroits, linéaires et pointus....... 11.
{ Lobes des feuilles un peu larges, oblongs ou obtus.. 12.

11. { Fleurs de 4-5 centimètres de diamètre....................
{ .... *S. à feuilles d'aurone* (3176).
{ Fleurs de 1 centimètre de diamètre......................
{ .... *S. à feuilles menues* (3177).

12. { Tige et feuilles à-peu-près glabres.................... 13.
{ Tige et feuilles couvertes çà et là de duvet lâche peu
{ adhérent........... *S. à feuilles de roquette* (3175).

13. { Lobes des feuilles étroits et écartés...... *S. sale* (3172).
{ Lobes des feuilles assez larges et rapprochés......... 14.

14. { Lobes des feuilles à-peu-près égaux.. *S. Jacobée* (3173).
{ Lobe terminal des feuilles grand et ovale...............
{ .... *S. aquatique* (3174).

15. { Tige à plusieurs fleurs............. *S. blanchâtre* (3178).
{ Tige à une fleur.................. *S. à une fleur* (3179).

16. { Plante glabre ou à peine pubescente .... 17.
{ Tige ou dessous des feuilles couvert d'un léger coton... 22.

17. { Feuilles de la tige un peu décurrentes.. *S. doria* (3184).
{ Feuilles de la tige non décurrentes.................. 18.

18. { Feuilles presque linéaires, régulièrement dentées en scie.
{ .... *S. sarrasin* (3183).
{ Feuilles ovales ou à dents obtuses ou inégales....... 19.

19. { Feuilles ovales................................. 20.
{ Feuilles oblongues............................ . 21.

20. { Feuilles parfaitement glabres. *S. à feuilles ovales* (3182*).
{ Feuilles légèrement pubescentes en dessous..............
{ .... *S. des forêts* (3182).

21. { Feuilles glabres et un peu épaisses......................
{ .... *S. à feuilles de pécher* (3181).
{ Feuilles minces, un peu pubescentes en dessous..........
{ .... *S. des forêts* (3182).

22. { Fleurs d'un jaune orangé ; feuilles peu dentées..........
{ .... *S. doronic* (3184).
{ Fleurs jaunes ; feuilles à dents longues et aiguës........
{ .... *S. des marais* (3180).

DXXXI. CINÉRAIRE. *CINERARIA.*

1. { Feuilles ou lobe terminal des feuilles en forme de cœur. 2.
   { Feuilles oblongues, ovales ou en spatule.............. 3.

2. { Plante très-glabre; pétioles des feuilles de la tige dilatés
   {   en gaîne.................... *C. de Sibérie* (3186).
   { Plante un peu cotonneuse; pétioles chargés de quelques
   {   lobes................. *C. à feuilles en cœur* (3192).

3. { Feuilles toutes dentées ou pinnatifides................ 4.
   { Feuilles la plupart entières ou à peine dentées....... 6.

4. { Feuilles couvertes d'un duvet blanc et cotonneux.........
   {   .... *C. maritime* (3193).
   { Feuilles un peu velues ou presque glabres........... 5.

5. { Involucres et pédicelles glabres. *C. à longue feuille* (3191).
   { Involucres et pédicelles velus.. *C. des marais* (3187).

6. { Fleurs de couleur orangée.......... *C. orangée* (3189).
   { Fleurs jaunes....................................... 7.

7. { Feuilles radicales ovales....... *C. des champs* (3188).
   { Feuilles radicales en spatule. *C. à feuille entière* (3190).

DXXXII. TAGÈTE. *TAGETES.*

1. { Pédoncules fortement renflés sous la fleur. *T. droit* (3194).
   { Pédoncules peu renflés sous la fleur..... *T. étalé* (3194).

DXXXIII. DORONIC. *DORONICUM.*

1. { Feuilles radicales en forme de cœur...................
   {   .... *D. mort-aux-panthères* (3195).
   { Feuilles radicales non échancrées en cœur............. 2.

2. { Feuilles de la tige munies d'oreillettes embrassantes.....
   {   .... *D. à racine noueuse* (3196).
   { Feuilles de la tige non munies d'oreillettes embrassantes.
   {   .... *D. à feuilles de plantain* (3197).

DXXXIV. ARNIQUE. *ARNICA.*

1. { Feuilles opposées.............. *A. de montagne* (3198).
   { Feuilles alternes ou radicales........................ 2.

2. { Fleurs à rayon jaune.............................. 3.
   { Fleurs à rayon blanc............. *A. paquerette* (3201).

3. { Feuilles hérissées, à dents écartées. *A. doronic* (3199).
   { Feuilles presque glabres, à dents pointues..............
   {   .... *A. à racine noueuse* (3200).

DXXXIV*. PAQUEROLE. *BELLIUM.*

1. { Poils de l'aigrette évasés à leur base en paillette ovale.
   {   .... *P. fausse-paquerette* (3201*).
   { Poils de l'aigrette simples et nombreux.................
   {   .... *Arnique paquerette* (3201).

DXXXV. SOUCI.   *CALENDULA.*

1. { Graines de la circonférence prolongées en pointe ....
.... *S. des champs* (3202).
Graines de la circonférence obtuses. *S. des jardins* (3203).

DXXXVI. CHRYSANTHÈME.   *CHRYSANTHEMUM.*

1. { Demi-fleurons blancs ou rougeâtres.................... 2.
{ Demi-fleurons jaunes ou jaunâtres...................... 6.

2. { Feuilles de la tige entières ou dentées................. 3.
{ Feuilles de la tige pinnatifides.......................... 5.

3. { Feuilles de la tige linéaires, entières.....................
.... *C. à feuilles de gramen* (3206).
Feuilles de la tige lancéolées-linéaires, dentées ...... 4.

4. { Demi-fleurons longs de 2 centimètres au plus............
.... *C. leucanthème* (3204).
Demi-fleurons longs de 3 centim. *C. à grande fleur* (3205).

5. { Ecailles de l'involucre noires sur les bords...............
.... *C. cératophylle* (3207).
Ecailles de l'involucre blanchâtres ou rousses sur les
bords...................... *C. de Montpellier* (3208).

6. { Feuilles obtuses, dentées.......... *C. de Mycon* (3209).
{ Feuilles pinnatifides ou fortement sinuées.............. 7.

7. { Lobes supérieurs des feuilles fortement dentés ou pin-
natifides...................... *C. couronné* (3211).
Lobes des feuilles entiers ou çà et là dentés......... .....
.... *C. des blés* (3210).

DXXXVII. PYRÉTHRE.   *PYRETHRUM.*

1. { Tige à une fleur............................. 2.
{ Tige à plusieurs fleurs................................... 3.

2. { Feuilles supérieures linéaires et entières................
.... *P. des Alpes* (3213).
Feuilles supérieures oblongues et dentées.................
.... *P. de Haller* (3212).

3. { Lobes des feuilles linéaires et très-étroits................
.... *P. inodore* (3216).
Lobes des feuilles ovales ou oblongs, et dentés...... 4.

4. { Lobes des feuilles commençant dès sa base.............
.... *P. en corimbe* (3214).
Lobes des feuilles ne commençant que 1-2 centim. au-
dessus de sa base............... *P. matricaire* (3215).

DXXXVIII. MATRICAIRE.   *MATRICARIA.*

1. { Feuilles deux fois pinnatifides.... *M. camomille* (3217).
{ Feuilles trois fois pinnatifides...... *M. odorante* (3218).

DXXXIX.

DXXXIX. PAQUERETTE.   *BELLIS.*

1. { Feuilles en spatule; fibres de la racine naissant d'une
     souche épaisse...................... *P. vivace* (3219).
   { Feuilles ovales; racines grèles...... *P. annuelle* (3220).

DXL. CARPÉSIE.   *CARPESIUM.*

1. .... *C. penchée* (3221).

DXLI. BALSAMITE.   *BALSAMITA.*

1. { Feuilles dentées ou entières...................... 2.
   { Feuilles pinnatifides............................. 3.

2. { Feuilles supérieures linéaires, entières. *B. effilée* (3224).
   { Feuilles supérieures ovales-oblongues, munies d'oreil-
     lettes...................... *B. commune* (3222).

3. { Lobes des feuilles linéaires; trente à quarante petites
     fleurs...................... *B. annuelle* (3223).
   { Lobes des feuilles larges; fleurs grandes, au nombre de
     dix à douze.............. *Pyrèthre matricaire* (3215).

DXLII. TANAISIE.   *TANACETUM.*

1. .... *T. commune* (3225).

DXLIII. ARMOISE.   *ARTEMISIA.*

1. { Réceptacle garni de poils............................ 2.
   { Réceptacle nu...................................... 6.

2. { Fleurs renfermant plus de vingt-cinq fleurons......... 3.
   { Fleurs renfermant moins de quinze fleurons............
     .... *A. des rochers* (3230).

3. { Fleurs pédonculées, disposées en grappes ou en pani-
     cules lâches .... 4.
   { Fleurs presque sessiles et en bouquet serré............
     .... *A. des glaciers* (3229).

4. { Plante ligneuse, au moins à sa base.................. 5.
   { Plante herbacée...................... *A. absinthe* (3226).

5. { Feuilles couvertes d'un duvet blanc, soyeux............
     .... *A. en arbre* (3227).
   { Feuilles glabres ou un peu cotonneuses.................
     .... *A. en corimbe* (3228).

6. { Fleurs globuleuses ou hémisphériques.................. 7.
   { Fleurs ovoïdes ou cylindriques...................... 12.

7. { Feuilles la plupart découpées....................... 8.
   { Feuilles toutes entières.............. *A. estragon* (3236).

8. { Fleurs en grappe ou en épi simple et terminal......... 9.
   { Fleurs en panicule ou en grappe rameuse............. 10.

9. { Plante presque glabre.............. *A. tanaisie* (3233).
   { Plante très-velue...................... *A. en épi* (3231).

Tome I.   t

10. { Involucres glabres.. 11.
    { Involucres un peu cotonneux...... *A. du Pont* (3232).

11. { Tige droite...................... *A. camomille* (3234).
    { Tige couchée ou inclinée à sa base. *A. champêtre* (3235).

12. { Feuilles cotonneuses ou pubescentes sur les deux sur-
    {   faces.. 13.
    { Feuilles glabres et vertes en dessus. *A. commune* (3238).

13. { Huit à dix fleurons dans chaque involucre............. 14.
    { Moins de huit fleurons dans chaque involucre....... 16.

14. { Involucre glabre.. 15.
    { Involucre pubescent; tige en arbre. *A. aurone* (3243).

15. { Tiges droites...................... *A. en panicule* (3244).
    { Tiges un peu couchées, au moins à la base.............
    {   .... *A. champêtre* (3235).

16. { Feuilles pinnatifides ou multifides .... 17.
    { Feuilles entières ou peu lobées..... *A. bleuâtre* (3237).

17. { Involucres cotonneux, contenant de trois à sept fleurons. 18.
    { Involucres presque glabres, à un à trois fleurons.........
    {   .... *A. palmée* (3239).

18. { Fleurs droites....................................... .... 19.
    { Fleurs pendantes................... *A. maritime* (3240).

19. { Plante presque laineuse, même au sommet de l'invo-
    {   lucre........................... *A. du Valais* (3242).
    { Plante blanchâtre et cotonneuse; sommet des écailles
    {   de l'involucre glabre.......... *A. de France* (3241).

DXLIV. MICROPE.   *MICROPUS.*

1. { Une tige apparente, portant des feuilles et des fleurs. 2.
   { Feuilles et fleurs radicales.......... *M. pygmée* (3245).

2. { Tiges droites; feuilles oblongues...... *M. droit* (3246).
   { Tiges couchées; feuilles en spatule. *M. couché* (3247).

DXLV. SANTOLINE.   *SANTOLINA.*

1. { Feuilles glabres.. 2.
   { Feuilles cotonneuses............... *S. blanchâtre* (3248).

2. { Feuilles cylindriques à quatre rangs de dents.............
   {   .... *S. verte* (3249).
   { Feuilles linéaires à peine dentées................................
   {   .... *S. à feuilles de romarin* (3250).

DXLVI. DIOTIS.   *DIOTIS.*

1. .... *D. cotonneuse* (3251).

DXLVII. ANACYCLE.   *ANACYCLUS.*

1. { Plante entièrement glabre............... *A. doré* (3253).
   { Plante un peu velue.. 2.

$$2. \begin{cases} \text{Fleurons à cinq dents, dont trois étalées, et deux droites} \\ \text{et saillantes}................... \textit{A. de Valence} \text{ (5252).} \\ \text{Fleurons à cinq dents étalées}...................................... \\ .... \textit{Camomille flosculeuse} \text{ (5267).} \end{cases}$$

DXLVIII. CAMOMILLE.   *ANTHEMIS.*

$$1. \begin{cases} \text{Fleurs radiées}... 2. \\ \text{Fleurs flosculeuses}................... \text{ANACYCLE (DXLVII).} \end{cases}$$

$$2. \begin{cases} \text{Demi-fleurons blancs ou rougeâtres}.................... 5. \\ \text{Demi-fleurons jaunes au moins à leur base}......... 15. \end{cases}$$

$$3. \begin{cases} \text{Demi-fleurons blancs}............................ 4. \\ \text{Demi-fleurons purpurins en dehors. } \textit{C. pyrèthre} \text{ (5264).} \end{cases}$$

$$4. \begin{cases} \text{Fleurons à cinq dents, dont trois étalées, et deux droites} \\ \text{et pointues}................. \textit{C. à deux pointes} \text{ (5256).} \\ \text{Fleurons à cinq dents étalées}............................ 5. \end{cases}$$

$$5. \begin{cases} \text{Lobes des feuilles étroits et pointus au sommet}....... 6. \\ \text{Lobes des feuilles obtus et élargis au sommet}............ \\ .... \textit{C. maritime} \text{ (5255).} \end{cases}$$

$$6. \begin{cases} \text{Feuilles, au moins les inférieures, glabres}............ 7. \\ \text{Feuilles velues ou pubescentes}......................... 10. \end{cases}$$

$$7. \begin{cases} \text{Tiges chargées de une à trois fleurs}.................... 8. \\ \text{Tiges chargées de plus de trois fleurss}................. 9. \end{cases}$$

$$8. \begin{cases} \text{Involucres noirâtres}................... \textit{C. des Alpes} \text{ (5258).} \\ \text{Involucres pâles}................... \textit{C. de montagne} \text{ (5265).} \end{cases}$$

$$9. \begin{cases} \text{Réceptacle conique}...................... \textit{C. cotule} \text{ (5261).} \\ \text{Réceptacle convexe ou plane}.......... \textit{C. élevée} \text{ (5254).} \end{cases}$$

$$10. \begin{cases} \text{Tige chargée de une à trois fleurs}.................... 11. \\ \text{Tige chargée de plus de trois fleurs}.................. 12. \end{cases}$$

$$11. \begin{cases} \text{Lobes des feuilles à deux ou trois dentelures}............. \\ .... \textit{C. de montagne} \text{ (5263).} \\ \text{Lobes des feuilles à dix ou douze dentelures}............. \\ .... \textit{C. d'Autriche} \text{ (5262).} \end{cases}$$

$$12. \begin{cases} \text{Graines couronnées par une petite membrane}........... \\ .... \textit{C. des champs} \text{ (5260).} \\ \text{Graines non couronnées; paillettes plus courtes que les} \\ \text{fleurons}................... \textit{C. romaine} \text{ (5259).} \end{cases}$$

$$13. \begin{cases} \text{Demi-fleurons tout-à-fait jaunes}.................... 14. \\ \text{Demi-fleurons jaunes à leur base, blancs au sommet}..... \\ .... \textit{C. mixte} \text{ (5257).} \end{cases}$$

$$14. \begin{cases} \text{Dents des fleurons longues, droites, aiguës}............. \\ .... \textit{C. de Valence} \text{ (5265).} \\ \text{Dents des fleurons courtes, étalées, presque obtuses}.... \\ .... \textit{C. des teinturiers} \text{ (5266).} \end{cases}$$

DXLIX. ACHILLÉE.   *ACHILLEA.*

$$1. \begin{cases} \text{Demi-fleurons blancs ou rougeâtres}.................... 2. \\ \text{Demi-fleurons jaunes}........................... 16. \end{cases}$$

2. { Feuilles dentées.................................... 3.
{ Feuilles découpées ou pinnatifides.............. 4.

3. { Feuilles oblongues , pointues... *A. sternutatoire* (5271).
{ Feuilles obtuses en forme de coin.. *A. herba-rota* (5270).

4. { Feuilles pinnatifides ou à lobes entiers ou dentés....... 5.
{ Feuilles à lobes une ou deux fois pinnatifides........ 10.

5. { Plante glabre ou pubescente............................ 6.
{ Plante couverte de laine ou de coton blanc...............
{ .... *A. naine* (5275).

6. { Lobes des feuilles linéaires , entiers.................... 7.
{ Lobes des feuilles oblongs , dentés.................... 9.

7. { Feuilles divisées en lobes dès leur base ; involucre taché
{ de noir............ .... 8.
{ Feuilles non divisées dès leur base ; involucre pâle.......
{ .... *A. à feuilles de camomille* (5273).

8. { Pédoncules glabres................... *A. musquée* (5276).
{ Pédoncules velus............ *A. à écailles noires* (5277).

9. { Quatre à six lobes de chaque côté de la côte moyenne...
{ .... *A. à grande feuille* (5274).
{ Dix à quinze lobes de chaque côté de la feuille.........
{ .... *A. des Alpes* (5272).

10. { Lobes et divisions des lobes dentés.................... 11.
{ Lobes la plupart divisés en deux à trois lobes linéaires.
{ .... *A. à écailles noires* (5277).

11. { De petites dents le long de la côte entre les lobes.... 15.
{ Presque aucune dent le long de la côte entre les lobes. 12.

12. { Involucre velu ou pubescent.......................... 13.
{ Involucre glabre........ *A. à feuilles de tanaisie* (5278).

13. { Lobes principaux des feuilles longs de 7-8 millim.......
{ .... *A. mille-feuille* (5280).
{ Lobes principaux des feuilles longs de 2 centim..... 14.

14. { Feuilles velues , à lobes lancéolés. *A. compacte* (5279).
{ Feuilles presque glabres, à lobes linéaires............. .
{ .... *A. à feuilles de livéche* (5281).

15. { Lobes divisés jusqu'à la côte du milieu. *A. noble* (5282).
{ Côte moyenne bordée d'une languette qui unit les lobes.
{ .... *A. à feuilles de tanaisie* (5278).

16. { Feuilles dentées en scie............ *A. ageratum* (5268).
{ Feuilles deux ou trois fois pinnatifides.....................
{ .... *A. cotonneuse* (5269).

DL. BUPHTHALME. *BUPHTHALMUM.*

1. { Involucre long , foliacé , imitant une collerette........ 2.
{ Involucre court presque écailleux...........................
{ .... *B. à feuilles de saule* (5286).

2. { Feuilles florales terminées en épine... *B. épineux* (3283).
{ Feuilles florales non épineuses.................:...... 3.

3. { Fleurs toutes terminales....... ...... *B. maritime* (3285).
{ Fleurs terminales et axillaires...... *B. aquatique* (3284).

DLI. BIDENT. *BIDENS.*

1. { Feuilles divisées en trois ou cinq folioles................
.... *B. partagé* (3287).
{ Feuilles dentées en scie............... *B. penché* (3288).

DLII. HÉLIANTHE. *HELIANTHUS.*

1. { Feuilles de l'involucre ciliées ; racine tubéreuse..........
.... *H. tubéreux* (3290).
{ Feuilles de l'involucre non ciliées ; racine fibreuse... 2.

2. { Tige à une fleur grande et penchée.. *H. annuel* (3289).
{ Tige à plusieurs fleurs.............. *H. multiflore* (3291).

DLIII. CARDÈRE. *DIPSACUS.*

1. { Têtes de fleurs alongées ou coniques.................. 2.
{ Têtes de fleurs arrondies ou hémisphériques............,
.... *C. velue* (3295).

2. { Feuilles simplement dentées.................... . 3.
{ Feuilles sinuées ou laciniées........ *C. découpée* (3294).

3. { Paillettes des fleurs droites.......... *C. sauvage* (3292).
{ Paillettes des fleurs crochues ou arquées au sommet.....
.... *C. à foulon* (3293).

DLIV. SCABIEUSE. *SCABIOSA.*

1. { Corolles à quatre divisions............................ 2.
{ Corolles à cinq divisions............................... 11.

2. { Réceptacle nu ou garni de poils.............. .... 3.
{ Réceptacle garni de paillettes ou d'écailles............. 7.

3. { Feuilles inférieures pinnatifides................... .. 4.
{ Feuilles inférieures dentées ou entières................ 6.

4. { Feuilles inférieures obtuses ou à lobes obtus........... 5.
{ Feuilles inférieures pointues .... *S. des champs* (3501).

5. { Lobe terminal des feuilles radicales, grand et arrondi.
.... *S. bâtarde* (3502).
{ Lobe terminal des feuilles radicales, ovale-oblong......
.. .. *S. à feuilles entières* (3504).

6. { Feuilles de la tige embrassantes..... *S. des bois* (3503).
{ Feuilles de la tige rétrécies en pétiole. ....
.... *S. des champs*, β (3501).

7. { Fleurs blanches, rouges ou bleues.................. 8.
{ Fleurs jaunâtres.. 10.

8. { Feuilles la plupart pinnatifides....................... 9.
    { Feuilles entières....................... S. succise (3300).

9. { Fleurs blanches............ S. à fleurs blanches (3298).
    { Fleurs d'un bleu rougeâtre. S. de Transylvanie (3299).

10. { Paillettes extérieures courtes et obtuses....................
    {   .... S. centaurée (3297).
    { Paillettes extérieures aiguës....... S. des Alpes (3296).

11. { Feuilles découpées ou dentées.......................... 12.
    { Feuilles toutes entières.............. S. graminée (3314).

12. { Fleurs blanches, bleues, rouges ou pourpres........ 13.
    { Fleurs d'un jaune pâle................ S. jaunâtre (3309).

13. { Graine couronnée par un rebord scarieux large de 7-9
    {   millimètres.................... .... 14.
    { Graine couronnée par un bord membraneux large de
    {   2-3 millimètres.......................... 15.

14. { Feuilles supérieures pinnatifides, à lobes tous linéaires.
    {   .... S. simple (3313).
    { Feuilles de la tige terminées par un lobe grand, ovale,
    {   alongé............................. S. étoilée (3312).

15. { Tige ou feuilles plus ou moins velues................ 16.
    { Plante glabre et un peu lisse.......... S. luisante (3306).

16. { Feuilles supérieures pinnatifides..................... 17.
    { Feuilles supérieures linéaires et entières.................
    {   .... S. d'Ukraine (3310).

17. { Feuilles radicales ovales, crénelées................... 18.
    { Feuilles radicales lancéolées, entières.S. odorante (3307).

18. { Graines marquées de huit cannelures profondes ; poils
    {   rares...................... S. colombaire (3305).
    { Graines marquées de huit nervures saillantes ; poils gris
    {   et nombreux................. S. des Pyrénées (3308).

DLV. VALÉRIANE.   *VALERIANA.*

1. { Feuilles supérieures profondément lobées ou divisées. 2.
    { Feuilles toutes entières ou dentées..................... 9.

2. { Feuilles radicales en forme de cœur...................... 3.
    { Feuilles radicales ovales, ou oblongues ou pinnatifides. 4.

3. { Feuilles inférieures à environ vingt dents inégales........
    {   .... V. à trois lobes (3518).
    { Feuilles inférieures à quarante ou cinquante dents.......
    {   .... V. des Pyrénées (3517).

4. { Feuilles radicales pinnatifides, à lobes écartés.............
    {   .... V. officinale (3515).
    { Feuilles radicales entières ou à lobes confluens......... 5.

5. { Fleurs à trois étamines (ou quelquefois dioïques).... 6.
    { Fleurs à une étamine......... V. chausse-trape (3526).

6. { Tige haute d'un mètre.................... *V. phu* (3316).
   { Tige haute de 1-3 décim........................... 7.

7. { Racine cylindrique ou fibreuse...................... 8.
   { Racine ovoïde n'émettant de fibres qu'à sa base..... ....
   { .... *V. tubéreuse* (3520).

8. { Bractées égales à la longueur des pédicelles.............
   { .... *V. à feuilles de globulaire* (5521).
   { Bractées plus courtes que les pédicelles. *V. dioïque* (5525).

9. { Feuilles toutes entières, à pétioles très-courts...... 10.
   { Feuilles souvent dentées, et les inférieures portées sur
   { de longs pétioles.................................. 11.

10. { Fleurs toutes réunies en tête........ *V. couchée* (3525).
    { Fleurs inférieures écartées des supérieures...............
    { .... *V. nard-celtique* (5522).

11. { Fleurs réunies en tête ou en corimbe.....................
    { .... *V. de montagne* (5519).
    { Fleurs en panicule ; pédoncules écartés ....
    { .... *V. des rochers* (5524).

DLVI. CENTRANTHE.   *CENTRANTHUS.*

1. { Feuilles ovales-lancéolées............... *C. rouge* (5527).
   { Feuilles linéaires............. *C. à feuilles étroites* (5528).

DLVII. FÉDIA.   *FEDIA.*

1. .... *F. corne d'abondance* (5529).

DLVIII. MACHE.   *VALERIANELLA.*

1. { Fruit non renflé , terminé au plus par trois dents.... 2.
   { Fruit renflé et terminé par cinq dents................ 5.

2. { Dents du fruit petites, à-peu-près égales............ 5.
   { Une des dents du fruit grande et recourbée...............
   { .... *M. hérissée* (5554).

3. { Feuilles toutes entières ou à peine dentées............. 4.
   { Feuilles supérieures divisées en lobes linéaires...........
   { .... *M. naine* (5555).

4. { Fruit comprimé ; dents à peine visibles...................
   { .... *M. cultivée* (555c).
   { Fruit couronné par une bordure droite , dentée.........
   { .... *M. dentée* (5551).

5. { Fruit pubescent ; dents droites... *M. couronnée* (5555).
   { Fruit glabre ; dents recourbées en dedans...............
   { .... *M. vésiculeuse* (5552).

DLIX. SHÉRARDE.   *SHERARDIA.*

1. .... *S. des champs* (5556).

DLX. ASPÉRULE. *ASPERULA.*

<table>
<tr><td>1.</td><td>{ Fleurs blanches.... .... 2.
{ Fleurs bleues...................... *A. des champs* (3337).</td></tr>
<tr><td>2.</td><td>{ Feuilles verticillées quatre ou six ensemble............ 3.
{ Feuilles verticillées huit ensemble. *A. odorante* (3340).</td></tr>
<tr><td>3.</td><td>{ Feuilles linéaires.. 4.
{ Feuilles ovales ou lancéolées.............................. 7.</td></tr>
<tr><td>4.</td><td>{ Fleurs en panicule lâche.................................. 5.
{ Fleurs en têtes ou en petits corimbes.................. 6.</td></tr>
<tr><td>5.</td><td>{ Fleurs la plupart à trois lobes. *A. des teinturiers* (3342).
{ Fleurs toutes à quatre divisions. *A. à l'esquinancie*(3343).</td></tr>
<tr><td>6.</td><td>{ Feuilles glabres.................... *A. à six feuilles* (3339).
{ Feuilles hérissées sur les bords et la nervure............
.... *A. hérissée* (3338).</td></tr>
<tr><td>7.</td><td>{ Feuilles à trois nervures............. *A. de Turin* (3341).
{ Feuilles à une nervure..................... *A. lisse* (3344).</td></tr>
</table>

DLXI. CRUCIANELLE. *CRUCIANELLA.*

<table>
<tr><td>1.</td><td>{ Fleurs en épis serrés................................... 2.
{ Fleurs en épis lâches et interrompus......................
.... *C. maritime* (3348).</td></tr>
<tr><td>2.</td><td>{ Corolles très-saillantes hors des bractées.................
.... *C. de Montpellier* (3347).
{ Corolles dépassant à peine les bractées................. 3.</td></tr>
<tr><td>3.</td><td>{ Feuilles linéaires verticillées six ensemble................
.... *C. à feuilles étroites* (3345).
{ Feuilles lancéolées, verticillées quatre ensemble.........
.... *C. à large feuille* (3346).</td></tr>
</table>

DLXII. GAILLET. *GALIUM.*

<table>
<tr><td>1.</td><td>{ Fruit ou ovaire glabre.................................... 2.
{ Fruit ou ovaire hérissé de poils.......................... 42.</td></tr>
<tr><td>2.</td><td>{ Fruit lisse, non tuberculeux....................... 3.
{ Fruit tuberculeux.. 59.</td></tr>
<tr><td>3.</td><td>{ Fleurs blanches.................................... 4.
{ Fleurs jaunes... 54.
{ Fleurs rouges.. 58.</td></tr>
<tr><td>4.</td><td>{ Tige (lisse ou rude) toujours glabre.................... 5.
{ Tige pubescente, au moins dans le bas.............. 29.</td></tr>
<tr><td>5.</td><td>{ Tige lisse sur ses angles................................. 6.
{ Tige rude sur ses angles................................ 25.</td></tr>
<tr><td>6.</td><td>{ Tige droite, ferme, cylindrique..................... 7.
{ Tige à quatre angles plus ou moins marqués, souvent
grèle et couchée.. 8.</td></tr>
</table>

7. { Feuilles lancéolées, rudes sur les bords et les nervures. .... G. *des bois* (3556).
Feuilles linéaires, lisses sur les bords et les nervures.... .... G. *à feuilles de lin* (3357).

8. { Feuilles linéaires et acérées............................. 9.
Feuilles ovales, oblongues ou obtuses................. 18.

9. { Feuilles rapprochées, couvrant presque les tiges... 10.
Feuilles éloignées, ne couvrant point les tiges....... 12.

10. { Fleurs solitaires, opposées, presque sessiles............. .... G. *des Pyrénées* (3373).
Fleurs portées sur des pédoncules branchus.......... 11.

11. { Feuilles linéaires..................... G. *lisse* (3366).
Feuilles en alène..................... G. *nain* (3376).

12. { Feuilles de 8 millim. de longueur au moins.......... 13.
Feuilles de 4 millim. de longueur au plus............... .... G. *divergent* (3370).

13. { Feuilles vertes dessous .... 14.
Feuilles glauques en dessous..................... 17.

14. { Lobes de la corolle terminés par un poil............. 15.
Lobes de la corolle obtus ou pointus, mais sans poils. 16.

15. { Huit feuilles dures, très-rudes sur les bords............. .... G. *à feuilles menues* (3565).
Six à sept feuilles un peu molles, légèrement rudes sur les bords............................. G. *acéré* (3563).

16. { Tige droite, à rameaux lâches......... G. *droit* (3562).
Tige ascendante, à rameaux dressés.. G. *lisse* (3366).

17. { Fleurs presque en cloche; six à huit feuilles par verticille.............................. G. *glauque* (3558).
Fleurs en étoile; jamais plus de six feuilles par verticille, ... G. *cendré* (3564).

18. { Huit feuilles à la plupart des verticilles............. 19.
Moins de huit feuilles aux verticilles................. 21.

19. { Tige renflée au-dessus des articulations................. .... G. *mollugine* (3561).
Tige non renflée..................... 20.

20. { Lobes de la corolle terminés par un poil. G. *acéré* (3563).
Lobes de la corolle non terminés en poil. G. *droit* (3562).

21. { Quatre à cinq feuilles à la plupart des verticilles..... 22.
Six à sept feuilles à tous les verticilles................. 23.

22. { Feuilles obtuses................. G. *des marais* (3560).
Feuilles terminées par une petite pointe................. .... G. *du Hartz* (3576).

23. { Tige droite, à rameaux lâches......... G. *droit* (3562).
Tige couchée..................... 24.

24. { Feuilles aiguës...................... *G. couché* (3572).
{ Feuilles obtuses................... *G. des rochers* (3575).

25. { Tige droite.. 26.
{ Tige grèle, couchée, au moins à sa base........... 27.

26. { Feuilles quatre ensemble, chacune à trois nervures.....
{ .... *G. à feuilles de garance* (3559).
{ Feuilles six à huit ensemble, à une nervure.... ....
{ .... *G. droit* (3562).

27. { Feuilles acérées... 28.
{ Feuilles obtuses................... *G. des marais* (3560).

28. { Tige couchée, accrochante; feuilles terminées par un
{ long poil... .... *G. fangeux* (3571).
{ Tige demi-couchée, rude; feuilles aiguës...............
{ .... *G. d'Angleterre* (3569).

29. { Tige droite.. 30.
{ Tige couchée, au moins à la base..................... 32.

30. { Tige cylindrique...................... *G. des bois* (3356).
{ Tige à quatre angles plus ou moins prononcés...... 31.

31. { Feuilles linéaires...................... *G. cendré* (3364).
{ Feuilles ovales ou oblongues.... *G. mollugine* (3361).

32. { Tige ascendante ou demi-couchée..................... 33.
{ Tige tout-à-fait couchée.............. *G. couché* (3572).

33. { Lobes de la corolle terminés par un poil. *G. à pointe* (3568).
{ Lobes de la corolle presque obtus. *G. de Boccone* (3567).

34. { Feuilles verticillées quatre à quatre.................... 35.
{ Feuilles verticillées six à huit........................... 37.

35. { Pédicelles des fleurs portant des bractées...............
{ .... *G. croisette* (3551).
{ Pédicelles des fleurs dépourvus de bractées.......... 36.

36. { Feuilles un peu roides, à trois nervures prononcées....
{ .... *G. printannier* (3353).
{ Feuilles molles, à une nervure. *G. du Piémont* (3352).

37. { Feuilles linéaires; fleurs nombreuses, en panicule.......
{ .... *G. jaune* (3349).
{ Feuilles oblongues, un peu charnues; fleurs peu nom-
{ breuses...................... *G. à gros fruit* (3350).

38. { Pédicelles simples, uniflores........... *G. rouge* (3354).
{ Pédicelles rameux, multiflores..... *G. pourpre* (3355).

39. { Feuilles linéaires, très-rudes sur les bords............ 40.
{ Feuilles ovales, presque lisses sur les bords.............
{ .... *G. du Hartz* (3576).

40. { Aspérités du bord de la feuille dirigées vers le sommet. 41.
{ Aspérités du bord de la feuille dirigées vers la base....
{ .... *G. à trois cornes* (3578).

41. { Pédoncules plus longs que les feuilles. *G. bâtard* (3577).
    { Pédoncules au plus égaux aux feuilles. *G. anis-sucré* (3579).

42. { Feuilles verticillées plus de sept ensemble............ 43.
    { Feuilles verticillées trois à six ensemble............ 44.

43. { Tige rameuse..................... *G. gratteron* (3580).
    { Tige simple..................... *G. de Vaillant* (3581).

44. { Fleurs rouges ou rougeâtres..................... 45.
    { Fleurs blanches ou jaunâtres..................... 46.

45. { Plante toute velue.................. *G. maritime* (3584).
    { Plante à-peu-près glabre............,.. *G. en litige* (3582).

46. { Feuilles à trois nervures; fleurs blanches............ 47.
    { Feuilles à une nervure; fleurs jaunâtres.................
    { .... *G. des murs* (3583).

47. { Feuilles elliptiques ou rondes. *G. à feuilles rondes* (3586).
    { Feuilles lancéolées ou linéaires....... *G. boréal* (3585).

DLXIII. VAILLANTIE.   *VAILLANTIA.*

1. .... *V. des murs* (3587).

DLXIV. GARANCE.   *RUBIA.*

1. { Quatre feuilles à tous les verticilles; tige lisse...........
   { .... *G. luisante* (3590).
   { Cinq à six feuilles par verticilles; tige rude........... 2.

2. { Lobes de la corolle insensiblement rétrécis au sommet..
   { .... *G. des teinturiers* (3588).
   { Lobes de la corolle brusquement rétrécis en pointe......
   { .... *G. voyageuse* (3589).

DLXV. LINNÉE.   *LINNÆA.*

1. .... *L. boréale* (3591).

DLXVI. CHÈVREFEUILLE.   *LONICERA.*

1. { Fleurs terminales disposées plus de deux ensemble... 2.
   { Fleurs latérales et géminées sur chaque pédoncule.... 3.

2. { Feuilles soudées ensemble, et comme enfilées par la
   { tige..................... *C. des jardins* (3592).
   { Feuilles distinctes.............. *C. périclymène* (3593).

3. { Fleurs blanches en dehors..................... 4.
   { Fleurs rouges ou roses en dehors..................... 6.

4. { Un seul ovaire par couple de fleurs; baies bleuâtres.....
   { .... *C. à fruits bleus* (3598).
   { Un ovaire pour chaque fleur; baies rougeâtres....... 5.

5. { Feuilles glabres.................. *C. des Pyrénées* (3596).
   { Feuilles velues................. *C. xylostéon* (3595).

6. { Feuilles plus larges au milieu qu'à la base; baies rouges.
   { .... *C. des Alpes* (3597).
   { Feuilles plus larges à la base qu'au milieu; fruits noi-
   { râtres.................. *C. à fruits noirs* (3594).

DLXVII. GUY. *VISCUM.*

1. { Tige garnie de feuilles ovales-lancéolées...................
.... *G. à fruits blancs* (5599).
Tige sans véritables feuilles.. *G. de l'oxycèdre* (5400).

DLXVIII VIORNE. *VIBURNUM.*

1. { Feuilles très-simples et point lobées................ 2.
Feuilles à trois ou cinq lobes............ *V. obier* (5403).

2. { Feuilles dentées, ridées en dessus.. *V. mancienne* (5402).
Feuilles entières, lisses............ *V. laurier-tin* (5401).

DLXIX. SUREAU. *SAMBUCUS.*

1. { Tige ligneuse................................ .... 2.
Tige herbacée........... .... *S. yèble* (5404).

2. { Fleurs en corimbe....................... *S. noir* (5405).
Fleurs en grappe.................... *S. à grappes* (5406).

DLXX. CORNOUILLER. *CORNUS.*

1. { Fleurs jaunes............................... *C. mâle* (5407).
Fleurs blanches.................... *C. sanguin* (5408).

DLXXI. LIERRE. *HEDERA.*

1. .... *L. grimpant* (5409).

DLXXII. ÉGOPODE. *ÆGOPODIUM.*

1. .... *É. des goutteux* (5410).

DLXXIII. BOUCAGE. *PIMPINELLA.*

1. { Lobes des folioles tous profonds et presque linéaires.. 2.
Folioles des feuilles inférieures ovales ou arrondies, **et**
simplement dentées.......................... 3.

2. { Ombelles petites, fort nombreuses ; fleurs dioïques......
.... *B. dioïque* (5414).
Ombelles en petit nombre ; fleurs hermaphrodites.......
.... *B. découpé* (5413).

3. { Feuilles supérieures simples et linéaires...............
.... *B. saxifrage* (5411).
Feuilles supérieures pinnatifides ou incisées.. ....
.... *B. à grandes feuilles* (5412).

DLXXIV. SÉSÉLI. *SESELI.*

1. { Folioles des involucelles distinctes..... .... 2.
Folioles des involucres soudées les unes avec les autres.
.... *S. fenouil des chevaux* (5415).

2. { Involucelles un peu plus longs que les ombellules...... 3.
Involucelles plus courts que les ombellules............ 4.

3. { Plante glauque ; gaîne des feuilles blanche sur le bord..
.... S. *tortueux* (3419).
Plante verte ; gaîne des feuilles verdâtre sur le bord.....
.... S. *annuel* (3416).

4. { Fruit parfaitement glabre.................. .... 5.
Fruit légèrement pubescent ; feuilles glauques............
.... S. *de montagne* (3417).

5. { Fruit un peu tuberculeux ; folioles petites, écartées....
.... S. *élevé* (3418).
Fruit non tuberculeux ; folioles comme disposées en
croix.............. .... S. *carvi* (3420).

DLXXV. IMPÉRATOIRE.   *IMPERATORIA.*

1. { Feuilles une ou plusieurs fois ternées.................... 2.
Feuilles une ou plusieurs fois ailées..................... 3.

2. { Ombelles nombreuses , à quatre à six rayons............
.... *I. nodiflore* (3424).
Ombelles peu nombreuses , à dix à quinze rayons......
.... *I. ostruthium* (3421).

3. { Ombelle à dix à douze rayons...... *I. verticillée* (3423).
Ombelle à plus de vingt rayons....... *I. sauvage* (3422).

DLXXVI. CERFEUIL.   *CHÆROPHYLLUM.*

1. { Fruits lisses.. 2.
Fruits cannelés ou marqués de côtes longitudinales... 3.

2. { Tige rameuse ; feuilles un peu velues. C. *sauvage* (3425).
Tige presque simple ; feuilles glabres. C. *des Alpes* (3426).

3. { Ombelles latérales sessiles, à quatre à cinq rayons.......
.... C. *cultivé* (3431).
Ombelles terminales à plus de cinq rayons........... 4.

4. { Tige marquée de taches rougeâtres ; ombelle à six à dix
rayons........................ C. *penché* (3430).
Tige non tachée ; ombelle à dix à quinze rayons..... 5.

5. { Tige presque simple ; fruits jaunes..... C. *doré* (3427).
Tige rameuse ; fruits brunâtres.................... 6.

6. { Fruits striés, longs de 5-6 millim. C. *hérissé* (3428).
Fruits profondément cannelés, longs de 12 millimètres.
.... C. *odorant* (3429).

DLXXVII. SCANDIX.   *SCANDIX.*

1. { Fruits rudes sur leurs nervures ; styles jaunes............
.... S. *peigne de Vénus* (3432).
Fruits rudes sur toute leur surface ; styles purpurins...
.... S. *du Midi* (3433).

DLXXVIII. CORIANDRE.   *CORIANDRUM*.

1. { Fleurs extérieures de l'ombelle très-grandes ; fruits globuleux...................... *C. cultivée* (3434).
Fleurs à-peu-près égales; fruits à deux bosses...........
.... *C. à deux bosses* (3435).

DLXXIX. ÉTHUSE.   *ÆTHUSA*.

1. { Feuilles radicales ailées, à folioles ovales. *E. bunius* (3437).
Feuilles toutes plusieurs fois pinnatifides et très-découpées........................ *E. ache-des-chiens* (3436).

DLXXX. CICUTAIRE.   *CICUTARIA*.

1. .... *C. aquatique* (3438).

DLXXXI. ŒNANTHE.   *ŒNANTHE*.

1. { Collerette générale nulle , ou à une à deux folioles... 2.
Collerette générale à cinq à six folioles................ 5.

2. { Ombelle à trois rayons ; pétioles fistuleux...............
.... *Œ. fistuleuse* (3440).
Ombelle à cinq rayons ou davantage.................. 3.

3. { Feuilles une ou deux fois ailées......................... 4.
Feuilles trois fois ailées......... *Œ. phellandre* (3439).

4. { Fruits cylindriques................ *Œ. peucédane* (3442).
Fruits ovoïdes , ventrus......... *Œ. globuleuse* (3441).

5. { Lobes des feuilles supérieures linéaires et entiers........
.... *Œ. pimprenelle* (3443).
Lobes des feuilles supérieures en coin et incisés...........
.... *Œ. à suc jaune* (3444).

DLXXXII. BUBON.   *BUBON*.

1. .... *B. de Macédoine* (3445).

DLXXXIII. BERLE.   *SIUM*.

1. { Feuilles dont les folioles sont séparées jusqu'à la côte du milieu .... 2.
Feuilles dont les folioles sont réunies par un prolongement du parenchyme............... *B. faucille* (3451).

2. { Folioles verticillées ou découpées en lobes profonds et linéaires..................................... 3.
Folioles opposées ou alternes , dentées en scie........ 5.

3. { Ombelles à dix à douze rayons; tige droite............
.... *B. verticillée* (3452).
Ombelles à deux à six rayons ; tige couchée ou inondée. 4.

4. { Ombelle à quatre à six rayons ; toutes les feuilles semblables...................... *B. intermédiaire* (3453).
Ombelle à deux à quatre rayons ; feuilles du haut à folioles ovales........................ *B. inondée* (3454).

5. { Ombelle à moins de quatre rayons.................... 6.
   { Ombelle à plus de trois rayons........................ 7.

6. { Tige droite.................... *B. des bleds* (3455).
   { Tige couchée, rampante ou inondée. *B. inondée* (3454).

7. { Ombelles toutes terminales..................... 8.
   { Ombelles latérales opposées aux feuilles............. 10.

8. { Ombelle à quatre à six rayons...... *B. amome* (3456).
   { Ombelle à huit ou plus de huit rayons............... 9.

9. { Racine fibreuse; ombelle à douze à dix-huit rayons.....
   {   .... *B. à large feuille* (3446).
   { Racine tubéreuse; ombelle à neuf à douze rayons........
   {   .... *B. chervi* (345o).

10. { Ombelles pédonculées............................... 11.
    { Ombelles sessiles......... *B. à ombelles sessiles* (3448).

11. { Tige droite ou à peine ascendante......................
    {   .... *B. à feuilles étroites* (3447).
    { Tige rampante ou tout-à-fait couchée. *B. rampante* (3449).

DLXXXIV. ANGÉLIQUE.   *ANGELICA.*

1. { Folioles pointues............................... 2.
   { Folioles très-obtuses... *A. à feuilles d'ancolie* (3459).

2. { Folioles glabres, non décurrentes...................... 3.
   { Folioles un peu pubescentes et décurrentes...............
   {   .... *A. de Razouls* (3458).

3. { Folioles lisses; ombelles à moins de vingt rayons........
   {   .... *A. livêche* (346o).
   { Folioles un peu glauques en dessous; ombelle à environ
   {   trente rayons.............. *A. archangélique* (3457).

DLXXXV. LIVÊCHE.   *LIGUSTICUM.*

1. { Tige simple ou à rameaux alternes............ .... 2.
   { Rameaux supérieurs opposés ou verticillés...............
   {   .... *L. des Pyrénées* (3465).

2. { Tige peu feuillée; ombelle à moins de dix rayons... 3.
   { Tige très-feuillée; ombelle à plus de quinze rayons. 5.

3. { Involucelles à huit à neuf folioles................... 4.
   { Involucelles à quatre à cinq folioles disposées du côté
   {   extérieur.................... *L. mutelline* (3467).

4. { Gaînes des feuilles supérieures larges et ventrues........
   {   .... *L. meum* (3468).
   { Gaînes des feuilles supérieures étroites et non ventrues.
   {   .... *L. à feuilles menues* (3466).

5. { Une collerette à plusieurs folioles..................... 6.
   { Point de collerette générale. *L. à feuilles de persil* (3463).

6. { Folioles de la collerette membraneuses................. 7.
   { Folioles de la collerette foliacées. *L. d'Autriche* (3462).

7. { Folioles de la collerette toutes entières....................
.... *L. du Péloponnèse* (346i).
Folioles de la collerette trifides au sommet...............
.... *L. férule* (3464).

DLXXXVI. DANAA. *DANAA.*

1. .... *D. à feuilles d'ancolie* (3469).

DLXXXVII. LASER. *LASERPITIUM.*

1. { Folioles de la collerette entières....................... 2.
Folioles de la collerette à trois à cinq lobes...........
.... *L. simple* (3475).

2. { Feuilles pubescentes................................. 3.
Feuilles glabres.................................... 4.

3. { Folioles larges, ovales, dentées. *L. à larges feuilles* (3470).
Folioles découpées en lobes très-menus.. *L. velu* (3474).

4. { Folioles entières ou dentées....................... 5.
Folioles pinnatifides ou trifurquées.................. 6.

5. { Folioles entières, lancéolées............. *L. siler* (3473).
Folioles dentées, arrondies. *L. à larges feuilles* (3470).

6. { Tige très-glabre; folioles trifides.. *L. de France* (3471).
Tige hérissée à la base; folioles pinnatifides...............
.... *L. de Prusse* (3472).

DLXXXVIII. BERCE. *HERACLEUM.*

1. { Tige droite; ombelle à plus de dix rayons........... 2.
Tige couchée; ombelle à moins de six rayons...........
.... *B. naine* (3479).

2. { Feuilles ailées.................... *B. branc-ursine* (3476).
Feuilles simples, plus ou moins lobées................. 3.

3. { Feuilles couvertes en dessous d'un duvet court...........
.... *B. des Pyrénées* (3477).
Feuilles glabres ou un peu hérissées sur les pétioles......
.... *B. des Alpes* (3478).

DLXXXIX. CRITHME. *CRITHMUM.*

1. .... *C. maritime* (3480).

DXC. ATHAMANTE. *ATHAMANTA.*

1. { Lobes des folioles linéaires et très-menus. .... 2.
Lobes des folioles ovales ou oblongs. *A. libanotide* (3481).

2. { Folioles velues..................... *A. de Crète* (3482).
Folioles glabres................ *A. de Matthiole* (3483).

DXCI. SELIN. *SELINUM.*

1. { Une collerette générale à plusieurs folioles........... 2.
Point de collerette générale............................ 7.
.... 2.

2. { Feuilles d'un verd glauque, à folioles ovales-lancéolées..
.... *S. des cerfs* (3484).
Feuilles non glauques, et à folioles incisées ou découpées. 3.

3. { Folioles de l'involucelle plus courtes que les pédicelles. 4.
Folioles de l'involucelle plus longues que les pédicelles..
.... *S. de Lemonnier* (3489).

4. { Tige profondément cannelée....................... 5.
Tige lisse ou à peine striée....................... 6.

5. { Folioles divisées en lobes linéaires. *S. des marais* (3487).
Folioles divisées en lobes cunéiformes incisés.........
.... *S. d'Autriche* (3488).

6. { Ombelle à plus de vingt rayons. *S. de montagne* (3485).
Ombelle à moins de quinze rayons. *S. des bois* (3486).

7. { Tige cylindrique ou à peine striée....................... 8.
Tige profondément cannelée. *S. à feuilles de carvi* (3490).

8. { Ombelle à moins de douze rayons....................... 9.
Ombelle à plus de douze rayons. *S. demi-engaîné* (3492).

9. { Collerettes partielles à deux à trois folioles courtes......
.... *S. de Chabrœus* (3491).
Collerettes partielles à six à sept folioles plus longues
que les fleurs............... *S. des Pyrénées* (3493).

DXCII. CIGUË.   *CICUTA.*

1.   .... *C. commune* (3494).

DXCIII. BUNIUM.   *BUNIUM.*

1. { Collerette générale à sept à huit folioles...............
.... *B. noix de terre* (3495).
Collerette générale nulle ou à une à deux folioles........
.... *B. sans collerette* (3496).

DXCIV. AMMI.   *AMMI.*

1. { Folioles toutes découpées en lobes linéaires........... 2.
Folioles des feuilles inférieures ovales-lancéolées, dentées.................. *A. à larges feuilles* (3497).

2. { Rayons de l'ombelle resserrés et ligneux après la fleurai-
son........................ *A. visnage* (3499).
Rayons de l'ombelle ni serrés ni ligneux...............
.... *A. à feuilles glauques* (3498).

DXCV. CAROTTE.   *DAUCUS.*

1. { Tige plus ou moins hérissée de poils.................. 2.
Tige glabre........................ *C. maritime* (3503).

2. { Feuilles toutes divisées en lobes pointus.............. 3.
Feuilles inférieures à lobes courts, obtus...............
.... *C. porte-gomme* (3502).

Tome I.   v

5. { Tige et feuilles légèrement velues. *C. commune* (35oo).
   { Tige et feuilles fortement hérissées. *C. hérissée* (35o1).

DXCVI. CAUCALIDE.   *CAUCALIS.*

1. { Poils appliqués, ceux de la tige de haut en bas, ceux
   { des rayons de l'ombelle de bas en haut.............. 2.
   { Poils nuls ou hérissés, ou irrégulièrement disposés.. 5.

2. { Ombelles latérales opposées aux feuilles presque ses-
   { siles.................... *C. à fleurs latérales* (3512).
   { Ombelles terminales et pédonculées.................... 3.

3. { Ombelles à deux rayons..... *C. à petites fleurs* (35o9).
   { Ombelles à cinq à dix rayons........................... 4.

4. { Collerette générale à quatre à cinq folioles...............
   { .... *C. anthrisque* (3511).
   { Collerette générale nulle ou à une foliole..................
   { .... *C. des champs* (351o).

5. { Fruits hérissés de pointes applaties, disposées le long des
   { côtes principales....................................... 6.
   { Fruits hérissés, sur toute leur surface, de petites aspé-
   { rités crochues....................................... 1o.

6. { Feuilles deux ou trois fois ailées, à folioles découpées. 7.
   { Feuilles une fois ailées, à folioles lancéolées, dentées....
   { .... *C. à larges feuilles* (35o5).

7. { Fleurs extérieures très-grandes; ombelle à cinq à sept
   { rayons...................... *C. à grandes fleurs* (35o4).
   { Fleurs à-peu-près égales; ombelles à deux à cinq rayons. 8.

8. { Plante presque glabre, haute de 3–4 décim........... 9.
   { Plante toute velue ou pubescente, haute d'un décimètre.
   { .... *C. maritime* (35o7).

9. { Point de collerette générale. *C. à feuilles de carotte* (35o8).
   { Une collerette générale à trois ou quatre folioles..........
   { .... *C. à large fruit* (35o6).

10. { Tige hérissée, renflée au-dessous des ramifications....
    { .... *C. noueuse* (3514).
    { Tige glabre non renflée. *C. à feuilles de cerfeuil* (3513).

DXCVII. TORDYLE.   *TORDYLIUM.*

1. { Folioles ovales-obtuses.............. *T. officinal* (3515).
   { Folioles lancéolées, alongées.......... *T. élevé* (3516).

DXCVIII. PEUCÉDANE.   *PEUCEDANUM.*

1. { Ombelle à plus de douze rayons...................... 2.
   { Ombelle à moins de douze rayons..................... 3.

2. { Fleurs blanches...................... *P. de Paris* (3517).
   { Fleurs jaunes........................ *P. officinal* (3518).

3. { Collerette générale à quatre folioles ou plus....................... P. d'Alsace (352o).
{ Collerette nulle ou à une à deux folioles. P. silaüs (5519).

DXCIX. ACHE.   *APIUM.*

1. { Toutes les ombelles pédonculées...... A. persil (3521).
{ Ombelles la plupart sessiles......... A. odorante (3522).

DC. ANETH.   *ANETHUM.*

1. .... A. fenouil (5523).

DCI. MACERON.   *SMYRNIUM.*

1. .... M. commun (5524).

DCII. PANAIS.   *PASTINACA.*

1. { Collerettes nulles ; pétioles glabres.... P. cultivé (3525).
{ Collerettes à plusieurs folioles ; pétioles inférieurs hérissés......................... P. opopanax (3526).

DCIII. THAPSIE.   *THAPSIA.*

1. .... T. velue (3527).

DCIV. FÉRULE.   *FERULA.*

1. { Ombelles latérales opposées....... F. commune (3528).
{ Ombelles latérales verticillées.... F. verticillée (3529).

DCV. ARMARINTE.   *CACHRYS.*

1. .... A. à fruits lisses (353o).

DCVI. BUPLÉVRE.   *BUPLEVRUM.*

1. { Tige ligneuse........................ B. ligneux (3531).
{ Tige herbacée ou à peine ligneuse à la base.......... 2.

2. { Point de collerette générale. B. à feuilles arrondies (3552).
{ Une collerette générale.................................. 3.

3. { Folioles de l'involucelle soudées ensemble...............
{ .... B. étoilée (3554).
{ Folioles de l'involucelle distinctes...................... 4.

4. { Folioles de l'involucelle plus courtes que les pédicelles. 5.
{ Folioles de l'involucelle au moins égales à la longueur des
fleurs... 6.

5. { Involucelles à trois à quatre folioles..... B. roide (554o).
{ Involucelles à six à huit folioles..........................
{ .... B. à feuilles de gramen (3557).

6. { Folioles de l'involucelle ovales ou arrondies............ 7.
{ Folioles de l'involucelle lancéolées-linéaires.......... 1o.

7. { Folioles de l'involucelle arrondies, très-obtuses..........
{ .... B. des Pyrénées (5555).
{ Folioles de l'involucelle ovales, un peu acérées........ 8.

8. { Feuilles toutes à-peu-près linéaires..... .... 9.
{ Feuilles de la tige oblongues, embrassantes et arrondies à leur base................... *B. à longue feuille* (5553).

9. { Collerette générale à une à deux folioles................. .... *B. à feuilles de carex* (3539).
{ Collerette générale à trois à quatre folioles.............. .... *B. renoncule* (3538).

10. { Ombelles partielles à plus de six fleurs............... 11.
{ Ombelles partielles à moins de six fleurs.. .... 12.

11. { Involucelles de la longueur des fleurs. *B. en faulx* (3536).
{ Involucelles doubl de la longueur des fleurs............. .... *B. odontalgique* (3541).

12. { Involucelles à-pe -près égaux aux fleurs............. 13.
{ Involucelles doub s de la longueur des fleurs............ .... *B. demi-composé* (3542).

13. { Fruits rudes et tuberculeux............. *B. menu* (3543).
{ Fruits non tuberculeux................................ 14.

14. { Collerette générale à cinq folioles. *B. de Gérard* (3544).
{ Collerette générale à deux à trois folioles. *B. effilé* (3545).

DCVII. ÉCHINOPHORE.   *ECHINOPHORA.*

1. .... *É. épineuse* (3546).

DCVIII. ASTRANCE.   *ASTRANTIA.*

1. { Fleurs blanches ou rougeâtres........................... 2.
{ Fleurs jaunes........................ *A. épipactis* (3547).

2. { Feuilles à cinq folioles à-peu-près divisées jusqu'au pétiole..................... *A. à petites feuilles* (3549).
{ Feuilles à cinq lobes profonds non divisés jusqu'au pétiole................... *A. à grandes feuilles* (3548).

DCIX. SANICLE.   *SANICULA.*

1. .... *S. d'Europe* (355o).

DCX. PANICAUT.   *ERYNGIUM.*

1. { Feuilles inférieures découpées......................... 2.
{ Feuilles inférieures dentées......................... 4.

2. { Tige très-rameuse vers le haut. *P. des champs* (3552).
{ Tige simple ou divisée vers le haut en trois à cinq pédicelles...................................... 3.

3. { Folioles de la collerette dentées. *P. de Bourgat* (3553).
{ Folioles de la collerette pinnatifides................... .... *P. épine-blanche* (3554).

4. { Folioles de la collerette dentées .... 5.
{ Folioles de la collerette pinnatifides. *P. des Alpes* (3555).

5. { Feuilles inférieures ovales; plante souvent violette.......
.... *P. plane* (3556).
{ Feuilles inférieures réniformes ; plante glauque..........
.... *P. maritime* (3551).

DCXI. HYDROCOTYLE.   *HYDROCOTYLE.*

1.   .... *H. commune* (3557).

DCXII. SAXIFRAGE.   *SAXIFRAGA.*

1. { Feuilles alternes ou radicales........................... 2.
{ Feuilles opposées .... 39.

2. { Ovaire adhérent au calice, dont les lobes ne sont point
{   rejetés en arrière............................ 3.
{ Ovaire libre; lobes du calice rejetés en arrière..... 32.

3. { Feuilles toutes entières ou dentées.................... 4.
{ Feuilles la plupart lobées ou incisées .... 17.

4. { Fleurs blanches .... 5.
{ Fleurs jaunes ou jaunâtres............................. 13.
{ Fleurs roses..................... *S. intermédiaire* (3561).

5. { Feuilles coriaces assez fermes.... .... 6.
{ Feuilles non coriaces et un peu molles................. 9.

6. { Feuilles disposées en rosettes radicales................. 7.
{ Feuilles petites, serrées, embriquées le long de la tige.
{ .... *S. bleuâtre* (3564).

7. { Calice glabre........................ *S. aïzoon* (3560).
{ Calice hérissé de poils épars un peu glanduleux...... 8.

8. { Feuilles presque entières.. *S. à longues feuilles* (3558).
{ Feuilles régulièrement dentées en scie...................
{ .... *S. pyramidale* (3559).

9. { Feuilles radicales arrondies et pétiolées.............. 10.
{ Feuilles radicales ovales ou oblongues, presque sessiles. 12.

10. { Racines garnies de petits tubercules; pétales tout blancs. 11.
{ Racines non tuberculeuses; pétales piquetés de rouge...
{ .... *S. à feuilles rondes* (3573).

11. { Des bulbes à l'aisselle des pédoncules...................
{ .... *S. porte-bulbes* (3575).
{ Point de bulbes sur la tige ni les pédoncules...........
{ .... *S. granulée* (3574).

12. { Tige ne portant qu'une à deux fleurs. *S. androsace* (3571).
{ Tige portant cinq à six fleurs.. *S. des neiges* (3572).

13. { Fleurs d'un jaune vif................................. 14.
{ Fleurs d'un jaune pâle................................ 16.

14. { Calice glabre; feuilles un peu charnues..................
{ .... *S. faux-aïzoon* (3569).
{ Calice pubescent ou hérissé; feuilles coriaces....... 15.

<table>
<tr><td>15.</td><td>Calice ventru et purpurin. S. jaune et pourpre (3562).
Calice ni ventru ni purpurin......... S. arétie (3563).</td></tr>
<tr><td>16.</td><td>Feuilles pointues , glabres , souvent bordées de cils roides..................... S. à cils roides (3565).
Feuilles obtuses, pubescentes , non ciliées..............
.... S. à feuilles planes (3570).</td></tr>
<tr><td>17.</td><td>Pétales blanchâtres ou rougeâtres.................... 18.
Pétales blancs................................... 19.</td></tr>
<tr><td>18.</td><td>Pédicelles plus courts que les fleurs.... S. mousse (3588).
Pédicelles plus longs que les fleurs. S. sillonnée (3585).</td></tr>
<tr><td>19.</td><td>Plante glabre................................. 20.
Plante velue ou pubescente..................... 24.</td></tr>
<tr><td>20.</td><td>Des bourgeons ou des bulbes oblongs et axillaires dans les tiges couchées.................... S. hypne (3589).
Point de bulbes ni de bourgeons axillaires........... 21.</td></tr>
<tr><td>21.</td><td>Feuilles suintant çà et là de petits globules gommeux.
.... S. porte-gomme (3582).
Point de globules gommeux sur les feuilles......... 22.</td></tr>
<tr><td>22.</td><td>Plante roide , presque ligneuse à la base..............
.... S. à cinq doigts (3583).
Plante herbacée et sans roideur remarquable...... 23.</td></tr>
<tr><td>23.</td><td>Pédicelles des fleurs très-divergens.....................
.... S. embrouillée (3584).
Fleurs solitaires ou à pédicelles dressés............. 24.</td></tr>
<tr><td>24.</td><td>Filamens des étamines blancs...................... 25.
Filamens des étamines purpurins , persistans........ 31.</td></tr>
<tr><td>25.</td><td>Racine garnie çà et là de petits tubercules........... 11.
Racine non tuberculeuse......................... 26.</td></tr>
<tr><td>26.</td><td>Pétiole des feuilles inférieures deux ou trois fois plus long que leur limbe............... S. géranium (3581).
Pétiole des feuilles inférieures au plus égal à leur limbe. 27.</td></tr>
<tr><td>27.</td><td>Feuilles florales entières........................ 28.
Feuilles florales lobées ou à trois fortes dents......... 29.</td></tr>
<tr><td>28.</td><td>Lobes des feuilles radicales dépassant le milieu de la longueur............... S. à feuilles de bugle (3579).
Lobes des feuilles radicales ne passant pas le milieu.....
.... S. de Piémont (3580).</td></tr>
<tr><td>29.</td><td>Plante dépassant peu la longueur du doigt........... 30.
Plante au moins de la longueur de la main..............
.... S. ascendante (3578).</td></tr>
<tr><td>30.</td><td>Feuilles inférieures réunies en rosette radicale...........
.... S. des pierres (3577).
Feuilles toutes éparses et non en rosette..............
.... S. à trois doigts (3578).</td></tr>
</table>

DCXIII. DORINE. *CHRYSOSPLENIUM.*

DCXIV. ADOXE. *ADOXA.*

DCXV. OMBILIC. *UMBILICUS.*

DCXVI. BULLIARDE. *BULLIARDA.*

DCXVII. TILLÉE. *TILLÆA.*

DCXVIII. CRASSULE. *CRASSULA.*

DCXIX. SÉDUM. *SEDUM.*

1. {
Feuilles planes.. 2.
Feuilles cylindriques....................... .... 9.

2. {
Fleurs jaunes..................... *S. à odeur de rose* (3605).
Fleurs blanches ou rougeâtres........................... 3.

3. {
Feuilles éparses ou opposées.............................. 4.
Feuilles verticillées quatre ensemble............. .... 8.

4. {
Fleurs en corimbe ou en panicule....................... 5.
Fleurs sessiles à l'aisselle des feuilles supérieures........
.... *S. étoilé* (3608).

5. {
Fleurs en corimbe.. 6.
Fleurs en panicule... 7.

6. {
Feuilles ovales un peu dentées........ *S. reprise* (3606).
Feuilles très-entières, en coin ou en spatule..............
.... *S. anacampseros* (3607).

7. {
Feuilles ovales ou elliptiques.............................
.... *S. à feuilles de morgeline* (3609).
Feuilles oblongues ou linéaires. *S. faux-oignon* (3610).

8. {
Feuilles en forme de spatule.... *S. faux-gaillet* (3611).
Feuilles oblongues......... *S. à feuilles en croix* (3612).

9. {
Fleurs blanches, ou rougeâtres ou bleues............ 10.
Fleurs jaunes; feuilles prolongées au-dessous de leur
insertion.. 19.

10. {
Feuilles éparses, radicales ou opposées................. 11.
Feuilles verticillées....... *S. à feuilles en croix* (3612).

11. {
Feuilles glabres.. 12.
Feuilles pubescentes.. 17.

12. {
Fleurs blanches ou rougeâtres............................ 13.
Fleurs d'un beau bleu.......... *S. à sept pétales* (3620).

13. {
Pédicelles et calices glabres............................. 14.
Pédicelles et calices pubescens. *S. à feuille épaisse* (3616).

14. {
Fleurs disposées en cîme ou en bouquet lâche........ 15.
Fleurs en cîme compacte et serrée. *S. noirâtre* (3615).

15. {
Feuilles d'un beau verd, trois fois plus longues que
larges .... 16.
Feuilles glauques, dont la longueur est à peine double de
la largeur..................... *S. d'Angleterre* (3617).

16. {
Feuilles des tiges stériles, étalées,...... *S. blanc* (3613).
Feuilles des tiges stériles, dressées, embriquées.........
.... *S. renflé* (3614).

17. {
Pétales pointus, blanchâtres................. .... 18.
Pétales obtus, rougeâtres................. *S. velu* (3619).

18. { Feuilles la plupart disposées en rosettes radicales........
.... S. herissé (3618).
Feuilles toutes éparses le long de la tige..................
.... Crassule rougeâtre (3604).

19. { Feuilles courtes ovoïdes, très-obtuses................. 20.
Feuilles cylindriques ou en alène..................... 21.

20. { Tige herbacée émettant peu ou point de radicules.......
.... S. âcre (3621).
Tige ligneuse émettant beaucoup de radicules...........
...............•................. S. des glaciers (3622).

21. { Feuilles éparses.................................. 22.
Feuilles verticillées trois à trois et disposées sur deux
rangs.................. S. à six angles (3623).

22. { Fleurs d'un jaune vif............................ 23.
Fleurs d'un jaune pâle........................... 24.

23. { Feuilles obtuses, éparses, étalées. S. des pierres (3624).
Feuilles pointues, rapprochées, souvent embriquées dans
les tiges stériles...................... S. réfléchi (3625).

24. { Pétales droits ; tige herbacée..... S. d'Espagne (3626).
Pétales étalés ; tige un peu ligneuse..... S. élevé (3627).

DCXX. JOUBARBE.   SEMPERVIVUM.

1. { Feuilles la plupart disposées en rosettes radicales..... 2.
Feuilles nullement disposées en rosettes. SÉDUM (DCXIX).

2. { Fleurs rougeâtres............................... 3.
Fleurs jaunâtres................................ 5.

3. { Douze à quinze pétales ; tige de 3-4 décimètres.........
.... J. des t its (3628).
Huit à douze pétales ; tige de 1-2 décimètres......... 4.

4. { Pétales quatre fois plus longs que le calice...............
.... J. de montagne (3629).
Pétales deux fois plus longs que le calice...............
.... J. à toile d'araignée (3630).

5. { Douze pétales ouverts............. J. à globules (3631).
Six pétales droits...................... J. hérissée (3632).

DCXXI. TAMARIX.   TAMARIX.

1. { Cinq étamines saillantes.......... T. de France (3633).
Dix étamines cachées dans la corolle............... ......
.... T. d'Allemagne (3634).

DCXXII. TÉLÈPHE.   TELEPHIUM.

1. .... T. d'Imperati (3635).

DCXXIII. CORRIGIOLE.   CORRIGIOLA.

1. .... C. des rives (3636).

DCXXXV. PESSE.   *HIPPURIS.*

1.   .... *P. commune* (3657).

DCXXXVI. VOLANT-D'EAU. *MYRIOPHYLLUM.*

1. { Fleurs en épis nus terminaux........... *V. à épis* (3658).
   { Fleurs ou verticilles axillaires...... *V. verticillé* (3659).

DCXXXVII. CIRCÉE.   *CIRCÆA.*

1. { Feuilles échancrées en cœur à la base.......................
   { .... *C. des Alpes* (3661).
   { Feuilles non échancrées en cœur.... *C. de Paris* (3660).

DCXXXVIII. MACRE.   *TRAPA.*

1.   .... *M. flottante* (3662).

DCXXXIX. ISNARDE.   *ISNARDIA.*

1.   .... *I. des marais* (3663).

DCXL. ONAGRE.   *ÆNOTHERA.*

1.   .... *O. bisannuelle* (3664).

DCXLI. ÉPILOBE.   *EPILOBIUM.*

1. { Fleurs irrégulières; étamines et pistils inclinés........ 2.
   { Fleurs régulières; étamines droites.................... 3.

2. { Tiges simples; feuilles lancéolées...... *E. à épi* (3665).
   { Tiges rameuses; feuilles linéaires.....................
   { .... *E. à feuilles de romarin* (3666).

3. { Stigmate entier.. .... 4.
   { Stigmate à quatre lobes profonds. *E. de montagne* (3672).

4. { Silique pubescente ou un peu cotonneuse............... 5.
   { Silique glabre.................................... 9.

5. { Tige cylindrique.................................... 6.
   { Tige tétragone; feuilles un peu décurrentes...........
   { .... *E. tétragone* (3670).

6. { Tige simple.................................... 7.
   { Tige rameuse................... *E. hérissé* (3667).

7. { Feuilles linéaires ou lancéolées.................... 8.
   { Feuilles ovales..................... *E. rose* (3671).

8. { Feuilles glabres, à peine dentelées. *E. des marais* (3669).
   { Feuilles pubescentes, dentées.......... *E. mollet* (3670).

9. { Tige rampante à sa base; feuilles entières..............
   { .... *E. des Alpes* (3674).
   { Tige non rampante; feuilles dentées...................
   { .... *E. à feuilles d'origan* (3673).

DCXLII. SERINGAT.   *PHILADELPHUS.*

1.   .... *S. odorant* (3675).

DCXLIX. SORBIER.   *SORBUS.*

1. { Feuilles glabres des deux côtés. S. *des oiseleurs* (3692).
   { Feuilles velues en dessous........ S. *domestique* (3695).

DCL. ROSIER.   *ROSA.*

1. { Fleurs jaunes ou orangées............................... 2.
   { Fleurs roses ou rouges...... .... 3.
   { Fleurs blanches.. 19.

2. { Feuilles glanduleuses; stipules dentées. R *églantier* (3694).
   { Feuilles non glanduleuses; stipules découpées....... .....
   { .... R. *jaune soufre* (3695).

3. { Fruits ou tube du calice globuleux...................... 4.
   { Fruits ou tube du calice ovoïde, oblong ou en toupie... 6.

4. { Tige hérissée d'aiguillons .... 5.
   { Tige sans aiguillons................ R. *des Alpes* (3712).

5. { Feuilles pubescentes sur les deux surfaces. R. *velu* (3700).
   { Feuilles glabres en dessus.......... R. *cannelle* (3699).

6. { Pédicelles glabres.................................... 7.
   { Pédicelles hérissés de poils glanduleux ou d'aiguillons
   {   épars.. 9.

7. { Feuilles légèrement pubescentes, au moins en dessous. 8.
   { Feuilles très-glabres, tirant sur le glauque et le rouge.
   { .... R. *à feuilles rougeâtres* (3711).

8. { Sous-arbrisseau très-petit; lobes du calice tous entiers.
   { .... R. *de Champagne* (3708).
   { Arbrisseau de 1-2 mètres; lobes du calice la plupart
   {   découpés...................... R. *des collines* (3702).

9. { Fruit ou tube du calice ovoïde ou oblong............ 10.
   { Fruit ou tube du calice en forme de toupie...............
   { .... R. *en toupie* (3703).

10. { Pédoncules et calices garnis de longs poils verdâtres,
    {   rameux.................... R. *mousseux* (3705).
    { Poils des pédicelles et des calices courts, simples... 11.

11. { Tige garnie d'aiguillons............................. 12.
    { Tige presque sans aiguillons.......................... 17.

12. { Surface supérieure des feuilles glabre................ 13.
    { Surface supérieure des feuilles pubescente.............
    { .... R. *cotonneux* (3701).

13. { Surface inférieure des feuilles garnie de poils courts,
    {   glanduleux.................... R. *rouillé* (3710).
    { Surface inférieure des feuilles non glanduleuse...... 14.

14. { Fleurs dont le diamètre n'est pas de 5 centimètres.......
    { .... R. *ponpon* (3707).
    { Fleurs de 6 centimètres de diamètre .... 15.

15. { Dentelures des feuilles légèrement dentées et bordées de quelques poils courts et glanduleux............ 16.
Dentelures des feuilles non dentées et sans poils glanduleux..................... *R. de tous les mois* (3706).

16. { Fleurs roses; feuilles vertes, pubescentes en dessous...
.... *R. à cent feuilles* (3704).
Fleurs rouges; feuilles blanchâtres, presque glabres en dessous...................... *R. de France* (3709).

17. { Feuilles vertes en dessous; fruits pendans.......... 18.
Feuilles blanchâtres en dessous; fruits droits............
.... *R. de France* (3709).

18. { Tube du calice glabre........... *R. des Alpes* (3712).
Tube du calice hérissé de poils glanduleux.............
.... *R. des Pyrénées* (3713).

19. { Fruits ou tubes des calices globuleux............... 20.
Fruits ou tubes des calices ovoïdes ou oblongs...... 22.

20. { Styles tous distincts................................ 21.
Styles réunis en une seule colonne droite...............
.... *R. des champs* (3696).

21. { Fleurs de 4 – 5 centim. de diamètre, lobes du calice non bordés de poils glanduleux. *R. pimprenelle* (3697).
Fleurs de 2 centim. de diamètre; lobes du calice bordés de cils glanduleux.... *R. à mille épines* (3698).

22. { Pédoncules glabres................. *R. des chiens* (3716).
Pédoncules hérissés de poils glanduleux.............. 23.

23. { Ovaires glabres...................... *R. blanc* (3717).
Ovaires hérissés de poils glanduleux....................
.... *R. toujours vert* (3714).
Ovaires garnis de poils couchés, non glanduleux........
.... *R. musqué* (3715).

DCLI. PIMPRENELLE.   *POTERIUM.*

1. { Rameaux ligneux, épineux......... *P. épineuse* (3720).
Tige herbacée non épineuse............................ 2.

2. { Feuilles glabres, ovales....... *P. sanguisorbe* (3718).
Feuilles un peu velues, ovales-oblongues....... ....
.... *P. bâtarde* (3719).

DCLII. SANGUISORBE.   *SANGUISORBA.*

1. .... *S. officinale* (3721).

DCLIII. AIGREMOINE.   *AGRIMONIA.*

1. { Fleurs inodores; folioles ovales, oblongues..............
.... *A. eupatoire* (3722).
Fleurs odorantes; folioles oblongues. *A. odorante* (3723).

DCLIV. ALCHIMILLE.   *ALCHEMILLA.*

1. { Feuilles glabres ou simplement velues.................. 2.
   { Feuilles garnies en dessous de poils soyeux et luisans...
   .... *A. des Alpes* (3725).

2. { Pétioles plus courts que le limbe de la feuille.............
   .... *A. des champs* (3727).
   { Pétioles inférieurs plus longs que le limbe de la feuille. 3.

3. { Parties de la feuille divisées jusqu'au pétiole.............
   .... *A. à cinq feuilles* (3726).
   { Lobes de la feuille divisés au plus jusqu'au milieu........
   .... *A. commune* (3724).

DCLV. SIBBALDIE.   *SIBBALDIA.*

1.   .... *S. couchée* (3728).

DCLVI. TORMENTILLE.   *TORMENTILLA.*

1. { Feuilles sessiles...................... *T. droite* (3729).
   { Feuilles pétiolées.................... *T. couchée* (3730).

DCLVII. POTENTILLE.   *POTENTILLA.*

1. { Fleurs jaunes.................................. 2.
   { Fleurs blanches.................................. 21.

2. { Feuilles ailées ou pinnatifides........................... 5.
   { Feuilles palmées ou digitées........................... 6.

3. { Tige ligneuse...................... *P. arbrisseau* (3731).
   { Tige herbacée.................................. 4.

4. { Feuilles glabres, au moins en dessus.................... 5.
   { Feuilles couvertes, sur les deux faces, de poils soyeux et
   {   couchés.......................... *P. argentine* (3732).

5. { Feuilles blanches, cotonneuses en dessous..............
   {   .... *P. découpée* (3734).
   { Feuilles peu ou point velues......... *P. couchée* (3733).

6. { Feuilles inférieures à cinq ou sept folioles............. 7.
   { Feuilles toutes à trois folioles........................ 18.

7. { Dents des folioles atteignant le milieu de leur largeur. 8.
   { Dents des folioles n'atteignant pas le quart de leur lar-
   {   geur.................................. 12.

8. { Stipules entières.............................. 9.
   { Stipules découpées.................... *P. droite* (3735).

9. { Feuilles blanches et cotonneuses en dessous..............
   {   .... *P. argentée* (3746).
   { Feuilles glabres ou un peu velues.................... 10.

10. { Plantes plus courtes que la main, et en touffe serrée....
    {   .... *P. opaque* (3742).
    { Plantes plus longues que la main, non disposées en
    {   touffe.................................. 11.

11. { Pétioles inférieurs deux ou trois fois plus longs que les
folioles...................... *P. hérissée* (3736).
Pétiol. s inférieurs quatre ou cinq fois plus longs que les
folioles.................. *P. intermédiaire* (3737).

12. { Tige rampante.................. *P. rampante* (3744).
Tige droite, ascendante ou gazonnante............ 13.

13. { Feuilles bordées par un liseré de poils soyeux............
.... *P. dorée* (3740).
Feuilles non bordées de poils soyeux.................. 14.

14. { Tiges droites ou ascendantes................... 15.
Tiges disposées en touffes basses et serrées.......... 16.

15. { Feuilles supérieures souvent opposées. *P. de Savoie*(3738).
Feuilles toutes alternes.................... 17.

16. { Pétales à peine plus grands que le calice. *P. inclinée* (3746).
Pétales d'un tiers plus grands que le calice...............
.... *P. des Pyrénées* (3739).

17. { Lobes du calice pointus; poils hérissés................
.... *P. printannière* (3741).
Lobes du calice obtus; poils courts, couchés...........
.... *P. cendrée* (3743).

18. { Surface inférieure des feuilles blanche et cotonneuse.....
.... *P. couleur de neige* (3747).
Surface inférieure des feuilles à-peu-près semblable à la
supérieure .... 19.

19. { Feuilles couvertes de poils rayonnans...................
.... *P. à courte tige* (3749).
Feuilles glabres ou à poils simples.... .... 20.

20. { Plante ayant au plus la longueur du doigt...............
.... *P. des frimats* (3748).
Plante ayant au moins la longueur de la main...........
.... *P. à grande fleur* (3750).

21. { Feuilles découpées en manière d'aile ....
.... *P. des rochers* (3751).
Feuilles digitées .... 22.

22. { Toutes les feuilles à cinq ou sept folioles............ 23.
Feuilles la plupart à trois folioles.................. 27.

23. { Folioles dentées seulement vers le sommet.......... 24.
Folioles dentées dans toute leur longueur...............
.... *P. de Valderio* (3755).

24. { Pétales ovales ou en cœur renversé.................. 25.
Pétales oblongs, étroits.......... *P. ascendante* (3752).

25. { Feuilles garnies, seulement en dessous, de poils soyeux
et couchés.................. 26.
Feuilles velues et un peu soyeuses sur les deux surfaces.
.... *P. des neiges* (3754).
26.

Tome I.   x

4. { Calice hérissé de poils roides... *R. glanduleuse* (3771).
   { Calice glabre ou à poils mols et couchés............... 5.

5. { Tiges couchées; fruits à moins de dix grains.......... 6.
   { Tiges dressées, fruits à plus de dix grains............. 7.

6. { Tiges herbacées; fruits rouges. *R. des rochers* (3769).
   { Tiges ligneuses; fruits noirâtres glauques...............
   { .... *R. à fruit bleuâtre* (3770).

7. { Folioles latérales sessiles. *R. à feuilles de noisetier* (3772).
   { Folioles latérales pétiolées.......... *R. arbrisseau* (3775).

DCLXIII. SPIRÉE.   *SPIRÆA.*

1. { Tige ligneuse.. 2.
   { Tige herbacée.. 5.

2. { Fleurs en grappes ou en panicule.......................
   { .... *S. à feuilles de saule* (3776).
   { Fleurs en petites ombelles latérales... *S. crénelée* (3777).

5. { Feuilles trois fois ailées....... *S. barbe de chèvre* (3780).
   { Feuilles une fois ailées................................... 4.

4. { Folioles glabres à-peu-près égales. *S. filipendule* (3778).
   { Folioles blanchâtres en dessous; celle du sommet très-
   {   grande........................... *S. ulmaire* (3779).

DCLXIV. CERISIER.   *CERASUS.*

1. { Fleurs se développant après les feuilles................ 2.
   { Fleurs se développant avant ou avec les feuilles........ 4.

2. { Feuilles lisses, coriaces.......... *C. laurier* (3781, not.).
   { Feuilles ni lisses, ni coriaces............................ 3.

5. { Fleurs en grappes pendantes....... *C. à grappes* (3781).
   { Fleurs en corimbes droits............. *C. mahaleb* (3782).

4. { Lobes du calice fortement dentés en scie. *C. tardif* (3783).
   { Lobes du calice entiers ou à peine dentés............... 5.

5. { Arbres à rameaux étalés.............................. 6.
   { Arbres à rameaux dressés............................ 7.

6. { Fruits sphériques à chair acide, qui se sépare facilement
   {   de la peau................... *C. griottier* (3784).
   { Fruits ovoïdes à chair jamais acide, très-adhérente à
   {   la peau.................... *C. merisier* (3786).

7. { Fruits à chair molle et aqueuse....... *C. guinier* (3785).
   { Fruits à chair ferme et cassante *C. bigarreautier* (3787).

DCLXV. PRUNIER.   *PRUNUS.*

1. { Rameaux étalés ou irrégulièrement ouverts............ 2.
   { Rameaux dressés en forme de pyramide...............
   { .... *P. pyramidal* (3791).

8. { Fleurs jaunes.................................... 9.
{ Fleurs blanches.................... *G. monosperme* (3801).

9. { Branches bordées de deux à trois ailes foliacées..... 10.
{ Branches non bordées d'ailes foliacées................. 11.

10. { Tiges couchées; feuilles simples. *G. à tige ailée* (3809).
{ Tiges droites; feuilles à trois folioles....................
.... *G. triangulaire* (3810).

11. { Feuilles toutes simples................................. 12.
{ Feuilles à trois folioles au moins dans le bas de la plante. 18.

12. { Calice à deux lèvres ou à cinq dents.................... 13.
{ Calice déjeté d'un seul côté. *G. à branche de jonc* (3804).

13. { Pédicelles plus longs que les feuilles florales.......... 14.
{ Pédicelles plus courts que les feuilles florales......... 15.

14. { Tige droite; poils du calice nuls ou couchés..............
.... *G. purgatif* (3802).
{ Tige demi-couchée; poils du calice hérissés..............
.... *G. couché* (3807).

15. { Corolle glabre.................. *G. des teinturiers* (3805).
{ Corolle soyeuse au moins sur la carène.............. 16.

16. { Tige droite à rameaux droits et effilés. *G. cendré* (3803).
{ Tige couchée ou à rameaux étalés.................... 17.

17. { Gousse pubescente; plante de 5-6 décimètres...........
.... *G. à fleur velue* (3806).
{ Gousse très-velue; plante de 5-6 centimètres............
.... *G. en gazon* (3808).

18. { Toutes les feuilles à trois folioles... CYTISE (DCLXXIV).
{ Feuilles supérieures simples......... *G. à balais* (3811).

DCLXXIV. CYTISE.   *CYTISUS.*

1. { Calice court en forme de cloche...................... 2.
{ Calice en tube cylindrique........................ 10.

2. { Arbrisseau épineux................................ 3.
{ Arbrisseau non épineux............................ 4.

3. { Gousse glabre.................... *C. épineux* (3822).
{ Gousse très-velue.................. *C. laineux* (3823).

4. { Fleurs en grappes terminales longues de 1 décimètre. 5.
{ Fleurs latérales ou en grappes plus courtes que le doigt. 6.

5. { Grappes pendantes.................. *C. aubours* (3818).
{ Grappes droites.................. *C. noirâtre* (3819).

6. { Gousse et calices hérissés de poils glanduleux............
.... *C. à feuilles pliées* (3821).
{ Gousse et calices sans poils glanduleux.............. 7.

7. { Calices velus ou pubescens........................ 8.
{ Calices très-glabres...... *C. à feuilles sessiles* (3820).

11. { Corolle plus grande que le calice.................... 12.
    { Corolle plus courte que le calice.................... 13.

12. { Stipules plus grandes que les folioles. *O. panachée* (3840).
    { Stipules plus petites que les folioles... *O. striée* (3839).

13. { Plante toute glabre..................... *O. naine* (3838).
    { Plante pubescente.............. *O. à petite fleur* (3837).

14. { Pédicelle chargé d'un filet de 4-8 millimètres....... 15.
    { Pédicelle chargé d'un filet de 1-2 millimètres...........
    { .... *O. rameuse* (3844).

15. { Tige herbacée....................... *O. visqueuse* (3845).
    { Tige ligneuse à sa base................. *O. natrix* (3846).

DCLXXVII. ANTHYLLIDE.   *ANTHYLLIS.*

1. { Tiges herbacées................................... 2.
   { Tige ligneuse.................................... 5.

2. { Foliole impaire beaucoup plus grande que les autres.. 3.
   { Foliole impaire dépassant peu la grandeur des autres. 4.

3. { Feuilles n'ayant jamais plus de cinq folioles.............
   { .... *A. à quatre folioles* (3849).
   { Feuilles la plupart à plus de cinq folioles ....
   { .... *A. vulnéraire* (3850).

4. { Feuilles à sept ou neuf folioles linéaires...................
   { .... *A. de Gérard* (3852).
   { Feuilles à quinze à vingt folioles ovales...................
   { .... *A. de montagne* (3851).

5. { Feuilles simples ou à trois folioles..................... 6.
   { Feuilles ailées à quinze à dix-sept folioles...............
   { .... *A. barbe de Jupiter* (3853).

6. { Rameaux effilés un peu cotoneux, non épineux au som-
   { met........................... *A. faux-cytise* (3854).
   { Rameaux touffus, glabres, épineux au sommet......... .
   { .... *A. hermannia* (3855).

DCLXXVIII. PSORALIER.   *PSORALEA.*

1. .... *P. bitumineux* (3856).

DCLXXIX. TRÉFLE.   *TRIFOLIUM.*

1. { Fleurs blanchâtres, ou rougeâtres ou jaunâtres........ 2.
   { Fleurs jaunes................................... 37.

2. { Calice tout glabre................................. 3.
   { Calice velu ou hérissé au moins sur les lanières..... 10.

3. { Fleurs en têtes serrées et compactes.................. 4.
   { Fleurs peu nombreuses en têtes lâches..................
   { .... *T. des hautes Alpes* (3857).

4. { Calice non renflé............................... 5.
   { Calice renflé à la fin de la fleuraison. *T. écumeux* (3886).

5. { Têtes de fleurs toutes terminales ou pédonculées..... 6.
   { Plusieurs têtes de fleurs latérales ou sessiles........... 9.

6. { Folioles ovales ou en cœur renversé.................... 7.
   { Folioles oblongues ; tige droite......... *T. roide* (5858).

7. { Tige rampante ; dents du calice inégales................
   { .... *T. rampant* (5859).
   { Tige non rampante ; dents du calice presque égales. 8.

8. { Folioles un peu échancrées au sommet. *T. hybride* (5860).
   { Folioles non échancrées au sommet. *T. gazonnant* (5861).

9. { Corolle blanchâtre plus courte que les dents du calice....
   { .... *T. étouffé* (5865).
   { Corolle rose un peu plus longue que les dents du calice.
   { .... *T. aggloméré* (5862).

10. { Calices non renflés à la fin de la fleuraison........... 11.
    { Calices renflés et vésiculeux à la fin de la fleuraison.... 55.

11. { Fleurs purpurines ou d'un rouge pâle................. 12.
    { Fleurs blanches ou d'un blanc jaunâtre................ 25.

12. { Fleurs en épi cylindrique............................ 13.
    { Fleurs en tête ovoïde ou arrondie.................... 16.

13. { Feuilles linéaires ou à peine oblongues.............. 14.
    { Feuilles en forme de cœur renversé. *T. incarnat* (5875).

14. { Divisions du calice à-peu-près égales entre elles..... 15.
    { Division inférieure du calice très-longue. *T. rouge* (5870).

15. { Dents du calice fermes, égales à la corolle ou plus
    {   courtes qu'elles......... *T. à feuilles étroites* (5878).
    { Dents du calice molles, plus longues que la corolle.....
    { .... *T. des gueréts* (5879).

16. { Lanières du calice sensiblement égales entre elles... 17.
    { Lanières du calice inégales......................... 22.

17. { Lanières du calice très-velues, plus longues que son tube.
    { .... 18.
    { Lanières du calice peu velues, plus courtes que son tube.
    { .... 21.

18. { Folioles linéaires................ *T. des gueréts* (5879).
    { Folioles ovales ou en cœur renversé.................. 19.

19. { Poils des lanières du calice couchés... *T. étoilé* (5880).
    { Poils des lanières du calice hérissés................ 20.

20. { Folioles en cœur ou en œuf renversé. *T. hérissé* (5867).
    { Folioles ovales-oblongues................ *T. cilié* (5868).

21. { Feuilles supérieures opposées ; têtes des fleurs pédicel-
    {   lées.............................. *T. irrégulier* (5882).
    { Feuilles supérieures alternes entourant immédiatement
    {   les têtes de fleurs.............. *T. strié* (5885).

22. { Dents du calice droites........................... 23.
    { Dent inférieure du calice rejetée en dehors. *T. rude* (5881).

23. { Dent inférieure du calice plus courte que la corolle. 24.
{ Dent inférieure du calice égale à la corolle..............
.... *T. des basses Alpes* (3873).

24. { Quatre dents supérieures du calice égales entre elles....
.... *T. des prés* (3871).
{ Quatre dents supérieures du calice inégales entre elles.
.... *T. intermédiaire* (3872).

25. { Dents du calice sensiblement égales.................. 26.
{ Dent inférieure du calice beaucoup plus longue que les
autres.. 32.

26. { Fleurs en épi court et arrondi...................... 27.
{ Fleurs en épi oblong ou cylindrique.................. 13.

27. { Têtes de fleurs sessiles ou immédiatement entourées de
feuilles florales................................ 28.
{ Têtes de fleurs pédonculées.......................... 31.

28. { Stipules des feuilles florales très-grandes et disposées en
forme d'involucre.................................. 29.
{ Stipules des feuilles florales n'imitant pas un involucre. 30.

29. { Tige glabre ou pubescente........ *T. des rochers* (3865).
{ Tige hérissée de poils nombreux. *T. de Cherler* (3866).

30. { Têtes de fleurs toutes terminales.... *T. bardane* (3869).
{ Têtes de fleurs latérales et terminales. *T. raboteux* (3884).

31. { Folioles en forme de cœur renversé. *T. enterreur* (3864).
{ Folioles oblongues................ *T. de montagne* (3877).

32. { Fleurs en tête arrondie.............................. 33.
{ Fleurs en tête alongée.......... *T. de Hongrie* (3874).

33. { Lanières du calice fines et droites.................... 34.
{ Lanières du calice larges et étalées après la fleuraison...
.... *T. bouclier* (3883).

34. { Fleurs d'un blanc jaunâtre; stipules velues..............
.... *T. couleur d'ochre* (3876).
{ Fleurs blanches ou roses; stipules poilues seulement au
sommet.......................... *T. des prés* (3871).

35. { Etendard placé du côté inférieur de la fleur..............
.... *T. renversé* (3887).
{ Etendard placé du côté supérieur de la fleur.......... 36.

36. { Pédoncules plus courts que les feuilles..................
.... *T. cotonneux* (3888).
{ Pédoncules plus longs que les feuilles. *T. fraisier* (3889).

37. { Folioles insérées ensemble au sommet du pétiole..... 38.
{ Folioles latérales insérées au-dessous de la terminale. 39.

38. { Stipules ovales; tige foible. *T. des campagnes* (3891).
{ Stipules linéaires; tige ferme.......... *T. bruni* (3890).

39. { Fleurs en tête.................................. 40.
{ Fleurs en épi.......................... MÉLILOT (DCLXXX).

40. { Etendard lisse, même après la fleuraison..............
.... *T. filiforme* (5895).
Etendard strié, sur-tout après la fleuraison..............
.... *T. étalé* (5892).

DCLXXX. MÉLILOT. *MELILOTUS.*

1. { Folioles dont la plus grande largeur est vers le milieu... 2.
Folioles dont la plus grande largeur est vers le sommet. 4.

2. { Stipules entières..................... *M. officinal* (5894).
Stipules dentelées... 5.

3. { Gousses irrégulièrement ridées. *M. à petite fleur* (5896).
Gousses marquées de stries parallèles au bord............
.... *M. sillonné* (5897).

4. { Grappes de fleurs plus longues que les pétioles........ 5.
Grappes de fleurs plus courtes que les pétioles...........
.... *M. de Messine* (5898).

5. { Gousses sphériques, obtuses......... *M. d'Italie* (5895).
Gousses ovoïdes, terminées par une petite pointe........
.... *M. à petite fleur* (5896).

DCLXXXI. LUSERNE. *MEDICAGO.*

1. { Gousses courbées ou ne décrivant qu'un seul tour complet de spirale.................................... 2.
Gousses roulées en escargot, et décrivant plusieurs
tours... 9.

2. { Feuilles à trois folioles.................................... 5.
Feuilles à plus de trois folioles........ *L. bouclée* (5905).

3. { Stipules entières... 4.
Stipules dentées... 7.

4. { Gousses simplement courbées..... *L. en faucille* (5900).
Gousses tordues de manière à décrire un tour de cercle. 5.

5. { Fleurs violettes; gousses presque glabres...............
.... *L. cultivée* (5899).
Fleurs jaunes; gousses pubescentes..................... 6.

6. { Folioles ovales, arrondies......... *L. houblon*, β (5903).
Folioles oblongues ou en coin.... *L. agglomérée* (5901).

7. { Gousse glabre, très-large, dentée sur le bord...........
.... *L. rayonnante* (5904).
Gousse pubescente, étroite, entière.................. 8.

8. { Souche herbacée; fleurs nombreuses, fort petites........
.... *L. houblon*, α (5903).
Souche ligneuse; trois à quatre fleurs assez grandes......
.... *L. à souche ligneuse* (5902).

9. { Gousses glabres.................... .... 10.
Gousses pubescentes..................................... 22.

10. { Gousses non hérissées d'épines...................... 11.
{ Gousses hérissées d'épines .... 15.

11. { Pédoncules chargés de une à deux fleurs............ 12.
{ Pédoncules chargés de cinq à six fleurs. *L. barillet* (3908).

12. { Gousses tortillées en forme de disque ou d'hémisphère. 13.
{ Gousses tortillées en forme de cylindre ou de tonneau. 14.

13. { Gousses tortillées en disque, à-peu-près planes des deux
côtés...................... *L. orbiculaire* (3906).
Gousses tortillées en forme d'hémisphère..................
.... *L. écusson* (3907).

14. { Dos de la gousse chargé de deux rangs de tubercules
épais, obtus.................. *L. tuberculeuse* (3910).
Dos de la gousse ni ridé ni tuberculeux.. *L. toupie* (3909).

15. { Folioles entières ou légèrement dentelées............ 16.
{ Folioles profondément incisées. *L. déchiquetée* (3917).

16. { Pédoncules chargés de une à quatre fleurs.......... 17.
{ Pédoncules chargés de cinq à sept fleurs............ 20.

17. { Plante toute glabre....................................... 18.
{ Tiges et feuilles un peu velues...................... 19.

18. { Gousse décrivant deux à trois tours de spirale..........
.... *L. tachée* (3919).
Gousse décrivant cinq à six tours de spirale............
.... *L. tarière* (3923).

19. { Gousse décrivant deux tours de spirale..................
.... *L. couronnée* (3922).
Gousse décrivant quatre à cinq tours de spirale..........
.... *L. hérissée* (3918).

20. { Epines de la gousse plus courtes que sa largeur..... 21.
{ Epines de la gousse plus longues que sa largeur..........
.... *L. hérisson* (3916).

21. { Gousses à deux tours de spirale....... *L. dentelée* (3921).
{ Gousses à trois tours de spirale. *L. à petites pointes* (3920).

22. { Stipules entières ou à peine dentées.................. 23.
{ Stipules profondément découpées.................. 26.

23. { Gousse décrivant cinq à six tours de spirale, et imitant
la forme d'un tonneau. .... *L. roide* (3911).
Gousse n'imitant point la forme d'un tonneau, et ne
décrivant que deux à quatre tours de spirale.... 24.

24. { Plante très-cotonneuse; gousse à peine tuberculeuse....
.... *L. maritime* (3914).
Plante un peu velue ou pubescente; gousses épineuses.. 25.

25. { Gousse décrivant trois à quatre tours de spirale..........
.... *L. naine* (3915).
Gousses décrivant deux tours de spirale..................
.... *L. couronnée* (3922).

26. { Plante pubescente...................... *L. velue* (5912).
{ Plante glabre...................... *L. entremêlée* (5915).

DCLXXXII. TRIGONELLE.   *TRIGONELLA.*

1. { Fleurs portées sur un pédoncule axillaire.............. 2.
{ Fleurs presque sessiles aux aisselles.................... 4.

2. { Fleurs disposées deux à quatre ensemble.............. 5.
{ Fleurs disposées huit à dix ensemble. *T. cornue* (5925).

3. { Fleurs jaunes; gousses à trois graines. *T. bâtarde* (5924).
{ Fleurs rougeâtres; gousses à huit à dix graines...........
{ .... *T. pied-d'oiseau* (5926).

4. { Fleurs solitaires ou deux à quatre ensemble.......... 5.
{ Fleurs disposées huit à dix ensemble...................
{ .... *T. de Montpellier* (5929).

5. { Stipules presque entières; gousses terminées en longue
{ corne..................... *T. fenu-grec* (5927).
{ Stipules dentées; gousses sans corne....................
{ .... *T. à plusieurs cornes* (5928). .

DCLXXXIII. LOTIER.   *LOTUS.*

1. { Fleurs jaunes.............................. 2.
{ Fleurs blanches ou rouges..................... 8.

2. { Fleurs solitaires................... *L. siliqueux* (5950).
{ Fleurs réunies deux à trois ensemble................. 5.

5. { Gousses comprimées........... *L. pied-d'oiseau* (5954).
{ Gousses non comprimées.......................... 4.

4. { Lanières du calice pointues et égales.................. 5.
{ Lanières du calice obtuses et un peu inégales............
{ .... *L. faux-cytise* (5955).

5. { Pédoncules chargés de deux fleurs.................... 6.
{ Pédoncules chargés de quatre fleurs au plus.......... 7.

6. { Folioles des feuilles florales très-obtuses................
{ .... *L. comestible* (5955).
{ Folioles des feuilles florales pointues. *L. conjugal* (5952).

7. { Calice fortement poilu, presque égal à la corolle........
{ .... *L. poilu* (5957).
{ Calice glabre ou poilu, de moitié plus court que la co-
{ rolle.................... *L. à petites cornes* (5956).

8. { Fleurs blanches ou rouges, réunies six à vingt ensemble. 9.
{ Fleurs pourpres, réunies une à trois ensemble..........
{ .... *L. à gousse quarrée* (5951).

9. { Fleurs réunies six à huit ensemble. *L. hérissé* (5958) (*a*).
{ Fleurs réunies quinze à vingt ensemble.. *L. droit* (5959).

(*a*) Excluez le synonyme cité dans cet article.

DCLXXXIV. DORYCNIUM.   *DORYCNIUM.*

1. { Tige un peu ligneuse ; folioles pointues. *D. ligneux* (5940).
{ Tige herbacée ; folioles obtuses..... *D. herbacé* (5941).

DCLXXXV. HARICOT.   *PHASEOLUS.*

1. { Tige longue, grimpante............................... 2.
{ Tige non grimpante, longue de 2-3 décimètres..........
{ .... *H. nain* (5944).

2. { Grappes plus courtes que les feuilles. *H. commun* (5942).
{ Grappes égales à la longueur des feuilles.................
{ .... *H. à bouquets* (5943).

DCLXXXVI. RÉGLISSE.   *GLYCYRHIZA.*

1. .... *R. glabre* (5945).

DCLXXXVII. GALEGA.   *GALEGA.*

1. .... *G. officinal* (5946).

DCLXXXVIII. ROBINIER.   *ROBINIA.*

1. .... *R. faux-acacia* (5947).

DCLXXXIX. BAGUENAUDIER.   *COLUTEA.*

1. .... *B. arbrisseau* (5948).

DCXC. PHAQUE.   *PHACA.*

1. { Fleurs d'un blanc jaunâtre.............................. 2.
{ Fleurs purpurines, violettes ou tachées de violet.... 5.

2. { Bractées fines comme des soies.... *P. des Alpes* (5949).
{ Bractées larges, ovales-foliacées.........................
{ .... *P. des pays froids* (5950).

3. { Ailes de la corolle entières à leur sommet.............. 4.
{ Ailes bifides ou très-échancrées au sommet.................
{ .... *P. du midi* (5952).

4. { Fleurs blanches tachées de violet ; gousses glabres.......
{ .... *P. glabre* (5951).
{ Fleurs purpurines ; gousses hérissées sur-tout dans leur
{ jeunesse..................... *P. astragale* (5955).

DCXCI. OXYTROPIS.   *OXYTROPIS.*

1. { Fleurs d'un blanc jaunâtre................................ 2.
{ Fleurs purpurines ou violettes............................ 4.

2. { Tige à-peu-près nulle ; pédoncules radicaux.......... 5.
{ Tige droite ; pédoncules axillaires.... *O. velue* (5958).

3. { Feuilles velues ou pubescentes. *O. des campagnes* (5956).
{ Feuilles glabres...................... *O. fétide* (5957).

4. { Feuilles couvertes de poils longs et soyeux ; fleurs presque droites.............................. *O. d'Oural* (3955).
Feuilles légèrement velues ; fleurs étalées.................
.... *O. de montagne* (3954).

DCXCII. ASTRAGALE. *ASTRAGALUS.*

1. { Stipules non adhérentes au pétiole..................... 2.
Stipules adhérentes au pétiole..................... 17.

2. { Fleurs purpurines, bleues ou violettes.............. 3.
Fleurs d'un blanc jaunâtre........................... 11.

3. { Grappes pédonculées................................. 4.
Grappes sessiles à l'aisselle des feuilles. *A. sésame*(3961).

4. { Fleurs rapprochées en tête arrondie ou en épi ovale... 5.
Fleurs écartées, étalées en épi alongé...................
.... *A. d'Autriche* (3959).

5. { Stipules adhérentes ensemble et opposées à la feuille. 6.
Stipules distinctes axillaires........................... 7.

6. { Trois graines dans chaque loge du fruit..................
.... *A. pourpre* (3964).
Une graine dans chaque loge du fruit......................
.... *A. hypoglotte* (3965).

7. { Etendard linéaire deux fois plus long que les ailes.......
.... *A. esparcette* (3967).
Etendard dépassant peu les ailes........................ 8.

8. { Pédoncules un peu plus courts que les feuilles ; gousses divergentes..................... *A. en étoile* (3960).
Pédoncules au moins égaux aux feuilles ; gousses droites.9.

9. { Feuilles blanchâtres ; calice renflé après la fleuraison....
.... *A. vésiculeux* (3962).
Feuilles vertes, glabres ou hérissées ; calice non renflé.10.

10. { Feuilles hérissées.............. *A. à cinq gousses* (3963).
Feuilles à peine pubescentes. *A. de Lentzbourg* (3966).

11. { Tiges étalées ou couchées........................... 12.
Tiges droites.. 16.

12. { Feuilles ayant plus de quinze folioles................. 15.
Feuilles ayant moins de quinze folioles.............. 15.

13. { Gousses glabres non renflées..................... 14.
Gousses velues, renflées, sphériques...................
.... *A. pois-ciche* (3972).

14. { Tige très-courte ; pédoncules presque radicaux ; gousses droites..................... *A. déprimé* (3968).
Tige longue de 3-5 décim. ; pédoncules axillaires ; gous-ses arquées..................... *A. en hameçon* (3969),

15. { Folioles grandes, ovales ; gousses glabres.................
.... *A. réglisse* (3970).
Folioles petites, oblongues ; gousses pubescentes........
.... *A. épiglotte* (3971).

DCXCV. POIS. *PISUM.*

DCXCVI. OROBE. *OROBUS.*

3. { Folioles ovales ou ovales-lancéolées..................... 4.
{ Folioles presque linéaires.................................. 7.

4. { Pétioles à moins de quatorze folioles.................... 5.
{ Pétioles à quatorze à vingt folioles. *O. des bois* (4002).

5. { Fleurs jaunes ; stipules un peu dentées. *O. jaune* (4004).
{ Fleurs purpurines ou bleuâtres ; stipules entières..... 6.

6. { Tige simple ; pétioles à quatre à six folioles.............
{ .... *O. printannier* (4005).
{ Tige rameuse ; pétioles à huit à douze folioles...........
{ .... *O. noirâtre* (4003).

7. { Stipules plus longues que le pétiole. *O. blanchâtre* (4008).
{ Stipules plus courtes que le pétiole. *O. filiforme* (4007).

DCXCVII. VESCE.   *VICIA.*

1. { Fleurs portées sur un pédoncule axillaire.............. 2.
{ Fleurs presque sessiles à l'aisselle des feuilles......... 11.

2. { Pédoncule ne portant qu'une à deux fleurs............. 3.
{ Pédoncule chargé de plusieurs fleurs.................... 5.

3. { Stipules entières, en forme de demi-fer de flèche... 4.
{ Stipules profondément dentées. *V. de Becsangil* (4027).

4. { Fleurs purpurines ; six à douze folioles.................
{ .... *V. à une fleur* (4017).
{ Fleurs blanchâtres ; douze à seize folioles. *V. ers* (4018).

5. { Fleurs purpurines ou bleuâtres........................ 6.
{ Fleurs d'un blanc jaunâtre. *V. à feuilles de pois* (4010).

6. { Dents du calices fines et aiguës...................... 7.
{ Dents du calice larges, presque obtuses, membraneuses
{ sur les bords................... *V. des buissons* (4011).

7. { Gousse ou ovaire glabre.............................. 8.
{ Gousse ou ovaire velu......... *V. pourpre-noir* (4016).

8. { Pédoncules à-peu-près égaux aux feuilles .... 9.
{ Pédoncules deux à trois fois plus longs que les feuilles..
{ .... *V. fausse-esparcette* (4015).

9. { Pédoncules chargés de cinq à dix fleurs. *V. des bois* (4012).
{ Pédoncules chargés de quinze à vingt-cinq fleurs.... 10.

10. { Plante peu velue ; pédoncules un peu plus longs que
{ les feuilles.......................... *V. cracca* (4014).
{ Plante très-velue ; pédoncules plus courts que les feuilles.
{ .... *V. de Gérard* (4013).

11. { Stipules entières, en forme de demi-fer de flèche... 12.
{ Stipules profondément dentées........................ 18.

12. { Fleurs purpurines ou bleuâtres........................ 13.
{ Fleurs d'un jaune pâle................................ 17.

13. { Fleurs solitaires ; calices presque glabres.............. 14.
{ Fleurs naissant trois à quatre ensemble ; calices héris-
{ sés............................ *V. des haies* (4025).

14.

14. { Stipules marquées d'une tache noire................. 15.
{ Stipules non tachées de noir................... . 16.

15. { Largeur de l'étendard égale à la moitié de sa longueur..
{ .... *V. cultivée* (4019).
{ Largeur de l'étendard égale aux deux tiers de sa lon-
{ gueur.................. *V. des Pyrénées* (4022).

16. { Gousses glabres ; graines chagrinées...................
{ .... *V. fausse-gesse* (4020).
{ Gousses pubescentes, les unes sur la tige, d'autres sur
{ la racine................... *V. à double fruit* (4021).

17. { Etendard glabre........................ *V. jaune* (4023).
{ Etendard velu en dehors........... *V. hybride* (4024).

18. { Folioles échancrées au sommet.................... 15.
{ Folioles non échancrées.................... 19.

19. { Tige et pétiole glabres......... *V. de Becsangil* (4027).
{ Tige et pétiole un peu hérissés. *V. de Narbonne* (4026).

DCXCVIII. FÈVE.   *F A B A.*

1. .... *F. commune* (4028).

DCXCIX. ERS.   *E R V U M.*

1. { Gousse ou ovaire glabre.................... 2.
{ Gousse ou ovaire velu.................. *E. velu* (4030).

2. { Vrille rameuse ; feuille à six à dix folioles..............
{ .... *E. à quatre graines* (4029).
{ Vrille simple ; feuille à dix à douze folioles.............
{ .... *E. aux lentilles* (4031).

DCC. CICHE.   *C I C E R.*

1. .... *C. tête-de-bélier* (4032).

DCCI. SCORPIURE.   *S C O R P I U R U S.*

1. { Gousse couverte de tubercules courts ou obtus......... 2.
{ Gousse couverte d'épines aiguës.............. .... 3.

2. { Fleurs solitaires ; gousses épaisses à tubercules rappro-
{ chés.................... *S. chenille* (4033).
{ Fleurs au nombre de une à trois ; gousses grêles à tu-
{ bercules épars................... *S. rude* (4034).

3. { Plante glabre ; gousse tordue en cercle à son sommet...
{ .... *S. sillonné* (4035).
{ Plante un peu velue ; gousse tortillée dès sa base........
{ .... *S. velu* (4036).

DCCII. ORNITHOPE.   *O R N I T H O P U S.*

1. { Feuilles ailées.................. .... 2.
{ Feuilles simples ou ternées. *O. queue-de-scorpion* (4040).

Tome I.   y

2. { Une feuille florale au sommet du pédoncule.......... 5.
{ Point de feuille florale au sommet du pédoncule.........
.... *O. dur* (4059).

3. { Feuilles à huit ou neuf paires de folioles. *O. délicat* (4037).
{ Feuilles à quatorze ou quinze paires de folioles..........
.... *O. comprimé* (4038).

DCCIII. HIPPOCRÉPIS. *HIPPOCREPIS.*

1. { Fleurs solitaires.......... *H. à fruits solitaires* (4041).
{ Plusieurs fleurs sur chaque pédoncule.................. 2.

2. { Pédoncules plus courts que les feuilles et à trois ou quatre
{ fleurs.................. *H. à plusieurs gousses* (4042).
{ Pédoncules plus longs que les feuilles et à cinq à huit
{ fleurs.................. *H. en ombelle* (4043).

DCCIV. CORONILLE. *CORONILLA.*

1. { Fleurs jaunes.................................. 2.
{ Fleurs mélangées de rouge et de blanc. *C. bigarrée* (4050).

2. { Stipules réunies en une seule qui est opposée à la feuille. 5.
{ Stipules distinctes placées des deux côtés de la feuille. 4.

5. { Tige droite.................. *C. couronnée* (4048).
{ Tige couchée à sa base.................. *C. naine* (4049).

4. { Stipules petites, lancéolées.................. 5.
{ Stipules grandes, arrondies. *C. à grandes stipules* (4046).

5. { Onglets des pétales deux à trois fois plus longs que le
{ calice.................. *C. émérus* (4044).
{ Onglets des pétales dépassant peu le calice.......... 6.

G. { Folioles oblongues, étroites. *C. à branches de jonc* (4045).
{ Folioles ovales, un peu rétrécies en coin ou en cœur
{ renversé.................. *C. glauque* (4047).

DCCV. SÉCURIGÈRE. *SECURIGERA.*

1. .... *S. coronille* (4051).

DCCVI. SAINFOIN. *HEDYSARUM.*

1. { Fruits ou ovaires lisses et glabres..... *S. obscur* (4052).
{ Fruits ou ovaires velus, ou hérissés de pointes........ 2.

2. { Feuilles à sept à neuf folioles..... *S. à bouquets* (4053).
{ Feuilles à quinze à dix-sept folioles.... *S. humble* (4054).

DCCVII. ESPARCETTE. *ONOBRYCHIS.*

1. { Gousses hérissées de pointes ou d'appendices.......... 2.
{ Gousse ridée, mais non hérissée.................. 5.

2. { Folioles étroites et lancéolées... *E. tête-de-coq* (4059).
{ Folioles en cœur renversé ou très-obtuses..............
.... *E. crête-de-coq* (4060).

3. { Folioles ovales ou oblongues, au nombre de neuf à dix-
neuf.. 4.
Folioles linéaires au nombre de vingt-cinq à trente-une.
.... *E. de roche* (4058).

4. { Carène plus courte que l'étendard...................... 5.
Carène plus longue que l'étendard......................
.... *E. de montagne* (4056).

5. { Ailes égales à la longueur du calice. *E. cultivée* (4055).
Ailes plus courtes que le calice...... *E. couchée* (4057).

DCCVIII. SUMAC.   *RHUS.*

1. { Feuilles simples........................... *S. fustet* (4061).
Feuilles ailées................. *S. des corroyeurs* (4062).

DCCIX. CAMÉLÉE.   *CNEORUM.*

1.   .... *C. à trois coques* (4063).

DCCX. PISTACHIER.   *PISTACIA.*

1. { Folioles en nombre impair................................ 2.
Folioles en nombre pair............. *P. lentisque* (4066).

2. { Feuilles à trois à cinq folioles....... *P. commun* (4064).
Feuilles à sept folioles.............. *P. térébinthe* (4065).

DCCXI. NOYER.   *JUGLANS.*

1.   .... *N. commun* (4067).

DCCXII. STAPHYLIER.   *STAPHYLEA.*

1.   .... *S. ailé* (4068).

DCCXIII. FUSAIN.   *EVONYMUS.*

1. { Fleurs verdâtres ; fruits à quatre à cinq angles non mem-
braneux........................ *F. commun* (4069).
Fleurs rougeâtres ; angles du fruit aigus, membraneux.
.... *F. à large feuille* (4070).

DCCXIV. HOUX.   *ILEX.*

1.   .... *H. commun* (4071).

DCCXV. NERPRUN.   *RHAMNUS.*

1. { Vieux rameaux épineux à leur extrémité.............. 2.
Vieux rameaux non épineux.......................... 5.

2. { Feuilles glabres.................................... 3.
Feuilles pubescentes en dessous...................... 4.

3. { Arbrisseau de 3 mètres, à feuilles ovales arrondies......
.... *N. purgatif* (4072).
Sous-arbrisseau de 2-3 décim., à feuilles elliptiques....
.... *N. des rochers* (4074).

4. { Feuilles un peu dentelées..... *N. des teinturiers* (4075).
   { Feuilles entières.......... *N. à feuilles d'olivier* (4075).

5. { Feuilles lisses, persistantes.......... *N. alaterne* (4076).
   { Feuilles ni lisses, ni persistantes........................ 6.

6. { Fleurs unisexuelles.. .... *N. des Alpes* (4078).
   { Fleurs hermaphrodites............................ 7.

7. { Arbrisseau de 2-5 mètres; feuilles entières............
       .... *N. bourdaine* (4077).
   { Sous-arbrisseau de 2-5 décimètres; feuilles dentelées.
       .... *N. nain* (4079).

DCCXVI. JUJUBIER.　　*ZIZYPHUS.*

1. .... *J. commun* (4080).

DCCXVII. PALIURE.　　*PALIURUS.*

1. .... *P. piquant* (4081).

DCCXVIII. VINETTIER.　　*BERBERIS.*

1. .... *V. commun* (4082).

DCCXIX. ÉPIMÈDE.　　*EPIMEDIUM.*

1. .... *É. des Alpes* (4083).

DCCXX. NÉNUPHAR.　　*NYMPHÆA.*

1. { Fleur blanche...................... *N. blanc* (4085).
   { Fleur jaune...................... *N. jaune* (4084).

DCCXXI. PAVOT.　　*PAPAVER.*

1. { Capsules ou ovaires hérissés........................ 2.
   { Capsules ou ovaires glabres........................ 4.

2. { Fleurs rouges........................ 3.
   { Fleurs d'un blanc jaunâtre......... *P. des Alpes* (4088).

3. { Capsule ovale, globuleuse. .... *P. hybride* (4086).
   { Capsule oblongue, en forme de massue rétrécie à la
       base.................... *P. argemoné* (4087).

4. { Fleurs rouges ou blanches........................ 5.
   { Fleurs jaunâtres........... *P. du pays de Galles* (4092).

5. { Feuilles velues au moins en dessous et pinnatifides... 6.
   { Feuilles glabres, incisées ou dentées. *P. somnifère* (4091).

6. { Stigmate à dix rayons............ *P. coquelicot* (4089).
   { Stigmate à six à sept rayons......... *P. douteux* (4090).

DCCXXII. CHÉLIDOINE.　　*CHELIDONIUM.*

1. { Fleurs jaunes........................ 2.
   { Fleurs rouges........................ 3.

2. { Feuilles et capsules glabres............ *C. éclaire* (4093).
   { Feuilles un peu hérissées; capsule rude. *C. glauque* (4094).

5. { Stigmate à deux lobes................... *C. cornue* (4095).
   { Stigmate à trois lobes................... *C. hybride* (4096).

DCCXXIII. CORYDALIS.   *CORYDALIS.*

1. { Fleurs blanches ou rougeâtres......................... 2.
   { Fleurs jaunes.. 5.

2. { Bractées entières. .... *C. tubéreuse* (4097).
   { Bractées découpées................... *C. bulbeuse* (4098).

5. { Pétioles des feuilles terminés en vrille. *C. à vrilles*(4100).
   { Pétioles des feuilles non terminés en vrille...............
   { .... *C. jaune* (4099).

DCCXXIV. FUMETERRE.   *FUMARIA.*

1. { Fleurs rouges ou blanches ; racines fibreuses........... **2.**
   { Fleurs jaunes ou racine tubéreuse.........................
   { .... CORYDALIS (DCCXXIII).

2. { Tiges très-foibles , grimpantes.... *F. grimpante* (4101).
   { Tiges droites ou demi-étalées , non grimpantes....... 5.

5. { Fleurs en épis lâches ; capsules sans rebord........... 4.
   { Fleurs en épis serrés ; capsules entourées d'un bord cal-
   { leux............................... *F. en épi* (4104).

4. { Lobes des feuilles capillaires ; capsules un peu rudes.....
   { .... *F. à petite fleur* (4103).
   { Lobes des feuilles obtus , un peu élargis ; capsules lisses.
   { .... *F. officinale* (4102).

DCCXXV. HYPÉCOUM.   *HYPECOUM.*

1. { Siliques comprimées , articulées.... *H. couché* (4105).
   { Siliques cylindriques non articulées. *H. pendant* (4106).

DCCXXVI. RADIS.   *RAPHANUS.*

1. { Siliques presque coniques , à deux loges..................
   { .... *R. cultivé* (4107).
   { Siliques cylindriques , à une loge... *R. sauvage* (4108).

DCCXXVII. MOUTARDE.   *SINAPIS.*

1. { Siliques glabres...................................... 2.
   { Siliques garnies de poils.............................. 5.

2. { Siliques très-serrées contre la tige..................... 5.
   { Siliques écartées de la tige et presque horizontales.. 4.

5. { Feuilles très-velues ; siliques cylindriques...............
   { .... *M. blanchâtre* (4114).
   { Feuilles presque glabres ; siliques tétragones.............
   { .... *M. noire* (4109).

4. { Calice velu.................... *M. fausse-roquette* (4110).
   { Calice glabre.................... *M. des champs* (4111).

5. { Poils de la silique courts , dirigés vers sa base.............
.... *M. d'Orient* (4112).
Poils de la silique assez longs et perpendiculaires sur sa
surface...................... *M. blanche* (4113).

DCCXXVIII. CHOU.   *BRASSICA.*

1. { Siliques terminées par une corne...................... 2.
{ Siliques non terminées par une corne.................. 5.

2. { Fleurs marquées de veines violettes ou noirâtres.........
.... *C. roquette* (4121).
{ Fleurs non veinées.................................... 5.

3. { Corne de la silique renfermant une graine à sa base. 4.
{ Corne de la silique ne contenant pas de graine..........
.... *C. fausse-roquette* (4122).

4. { Lobes des feuilles séparés jusqu'à la côte du milieu.....
.... *C. giroflée* (4123).
{ Lobes des feuilles n'atteignant pas la côte du milieu....
.... *C. de montagne* (4124).

5. { Feuilles toutes glabres................................ 6.
{ Feuilles inférieures hérissées. *C. à feuilles rudes* (4119).

6. { Fleurs blanches ou jaunâtres........................... 7.
{ Fleurs violettes.................. *C. des champs* (4116).

7. { Feuilles entières..................................... 8.
{ Feuilles dentées ou sinuées........................... 9.

8. { Pétales droits , blanchâtres ; racine vivace..............
.... *C. des Alpes* (4117).
{ Pétales un peu ouverts , jaunâtres ; racine annuelle......
.... *C. des champs* (4115).

9. { Feuilles glauques ; siliques presque cylindriques.........
.... *C. cultivé* (4118).
{ Feuilles grisâtres ; siliques tétragones. *C. de Richer* (4120).

DCCXXIX. JULIENNE.   *HESPERIS.*

1. { Siliques ou ovaires glabres........................... 2.
{ Siliques ou ovaires velus ou pubescens.............. 4.

2. { Feuilles pétiolées et en forme de cœur. *J. alliaire* (4125).
{ Feuilles n'étant pas à-la-fois pétiolées et en forme de cœur. 3.

3. { Feuilles supérieures embrassantes , ovales-arrondies.....
.... *J. printannière* (4129).
{ Feuilles supérieures oblongues-lancéolées , non embras-
santes................ *J. des dames* (4126).

4. { Feuilles glabres ou garnies de poils épars............ 5.
{ Feuilles couvertes d'un léger duvet cotonneux...........
.... *J. à petite fleur* (4131).

5. { Fleurs blanches ou purpurines........................ 6.
{ Fleurs d'un jaune pâle.............. *J. découpée* (4127).

6. {
Poils de toute la plante fermes , rudes au toucher ....
.... *J. d'Afrique* (4128).
Poils de la plante mols, rares et couchés. *J. maritime* (4130).
}

DCCXXX. GIROFLÉE.   *CHEIRANTHUS.*

1. {
Fleurs blanches ou rouges...................... 2.
Fleurs jaunes ou roussâtres...................... 6.
}

2. {
Siliques terminées par trois pointes divergentes.........
.... *G. à trois pointes* (4152).
Siliques non terminées par trois pointes.............. 3.
}

3. {
Silique terminée par une corne glabre et aiguë.........
.... *G. de rivage* (4134).
Silique cotonneuse ou pubescente jusqu'à son sommet. 4.
}

4. {
Feuilles entières ; siliques cotonneuses , non tuberculeuses...................... 5.
Feuilles sinuées ; siliques cotonneuses et un peu tuberculeuses...................... *G. sinuée* (4157).
}

5. {
Pétales échancrés ; siliques pointues ; racine annuelle....
.... *G. annuelle* (4135).
Pétales entiers ; siliques tronquées ; tige vivace..........
.... *G. blanchâtre* (4156).
}

6. {
Fleurs d'un jaune clair ; silique tétragone.................
.... VELAR (DCCXXXI).
Fleurs d'un jaune sale , roussâtre ou ferrugineux..... 7.
}

7. {
Feuilles cotonneuses ; fleurs roussâtres. *G. triste* (4133).
Feuilles presque glabres ; fleurs d'un jaune ferrugineux.
.... *G. violier* (4158).
}

DCCXXXI. VELAR.   *ERYSIMUM.*

1. {
Fleurs blanches ou rougeâtres...................... 2.
Fleurs jaunes...................... 3.
}

2. {
Feuilles embrassantes.............. CHOU (DCCXVIII).
Feuilles pétiolées et en forme de cœur.................
.... *Julienne alliaire* (4125).
}

3. {
Fleurs d'un jaune ferrugineux. *Giroflée violier* (4158).
Fleurs d'un jaune clair ou pâle...................... 4.
}

4. {
Feuilles embrassantes ou munies d'oreillettes embras-
santes...................... 5.
Feuilles de la tige non embrassantes ni oreillées....... 7.
}

5. {
Feuilles inférieures pinnatifides , avec le lobe terminal
très-grand .... 6.
Feuilles inférieures entières ou dentées. CHOU (DCCXVIII).
}

6. {
Feuilles supérieures pinnatifides..... *V. précoce* (4147).
Feuilles supérieures entières ou dentées.................
.... *V. de Sainte-Barbe* (4146).
}

7. { Feuilles oblongues, lancéolées ou linéaires............ 8.
Feuilles pinnatifides, à lobe terminal grand et arrondi..
.... MOUTARDE (DCCXXVII).

8. { Feuilles entières ou à peine dentées.................... 9.
Feuilles sinuées........................ *V. sinué* (4145).

9. { Silique glabre... 10.
Silique garnie de petits poils couchés................. 11.

10. { Fleurs assez grandes ; onglets des pétales plus longs que
le calice...................... *V. des murs* (4139).
Fleurs très-petites ; onglets des pétales égaux au calice.
.... *V. giroflée* (4142).

11. { Feuilles absolument linéaires.... *V. de Suisse* (4140).
Feuilles oblongues ou lanceolées...................... 12.

12. { Tiges droites et effilées............................. 13.
Tiges foibles, tordues et demi-couchées à la base.....
.... *V. jaunâtre* (4141).

13. { Poils des siliques simples, peu apparens. *V. des murs* (4139).
Poils des siliques rameux ou rayonnans................ 14.

14. { Tige simple ; siliques longues de 3-4 centimètres.......
.... *V. épervière* (4143).
Tige rameuse ; siliques de 6-7 centim. *V. effilé* (4144).

DCCXXXII. SISYMBRE.   *SISYMBRIUM.*

1. { Fleurs blanches ou rougeâtres...................... 2.
Fleurs jaunes...................................... 6.

2. { Fleurs blanches ; tige glabre ou velue.............. 3.
Fleurs rougeâtres ; tige très-hérissée. *S. des sables* (4158).

3. { Tiges droites..................................... 4.
Tiges couchées, rampantes ou flottantes............ 5.

4. { Feuilles supérieures pinnatifides.. *S. pinnatifide* (4161).
Feuilles supérieures peu ou point découpées...........
.... *S. bourse-à-pasteur* (4162).

5. { Plante aquatique rampante, toute glabre. *S. cresson* (4148).
Plante non aquatique, couchée, un peu velue ....
.... *S. couché* (4163).

6. { Siliques ovales-oblongues, n'atteignant pas 1 centim.
de longueur.................................. 7.
Siliques longues, linéaires........................ 11.

7. { Pétales plus longs que le calice.................... 8.
Pétales plus courts que le calice. *S. des marais* (4150).

8. { Feuilles supérieures dentées....... *S. amphibie* (4151).
Feuilles supérieures pinnatifides.................. 9.

9. { Lobes des feuilles supérieures lancéolés............. 10.
Lobes des feuilles supérieures linéaires...........
.... *S. des Pyrénées* (4152).

25. { Siliques presque tétragones, entièrement glabres........
.... S. velar (4170).
Siliques non tétragones, garnies de petits poils dirigés
vers leur sommet......... S. à lobes pointus (4169).

DCCXXXIII. ARABETTE.   ARABIS.

1. { Feuilles de la tige embrassantes........................ 2.
Feuilles de la tige nulles ou non embrassantes......... 11.

2. { Siliques de 5 centim. à 1 décim. de longueur.......... 3.
Siliques de 2-3 centim. de longueur.................... 6.

3. { Tige et feuilles caulinaires glabres... A. enfilée (4174).
Tige et feuilles caulinaires plus ou moins velues..... 4.

4. { Feuilles de la tige entières, prolongées à leur base en
deux oreillettes pointues........ A. des rochers (4176).
Feuilles de la tige dentées, simplement embrassantes. 5.

5. { Siliques arquées, divergentes ou pendantes..............
.... A. tourette (4178).
Siliques presque tétragones et parallèles à la tige........
.... A. velue (4179).

6. { Plantes entièrement glabres............................. 7.
Plantes hérissées de poils dans quelques-unes de leurs
parties... 8.

7. { Grappe des fleurs s'alongeant beaucoup après la fleurai-
son.................... A. d'Allioni (4180).
Grappe des fleurs s'alongeant peu après la fleuraison....
.... A. paquerette (4187).

8. { Poils rayonnans ou rameux au sommet.................. 9.
Poils simples ou bifurqués............................ 10.

9. { Feuilles entières................. A. à oreillette (4175).
Feuilles à dents irrégulières et pointues...................
.... A. des Alpes (4177).

10. { Tige hérissée de poils roides, sur-tout dans le bas........
.... A. roide (4183).
Tige non hérissée de poils.............. A. rude (4182).

11. { Tiges simples.................................... 12.
Tiges rameuses.................................... 13.

12. { Feuilles radicales spatulées, légèrement dentées..........
.... A. de Thalius (4184).
Feuilles radicales pétiolées, découpées en lyre...........
.... A. de Haller (4188).

13. { Fleurs blanches.................................... 14.
Fleurs bleuâtres.................... A. bleue (4186).

14. { Tiges longues de 1-2 décim., parfaitement glabres.....
.... A. des pierres (4187).
Tiges longues de 5-10 centim., hérissées de poils........
.... A. serpolet (4185).

DCCXXXIV. CARDAMINE.   *CARDAMINE.*

1. { Fleurs violettes ou purpurines......................... 2.
{ Fleurs blanches....................................... 5.

2. { Tige jamais glauque vers son sommet.....................
{ .... *C. à large feuille* (4196).
{ Tige glauque vers son sommet..... *C. des prés* (4198).

3. { Rejets stériles et feuillés, partant du collet de la tige.....
{ .... *C. amère* (4197).
{ Rejets stériles nuls .... 4.

4. { Feuilles arrondies, fortement échancrées en cœur à leur
{ base............................ *C. asaret* (4192).
{ Feuilles ovales, pennées ou pinnatifides............... 5.

5. { Plante hérissée de poils épars........... *C. velue* (4199).
{ Plantes glabres................................. 6.

6. { Feuilles radicales simples, ovales ou arrondies....... 7.
{ Feuilles radicales pennées......................... 10.

7. { Feuilles caulinaires simples, sessiles et entières..........
{ .... *C. des Alpes* (4189).
{ Feuilles caulinaires pinnatifides...................... 8.

8. { Folioles entières................................. 9.
{ Folioles divisées en trois lobes obtus. *C. pigamon* (4191).

9. { Racine simplement fibreuse........... *C. réséda* (4190).
{ Racine composée de petits tubercules oblongs.............
{ .... *C. granulée* (4194).

10. { Feuilles radicales à trois folioles ovoïdes................
{ .... *C. à trois folioles* (4193).
{ Feuilles radicales à plus de trois folioles............. 11.

11. { Toutes les feuilles composées de sept ou neuf folioles. 12.
{ Toutes les feuilles composées de quinze ou dix-sept fo-
{ lioles.......................... *C. impatiente* (4201).

12. { Silique grosse, longue de 4 centim., sur autant de
{ largeur...................... *C. de Grèce* (4195).
{ Silique grêle, longue de 25 millim. environ..............
{ .... *C. à petites fleurs* (4200).

DCCXXXV. DENTAIRE.   *DENTARIA.*

1. { Feuilles de la tige alternes............................. 2.
{ Feuilles de la tige verticillées......... *D. ternée* (4202).

2. { Feuilles ailées, à trois, cinq ou sept folioles.......... 5.
{ Feuilles digitées, à cinq folioles.... *D. digitée* (4203).

5. { Feuilles supérieures simples ; des bulbes axillaires......
{ .... *D. porte-bulbes* (4205).
{ Feuilles supérieures ailées ; point de bulbes..............
{ .... *D. pennée* (4204).

DCCXXXVI. LUNAIRE. *LUNARIA.*

1. {
Feuilles supérieures sessiles ; silicules elliptiques.........
.... *L. annuelle* (4206).
Feuilles supérieures pétiolées ; silicules lancéolées.......
.... *L. vivace* (4207).
}

DCCXXXVII. LUNETIÈRE. *BISCUTELLA.*

1. {
Lobes de la silicule séparés au sommet par une échancrure.. 2.
Lobes de la silicule prolongés au sommet le long du style........................ *L. à oreillettes* (4208).
}

2. {
Silicules glabres ; plantes un peu velues............. 5.
Silicules bordées de poils mols ; plante hérissée.........
.... *L. corne-de-cerf* (4211).
}

3. {
Surface de la silicule lisse............ *L. lisse* (4209).
Surface de la silicule chagrinée ou tuberculeuse........
.... *L. des rochers* (4210).
}

DCCXXXVIII. CLYPÉOLE. *CLYPEOLA.*

1. .... *C. jonthlaspi* (4212).

DCCXXXIX. PELTAIRE. *PELTARIA.*

1. .... *P. à odeur d'ail* (4213).

DCCXL. ALYSSON. *ALYSSUM.*

1. {
Fleurs blanches.................................... 2.
Fleurs jaunes...................................... 4.
}

2. {
Feuilles verdâtres, chargées de quelques poils peu sensibles..................... *A. maritime* (4214).
Feuilles blanchâtres des deux côtés................... 5.
}

5. {
Rameaux floraux épineux après la fleuraison...........
.... *A. épineux* (4215).
Rameaux floraux non épineux après la fleuraison........
.... *A. à feuilles d'halime* (4216).
}

4. {
Siliques orbiculaires.............................. 5.
Siliques elliptiques............................... 7.
}

5. {
Pétales étroits et pointus......... *A. en bouclier* (4225).
Pétales non étroits ni pointus....................... 6.
}

6. {
Calice persistant après la fleuraison ; silicule un peu échancrée au sommet............ *A. calicinal* (4221).
Calice tombant peu après la fleuraison ; silicules non échancrées au sommet.. *A. des campagnes* (4222).
}

7. {
Filamens des étamines dentés sur le côté..............
.... *A. de montagne* (4220).
Filamens des étamines non dentés sur le côté....... 8.
}

8. { Fleurs en panicule................... *A. argenté* (4217).
   { Fleurs en corimbe................................ 9.

9. { Pétales divisés en deux lobes ; feuilles lancéolées , plus
   {   longues que les entre-nœuds.. *A. blanchâtre* (4219).
   { Pétales entiers ; feuilles ovales... *A. des Alpes* (4218).

DCCXLI. VÉSICAIRE. *VESICARIA.*

1. .... *V. renflée* (4224).

DCCXLII. DRAVE. *DRABA.*

1. { Tige à-peu-près nue............................... 2.
   { Tige garnie de feuilles........................... 7.

2. { Fleurs jaunes ; pétales échancrés au sommet.............
   {   .... *D. faux-aïzoon* (4225).
   { Fleurs blanches ou purpurines ; pétales entiers ou lé-
   {   gèrement échancrés............................. 5.

3. { Feuilles palmées ou incisées....................... 4.
   { Feuilles entières ou à peine dentées .... 5.

4. { Fleurs presque sessiles........ *D. des Pyrénées* (4227).
   { Fleurs pédonculées et disposées en corimbe..............
   {   .... *D. printannière* (4228).

5. { Feuilles garnies de cils sur leurs bords. *D. ciliée* (4226).
   { Feuilles garnies de poils étoilés sur leurs surfaces.... 6.

6. { Calice pubescent, violet ; silicules légèrement tordues...
   {   .... *D. étoilée* (4229).
   { Calice glabre ; silicules tordues.. *D. des neiges* (4230).

7. { Tige légèrement velue ; fleurs disposées en un corimbe
   {   terminal................... *D. des murs* (4231).
   { Tige velue ou cotonneuse inférieurement ; fleurs dispo-
   {   sées en épi ou en grappe...... *D. blanchâtre* (4232).

DCCXLIII. CRANSON. *COCHLEARIA.*

1. { Feuilles entières ou sinuées .... 2.
   { Feuilles dentées ou crénelées .... 4.

2. { Feuilles radicales pétiolées , les caulinaires sessiles... 3.
   { Toutes les feuilles pétiolées.. *C. de Danemarck* (4234).

3. { Feuilles de la tige sans appendices à leur base ; silicules
   {   grosses, globuleuses.............. *C. officinal* (4233).
   { Feuilles de la tige prolongées à leur base en deux ap-
   {   pendices ; silicules ovoïdes. *C. à feuilles de pastel* (4236).

4. { Feuilles caulinaires embrassantes, munies d'oreillettes ,
   {   et chargées de dents un peu écartées. *C. drave* (4237).
   { Feuilles caulinaires inférieures découpées, les supérieures
   {   longues et fort étroites...... *C. de Bretagne* (4235).

DCCXLIV. SÉNEBIÉRA. *SENEBIERA.*

1. .... *S. pinnatifide* (4238).

DCCXLV. CORNE-DE-CERF.   *CORONOPUS.*

1. .... *C. commune* (4239).

DCCXLVI. PASSERAGE.   *LEPIDIUM.*

1. { Feuilles ailées.. 2.
   { Feuilles très-simples .... 4.

2. { Pétales deux fois plus longs que le calice..............
   { .... *P. des Alpes* (4242).
   { Pétales dont la longueur ne surpasse pas celle du calice. 3.

3. { Tige droite; toutes les feuilles pinnatifides.............
   { .... *P. des rocailles* (4243).
   { Tige demi-couchée; feuilles inférieures pinnatifides,
   {   les supérieures entières ou munies d'une ou deux
   {   dents........................... *P. couché* (4244).

4. { Tiges grèles, couchées; fleurs rougeâtres.............
   { .... *P. à feuilles rondes* (4245).
   { Tiges dures, droites; fleurs blanches.................. 5.

5. { Feuilles de la tige linéaires et point dentées............
   { .... *P. ibéride* (4241).
   { Feuilles de la tige ovales-lancéolées et dentées.......
   { .... *P. à large feuille* (4240).

DCCXLVII. TABOURET.   *THLASPI.*

1. { Loges monospermes.................................. 2.
   { Loges polyspermes.................................. 4.

2. { Tige rameuse; la corolle manque souvent...............
   { .... *T. des décombres* (4246).
   { Tige simple ou peu rameuse; la corolle ne manque
   {   jamais..................................... 3.

3. { Feuilles radicales presque ailées; les pinnules vont en
   {   augmentant................... *T. à tige nue* (4248).
   { Feuilles inférieures très-découpées; les supérieures pres-
   {   que entières............... *T. cresson-alenois* (4247).

4. { Capsule triangulaire sans rebord....................
   { .... *T. bourse à pasteur* (4249).
   { Capsule ovale ou arrondie........................ 5.

5. { Tige et feuilles glabres.......................... 6.
   { Tige et feuilles velues.......................... 12.

6. { Fleurs blanches.................................. 7.
   { Fleurs rougeâtres................... *T. de roche* (4252).

7. { Silique tout-à-fait entourée par un rebord orbiculaire. 8.
   { Silique garnie dans sa partie supérieure seulement, d'un
   {   rebord médiocre................................. 9.

8. { Rebord de la silique large......... *T. des champs* (4250).
   { Rebord de la silique fort étroit. *T. à odeur d'ail* (4251).

9. { La plupart des feuilles radicales découpées en lyre........
   .... *T. à feuilles variables* (4256).
   { Toutes les feuilles radicales, ovales, obtuses, pétiolées.
   .... 10.

10. { Tige rameuse........................ *T. enfilé* (4253).
    { Tiges simples............................ 11.

11. { Pétales deux fois plus longs que le calice et les étamines.
    .... *T. de montagne* (4254).
    { Pétales dépassant à peine la longueur du calice..........
    .... *T. des Alpes* (4255).

12. { Fleurs petites; siliques glabres. *T. des campagnes* (4257).
    { Fleurs assez grandes; siliques hérissées de poils blan-
    châtres..................... *T. hérissé* (4258).

DCCXLVIII. IBÉRIDE.   *IBERIS.*

1. { Fruits disposés en grappe............................. 2.
   { Fruits disposés en ombelle .... 7.

2. { Tige ou souche ligneuse............................. 3.
   { Tige herbacée...................................... 4.

3. { Feuilles en forme de spatule; tige toute ligneuse..........
   .... *I. de tous les mois* (4259).
   { Feuilles linéaires; rameaux herbacés....................
   .... *I. toujours verte* (4260).

4. { Feuilles simples................................... 5.
   { Feuilles pinnatifides............... *I. pinnatifide* (4263).

5. { Feuilles toutes entières, légèrement ciliées; fleurs rougeâtres..................... *I. des roches* (4261).
   { Feuilles dentées; fleurs blanches..................... 6.

6. { Tige haute de 5-6 décim., dégarnie de feuilles........
   .... *I. intermédiaire* (4264).
   { Tige haute de 1-2 décim., garnie de feuilles............
   .... *I. amère* (4262).

7. { Feuilles radicales lancéolées, linéaires et acérées.... 8.
   { Feuilles radicales presque en spatule, ou ovales-arrondies.. 9.

8. { Fleurs disposées en ombelle serrée. *I. en ombelle* (4265).
   { Fleurs disposées en corimbe.. *I. à feuilles de lin* (4266).

9. { Feuilles ciliées à la base......... *I. en spatule* (4267).
   { Feuilles non ciliées à la base.......... *I. naine* (4268).

DCCXLIX. CAMÉLINE. *MYAGRUM.*

1. { Fleurs jaunâtres ; feuilles caulinaires embrassantes , munies d'oreillettes.................. *C. cultivée* (4269).
Fleurs blanches ; feuilles caulinaires rétrécies en longs pétioles à leur base.............. *C. de roche* (4270).

DCCL. CAQUILLIER. *CAKILE.*

1. { Fleurs rougeâtres ou d'un blanc violet; feuilles un peu charnues .... *C. maritime* (4271).
Fleurs de couleur jaune; feuilles non charnues......... 2.

2. { Siliques à trois articles ; feuilles caulinaires embrassantes. .... *C. enfilé* (4274).
Siliques à deux articles ; feuilles caulinaires non embrassantes... 3.

5. { Feuilles inférieures de la tige pointues à leur sommet... .... *C. vivace* (4272).
Feuilles inférieures de la tige obtuses à leur sommet.... .... *C. ridé* (4273).

DCCLI. BUNIAS. *BUNIAS.*

1. { Capsules globuleuses . ridées , petites.................. 2.
Capsules tétragones , hérissées d'angles et de dents...... .... *B. fausse-roquette* (4275).

2. { Fleurs jaunâtres , disposées en longs épis , fort grèles.... .... *B. en panicule* (4276).
Fleurs blanches , disposées en grappes éparses........... . ... *B. faux-cranson* (4277).

DCCLII. CRAMBÉ. *CRAMBE.*

1. .... *C. maritime* (4278).

DCCLIII. PASTEL. *ISATIS.*

1. { Tige de trois ou quatre décim. de longueur ; oreillettes des feuilles courtes , obtuses.... *P. des Alpes* (4280).
Tige s'élevant jusqu'à 1 mètre ; oreillettes des feuilles longues et pointues......... *P. des teinturiers* (4279).

DCCLIV. CAPRIER. *CAPPARIS.*

1. .... *C. épineux* (4281).

DCCLV. RÉSÉDA. *RESEDA.*

1. { Toutes les feuilles , ou seulement les inférieures , très-simples .... 2.
Toutes les feuilles , ou au moins les inférieures , pinnatifides , découpées ou dentées.................... 5.

2. { Calice à quatre divisions...... *R. herbe à jaunir* (4282).
Calice à cinq ou six divisions....................... 3.

3. { Capsule terminée par trois pointes peu divergentes... 4.
{ Capsule ayant quatre ou cinq pointes divergentes, disposées en étoile............... R. faux-sésame (4284).

4. { Calice plus grand que les pétales.... R. raiponce (4288).
{ Calice de la même longueur que les pétales.............
.... R. odorant (4289).

5. { Feuilles dont les découpures sont assez longues et vertes.6.
{ Feuilles chargées de quelques dents blanches, courtes et
aiguës.......................·................. R. glauque (4285).

6. { Calice à six divisions profondes et étroites; feuilles supérieures souvent à trois lobes........ R. jaune (4287).
{ Calice à cinq divisions; feuilles à lobes nombreux.... 7.

7. { Capsule très-grosse, longue de 1 centim., ordinairement
surmontée de trois pointes...... .... R. ondulé (4286).
{ Capsule tétragone de 5-6 millim. de longueur, surmontée de quatre pointes.................. R. blanc (4285).

DCCLVI. PARNASSIE.   *PARNASSIA.*

1. .... P. des marais (4290).

DCCLVII. ROSSOLIS.   *DROSERA.*

1. { Feuilles arrondies, orbiculaires.............................
{ .... R. à feuilles rondes (4291).
{ Feuilles alongées, oblongues............................. 2.

2. { Hampe s'élevant à une longueur au moins double de
celle des feuilles............... R. d'Angleterre (4293).
{ Hampe ne s'élevant point à une longueur double de celle
des feuilles............... R. à feuilles longues (4292).

DCCLVIII. ALDROVANDE.   *ALDROVANDA.*

1. .... A. à vessie (4294).

DCCLIX. TRIBULE.   *TRIBULUS.*

1. .... T. couché (4295).

DCCLX. RUE.   *RUTA.*

1. { Limbes des pétales entiers sur les bords............... 2.
{ Limbes des pétales garnis de dents aiguës ou de cils colorés............... R. de Chalep (4298).

2. { Feuilles surcomposées; folioles un peu charnues, toujours obtuses........................ R. fétide (4296).
{ Feuilles découpées très-menu, à lobes étroits et pointus.................. R. de montagne (4297).

DCCLXI. PÉGANE.   *PEGANUM.*

1. .... P. harmale (4299).

Tome I.   z

DCCLXII. DICTAME. *DICTAMNUS.*

1. .... *D. blanc* (4300).

DCCLXIII. GYPSOPHILE. *GYPSOPHILA.*

1. { Pétales entiers........................ *G. nivelée* (4301).
{ Pétales échancrés ou crénelés au sommet............... 2.

2. { Calice en cloche, à cinq lobes aigus; tiges un peu cou-
{ chées à leur base................. *G. rampante* (4302).
{ Calice presque cylindrique; tiges droites.............. 5.

3. { Fleurs entourées à leur base de quatre écailles acérées,
{ opposées deux à deux............ *G. saxifrage* (4304).
{ Fleurs non entourées d'écailles à leur base............ ....
{ .... *G. des murs* (4305).

DCCLXIV. SAPONAIRE. *SAPONARIA.*

1. { Fleurs rouges ou d'un blanc rougeâtre.................. 2.
{ Fleurs jaunes.............................. *S. jaune* (4308).

2. { Tige droite, glabre.................................... 3.
{ Tige couchée, un peu velue.... *S. faux-basilic* (4307).

3. { Calice pyramidal, à cinq angles très-saillans...............
{ .... *S. des vaches* (4306).
{ Calice cylindrique.................... *S. officinale* (4305).

DCCLXV. ŒILLET. *DIANTHUS.*

1. { Fleurs agglomérées................................. 2.
{ Fleurs solitaires................................. 8.

2. { Ecailles calicinales au moins aussi longues que le tube
{ du calice................................. 3.
{ Ecailles calicinales moins longues que le tube du calice. 5.

3. { Pétales panachés de blanc et de rouge. *Œ. barbu* (4309).
{ Pétales non panachés........................... 4.

4. { Tige droite; feuilles molles, verdâtres. *Œ. arméria* (4314).
{ Tige un peu couchée dans le bas; feuilles vertes, très-
{ étroites et aiguës................ *Œ. prolifère* (4315).

5. { Tige cylindrique................................. 6.
{ Tige tétragone................................. 7.

6. { Feuilles blanchâtres, à cinq nervures longitudinales, un
{ peu rudes sur les bords...... *Œ. des collines* (4310).
{ Feuilles vertes, en alène, sans nervures sensibles........
{ .... *Œ. des Chartreux* (4311).

7. { Fleurs d'un pourpre noir; limbe des pétales très-petit..
{ .... *Œ. noirâtre* (4312).
{ Fleurs d'un jaune roussâtre; limbe des pétales assez
{ grand................ *Œ. ferrugineux* (4313).

8. { Pétales très-laciniés et multifides............ 9.
{ Pétales simplement crénelés, dentés ou échancrés.. 11.

9. { Ecailles calicinales courtes, ovales..................... 10.
    { Ecailles calicinales lancéolées, atteignant au moins la moi-
    tié de la longueur du calice. *Œ. de Montpellier* (4324).

10. { Pétales un peu pubescens à l'entrée de la gorge; écailles
    au nombre de deux............ *Œ. mignardise* (4325).
    { Pétales non pubescens; écailles calicinales au nombre
    de quatre...................... *Œ. superbe* (4323).

11. { Ecailles calicinales au nombre de deux.............. 12.
    { Ecailles calicinales au nombre de quatre ou davantage. 13.

12. { Tige rameuse, tout-à-fait couchée dans la jeunesse......
    .... *Œ. deltoïde* (4322).
    { Tige fort peu rameuse, divisée seulement au sommet en
    deux branches.................. *Œ. fourchu* (4320).

13. { Ecailles calicinales au nombre de six................ 14.
    { Ecailles calicinales au nombre de quatre............. 15.

14. { Calice de 2 centim. de longueur au plus, non aminci
    au sommet......................... *Œ. hérissé* (4319).
    { Calice de 3 centim., strié, aminci au sommet...........
    .... *Œ. aminci* (4318).

15. { Ecailles calicinales courtes........................ 16.
    { Ecailles calicinales presque aussi longues que le calice..
    .... *Œ. des Alpes* (4327).

16. { Pétales crénelés, barbus à la base du limbe............
    .... *Œ. bleuâtre* (4326).
    { Pétales crénelés, glabres à la base du limbe....... 17.

17. { Tige très-grèle; feuilles linéaires, fermes et presque
    piquantes....................... *Œ. virginal* (4321).
    { Tige non grèle; les feuilles ne sont pas très-fermes
    ni piquantes........................ 18.

18. { Fleurs odorantes..................... *Œ. giroflée* (4316).
    { Fleurs inodores..................... *Œ. sauvage* (4317).

DCCLXVI. SILENÉ. *SILENE.*

1. { Calice glabre... 2.
   { Calice velu.. 14.

2. { Toutes les feuilles linéaires........................ 3.
   { Feuilles, du moins les inférieures, ovales ou lancéolées. 8.

3. { Fleurs unicolores.................................... 4.
   { Fleurs bicolores..................................... 5.

4. { Fleurs blanches; limbe des pétales à quatre dents........
   .... *S. à quatre dents* (4332).
   { Fleurs de couleur rouge; pétales simplement échancrés.
   .... *S. sans tige* (4334).

5. { Calice en forme de massue......... *S. saxifrage* (4333).
   { Calice non figuré en massue .... 6.

6. { Fleurs toujours terminales............................ 7.
{ Fleurs partant, soit du sommet des branches, soit de leurs bifurcations............. *S. en faisceau* (4336).

7. { Calice marqué de raies purpurines.. *S. bicolor* (4337).
{ Calice non marqué de raies purpurines................................ *S. campanule* (4330).

8. { Pétales non ouverts en étoile.......... *S. fermé* (4335).
{ Pétales ouverts en étoile.................................... 9.

9. { Pétales de couleur blanche............................ 10.
{ Pétales de couleur rouge............................ 12.

10. { Calice enflé et veiné............................ 11.
{ Calice ni enflé ni veiné............ *S. de roche* (4331).

11. { Tige droite; fleurs assez nombreuses.................... *S. à calice enflé* (4328).
{ Tige toujours couchée; fleurs solitaires ou géminées... *S. uniflore* (4329).

12. { Fleurs terminales, fasciculées et disposées en corimbe. *S. arméria* (4338).
{ Fleurs naissant de l'aisselle ou des sommets des rameaux............................ 13.

13. { Tiges extrêmement visqueuses vers leur sommet....... *S. attrape-mouche* (4340).
{ Tiges très-glabres par-tout.......... *S. behen* (4339).

14. { Pétales entiers............................ 15.
{ Pétales dentés, échancrés ou découpés.............. 18.

15. { Fleurs blanches ou verdâtres............................ 16.
{ Fleurs rougeâtres............................ 17.

16. { Fleurs verticillées, formant un épi interrompu........... *S. otités* (4341).
{ Fleurs solitaires, portées sur des pédoncules latéraux... *S. de France* (4352).

17. { Calice conique, renflé dans sa partie inférieure........... *S. conoïde* (4360).
{ Calice non conique............ *S. à cinq taches* (4355).

18. { Pétales terminés par trois dents. *S. à trois dents* (4356).
{ Pétales non terminés par trois dents................... 19.

19. { Fleurs blanches ou verdâtres....... .... 25.
{ Fleurs rougeâtres............................ 20.

20. { Tiges couchées, au moins à la base............... 21.
{ Tiges droites............................ 22.

21. { Fleurs toujours solitaires et terminales; feuilles inférieures spatulées................... *S. de Corse* (4350).
{ Fleurs au nombre de une à trois, axillaires ou terminales; feuilles inférieures oblongues. *S. du Valais* (4349).

22. { Fleurs naissant des bifurcations de la tige ; calice conique , finement strié............ .... *S. conique* (4359).
Fleurs solitaires sur leurs pédoncules , souvent tournées
d'un seul côté............................ 23.

23. { Feuilles linéaires, ciliées à leur base... *S. cilié* (4351).
Feuilles oblongues , légèrement spatulées........... 24.

24. { Onglets des pétales dépassant le calice. *S. soyeux* (4358).
Onglets des pétales ne dépassant pas le calice...........
.... *S. faux-céraiste* (4354).

25. { Gorge de la corolle nue.............. *S. d'Italie* (4342).
Gorge de la corolle couronnée d'écailles............. 26.

26. { Fleurs terminales ; les deux feuilles supérieures forment
une espèce de collerette. *S. à feuilles en cœur* (4348).
Fleurs non terminales .... 27.

27. { Fleurs droites et solitaires sur leurs pédoncules..... 28.
Fleurs penchées ou pendantes, disposées en panicule. 30.

28. { Fleurs presque sessiles , disposées en épi unilatéral. 29.
Fleurs pédonculées et point en épi ; calice très-renflé
après la fleuraison.................. *S. de nuit* (4347).

29. { Fruits droits, serrés contre l'axe de la tige. *S. en épi* (4357).
Fruits , dans la partie inférieure , divergens ou réfléchis.
.... *S. d'Angleterre* (4353).

30. { Corolle blanche.............................. .... 31.
Corolle verdâtre.............. *S. à fleurs vertes* (4345).

31. { Tige s'élevant au-delà d'un mètre. *S. paradoxal* (4344).
Tige ne s'élevant pas à un mètre.................. 32.

32. { Fleurs disposées en panicule lâche... *S. penché* (4343).
Fleurs disposées en panicule courte et serrée...........
.... *S. de Nice* (4346).

DCCLXVII. CUCUBALE.   *CUCUBALUS.*

1. .... *C. porte-baie* (4361).

DCCLXVIII. LYCHNIDE.   *LYCHNIS.*

1. { Capsule à une loge........................ 2.
Capsule à cinq loges.............. *L. visqueuse* (4362).

2. { Limbe des pétales découpé ou profondément bifide.. 3.
Limbe des pétales presque entier.................. 7.

3. { Tige cannelée, rougeâtre... *L. fleur de coucou* (4364).
Tige point cannelée ni rougeâtre.................. 4.

4. { Tige de 5-10 centim............. *L. des Alpes* (4365).
Tige de 5 décim. et davantage.................. 5.

5. { Feurs hermaphrodites , disposées en corimbe serré et
nivelé............... ...... *L. de Chalcédoine* (4363).
Fleurs dioïques par avortement , portées sur des pédicules assez courts.................. 6.

6.
- Fleurs blanches...................... *L. dioïque* (4366).
- Fleurs rouges...................... *L. des bois* (4367).

7.
- Fleurs réunies plusieurs ensemble en un corimbe serré. .... *L. fleur de Jupiter* (4369).
- Fleurs solitaires au sommet de la tige ou des rameaux. 8.

8.
- Tige et feuilles glabres......... *L. rose-du-ciel* (4370).
- Tige et feuilles velues .... 9.

9.
- Dents du calice dépassant la corolle , et prolongées en lanières foliacées...................... *L. nielle* (4371).
- Dents du calice ne dépassant pas la corolle............. .... *L. coquelourde* (4368).

DCCLXIX. VELÈZE. *VELEZIA.*

1. .... *V. rigide* (4372).

DCCLXX. FRANKÉNIA. *FRANKENIA.*

1.
- Tige glabre.................................. 2.
- Tige hérissée de poils courts, roides , sur-tout vers le haut...................,.................... *F. hérissé* (4374).

2.
- Feuilles vertes , étroites et linéaires.... *F. lisse* (4373).
- Feuilles poudreuses , presque blanchâtres , ovales , obtuses.......... .... *F. pulvérulent* (4375).

DCCLXXI. ORTÉGIE. *ORTEGIA.*

1. .... *O. dichotome* (4376).

DCCLXXII. POLYCARPE. *POLYCARPON.*

1. .... *P. quaterné* (4377).

DCCLXXIII. BUFFONIE. *BUFFONIA.*

1.
- Tige étalée , diffuse; fleurs disposées en épis le long des rameaux...................... *B. annuelle* (4378).
- Tige peu rameuse; fleurs presque toutes terminales..... .... *B. vivace* (4379).

DCCLXXIV. SAGINE. *SAGINA.*

1.
- Tige droite ou presque droite......................... 2.
- Tige entièrement couchée............ *S. couchée* (4380).

2.
- Pétales manquant très-souvent; pédicelles pubescens.... .... *S. sans pétales* (4381).
- Pétales plus courts que le calice; pédicelles glabres...... .... *S. droite* (4382).

DCCLXXV. ALSINE. *ALSINE.*

1.
- Pédoncules axillaires, solitaires. *A. intermédiaire* (4383).
- Pédoncules s'insérant tous en un point commun......... .... *A. en ombelle* (4384).

DCCLXXVI. MŒHRINGIE. *MŒHRINGIA.*

1.   .... *M. mousseuse* (4385).

DCCLXXVII. ÉLATINE.   *ELATINE.*

1. { Feuilles opposées ; tiges rampantes.........................
      .... *É. poivre-d'eau* (4386).
      Feuilles verticillées; tiges assez droites...................
      .... *É. fausse-alsine* (4387).

DCCLXXVIII. SPARGOUTE.   *SPERGULA.*

1. { Stipules à la base des feuilles........................... 2.
      Point de stipules à la base des feuilles.................. 3.

2. { Tiges médiocrement velues ; étamines variant de cinq à
      dix....................... *S. des champs* (4388).
      Tiges presque toujours glabres ; étamines le plus sou-
      vent au nombre de cinq. *S. à cinq étamines* (4389).

3. { Tige droite garnie d'articulations rapprochées dans le
      haut.......................... *S. noueuse* (4390).
      Tige couchée ou ascendante........................... 4.

4. { Pétales plus longs que le calice....................... 5.
      Pétales plus courts ou pas plus longs que le calice.... 6.

5. { Feuilles terminées par un poil ferme , souvent en fais-
      ceaux........................ *S. porte-poil* (4391).
      Feuilles opposées non terminées par un poil..............
      .... *S. glabre* (4392).

6. { Tiges entièrement glabres ; pétales plus courts que le
      calice...................... *S. fausse-sagine* (4393).
      Tiges garnies de poils courts et épars ; pétales de la lon-
      gueur du calice.................. *S. en alène* (4394).

DCCLXXIX. CÉRAISTE   *CERASTIUM.*

1. { Pétales égaux au calice ou plus courts que lui.......... 2.
      Pétales plus longs que le calice....................... 5.

2. { Pédicelles ne dépassant jamais la longueur du calice.....
      .... *C. commun* (4395).
      Pédicelles plus longs que le calice.................. 3.

3. { Etamines au nombre de cinq ; folioles du calice scarieuses
      sur les bords.............. *C. à cinq anthères* (4398).
      Etamines au nombre de dix; folioles du calice un peu
      membraneuses sur les bords................... 4.

4. { Tige visqueuse; pétales à-peu-près égaux au calice......
      .... *C. visqueux* (4396).
      Tige nullement visqueuse ; pétales de moitié plus courts
      que le calice.............. *C. à courts pétales* (4397).

5. { Feuilles étroites et linéaires.......................... 6.
      Feuilles ni étroites, ni linéaires.................... 9.

6. { Tiges, feuilles et calices, couverts d'un coton blanc re-
       marquable...................... *C. cotonneux* (4399).
    { Tiges, feuilles et calices non tomenteux.............. 7.

7. { Feuilles garnies à leur aisselle par des faisceaux de jeunes
       feuilles.............. *C. à souche dure* (4405).
    { Feuilles non garnies à leur aisselle par des faisceaux de
       jeunes feuilles............................. 8.

8. { Tige un peu couchée dans le bas; feuilles lancéolées-
       linéaires.................. *C. des champs* (4402).
    { Tige plus droite; feuilles roides et pointues............
       .... *C. roide* (4404).

9. { Pétales profondément bifides....................... 10.
    { Pétales simplement échancrés..................... 11.

10. { Feuilles ovales, un peu épaisses et légèrement coton-
       neuses.................. *C. à larges feuilles* (4400).
    { Feuilles en cœur, pointues, ovales, la plupart entière-
       ment glabres................. *C. aquatique* (4406).

11. { Capsule droite, oblongue.............. *C. laineux* (4401).
    { Capsule un peu courbée, cylindrique..................
       .... *C. des Alpes* (4403).

DCCLXXX. CHERLÉRIE.   *CHERLERIA.*

1. .... *C. faux-sédum* (4407).

DCCLXXXI. SABLINE.   *ARENARIA.*

1. { Feuilles planes, arrondies, ovales-lancéolées ou linéaires. 4.
    { Feuilles en forme d'alène au moins à leur extrémité.. 16.
    { Feuilles entourées de stipules scarieuses............. 2.

2. { Tiges droites; fleurs blanches. *S. des moissons* (4432).
    { Tiges couchées; fleurs rougeâtres.................. 3.

3. { Graines anguleuses, non entourées d'un bord membra-
       neux.................. *S. à fleur rouge* (4433).
    { Graines plates et entourées d'une aile membraneuse.....
       .... *S. à graines bordées* (4434).

4. { Pétales égaux ou plus grands que les folioles du calice. 5.
    { Pétales plus courts que les folioles du calice.......... 14.

5. { Fleurs sessiles ou presque sessiles.................. 6.
    { Fleurs pédonculées............................. 7.

6. { Feuilles disposées sur quatre rangs....................
       .... *S. à quatre rangs* (4408).
    { Feuilles charnues, point disposées sur quatre rangs.......
       .... *S. pourpier* (4409).

7. { Pédicelles quatre à cinq fois plus longs que les feuilles,
       ou davantage............................. 8.
    { Pédicelles non quatre à cinq fois plus longs que les
       feuilles............................. 9.

8. { Feuilles petites, ovales, obtuses; tige rampante.........
.... *S. de Mahon* (4411).
Feuilles fines, linéaires, longues de 1 centim.: tige ascendante...................... *S. des tourbières* (4420).

9. { Pédicelles deux fois plus longs que les feuilles......... 10.
Pédicelles non deux fois plus longs que les feuilles... 12.

10. { Plante pubescente ou légèrement velue...................
.... *S. lancéolée* (4418).
Plantes glabres.................................... 11.

11. { Feuilles arrondies ou un peu ovales.....................
.... *S. à fleurs géminées* (4410).
Feuilles linéaires.............. *S. fausse-renouée* (4419).

12. { Pédoncules défleuris, pendans. *S. de montagne* (4416).
Pédoncules défleuris non pendans.................... 13.

13. { Tiges grisâtres et pubescentes; fleurs d'un blanc rose
ou lilas............................. *S. rougeâtre* (4417).
Tiges presque glabres; fleurs tout-à-fait blanches.......
.... *S. ciliée* (4414).

14. { Feuilles assez grandes, chargées de trois nervures.. 15.
Feuilles courtes, sessiles, non chargées de trois nervures.................... *S. à feuilles de serpolet* (4415).

15. { Folioles du calice striées, peu pointues..................
.... *S. à feuilles de céraiste* (4412).
Folioles du calice aiguës, membraneuses sur les bords.
.... *S. à trois nervures* (4413).

16. { Pétales plus grands ou au moins égaux aux folioles du
calice.. 19.
Pétales plus courts que les folioles du calice......... 17.

17. { Fleurs ramassées par faisceaux. *S. en faisceaux* (4430).
Fleurs non fasciculées.......................... 18.

18. { Capsule pointue, plus longue que le calice.............
.... *S. à feuilles menues* (4427).
Capsule oblongue, de la longueur du calice.............
.... *S. à calices pointus* (4431).

19. { Capsule à six valves................................ 20.
Capsule à trois valves................................ 21.

20. { Tige uniflore................. *S. à grande fleur* (4422).
Tige pluriflore, ordinairement à trois ou cinq fleurs...
.... *S. à trois fleurs* (4423).

21. { Folioles du calice striées.............................. 22.
Folioles du calice non sensiblement striées.......... 25.

22. { Toutes les feuilles courbées d'un même côté............
.... *S. recourbée* (4428).
Toutes les feuilles non courbées d'un même côté... 23.

23. { Pétales un peu échancrés au sommet.......................
.... *S. d'Autriche* (4421).
Pétales non échancrés au sommet....................... 24.

24. { Folioles du calice à peine membraneuses sur les bords;
tige un peu pubescente....... *S. printannière* (4425).
Folioles du calice membraneuses sur les bords; tige
glabre........................... *S. de Gérard* (4424).

25. { Plante hérissée de poils courts; feuilles non sétacées....
.... *S. hérissée* (4426).
Plante glabre; feuilles fines comme des soies, engaî-
nantes à leur base.......... *S. à fines feuilles* (4429).

DCCLXXXII. STELLAIRE. *STELLARIA.*

1. { Pétales plus longs que le calice...................... 3.
Pétales plus courts ou pas plus longs que le calice..... 2.

2. { Feuilles obtuses, ovales-oblongues. *S. aquatique* (4440).
Feuilles étroites, aiguës.............. *S. graminée* (4439).

3. { Feuilles en cœur et pétiolées......... *S. des bois* (4435).
Feuilles alongées et point pétiolées...................... 4.

4. { Tiges droites, hautes de plus d'un décimètre......... 5.
Tiges couchées ou étalées, ne dépassant pas un décim.
de hauteur................... *S. faux-céraiste* (4441).

5. { Pétales environ deux fois plus longs que les folioles du
calice... 6.
Pétales de moitié plus longs seulement que les folioles
du calice..................... *S. holostée* (4437).

6. { Bractées scarieuses; folioles du calice marquées de trois
nervures longitudinales............. *S. glauque* (4438).
Bractées et folioles du calice entourées d'une bande
blanche et membraneuse....... *S. trompeuse* (4436).

DCCLXXXIII. LIN. *LINUM.*

1. { Fleurs jaunes................................. 2.
Fleurs bleuâtres, rougeâtres ou blanches.............. 5.

2. { Corolle deux ou trois fois plus grande que le calice...... 3.
Corolle n'étant pas une fois plus grande que le calice.... 4.

3. { Fleurs solitaires..................... *L. maritime* (4443).
Fleurs ordinairement disposées trois ensemble............
.... *L. en cloche* (4444).

4. { Fleurs ramassées en bouquets glomérulés. *L. roide* (4445).
Fleurs disposées en panicule....... *L. de France* (4442).

5. { Feuilles opposées; fleurs blanches...................... 6.
Feuilles alternes, fleurs bleuâtres ou rougeâtres...... 7.

6. { Tige haute de 2 décim., droite, rameuse à son sommet.
.... *L. purgatif* (4452).
Tige s'élevant à peine jusqu'à 5 centim., extrêmement
rameuse................... *L. radiola* (4453).

7. { Plante hérissée de poils mols et blanchâtres..............
.... *L. hérissé* (4451).
{ Plantes non hérissées de poils..................... 8.

8. { Etamines réunies à leur base......................., 9.
{ Etamines non réunies à leur base................... 10.

9. { Fleurs d'un beau bleu......... *L. de Narbonne* (4447).
{ Fleurs couleur de chair ou purpurines...................
.... *L. à feuilles menues* (4450).

10. { Tiges droites.................................. 11.
{ Tiges demi-couchées, ascendantes...................
.... *L. à feuilles étroites* (4449).

11. { Pétales un peu crénelés; tige cylindrique s'élevant jus-
qu'à 5 décim..................... *L. commun* (4446).
{ Pétales entiers; tiges longues de 2 décim..............
.... *L. des Alpes* (4448).

DCCLXXXIV. VIOLETTE.   *VIOLA.*

1. { Stigmate courbé et aigu.......................... 7.
{ Stigmate droit et en forme d'entonnoir............... 2.

2. { Stipules pinnatifides............................ 4.
{ Stipules entières ou dentées, mais non pinnatifides... 3.

3. { Eperon deux ou trois fois plus long que les appendices de
la base du calice............. *V. à long éperon* (4472).
{ Eperon de la longueur des pétales.... *V. cornue* (4473).

4. { Fleurs toutes jaunes, avec l'éperon bleuâtre, ou violet..
.... *V. jaune* (4471).
{ Fleurs mélangées de blanc, de jaune, de violet, ou sim-
plement bleuâtres........................... 5.

5. { Tige glabre................................... 6.
{ Tige très-hérissée de poils........ *V. de Rouen* (4470).

6. { Pétales deux fois plus grands que le calice..............
.... *V. tricolore* (4468).
{ Pétales dépassant à peine la longueur du calice..........
.... *V. des champs* (4469).

7. { Tige nulle; les feuilles et les pédoncules des fleurs naissent du collet de la racine..................... 8.
{ Une tige produisant des feuilles et des fleurs........ 12.

8. { Limbe des feuilles découpé en trois ou cinq lobes divisés eux-mêmes.................. *V. découpée* (4454).
{ Limbe des feuilles simplement denté ou crénelé....... 9.

9. { Feuilles cordiformes ou un peu échancrées en cœur. 10.
{ Feuilles réniformes............... *V. des marais* (4458).

10. { Collet de la racine n'émettant point de rejets rampans. 11.
{ Collet de la racine émettant des rejets rampans...........
.... *V. odorante* (4456).

11. { Pétioles hérissés de poils droits, courts et nombreux ;
        feuilles exactement cordiformes. *V. hérissée* (4455).
      Pétioles glabres ou un peu pubescens ; feuilles peu ou
        point cordiformes............ *V. des Pyrénées* (4457).

12. { Fleurs jaunes.................. *V. à deux fleurs* (4467).
      Fleurs bleuâtres.................................... 13.

13. { Feuilles cordiformes................................ 14.
      Feuilles non cordiformes............................ 16.

14. { Fleurs de deux sortes ; les caulinaires apétales, fertiles ;
        les radicales pourvues de pétales, mais stériles........
        .... *V. étonnante* (4462).
      Toutes les fleurs pourvues d'une corolle............ 15.

15. { Tiges simples ; feuilles arrondies au sommet............
        .... *V. des sables* (4463).
      Tiges un peu creusées en canal, feuilles pointues au
        sommet........... .... *V. de chien* (4464).

16. { Plantes entièrement glabres......................... 17.
      Plante couverte de poils courts, serrés et un peu gri-
        sâtres........... .... *V. de Valderio* (4461).

17. { Feuilles ovales-lancéolées.......................... 19.
      Feuilles ovales, orbiculaires........................ 18.

18. { Stipules entières, en forme d'alène....................
        .... *V. du mont Cenis* (4460).
      Stipules dentées, lancéolées.... *V. nummulaire* (4459).

19. { Tige s'élevant quelquefois au-delà de 3 décim. ; pétiole
        des feuilles deux fois plus court qu'elles. ....
        .... *V. de montagne* (4466).
      Tige ne s'élevant jamais jusqu'à 3 décim. ; pétiole des
        feuilles variable.............. *V. fer de lance* (4465).

DCCLXXXV. CISTE.   *CISTUS.*

1. { Fleurs roses ou purpurines........................ 2.
      Fleurs blanches ou jaunâtres....................... 4.

2. { Feuilles larges à peine de 9 millimètres, frisées en leurs
        bords........................ *C. crépu* (4474).
      Feuilles larges de plus de 9 millimètres, point frisées en
        leurs bords.. 5.

3. { Feuilles spatulées.............. *C. blanchâtre* (4475).
      Feuilles ovales ou elliptiques...... *C. cotonneux* (4476).

4. { Feuilles distinctement pétiolées...................... 5.
      Feuilles rétrécies insensiblement vers leur base, mais
        non pétiolées....................................... 6.

5. { Feuilles pointues et vertes des deux côtés..............
        .... *C. à feuilles de laurier* (4479).
      Feuilles obtuses et blanchâtres, particulièrement en des-
        sous.................. *C. à feuilles de sauge* (4477).

6. { Feuilles chargées d'un suc très-visqueux, vertes en dessus, blanchâtres en dessous............................ 7.
Feuilles non visqueuses, ayant une teinte noirâtre comme le reste de la plante....... *C. à longue feuille* (4478).

7. { Feuilles lancéolées et glabres en dessus. *C. lédon* (4480).
Feuilles linéaires-lancéolées, et point glabres en dessus. .... *C. de Montpellier* (4481).

DCCLXXXVI. HÉLIANTHÈME. *HELIANTHEMUM.*

1. { Feuilles dépourvues de stipules à leur base.............. 2.
Feuilles munies de deux stipules à leur base......... 10.

2. { Tige sous-ligneuse........... .... 3.
Tige herbacée.. 9.

3. { Feuilles étroites et linéaires............................. 4.
Feuilles ovales et lancéolées .... 6.

4. { Fleurs blanches et disposées presque en ombelle........
.... *H. à ombelles* (4482).
Fleurs jaunes et point disposées en ombelle........... 5.

5. { Fleurs en grappes; feuilles glauques, garnies aux aisselles de jeunes pousses fasciculées. *H. grêle* (4483).
Fleurs solitaires; feuilles vertes; leurs aisselles sont nues. .... *H. fumana* (4484).

6. { Feuilles verdâtres des deux côtés, ou garnies sur leurs deux surfaces de petites taches blanches proéminentes. 7.
Feuilles verdâtres en dessus; blanches ou cotonneuses en dessous....... .... 8.

7. { Feuilles verdâtres des deux côtés.. *H. d'Œland* (4486).
Feuilles garnies sur les deux surfaces de taches blanches proéminentes.................... *H. faux-alysson* (4488).

8. { Feuilles blanchâtres en dessous; pétales marqués vers leur base d'une tache orangée en forme de croissant. .... *H. à lunule* (4485).
Feuilles cotonneuses en dessous; pétales non marqués d'une tache en croissant. *H. à feuilles de marum* (4487).

9. { Feuilles à trois nervures; cinq taches violettes à la base des pétales...................... *H. taché* (4490).
Feuilles munies de cinq à sept nervures saillantes; point de taches violettes à la base des pétales ....
.... *H. tubéraire* (4489).

10. { Fleurs blanches, pâles ou rougeâtres................ 11.
Fleurs de couleur jaune................................ 17.

11. { Tige herbacée.. 12.
Tige ligneuse... 15.

12. { Calices plus longs que les pédoncules...................
.... *H. à feuilles de lédon* (4491).
Calices moins longs que les pédoncules...................
.... *H. à feuilles de saule* (4492).

13. { Calices glabres.. 14.
     { Calices pubescens ou velus .... 15.

14. { Feuilles linéaires, avec les bords roulés en dessous......
     .... *H. poilu* (4500).
     { Feuilles oblongues, un peu ovales, les bords non roulés
       en dessous............. *H. à feuilles de polium* (4499).

15. { Fleurs blanches.. 16.
     { Fleurs de couleur rose ou coquelicot... *H. rose* (4498).

16. { Feuilles et rameaux couverts d'un duvet court, et d'un
       gris blanchâtre.................. *H. poudreux* (4501).
     { Feuilles glabres en dessus, couvertes d'un duvet blanc
       serré en dessous............. *H. de l'Apennin* (4502).

17. { Calice presque glabre.................................. 18.
     { Calice blanchâtre, cotonneux ou hérissé de poils.. 19.

18. { Tiges couchées sur la terre; feuilles vertes en dessus,
       blanchâtres en dessous............. *H. commun* (4495).
     { Tiges presque droites; feuilles vertes des deux côtés....
       .... *H. à grande fleur* (4496).

19. { Calice hérissé de poils roides......... *H. hérissé* (4497).
     { Calice cotonneux ou couvert d'un duvet court, blan-
       châtre.. 20.

20. { Tige visqueuse; fleurs disposées deux ou trois seulement
       au sommet de chaque rameau. *H. glutineux* (4494).
     { Tige non visqueuse; fleurs nombreuses, disposées en
       grappes terminales. *H. à feuilles de lavande* (4493).

DCCLXXXVII. TILLEUL.   *TILIA.*

1. { Arbre de 16-20 mètres de hauteur; feuilles de 4-6
     centim. de diamètre.... *T. à petites feuilles* (4503).
   { Arbre moins élevé; feuilles environ d'un tiers plus
     grandes, plus molles, plus velues.......................
     .... *T. à grandes feuilles* (4504).

DCCLXXXVIII. MALOPE.   *MALOPE.*

1. .... *M. fausse-mauve* (4505).

DCCLXXXIX. MAUVE.   *MALVA.*

1. { Plusieurs pédoncules à l'aisselle de chaque feuille supé-
     rieure... 2.
   { Pédoncules solitaires à l'aisselle des feuilles........... 6.

2. { Tiges droites.. 3.
   { Tiges couchées... 5.

3. { Feuilles d'un beau verd, finement frisées sur les bords.
     .... *M. crépue* (4510).
   { Feuilles non frisées sur les bords....................... 4.

4. { Plante glabre, de 2-3 décim. *M. à petite fleur* (4506).
{ Plante velue, sur-tout les pédoncules et les pétioles ;
  tige de 6 décim................... *M. sauvage* (4509).

5. { Feuilles à cinq lobes pointus....... *M. de Nice* (4507).
{ Feuilles arrondies, crénelées, à cinq lobes à peine sensibles.................... *M. à feuilles rondes* (4508).

6. { Tige lisse et très-glabre ; pédoncules inférieurs plus
  longs que les feuilles...... *M. de Tournefort* (4513).
{ Tige rude et point glabre ; pédoncules inférieurs pas
  plus longs que les feuilles........................... 7.

7. { Feuilles découpées jusqu'au pétiole. *M. musquée* (4512).
{ Feuilles non découpées jusqu'au pétiole *M. alcée* (4511).

DCCXC. GUIMAUVE.   *ALTHÆA.*

1. { Capsules entourées d'un rebord membraneux et sillonné.
  .... *G. passe-rose* (4514).
{ Capsules non bordées................................. 2.

2. { Feuilles inférieures à cinq angles larges et pointus ; les su-
  périeures à trois lobes, lanciformes........................
  .... *G. de Narbonne* (4516).
{ Feuilles à trois lobes peu sensibles. *G. officinale* (4515).
{ Feuilles à trois ou à cinq lobes profonds................ 3.

3. { Feuilles à lobes arrondis ; tige de 2-4 décimètres........
  .... *G. hérissée* (4518).
{ Feuilles à lobes digités, pointus ; tige de hauteur
  d'homme............ *G. à feuilles de chanvre* (4517).

DCCXCI. LAVATÈRE.   *LAVATERA.*

1. { Tige ligneuse.................................... 2.
{ Tige herbacée.................................... 4.

2. { Feuilles anguleuses et dont les lobes sont pointus........
  .... *L. de Hyères* (4519).
{ Feuilles arrondies et dont les lobes sont courts et obtus. 3.

3. { Pédicelles au moins égaux à la longueur des pétioles.....
  .... *L. maritime* (4521).
{ Pédicelles n'atteignant pas la moitié de la longueur de la
  feuille...................... *L. à trois lobes* (4520).

4. { Pédoncules beaucoup plus courts que les pétioles........
  .... *L. en arbre* (4522).
{ Pédoncules deux fois au moins plus longs que les pétioles. 5.

5. { Tige cotonneuse, haute de 6-7 décimètres...........
  .... *L. de Thuringe* (4523).
{ Tige verte ou rougeâtre, ponctuée de taches blanches,
  haute de 5 décimètres........... *L. ponctuée* (4524).

DCCXCII. STÉGIE.   *STEGIA.*

1. { .... *S. lavatère* (4525).

DCCXCIII. SIDA.   *S I D A.*

1.   .... *S. abutilon* (4526).

DCCXCIV. HIBISQUE.   *HIBISCUS.*

1. { Feuilles ovales, un peu en cœur à la base, et dentées en
     scie................... *H. des marais* (4528).
    Feuilles à trois lobes pointus et dentés................. . 2.

2. { Calice extérieur divisé en huit lanières. *H. de Syrie* (4527).
    Calice extérieur divisé en douze folioles.................
    .... *H. vésiculeux* (4529).

DCCXCV. ÉRODIUM.   *E R O D I U M.*

1. { Pédoncules à une seule fleur............................. 2.
    Pédoncules à deux fleurs.............................. 3.
    Pédoncules à plus de deux fleurs...................... 7.

2. { Feuilles glabres ou parsemées de quelques poils.........
    .... *E. faux-chamœdrys* (4540).
    Feuilles très-velues.................. *E. de Corse* (4537).

3. { Feuilles simplement lobées............................. 4.
    Feuilles divisées jusqu'à la côte, ailées ou ternées.... 6.

4. { Face interne des arètes du fruit velue.................. 5.
    Face interne des arètes du fruit glabre. *E. maritime* (4538).

5. { Feuilles à lobes peu profonds....... *E. de Corse* (4537).
    Feuilles à lobes très-profonds... *E. des rivages* (4539).

6. { Feuilles ailées, à plus de trois folioles................
    .... *E. à feuilles de ciguë* (4532).
    Feuilles à trois folioles ou ternées. *E. bec-de-grue* (4535).

7. { Feuilles composées ou divisées jusqu'à la côte moyenne. 8.
    Feuilles lobées ou non divisées jusqu'à la côte moyenne. 13.

8. { Folioles distinctes, à pétioles communs................. 9.
    Pétioles ou côte commune interrompus.............. 11.

9. { Feuilles à trois folioles......... *E. bec-de-grue* (4555).
    Feuilles ailées, à plus de trois folioles.............. 10.

10. { Folioles sessiles........... *E. à feuilles de ciguë* (4532).
    Folioles pétiolées.... .... *E. musqué* (4533).

11. { Une tige................... *E. bec-de-cigogne* (4554).
    Point de tige .... 12.

12. { Pétales égaux.................. *E. des rochers* (4530).
    Pétales inégaux.................. *E. glanduleux* (4531).

13. { Face interne des arètes du fruit glabre.................
    .... *E. maritime* (4538).
    Face interne des arètes du fruit velue.................. 14.

14. { Lobes des feuilles écartés par des sinus profonds.........
    .... *E. des rivages* (4539).
    Lobes des feuilles peu prononcés. *E. fausse-mauve* (4536).

DCCXCVI.

DCCXCVI. GÉRANIUM.   *GERANIUM.*

DCCXCVII. CAPUCINE.   *TROPÆOLUM.*

DCCXCVIII. IMPATIENTE.   *IMPATIENS.*

1. { Fleurs roses ou blanches............ *I. balsamine* (4561).
{ Fleurs jaunes................. *I. n'y-touchez-pas* (4562).

DCCXCIX. OXALIDE.   *OXALIS.*

1. { Fleurs blanches ; racine écailleuse et dentée.............
{ .... *O. oseille* (4565).
{ Fleurs jaunes ; racine non écailleuse................... 2.

2. { Tiges couchées ; feuilles légèrement velues.............
{ .... *O. cornue* (4564).
{ Tige droite ; feuilles presque glabres... *O. droite* (4565).

DCCC. VIGNE.   *VITIS.*

1. .... *V. porte-vin* (4566).

DCCCI. MÉLIA.   *MELIA.*

1. .... *M. azedarach* (4567).

DCCCII. CITRONNIER.   *CITRUS.*

1. { Pétioles simples et non ailés........ *C. commun* (4568).
{ Pétioles bordés d'une aile foliacée... *C. oranger* (4569).

DCCCIII. ANDROSÉME.   *ANDROSÆMUM.*

1. .... *A. officinal* (4570).

DCCCIV. MILLEPERTUIS.   *HYPERICUM.*

1. { Folioles du calice entières......................... 2.
{ Folioles du calice bordées de dents ou de cils glanduleux. 6.

2. { Tige quadrangulaire......................... 3.
{ Tige cylindrique ou filiforme......................... 4.

3. { Feuilles munies sur leur disque de glandes transpa-
{ rentes..................... *M. tétragone* (4571).
{ Feuilles dépourvues de glandes transparentes...........
{ .... *M. douteux* (4572).

4. { Tiges très-menues, filiformes, éparses sur la terre.....
{ .... *M. couché* (4574).
{ Tige ferme, droite, cylindrique..................... 5.

5. { Feuilles ovales-oblongues, parsemées sur leur disque de
{ points transparens................... *M. perforé* (4573).
{ Feuilles lancéolées, très-petites, crépues à la base, dé-
{ pourvues de points transparens..... *M. crépu* (4575).

6. { Tige et feuilles pubescentes, velues ou cotonneuses. 7.
{ Tige et feuilles glabres......................... 9.

7. { Tige droite, dure à la base..................... 8.
{ Tige foible, herbacée, rampante à la base...........
{ .... *M. des marais* (4581).

8. { Tige haute d'un mètre, pubescente ; feuilles ovales,
     elliptiques, velues................... *M. velu* (4579).
     Tige de 2-3 décim., cotonneuse, sur-tout dans le bas ;
     feuilles ovales, obtuses, cotonneuses..................
     .... *M. cotonneux* (4580).

9. { Feuilles linéaires, disposées trois ensemble à chaque
     nœud.................. *M. à feuilles de coris* (4583).
     Feuilles ni linéaires ni verticillées.................... 10.

10. { Feuilles orbiculaires, petites; tige foible, haute de 9-15
      centimètres.................... *M. nummulaire* (4582).
      Feuilles ovales-oblongues ; tige haute au moins de 2 dé-
      cimètres .... 11.

11. { Entre-nœuds supérieurs de la tige très-grands..........
      .... *M. de montagne* (4577).
      Entre-nœuds de la tige bien moins inégaux......... 12.

12. { Feuilles bordées d'une rangée de points noirs...........
      .... *M. frangé* (4576).
      Feuilles jamais bordées de points noirs. *M. élégant* (4578).

DCCCV. ÉRABLE.   *A C E R.*

1. { Feuilles palmées ou à lobes incisés................... 2.
     Feuilles à trois lobes très-simples...................
     .... *É. de Montpellier* (4588).

2. { Feuilles à cinq lobes pointus et dentés................ 3.
     Feuilles dont les lobes et les divisions sont obtus..... 4.

3. { Fleurs presque en corimbe ; pétioles des feuilles cylin-
     driques.................... *E. plane* (4585).
     Fleurs en grappes tout-à-fait pendantes ; pétioles cana-
     liculés.................... *E. sycomore* (4584).

4. { Ailes des fruits presque parallèles ; grappes des fleurs
     pendantes.............. *E. à feuilles d'obier* (4586).
     Ailes des fruits très-divergentes ; grappes des fleurs
     assez droites.................... *E. champêtre* (4587).

DCCCVI. MARONNIER.   *ÆSCULUS.*

1. .... *M. d'Inde* (4589).

DCCCVII. CLÉMATITE.   *CLEMATIS.*

1. { Fleurs en panicule ; pédoncules rameux............... 2.
     Fleurs axillaires ; pédoncules simples..................
     .... *C. des Alpes* (4594).

2. { Tiges sarmenteuses et grimpantes.................... 3.
     Tiges point sarmenteuses ni grimpantes.............. 4.

3. { Pétales pubescens sur le bord et non sur le dos..........
     .... *C. flammule* (4591).
     Pétales pubescens sur le dos et non sur le bord..........
     .... *C. des haies* (4590).

4. { Tiges droites, hautes d'un mètre..... *C. droite* (4592).
   { Tiges striées, couchées dans le bas et longues de 5 dé-
     cimètres............................ *C. maritime* (4595).

DCCCVIII. PIGAMON. *THALICTRUM.*

1. { Tige haute de 7 décim. ou davantage.................... 2.
   { Tige haute de moins de 7 décim........................ 7.

2. { Fleurs pendantes...................... .... 5.
   { Fleurs non pendantes................................... 4.

3. { Folioles des feuilles à trois lobes pointus..................
   { .... *P. penché* (4599).
   { Folioles des feuilles à trois lobes arrondis............ ..
   { .... *P. élevé* (4600).

4. { Folioles des feuilles arrondies ou ovales............... 5.
   { Folioles des feuilles linéaires............................
   { .... *P. à feuilles étroites* (4601).

5. { Capsules pendantes ; des stipules à la base des feuilles et
     des divisions des pétioles. *P. à feuilles d'ancolie*(4605).
   { Capsules non pendantes ; point de stipules à la base des
     feuilles et des divisions des pétioles.................. 6.

6. { Tige non striée ; folioles des feuilles glauques en dessous ;
     leurs lobes sont marqués d'une ou deux fortes den-
     telures............................ *P. élégant* (4604).
   { Tige striée ; folioles des feuilles non glauques en des-
     sous ; leurs lobes sont entiers.... *P. jaunâtre* (4605).

7. { Tige et feuilles velues ou pubescentes. *P. fétide* (4597).
   { Tige et feuilles glabres, et point pubescentes......... 8.

8. { Tige de 4-8 centim. ; feuilles naissant de la racine......
   { .... *P. des Alpes* (4595).
   { Tige feuillée, ayant au moins 5 décim. de hauteur. 9.

9. { Fleurs très-grandes, au nombre de quatre au sommet
     de chaque rameau.................. *P. tubéreux* (4596).
   { Fleurs petites, penchées, disposées en panicule nue.....
   { .... *P. mineur* (4598).

DCCCIX. ANÉMONE. *ANEMONE.*

1. { Graines terminées par une longue arète velue......... 2.
   { Graines à arète nulle ou très-courte.................... 6.

2. { Feuilles deux fois ailées............................... 4.
   { Feuilles une fois ailées seulement.................... 5.

5. { Fleur blanchâtre ; feuilles presque glabres..............
   { .... *A. printannière* (4606).
   { Fleur d'un bleu gris de lin en dehors ; feuilles couvertes
     d'un duvet long, blanc et soyeux.....................
   { .... *A. de Haller* (4607).

4. { Fleurs violettes.......................... 5.
   { Fleurs blanches ou d'un jaune soufré...................
   .... *A. des Alpes* (4610).

5. { Fleur droite assez grande ; pétales oblongs , peu ouverts.
   .... *A. pulsatille* (4608).
   { Fleur penchée ; pétales ouverts ou réfléchis au sommet..
   .... *A. des prés* (4609).

6. { Hampe uniflore.......................... 7.
   { Hampe chargée de deux ou plusieurs fleurs........... 12.

7. { Fleurs bleues ou purpurines........................ 8.
   { Fleurs blanches , rougeâtres en dehors................. 9.

8. { Pétales longs et étroits, marqués de lignes, au nombre
   de neuf..................... *A. des jardins* (4611).
   { Pétales grands , ovales, au nombre de cinq à huit........
   .... *A. couronnée* (4612).

9. { Collerette placée très-loin de la fleur ; pétales oblongs ,
   au nombre de sept à neuf. *A. du mont Baldo* (4613).
   { Collerette placée à quelques centim. au-dessous de la
   fleur ; corolle à cinq ou six pétales................. 10.

10. { Feuilles de la collerette lobées et incisées............ 11.
    { Feuilles de la collerette ovales, pointues et dentées........
    .... *A. à trois feuilles* (4615).

11. { Feuilles radicales composées de cinq digitations incisées
    et anguleuses.................... *A. sauvage* (4614).
    { Feuilles radicales à trois folioles découpées , incisées....
    .... *A. sylvie* (4616).

12. { Fleurs jaunes, au nombre de deux ordinairement........
    .... *A. renoncule* (4617).
    { Fleurs blanches disposées en ombelle , au nombre de
    trois à six............. *A. à fleurs de narcisse* (4618).

DCCCX. HÉPATIQUE.   *HEPATICA.*

1.   .... *H. à trois lobes* (4619).

DCCCXI. FICAIRE.   *FICARIA.*

1.   .... *F. renoncule* (4620).

DCCCXII. ADONIDE.   *ADONIS.*

1. { Fleurs de couleur rouge ; pétales marqués à leur base
   d'un onglet noir , luisant......... *A. annuelle* (4621).
   { Fleurs grandes, d'un jaune un peu pâle................. 2.

2. { Fleurs placées immédiatement au-dessus des feuilles.....
   .... *A. printannière* (4622).
   { Fleurs portées au sommet par un pédicule nu et strié...
   .... *A. de l'Apennin* (4623).

DCCCXIII. RENONCULE. *RANUNCULUS*.

1. { Fleurs blanches... 2.
    { Fleurs jaunes.. 12.

2. { Feuilles entières.. 3.
    { Feuilles découpées.. 4.

3. { Toutes les feuilles étroites et linéaires...................
    {................................ R. *des Pyrénées* (4624).
    { Feuilles ovales, pointues et embrassantes..................
    {.................................. R. *embrassante* (4625).
    { Feuilles ovales, obtuses, pétiolées........................
    {.................................... R. *parnassie* (4626).

4. { Tige rampante sur la terre ou flottante dans l'eau... 5.
    { Tige droite et point rampante ni flottante............. 6.

5. { Feuilles simples, à trois ou cinq lobes obtus, sans dé-
    {   coupures capillaires.... R. *à feuilles de lierre* (4634).
    { Toutes les feuilles, ou plusieurs, ayant des découpures
    {   capillaires................... R. *aquatique* (4635).

6. { Tige chargée d'une seule fleur............................. 7.
    { Tige chargée de plus d'une fleur.......................... 8.

7. { Feuilles inférieures arrondies, et à trois lobes incisés ou
    {   dentés........................... R. *des Alpes* (4631).
    { Feuilles inférieures oblongues, presque ailées et mul-
    {   tifides..................... R. *à feuilles de rue* (4633).

8. { Calices glabres.................... R. *de Séguier* (4632).
    { Calices velus... 9.

9. { Feuilles multifides et comme ailées........................
    {............................... R. *des glaciers* (4630).
    { Feuilles digitées et lobées.............................. 10.

10. { Feuilles palmées, anguleuses, à trois ou cinq lobes poin-
    {   tus et dentés en scie................. R. *aconit* (4627).
    { Feuilles non palmées.................................... 11.

11. { Feuilles radicales cunéiformes, divisées en plusieurs
    {   lobes, dont les deux latéraux sont fortement dentés
    {   sur les bords.................... R. *déchirée* (4628).
    { Feuilles découpées en trois lobes profonds, dentés et
    {   trilobés........................... R. *d'Asie* (4629).

12. { Feuilles entières ou dentées............................. 13.
    { Feuilles découpées...................................... 19.

13. { Feuilles lancéolées ou linéaires........................ 14.
    { Feuilles ovales, cordiformes ou arrondies.............. 17.

14. { Tige droite; toutes les feuilles sessiles................ 15.
    { Tige inclinée; feuilles inférieures pétiolées............ 16.

15. { Tige un peu velue, et haute de 6 décimètres au moins.
    {................................ R. *langue* (4657).
    { Tige très-lisse, peu garnie de feuilles, haute de 2 – 4
    {   décimètres................... R. *graminée* (4656).

52. { Fleurs très-petites ; ovaires saillans hors de la corolle....
.... *R. scélérate* (4639).
Fleurs assez grandes , ovaires non saillans hors de la co-
rolle.............................. *R. tête d'or* (4640).

33. { Tige fistuleuse ; feuilles radicales souvent marquées d'une
tache noire dans leur milieu........... *R. âcre* (4643).
Tige pleine ; feuilles radicales non marquées d'une tache brune dans leur milieu......................... 34.

34. { Feuilles d'un verd obscur en dessus, presque cotonneuses
en dessous ; tige s'élevant jusqu'à 5 décimètres........
.... *R. laineuse* (4644).
Feuilles simplement pubescentes ou un peu velues ; tiges
longues de 5-20 centimètres.... *R. de Villars* (4637).

DCCCXIV. RATONCULE.   *MYOSURUS.*

1.   .... *R. naine* (4660).

DCCCXV. TROLLE.   *TROLLIUS.*

1.   .... *T. d'Europe* (4661).

DCCCXVI. HELLÉBORE.   *HELLEBORUS.*

1. { Folioles du calice persistantes et un peu coriaces..... 2.
Folioles du calice caduques et semblables à des pétales. 5.

2. { Tige feuillée.................................... 3.
Tige presque nue.................................. 4.

5. { Feuilles digitées , d'un verd noirâtre ou rougeâtre........
.... *H. fétide* (4662).
Feuilles composées de trois folioles ovales-lancéolées, en-
tières ou dentelées.................... *H. livide* (4663).

4. { Fleurs penchées, d'un verd jaunâtre.....................
.... *H. à fleurs vertes* (4665).
Fleurs droites , grandes , de couleur rose.................
.... *H. à racine noire* (4664).

5. { Tige uniflore.................... *H. d'hiver* (4666).
Tige pluriflore.................... *H. pigamon* (4667).

DCCCXVII. NIGELLE.   *NIGELLA.*

1. { Une collerette feuillée et multifide sous la corolle.........
.... *N. de Damas* (4668).
Corolle nue et sans collerette remarquable.................
.... *N. des champs* (4669).

DCCCXVIII. GARIDELLE.   *GARIDELLA.*

1.   .... *G. nigelle* (4670).

DCCCXIX. ANCOLIE.   *AQUILEGIA.*

1. { Cornets des fleurs courbés en crochets.................. 2.
Cornets des fleurs droits , à peine courbés à l'extrémité.
.... *A. des Alpes* (4673).

2. { Tige pubescente vers le haut..... *A. commune* (4671).
Tige garnie vers le haut de poils courts et visqueux.....
.... *A. visqueuse* (4672).

DCCCXX. DAUPHINELLE.   *DELPHINIUM.*

1. { Capsules solitaires ; éperon d'une seule pièce à l'intérieur.. 2.
Trois capsules ; éperon de deux pièces à l'intérieur.. 5.

2. { Fleurs disposées en bouquets lâches , formant à peine
l'épi........................... *D. consoude* (4674).
Fleurs formant des épis longs et serrés. *D. d'Ajax* (4675).

3. { Tige creuse........................... *D. élevée* (4677).
Tige pleine .... 4.

4. { Tige velue ; éperon plus court que la fleur..............
.... *D. staphysaigre* (4678).
Tige glabre ; éperon plus long que la fleur...............
.... *D. voyageuse* (4676).

DCCCXXI. ACONIT.   *ACONITUM.*

1. { Fleurs jaunâtres................................. 2.
Fleurs bleues ou violettes............................. 4.

2. { Trois ovaires ; découpures des feuilles élargies........ 5.
Cinq ovaires ; découpures des feuilles linéaires...........
.... *A. anthora* (4681).

3. { Feuilles palmées, larges d'un décimètre, à trois à cinq
lobes........................... *A. tue-loup* (4679).
Feuilles palmées, larges de 2 ou 5 décimètres, à sept
à onze lobes................. *A. des Pyrénées* (4680).

4. { Fleurs disposées en épi dense......... *A. napel* (4682).
Fleurs disposées en panicule courte et lâche..............
.... *A. en panicule* (4685).

DCCCXXII. POPULAGE.   *CALTHA.*

1. .... *P. des marais* (4684).

DCCCXXIII. PIVOINE.   *PÆONIA.*

1. .... *P. officinale* (4685).

DCCCXXIV. ACTÉE.   *ACTÆA.*

1. .... *A. en épi* (4686).

DCCCXXV. CORROYÈRE.   *CORIARIA.*

1. .... *C. à feuilles de myrte* (4687).

DCCCXXVI. MONOTROPE.   *MONOTROPA.*

1. .... *M. suce-pin* (4688).

TABLE
DES NOMS FRANÇAIS
DES GENRES ET DES FAMILLES.

N. B. Les chiffres romains indiquent le volume, les chiffres arabes la page; la première colonne renvoie au volume de la méthode analytique (tome Ier.), la seconde au corps de l'ouvrage.

FIN DU TOME PREMIER.

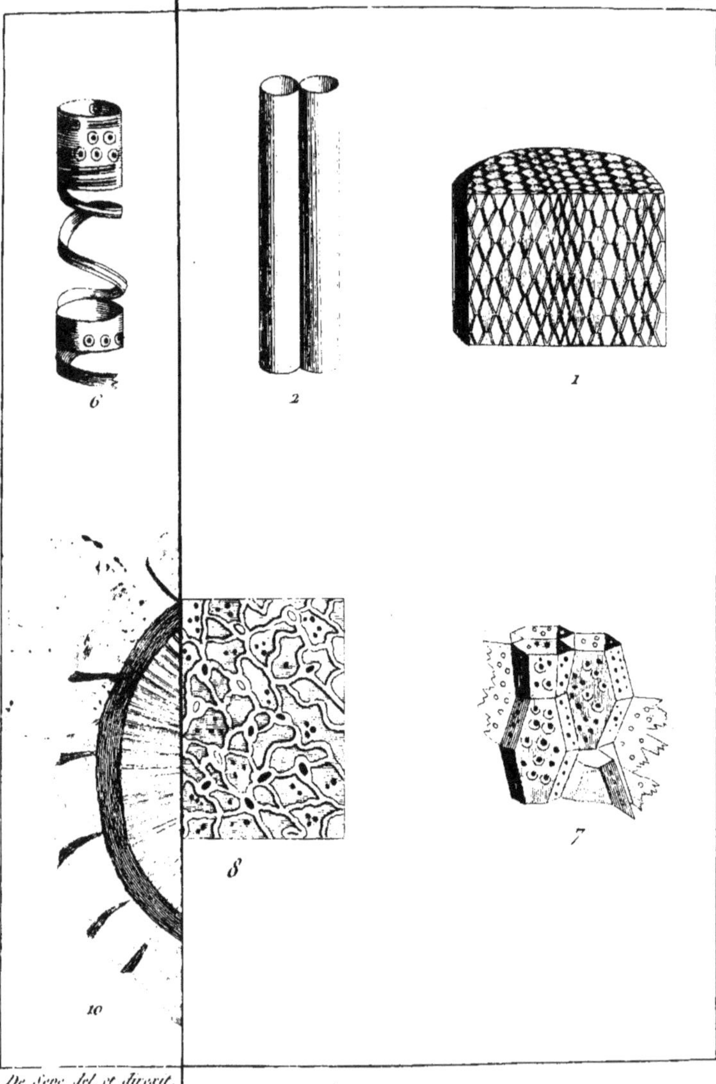

De Seve del. et direxit.

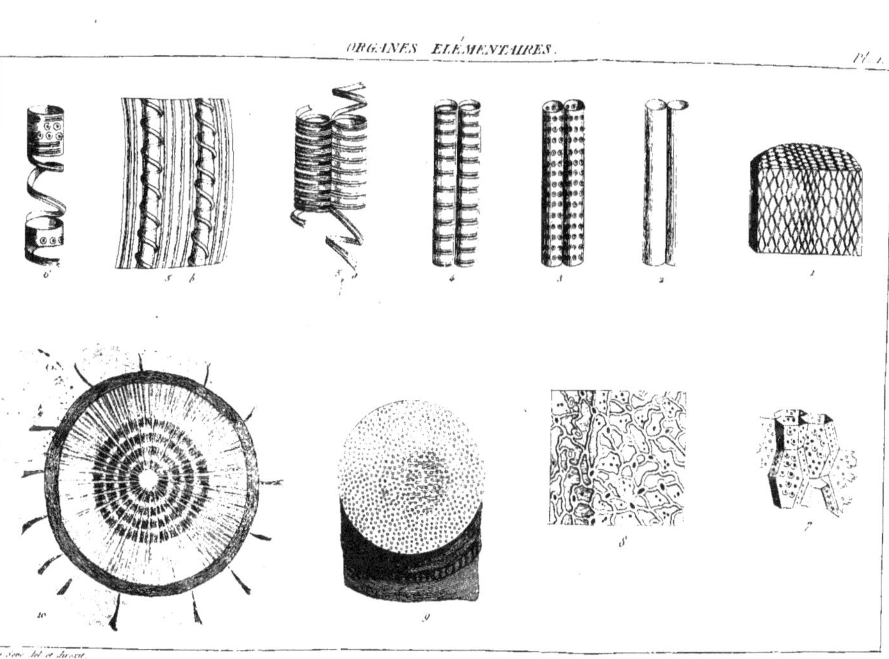

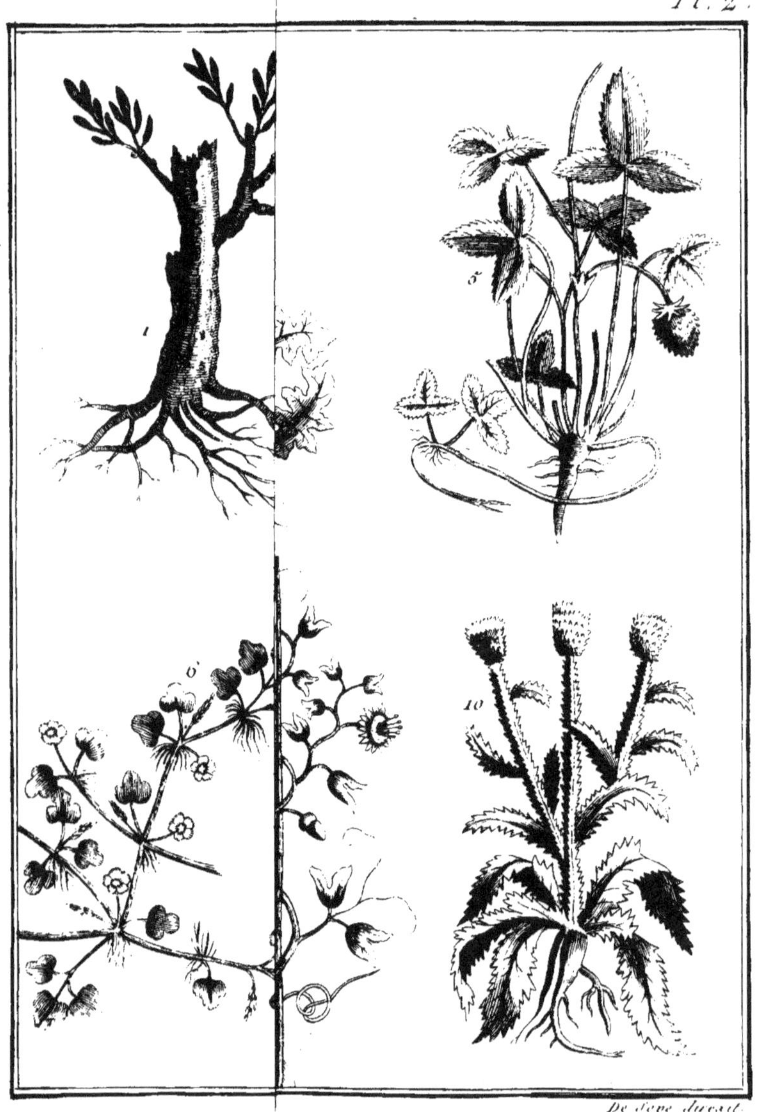

Pl. 2.
5
6
10
De Seve direxit.

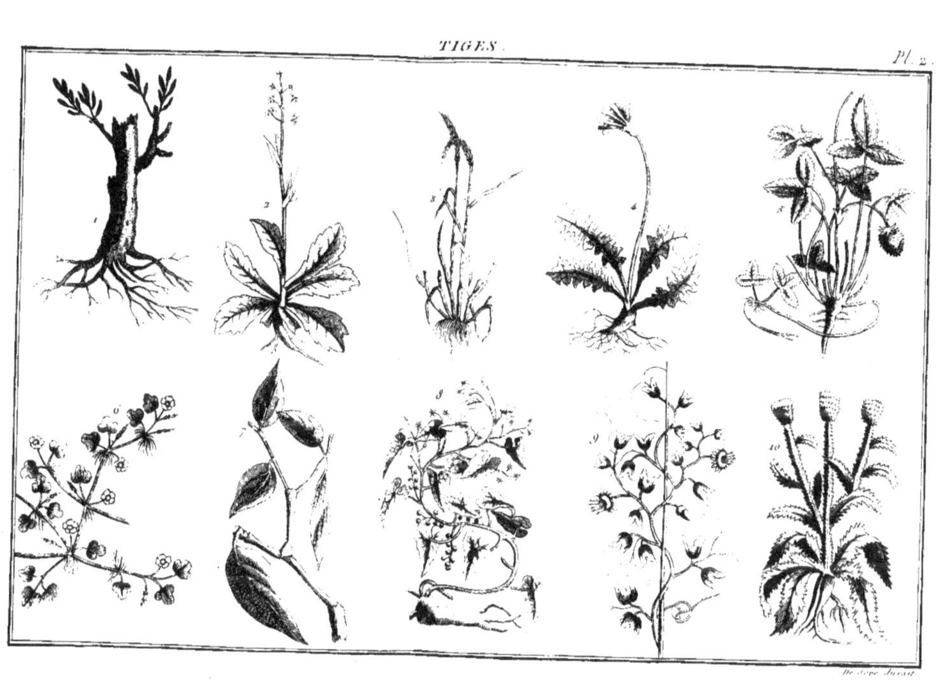

De Seve fecit.

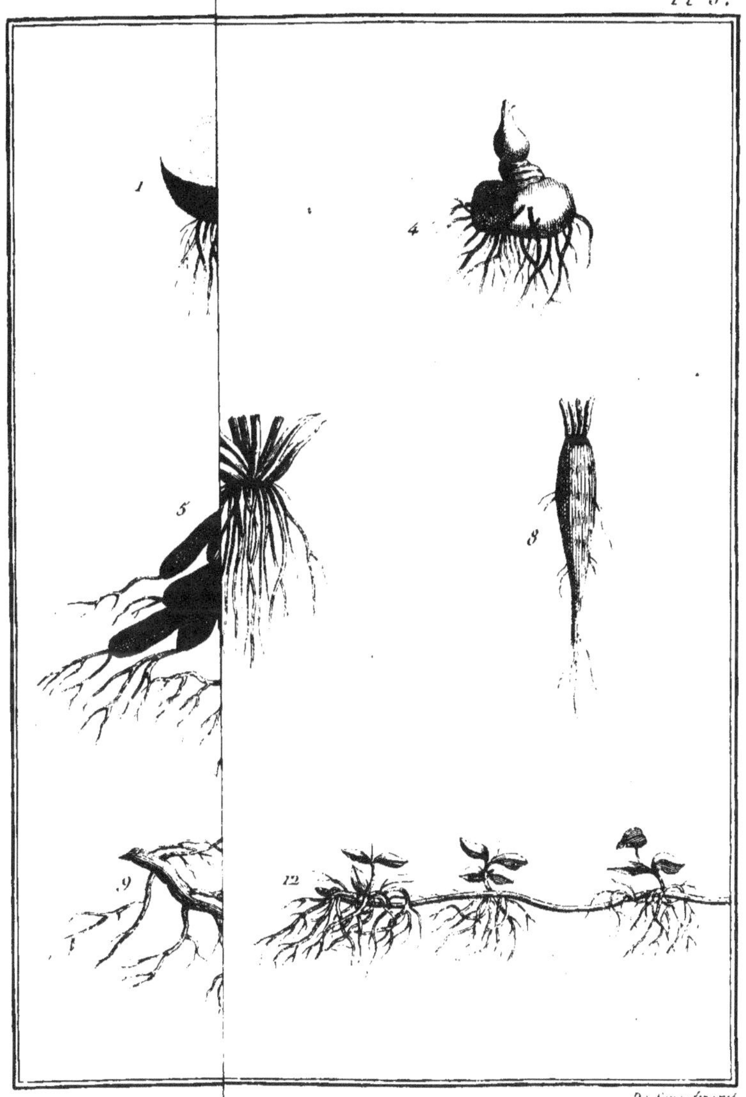

De Seve direxit

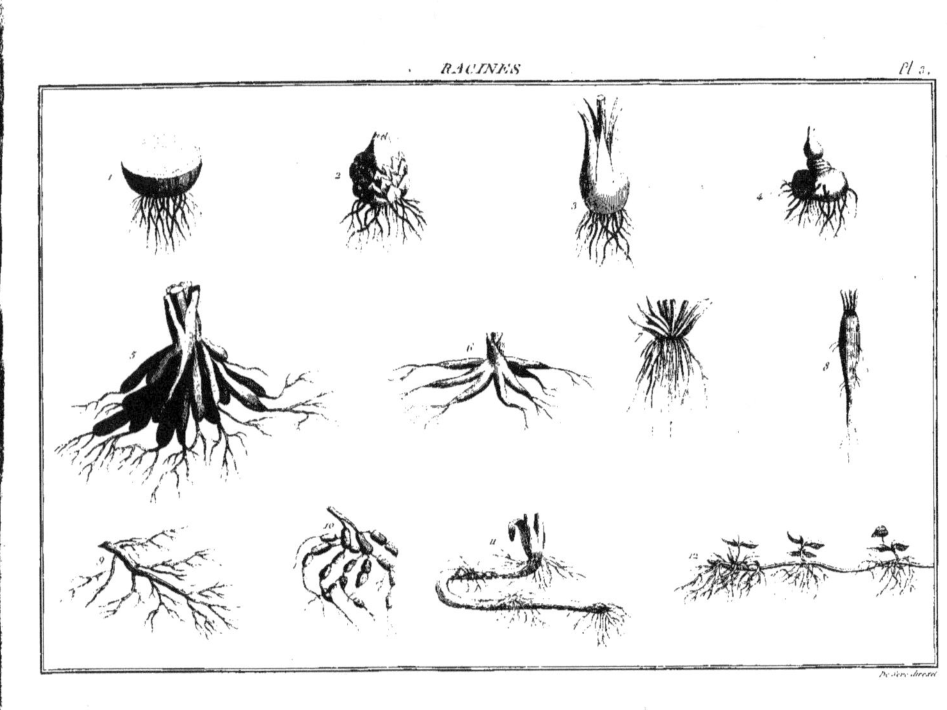
De Sève direxit

De Seve direxit.

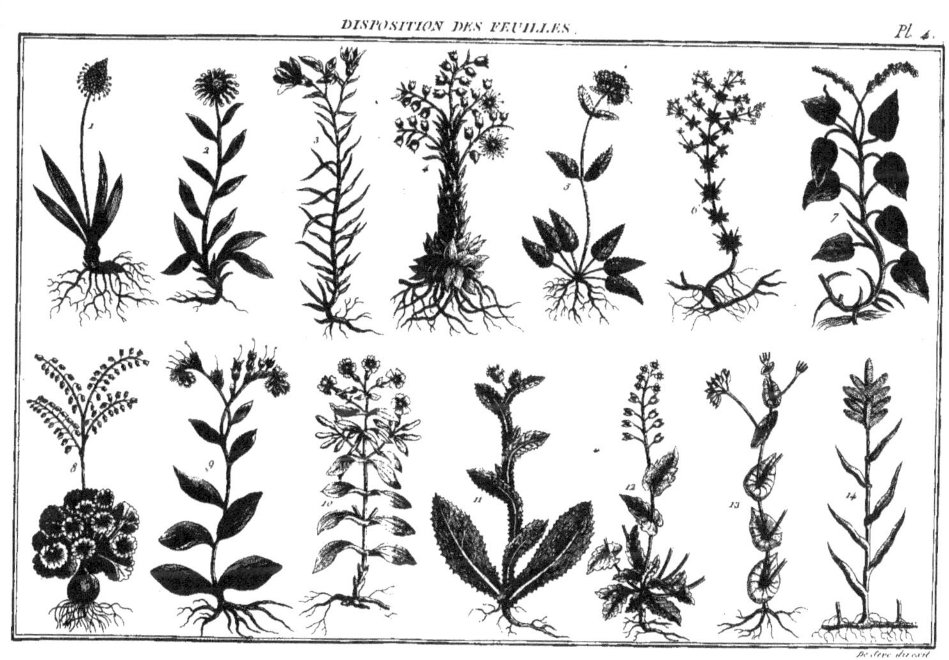

De Seve del cent

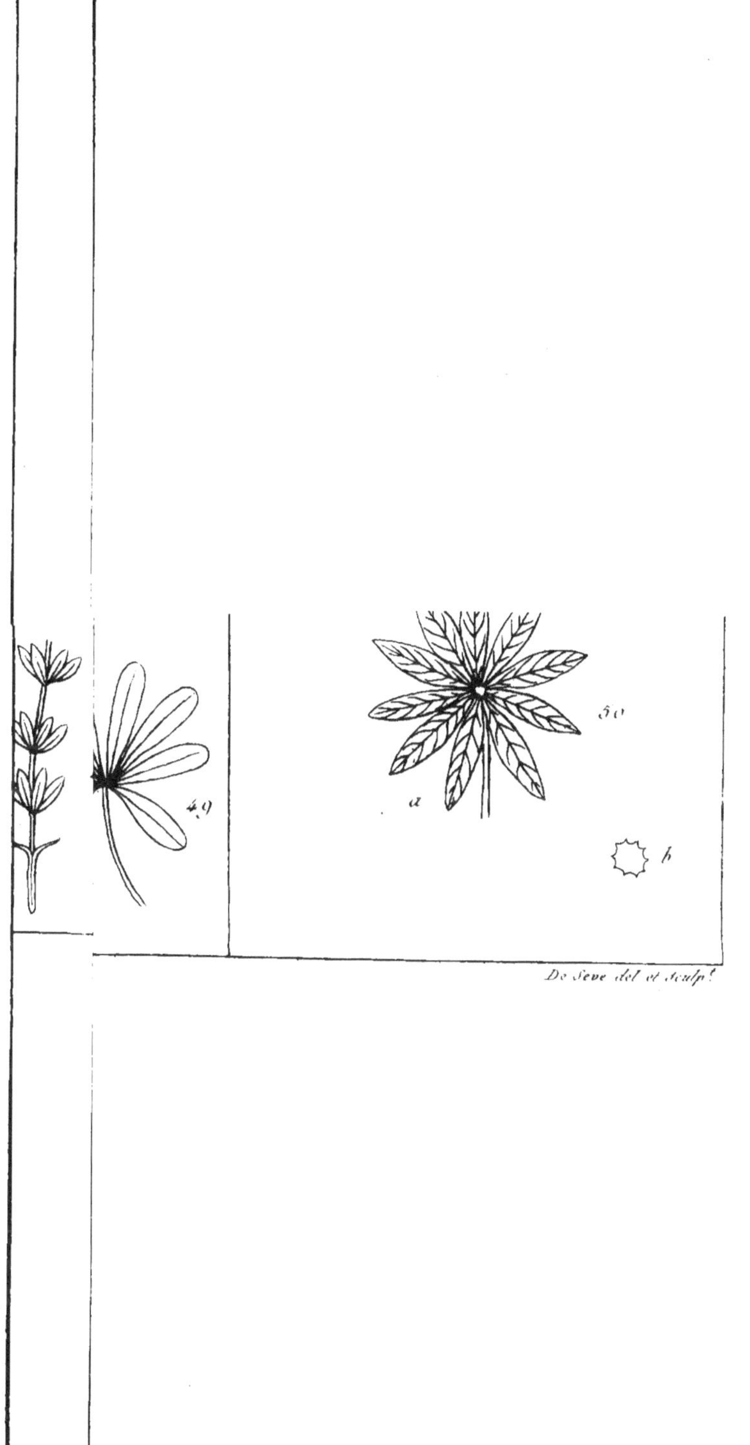

49
50
a
b
De Seve del et sculp.

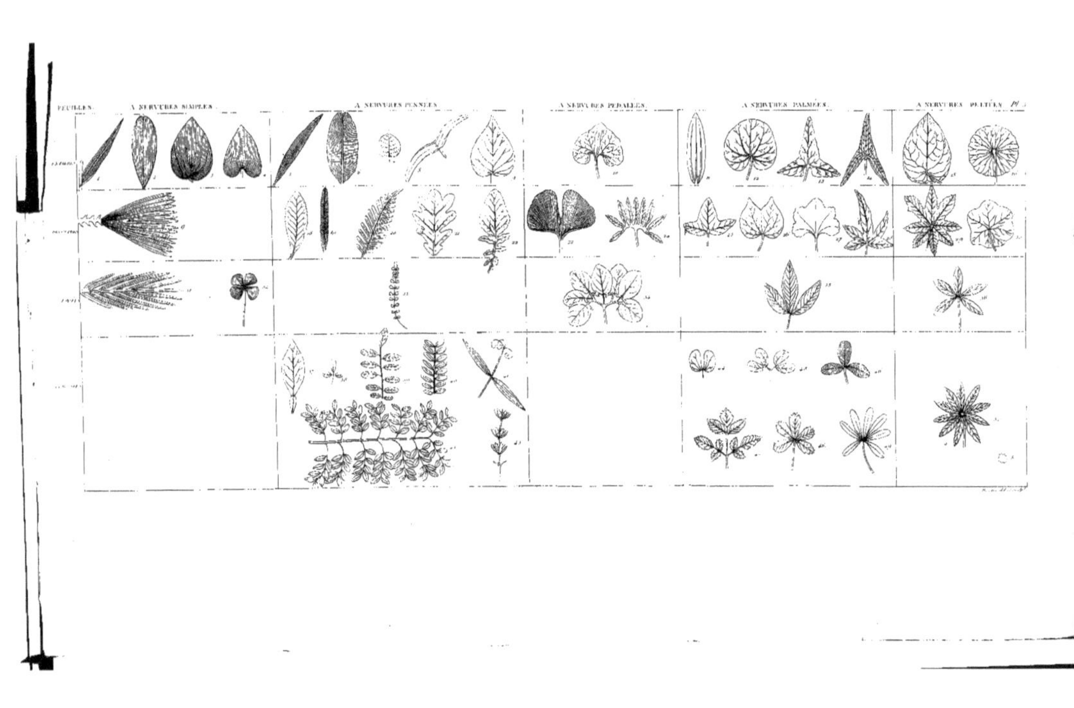

FEUILLES.
A NERVURES SIMPLES.
A NERVURES PENNÉES.
A NERVURES PÉDALÉES.
A NERVURES PALMÉES.
A NERVURES PELTÉES.

De Seve del. et direxit.

De Sève del. et direxit.

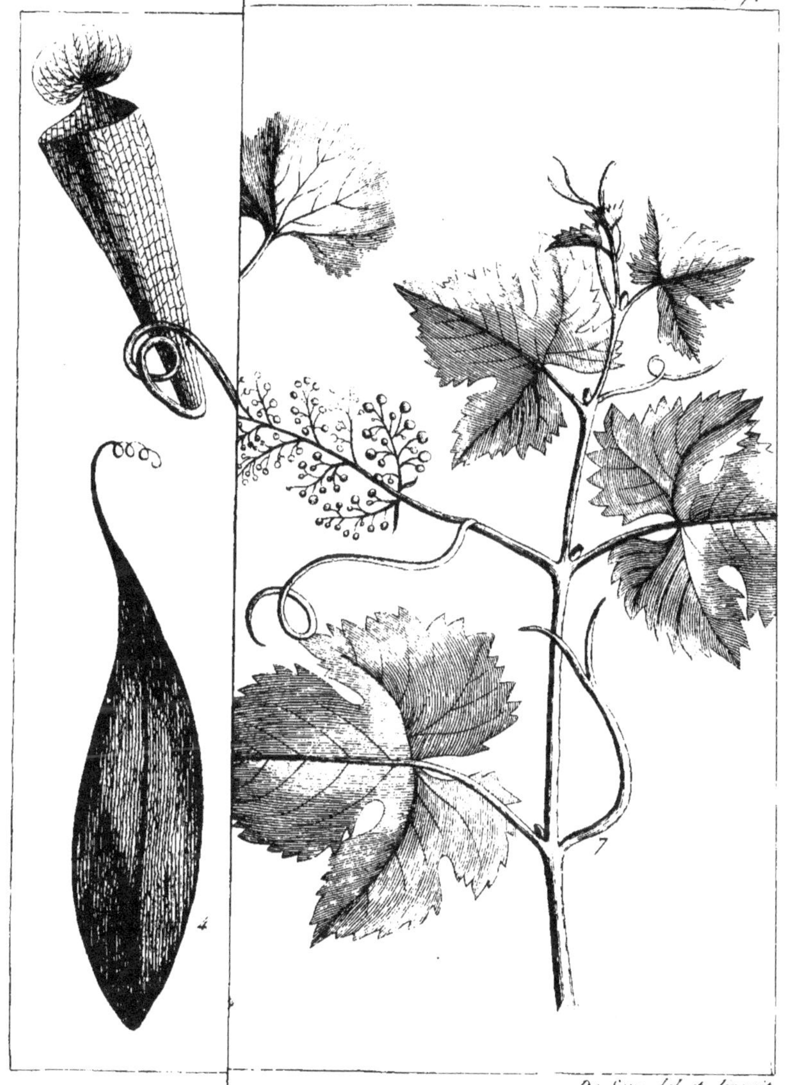

De Sève del et direxit.

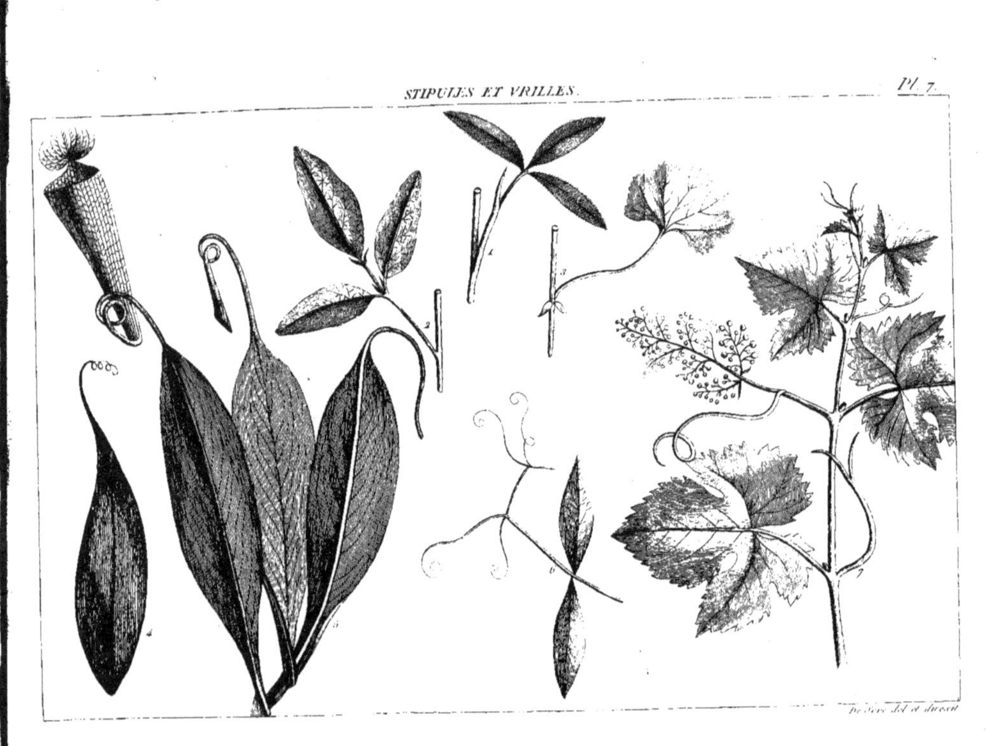

De Seve direxit.

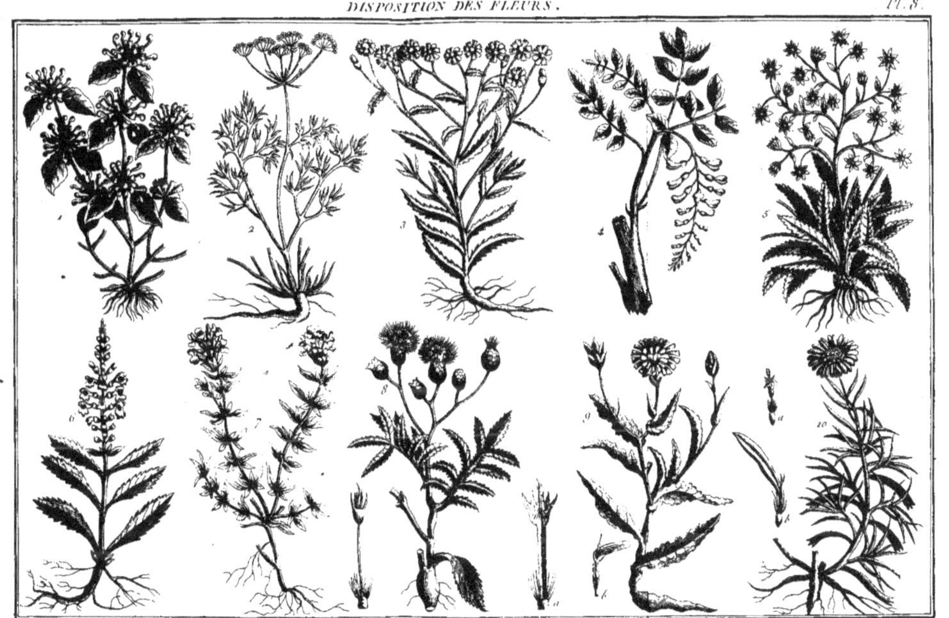

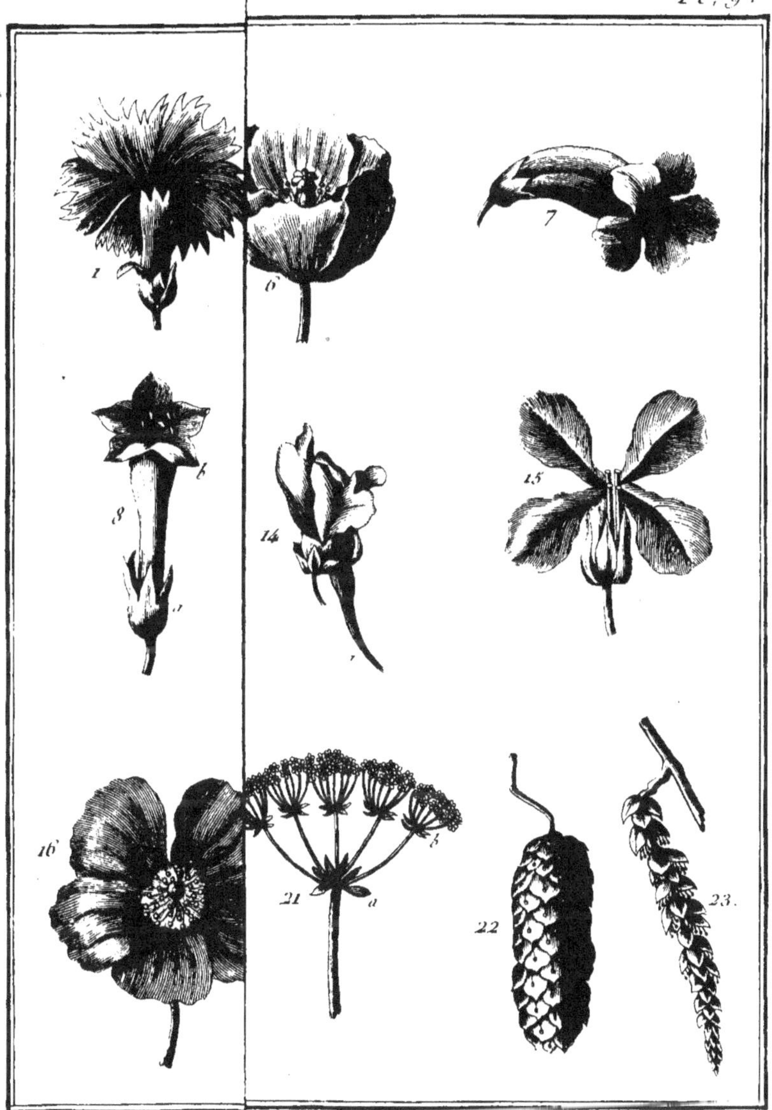

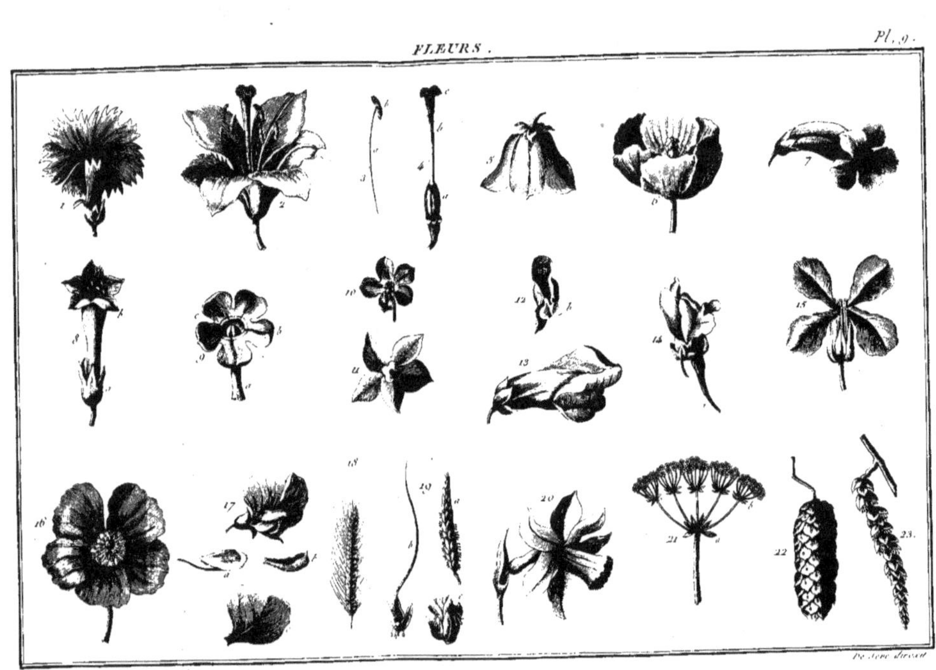

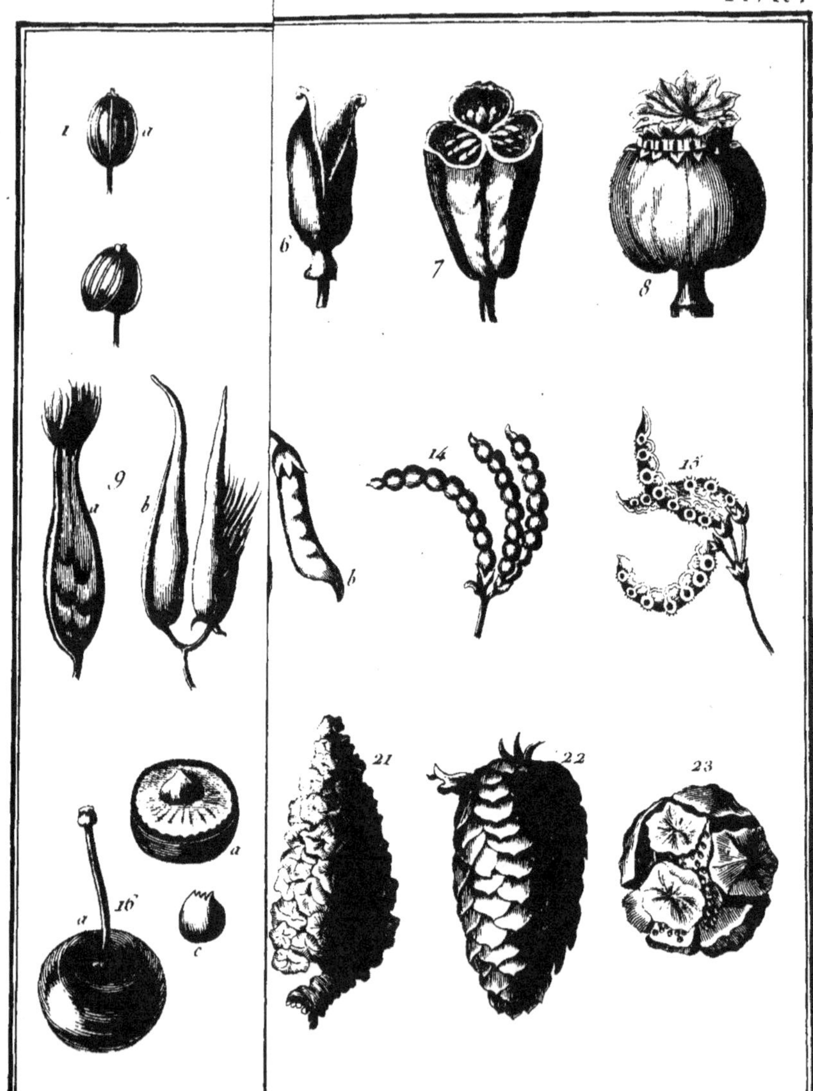

De Sève direxit.

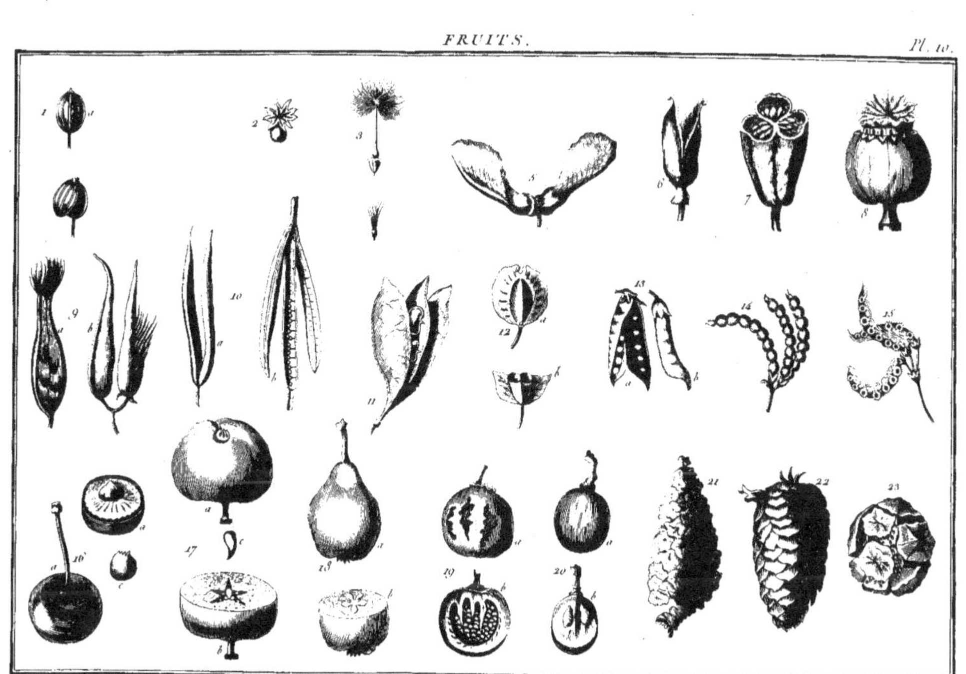

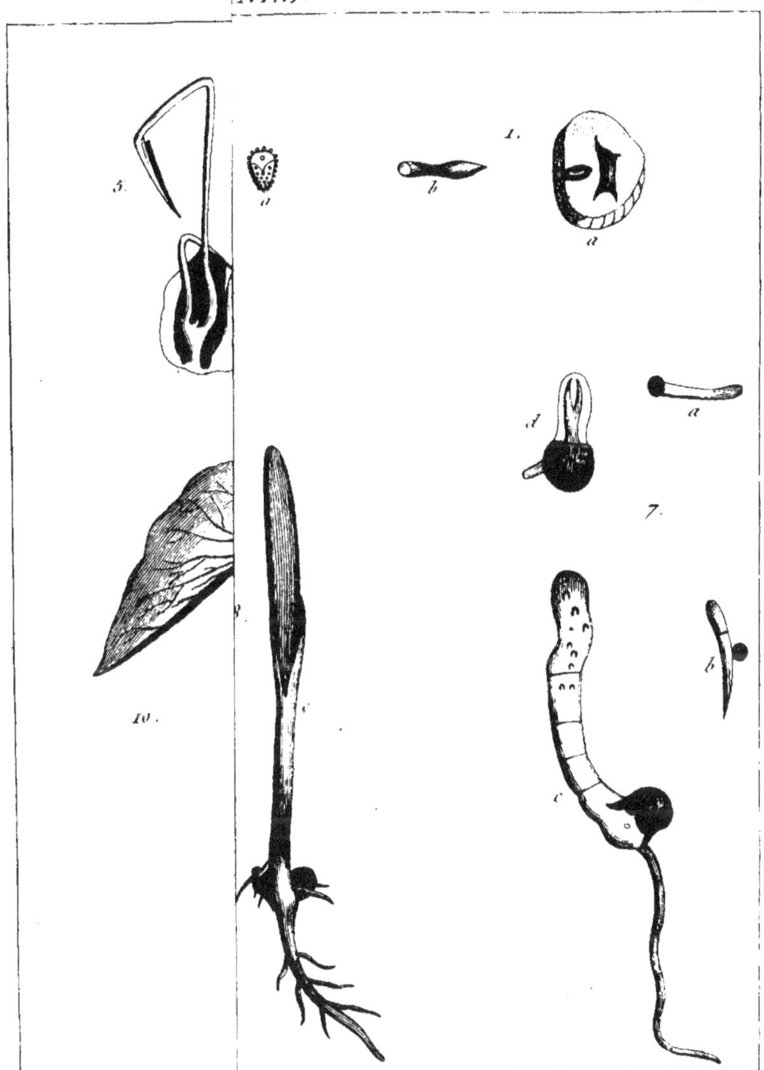
5.
a
b
1.
a
d
a
7.
10.
c
b
De Seve de et direxit

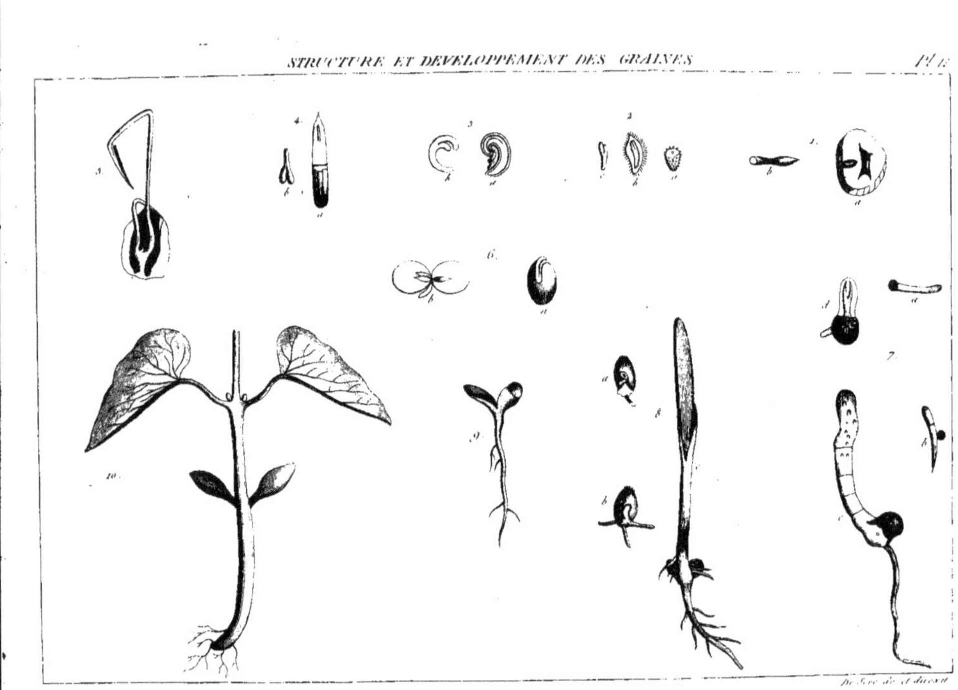